电冰箱维修
从入门到精通

韩雪涛◎主　编
吴瑛　韩广兴◎副主编

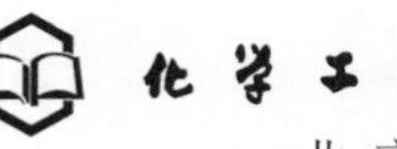
化学工业出版社
·北京·

内容简介

《电冰箱维修从入门到精通》全面系统地讲解了电冰箱维修基础知识和维修技能，内容包括电冰箱的结构原理、常用维修工具和仪表、常见故障检修分析，并对电冰箱的拆卸技能及各部件的检修进行了详细的讲解，包括压缩机、冷凝器和蒸发器、节流和闸阀部件、压缩机启动和保护装置、温度控制装置、照明电路、化霜电路、操作显示电路、变频电路等。本书还针对不同品牌型号电冰箱的常见故障分析和检修方法进行了总结。

本书彩色图解，内容由浅入深，层次分明，重点突出，在重要知识点配以二维码视频讲解，帮助读者轻松领会复杂难懂的维修知识。

本书可供家电维修人员学习使用，也可供职业院校、培训学校等相关专业的师生参考。

图书在版编目（CIP）数据

电冰箱维修从入门到精通 / 韩雪涛主编 . —北京：化学工业出版社，2021.10（2024.1重印）

ISBN 978-7-122-39294-7

Ⅰ. ①电… Ⅱ. ①韩… Ⅲ. ①冰箱 - 维修 Ⅳ. ① TM925.210.7

中国版本图书馆 CIP 数据核字（2021）第 108438 号

责任编辑：李军亮 万忻欣　　文字编辑：宁宏宇 陈小滔
责任校对：宋 玮　　装帧设计：王晓宇

出版发行：化学工业出版社（北京市东城区青年湖南街 13 号 邮政编码 100011）
印 装：北京天宇星印刷厂
787mm×1092mm 1/16 印张 18¾ 字数 452 千字 2024 年 1 月北京第 1 版第 3 次印刷

购书咨询：010-64518888　　售后服务：010-64518899
网 址：http://www.cip.com.cn
凡购买本书，如有缺损质量问题，本社销售中心负责调换。

定 价：88.00 元

前言

随着电冰箱技术的发展以及在生活中越来越普及，电冰箱维修量越来越大，维修技术要求越来越高，社会对电冰箱维修人员的需求量较大。掌握电冰箱维修的知识和技能是成为一名合格的电冰箱维修人员的关键因素，为此我们从初学者的角度出发，根据实际岗位的需求编写本书，旨在引导读者快速掌握电冰箱维修的专业知识与实操技能。

本书采用彩色图解的形式，全面系统地介绍了电冰箱的基础知识和维修技能，内容由浅入深，语言通俗易懂，具有完整的知识体系。本书还对不同品牌型号电冰箱的常见故障进行了总结，通过大量实际操作案例对常见故障检修技巧进行讲解，帮助读者掌握实操技能，并将所学内容运用到工作中。

本书由数码维修工程师鉴定指导中心组织编写，由全国电子行业专家韩广兴教授亲自指导，编写人员有行业工程师、高级技师和一线教师，使读者在学习过程中如同有一群专家在身边指导，将学习和实践中需要注意的重点、难点一一化解，大大提升学习效果。另外，本书充分结合多媒体教学的特点，在重点、难点处配备视频和拓展材料二维码，读者可以用手机扫描书中的二维码，不仅可以通过观看教学视频同步实时学习对应知识点，还可以通过扩展材料学习更多的维修案例，举一反三。数字媒体教学资源与书中知识点相互补充，帮助读者轻松理解复杂难懂的专业知识，确保读者在短时间内获得最佳的学习效果。另外，读者可登录数码维修工程师的官方网站获得超值技术服务。如果读者在学习和考核认证方面有问题，可以通过以下方式与我们联系。电话：022-83718162/83715667/13114807267，地址：天津市南开区榕苑路4号天发科技园8-1-401，邮编：300384。

本书韩雪涛任主编，吴瑛、韩广兴任副主编，参与本书编写的还有张丽梅、宋明芳、朱勇、吴玮、吴惠英、张湘萍、高瑞征、韩雪冬、周文静、吴鹏飞、唐秀鸯、王新霞、马梦霞、张义伟、冯晓茸等。

编者

目录

第1章 电冰箱结构原理

第2章 电冰箱常用维修工具和仪表

第 3 章 电冰箱常见故障检修分析

第4章 电冰箱拆卸技能

第5章 电冰箱压缩机检修

第6章 电冰箱冷凝器和蒸发器检修

第 7 章 电冰箱节流和闸阀部件检修

第 8 章 电冰箱压缩机启动和保护装置检修

第 9 章 电冰箱温度控制装置检修

第10章 电冰箱照明电路检修

第11章 电冰箱化霜电路检修

第12章 电冰箱操作显示电路检修

第13章 电冰箱变频电路检修

第14章 电冰箱检修实例

第1章 电冰箱结构原理

1.1 电冰箱整机结构

1.1.1 电冰箱外部结构

电冰箱是一种带有制冷装置的储藏柜，它可对放入的食物、饮料或其他物品进行冷藏或冷冻，延长食物的保存期限，或对食物及其他物品进行降温。

图 1-1 所示为电冰箱的外部结构。在电冰箱的正面可以看到箱门和操作显示面板，在电冰箱的背面可以看到电路板盖板、压缩机盖板、电源线以及铭牌标识、电冰箱简易接线图等。

操作显示面板
冷藏门
变温室门
冷冻门
电路板盖板
在电冰箱背部可找到铭牌
标识和简易接线图
电源线
压缩机盖板

图 1-1 电冰箱的外部结构

1.1.2 电冰箱箱室结构

将电冰箱的箱门打开，可看到电冰箱的各个箱室，如图 1-2 所示。在箱室中可以看到搁物架、抽屉等支撑部分，在箱门内侧可以看到各种样式的储物架。

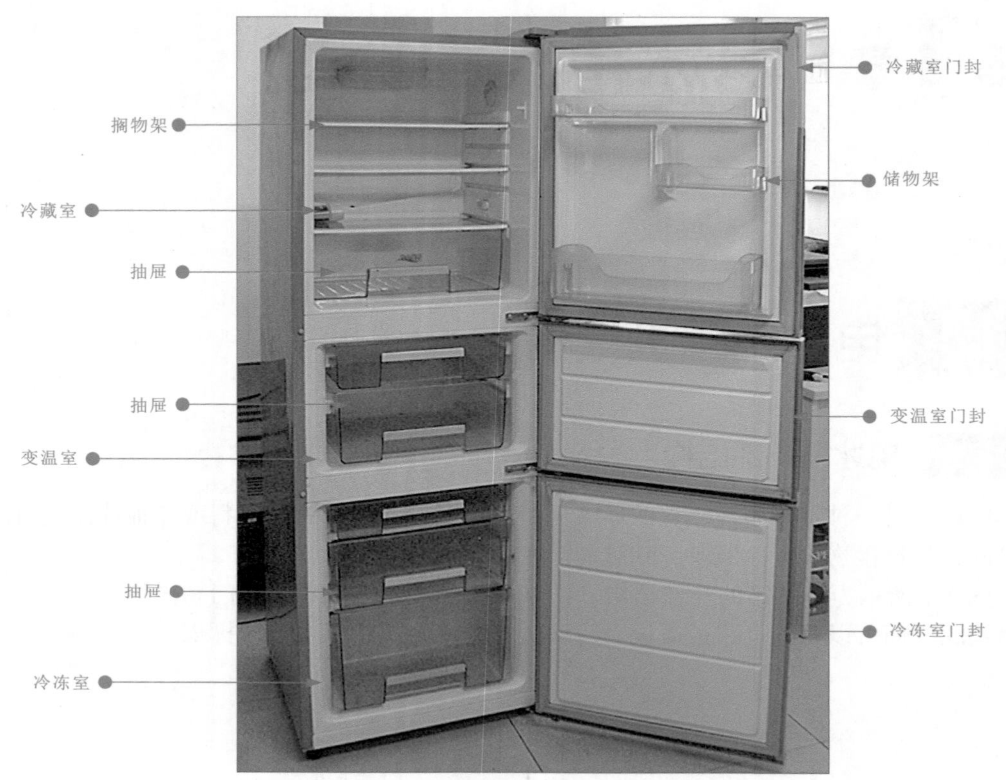
冷藏室门封
搁物架
储物架
冷藏室
抽屉
抽屉
变温室门封
变温室
抽屉
冷冻室门封
冷冻室

图 1-2 电冰箱的箱室内部

图 1-3 所示为典型电冰箱的箱室结构分解图。从图中可以进一步了解到电冰箱箱门与箱室的结构组成。

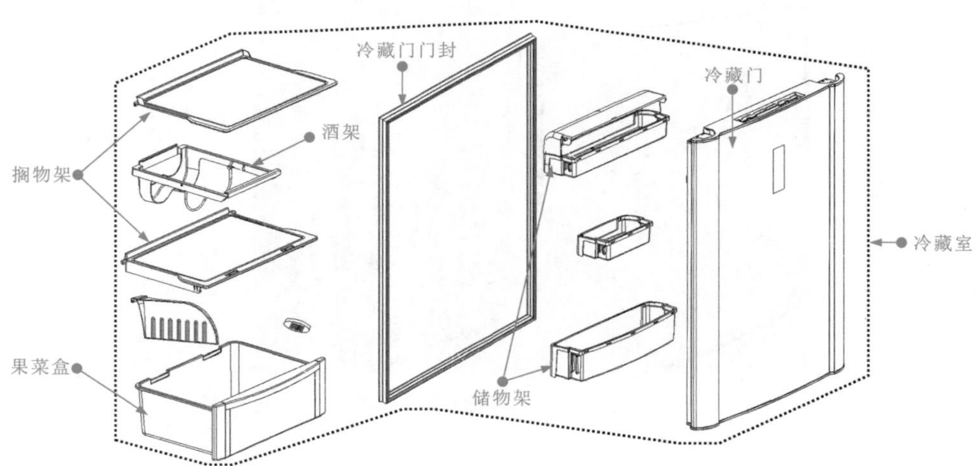
冷藏门门封
冷藏门
酒架
搁物架
冷藏室
果菜盒
储物架

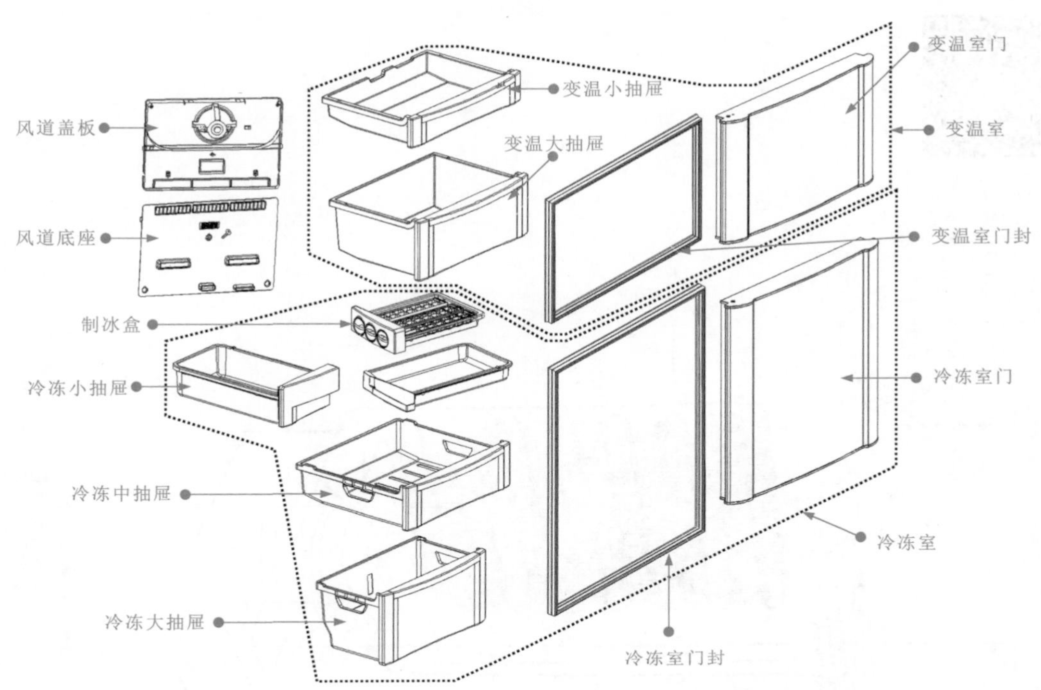
变温室门
变温小抽屉
风道盖板
变温室
变温大抽屉
风道底座
变温室门封
制冰盒
冷冻小抽屉
冷冻室门
冷冻中抽屉
冷冻室
冷冻大抽屉
冷冻室门封

图 1-3　典型电冰箱的箱室结构分解图

将电冰箱冷藏室等箱室中的搁物架、抽屉等部件取出后，可在箱室内找到门开关、化霜定时器、照明灯和风扇等部件，如图 1-4 所示。

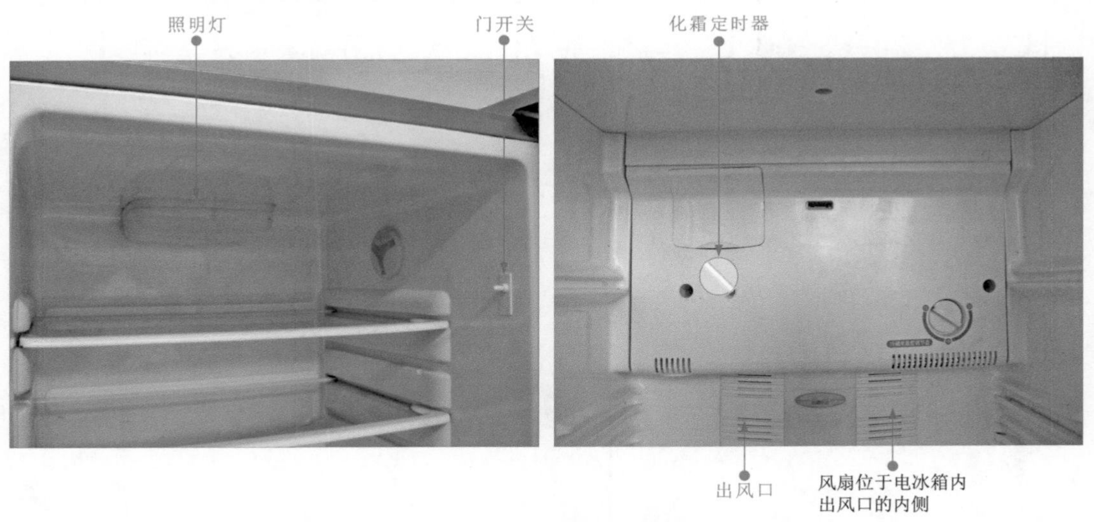
照明灯
门开关
化霜定时器
出风口
风扇位于电冰箱内
出风口的内侧

图 1-4　电冰箱的电气部件

1.1.3　电冰箱管路结构

电冰箱的管路系统是指电冰箱中制冷剂介质的循环系统，该系统分布在电冰箱的整个箱体内，如图 1-5 所示。可以看到，其主要是由压缩机、冷凝器和蒸发器、节流和闸阀部件等部分构成的。

AUX
典型电冰箱外观
从电冰箱外观看不到明显的管路部件

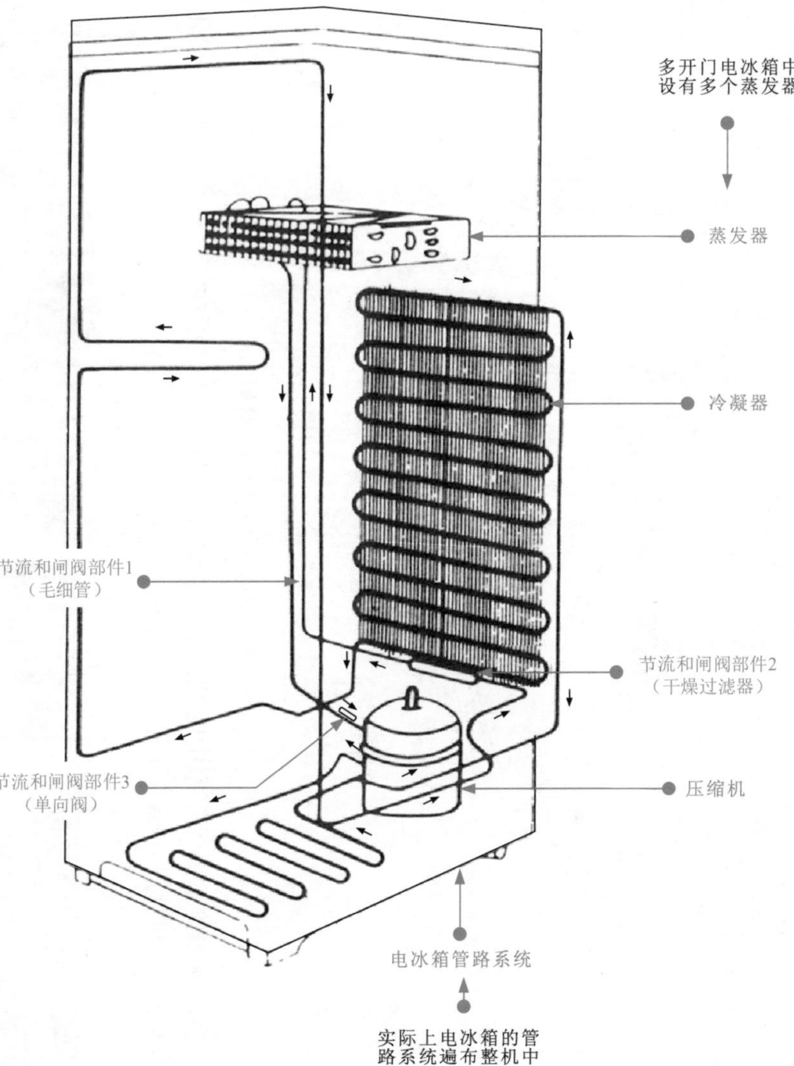
多开门电冰箱中设有多个蒸发器
蒸发器
冷凝器
节流和闸阀部件1（毛细管）
节流和闸阀部件2（干燥过滤器）
节流和闸阀部件3（单向阀）
压缩机
电冰箱管路系统
实际上电冰箱的管路系统遍布整机中

图 1-5　电冰箱管路系统的结构特点

图 1-6 所示为典型电冰箱的制冷管路透视结构图。从图中可以看到电冰箱中制冷管路与节流和闸阀部件的连接关系，在电冰箱箱体中的位置和制冷循环的方向。

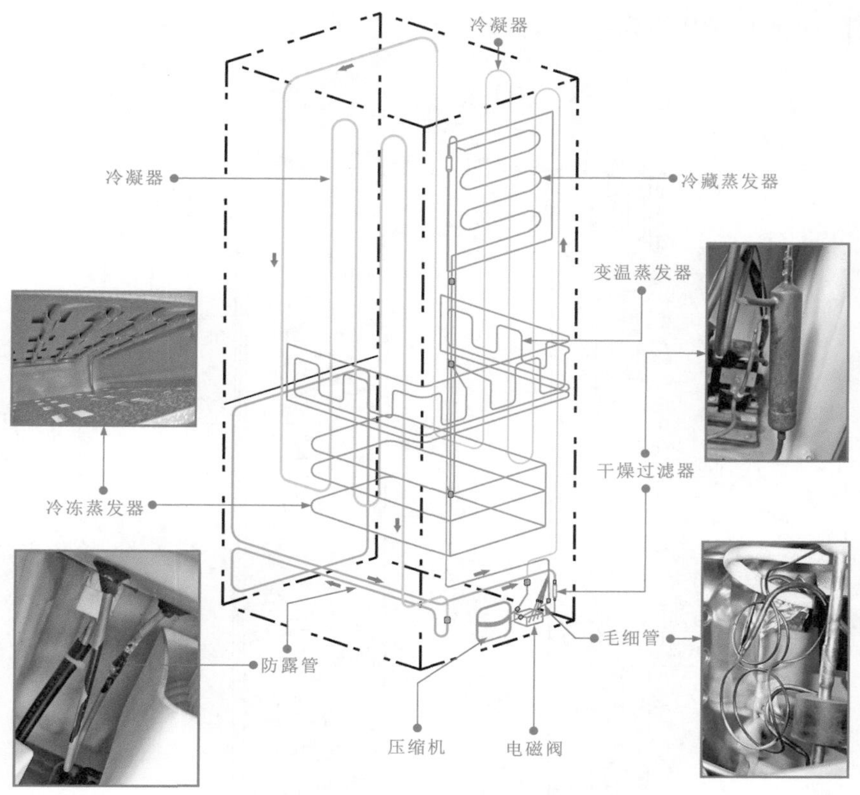
冷凝器
冷凝器
冷藏蒸发器
变温蒸发器
干燥过滤器
冷冻蒸发器
毛细管
防露管
压缩机
电磁阀

图 1-6　典型电冰箱的制冷管路透视结构图

提示

如图 1-7 所示，将电冰箱背部下方的压缩机盖板拆下，即可看到内部的压缩机、干燥过滤器、毛细管、电磁阀等部件，将冷冻室的抽屉取出后，可看到蒸发器部分。

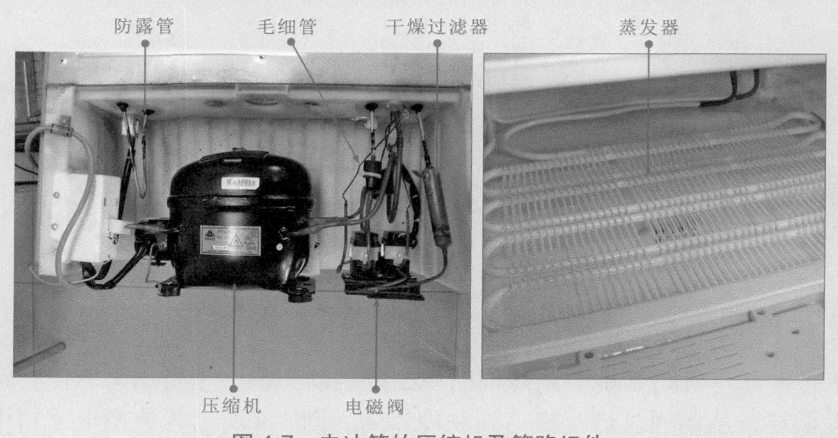
防露管
毛细管
干燥过滤器
蒸发器
压缩机
电磁阀

图 1-7　电冰箱的压缩机及管路组件

1.1.4 电冰箱内部结构

图 1-8 所示为典型电冰箱的内部结构分解图。从图中可以进一步了解到电冰箱主要电气部件与管路组件的结构组成。

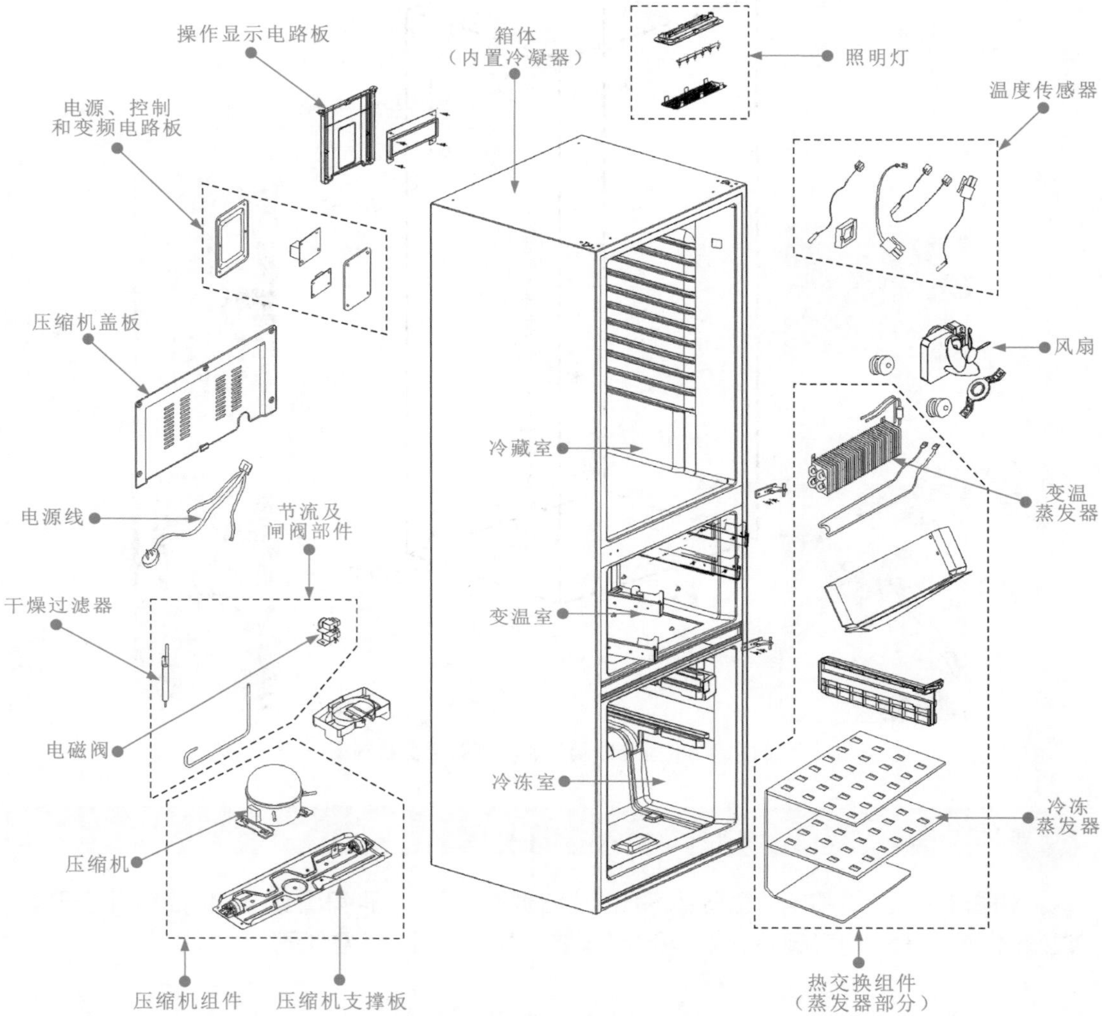

图 1-8 典型电冰箱的内部结构分解图

1.2 电冰箱管路系统组成

1.2.1 压缩机

压缩机是电冰箱管路系统中制冷剂循环制冷的动力源，主要用来驱使管路系统中的制冷剂往返循环，从而通过热交换达到制冷目的。图 1-9 所示为典型电冰箱中压缩机实物外形。

压缩机
包括压缩机电动机
和气缸两大部分
压缩机工艺管口
压缩机一般设有三个
管口：排气口、吸气
口和工艺管口
压缩机排气口
压缩机吸气口
D113LRAA
THERMALLY PROTECTED

图 1-9　典型电冰箱中压缩机实物外形

1.2.2　冷凝器与蒸发器

冷凝器和蒸发器是电冰箱中的热交换组件。目前，大多冷凝器通常位于电冰箱后盖的箱体内，主要用来将压缩机处理后的高温高压制冷剂蒸汽进行过热交换，通过散热，将冷凝器内高温高压的气态制冷剂转化为低温高压的液态制冷剂，从而实现热交换；蒸发器位于各箱室中，主要依靠空气循环的方式，利用制冷剂降低空气温度，实现制冷的目的。

图 1-10 所示为典型电冰箱中的冷凝器和蒸发器实物外形。

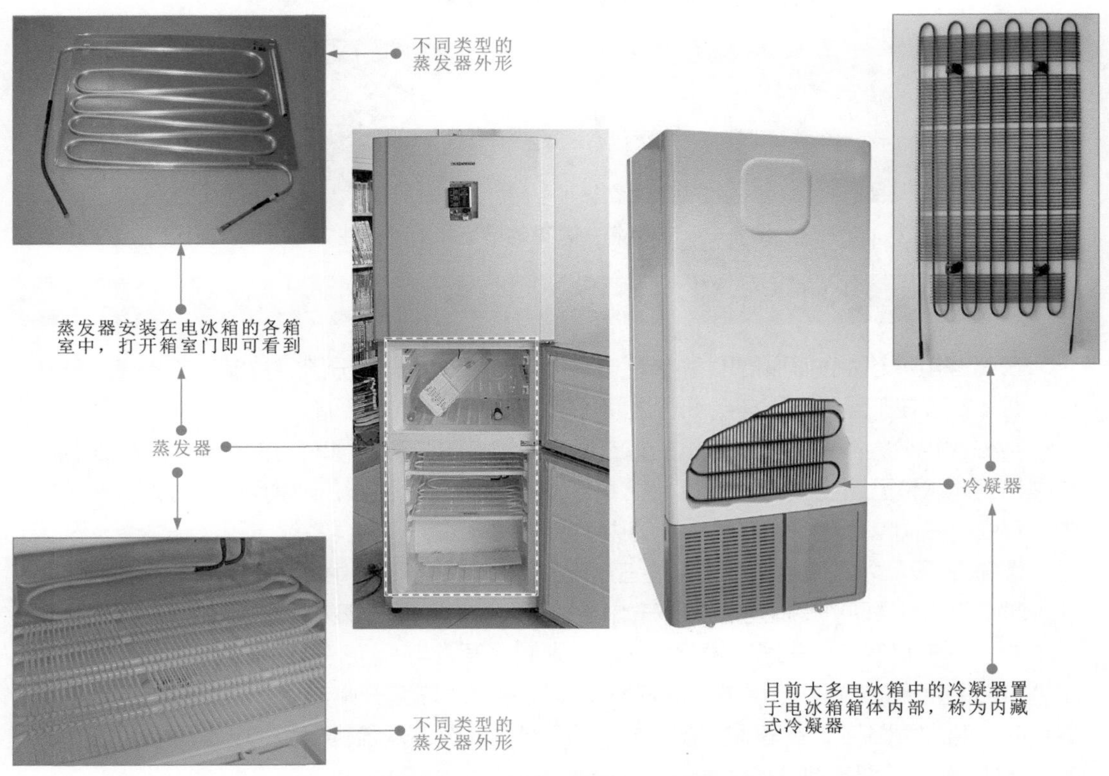
不同类型的
蒸发器外形
蒸发器安装在电冰箱的各箱
室中，打开箱室门即可看到
蒸发器
不同类型的
蒸发器外形
冷凝器
目前大多电冰箱中的冷凝器置
于电冰箱箱体内部，称为内藏
式冷凝器

图 1-10　典型电冰箱中的冷凝器和蒸发器实物外形

1.2.3 节流和闸阀部件

电冰箱的节流和闸阀部件也是管路系统中的关键部件，用于辅助实现制冷剂的制冷循环过程。

常见的节流和闸阀部件主要有干燥过滤器、毛细管和单向阀等，如图 1-11 所示。其中，干燥过滤器和毛细管为典型的节流组件，用于实现电冰箱制冷剂的干燥过滤和节流降压；单向阀属于闸阀部件，在管路中起到控制管路导通和截止的作用。

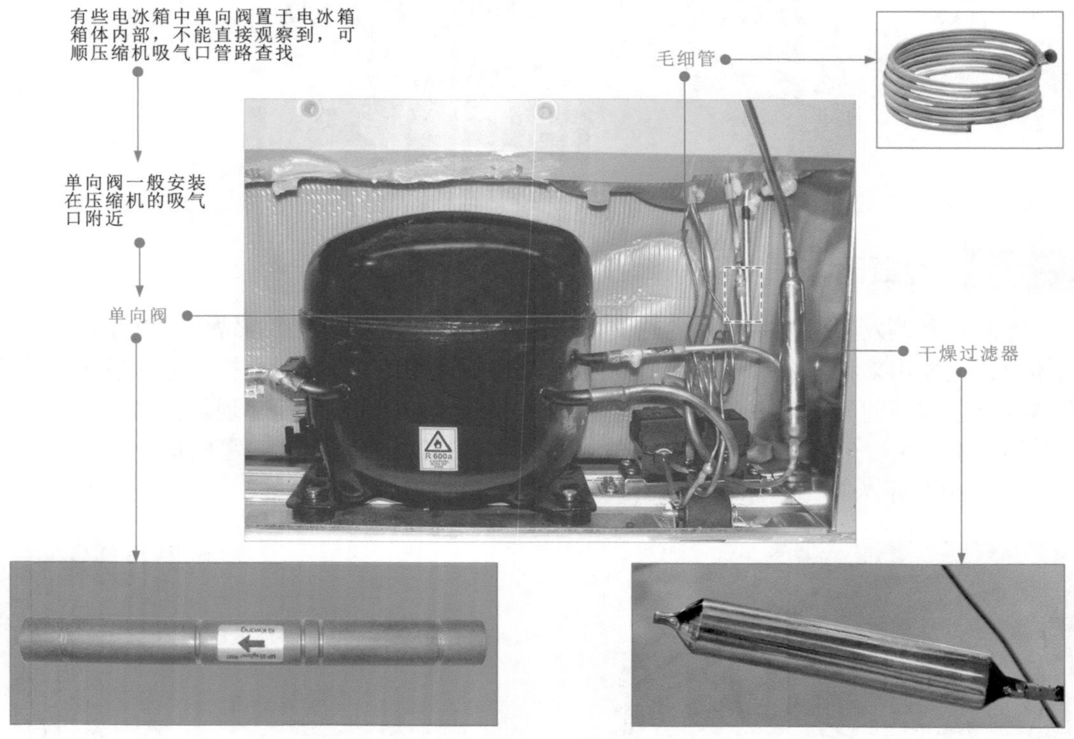
有些电冰箱中单向阀置于电冰箱箱体内部，不能直接观察到，可顺压缩机吸气口管路查找
单向阀一般安装在压缩机的吸气口附近
单向阀
毛细管
干燥过滤器
R 600a

图 1-11　电冰箱中常见的节流和闸阀部件

提示

在有些电冰箱中的闸阀部件还包括电磁阀。电磁阀是一种分流、控制制冷剂流量的部件，通常安装在干燥过滤器与毛细管之间。

电磁阀也分为多个类型，常见的有二通电磁阀、双联电磁阀（一进三出）、二位三通电磁阀和三体六位五通电磁阀，如图 1-12 所示。其中二位三通电磁阀常用于双温双控电冰箱中，双联电磁阀常用于多温多控电冰箱中。

图 1-13 所示为二通电磁阀和二位三通电磁阀在电冰箱管路中的具体应用。当控制电路使二通电磁阀导通时，冷藏室蒸发器开始制冷；而当二通电磁阀截止时，冷藏室停止制冷。

当控制电路使二位三通电磁阀导通时，则制冷管路与冷冻室蒸发器导通，制冷剂由管路 A 流通到管路 B 中，随后进入冷冻室蒸发器中，冷冻室开始制冷。当二位三通电磁阀截止时，制冷管路与变温室蒸发器导通，制冷剂通过管路 A 流向管路 C，随后进入变温室蒸发器中，变温室开始制冷。

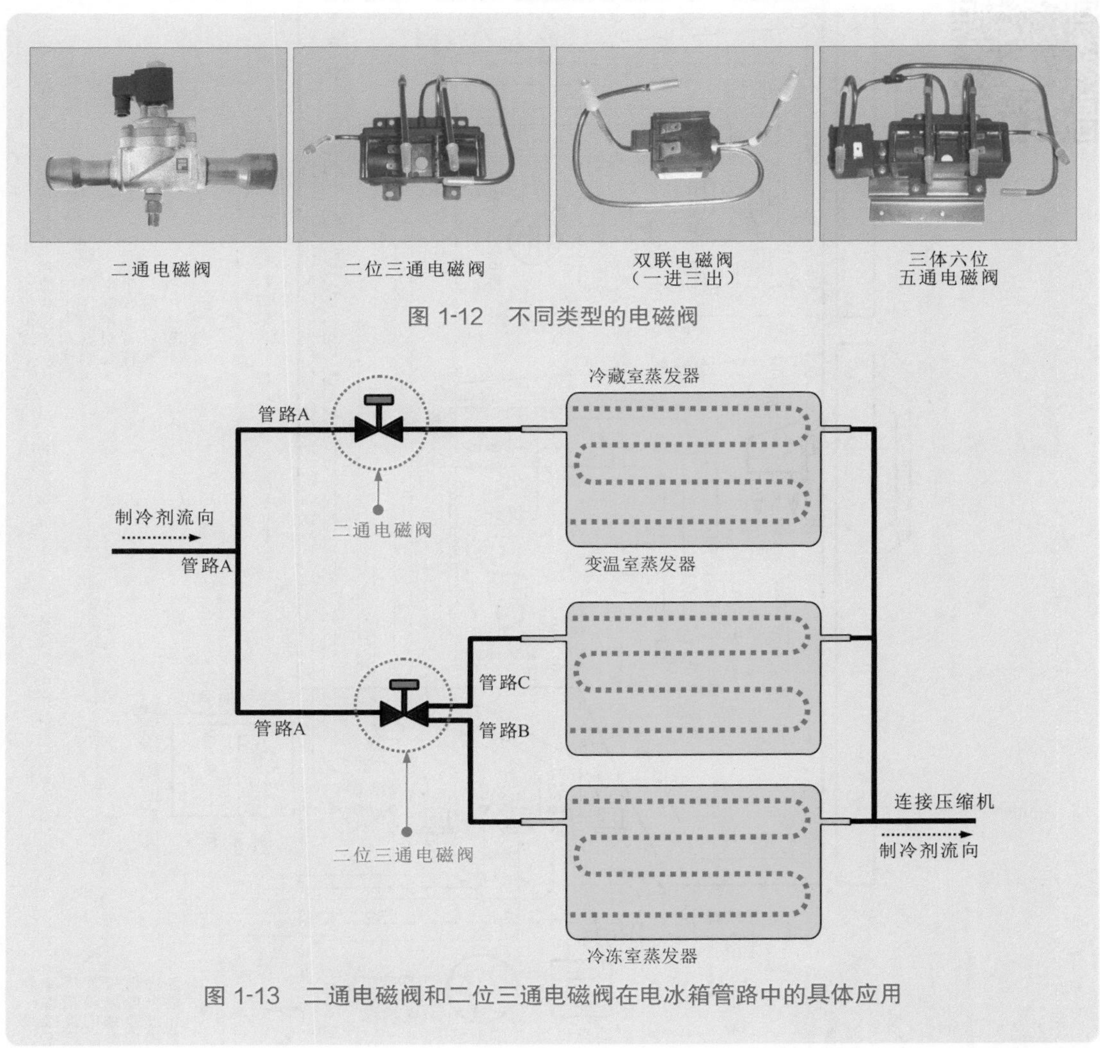
二通电磁阀
二位三通电磁阀
双联电磁阀
（一进三出）
三体六位
五通电磁阀

图 1-12 不同类型的电磁阀

冷藏室蒸发器
管路A
制冷剂流向
管路A
二通电磁阀
变温室蒸发器
管路C
管路A
管路B
连接压缩机
制冷剂流向
二位三通电磁阀
冷冻室蒸发器

图 1-13 二通电磁阀和二位三通电磁阀在电冰箱管路中的具体应用

1.3 电冰箱电路系统组成

1.3.1 电冰箱电路系统结构

电冰箱的电路系统是指与“电”相关的功能部件构成的，具有一定控制、操作和执行功能的系统。

不同类型的电冰箱，复杂程度不同，其电路系统的结构也各有不同，大体上可分为机械式电冰箱电路系统和微电脑式电冰箱电路系统两种。

机械式电冰箱电路系统的结构比较简单，其由各种电气部件覆盖整个电冰箱箱体，通过复杂的连接关系，实现电气功能，如图 1-14 所示。

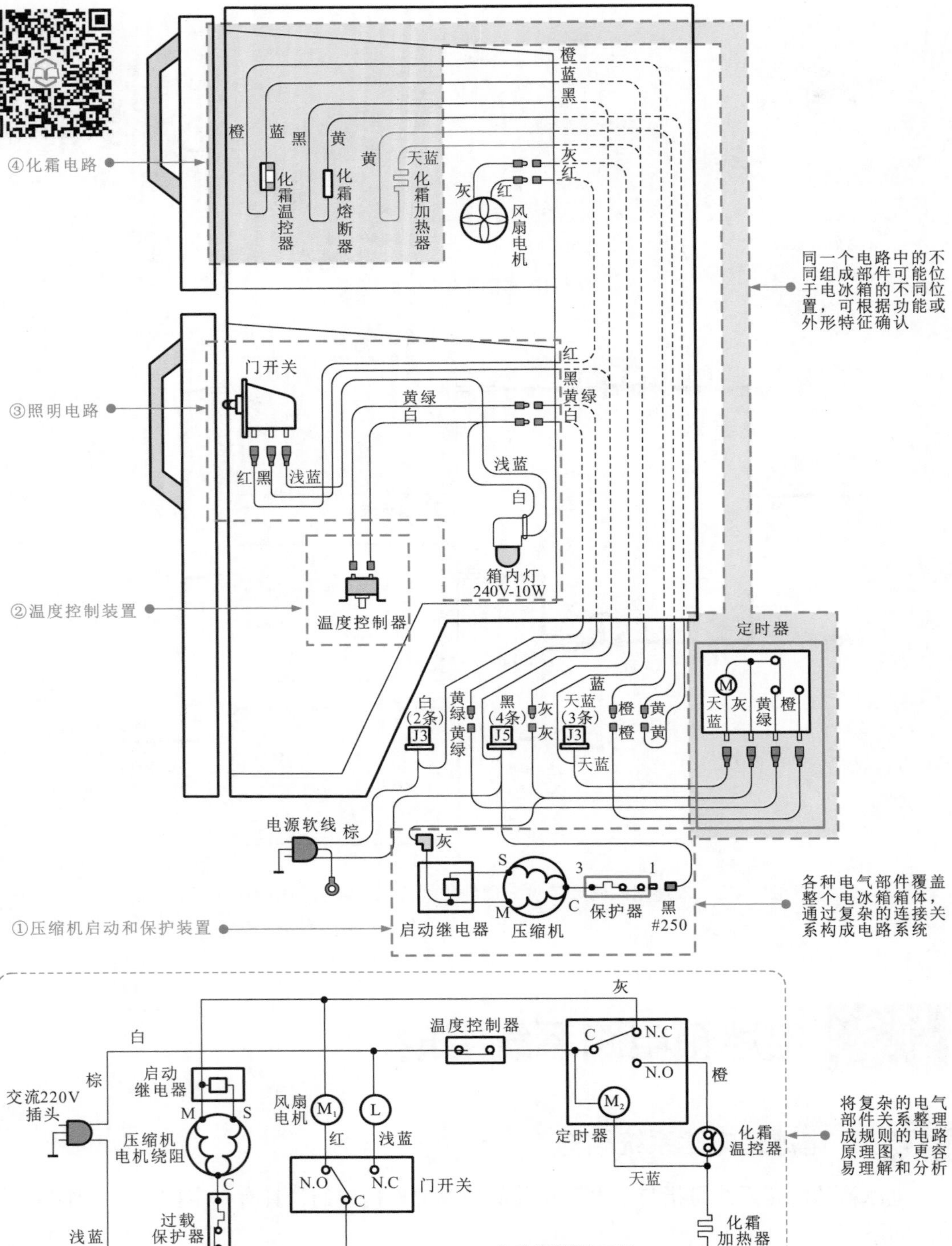

图 1-14　机械式电冰箱电路系统的结构

微电脑式电冰箱的电路系统相对要复杂一些，这类电冰箱的电路系统中，除了上述基本的电气部件外，还设有专门的电路板来实现电气关联，如图 1-15 所示。

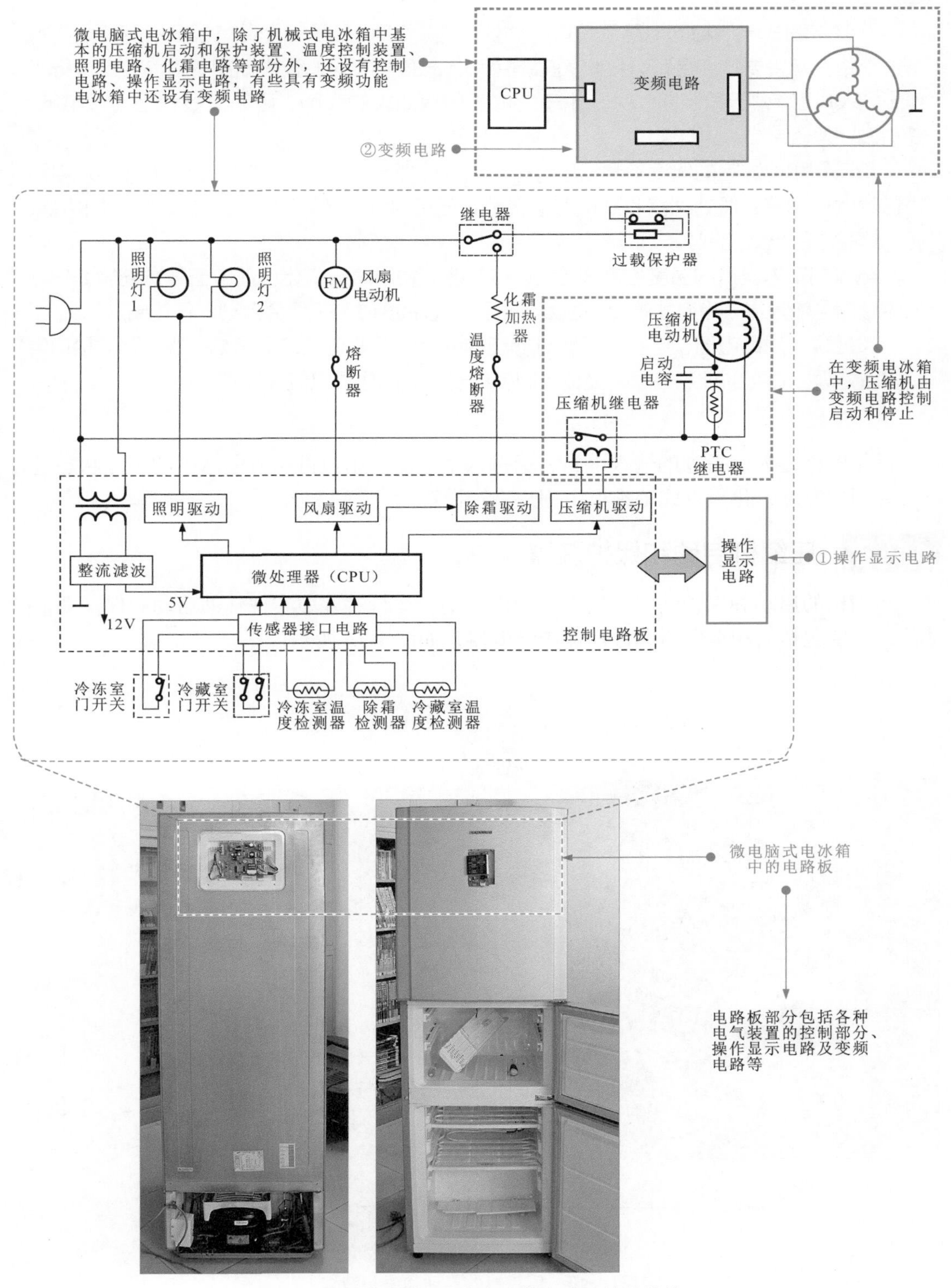
微电脑式电冰箱中，除了机械式电冰箱中基本的压缩机启动和保护装置、温度控制装置、照明电路、化霜电路等部分外，还设有控制电路、操作显示电路，有些具有变频功能电冰箱中还设有变频电路
CPU
变频电路
②变频电路
继电器
过载保护器
照明灯1
照明灯2
FM
风扇电动机
化霜加热器
熔断器
温度熔断器
压缩机电动机
启动电容
压缩机继电器
PTC继电器
在变频电冰箱中，压缩机由变频电路控制启动和停止
照明驱动
风扇驱动
除霜驱动
压缩机驱动
整流滤波
微处理器（CPU）
操作显示电路
①操作显示电路
5V
12V
传感器接口电路
控制电路板
冷冻室门开关
冷藏室门开关
冷冻室温度检测器
除霜检测器
冷藏室温度检测器
微电脑式电冰箱中的电路板
电路板部分包括各种电气装置的控制部分、操作显示电路及变频电路等

图 1-15　典型微电脑式电冰箱电路系统的结构

提示

在微电脑式电冰箱的电路系统中，微处理器（CPU）是一个具有很多引脚的大规模集成电路，其主要特点是可以接收人工指令和传感信息，遵循预先编制的程序自动进行工作。CPU 具有分析和判断能力，由于它的工作犹如人的大脑，因而又被称之为微电脑，简称微处理器。

冷藏室和冷冻室的温度检测信息随时送给微处理器，人工操作指令利用操作显示电路也送给微处理器，微处理器收到这些信息后，便可对继电器、风扇电动机、除霜加热器、照明灯等进行自动控制。

电冰箱室内设置的温度检测器（温度传感器）将温度的变化变成电信号送到微处理器的传感信号输入端，当电冰箱内的温度到达预定的温度时电路便会自动进行控制。

微处理器对继电器、电机、照明灯等元件的控制需要有接口电路或转换电路。接口电路将微处理器输出的控制信号转换成控制各种器件的电压或电流。

操作电路是人工指令的输入电路，通过这个电路，用户可以对电冰箱的工作状态进行设置。例如温度，化霜方式等都可由用户进行设置。

1.3.2 压缩机启动和保护装置

压缩机的启动和保护装置是指在压缩机启动和运行过程中实现辅助启动和保护功能的部件，主要包括启动继电器和过热保护继电器，如图 1-16 所示。

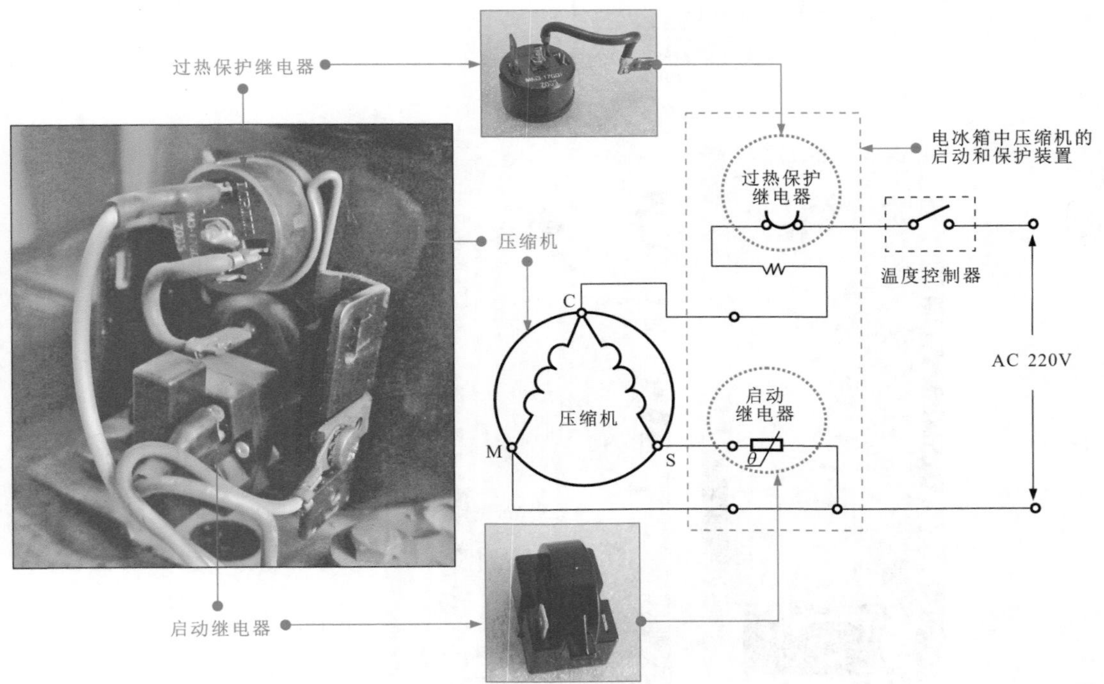
过热保护继电器
电冰箱中压缩机的启动和保护装置
过热保护继电器
温度控制器
压缩机
C
压缩机
M
S
启动继电器
AC 220V
启动继电器

图 1-16　压缩机的启动和保护装置

启动继电器的作用是控制压缩机的启动工作，而过热保护继电器的作用是当压缩机出现温度异常时，对压缩机进行停机保护。

1.3.3　温度控制装置

温度控制装置是电冰箱中对箱室内温度进行检测和控制的装置，主要有机械式和微电脑式两种，其内部包括控制部分和感温部分，如图 1-17 所示。

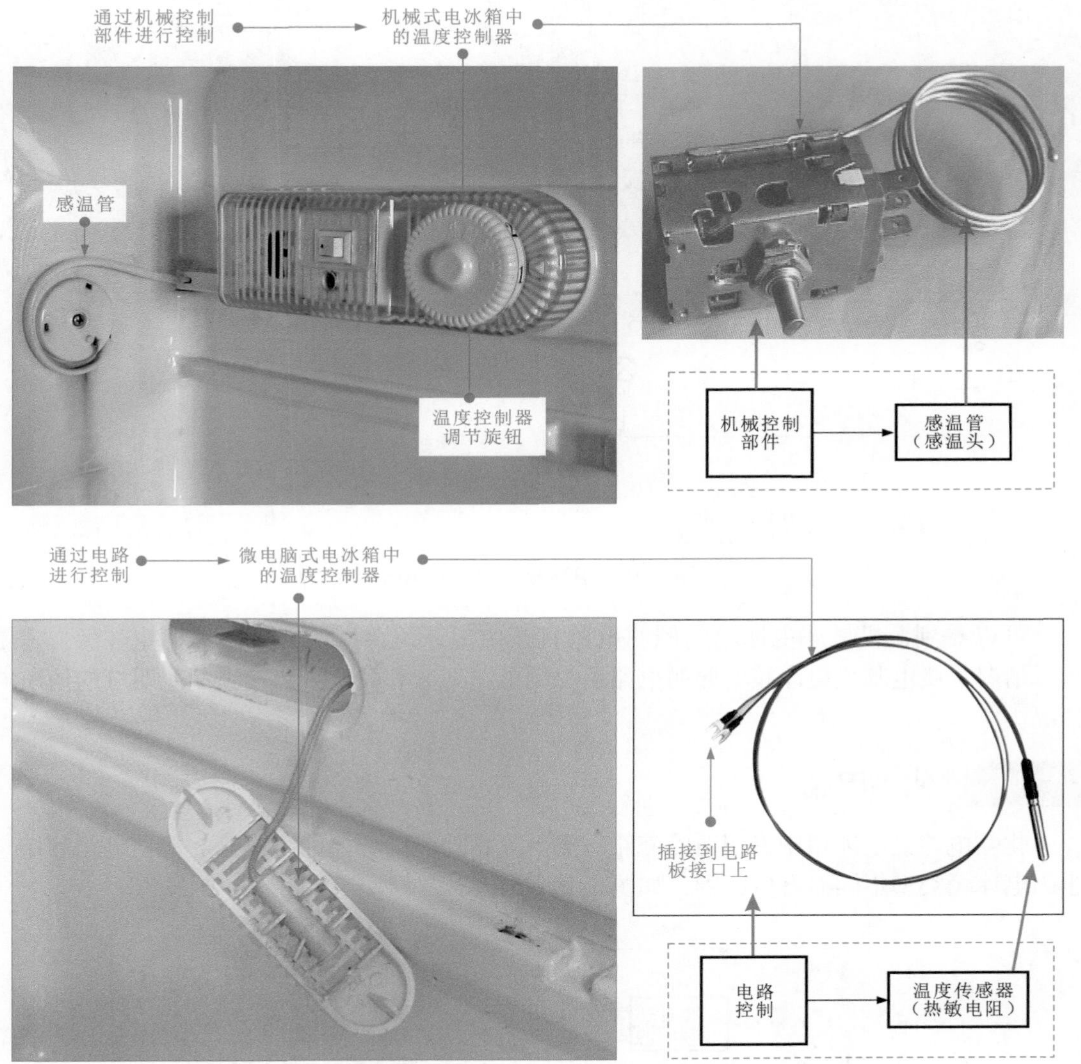
通过机械控制部件进行控制
机械式电冰箱中的温度控制器
感温管
温度控制器调节旋钮
机械控制部件
感温管（感温头）
通过电路进行控制
微电脑式电冰箱中的温度控制器
插接到电路板接口上
电路控制
温度传感器（热敏电阻）

图 1-17　电冰箱中的温度控制装置

1.3.4　照明电路

照明电路是电冰箱中的一种辅助功能电路，主要用于在用户打开电冰箱门时照亮箱室，方便用户拿取或存放食物。

不同类型电冰箱中，照明电路的结构有所不同，主要体现在通电控制方式上，如

图 1-18 所示。

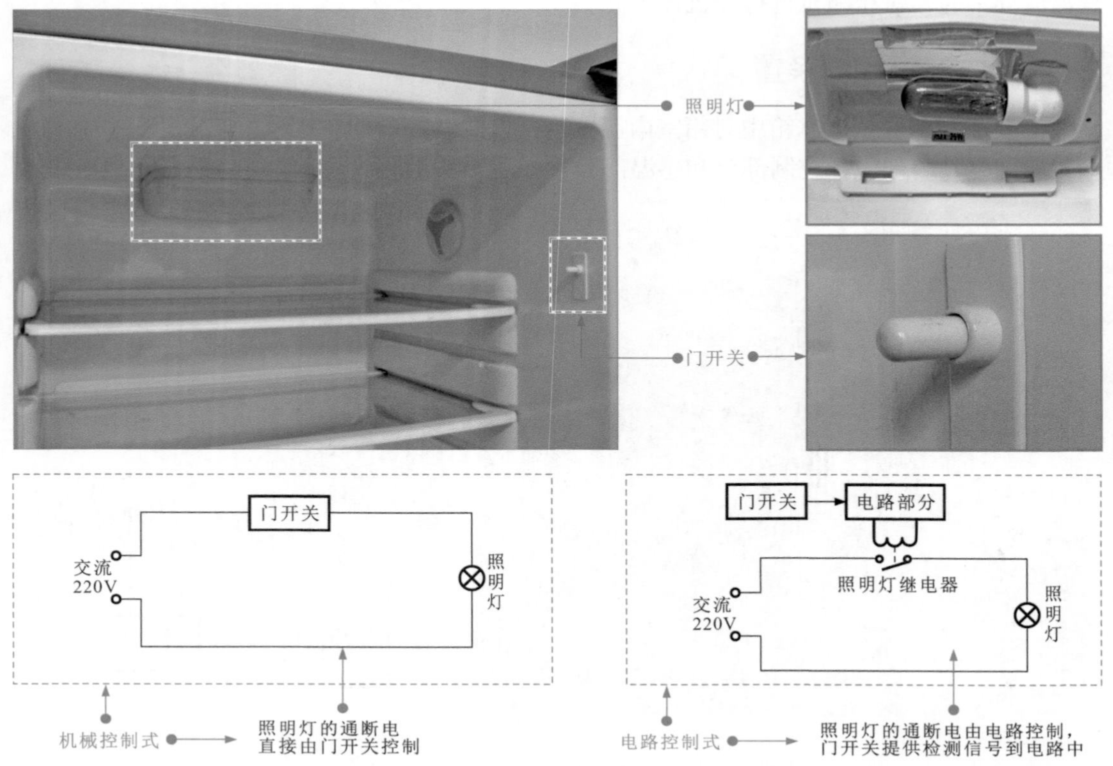
照明灯
门开关
门开关
交流
220V
照明灯
门开关
电路部分
照明灯继电器
交流
220V
照明灯
机械控制式
照明灯的通断电
直接由门开关控制
电路控制式
照明灯的通断电由电路控制，
门开关提供检测信号到电路中

图 1-18　电冰箱中的照明电路

可以看到，机械式电冰箱的照明电路直接由门开关控制照明灯的通断电（点亮、熄灭）情况；微电脑式电冰箱的照明电路由控制电路部分和门开关协作控制照明灯的通断电情况。

1.3.5　化霜电路

化霜电路是电冰箱中专门对冷冻箱室进行除霜功能的辅助电路单元。化霜电路的结构也因电冰箱类型不同而有所区别，如图 1-19 所示。

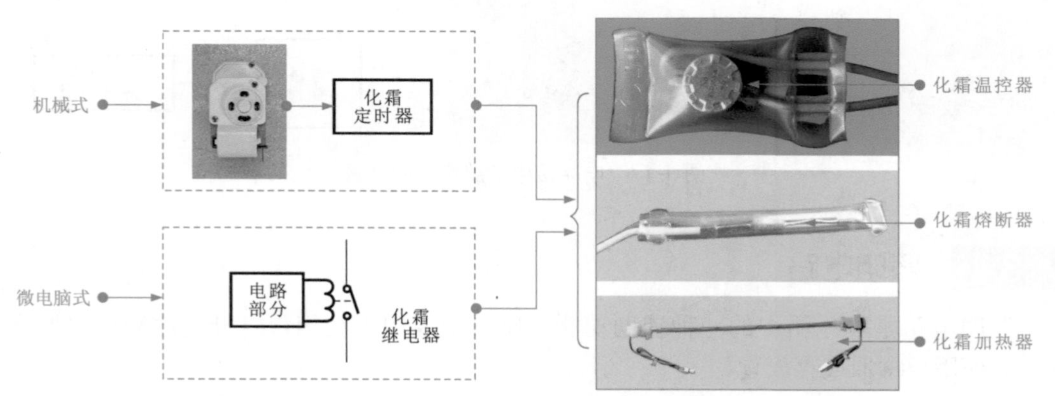
机械式
化霜
定时器
微电脑式
电路
部分
化霜
继电器
化霜温控器
化霜熔断器
化霜加热器

图 1-19　典型电冰箱中的化霜电路部分

可以看到，机械式和微电脑式电冰箱的化霜电路部分均包含化霜温控器、化霜熔断器和化霜加热器三个基本部分，不同的是控制方式不同。

机械式电冰箱的化霜电路由化霜定时器控制化霜电路其他部件工作（化霜温控器、化霜熔断器和化霜加热器）；微电脑式电冰箱由控制电路部分控制化霜电路中各部件工作。

1.3.6 操作显示电路

操作显示电路是微电脑式电冰箱中特有的电路，该电路中设有各种操作按键或按钮、显示屏等，是用户对电冰箱内一些参数信息进行手动设定和观察的“窗口”，如图 1-20 所示。

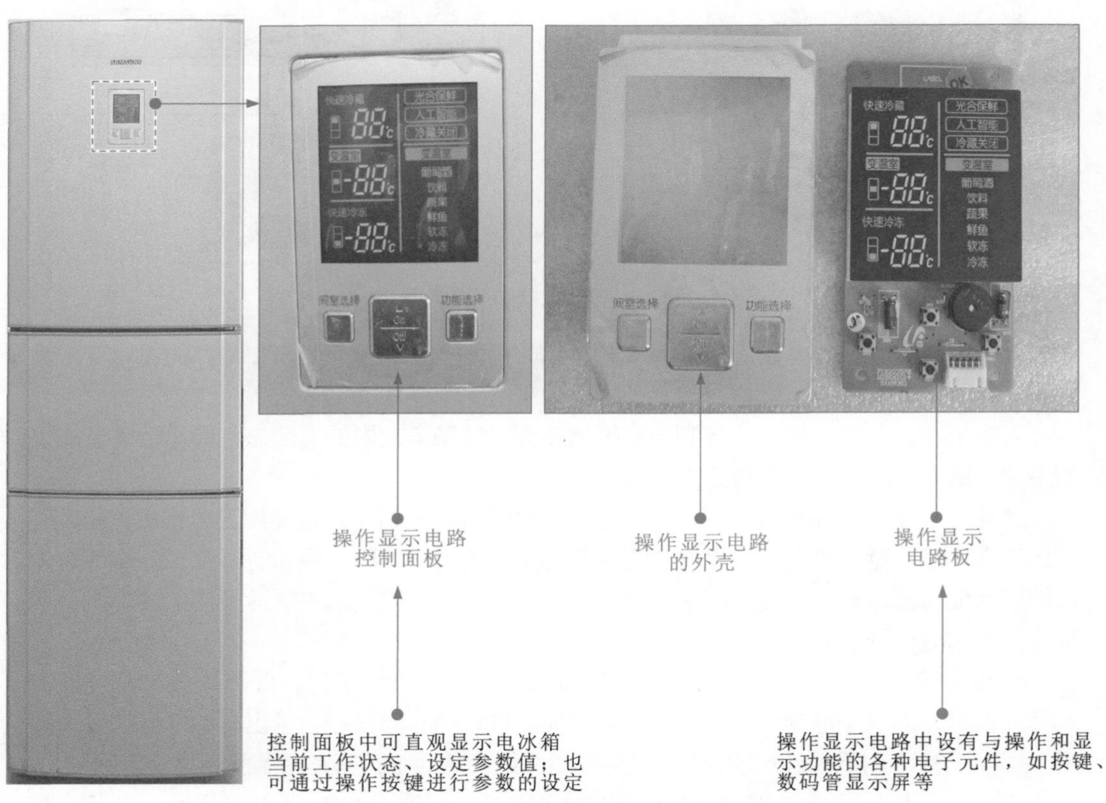
操作显示电路
控制面板
操作显示电路
的外壳
操作显示
电路板
控制面板中可直观显示电冰箱当前工作状态、设定参数值；也可通过操作按键进行参数的设定
操作显示电路中设有与操作和显示功能的各种电子元件，如按键、数码管显示屏等

图 1-20 典型电冰箱中的操作显示电路

1.3.7 变频电路

变频电路是变频电冰箱（微电脑式电冰箱中具有变频功能的一类电冰箱）中特有的功能电路，该电路主要用于控制变频压缩机的工作状态，实现电冰箱的变频制冷，以达到高效节能的目的，如图 1-21 所示。

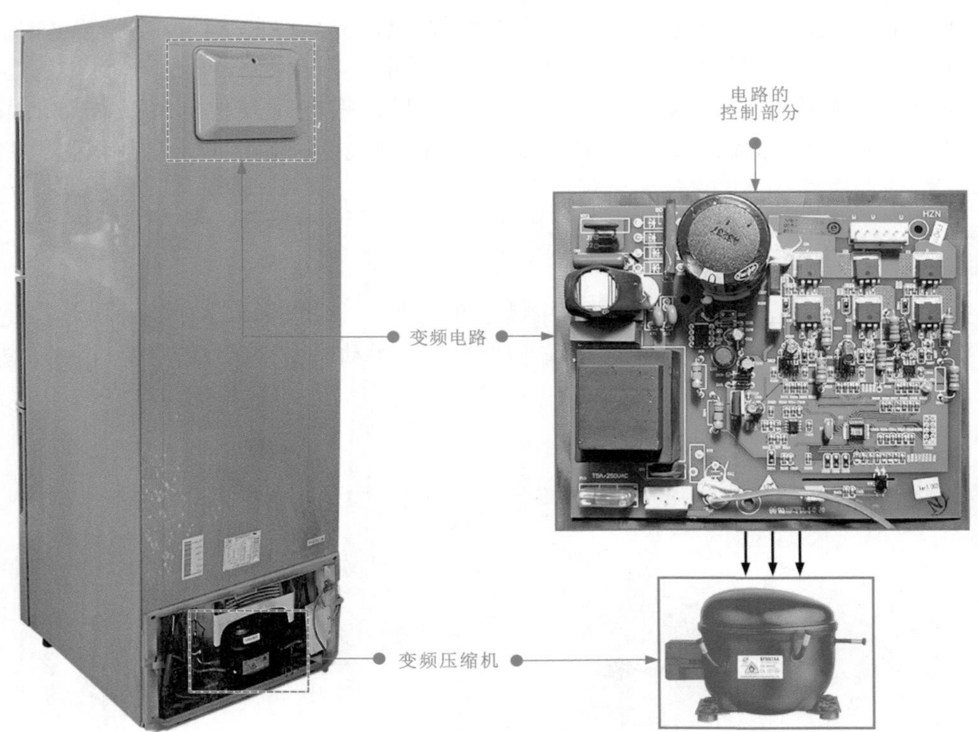
电路的
控制部分
变频电路
变频压缩机

图 1-21 典型电冰箱中的变频电路

提示

在变频电冰箱中，同样由控制电路根据变频电冰箱箱室内的温度来判断是否需要加大制冷量，进而控制变频电路的工作状态。

当电冰箱箱室内温度较高时，控制电路识别到该信号后（由箱室内温度传感器检测），输出的脉冲信号宽度较宽，该信号控制逆变电路中的半导体器件导通时间变长，从而使输出的驱动信号频率较高，变频压缩机处于高速运转状态，电冰箱中制冷循环加速，进而实现对箱室内进行降温的功能。

当箱室内温度下降到一定温度时，控制电路也检测到该信号，此时便输出宽度较窄的脉冲信号，该信号控制逆变电路中的半导体器件导通时间变短，输出驱动信号的频率降低，压缩机转速下降，电冰箱中制冷循环变得平缓，从而维持箱室内温度在某一范围内。

在变频压缩机工作过程中，当达到要求温度后，变频压缩机便进入低速运转节能状态，有效避免了频繁启动、停机造成的大电流损耗，这就是变频电冰箱的节能原理。

1.4 电冰箱的工作原理

1.4.1 典型电冰箱的控制过程

电冰箱整个的制冷过程就是通过上述的管路系统和电路系统配合工作的过程。一般来说，电冰箱主要是利用制冷剂的循环和状态变化过程进行能量的转换，从而达到制冷目的。在此过程中，电路系统主要用来控制压缩机工作（提供工作电压和控制信号），再由压缩机控制制冷管路工作，使制冷管路中的制冷剂进行转换和循环，从而达到冷藏室和冷冻室的低温要求，图 1-22 所示为典型电冰箱管路系统和电路系统的关系流程图。

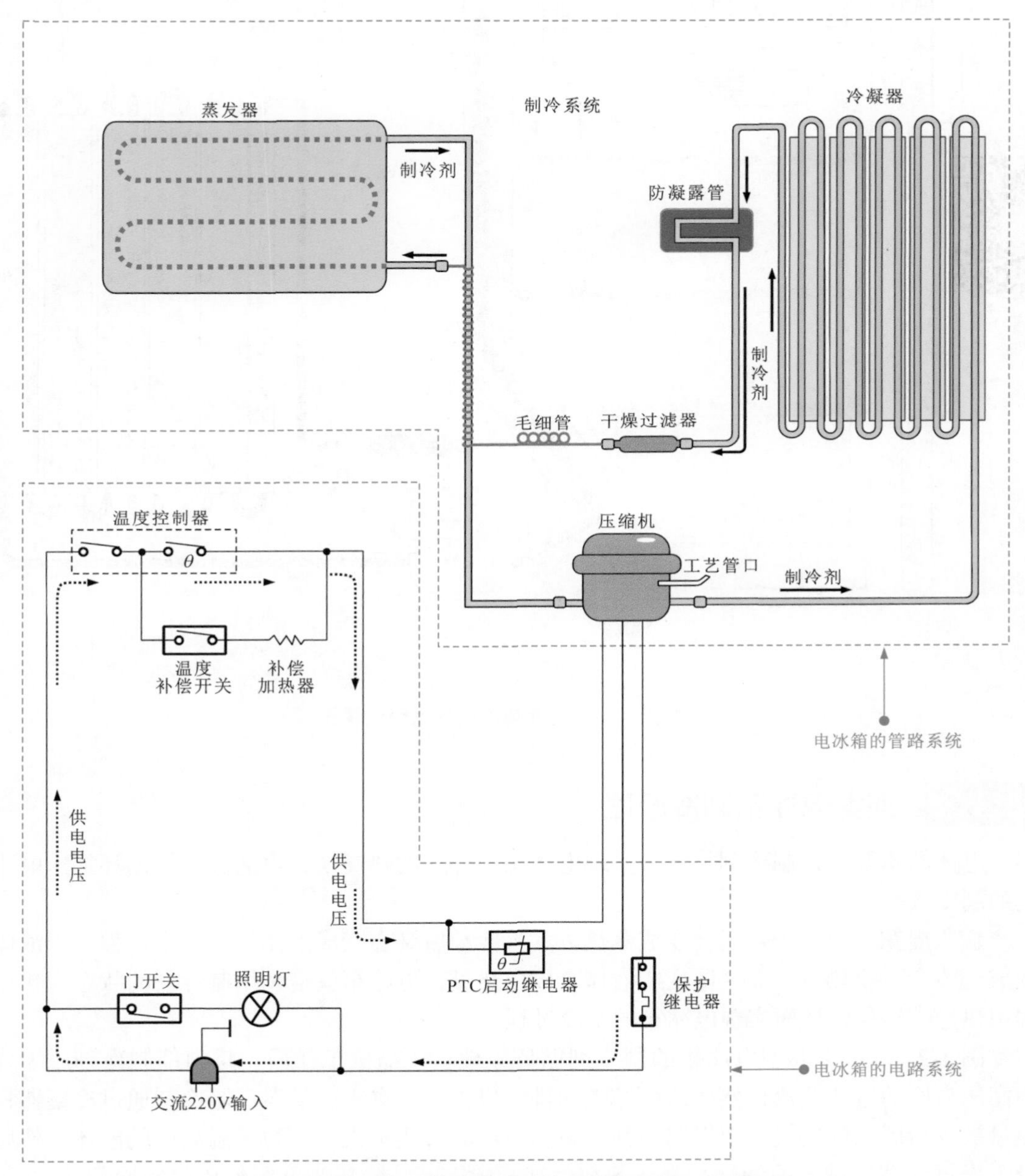

蒸发器
制冷系统
冷凝器
制冷剂
防凝露管
制冷剂
毛细管
干燥过滤器
温度控制器
压缩机
工艺管口
制冷剂
温度
补偿开关
补偿
加热器
电冰箱的管路系统
供电电压
供电电压
PTC启动继电器
门开关
照明灯
保护
继电器
交流220V输入
电冰箱的电路系统

图 1-22　典型电冰箱的管路系统和电路系统工作流程图

图 1-23 所示为典型电冰箱的制冷系统流程图，电冰箱在压缩机、冷凝器、干燥过滤器、毛细管、蒸发器等管路部件的配合下，通过热交换实现制冷循环，完成电冰箱冷冻和冷藏的工作。

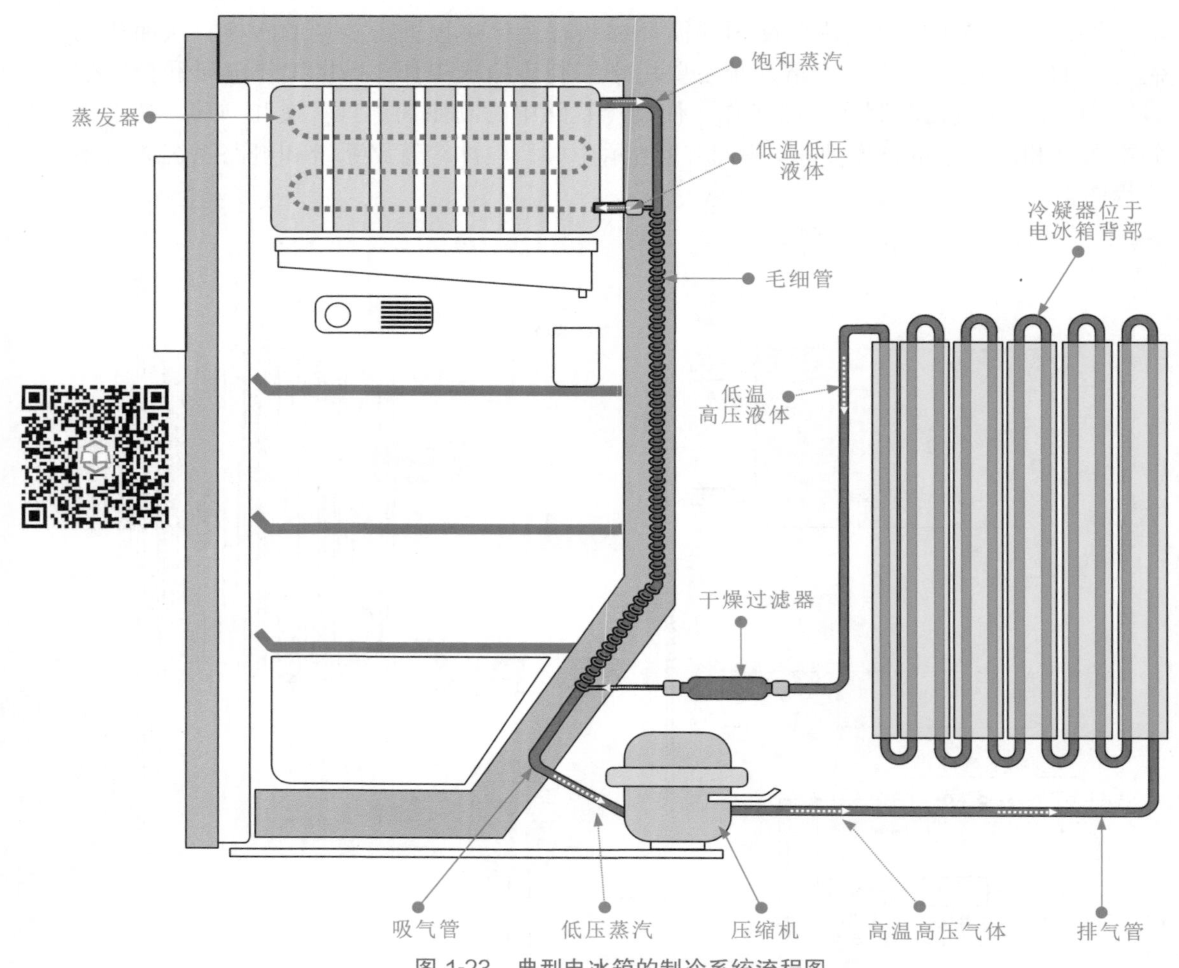
饱和蒸汽
蒸发器
低温低压
液体
冷凝器位于
电冰箱背部
毛细管
低温
高压液体
干燥过滤器
吸气管
低压蒸汽
压缩机
高温高压气体
排气管

图 1-23　典型电冰箱的制冷系统流程图

1.4.2　典型电冰箱制冷原理

电冰箱主要通过制冷剂循环，实现电冰箱与外界的热交换，再通过冷气循环加速电冰箱的制冷效率。

众所周知，液体受热后会变成蒸汽，蒸汽冷却后又会变成液体。在这个过程中，液体变成气体会吸收热量，而气体变成液体会放出热量，电冰箱就是利用制冷剂的状态变化过程中热量的转移，从而实现电冰箱的制冷过程。

图 1-24 所示为典型电冰箱的制冷剂循环原理。压缩机工作后，将内部制冷剂压缩成为高温高压的过热蒸汽，然后从压缩机的排气口排出，进入冷凝器。制冷剂通过冷凝器将热量散发给周围的空气，使得制冷剂由高温高压的过热蒸汽冷凝为常温高压的液体，然后经干燥过滤器后进入毛细管。制冷剂在毛细管中被节流降压为低温低压的制冷剂液体后，进入蒸发器。在蒸发器中，低温低压的制冷剂液体吸收箱室内的热量而汽化为饱和气体，这就达到了吸热制冷的目的。最后，低温低压的制冷剂气体经压缩机吸气口进入压缩机，开始下一次循环。

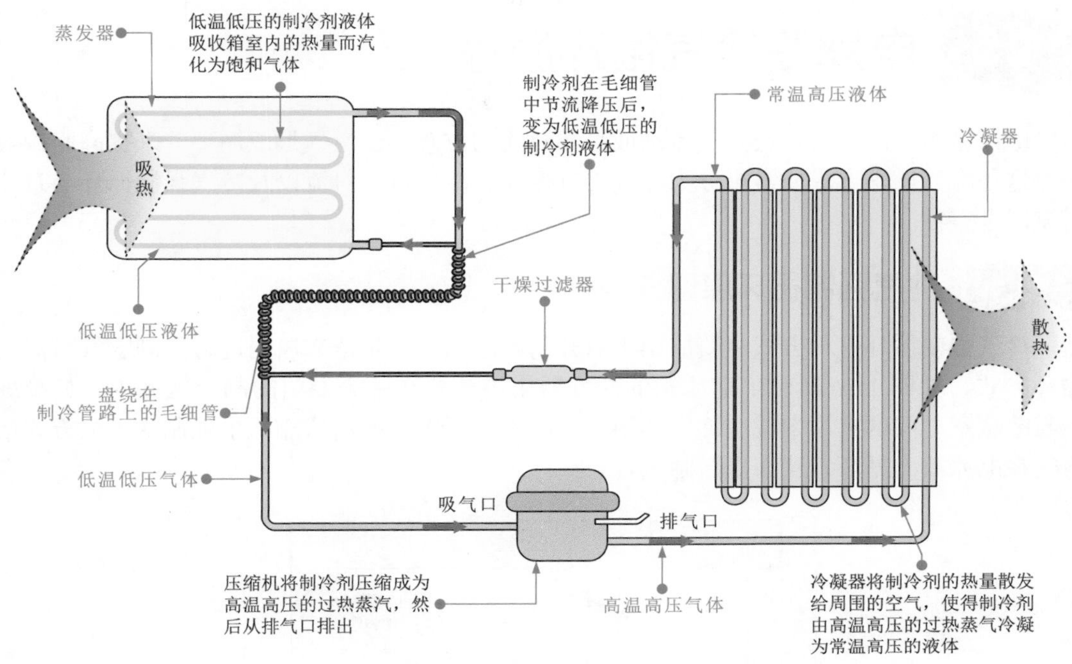
蒸发器
低温低压的制冷剂液体
吸收箱室内的热量而汽
化为饱和气体
制冷剂在毛细管
中节流降压后，
变为低温低压的
制冷剂液体
常温高压液体
冷凝器
吸
热
干燥过滤器
低温低压液体
散
热
盘绕在
制冷管路上的毛细管
低温低压气体
吸气口
排气口
压缩机将制冷剂压缩成为
高温高压的过热蒸汽，然
后从排气口排出
高温高压气体
冷凝器将制冷剂的热量散发
给周围的空气，使得制冷剂
由高温高压的过热蒸气冷凝
为常温高压的液体

图 1-24　典型电冰箱的制冷剂循环原理

1.4.3　双温双控电冰箱制冷原理

双温双控电冰箱通过电磁阀对不同箱室的制冷温度进行控制，控制电路通过温度传感器对不同箱室的温度进行检测，根据温度检测信号控制电磁阀的工作。该控制方式可减少能耗，实现电冰箱不同箱室的温度需求。

图 1-25 所示为典型双温双控电冰箱的制冷剂循环原理。电冰箱的冷冻室和冷藏室的制冷循环可同时进行，当冷藏室的温度达到设定温度时，冷藏室制冷循环停止，冷冻室的制冷工作继续进行。

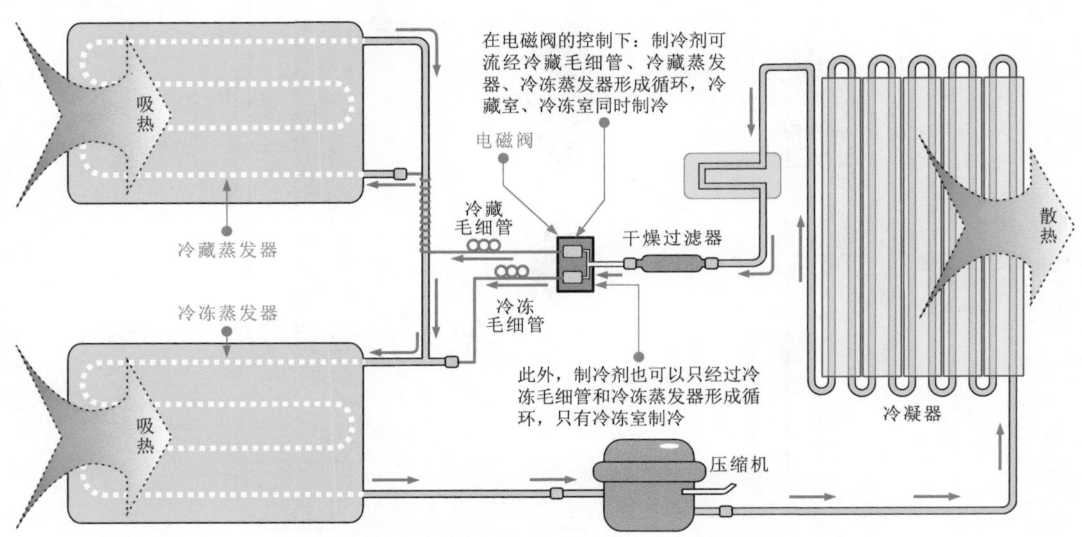
吸
热
在电磁阀的控制下：制冷剂可
流经冷藏毛细管、冷藏蒸发
器、冷冻蒸发器形成循环，冷
藏室、冷冻室同时制冷
电磁阀
冷藏
毛细管
干燥过滤器
冷藏蒸发器
散
热
冷冻
毛细管
冷冻蒸发器
此外，制冷剂也可以只经过冷
冻毛细管和冷冻蒸发器形成循
环，只有冷冻室制冷
冷凝器
吸
热
压缩机

图 1-25　典型双温双控电冰箱的制冷剂循环原理

1.5 电冰箱冷气循环原理

电冰箱箱室内通过加快空气流动或自然对流的方式，使空气形成循环，来提高制冷效果。这种冷气循环方式通常可分为冷气强制循环、冷气自然对流以及冷气强制循环与自然对流混合三种。

1.5.1 冷气强制循环原理

冷气强制循环这种方式主要应用于双开门电冰箱中，是依靠风扇进行强制空气对流的循环方式，如图 1-26 所示。电冰箱的蒸发器集中放置在一个专门的制冷区域内，如冷冻室与冷藏室之间的夹层中或冷冻室和箱体之间的夹层中，然后依靠风扇强制吹风的方式使冷气在电冰箱内循环，从而提高制冷效果。

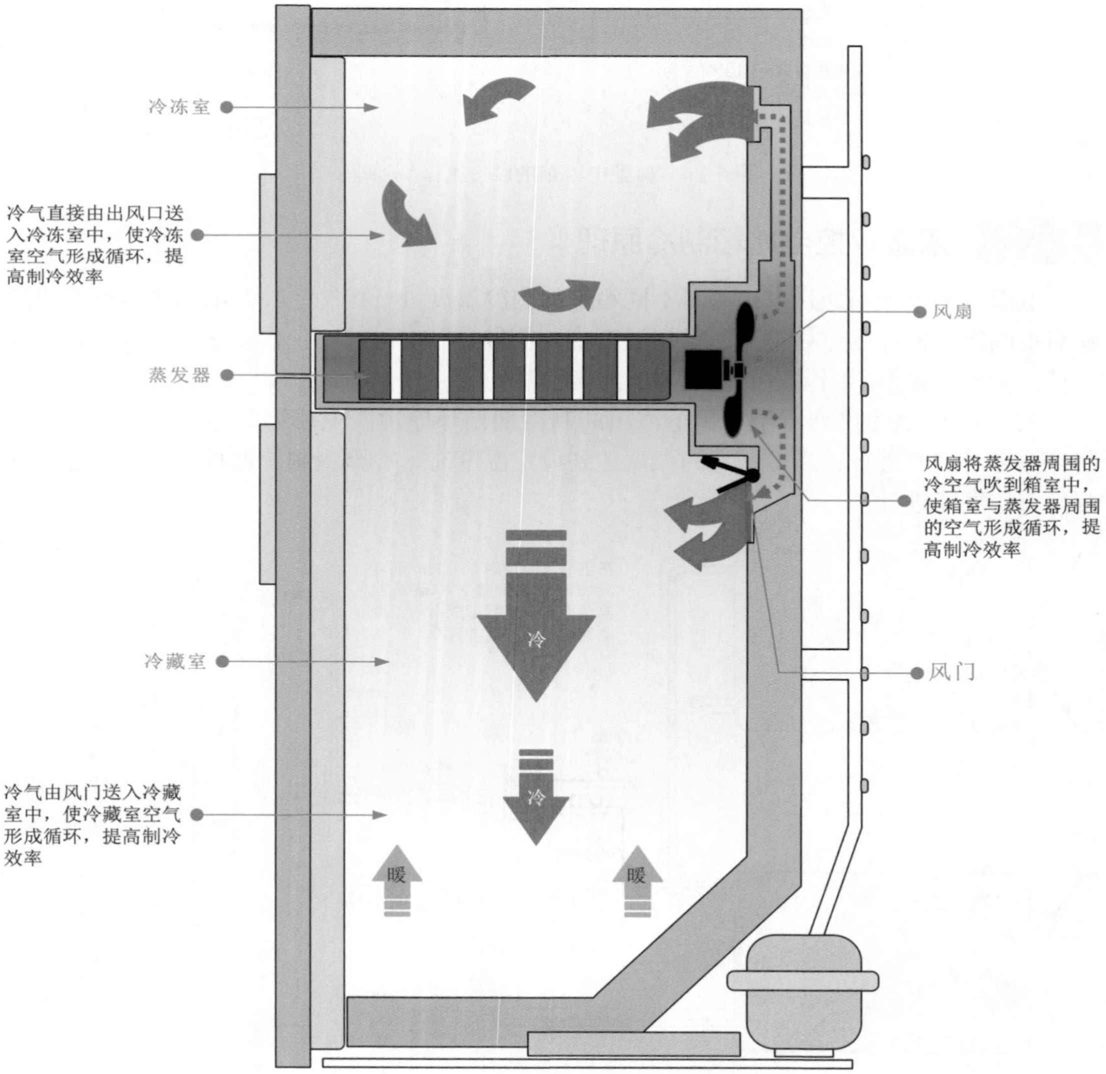

冷冻室
冷气直接由出风口送入冷冻室中，使冷冻室空气形成循环，提高制冷效率
蒸发器
冷藏室
冷气由风门送入冷藏室中，使冷藏室空气形成循环，提高制冷效率
风扇
风扇将蒸发器周围的冷空气吹到箱室中，使箱室与蒸发器周围的空气形成循环，提高制冷效率
风门
冷
冷
暖
暖

图 1-26　冷气强制循环的工作原理

提示

从图1-26中可以看到，空气被蒸发器冷却后由风扇吹进管道，再由管道进入冷冻室和冷藏室。其中，吹入冷冻室的冷气由位于冷冻室背部上方的出风口直接吹进冷冻室进行制冷，而送往冷藏室的冷气需要经过风门（手动调节挡板，也称挡气隔膜）才能进入冷藏室。通常，冷藏室的温度除了用温度传感器检测并自动调节外，还可以通过手动调节风门来调整冷气的进入量。

图1-27所示为风门调整控制示意图。当风门调整至关闭状态，风门便会阻挡进入冷藏室的冷气量。冷藏室的温度缓慢降低，当冷藏室的温度达到设定温度时，压缩机便会停止工作，在这个过程中冷冻室得到了充分的制冷。

当风门调整到最大状态（全开），大量的冷气会迅速地进入到冷藏室中，冷藏室的温度迅速降低，当达到设定温度时，压缩机停止工作，直到需要再次制冷时，压缩机才会再次启动，如此循环，进而使冷藏室维持在基本的冷藏状态。

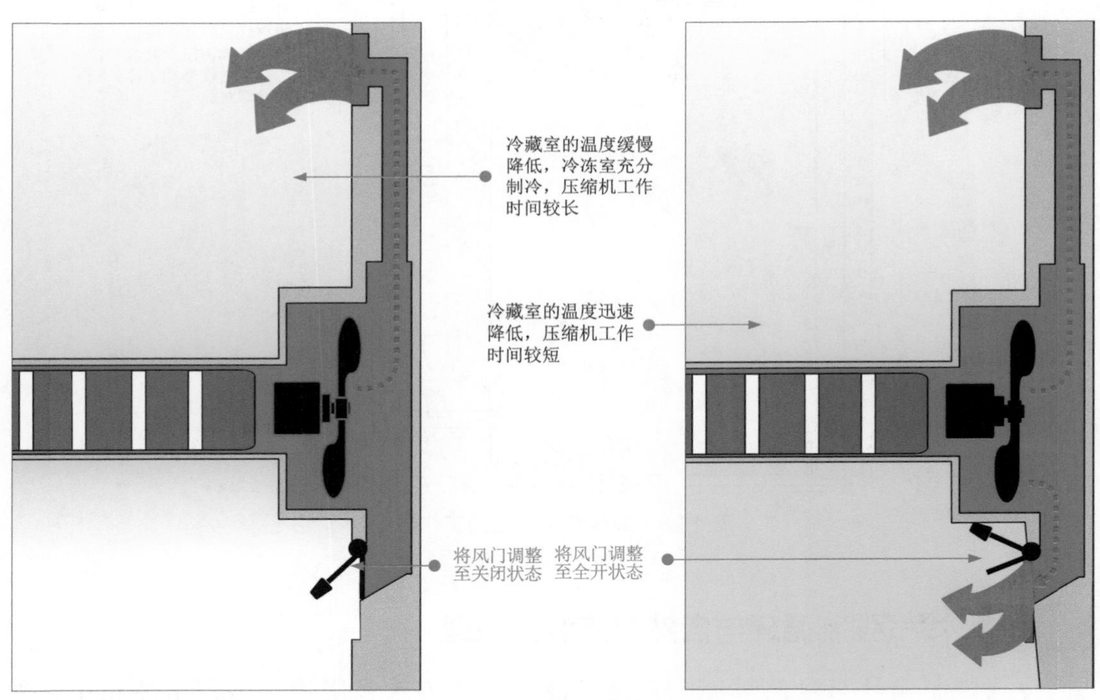
冷藏室的温度缓慢降低，冷冻室充分制冷，压缩机工作时间较长
冷藏室的温度迅速降低，压缩机工作时间较短
将风门调整至关闭状态
将风门调整至全开状态

图1-27 风门调整控制示意图

提示

采用冷气强制循环的电冰箱由于是依靠强制循环气流与蒸发器进行热交换来实现制冷的，所以这种电冰箱的冷冻室和冷藏室都不结霜（故也称无霜式电冰箱），且箱内温度均衡，有利于食品的长期储存。

1.5.2 冷气自然对流原理

众所周知，受重力影响，低温气体下沉，高温气体上升，有些电冰箱正是利用了这一气流自然规律实现冷气循环。

如图 1-28 所示，在冷冻室和冷藏室内各设有一个蒸发器，蒸发器温度很低，因此蒸发器周围的空气温度逐渐降低，这时，低温气体下沉，高温气体上升，箱室内便形成了空气的自然对流，箱室内温度逐渐降低，达到制冷的目的。

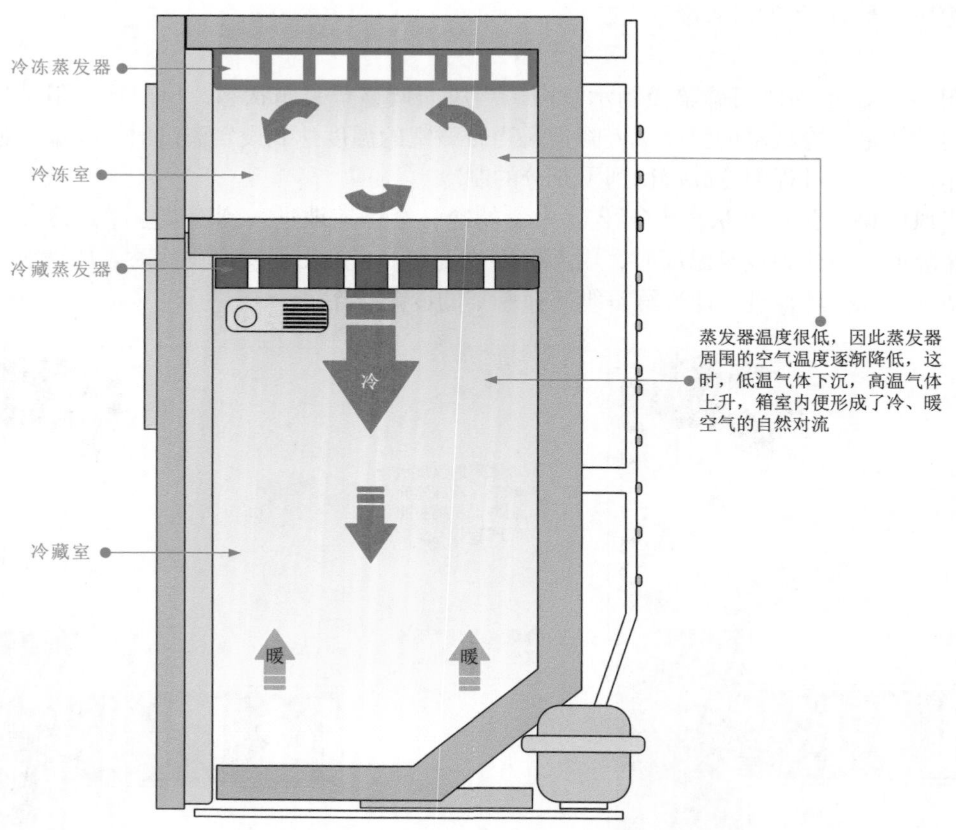
冷冻蒸发器
冷冻室
冷藏蒸发器
冷藏室
冷
暖
暖
蒸发器温度很低，因此蒸发器周围的空气温度逐渐降低，这时，低温气体下沉，高温气体上升，箱室内便形成了冷、暖空气的自然对流

图 1-28　冷气自然对流的工作原理

1.5.3 冷气强制循环与自然对流混合原理

冷气强制循环与自然对流混合这种冷气循环方式多应用于多门电冰箱中，如图 1-29 所示。通常冷藏室采用冷气自然对流降温方式，冷冻室则采用冷气强制循环降温方式。

当冷冻室制冷时，冷藏室也同时制冷，由于冷冻室采用间冷式制冷方式，化霜采用电加热方式进行，使得冷冻室表面不结霜，且温度分布均匀，易于食物长期保存。而冷藏室采用直冷式方式，即在冷藏室的上方安装有直冷式蒸发器，通过空气的自然对流来达到换热制冷的效果。这使得冷藏室的食物冷却速度较快，保温性能也比较好，同时也可以有效地降低电冰箱的能源消耗。

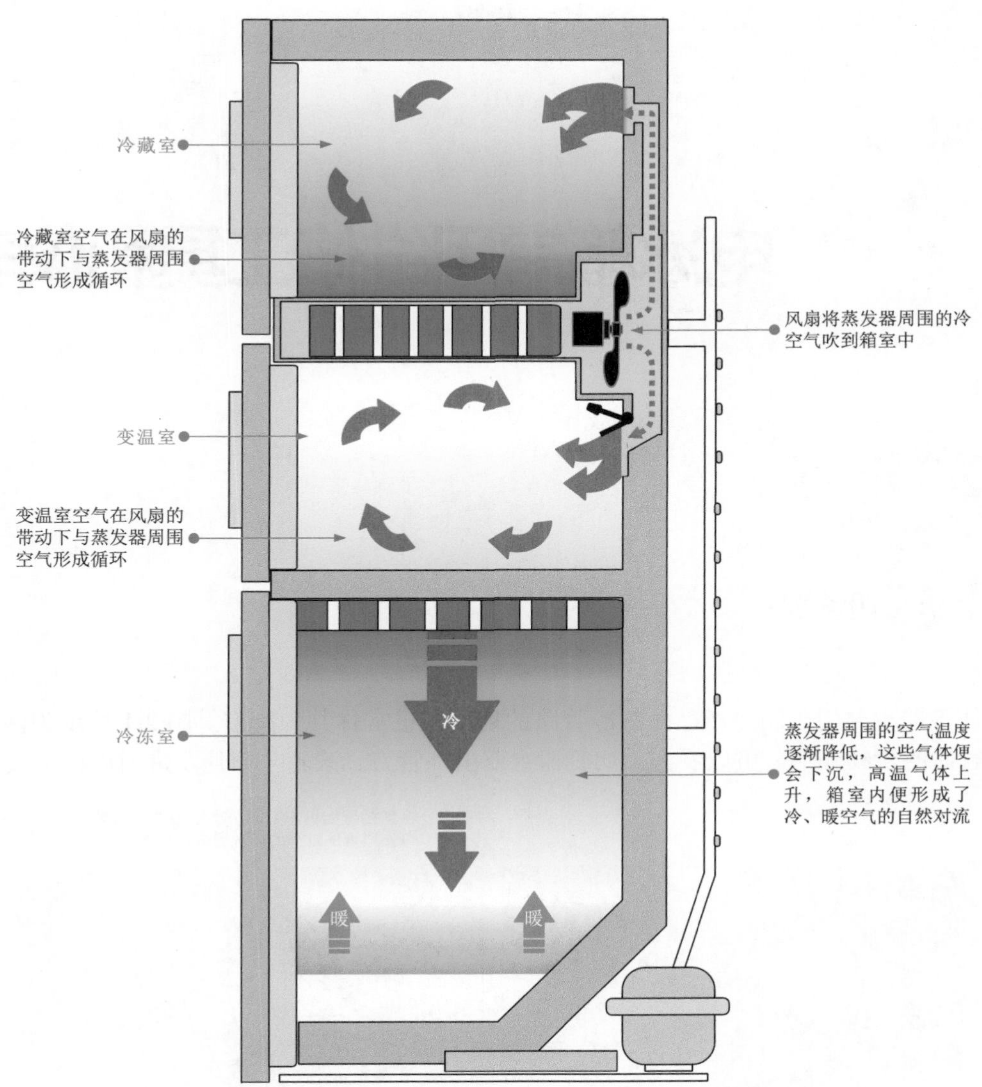
冷藏室
冷藏室空气在风扇的带动下与蒸发器周围空气形成循环
风扇将蒸发器周围的冷空气吹到箱室中
变温室
变温室空气在风扇的带动下与蒸发器周围空气形成循环
冷
冷冻室
蒸发器周围的空气温度逐渐降低，这些气体便会下沉，高温气体上升，箱室内便形成了冷、暖空气的自然对流
暖
暖

图 1-29 冷气强制循环与自然对流混合的工作原理

第2章 电冰箱常用维修工具和仪表

2.1 管路加工工具

2.1.1 切管器

（1）切管器的特点

切管器主要用于制冷产品的制冷管路的切割，也常称其为割刀。图 2-1 所示为两种常见切管器的实物外形。可以看到，切管器主要由刮管刀、滚轮、刀片及进刀旋钮组成。

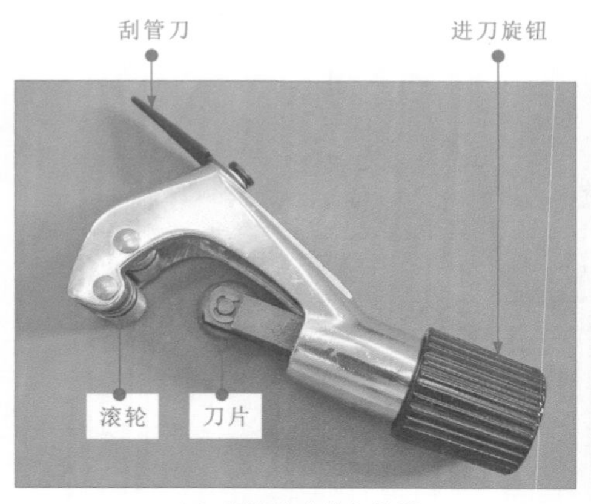

刮管刀
进刀旋钮
滚轮
刀片

（a）规格较大的切管器

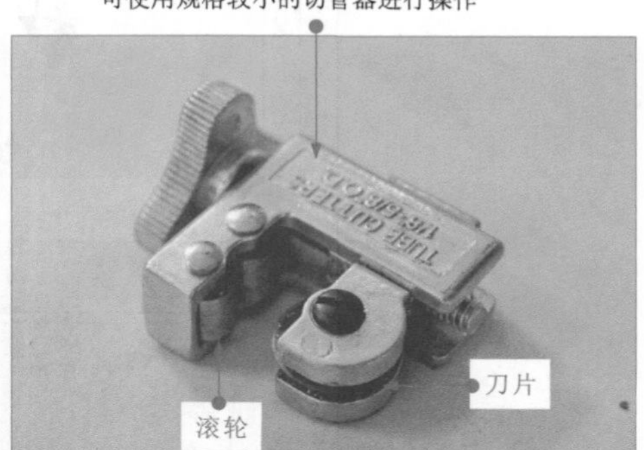

在切割压缩机或空间狭小地方的管路时，
可使用规格较小的切管器进行操作
刀片
滚轮

（b）规格较小的切管器

图 2-1　常用切管器实物外形

提示

在对制冷设备中的管路部件进行检修时，经常需要使用切管器对管路的连接部位、过长的管路或不平整的管口等进行切割，以便实现制冷设备管路部件的代换、检修或焊接操作。

常用切管器的规格为 3 ～ 20mm。由于制冷设备制冷循环对管路的要求很高，杂质、灰尘和金属碎屑都会造成制冷系统堵塞。因此，对制冷铜管的切割要使用专用的设备，这样才可以保证铜管的切割面平整、光滑，且不会产生金属碎屑掉入管中阻塞制冷循环系统。

(2) 切管器的使用方法

使用切管器切割制冷管路时，通常先调整切管器使切管器刀片接触到待切铜管的管壁，然后在旋转切管器的同时调节进刀旋钮，最终将制冷管路（铜管）切断。具体使用方法如图 2-2 所示。

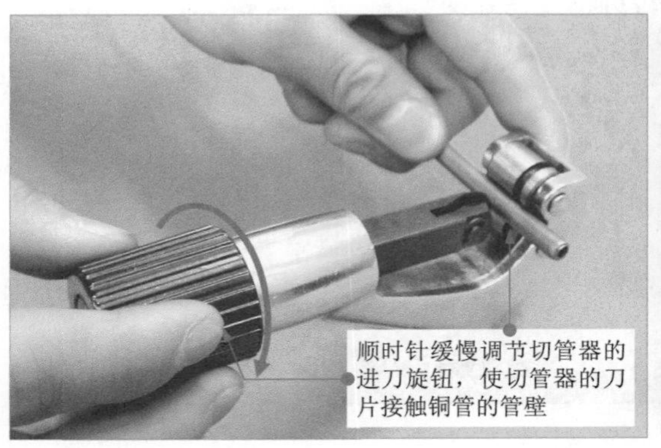
顺时针缓慢调节切管器的进刀旋钮，使切管器的刀片接触铜管的管壁

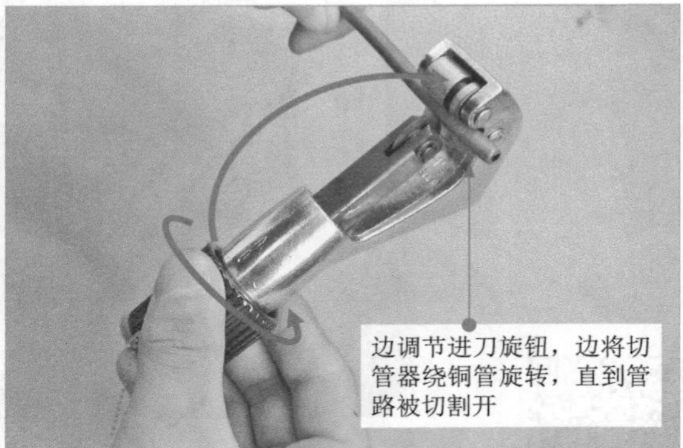
边调节进刀旋钮，边将切管器绕铜管旋转，直到管路被切割开

图 2-2 切管器的使用方法

提示

在使用切管器对铜管切割完毕后，应当使用切管器上端的刮管刀对切割铜管管口处的毛刺进行去除。如图 2-3 所示应当将铜管管口垂直向下，在刮管刀上水平移动。若将铜管管口垂直向上时，可能会导致铜渣掉入铜管内，对其造成污染。

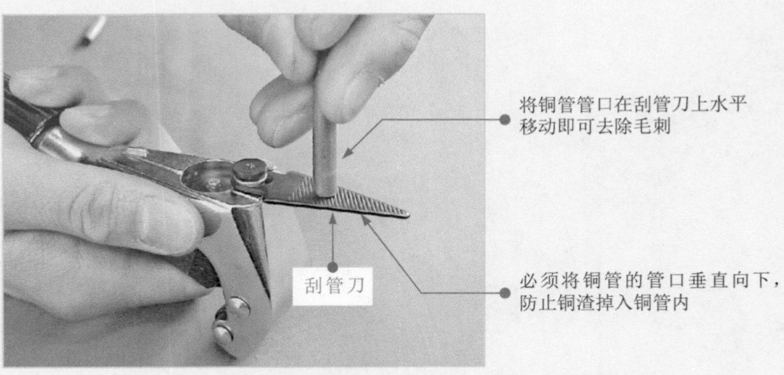
将铜管管口在刮管刀上水平移动即可去除毛刺
刮管刀
必须将铜管的管口垂直向下，防止铜渣掉入铜管内

图 2-3 使用切管器上的刮管刀去除毛刺

2.1.2 扩管组件

(1) 扩管组件的特点

扩管组件主要用于对制冷产品各种管路的管口进行扩口操作。图 2-4 所示为扩管组件的实物外形，可以看到扩管组件主要包括顶压器、顶压支头和夹板。

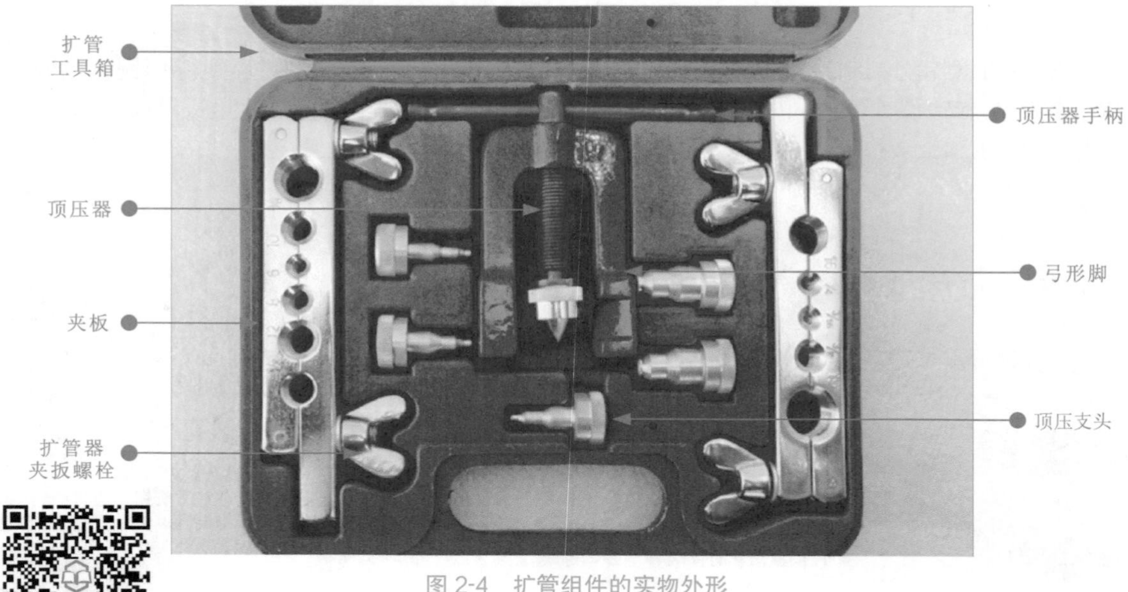
扩管
工具箱
顶压器手柄
顶压器
弓形脚
夹板
顶压支头
扩管器
夹扳螺栓

图 2-4　扩管组件的实物外形

提示

扩管组件主要用于将管口扩为杯形口和喇叭口两种，如图 2-5 所示。两根直径相同的铜管需要通过焊接方式连接时，应使用扩管器将一根铜管的管口扩为杯形口；当铜管需要通过纳子或转接器连接时，需将管口进行扩喇叭口的操作。

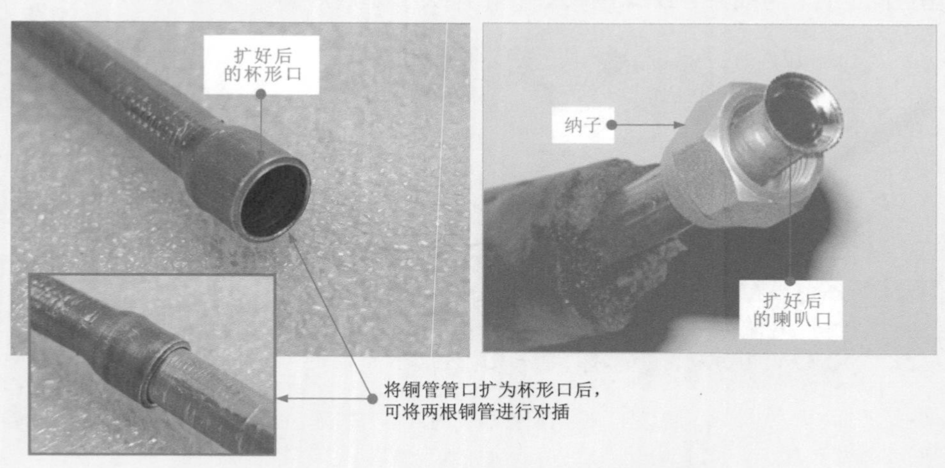
扩好后
的杯形口
纳子
扩好后
的喇叭口
将铜管管口扩为杯形口后，
可将两根铜管进行对插

图 2-5　使用扩管工具对管口的加工效果

(2) 扩管组件的使用方法

如图 2-6 所示，将铜管放置于夹板中固定，然后选择相应规格的顶压支头安装到顶压器上，即可实现对铜管的扩口操作。

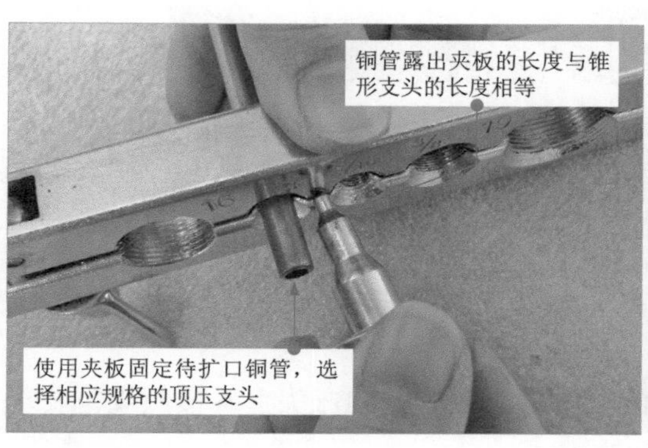
铜管露出夹板的长度与锥形支头的长度相等
使用夹板固定待扩口铜管，选择相应规格的顶压支头

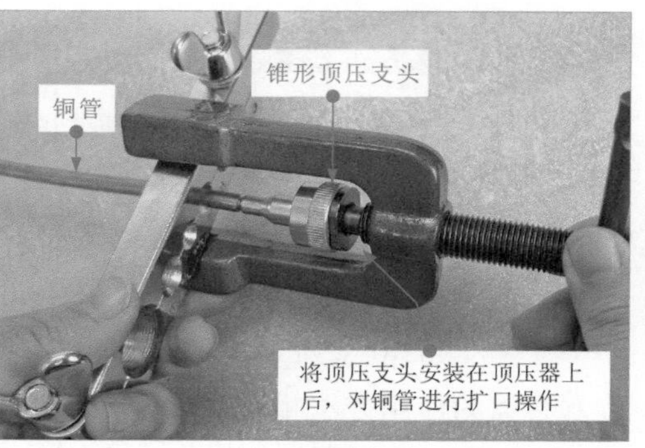
铜管
锥形顶压支头
将顶压支头安装在顶压器上后，对铜管进行扩口操作

图 2-6　扩管组件的使用方法

提示

在对制冷铜管管口进行扩管加工时，应当检查扩管后的质量，确保扩管后的管口合格，合格后方可使用，如图 2-7 所示为制冷铜管管口扩口质量对比。

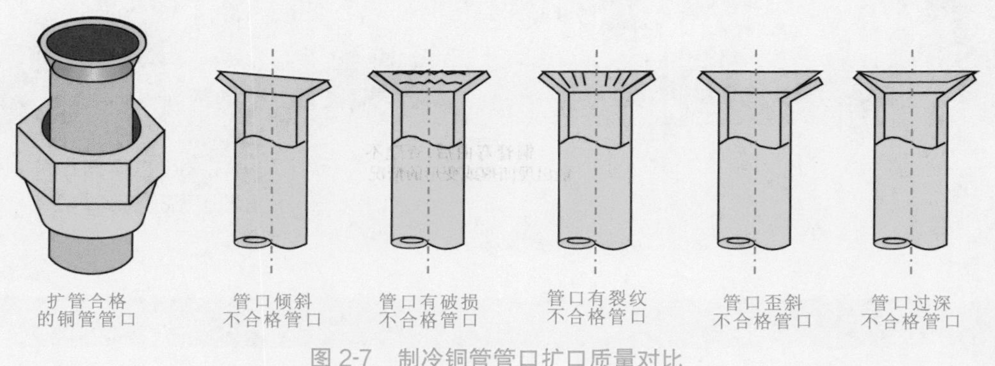
扩管合格
的铜管管口
管口倾斜
不合格管口
管口有破损
不合格管口
管口有裂纹
不合格管口
管口歪斜
不合格管口
管口过深
不合格管口

图 2-7　制冷铜管管口扩口质量对比

2.1.3　弯管器

（1）弯管器的特点

弯管器是在制冷产品维修过程中对管路进行弯曲时用到的一种加工工具，图 2-8 所示为常用弯管器实物外形。

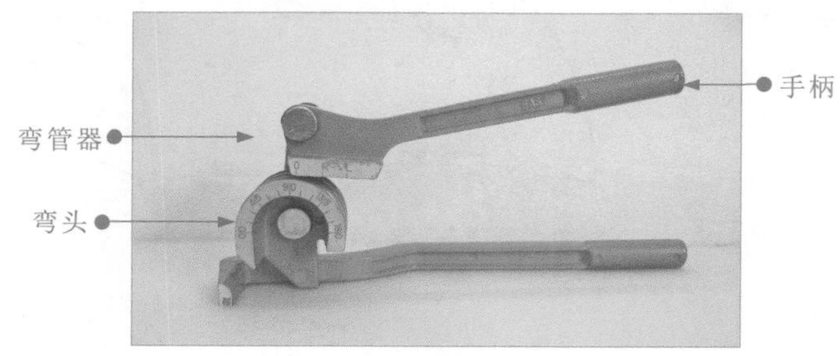
手柄
弯管器
弯头

图 2-8　常用弯管器实物外形

提示

制冷设备的制冷管路经常需要弯制成特定的形状，而且为了保证系统循环的效果，对于管路的弯曲有严格的要求。通常管路的弯曲半径不能小于其直径的 3 倍，而且要保证管道内腔不能凹瘪或变形。

（2）弯管器的使用方法

弯管器的使用方法相对简单，将待弯曲的铜管置于弯管器的弯头上，按照规范要求进行弯曲加工即可。弯管器的操作示范如图 2-9 所示。

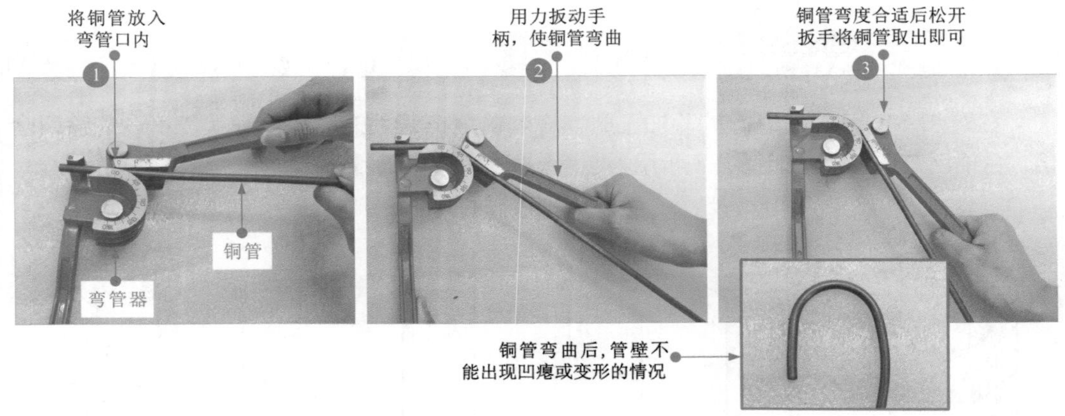
将铜管放入
弯管口内
1
用力扳动手
柄，使铜管弯曲
2
铜管弯度合适后松开
扳手将铜管取出即可
3
铜管
弯管器
铜管弯曲后，管壁不
能出现凹瘪或变形的情况

图 2-9　弯管器的操作示范

提示

对铜管的弯折可以分为手动弯管和机械弯管。手动弯管适合直径较细的铜管，通常直径在 6.35 ～ 12.7mm 之间；机械弯管适用于大多数的铜管，通常直径在 6.35 ～ 44.45mm 之间。管道弯管的弯曲半径应大于 3.5 倍的直径，铜管弯曲变形后的短径与原直径之比应大于 2/3。弯管加工时，铜管内侧不能起皱或变形，如图 2-10 所示。管道的焊接接口不应放在弯曲部位，接口焊缝距管道或管件弯曲部位的距离应不小于 100mm。

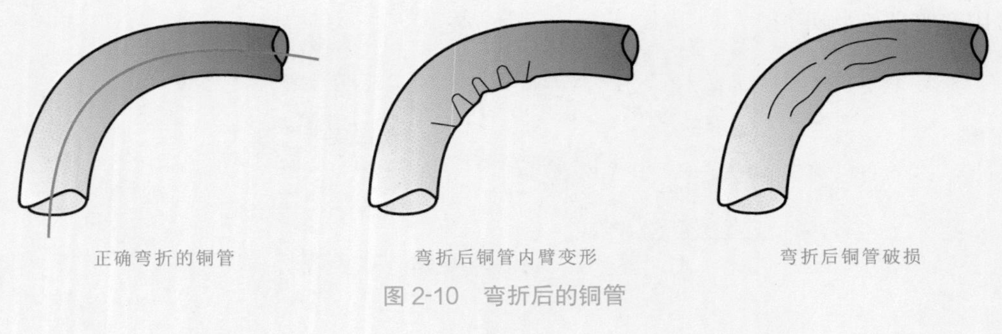
正确弯折的铜管
弯折后铜管内臂变形
弯折后铜管破损

图 2-10　弯折后的铜管

2.1.4 封口钳

封口钳也称大力钳，通常用于对制冷产品的制冷管路的端口处进行封闭，常见封口钳的实物外形如图 2-11 所示。

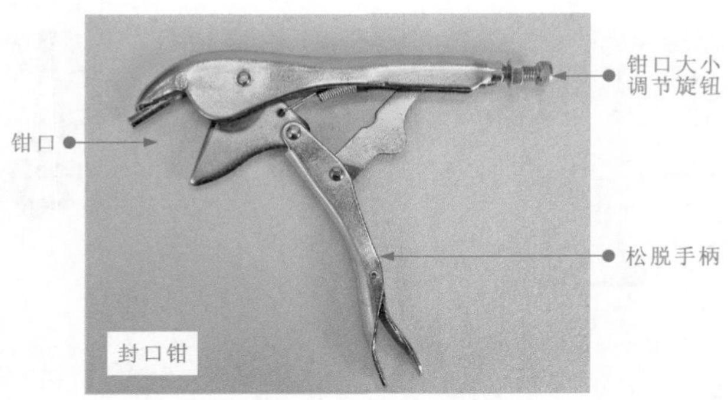
钳口大小
调节旋钮
钳口
松脱手柄
封口钳

图 2-11　封口钳的实物外形

使用封口钳时，将封口钳的钳口夹住制冷管路，然后用力压下手柄即可。图 2-12 为封口钳的使用方法。

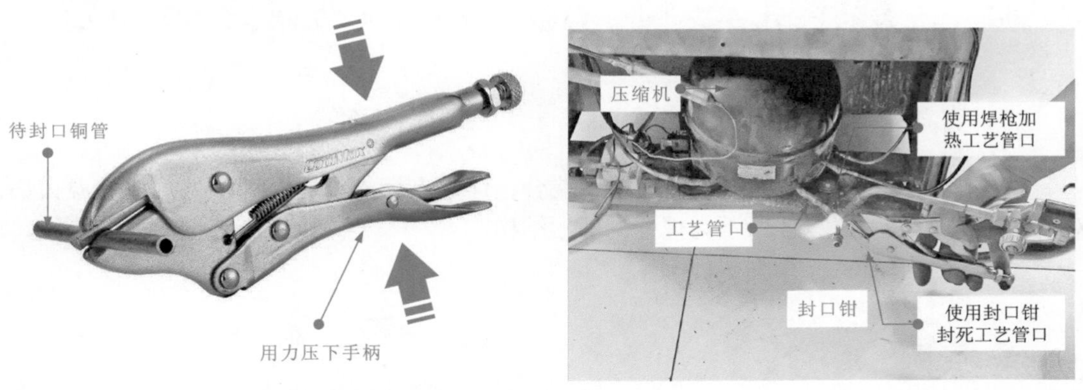
待封口铜管
用力压下手柄
压缩机
使用焊枪加
热工艺管口
工艺管口
封口钳
使用封口钳
封死工艺管口

图 2-12　封口钳的使用方法

2.2 焊接设备

制冷产品维修中常用的焊接设备主要有气焊设备和电烙铁两种。其中，气焊设备用于管路的检修，而电烙铁则主要对制冷产品电路中元器件进行代换。

2.2.1 气焊设备

（1）气焊设备的特点

气焊设备是指对制冷产品的管路系统进行焊接操作的专用设备。它主要是由氧气瓶、燃气瓶、焊枪和连接软管组成的。

图 2-13 所示为氧气瓶和燃气瓶的实物外形。氧气瓶上安装有总阀门、输出控制阀和输出压力表；而燃气瓶上安装有控制阀门和输出压力表。

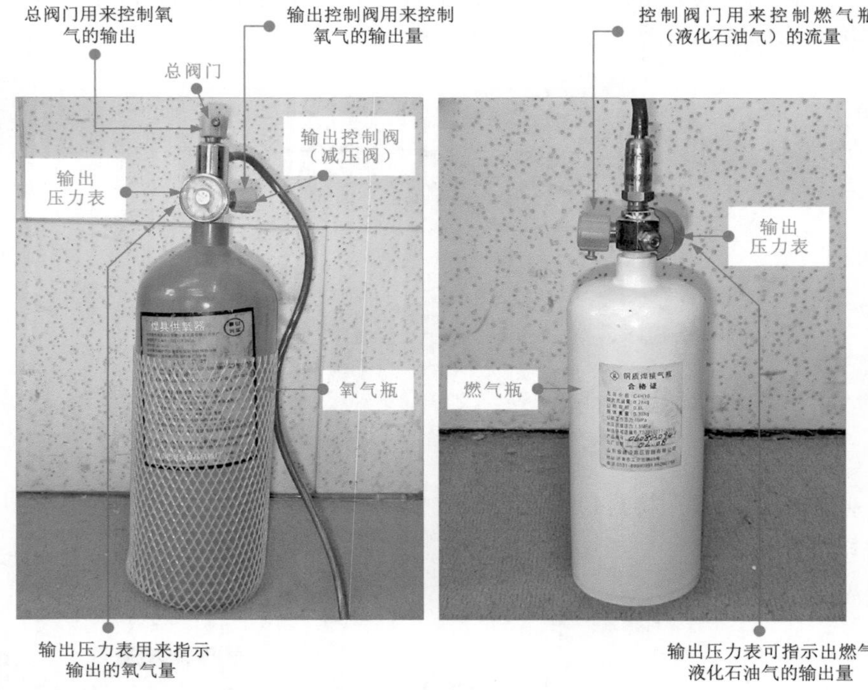
总阀门用来控制氧气的输出
输出控制阀用来控制氧气的输出量
控制阀门用来控制燃气瓶（液化石油气）的流量
总阀门
输出控制阀（减压阀）
输出压力表
输出压力表
氧气瓶
燃气瓶
输出压力表用来指示输出的氧气量
输出压力表可指示出燃气液化石油气的输出量

图 2-13　气焊设备的实物外形

氧气瓶和燃气瓶输出的气体在焊枪中混合，通过点燃的方式在焊嘴处形成高温火焰，对铜管进行加热。图 2-14 所示为焊枪的外形结构。

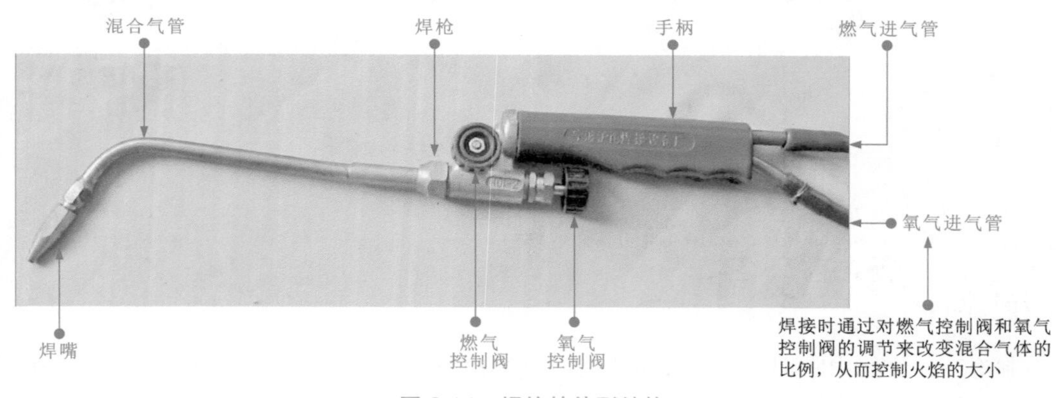
混合气管
焊枪
手柄
燃气进气管
氧气进气管
焊嘴
燃气控制阀
氧气控制阀
焊接时通过对燃气控制阀和氧气控制阀的调节来改变混合气体的比例，从而控制火焰的大小

图 2-14　焊枪的外形结构

提示

在使用气焊设备对空调器的管路和电路进行焊接时，焊料也是必不可少的辅助材料，主要有焊条、焊粉等，其实物外形及适用场合如图 2-15 所示。

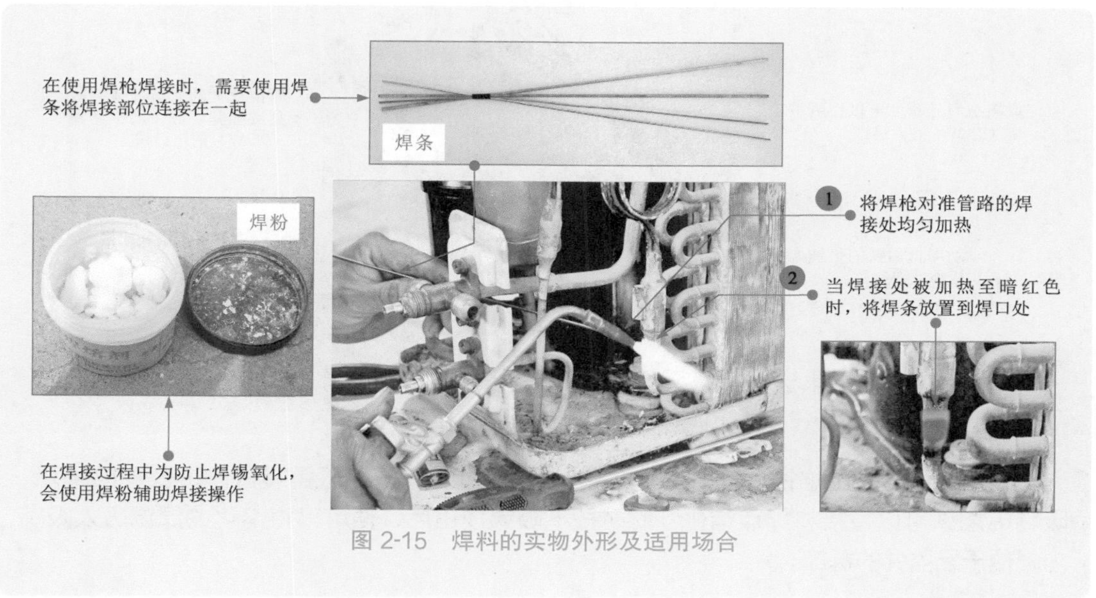
在使用焊枪焊接时，需要使用焊条将焊接部位连接在一起
焊条
焊粉
1 将焊枪对准管路的焊接处均匀加热
2 当焊接处被加热至暗红色时，将焊条放置到焊口处
在焊接过程中为防止焊锡氧化，会使用焊粉辅助焊接操作

图 2-15 焊料的实物外形及适用场合

（2）气焊设备的使用方法

如图 2-16 所示，气焊设备在使用时首先要将火焰调整到焊接状态，然后即可在焊料的配合下实现管路的焊接（气焊设备的使用与管路焊接有着严格要求，将在下面的章节详细介绍）。

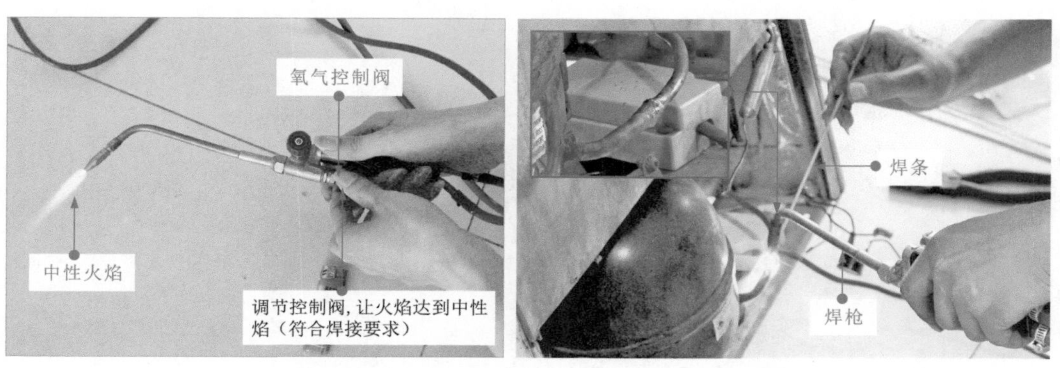
氧气控制阀
中性火焰
调节控制阀，让火焰达到中性焰（符合焊接要求）
焊条
焊枪

图 2-16 气焊设备的使用特点

2.2.2 电烙铁

（1）电烙铁的特点

在制冷产品维修过程中，通常会对电路部分的元器件进行操作，若出现损坏的元器件，则需要使用电烙铁对其进行焊接、代换操作，因此电烙铁也是制冷产品中使用较多的焊接工具之一。如图 2-17 所示，常用的电烙铁主要有小功率电烙铁和中功率电烙铁两种。

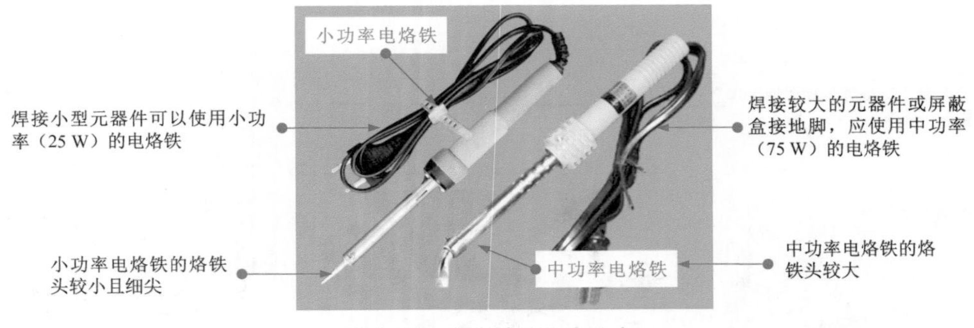
小功率电烙铁
焊接小型元器件可以使用小功率（25 W）的电烙铁
焊接较大的元器件或屏蔽盒接地脚，应使用中功率（75 W）的电烙铁
小功率电烙铁的烙铁头较小且细尖
中功率电烙铁
中功率电烙铁的烙铁头较大

图 2-17　电烙铁的种类特点

提示

还有一种吸锡电烙铁，其烙铁头是空心的，而且多了一个吸锡装置，如图 2-18 所示。吸锡电烙铁可以直接将焊点熔化，此时按下吸锡按钮后，便可以将熔化的焊锡吸入吸嘴内，便于元器件的拆卸。

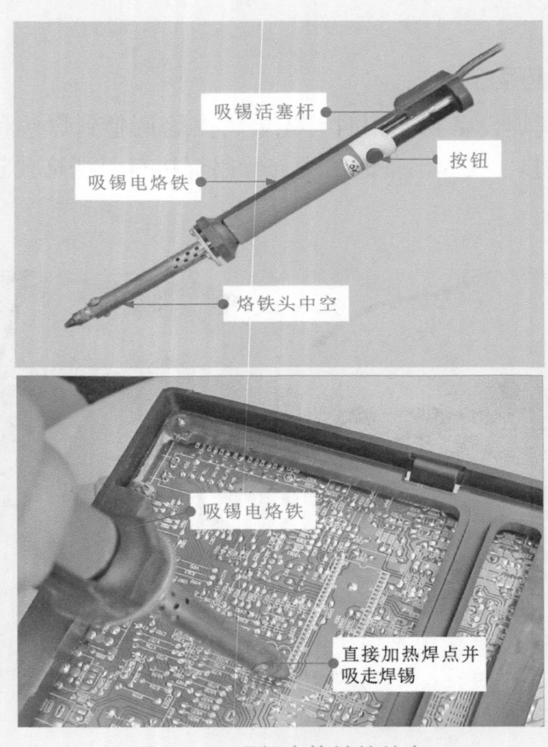
吸锡活塞杆
按钮
吸锡电烙铁
烙铁头中空
吸锡电烙铁
直接加热焊点并吸走焊锡

图 2-18　吸锡电烙铁的特点

（2）电烙铁的使用方法

使用电烙铁，先将其通电加热，然后用手握住电烙铁的手柄处，接近将要拆卸的元器件引脚端使焊锡熔化即可。图 2-19 为电烙铁的使用方法。通常，电烙铁会与吸锡器或焊接辅料配合使用，完成拆焊和焊接操作。

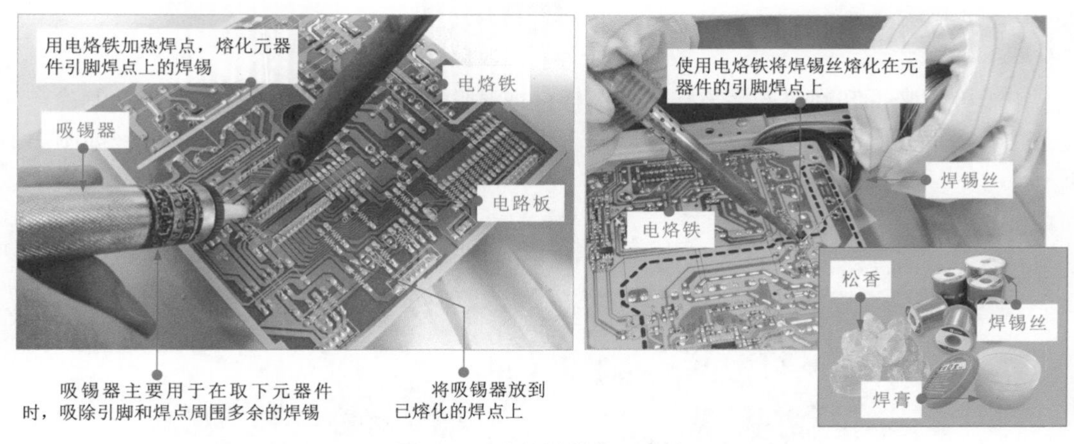

用电烙铁加热焊点，熔化元器件引脚焊点上的焊锡
电烙铁
吸锡器
电路板
吸锡器主要用于在取下元器件时，吸除引脚和焊点周围多余的焊锡
将吸锡器放到已熔化的焊点上
使用电烙铁将焊锡丝熔化在元器件的引脚焊点上
焊锡丝
电烙铁
松香
焊锡丝
焊膏

图 2-19　电烙铁的使用方法

2.3 拆装工具

制冷产品维修人员最常用的拆装工具当属螺丝刀、钳子、扳手。在制冷产品维修中，无论是电冰箱或空调器外壳的拆卸，还是电气系统、制冷系统的拆卸，无论是面对固定螺钉，还是需要插拔连接插件，螺丝刀、钳子、扳手都可以轻松应对。

2.3.1 螺丝刀

螺丝刀主要用来拆装制冷产品的外壳、制冷系统以及电气系统等部件上的固定螺钉。螺丝刀的实物外形及适用场合，如图 2-20 所示。

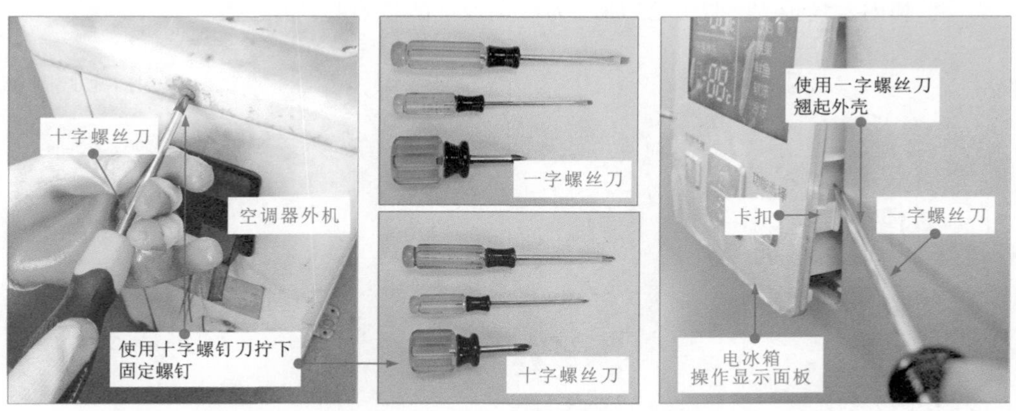

十字螺丝刀
空调器外机
使用十字螺钉刀拧下固定螺钉
一字螺丝刀
十字螺丝刀
使用一字螺丝刀翘起外壳
卡扣
一字螺丝刀
电冰箱操作显示面板

图 2-20　螺丝刀的特点与使用方法

提示

在对电冰箱进行拆卸时，要尽量采用合适规格的螺丝刀来拆卸螺钉，螺丝刀的刀口尺寸不合适会损坏螺钉，给拆卸带来困难。需注意的是，尽量采用带有磁性的螺丝刀，减少螺钉脱落的情况，以便快速准确地拧松螺钉。

2.3.2 钳子

钳子可用来拆卸制冷产品连接线缆的插件或某些部件的固定螺栓，或在焊接制冷产品管路时，用来夹取制冷管路或部件，以便于焊接。钳子的实物外形及适用场合，如图 2-21 所示。

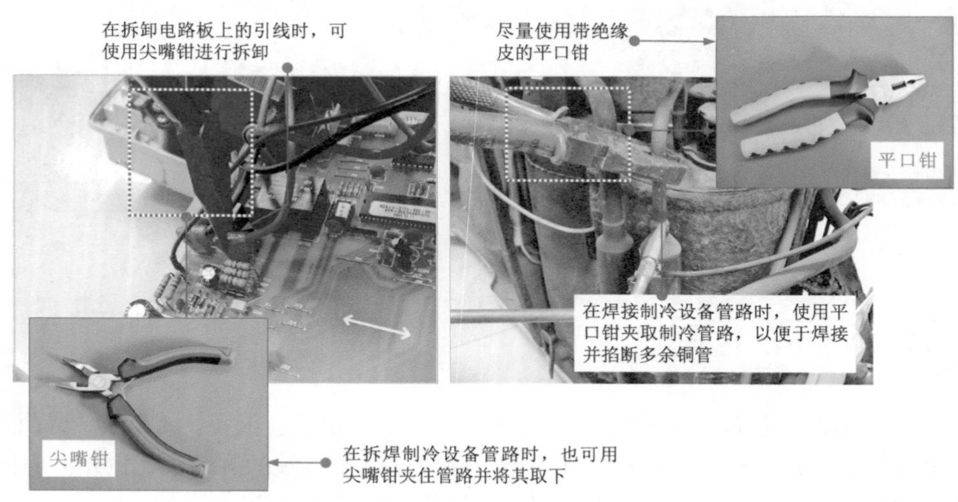
在拆卸电路板上的引线时，可使用尖嘴钳进行拆卸
尽量使用带绝缘皮的平口钳
平口钳
在焊接制冷设备管路时，使用平口钳夹取制冷管路，以便于焊接并掐断多余铜管
尖嘴钳
在拆焊制冷设备管路时，也可用尖嘴钳夹住管路并将其取下

图 2-21 钳子的实物外形及适用场合

2.3.3 扳手

扳手主要用来拆装或固定制冷产品中一些大型的螺栓或阀门开关，常用的有活络扳手、呆扳手和内六角扳手。图 2-22 所示为常用扳手的特点与使用方法。

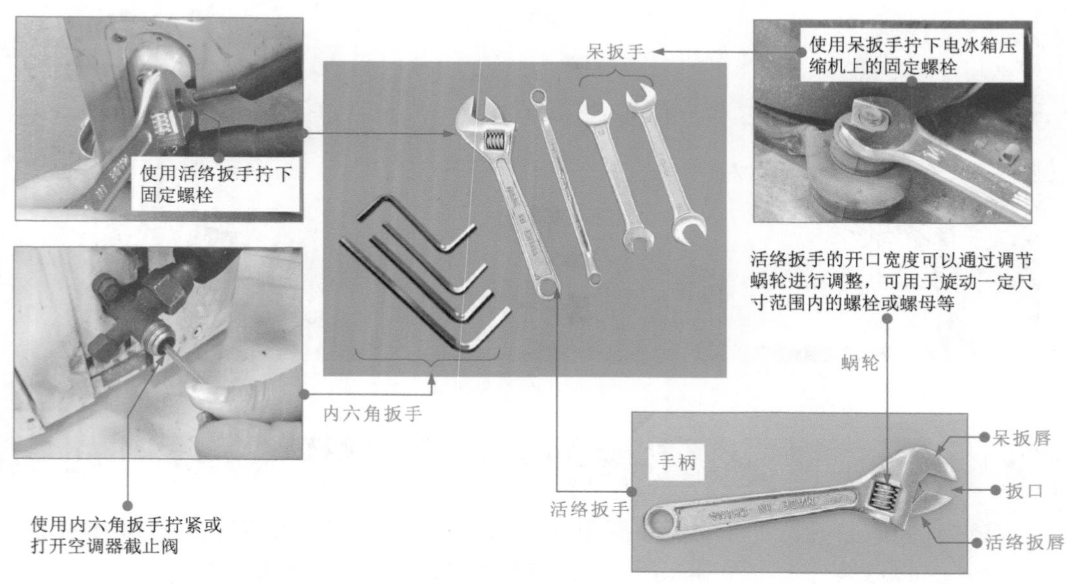
使用活络扳手拧下固定螺栓
呆扳手
使用呆扳手拧下电冰箱压缩机上的固定螺栓
活络扳手的开口宽度可以通过调节蜗轮进行调整，可用于旋动一定尺寸范围内的螺栓或螺母等
蜗轮
内六角扳手
使用内六角扳手拧紧或打开空调器截止阀
手柄
活络扳手
呆扳唇
扳口
活络扳唇

图 2-22 常用扳手的特点与使用方法

2.4 检测仪表

制冷产品维修常用的检测仪表是指对制冷产品的电气部件或电路系统电子元器件进行检修时用到的检测仪表，如万用表、示波器、钳形表、兆欧表、电子温度计等，可分别用于检测电阻 / 电压值、信号波形、压缩机启动 / 运行电流、绝缘电阻值和温度等参数或数据。

2.4.1 万用表

万用表是检测制冷产品电路系统的主要工具。电路是否存在短路或断路故障，电路中元器件性能是否良好，供电条件是否满足等，都可使用万用表来进行检测。维修中常用的万用表主要有指针万用表和数字万用表两种，其外形如图 2-23 所示。

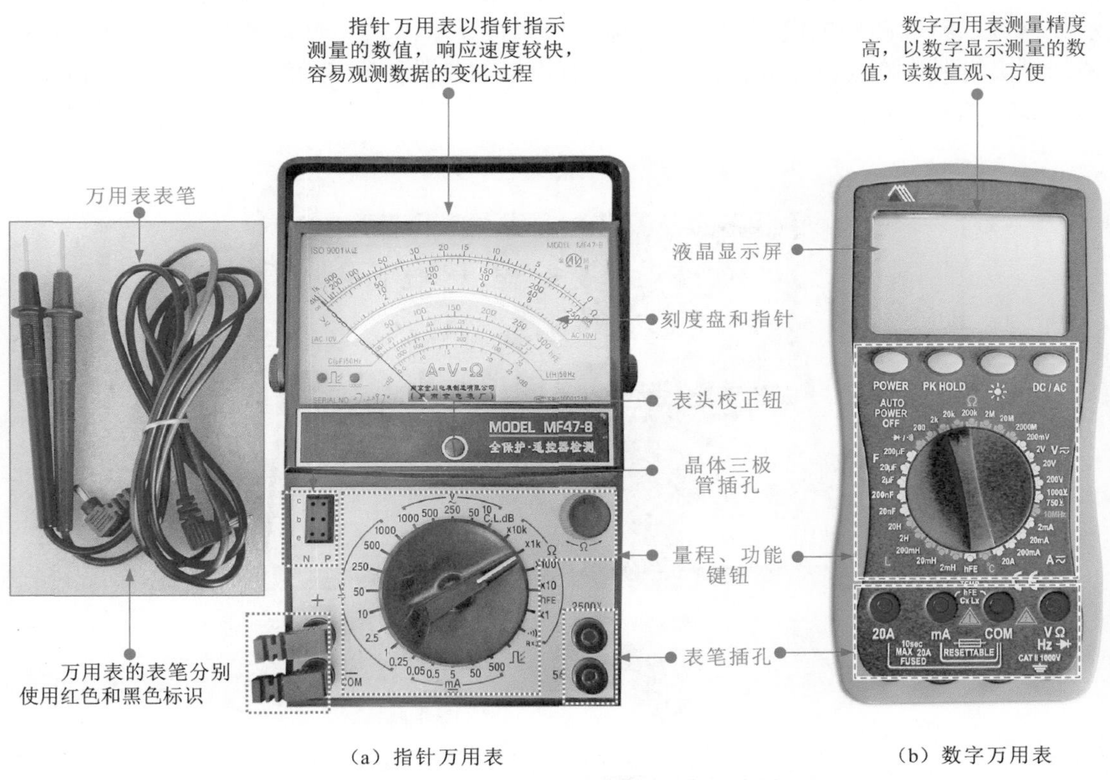
指针万用表以指针指示测量的数值，响应速度较快，容易观测数据的变化过程
数字万用表测量精度高，以数字显示测量的数值，读数直观、方便
万用表表笔
液晶显示屏
刻度盘和指针
表头校正钮
晶体三极管插孔
量程、功能键钮
表笔插孔
万用表的表笔分别使用红色和黑色标识
MODEL MF47-8
全保护·遥控器检测
POWER
PK HOLD
DC / AC
20A
mA
COM
(a) 指针万用表
(b) 数字万用表

图 2-23　万用表的实物外形

使用万用表进行检测操作时，首先需要根据测量对象选择相应的测量挡位和量程，然后再根据检测要求和步骤进行实际检测。

例如，测量某个部件的电阻值，应选择欧姆挡，然后根据万用表测电阻值的测量要求进行测量即可。图 2-24 所示为使用万用表检测空调器风扇电动机阻值的操作示范。

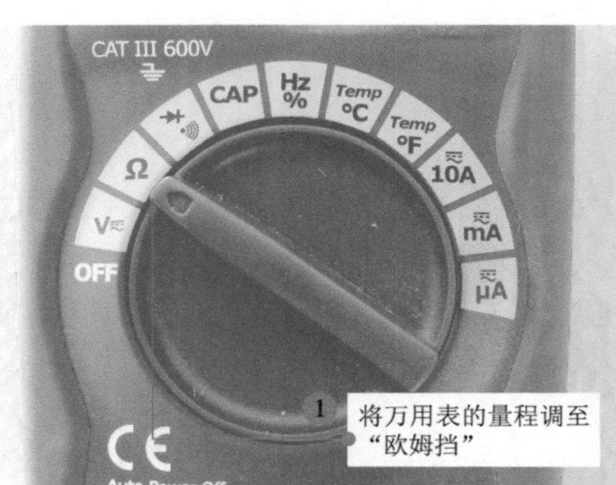
CAT III 600V
CAP
Hz
%
Temp
°C
Temp
°F
10A
mA
μA
Ω
V
OFF
1
将万用表的量程调至
"欧姆挡"

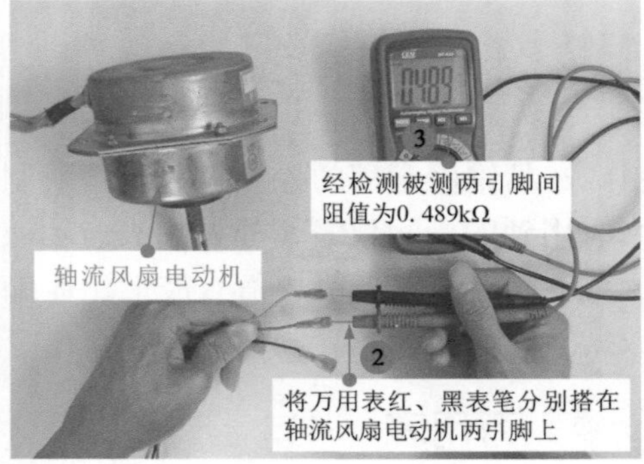
3
经检测被测两引脚间
阻值为0.489kΩ
轴流风扇电动机
2
将万用表红、黑表笔分别搭在
轴流风扇电动机两引脚上

图 2-24　使用万用表检测空调器风扇电动机阻值的操作示范

2.4.2　示波器

在制冷产品电路系统的维修中，使用示波器对电路各部位信号波形进行检测更便捷。示波器可以将电路中的电压波形、电流波形直接显示出来，能够使检修者提高维修效率，尽快找到故障点。常用的示波器主要有模拟示波器和数字示波器两种，其实物外形如图 2-25 所示。

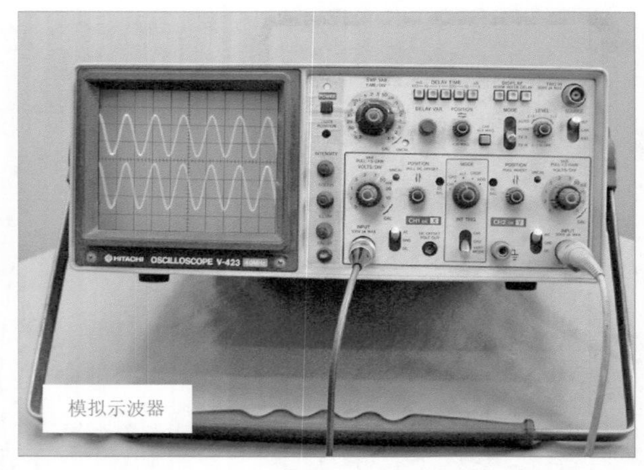
OSCILLOSCOPE V-423
模拟示波器

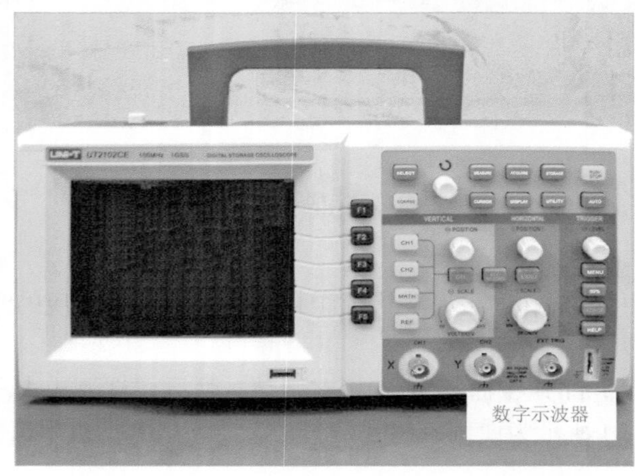
UNI-T
UT2102CE
数字示波器

图 2-25　示波器实物外形

使用示波器进行检测的操作方法相对复杂一些，重点是要做好检测前的准备工作、测试线的接地和实际检测操作。注意，若检测带交流高压的电路部分应使用隔离变压器。图 2-26 所示为使用示波器检测电冰箱电路系统中信号波形的操作示范。

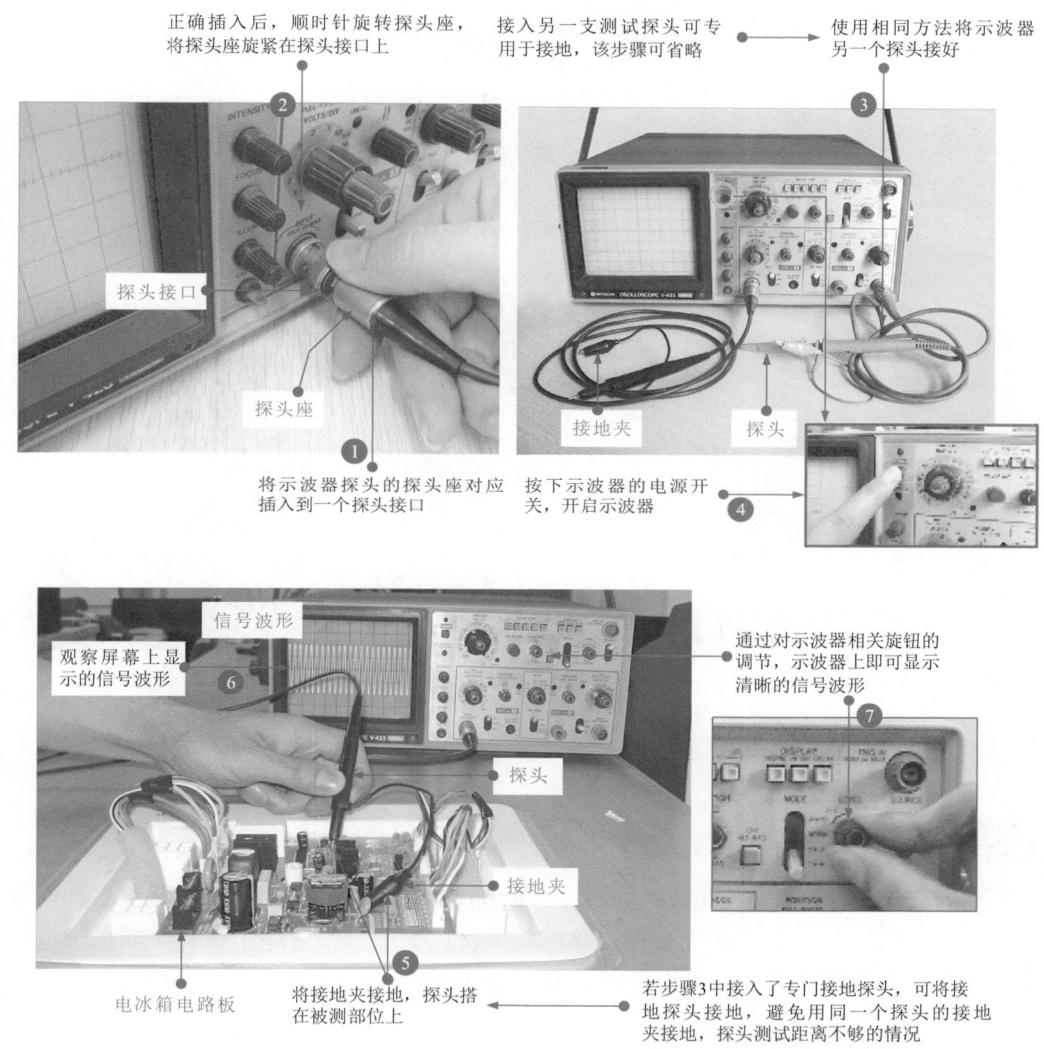
正确插入后，顺时针旋转探头座，将探头座旋紧在探头接口上
接入另一支测试探头可专用于接地，该步骤可省略
使用相同方法将示波器另一个探头接好
探头接口
探头座
接地夹
探头
将示波器探头的探头座对应插入到一个探头接口
按下示波器的电源开关，开启示波器
信号波形
观察屏幕上显示的信号波形
通过对示波器相关旋钮的调节，示波器上即可显示清晰的信号波形
探头
接地夹
电冰箱电路板
将接地夹接地，探头搭在被测部位上
若步骤3中接入了专门接地探头，可将接地探头接地，避免用同一个探头的接地夹接地，探头测试距离不够的情况

图 2-26 使用示波器检测电冰箱电路系统中信号波形的操作示范

2.4.3 钳形表

钳形表也是检修制冷产品电气系统时的常用仪表，钳形表特殊的钳口设计，可在不断开电路的情况下，方便地检测电路中的交流电流，如空调器整机的启动电流和运行电流，以及压缩机的启动电流和运行电流等。钳形表的结构和实物外形如图 2-27 所示。

使用钳形表进行检测操作的方法比较简单，通常选择好量程后，用钳口钳住单根电源线即可。图 2-28 所示为使用钳形表检测空调器整机启动电流的操作示范。

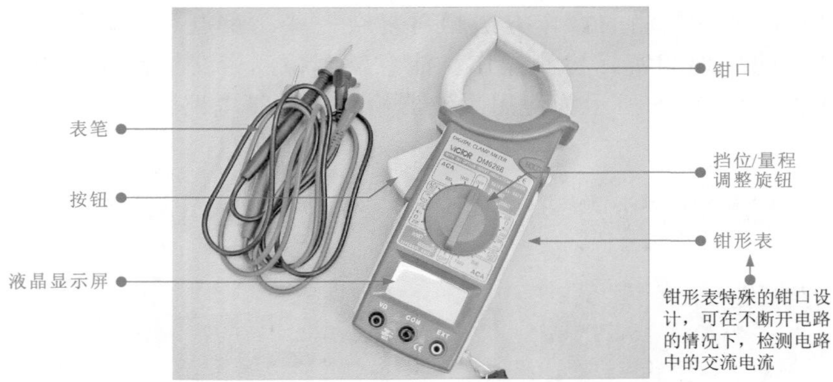

钳口
表笔
挡位/量程
调整旋钮
按钮
钳形表
液晶显示屏
钳形表特殊的钳口设计，可在不断开电路的情况下，检测电路中的交流电流

图 2-27 钳形表的结构和实物外形

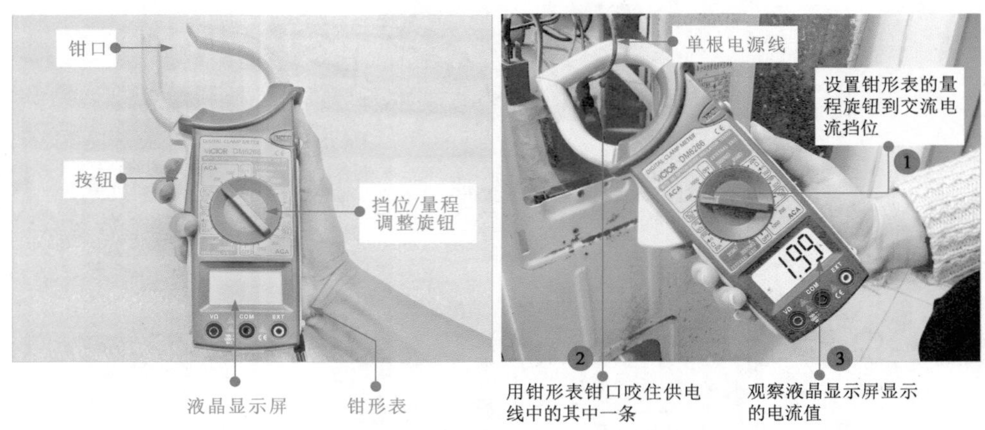

钳口
按钮
挡位/量程
调整旋钮
液晶显示屏
钳形表
单根电源线
设置钳形表的量程旋钮到交流电流挡位
1
2
3
用钳形表钳口咬住供电线中的其中一条
观察液晶显示屏显示的电流值

图 2-28 使用钳形表检测空调器整机启动电流的操作示范

2.4.4 兆欧表

兆欧表主要用于对绝缘性能要求较高的部件或设备进行检测，用以判断被测部件或设备中是否存在短路或漏电情况等。在制冷产品维修过程中，主要用于检测压缩机绕组的绝缘性能。兆欧表的结构和实物外形如图 2-29 所示。

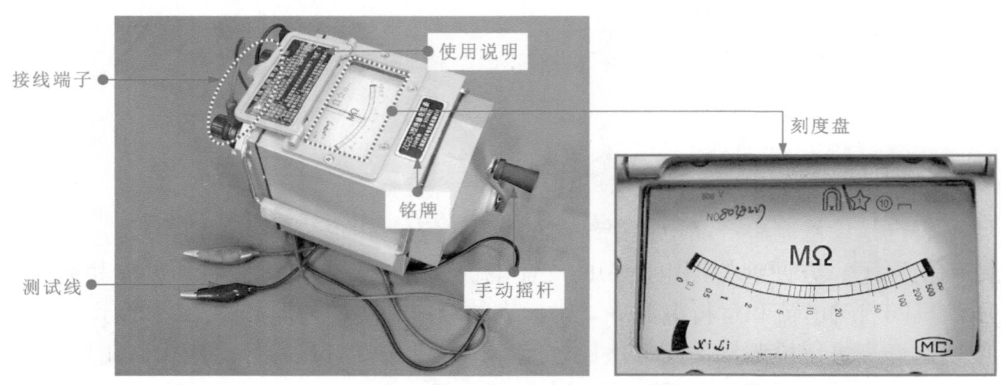

使用说明
接线端子
刻度盘
铭牌
测试线
手动摇杆
MΩ

图 2-29 兆欧表的结构和实物外形

使用兆欧表检测绝缘电阻的方法比较简单，确定好检测部位，将兆欧表测试线夹进行连接，摇动摇杆即可进行检测。图 2-30 所示为使用兆欧表检测空调器压缩机绕组绝缘电阻的操作示范。

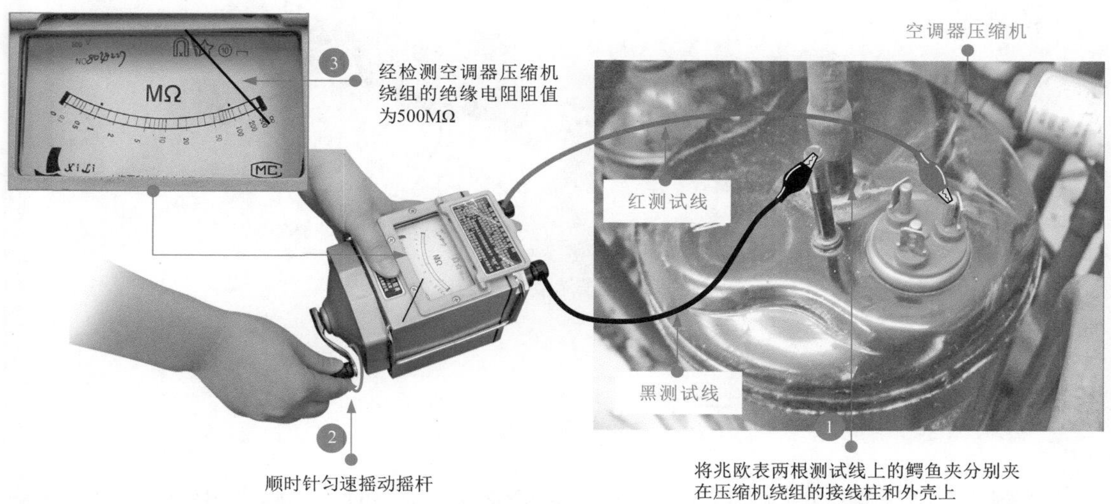
MΩ
经检测空调器压缩机绕组的绝缘电阻阻值为500MΩ
空调器压缩机
红测试线
黑测试线
顺时针匀速摇动摇杆
将兆欧表两根测试线上的鳄鱼夹分别夹在压缩机绕组的接线柱和外壳上

图 2-30　使用兆欧表检测空调器压缩机绕组绝缘电阻的操作示范

2.4.5　电子温度计

电子温度计是用来检测电冰箱冷冻室和冷藏室温度、空调器出风口温度的仪表，可根据测得的温度来判断制冷产品是否正常。典型电子温度计的实物外形如图 2-31 所示。

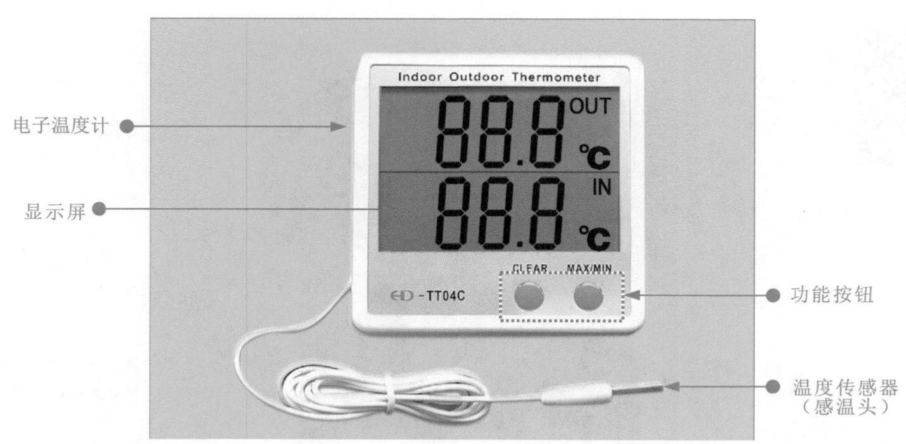
Indoor Outdoor Thermometer
88.8 OUT ℃
88.8 IN ℃
CLEAR MAX/MIN
-TT04C
电子温度计
显示屏
功能按钮
温度传感器（感温头）

图 2-31　电子温度计的实物外形

使用电子温度计检测电冰箱温度时，直接将电子温度计的感温头放于检测环境下一段时间后进行检测即可。图 2-32 所示为使用电子温度计检测电冰箱箱室中温度的操作示范。

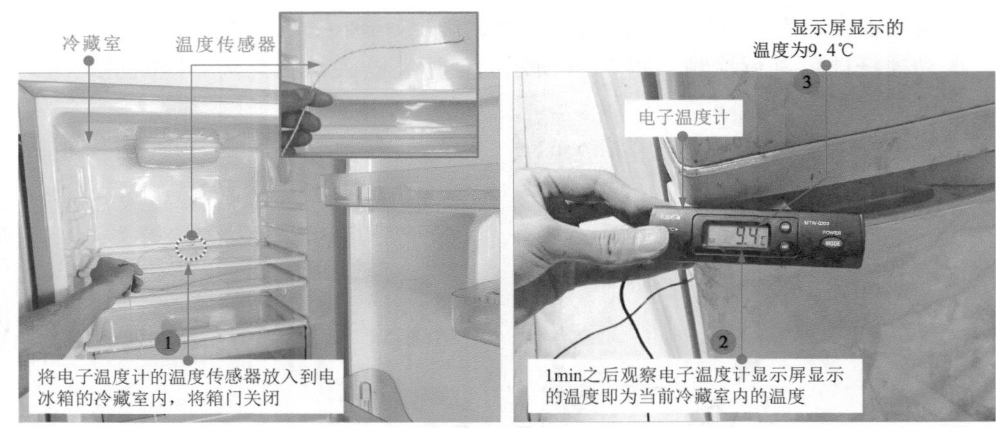
冷藏室
温度传感器
显示屏显示的
温度为9.4℃
电子温度计
将电子温度计的温度传感器放入到电冰箱的冷藏室内，将箱门关闭
1min之后观察电子温度计显示屏显示的温度即为当前冷藏室内的温度

图 2-32　电子温度计的操作示范

2.5 制冷维修专用设备

在制冷产品维修过程中，特别是在对管路系统进行维修时，一些专用的维修设备十分重要，如三通压力表阀、连接部件、减压器、真空泵、氮气钢瓶和制冷剂钢瓶等维修专用设备。

2.5.1 三通压力表阀

三通压力表阀在制冷产品的维修过程中十分关键，图 2-33 所示为三通压力表阀的实物外形，可以看到它是三通阀和压力表的综合体，包含控制阀门、三个接口和一个显示压力值的压力表。

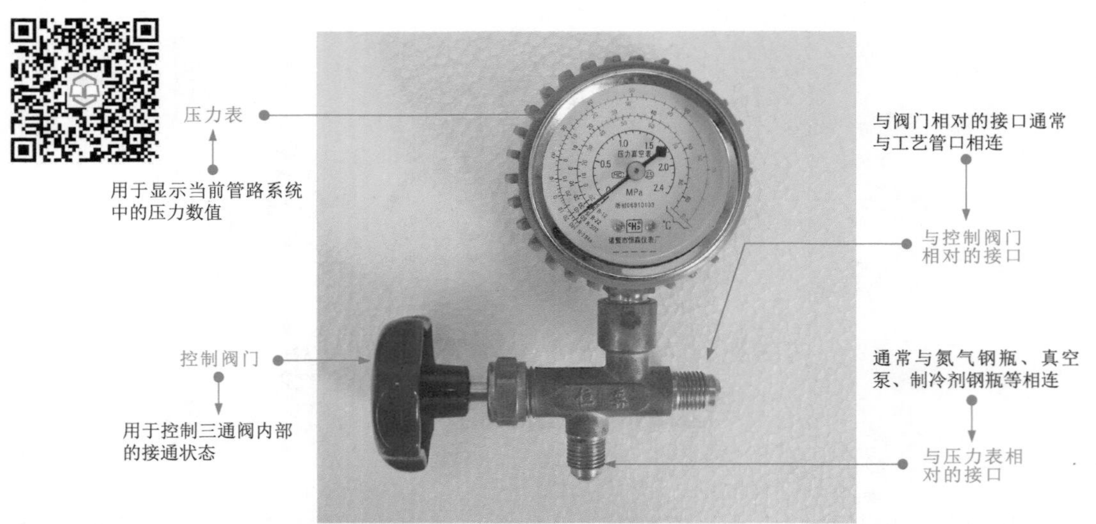
压力表
用于显示当前管路系统中的压力数值
与阀门相对的接口通常与工艺管口相连
与控制阀门相对的接口
控制阀门
用于控制三通阀内部的接通状态
通常与氮气钢瓶、真空泵、制冷剂钢瓶等相连
与压力表相对的接口

图 2-33　三通压力表阀的实物外形

在空调器管路系统的维修操作中，充氮检漏、抽真空、充注制冷剂等基本操作中，均

需要使用三通压力表阀，通过它来控制充注量和真空度。

图 2-34 所示为三通压力表阀的应用示意图，从图中可以看到三通压力表阀在不同检修环境中的作用和使用方法。

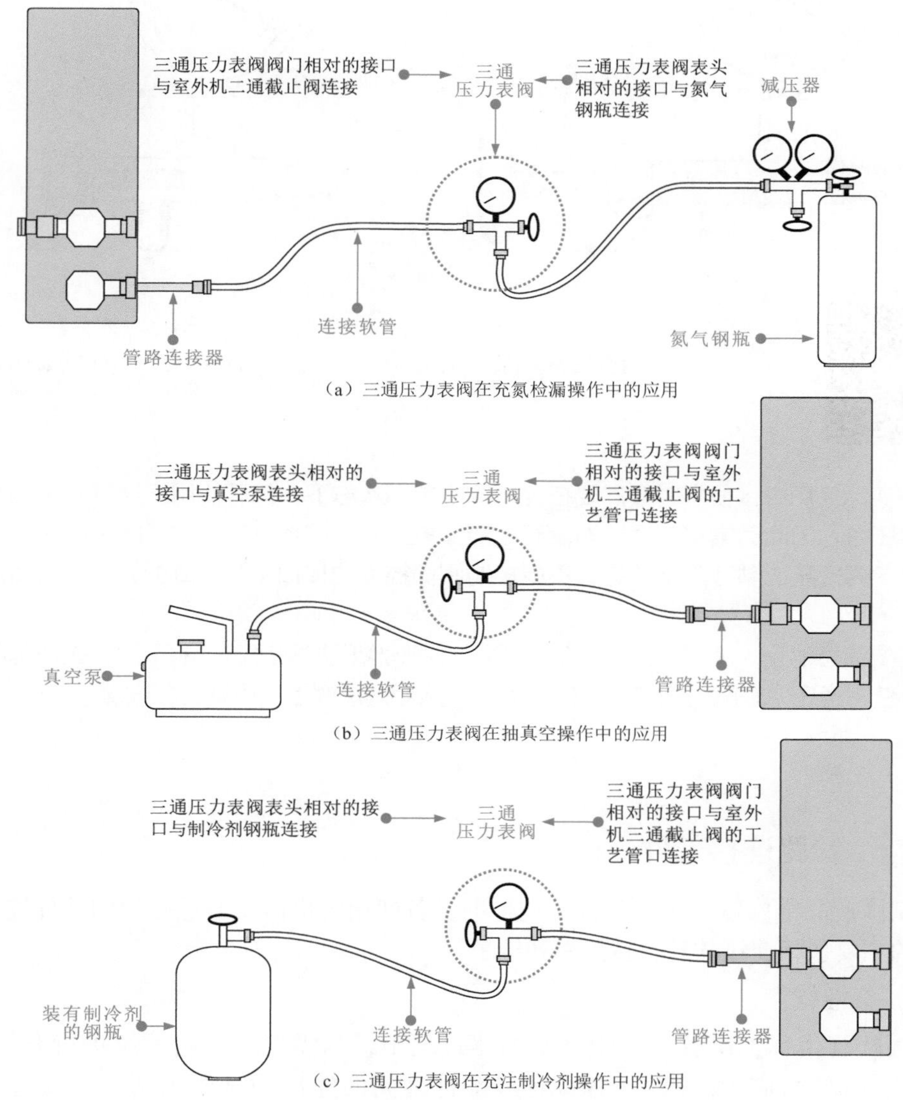
三通压力表阀阀门相对的接口
与室外机二通截止阀连接
三通
压力表阀
三通压力表阀表头
相对的接口与氮气
钢瓶连接
减压器
连接软管
管路连接器
氮气钢瓶
（a）三通压力表阀在充氮检漏操作中的应用
三通压力表阀表头相对的
接口与真空泵连接
三通
压力表阀
三通压力表阀阀门
相对的接口与室外
机三通截止阀的工
艺管口连接
真空泵
连接软管
管路连接器
（b）三通压力表阀在抽真空操作中的应用
三通压力表阀表头相对的接
口与制冷剂钢瓶连接
三通
压力表阀
三通压力表阀阀门
相对的接口与室外
机三通截止阀的工
艺管口连接
装有制冷剂
的钢瓶
连接软管
管路连接器
（c）三通压力表阀在充注制冷剂操作中的应用

图 2-34 三通压力表阀在不同检修环境中的应用

提示

在三通压力表阀使用中，应注意其控制阀门的控制状态，即明确控制阀门在打开和关闭两个状态下，三通阀内部三个接口的接通状态：当控制阀门处于打开状态时，三通阀的三个接口均打开，处于三通状态；当控制阀门处于关闭状态时，三通阀一个接口被关闭，压力表接口与另一个接口仍打开，如图 2-35 所示。

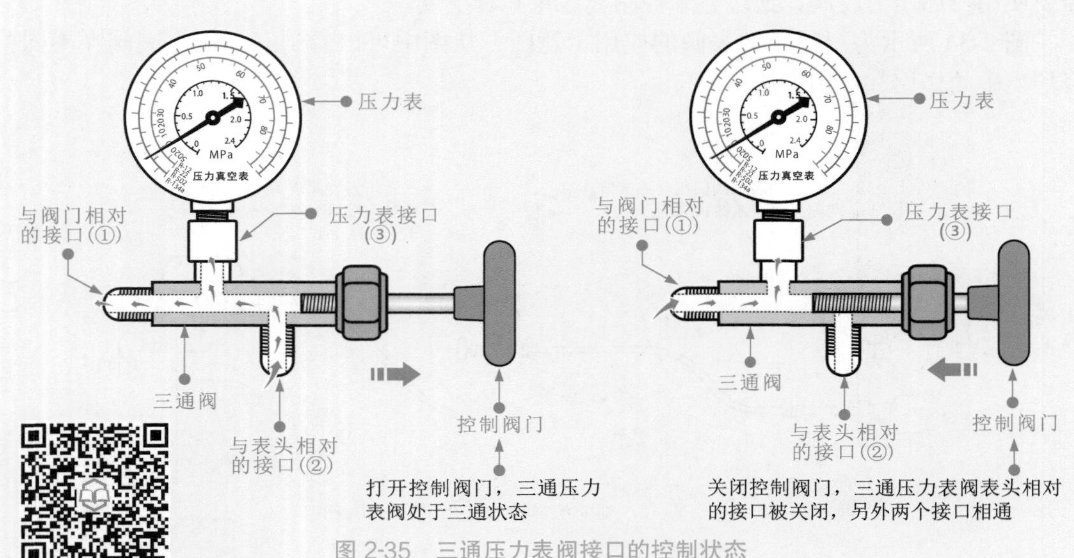
压力表
压力表接口
(③)
与阀门相对
的接口(①)
三通阀
与表头相对
的接口(②)
控制阀门
打开控制阀门，三通压力
表阀处于三通状态
压力表
与阀门相对
的接口(①)
压力表接口
(③)
三通阀
与表头相对
的接口(②)
控制阀门
关闭控制阀门，三通压力表阀表头相对
的接口被关闭，另外两个接口相通
MPa
压力真空表

图 2-35　三通压力表阀接口的控制状态

在实际使用中，很多时候需要在控制阀门关闭状态下，仍可使用三通压力表阀测试管路中的压力，因此通常将三通压力表阀中能够被控制阀门控制的接口（即接口②）连接氮气钢瓶、真空泵或制冷剂钢瓶等，不受控制阀门控制的接口（即接口①）连接空调器压缩机的工艺管口。

需要注意的是，不同厂家生产的三通压力表阀阀门控制接口可能不同，在使用前应首先弄清楚三通压力表阀的阀门控制哪个接口，然后再根据上述原则进行连接。

2.5.2　管路连接部件

在制冷产品维修过程中，各种专用辅助设备使用时也需要通过专用的部件进行连接，常用到的主要包括连接软管、转接头和纳子等。

（1）连接软管

连接软管俗称加氟管，在维修空调器过程中，当需要对管路系统进行充氮气、抽真空、充注制冷剂等操作时，各设备或部件之间的连接均需要用到连接软管。目前，根据连接软管的接口类型不同主要有公 - 公连接软管和公 - 英连接软管两种，如图 2-36 所示。

（2）转接头

在实际应用中，还有一种常与连接软管配合使用的部件，称为转接头，主要有英制转接头（公转英接头）和公制转接头（英转公接头）两种。

在公制转英制转接头上，螺帽有明显的分隔环；在英制转公制转接头上，螺母无明显的分隔环，可以由此来分辨两种转接头，如图 2-37 所示。

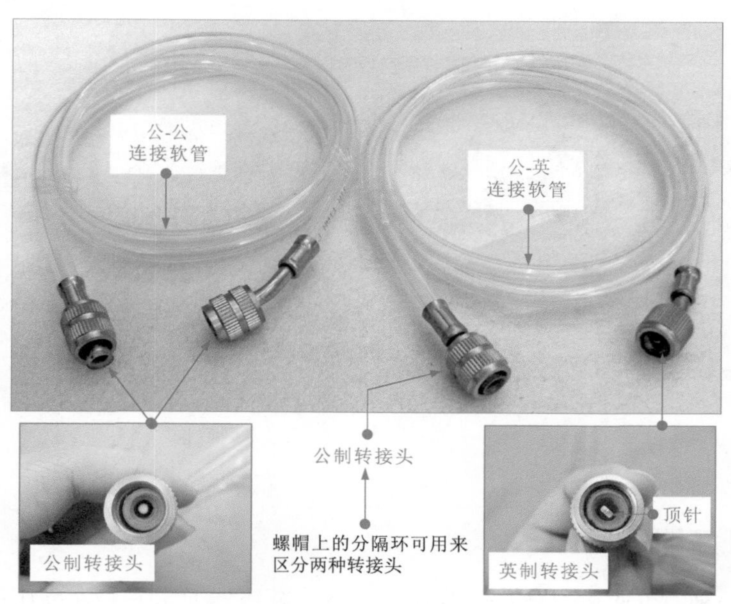
公-公
连接软管
公-英
连接软管
公制转接头
螺帽上的分隔环可用来
区分两种转接头
公制转接头
顶针
英制转接头

图 2-36　连接软管的实物外形

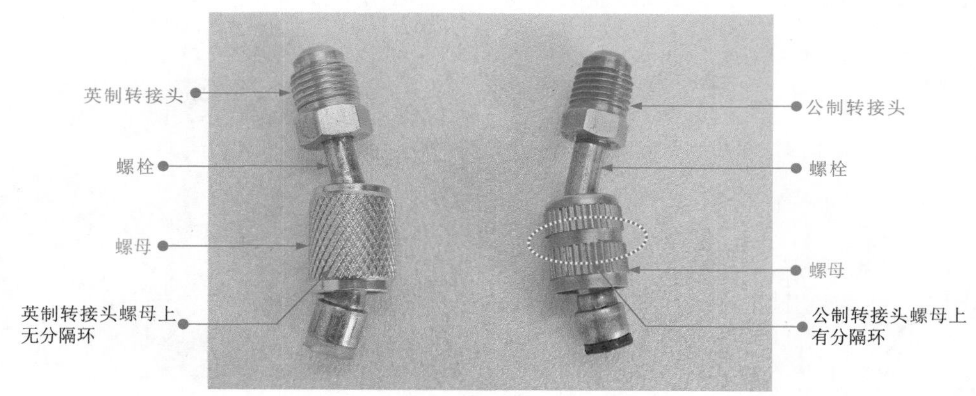
英制转接头
螺栓
螺母
英制转接头螺母上
无分隔环
公制转接头
螺栓
螺母
公制转接头螺母上
有分隔环

图 2-37　转接头的实物外形

提示

转接头用于在连接软管的连接头不能与设备直接连接的情况下使用。例如，当手里只有公—公连接软管时，无法与带英制连接头的设备连接，此时可用一只英制转接头进行转接，以实现连接，即将英制转接头的螺纹端与公制连接软管连接，再将公制转接头的另一端与英制连接头的设备连接，实现转接后的连接。

（3）纳子

纳子是一种螺纹连接部件，外形与螺母相似，如图 2-38 所示，主要用于不适合焊接的管路之间的连接，如连接管路与空调器室内机液管、气管连接时。

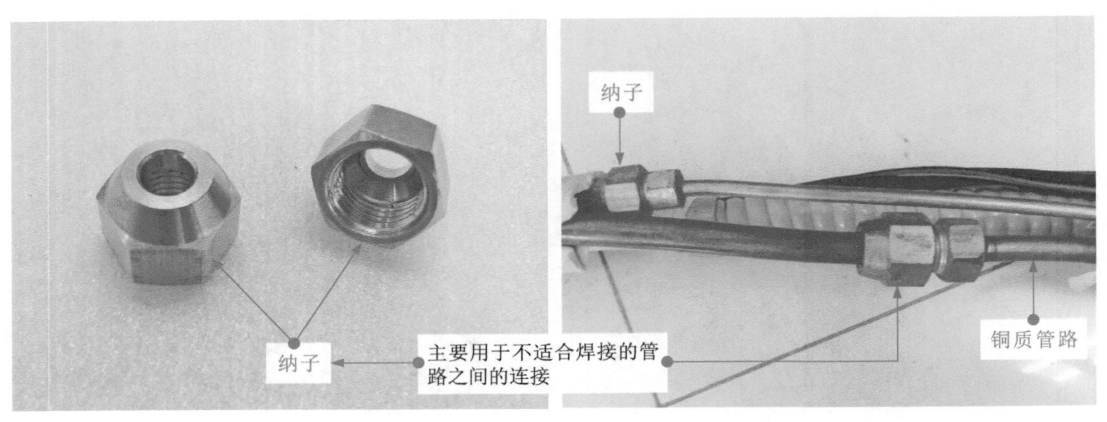
纳子
纳子
主要用于不适合焊接的管路之间的连接
铜质管路

图 2-38　纳子的实物外形及应用场合

2.5.3　减压器

减压器是一种对经过的气体进行降压的设备。减压器通常安装在高压钢瓶（氧气瓶或氮气瓶）的出气端口处，主要用于将刚瓶内的气体压力降低后输出，确保输出后气体的压力和流量稳定。图 2-39 所示为减压器的实物外形及适用场合。

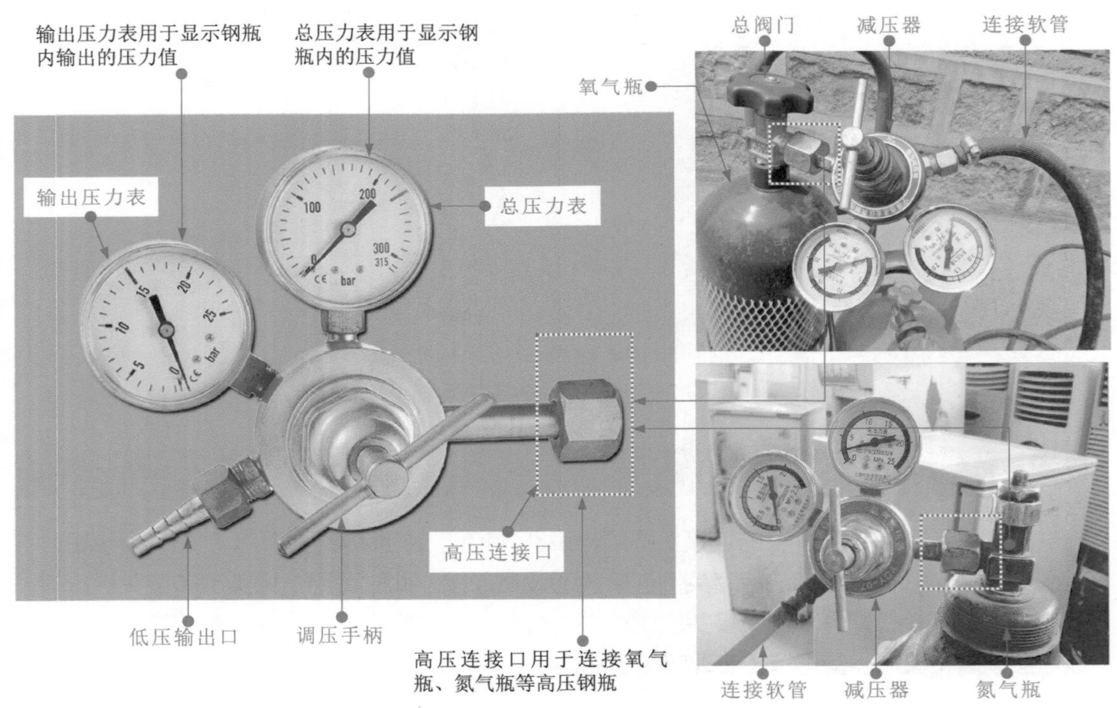
输出压力表用于显示钢瓶内输出的压力值
总压力表用于显示钢瓶内的压力值
输出压力表
总压力表
高压连接口
低压输出口
调压手柄
高压连接口用于连接氧气瓶、氮气瓶等高压钢瓶
总阀门
减压器
连接软管
氧气瓶
连接软管
减压器
氮气瓶

图 2-39　减压器的实物外形及适用场合

2.5.4　真空泵

真空泵是对制冷产品的制冷系统进行抽真空时用到的专用设备。在制冷产品管路系统

的维修操作中，只要出现将制冷产品的管路系统打开的情况，必须使用真空泵进行抽真空操作。

图 2-40 所示为常用真空泵的实物外形，使用真空泵时，需要将其与三通压力表阀进行连接。制冷产品检修中常用的真空泵的规格为 2 ～ 4L/s（排气能力）。为防止介质回流，真空泵需带有电子止回阀。

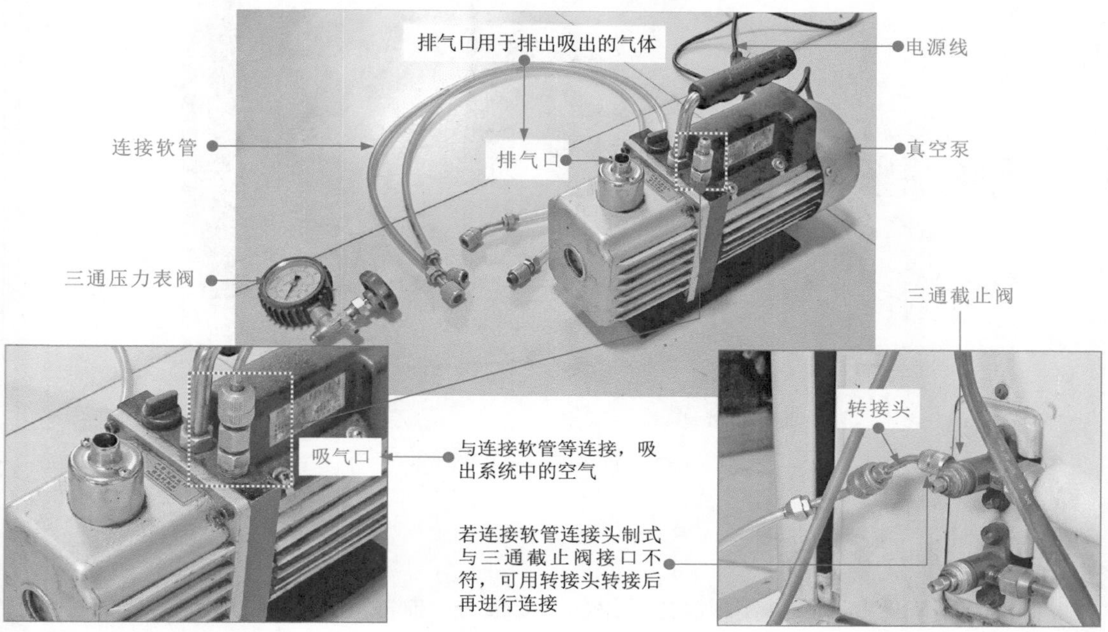
排气口用于排出吸出的气体
电源线
连接软管
排气口
真空泵
三通压力表阀
三通截止阀
转接头
吸气口
与连接软管等连接，吸出系统中的空气
若连接软管连接头制式与三通截止阀接口不符，可用转接头转接后再进行连接

图 2-40　真空泵的实物外形及适用场合

提示

在制冷设备维修操作中，在进行更换管路部件、切开工艺管口等任何可能导致空气进入管路系统的操作后，都要进行抽真空操作。

真空泵质量的好坏将直接影响到制冷设备维修后的制冷效果的好坏。若真空泵质量不好，会使制冷系统中残留有少量空气，使制冷效果变差。因此，在对制冷设备的制冷系统进行抽真空处理时，一定要使用质量合格的真空泵，并且要严格按照要求，将制冷系统内的气体全部排空。

2.5.5　氮气钢瓶

氮气钢瓶是盛放氮气的高压钢瓶。在对电冰箱进行检修时，经常会使用氮气对管路进行清洁、试压、检漏等操作。

氮气通常压缩在氮气钢瓶中，如图 2-41 所示，由于氮气钢瓶中的压力较大，在使用氮气时，在氮气钢瓶阀门口通常会连接减压器，并根据需要调节氮气钢瓶的排气压力。

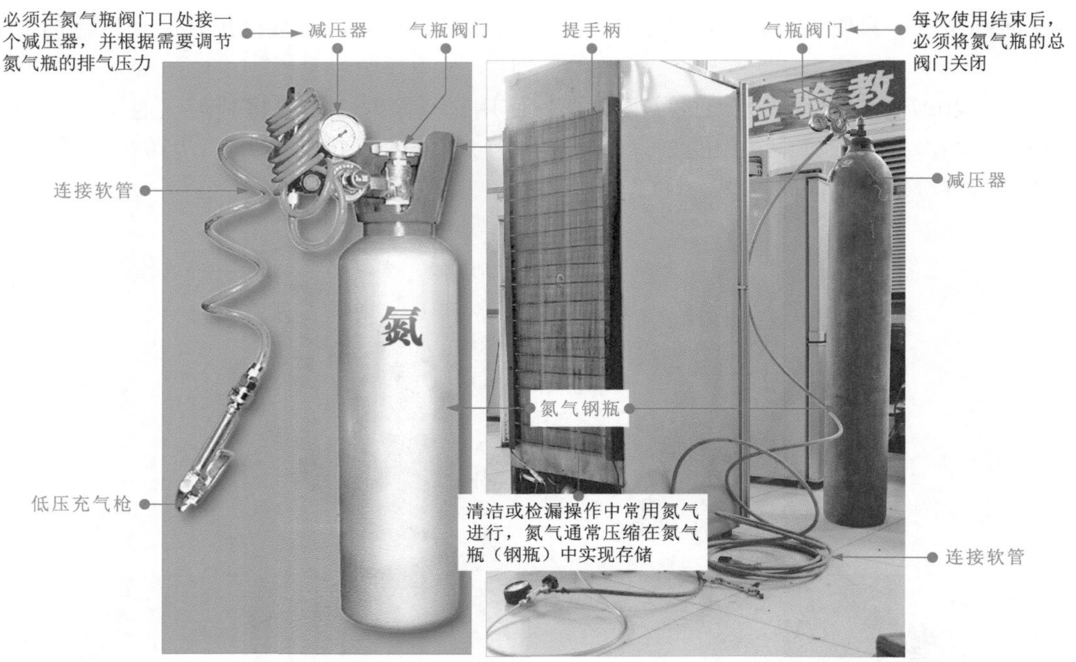
必须在氮气瓶阀门口处接一个减压器，并根据需要调节氮气瓶的排气压力
减压器
气瓶阀门
提手柄
气瓶阀门
每次使用结束后，必须将氮气瓶的总阀门关闭
连接软管
氮
减压器
氮气钢瓶
低压充气枪
清洁或检漏操作中常用氮气进行，氮气通常压缩在氮气瓶（钢瓶）中实现存储
连接软管

图 2-41　氮气钢瓶的实物外形及适用场合

2.5.6　制冷剂钢瓶

制冷剂是确保制冷产品实现制冷效果的主要成分。制冷产品就是通过制冷管路中的制冷剂与外界进行热交换，从而达到制冷效果。一旦管路破损或管路器件检修代换完成后，就需要向制冷管路中重新充注制冷剂。

图 2-42 所示为电冰箱常用的制冷剂类型。目前电冰箱所使用的制冷剂主要有 R600a、R12 和 R134a 三种类型，不同制冷剂的化学成分也有所不同，这几种制冷剂的性能参数见表 2-1。

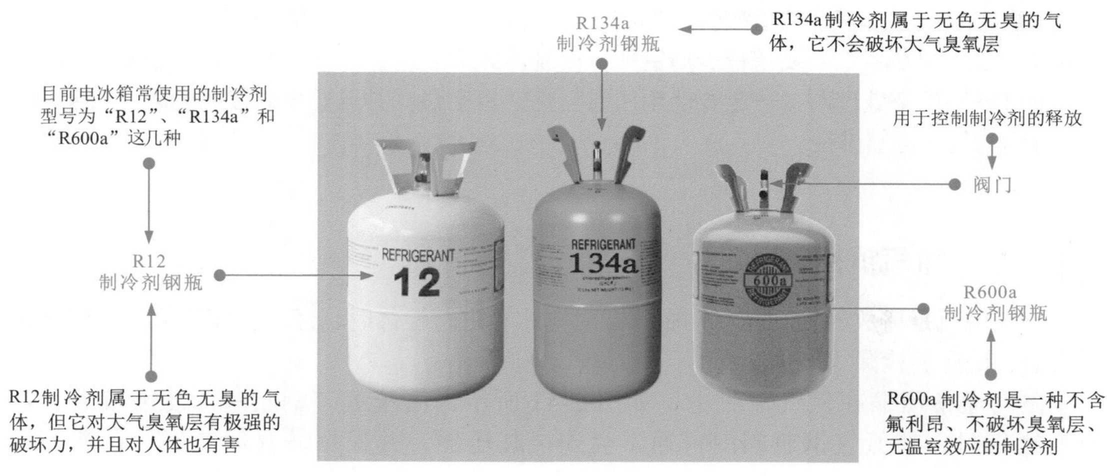
R134a
制冷剂钢瓶
R134a制冷剂属于无色无臭的气体，它不会破坏大气臭氧层
目前电冰箱常使用的制冷剂型号为“R12”、“R134a”和“R600a”这几种
用于控制制冷剂的释放
阀门
R12
制冷剂钢瓶
REFRIGERANT
12
REFRIGERANT
134a
600a
R600a
制冷剂钢瓶
R12制冷剂属于无色无臭的气体，但它对大气臭氧层有极强的破坏力，并且对人体也有害
R600a制冷剂是一种不含氟利昂、不破坏臭氧层、无温室效应的制冷剂

图 2-42　制冷剂钢瓶

提示

早期电冰箱所使用的制冷剂是 R12，属于无色无臭的气体，但它对大气臭氧层有极强的破坏力，并且对人体也有害。

随着人们环保意识的提高，新型制冷剂 R134a 代替了 R12，这种制冷剂在热力学性质上与 R12 非常相似，但不会破坏大气臭氧层，又因为 R12 与 R134a 在充注操作上是一样的，因此 R134a 成了 R12 的首选替代品，它们可以使用相同的方法进行制冷剂充注。

新型制冷剂 R600a 是一种不含氟利昂、不破坏臭氧层、无温室效应的制冷剂，且不可使用其他制冷剂替代。由于这种制冷剂的特殊性，必须使用适合 R600a 制冷剂的专用压缩机、干燥过滤器以及无触点的 PTC 启动元件，其充注方法也与其他制冷剂有所不同。

表 2-1 为 R12、R134a、R600a 三种制冷剂的性能参数。

表 2-1　R12、R134a、R600a 三种制冷剂的性能参数

制冷剂	R12	R134a	R600a
氟	有	无	无
沸点 /℃	-29.8	-26.1	-11.80
蒸汽压力 /kPa	506.62	4066.6	
危险标记	5 级（有毒不可燃）	1 级（无毒不可燃）	

需注意的是，制冷剂 R600a 是易燃气体，与空气混合能形成爆炸性混合物，遇热源和明火有燃烧爆炸的危险。

图 2-43 所示为空调器常用的制冷剂。目前空调器所使用的制冷剂主要有 R22、R407C 和 R410A 三种类型，不同制冷剂的化学成分也有所不同，这几种制冷剂的性能参数，见表 2-2。

阀门用于控制制冷剂的释放和关闭
制冷剂钢瓶上有一个阀门
REFRIGERANT
22
REFRIGERANT
R407C
REFRIGERANT
REFRIGERANT
410A
REFRIGERANT
制冷剂R22
制冷剂R407C
制冷剂R410A

图 2-43　制冷剂钢瓶

表 2-2 制冷剂性能的对比

制冷剂	R22	R407C	R410A
制冷剂类型	旧制冷剂（HCFC）	新制冷剂（HFC）	
成分	R22	R32/R125/R134a	R32/R125
使用制冷剂	单一制冷剂	疑似共沸混合制冷剂	非共沸混合制冷剂
氟	有	无	无
沸点 /℃	-40.8	-43.6	-51.4
蒸汽压力（25℃）/MPa	0.94	0.9177	1.557
臭氧破坏系数（ODP）	0.055	0	0
制冷剂填充方式	气体	以液态从钢瓶取出	以液态从钢瓶取出
冷媒泄漏是否可以追加填充	可以	不可以	可以

提示

制冷剂 R22：空调器中使用率最高的制冷剂，许多老型号空调器都采用 R22 作为制冷剂，该制冷剂含有氟利昂，对臭氧层破坏严重。

制冷剂 R407C：该制冷剂是一种不破坏臭氧层的环保制冷剂，它与 R22 有着极为相近的特性和性能，应用于各种空调系统和非离心式制冷系统。R407C 可直接应用于原 R22 的制冷系统，不用重新设计系统，只需更换原系统的少量部件以及将原系统内的矿物冷冻油更换成能与 R407C 互溶的润滑油，就可直接充注 R407C，实现原设备的环保更换。

制冷剂 R410A：R410A 是一种新型环保制冷剂，不破坏臭氧层，具有稳定、无毒、性能优越等特点，工作压力为普通使用 R22 制冷剂的空调的 1.6 倍左右，制冷（暖）效率高，可提高空调工作性能。

由于使用 R22 制冷剂和 R410A 制冷剂的空调器管路中的压力有所不同，在充注制冷剂时，使用的连接软管材质以及耐压值也有所不同，并且连接软管的纳子连接头直径也不相同，见表 2-3。

表 2-3 制冷剂连接软管的异同点

制冷剂		R410A	R22
连接软管耐压值	常用压力	5.1MPa（52kgf/cm^2）	3.4MPa（35kgf/cm^2）
	破坏压力	27.4MPa（280kgf/cm^2）	17.2MPa（175kgf/cm^2）
连接软管材质		HNBR 橡胶 内部尼龙	CR 橡胶
接口尺寸		1/2 UNF 20 齿	7/16 UNF 20 齿

制冷剂在正常情况下都存放于制冷剂钢瓶中，在制冷剂钢瓶上明确地标识了制冷剂的类型。通常存放制冷剂的制冷剂钢瓶分为有虹吸功能和无虹吸功能两种，如图 2-44 所示。带有虹吸功能的制冷剂钢瓶可以正置充注制冷剂，而无虹吸功能的制冷剂钢瓶需要倒置充注制冷剂。

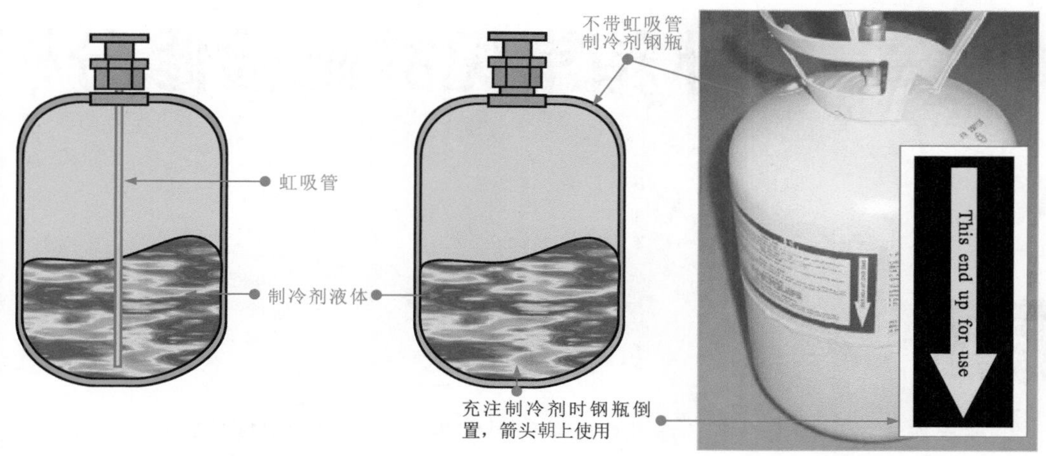
不带虹吸管制冷剂钢瓶
虹吸管
制冷剂液体
This end up for use
充注制冷剂时钢瓶倒置，箭头朝上使用

图 2-44　制冷剂钢瓶的内部结构

提示

不同类型的制冷产品，所使用的制冷剂有着严格的区分，在压缩机或产品标识上都可以找到该制冷产品所使用的制冷剂类型，如图 2-45 所示。在充注时一定要选择与当前制冷产品一致的制冷剂，否则会造成制冷产品的无法使用，若处理不当还容易引发事故。

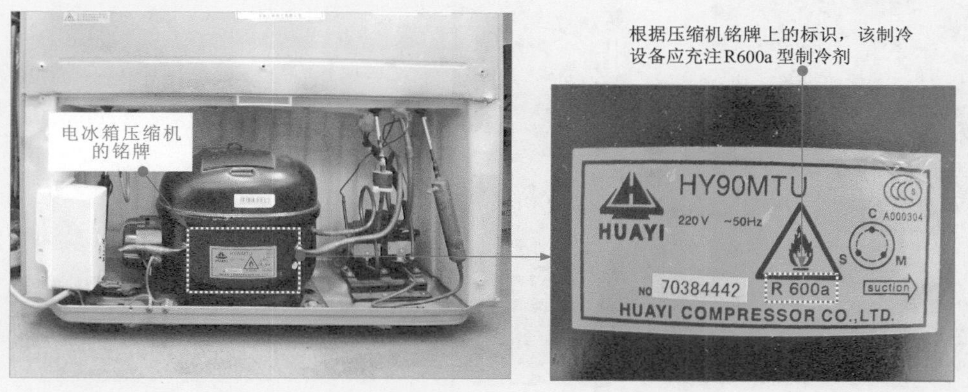
电冰箱压缩机的铭牌
根据压缩机铭牌上的标识，该制冷设备应充注R600a 型制冷剂
HY90MTU
HUAYI
220V ~50Hz
C A000304
S
M
NO 70384442
R 600a
suction
HUAYI COMPRESSOR CO.,LTD.

图 2-45　电冰箱压缩机上标识的使用制冷剂的类型

第3章 电冰箱常见故障检修分析

3.1 电冰箱故障特点

电冰箱作为一种制冷设备，最基本的功能是实现制冷，因此出现故障后，最常见的故障也主要表现在制冷效果上，如“完全不制冷”“制冷效果差”等现象；另外，由于电冰箱某些功能电路失常引起的制冷正常但部分功能失常的故障也比较常见，如“结霜或结冰严重”“循环嗡嗡、咔咔异常声音”“照明灯不亮”等。

3.1.1 完全不制冷

电冰箱完全不制冷主要表现为电冰箱开机一段时间后，蒸发器没有挂霜迹象，箱内温度不下降，如图 3-1 所示。

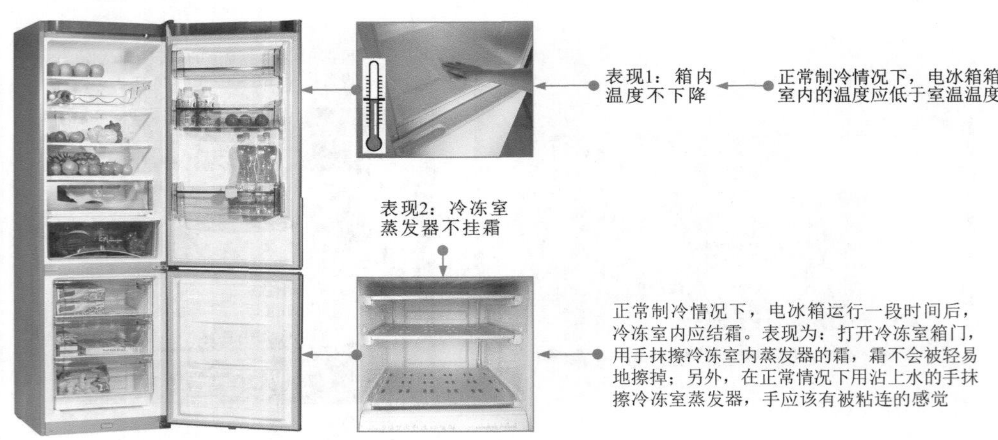
表现1：箱内温度不下降
正常制冷情况下，电冰箱箱室内的温度应低于室温温度
表现2：冷冻室蒸发器不挂霜
正常制冷情况下，电冰箱运行一段时间后，冷冻室内应结霜。表现为：打开冷冻室箱门，用手抹擦冷冻室内蒸发器的霜，霜不会被轻易地擦掉；另外，在正常情况下用沾上水的手抹擦冷冻室蒸发器，手应该有被粘连的感觉

图 3-1 电冰箱“完全不制冷”的故障表现

3.1.2 制冷效果差

电冰箱的制冷效果差的一种表现为制冷量少，是指电冰箱能实现基本的运转制冷，但在规定的工作条件下，其箱内温度降不到原定温度，冷冻室蒸发器结霜不满，有时会伴随着出现压缩机回气管滴水、结霜或冷凝器入、出口温度变化异常等现象，如图 3-2 所示。

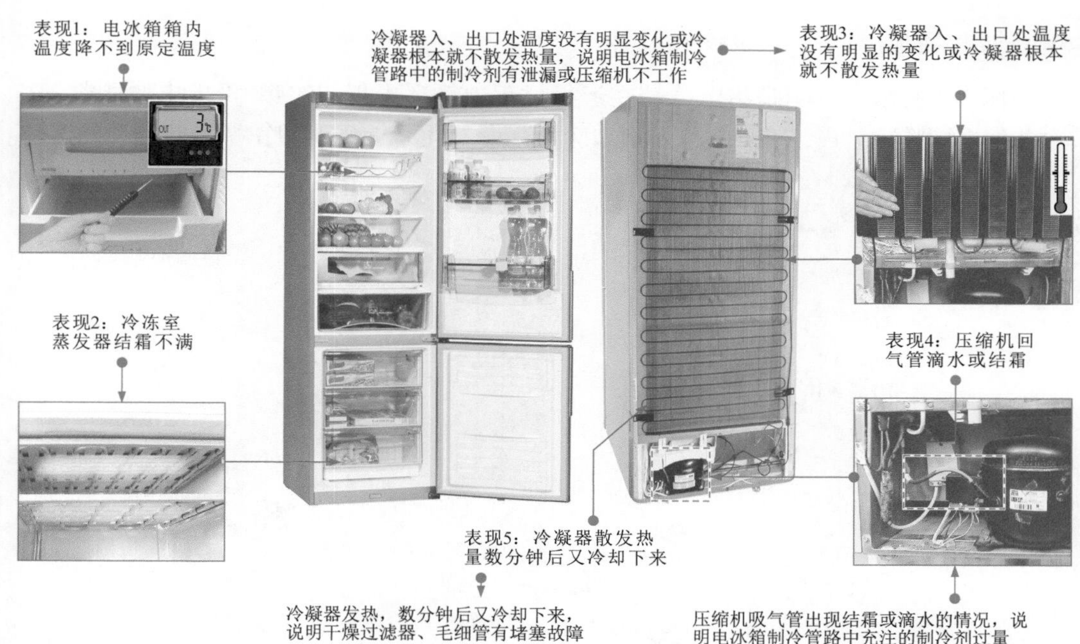
表现1：电冰箱箱内温度降不到原定温度
冷凝器入、出口处温度没有明显变化或冷凝器根本就不散发热量，说明电冰箱制冷管路中的制冷剂有泄漏或压缩机不工作
表现3：冷凝器入、出口处温度没有明显的变化或冷凝器根本就不散发热量
表现2：冷冻室蒸发器结霜不满
表现4：压缩机回气管滴水或结霜
表现5：冷凝器散发热量数分钟后又冷却下来
冷凝器发热，数分钟后又冷却下来，说明干燥过滤器、毛细管有堵塞故障
压缩机吸气管出现结霜或滴水的情况，说明电冰箱制冷管路中充注的制冷剂过量

图 3-2 电冰箱“制冷效果差”的故障表现

提示

制冷效果差还有一种情况表现为制冷过量，即电冰箱通电启动后，可以制冷，但当到达用户设定的温度时，电冰箱不停机，箱内温度越来越低，超出用户设定温度值。

电冰箱出现制冷过量的故障原因多为温度调整不当、温度控制器失灵、箱体绝热层或门封损坏、风门失灵、风扇失灵等。

3.1.3 结霜或结冰严重

电冰箱结霜或结冰严重是指电冰箱启动工作一段时间后，制冷正常，但在蒸发器上结有厚厚的霜层或冷冻室或冷藏室温度较低，出现结冰现象，如图 3-3 所示。

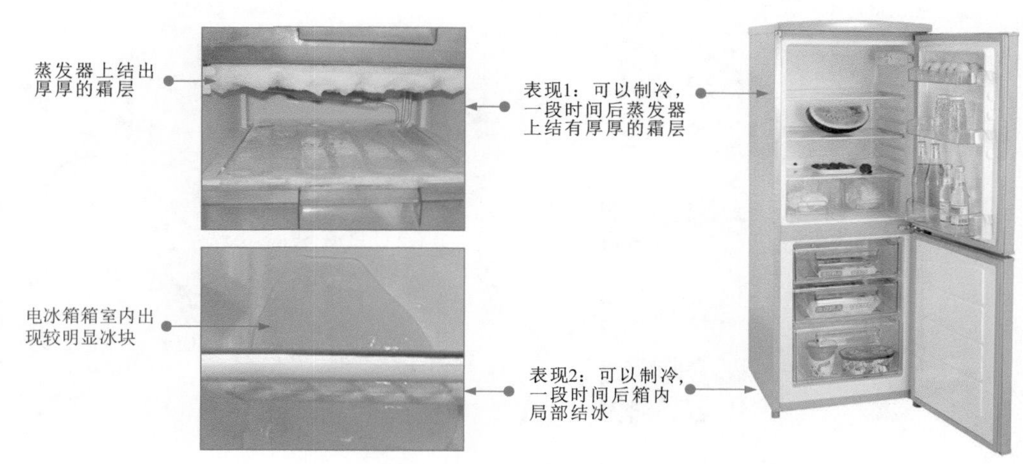
蒸发器上结出厚厚的霜层
表现1：可以制冷，一段时间后蒸发器上结有厚厚的霜层
电冰箱箱室内出现较明显冰块
表现2：可以制冷，一段时间后箱内局部结冰

图 3-3 电冰箱“结霜或结冰严重”的故障表现

3.1.4 异响

如图 3-4 所示，异响是指电冰箱在运行过程中循环出现“嗡嗡”“咔咔”异常声音。一会儿发出“嗡嗡”声，一会儿又发出“咔咔”声，且不断循环“嗡嗡”“咔咔”的声音。

电冰箱运行声音中明显伴随有循环的“嗡嗡”、“咔咔”的声音
表现：电冰箱声音异常
嗡
嗡
咔
咔
咔
咔
嗡
嗡

图 3-4 电冰箱循环“嗡嗡”“咔咔”异常声音的故障表现

3.1.5 照明灯不亮

电冰箱的照明灯不亮是指打开电冰箱冷藏室的箱门后，箱室壁上的照明灯不能点亮，但电冰箱的制冷均正常，如图 3-5 所示。

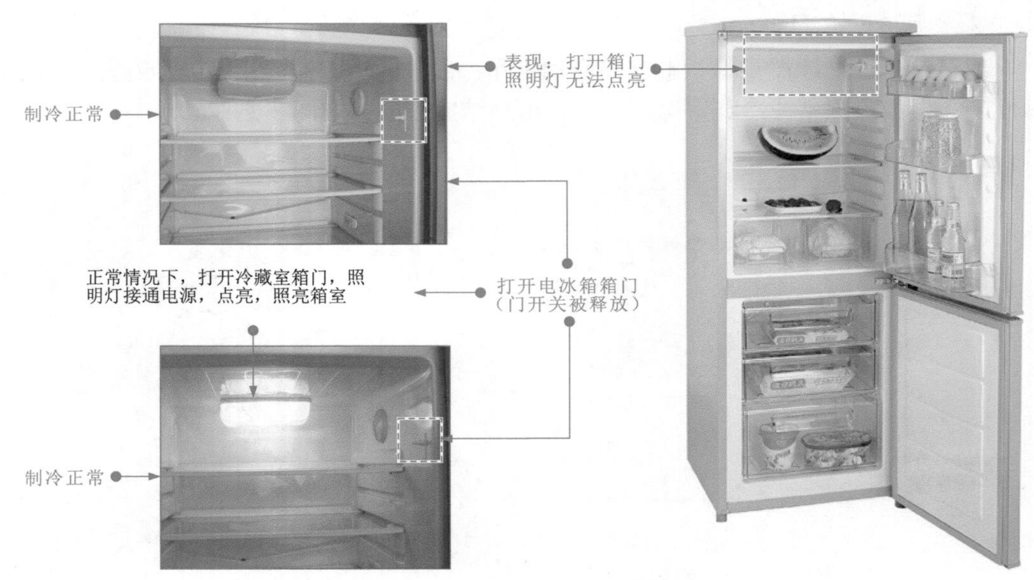
表现：打开箱门照明灯无法点亮
制冷正常
正常情况下，打开冷藏室箱门，照明灯接通电源，点亮，照亮箱室
打开电冰箱箱门（门开关被释放）
制冷正常

图 3-5 电冰箱“照明灯不亮”的故障表现

3.2 电冰箱故障分析

电冰箱的各种故障表现均体现着电冰箱某些功能部件的工作出现异常，且每种故障现象往往与故障部位之间存在着对应关系，掌握这种对应关系，准确进行故障分析，对在实际检修中大大提高维修效率十分有帮助。

3.2.1 电冰箱完全不制冷的故障分析

电冰箱完全不制冷是最为常见的故障之一，电冰箱出现不制冷的故障原因有很多，也较复杂，多为压缩机不运转、制冷管路堵塞、制冷剂全部泄漏、电磁阀损坏、继电器损坏、控制电路板、信号传输电路板、变频电路板出现故障等。

图 3-6 所示为电冰箱完全不制冷的故障分析。

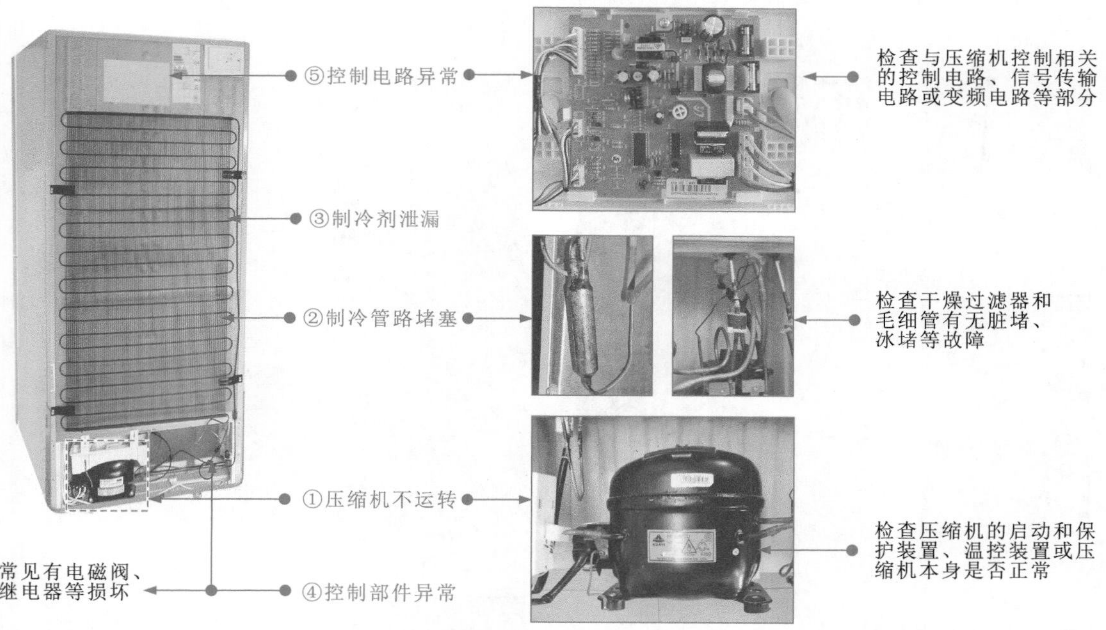
⑤控制电路异常
检查与压缩机控制相关的控制电路、信号传输电路或变频电路等部分
③制冷剂泄漏
②制冷管路堵塞
检查干燥过滤器和毛细管有无脏堵、冰堵等故障
①压缩机不运转
检查压缩机的启动和保护装置、温控装置或压缩机本身是否正常
常见有电磁阀、继电器等损坏
④控制部件异常

图 3-6 电冰箱完全不制冷的故障分析

提示

在引起电冰箱完全不制冷故障的几种原因中，制冷剂全部泄漏完所体现的现象比较特殊，如压缩机启动很轻松，压缩机部件没损坏时，运转电流减小，吸气压力较高，排气压力较低，排气管较凉，蒸发器里听不到液体的流动声，停机后打开工艺管时无气流喷出等，通过这些特殊现象也可快速准确完成故障分析，进而进入检修阶段。

另外，毛细管的进口处最容易被系统中较粗的粉状污物或冷冻机油堵塞，污物较多时会将整个过滤网堵死，使制冷剂无法通过，从而引起不制冷的故障。

制冷系统中的主要零部件干燥处理不当，整个系统抽真空效果不理想，或制冷剂中所含水分超量，在电冰箱工作一段时间后，膨胀阀就会出现冰堵现象，从而引起不制冷的故障。冰堵的现象是间断出现的，时好时坏。为了及早判断是否出现冰堵，可用热水对堵塞处加热，使堵塞处的冰体融化，片刻后如听到突然涌动的气流声，吸气压力也随之上升，可证实是冰堵。

3.2.2 电冰箱制冷效果差的故障分析

电冰箱制冷效果差也是电冰箱最为常见的故障之一，电冰箱出现制冷效果差的故障原因有很多，也较复杂，多为门封不严、温度控制器失灵、风扇不运转、化霜组件损坏、制冷管路泄漏或堵塞、制冷剂充注过多或过少、冷冻油进入制冷管路、压缩机效率降低等。

图 3-7 所示为电冰箱制冷效果差的故障分析。

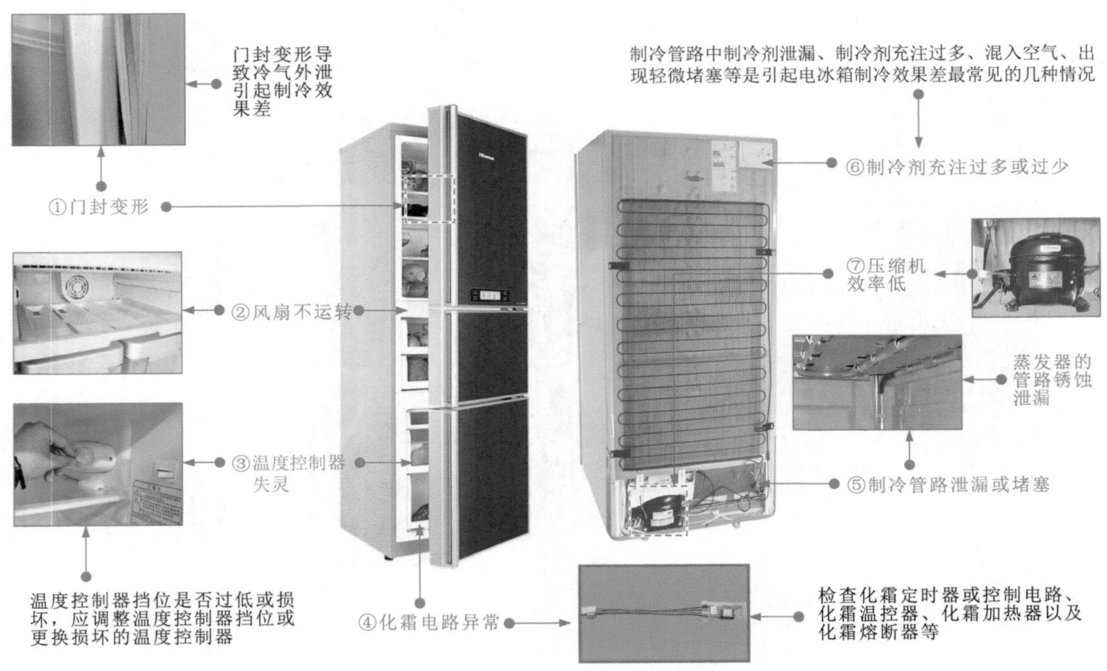
门封变形导致冷气外泄引起制冷效果差
①门封变形
②风扇不运转
③温度控制器失灵
温度控制器挡位是否过低或损坏，应调整温度控制器挡位或更换损坏的温度控制器
④化霜电路异常
检查化霜定时器或控制电路、化霜温控器、化霜加热器以及化霜熔断器等
制冷管路中制冷剂泄漏、制冷剂充注过多、混入空气、出现轻微堵塞等是引起电冰箱制冷效果差最常见的几种情况
⑥制冷剂充注过多或过少
⑦压缩机效率低
蒸发器的管路锈蚀泄漏
⑤制冷管路泄漏或堵塞

图 3-7　电冰箱制冷效果差的故障分析

提示

不同故障原因引起制冷效果差故障时，往往伴随着一些特殊的现象，例如：

制冷管路中制冷剂存在泄漏，制冷剂减少，制冷量就会不足，体现为吸、排气压力低而排气温度高，排气管路烫手，在毛细管出口处能听到比平时要大的断续的“吱吱”气流声，蒸发器不挂霜或挂少量的浮霜，停机后系统内的平衡压力一般低于相同环境温度所对应的饱和压力。

制冷管路中制冷剂充注过多，会占据蒸发器一定容积，减小散热面积，从而使制冷效率降低，主要体现为压缩机的吸、排气压力普遍高于正常压力值，冷凝器温度较高，压缩机电流增大，蒸发器结霜不实，箱温降得慢，压缩机回气管挂霜。

制冷管路中有空气会使制冷效率降低，主要体现为吸、排气压力升高（不高于额定值），压缩机出口至冷凝器进口处的温度明显升高，气体喷发声断续且明显增大。

制冷管路中有轻微堵塞，如污物淤积在过滤器中，部分网孔被堵塞，致使流量减小，影响制冷效果，主要体现为排气压力偏低，排气温度下降，被堵塞部位的温度比正常温度低。

蒸发器管路长时间存在残留的冷冻机油较多时，会影响传热效果，出现制冷效果差的现象，主要体现为蒸发器上的霜既结得不全，也结得不实。而此时未发现有其他故障，则可判断是冷冻机油所致的制冷效果劣化。

3.2.3 结霜或结冰严重的故障分析

电冰箱的工作实际就是制冷—结霜—化霜—制冷过程的循环往复，如果电冰箱制冷正常，但运行过程中出现了结霜或结冰严重的情况，说明电冰箱管路系统和压缩机启动控制系统正常，结霜或结冰故障多为开门频繁，食物放得过多，门封不严，温度控制器、传感器、电磁阀、化霜控制器、化霜加热器、化霜传感器、主控板损坏所引起的。

图 3-8 所示为电冰箱结霜或结冰严重的故障分析。

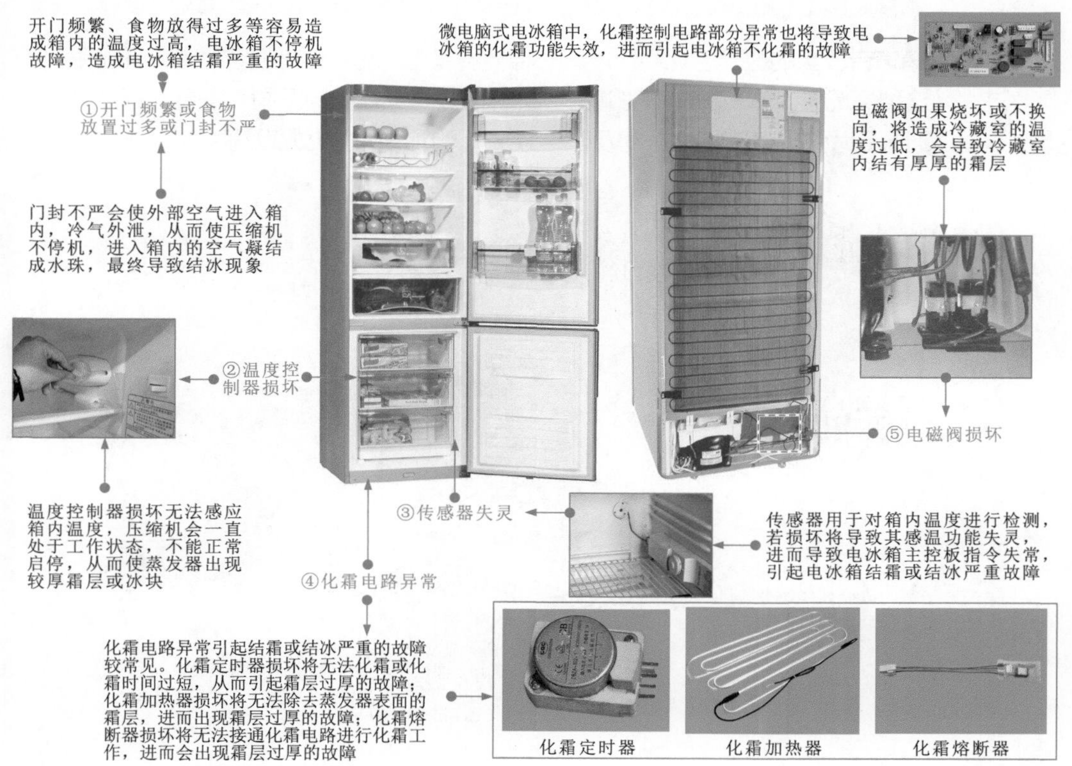
开门频繁、食物放得过多等容易造成箱内的温度过高，电冰箱不停机故障，造成电冰箱结霜严重的故障
①开门频繁或食物放置过多或门封不严
门封不严会使外部空气进入箱内，冷气外泄，从而使压缩机不停机，进入箱内的空气凝结成水珠，最终导致结冰现象
②温度控制器损坏
温度控制器损坏无法感应箱内温度，压缩机会一直处于工作状态，不能正常启停，从而使蒸发器出现较厚霜层或冰块
③传感器失灵
④化霜电路异常
微电脑式电冰箱中，化霜控制电路部分异常也将导致电冰箱的化霜功能失效，进而引起电冰箱不化霜的故障
电磁阀如果烧坏或不换向，将造成冷藏室的温度过低，会导致冷藏室内结有厚厚的霜层
⑤电磁阀损坏
传感器用于对箱内温度进行检测，若损坏将导致其感温功能失灵，进而导致电冰箱主控板指令失常，引起电冰箱结霜或结冰严重故障
化霜电路异常引起结霜或结冰严重的故障较常见。化霜定时器损坏将无法化霜或化霜时间过短，从而引起霜层过厚的故障；化霜加热器损坏将无法除去蒸发器表面的霜层，进而出现霜层过厚的故障；化霜熔断器损坏将无法接通化霜电路进行化霜工作，进而会出现霜层过厚的故障
化霜定时器
化霜加热器
化霜熔断器

图 3-8 电冰箱结霜或结冰严重的故障分析

3.2.4 循环“嗡嗡、咔咔”异常声音的故障分析

电冰箱循环出现“嗡嗡、咔咔”声音通常是由于压缩机、启动继电器出现故障所导致的。当启动继电器的触点接触不良不断地接通 / 断开，将导致压缩机处于开机 / 停机的过程，致使压缩机发出上述声音。而若压缩机内部出现故障，则在压缩机工作的过程中，通常也会导致其工作时，发出“嗡嗡”“咔咔”的声音。

图 3-9 所示为电冰箱循环“嗡嗡、咔咔”异常声音的故障分析。

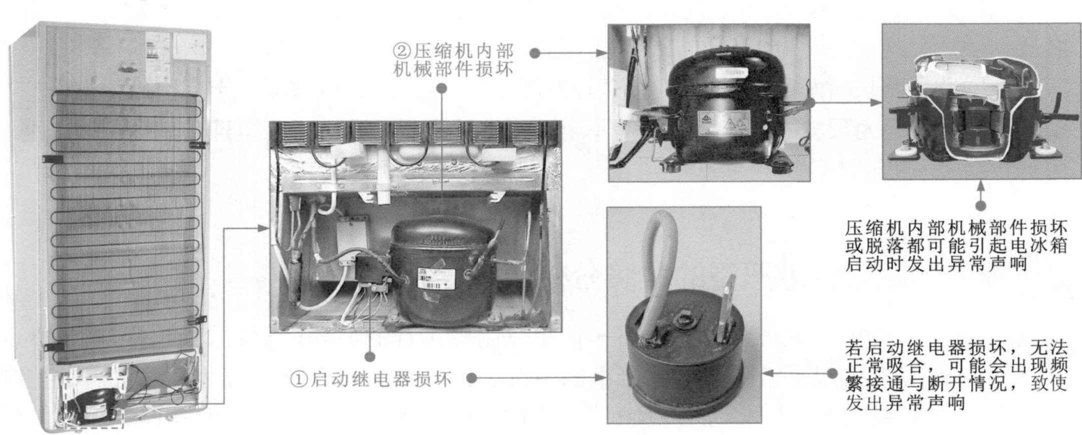
②压缩机内部机械部件损坏
压缩机内部机械部件损坏或脱落都可能引起电冰箱启动时发出异常声响
①启动继电器损坏
若启动继电器损坏，无法正常吸合，可能会出现频繁接通与断开情况，致使发出异常声响

图 3-9　电冰箱循环“嗡嗡、咔咔”异常声音的故障分析

提示

在电冰箱声音异常的故障表现中，还有一种情况是电冰箱在压缩机启动时产生的振动及噪声过大，这种情况大多体现在噪声影响上，这种故障与上述故障不同，需要注意区分。

图 3-10 所示为引起电冰箱“振动及噪声过大”的几种常见故障因素。

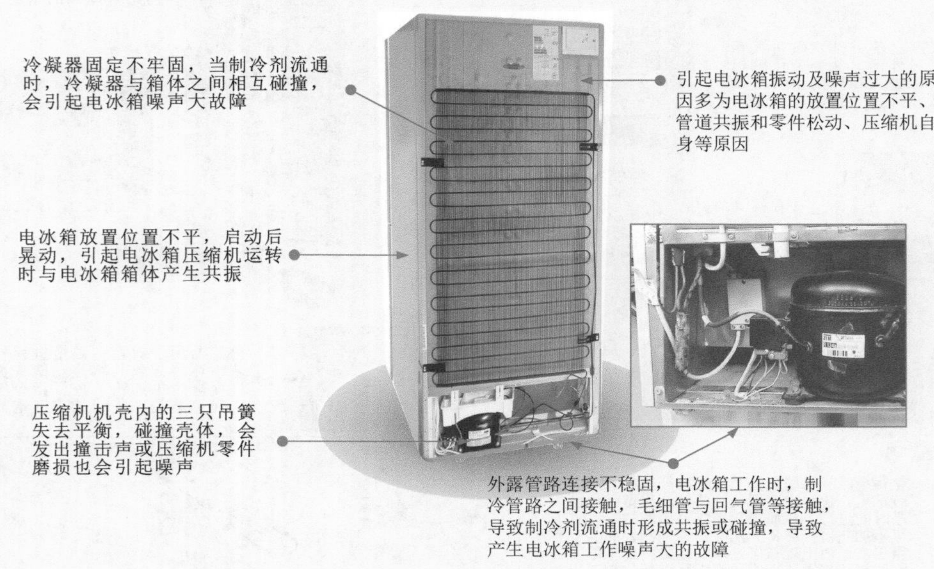
冷凝器固定不牢固，当制冷剂流通时，冷凝器与箱体之间相互碰撞，会引起电冰箱噪声大故障
引起电冰箱振动及噪声过大的原因多为电冰箱的放置位置不平、管道共振和零件松动、压缩机自身等原因
电冰箱放置位置不平，启动后晃动，引起电冰箱压缩机运转时与电冰箱箱体产生共振
压缩机机壳内的三只吊簧失去平衡，碰撞壳体，会发出撞击声或压缩机零件磨损也会引起噪声
外露管路连接不稳固，电冰箱工作时，制冷管路之间接触，毛细管与回气管等接触，导致制冷剂流通时形成共振或碰撞，导致产生电冰箱工作噪声大的故障

图 3-10　引起电冰箱“振动及噪声过大”的故障因素

3.2.5 照明灯不亮的故障检修

电冰箱工作中，制冷正常，但在打开箱门时照明灯不亮，说明电冰箱管路系统以及控制系统正常，而照明灯主要是由门开关进行控制的，因此该故障多为照明灯本身损坏或门开关损坏所引起的。

第4章 电冰箱拆卸技能

4.1 电冰箱电路板的拆卸

4.1.1 电冰箱操作显示电路板的拆卸

操作显示电路板通常采用卡扣固定的方式安装在电冰箱的前面，在操作显示电路板的外面装有操控面板。用户通过按动操控面板上的键钮即可触动操作显示电路板上的按键进而实现对电冰箱的工作状态或工作模式的设定。对于电冰箱操作显示电路板的拆卸，首先将操作显示电路板及操控面板从电冰箱箱体中取出，然后再将操作显示电路板与操控面板分离。

（1）取出操作显示电路板及操控面板

拆卸操作显示电路板，首先要明确其固定位置和方式，然后使用适当的拆卸工具将其取下。取出操作显示电路板及操控面板的具体操作如图 4-1 所示。

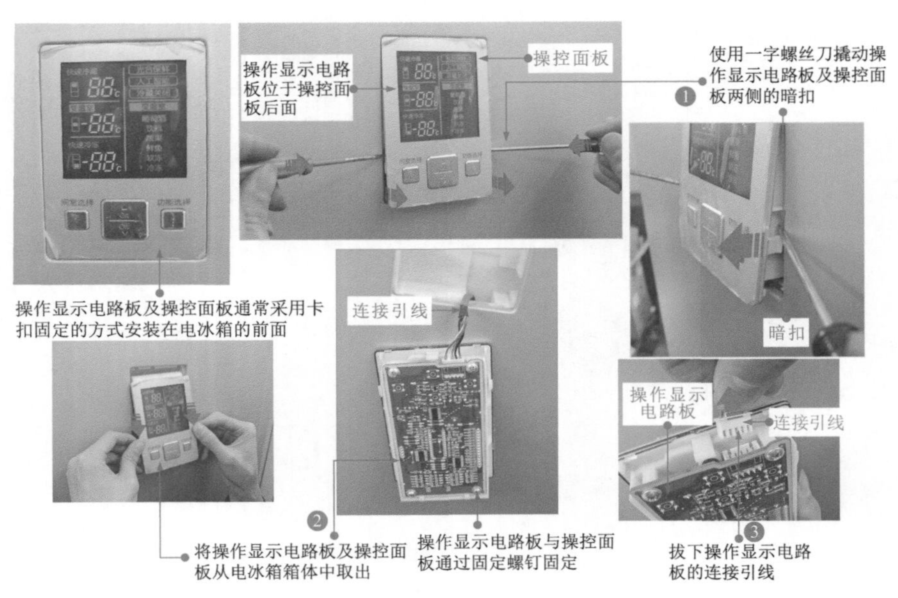
操作显示电路板位于操控面板后面
操控面板
使用一字螺丝刀撬动操作显示电路板及操控面板两侧的暗扣
1
暗扣
操作显示电路板及操控面板通常采用卡扣固定的方式安装在电冰箱的前面
连接引线
操作显示电路板
连接引线
2
将操作显示电路板及操控面板从电冰箱箱体中取出
操作显示电路板与操控面板通过固定螺钉固定
3
拔下操作显示电路板的连接引线

图 4-1 取出操作显示电路板及操控面板

（2）操作显示电路板与操控面板分离

操作显示电路板位于操控面板下方，并通过螺钉进行固定，取下螺钉即可将其分离。操作显示电路板与操控面板分离操作如图 4-2 所示。

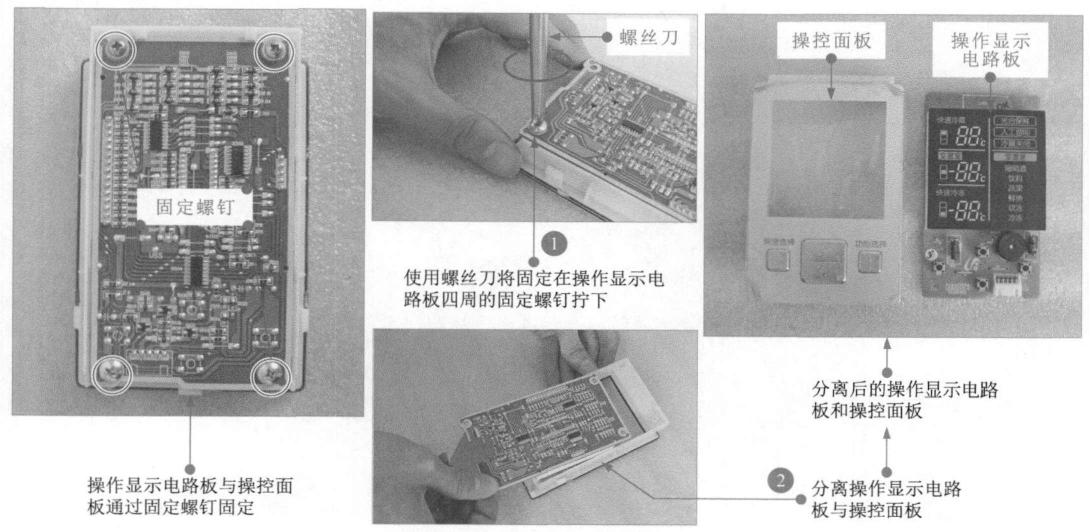
固定螺钉
操作显示电路板与操控面板通过固定螺钉固定
螺丝刀
使用螺丝刀将固定在操作显示电路板四周的固定螺钉拧下
分离操作显示电路板与操控面板
操控面板
操作显示电路板
分离后的操作显示电路板和操控面板

图 4-2　操作显示电路板与操控面板分离

4.1.2　电冰箱电源及控制电路板的拆卸

电源及控制电路板通常安装在电冰箱后面的保护罩内，并通过卡扣固定在箱体上。电源及控制电路板主要用来为电冰箱各单元电路或电气部件提供工作电压，同时接收人工指令信号，以及传感器送来的温度检测信号，并根据人工指令信号、温度检测信号以及内部程序，输出控制信号，对电冰箱进行控制。

对电冰箱电源及控制电路板进行拆卸时，可首先将电源及控制电路板上的保护罩取下，接着将电源及控制电路板上的连接插件拔下，最后将电源及控制电路板从电冰箱电路板支架上取出。

（1）取下电源及控制电路板上的保护罩

电冰箱的电源及控制电路板安装在电冰箱后壳的保护罩内，首先需要将保护罩取下，电源及控制电路板上保护罩的取下操作如图 4-3 所示。

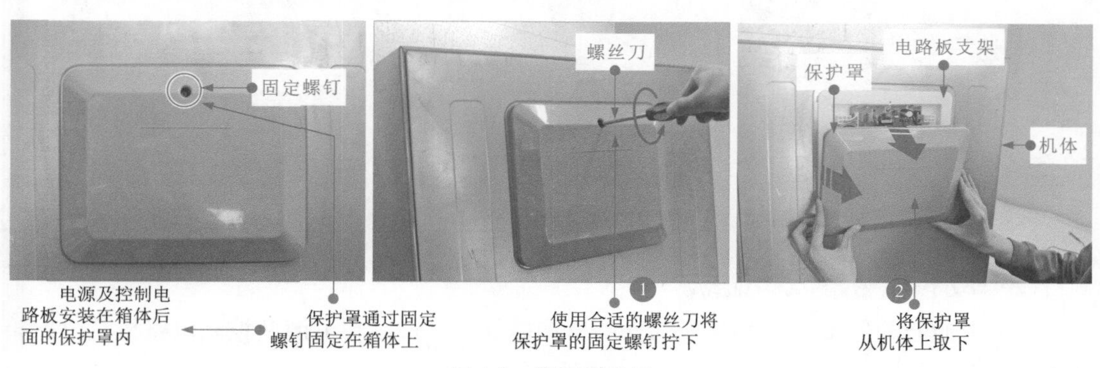
固定螺钉
电源及控制电路板安装在箱体后面的保护罩内
保护罩通过固定螺钉固定在箱体上
螺丝刀
使用合适的螺丝刀将保护罩的固定螺钉拧下
电路板支架
保护罩
机体
将保护罩从机体上取下

图 4-3　取下保护罩

（2）拔下电源及控制电路板上的连接插件

电源及控制电路板上的保护罩取下后，接下来分别将电源及控制电路板上的连接引线拔下，如图 4-4 所示。

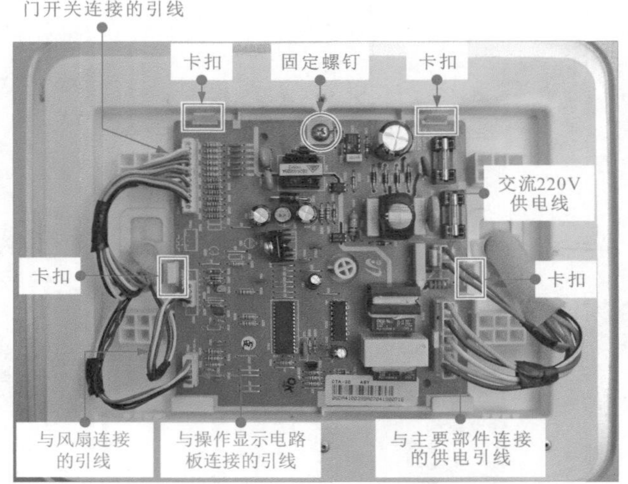
与温度传感器和
门开关连接的引线
卡扣
固定螺钉
卡扣
交流220V
供电线
卡扣
卡扣
与风扇连接
的引线
与操作显示电路
板连接的引线
与主要部件连接
的供电引线

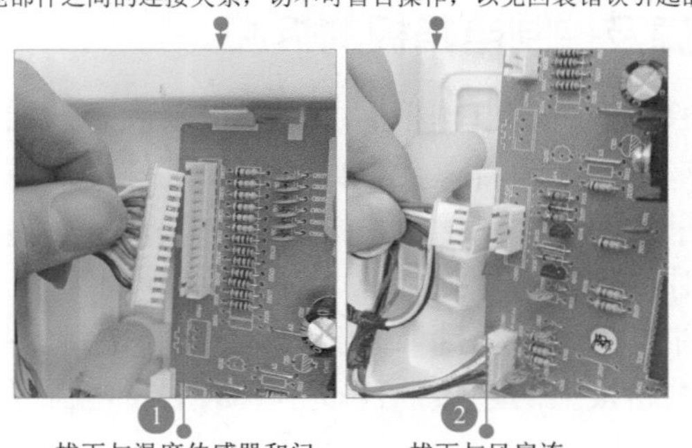
在拆卸电源及控制电路板前，应仔细查看或记录好电源及控制电路板与
其他部件之间的连接关系，切不可盲目操作，以免回装错误引起故障
1
拔下与温度传感器和门
开关连接的引线
2
拔下与风扇连
接的引线

拔下与操作显示电路板连接的引线 3

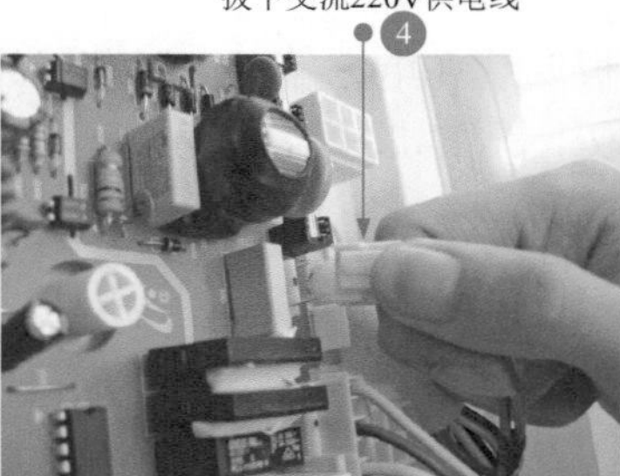
拔下交流220V供电线
4

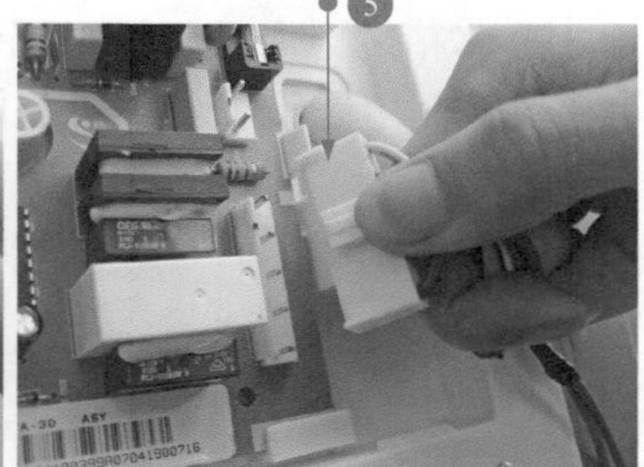
拔下与主要部件连接的供电引线
5

图 4-4　拔下电源及控制电路板上的连接插件

（3）取下电源及控制电路板

拔下电源及控制电路板与其他部件的连接插件后，最后将电源及控制电路板从电冰箱箱体上取下，如图 4-5 所示。

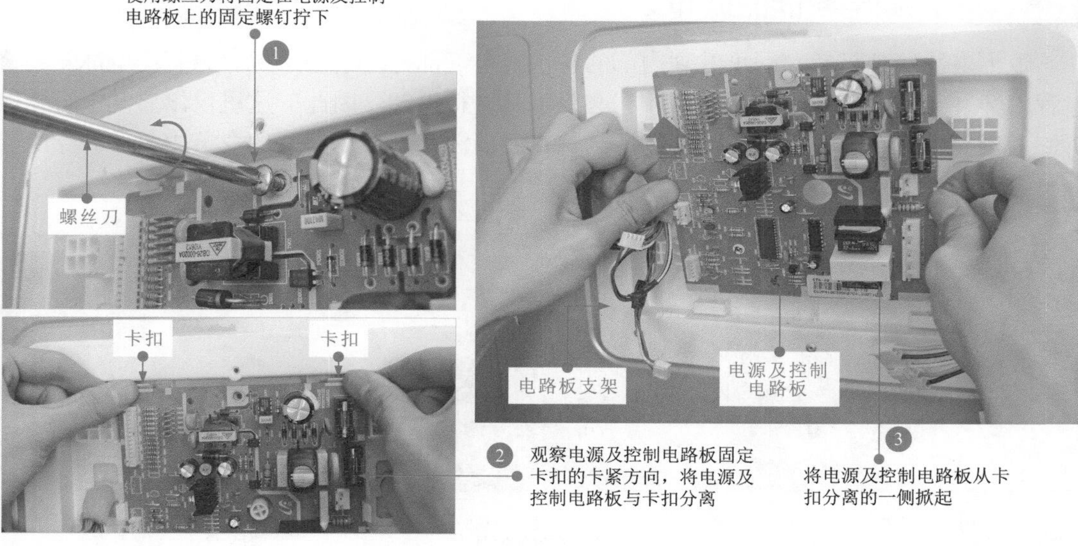
使用螺丝刀将固定在电源及控制电路板上的固定螺钉拧下
1
螺丝刀
卡扣
卡扣
电路板支架
电源及控制电路板
2 观察电源及控制电路板固定卡扣的卡紧方向，将电源及控制电路板与卡扣分离
3 将电源及控制电路板从卡扣分离的一侧掀起

图 4-5　取下电源及控制电路板

4.2 电冰箱主要电气部件的拆卸

4.2.1 电冰箱挡板的拆卸

由于电冰箱中的主要电气部件安装在挡板里面，对主要电气部件进行拆卸时，首先需要取下挡板，如图 4-6 所示。

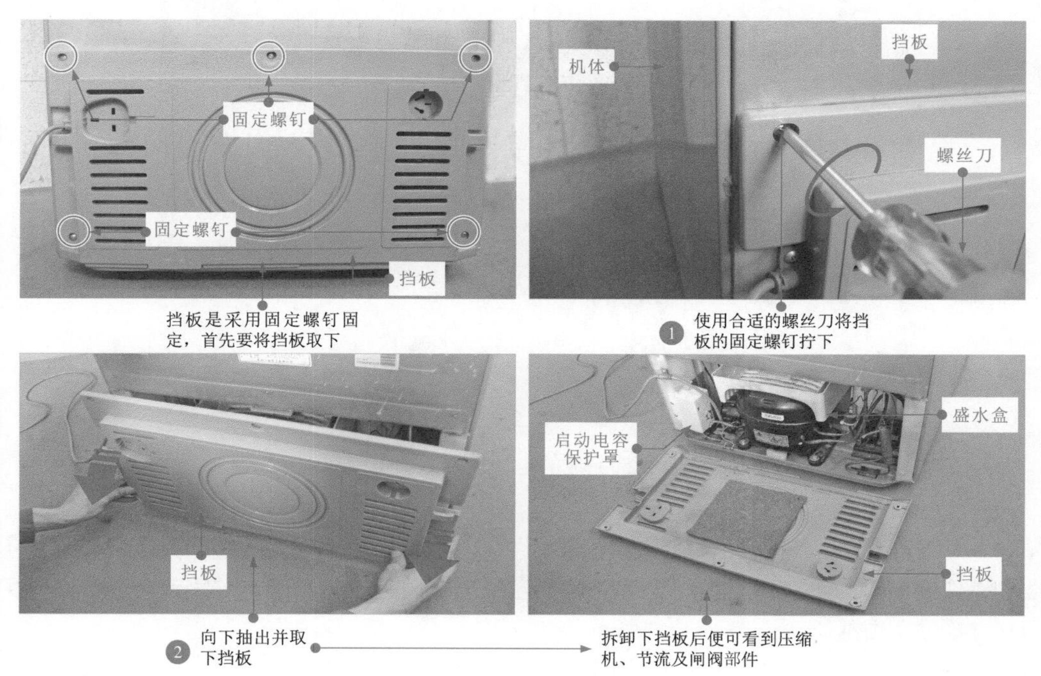
固定螺钉
固定螺钉
挡板
挡板是采用固定螺钉固定，首先要将挡板取下
机体
挡板
螺丝刀
1 使用合适的螺丝刀将挡板的固定螺钉拧下
挡板
2 向下抽出并取下挡板
启动电容保护罩
盛水盒
挡板
拆卸下挡板后便可看到压缩机、节流及闸阀部件

图 4-6　取下挡板

4.2.2 启动电容器的拆卸

取下电冰箱挡板后，即可看到内部的各主要电气部件。一般来说，只有当电冰箱检修过程中怀疑某个电气部件故障时，才有必要将其进行拆卸。因此，这里仅以启动电容器的拆卸为例简单介绍，其余电气部件的拆卸将在后面涉及到检修环节的章节中具体介绍。启动电容器的具体拆卸步骤如图 4-7 所示。

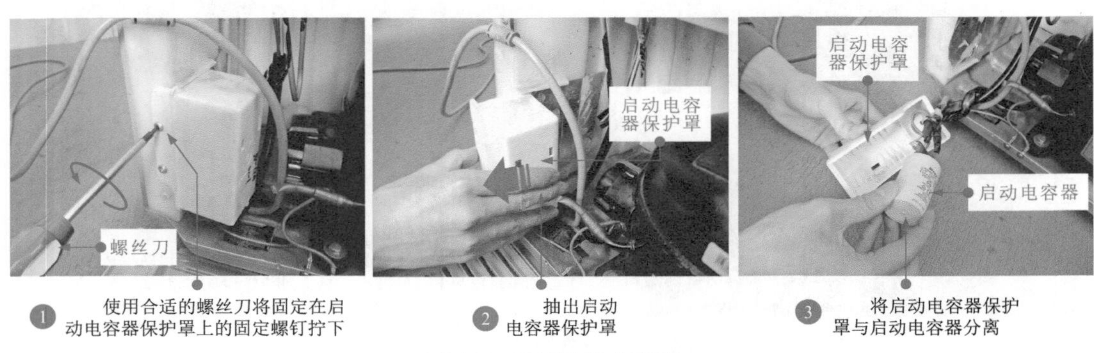
螺丝刀
启动电容
器保护罩
启动电容
器保护罩
启动电容器
1 使用合适的螺丝刀将固定在启动电容器保护罩上的固定螺钉拧下
2 抽出启动电容器保护罩
3 将启动电容器保护罩与启动电容器分离

图 4-7 取下启动电容器

提示

如图 4-8 所示，拆卸下来的电冰箱各主要电气部件要妥善保管。最好选择干净、平整的平台存放。尤其注意不要在电路板上放置杂物，要确保放置平台的干燥。

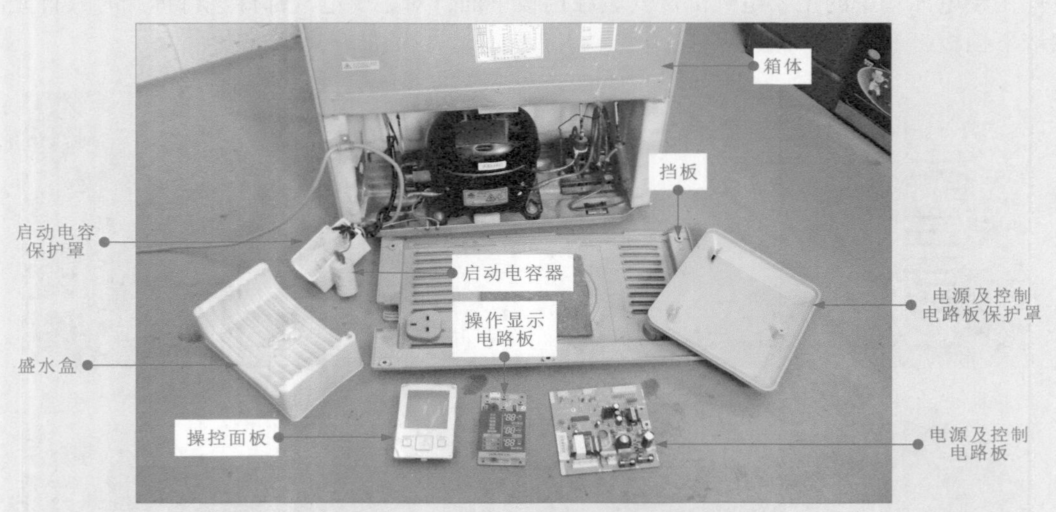
箱体
挡板
启动电容
保护罩
启动电容器
电源及控制
电路板保护罩
操作显示
电路板
盛水盒
操控面板
电源及控制
电路板

图 4-8 拆卸完成的电冰箱各主要电气部件

将电冰箱的故障排除后，应对拆卸的部件进行组装，各部件的组装是完成检修的最重要的操作环节之一。在进行重新组装时需要注意零部件的安装顺序，并固定牢固，以避免因部件松动引发故障。

4.2.3 其他电气部件的拆卸

（1）蒸发风机的拆卸

使用螺丝刀将固定蒸发风机挡板的固定螺钉取下，然后拔下蒸发风机的连接插件，即可完成蒸发风机的拆卸。具体拆卸如图 4-9 所示。

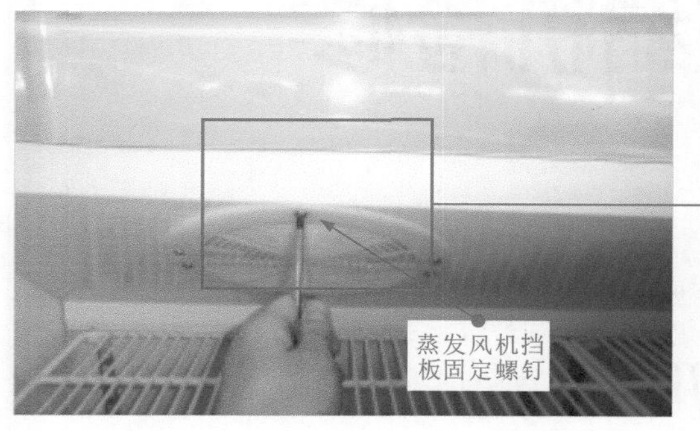
蒸发风机挡
板固定螺钉

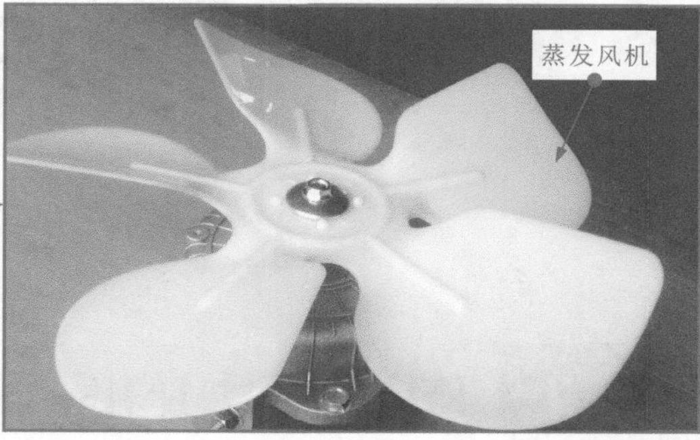
蒸发风机

图 4-9 蒸发风机的拆卸

（2）温控器的拆卸

使用十字槽螺丝刀将固定温控器挡板的固定螺钉取下，然后拔下温控器连接端子的连接插头，最后将温控器的固定螺母取下，完成温控器的拆卸。具体操作如图 4-10 所示。

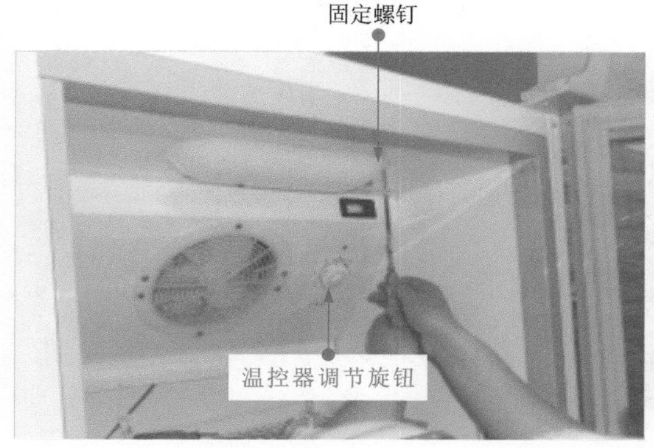
拆卸温控器挡板的
固定螺钉
温控器调节旋钮

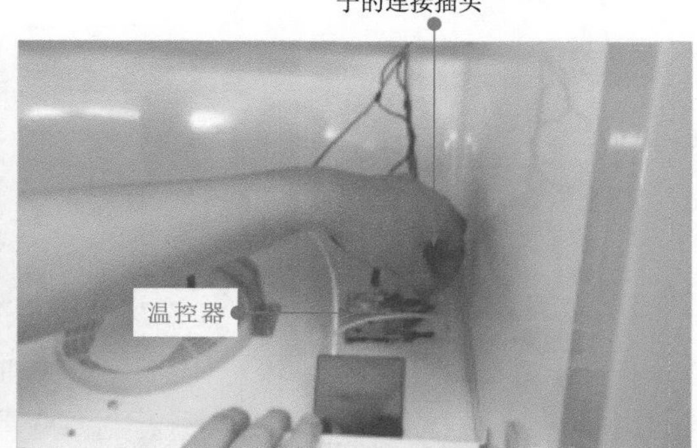
拔下温控器连接端
子的连接插头
温控器

图 4-10 温控器的拆卸

第5章 电冰箱压缩机检修

5.1 电冰箱中的压缩机

5.1.1 压缩机的安装位置与结构特点

（1）压缩机的安装位置

压缩机是电冰箱的重要制冷部件之一，它通常位于电冰箱背面的最底部，外壳固定在底板上，通过两个管口与电冰箱制冷管路相连，如图 5-1 所示。

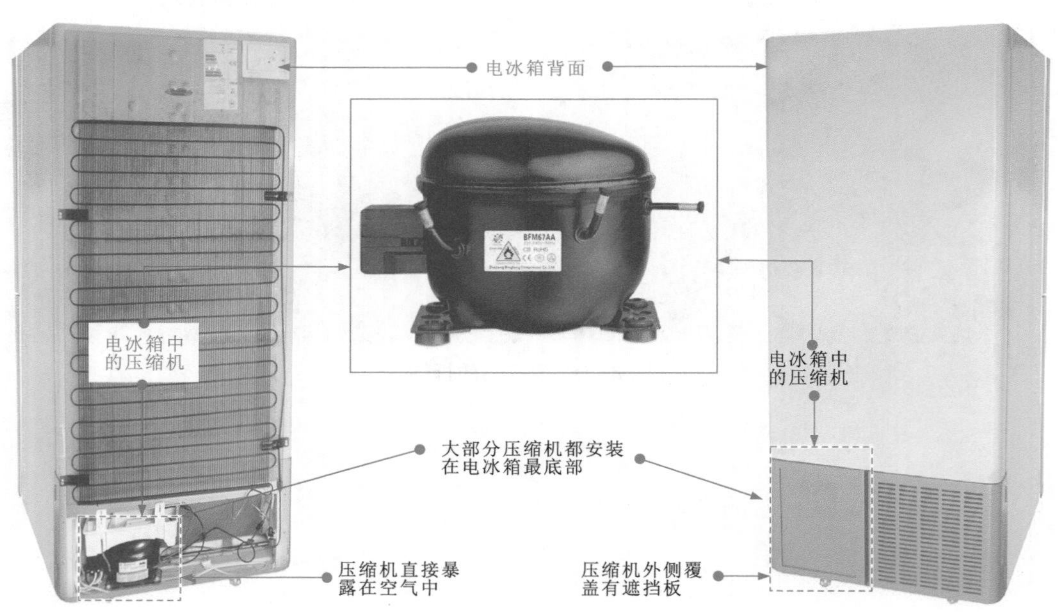

电冰箱背面
电冰箱中的压缩机
电冰箱中的压缩机
BFM67AA
大部分压缩机都安装在电冰箱最底部
压缩机直接暴露在空气中
压缩机外侧覆盖有遮挡板

图 5-1 压缩机的安装位置

不同的电冰箱中，压缩机的外形基本相同，启动和保护装置通常都安装在压缩机左侧，只是外壳上的三个管口位置有所区别，如图 5-2 所示。

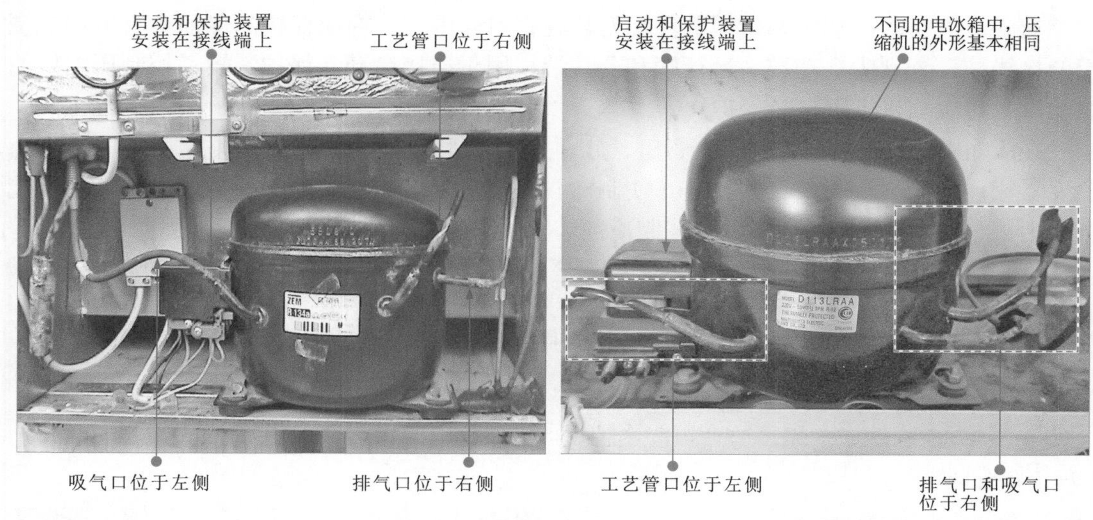
启动和保护装置
安装在接线端上
工艺管口位于右侧
启动和保护装置
安装在接线端上
不同的电冰箱中，压
缩机的外形基本相同
D113LRAA
吸气口位于左侧
排气口位于右侧
工艺管口位于左侧
排气口和吸气口
位于右侧

图 5-2 压缩机的主要特征

（2）压缩机的结构特点

压缩机是电冰箱制冷循环系统的动力源，可维持制冷剂在管路中的正常流动，流动的制冷剂通过热量交换的方式使电冰箱内部温度降低，达到制冷的目的。图 5-3 所示为压缩机的实物外形及结构特点。

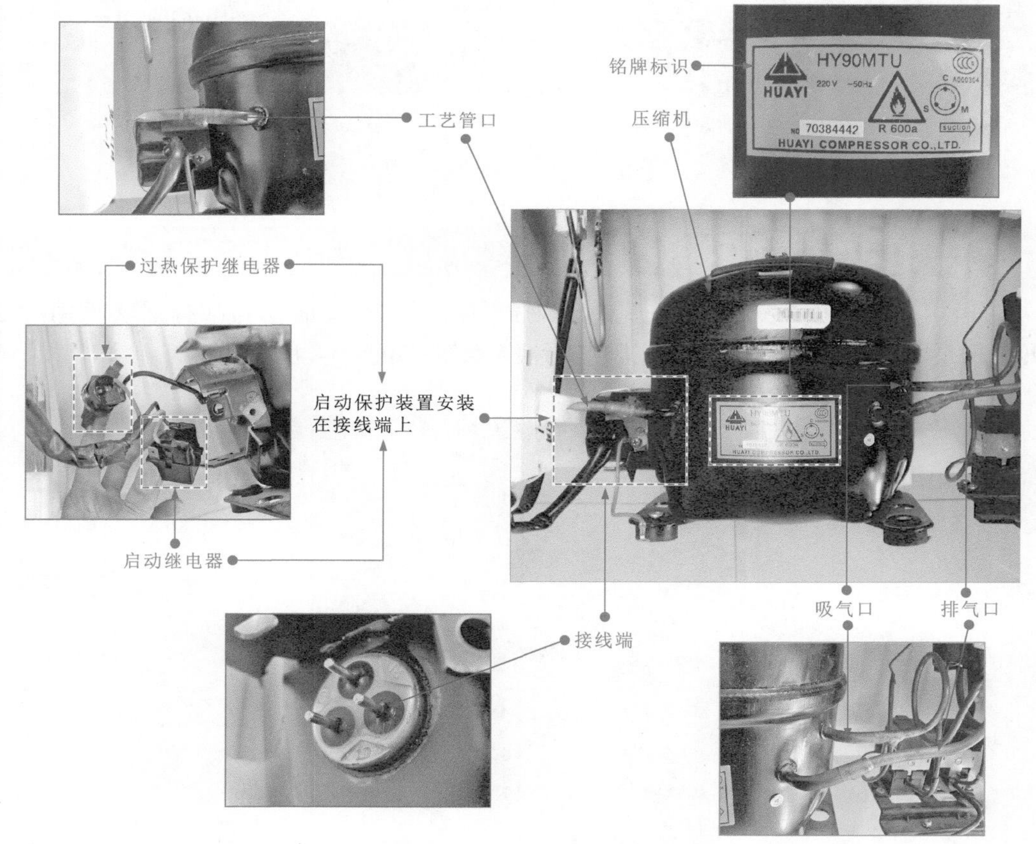
铭牌标识
HY90MTU
HUAYI
220V ~50Hz
No 70384442
R 600a
suction
HUAYI COMPRESSOR CO.,LTD.
工艺管口
压缩机
过热保护继电器
启动保护装置安装
在接线端上
启动继电器
接线端
吸气口
排气口

图 5-3 压缩机的实物外形及结构特点

通常压缩机的电动机及机械部件都安装在密封壳内部，在压缩机的侧面会有电动机绕组的接线柱，分别为启动端、运行端和公共端，用于连接启动和保护装置，控制压缩机的启动以及对压缩机进行过热保护。

在压缩机的密封壳体上有三个管口，分别为吸气口、排气口和工艺管口，其中吸气口与蒸发器相连，排气口与冷凝器相连，使制冷管路形成封闭通路，便于制冷剂的循环；工艺管口则是对电冰箱进行抽真空、充注制冷剂、氮气清洁管路或检漏等操作所使用的接口。

特别提示

压缩机的接线端是内部电动机的供电端并用来连接启动和保护装置，也是检测压缩机电动机的重要部位，接线端上有三个绕组端，通常可根据铭牌标识上的图标对绕组端进行辨识，如图 5-4 所示。根据压缩机的铭牌标识，可知压缩机的绕组端分别为启动端（S）、运行端（M）和公共端（C）。

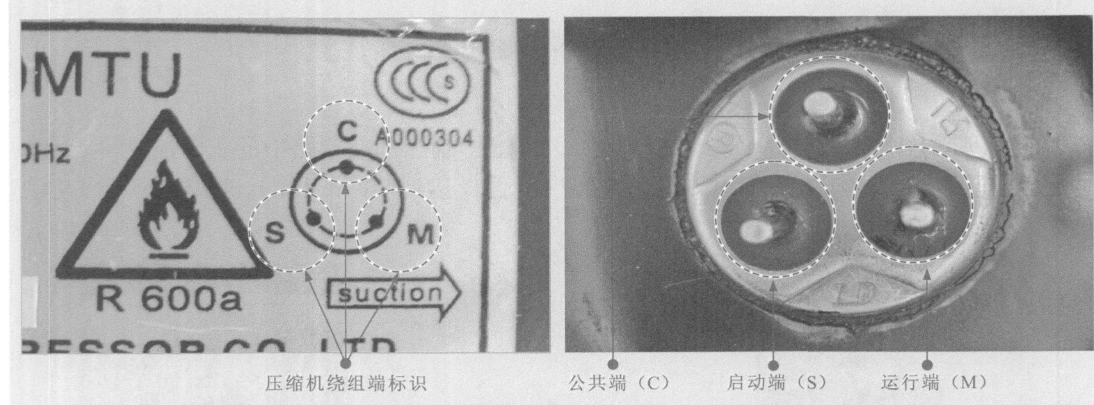
MTU
C
A000304
S
M
R 600a
suction
压缩机绕组端标识
公共端（C）
启动端（S）
运行端（M）

图 5-4　辨识压缩机接线端

提示

在对电冰箱进行充氮检漏、充氮清洁、抽真空、充注制冷剂等操作时，需要使用压缩机的工艺管口作为设备接入部位，以便进行检修操作，如图 5-5 所示。

压缩机工艺管口
充注制冷剂
制冷剂钢瓶
三通压力表阀

图 5-5　工艺管口的作用

5.1.2 电冰箱压缩机的种类特点

一般电冰箱所使用的压缩机多采用往复式压缩机，如图 5-6 所示，它主要是将电动机的旋转运动转换成活塞的往复运动，从而实现制冷剂气体的压缩和输送。往复式压缩机应用广泛、制造工艺成熟，但内部结构复杂、易磨损，工作时噪声较大。

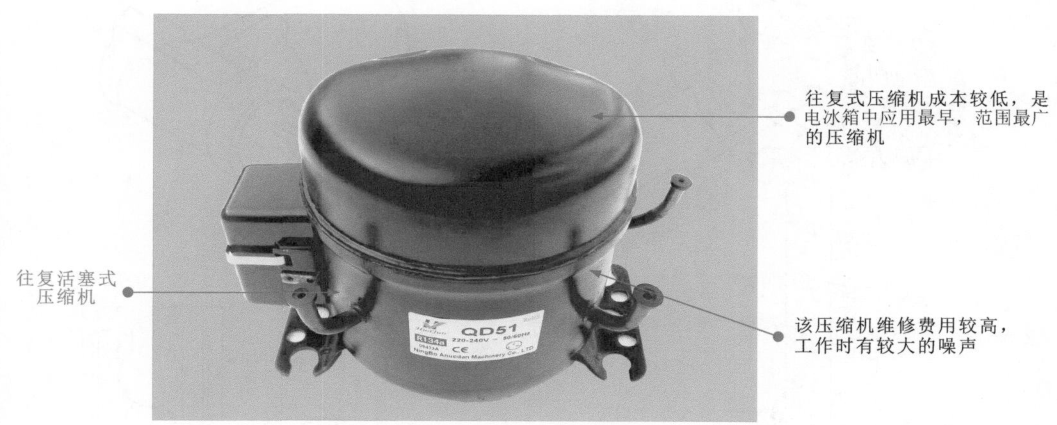
往复式压缩机成本较低，是电冰箱中应用最早，范围最广的压缩机
往复活塞式压缩机
QD51
R134a
220-240V ~ 50/60Hz
该压缩机维修费用较高，工作时有较大的噪声

图 5-6　往复活塞式压缩机

不同压缩机的外形十分相似，一般根据内部结构，往复式压缩机又可细分为滑管式和连杆式两种。下面将对这两种压缩机的结构特点进行介绍。

（1）滑管式压缩机

滑管式压缩机内部结构简单、工艺性好、成本较低。这类压缩机在国内外的电冰箱生产中应用比较普遍。缺点是活塞与缸壁间的侧向力较大、摩擦功耗大、能效比偏低。

滑管式压缩机的内部结构如图 5-7 所示，它的内部主要由曲轴、滑管与活塞组件（滑管和活塞是一体的，因此也可以称为滑管活塞）、气缸以及机壳等部分组成。

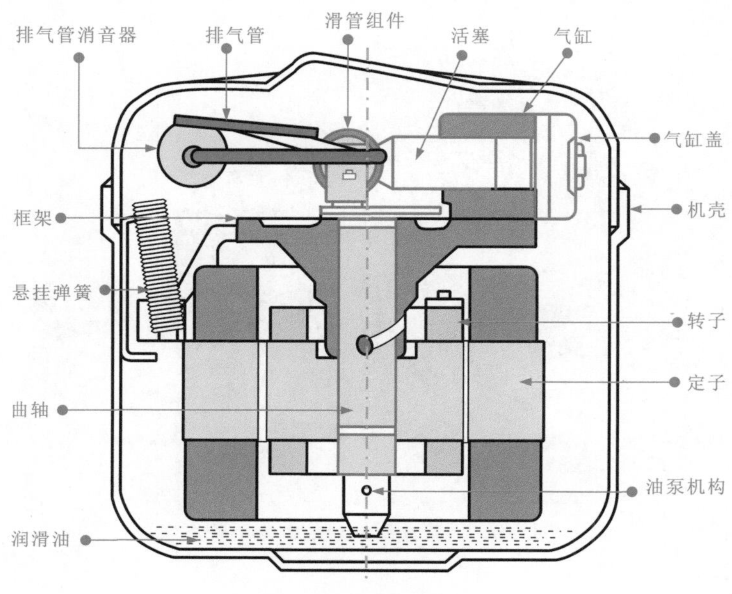
排气管消音器
排气管
滑管组件
活塞
气缸
气缸盖
机壳
框架
悬挂弹簧
转子
定子
曲轴
油泵机构
润滑油

图 5-7　滑管式压缩机

图 5-8 为滑管往复活塞式压缩机传动部分的结构示意图。可以看到，滑管与活塞是焊接或烧结在一起的，呈 T 字形，曲轴销穿过滑管壁上的导槽垂直插入滑块的圆孔中。

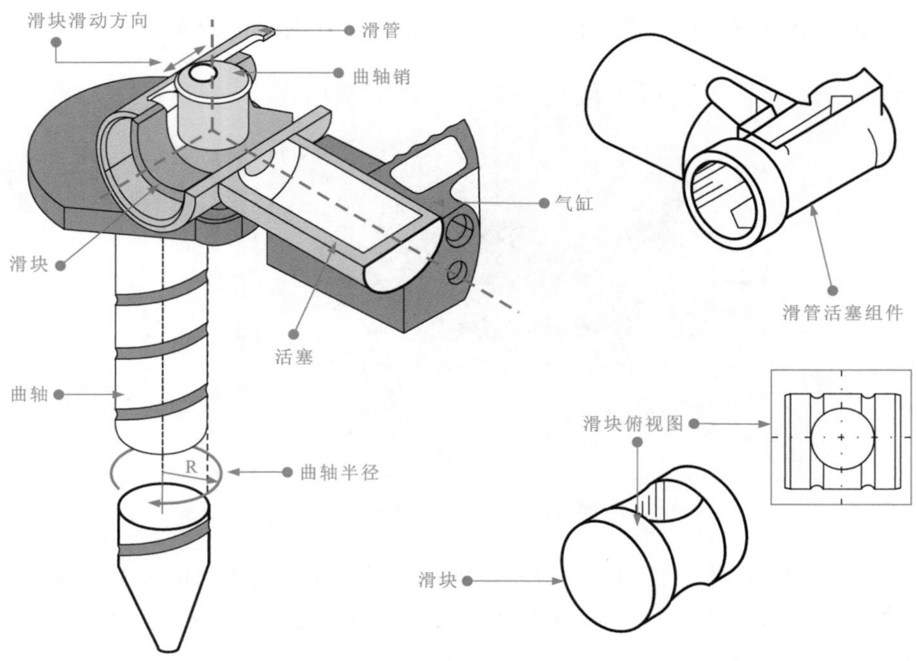
滑块滑动方向
滑管
曲轴销
气缸
滑块
活塞
曲轴
R
曲轴半径
滑管活塞组件
滑块俯视图
滑块

图 5-8　滑管往复活塞式压缩机传动部分的结构示意图

提示

图 5-9 所示为滑管式压缩机的内部剖视图。从图中可以看到滑管与活塞组件、气缸、电动机绕组等部分。

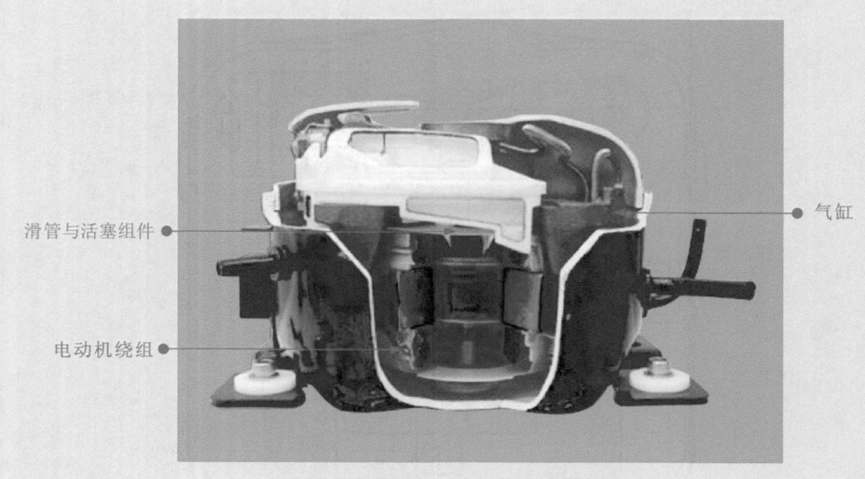
滑管与活塞组件
气缸
电动机绕组

图 5-9　滑管式压缩机的内部剖视图

（2）连杆式压缩机

连杆式压缩机运转比较平稳、噪声低、磨损小、使用寿命长、能效比较高、工作可靠、综合性能优良，随着机械工业的不断发展，连杆式压缩机有多方面的技术改进，逐渐成为电冰箱领域的主导产品。

连杆式压缩机大部分部件与滑管式压缩机基本相同，都是采用曲轴作为主轴，通过曲轴将电动机的旋转运动转变成活塞的往复运动，所不同的是它采用连杆机构代替滑管组件，如图 5-10 所示，当电动机带动曲轴旋转时，曲轴便带动连杆，使活塞产生往复运动。

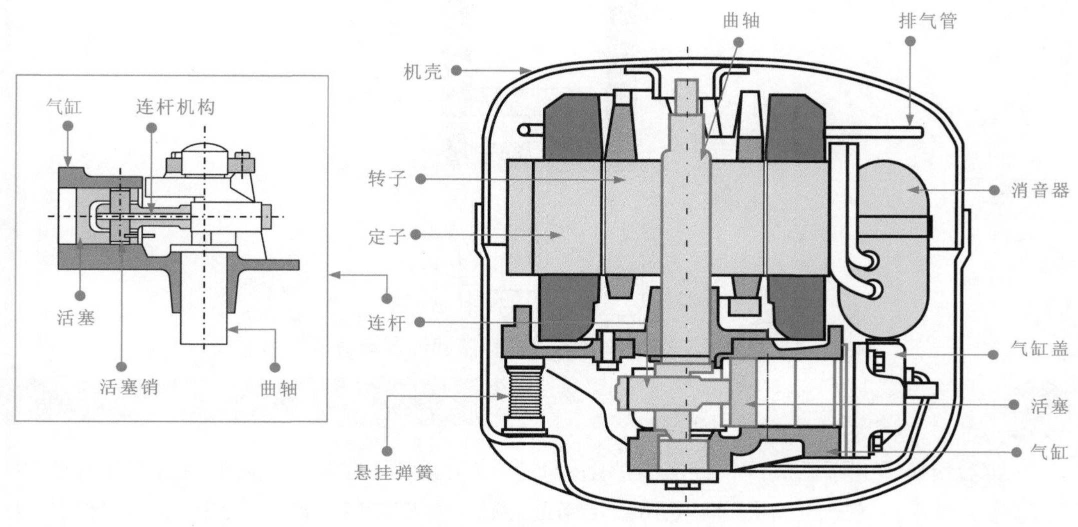
气缸
连杆机构
活塞
活塞销
曲轴
曲轴
排气管
机壳
转子
定子
连杆
消音器
气缸盖
活塞
气缸
悬挂弹簧

图 5-10　连杆式压缩机内部的结构

提示

图 5-11 所示为连杆式压缩机的内部剖视图。从图中可以看到连杆与活塞组件、悬挂弹簧、电动机绕组和消音器等部分。

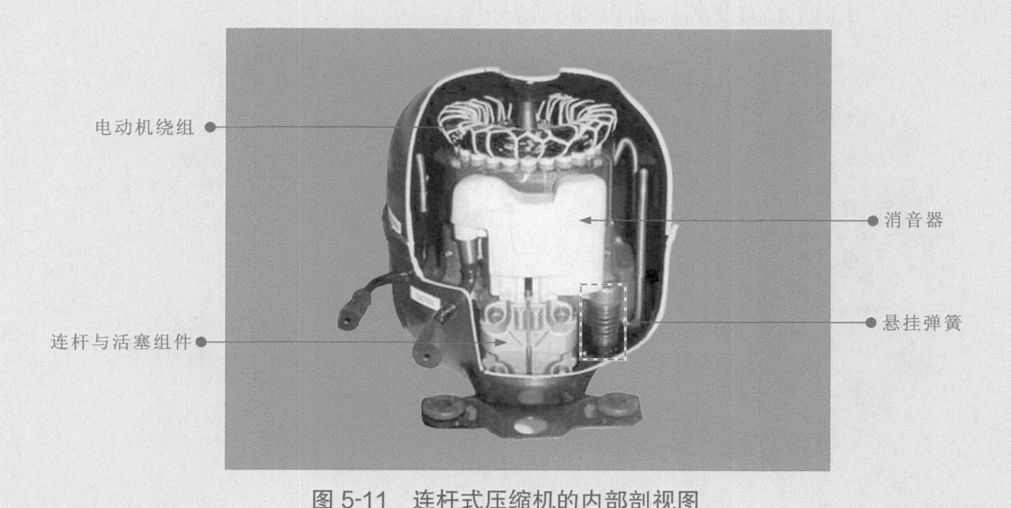
电动机绕组
消音器
悬挂弹簧
连杆与活塞组件

图 5-11　连杆式压缩机的内部剖视图

无论滑管式还是连杆式压缩机，都是通过带动气缸内部的活塞往复运动，对制冷剂进行压缩，图 5-12 所示为往复式压缩机内部的气缸结构。从图中可以看出，气缸部分主要是由吸气阀、吸气口、排气阀、排气口等部分构成的。

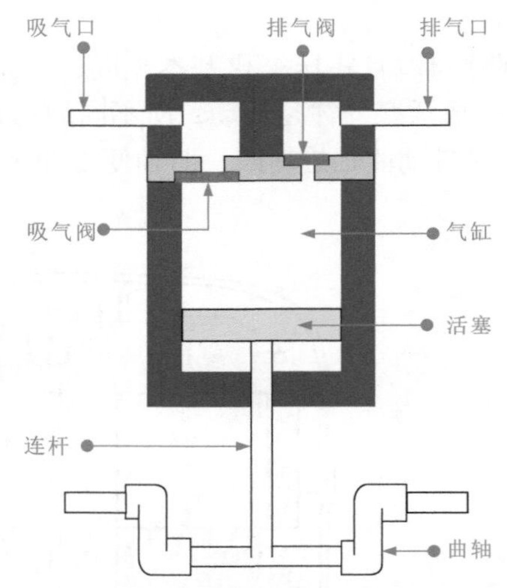
吸气口
排气阀
排气口
吸气阀
气缸
活塞
连杆
曲轴

图 5-12　往复活塞式压缩机内部的气缸结构

提示

随着新技术的不断涌现，许多电冰箱也开始采用新型压缩机，如旋转式压缩机和变频压缩机。其中旋转式压缩机的电动机直接带动旋转活塞做旋转运动来完成对制冷剂气体的压缩，因此具有压缩效率高、体积小、重量轻、平衡性能好、噪声低、防护措施完备和耗电量小等优点。

（3）变频压缩机

变频压缩机是指驱动压缩机工作的电动机采用变频驱动方式，压缩机的主体多采用旋转式结构。图 5-13 所示为变频压缩机的实物外形。

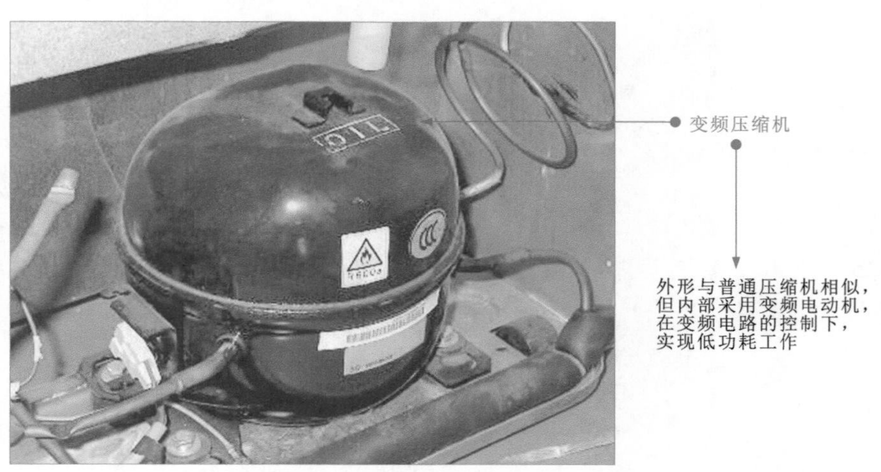
变频压缩机
外形与普通压缩机相似，
但内部采用变频电动机，
在变频电路的控制下，
实现低功耗工作

图 5-13　变频压缩机的实物外形

5.2 压缩机的工作原理

压缩机工作后，内部电动机带动连杆机构和气缸工作，将制冷剂压缩成高温高压的饱和气体，从排气口排出；同时，由吸气口吸入低温低压的制冷剂气体，再进行压缩。这样，制冷剂在电冰箱管路中循环流动，通过与外界进行热交换，实现电冰箱制冷的目的。图 5-14 所示为典型电冰箱压缩机功能原理图。

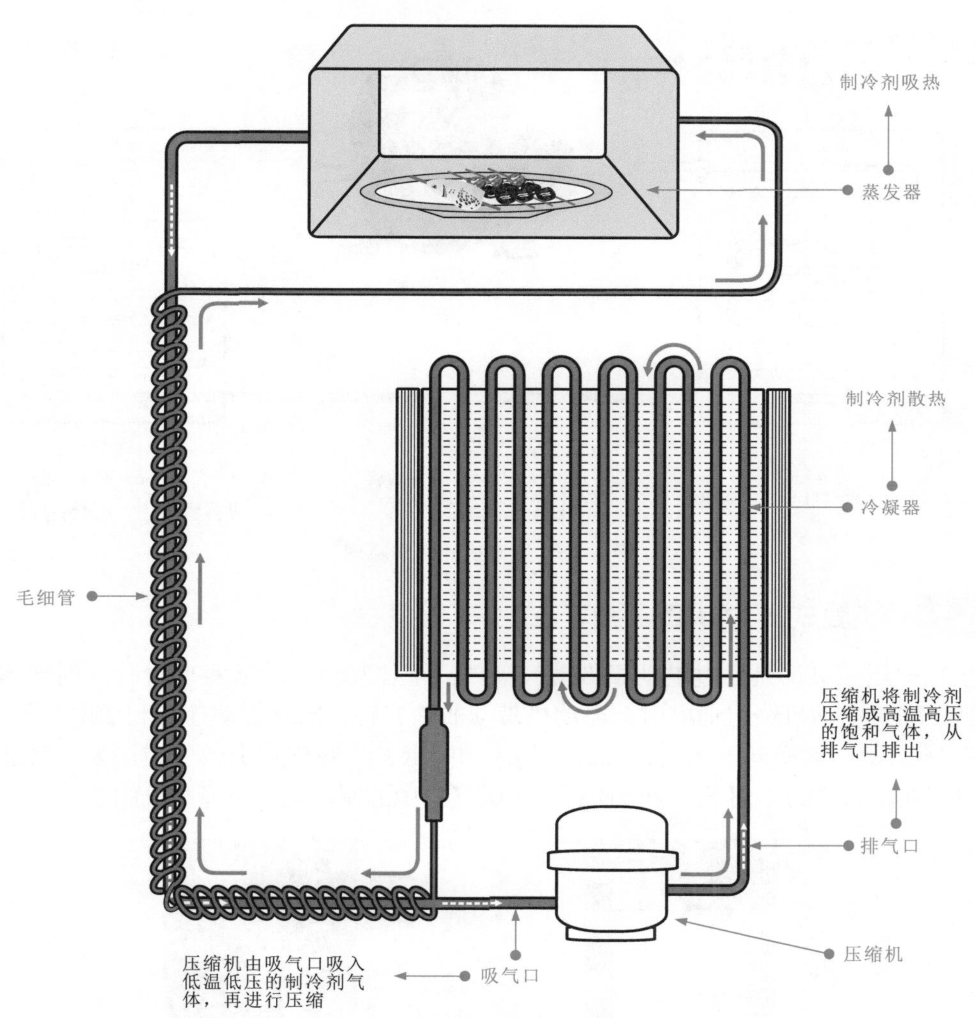
制冷剂吸热
蒸发器
制冷剂散热
冷凝器
毛细管
压缩机将制冷剂压缩成高温高压的饱和气体，从排气口排出
排气口
压缩机
压缩机由吸气口吸入低温低压的制冷剂气体，再进行压缩
吸气口

图 5-14　压缩机的功能原理

图 5-15 所示为典型电冰箱压缩机的工作原理。交流 220 V 电压首先经过启动继电器后，送到压缩机中为驱动电动机供电，由启动继电器控制压缩机启动。压缩机开始工作后，将高温、高压饱和的制冷剂气体排出，送入冷凝器，经冷凝器散热降温后，再送入蒸发器中。低温的制冷剂通过蒸发器吸收电冰箱内空气和食物的热量，对事物进行保鲜和冷冻。然后制冷剂再由蒸发器送回到压缩机吸气口，再次进行压缩，实现制冷循环。

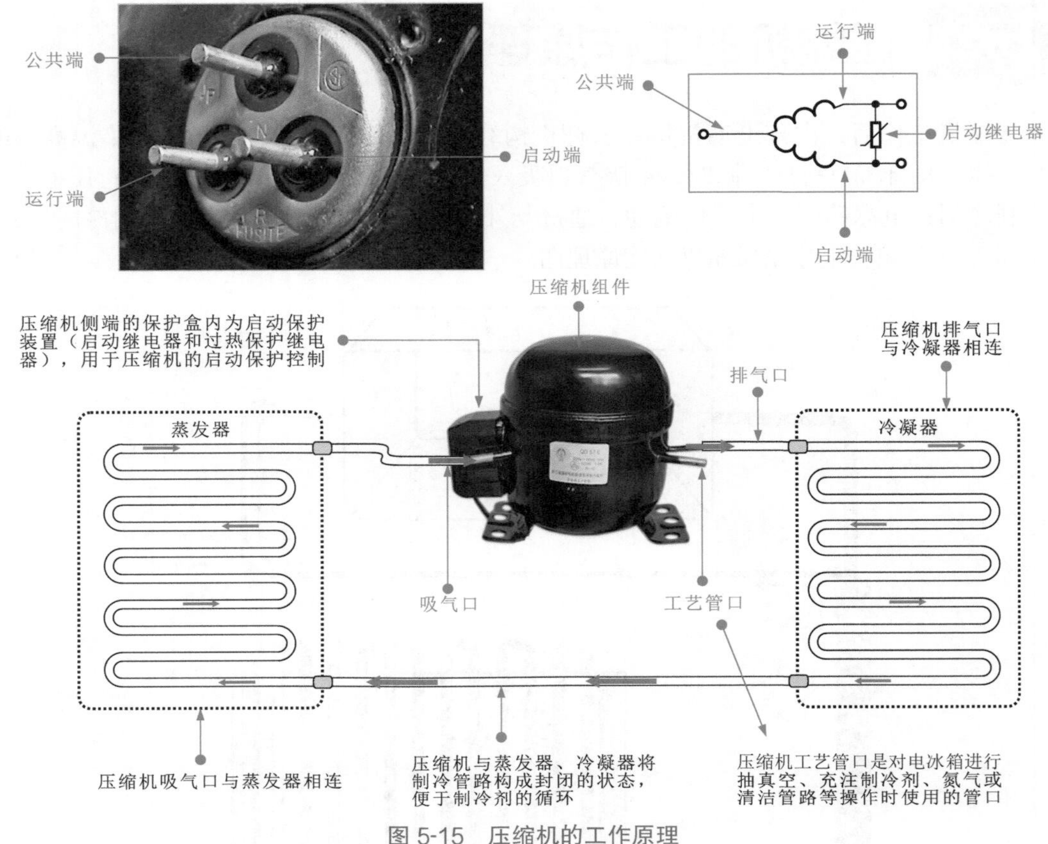
公共端
运行端
启动端
运行端
公共端
启动继电器
启动端
压缩机组件
压缩机侧端的保护盒内为启动保护装置（启动继电器和过热保护继电器），用于压缩机的启动保护控制
压缩机排气口与冷凝器相连
排气口
蒸发器
冷凝器
吸气口
工艺管口
压缩机吸气口与蒸发器相连
压缩机与蒸发器、冷凝器将制冷管路构成封闭的状态，便于制冷剂的循环
压缩机工艺管口是对电冰箱进行抽真空、充注制冷剂、氮气或清洁管路等操作时使用的管口

图 5-15　压缩机的工作原理

5.2.1 往复式压缩机的工作方式

往复式压缩机都是通过电动机带动气缸内活塞往复运动，来实现对制冷剂气体的压缩。当压缩机电动机绕组通电时，电动机带动曲轴旋转，同时带动连杆和活塞向下运动，如图 5-16 所示。活塞向下运动，气缸内的压力降低，当吸气口中的压力远大于气缸内的压力时，在压力差的作用下，吸气阀打开，吸气口中的制冷剂气体经吸气阀进入气缸内。

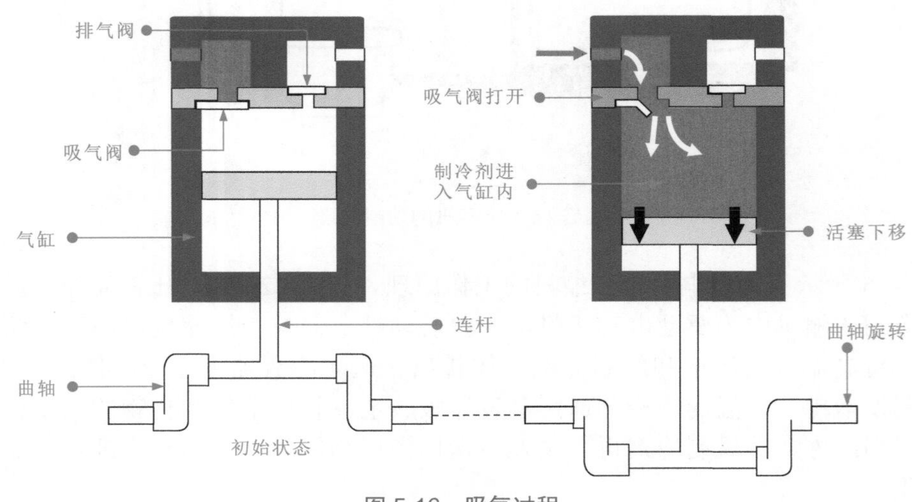
排气阀
吸气阀
气缸
连杆
曲轴
初始状态
吸气阀打开
制冷剂进入气缸内
活塞下移
曲轴旋转

图 5-16　吸气过程

随着曲轴不断旋转，连杆及活塞运动到最低位置时，返回向上移动，此时气缸容积逐渐缩小，气缸内的压力也随之逐渐变大，当超过吸气口中的压力时，吸气阀被关闭，如图 5-17 所示。随着气缸容积逐渐缩小，气缸内的制冷剂气体受到压缩，气体的压力不断升高，当气缸内的压力远大于排气口内的压力时，在压力差的作用下，排气阀被打开，气缸内的气体经排气阀排出。

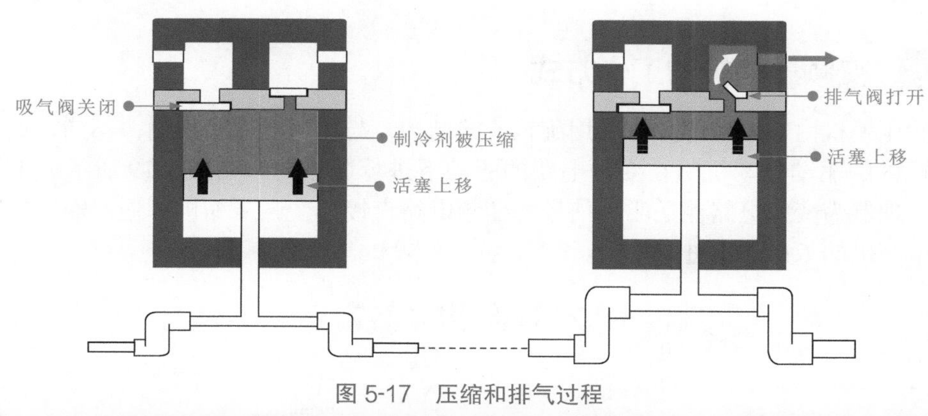
吸气阀关闭
制冷剂被压缩
活塞上移
排气阀打开
活塞上移

图 5-17　压缩和排气过程

提示

旋转式压缩机与往复式压缩机的压缩方式不同，旋转式压缩机的滚动转子（旋转活塞）将气缸内划分为压缩室和吸气室两部分，电动机直接带动偏心轴旋转，使滚动转子沿气缸内壁转动，进行吸气、压缩、排气的循环动作，如图 5-18 所示。

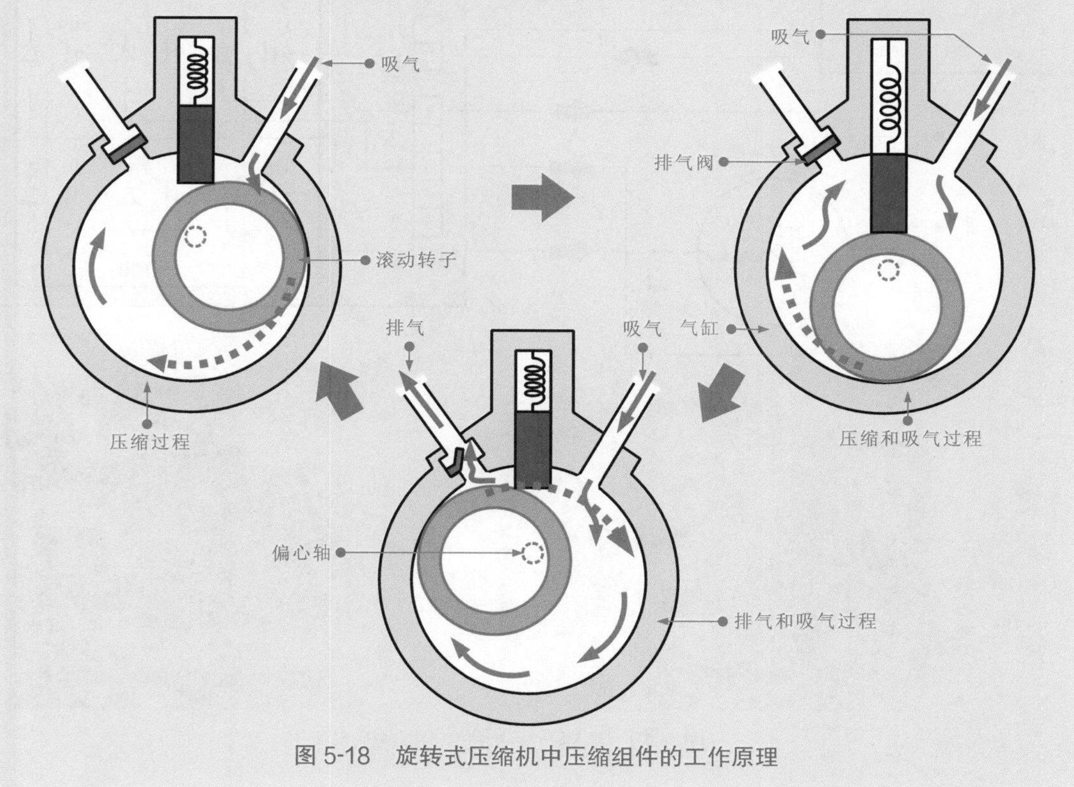
吸气
滚动转子
压缩过程
吸气
排气阀
气缸
压缩和吸气过程
排气
吸气
偏心轴
排气和吸气过程

图 5-18　旋转式压缩机中压缩组件的工作原理

滚动转子顺时针转动时，吸气室容积不断地增大，压缩室的容积不断减小，压缩室内的气体处于压缩状态，压缩室内部压力不断地升高。当压缩室内部的压力大于排气口内的压力时，排气阀被顶开，压缩后的气体通过排气口排出。随着偏心轴的不断旋转，气体不断地被吸入、压缩和排出，从而实现压缩机的循环运行。

5.2.2 变频压缩机的工作方式

变频压缩机内部机械部分也采用旋转式的结构，与普通电冰箱相同，不同之处在于变频压缩机内的驱动电动机是在变频电路的驱动下进行工作的，如图5-19所示。主控电路中的微处理器为变频电路输送驱动信号，变频电路直接与变频压缩机相连，输出控制信号对变频压缩机的工作状态进行控制。

变频电路与变频压缩机相连，根据驱动信号，变频电路输出控制信号对变频压缩机的工作状态进行控制

300V

电源电路板和主控电路板

直流供电电压

变频驱动电路

PWM驱动信号

黑

1 GND

2 PWM

红

U+ V+ W+

1 U

2 空

3 V

4 空

5 空

6 W

U− V− W−

控制信号

变频压缩机（驱动电动机）

逆变器（6个IGBT）

变频电路板

U、V、W接线端

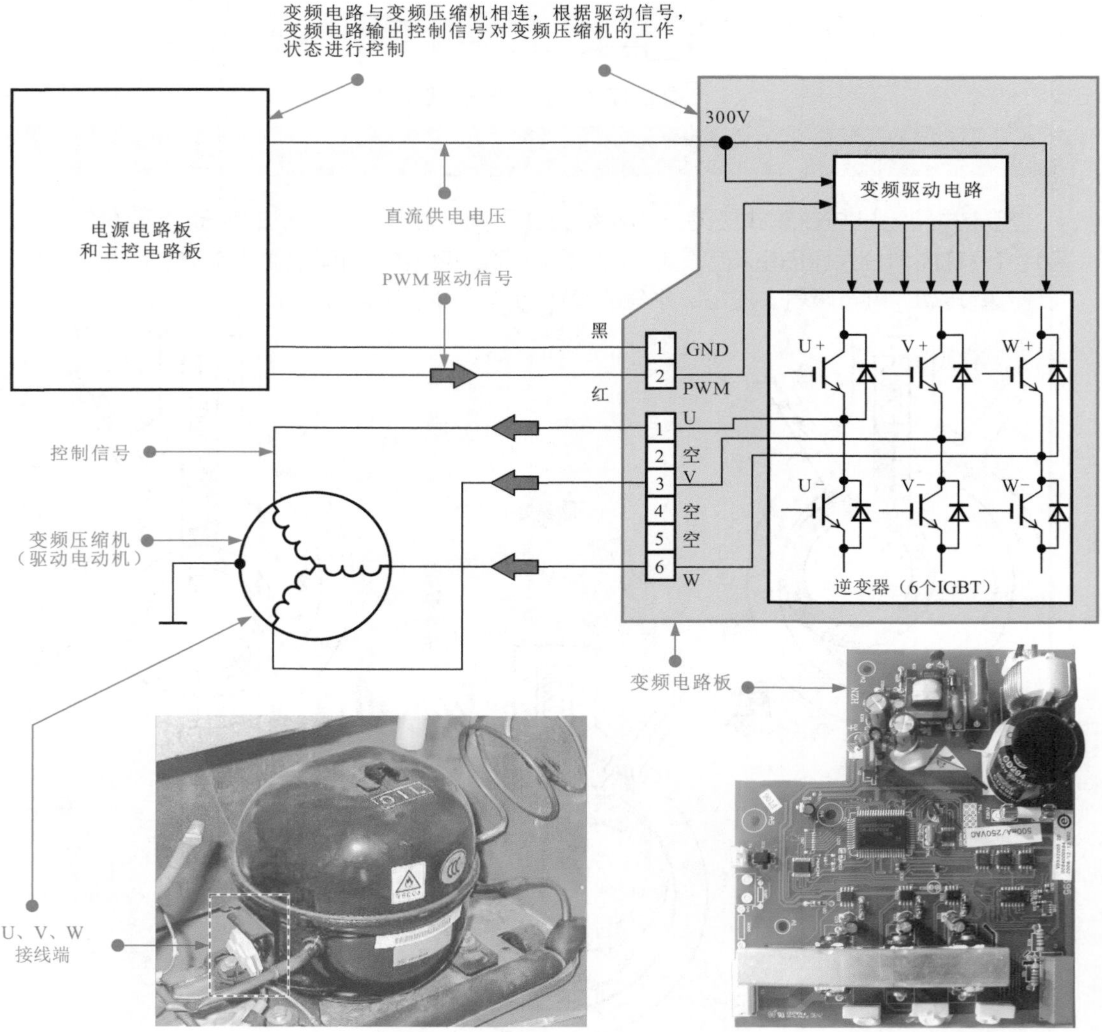

图5-19 变频压缩机的工作方式

5.3 压缩机的检修代换

5.3.1 压缩机的检测方法

压缩机是电冰箱制冷系统的主要部件，若压缩机出现问题，将使制冷管路中的制冷剂不能正常循环运行，造成电冰箱不能制冷、制冷异常、运行时有噪声等。因此当怀疑压缩机损坏时，需逐步对压缩机进行检测，一旦发现故障，就需要寻找可替代的新压缩机进行代换。

对压缩机进行检修，首先可通过声音判断压缩机是否正常，若通过声音无法判断故障，再对压缩机的绕组进行检测。

（1）通过声音判断压缩机是否正常

在压缩机运行时仔细听它所发出的声音，根据声音可以对压缩机的工作状态或自身性能进行大体的判别。

通过声音判断压缩机是否正常的方法如图5-20所示。

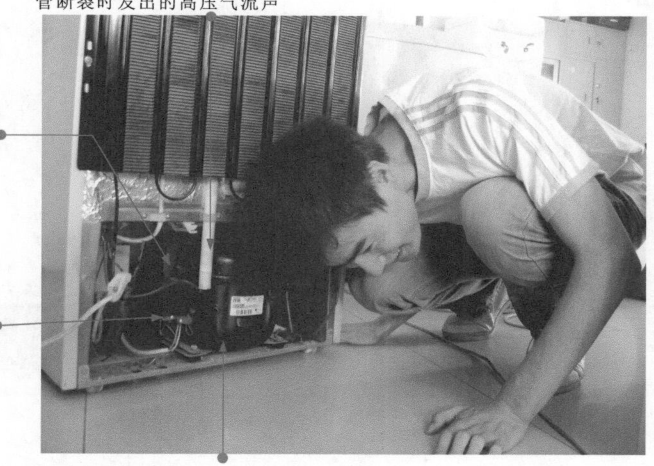
倾听压缩机是否发出“嘶嘶”声，若有则是压缩机内高压管断裂时发出的高压气流声
倾听压缩机是否发出强烈的“嗡嗡”声，若有则说明压缩机已通电，若没有启动，可能压缩机出现卡缸或抱轴的故障
倾听压缩机是否发出“嗵嗵”声，若有则属于压缩机液击声，说明有大量制冷剂的湿蒸汽或冷冻机油进入气缸
倾听压缩机是否发出“当当”声，若有则是压缩机内部金属撞击的声音，说明内部运动部件出现松动

图5-20　通过声音判断压缩机是否正常的方法

提示

若压缩机的运行声音异常，除了卡缸、抱轴故障可通过一些方法进行维修外，其他故障只能通过更换压缩机的方法来解决。

（2）对压缩机绕组进行检测

若压缩机不能启动工作，则需使用万用表对压缩机电动机绕组的阻值进行检测，来判断压缩机电动机是否出现故障，将万用表的红、黑表笔任意搭在压缩机的绕阻接线柱上，分别检测公共端与启动端、公共端与运行端、启动端与运行端之间的阻值。

压缩机绕组的检测方法如图 5-21 所示。

公共端

启动端
2 黑表笔搭在启动端、红表笔搭在公共端
通过检测压缩机三个接线柱之间的阻值，来判断其是否损坏

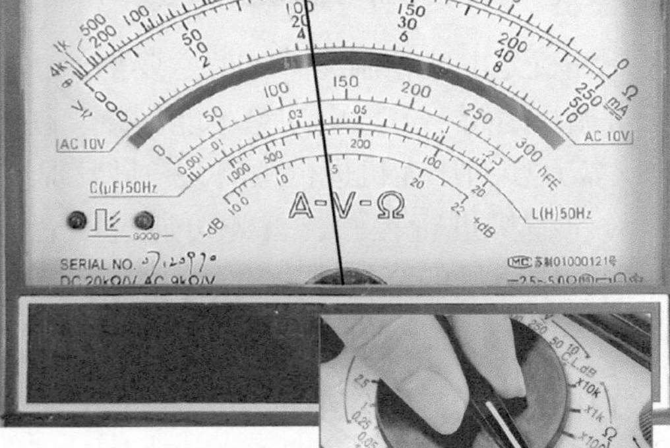
3 可测得公共端与启动端之间的阻值为21.6Ω
ISO 9001认证
MODEL MF47-8
A-V-Ω
1 万用表挡位调至“×1”欧姆挡

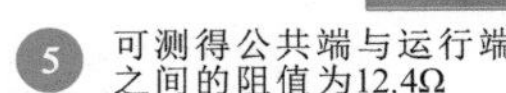
5 可测得公共端与运行端之间的阻值为12.4Ω

公共端
运行端
4 黑表笔搭在运行端、红表笔搭在公共端

MODEL MF47-8
全保护·遥控器检测
万用表挡位保持不变

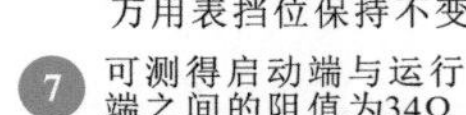
7 可测得启动端与运行端之间的阻值为34Ω

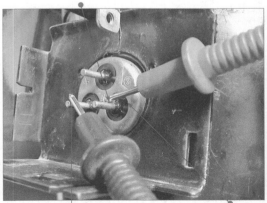

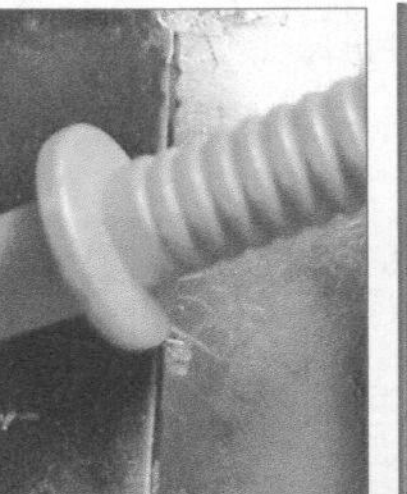
启动端
运行端

MODEL MF47-8
全保护·遥控器检测
测量结果：21.6+12.4=34Ω
符合压缩机绕组间阻值规律

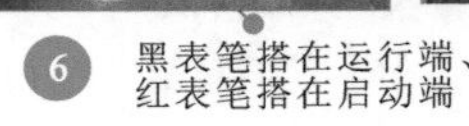
6 黑表笔搭在运行端、红表笔搭在启动端

图 5-21 压缩机绕组的检测方法

正常情况下，启动端与运行端之间的阻值等于公共端与启动端之间的阻值加上公共端与运行端之间的阻值。若检测时发现某阻值趋于无穷大或零，说明绕组有断路或短路故障，需要对其进行更换。

提示

变频压缩机与普通压缩机不同，使用万用表检测时，变频压缩机三组绕组间的阻值为一定值，且三组绕组阻值相同，若三组绕组阻值不同或某一阻值过大或极小，说明该变频压缩机的电动机已损坏。

电冰箱长时间使用，压缩机容易出现卡缸、抱轴故障，该故障出现的主要原因有以下几点：

① 电冰箱搁置时间较长，例如夏季使用，冬季停用或长期停用。压缩机中无冷冻机油或缺少冷冻机油，使运行部件磨损加剧，摩擦所产生的高热量不能很快地散开，温度急剧上升，最后导致压缩机卡缸、抱轴等故障。

② 压缩机在安装或运行过程中造成严重缺氟，使系统产生负压吸入空气中的水分或维修将水分带入系统，或制冷剂含有水分，使压缩机零部件锈蚀而引起卡缸。

③ 膨胀作用，如压缩机内零部件配合间隙过小，机壳温度升高产生热膨胀作用，导致运转受阻，引起卡缸、抱轴。

④ 在搬运过程中，因跌落或受到很大外力的冲击，造成曲轴转子端子弯曲而与定子相碰卡住。

⑤ 系统进入杂物，将压缩机定子与转子的间隙卡住，从而曲轴无法转动，引起压缩机卡缸、抱轴现象。

压缩机卡缸、抱轴是压缩机的常见故障之一，严重时由于堵转，可能导致电流迅速增大而使电动机烧毁。对于轻微卡缸、抱轴现象，在接通电源后，可用木槌或橡胶槌轻轻敲击压缩机的外壳，并不断变换敲击的位置，如图5-22所示。

电冰箱通电后，轻轻敲击压缩机外壳，并不断变换敲击位置
木槌

这种方法只能解决轻微卡缸、抱轴现象，若故障严重只能进行代换
压缩机

图5-22 使用木槌敲击压缩机

5.3.2 压缩机的代换方法

压缩机老化或出现无法修复的故障时，就需要使用同型号或参数相同的压缩机进行代换。通常压缩机位于电冰箱的底部，不仅外侧空间狭小且与电冰箱主要管路部件连接密切。因此，拆卸压缩机时首先要将相连的管路断开，然后再设法将压缩机取出。

（1）对压缩机进行拆卸

① 压缩机管路的拆焊　压缩机的排气口与吸气口分别与冷凝器和蒸发器的管口焊接在一起，首先要对压缩机管路进行拆焊。

图 5-23 所示为压缩机管路的拆焊方法。

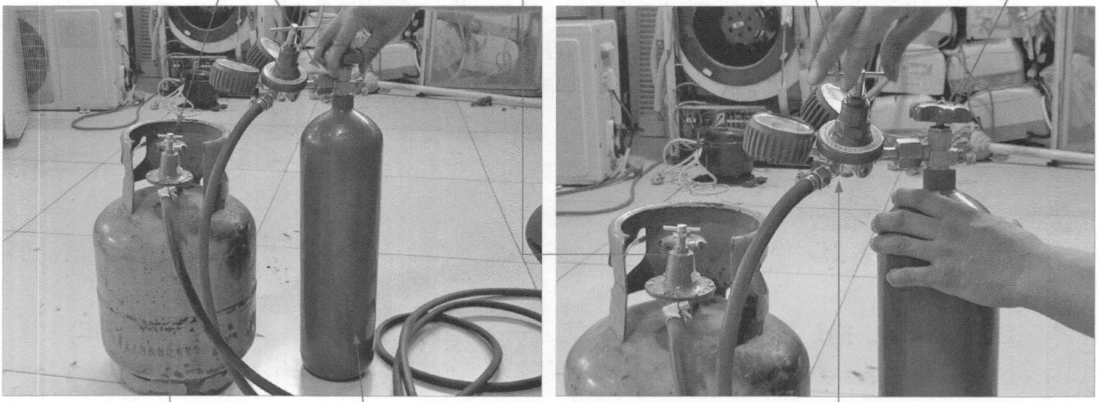

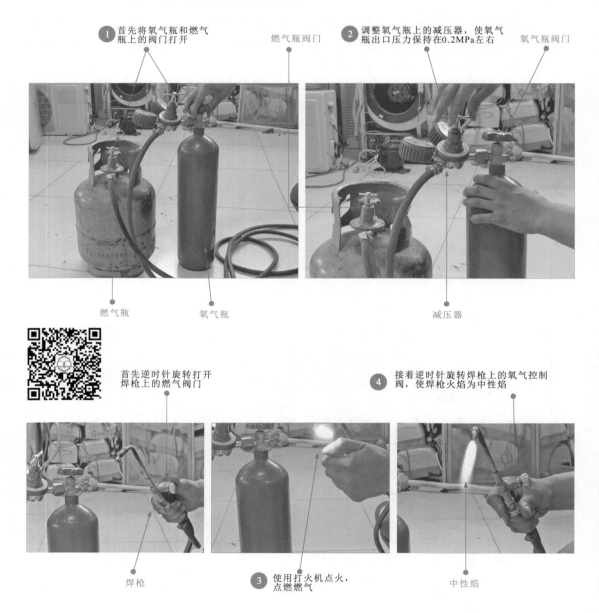

1 首先将氧气瓶和燃气瓶上的阀门打开
燃气瓶阀门
2 调整氧气瓶上的减压器，使氧气瓶出口压力保持在0.2MPa左右
氧气瓶阀门
燃气瓶
氧气瓶
减压器

首先逆时针旋转打开焊枪上的燃气阀门
4 接着逆时针旋转焊枪上的氧气控制阀，使焊枪火焰为中性焰
焊枪
3 使用打火机点火，点燃燃气
中性焰

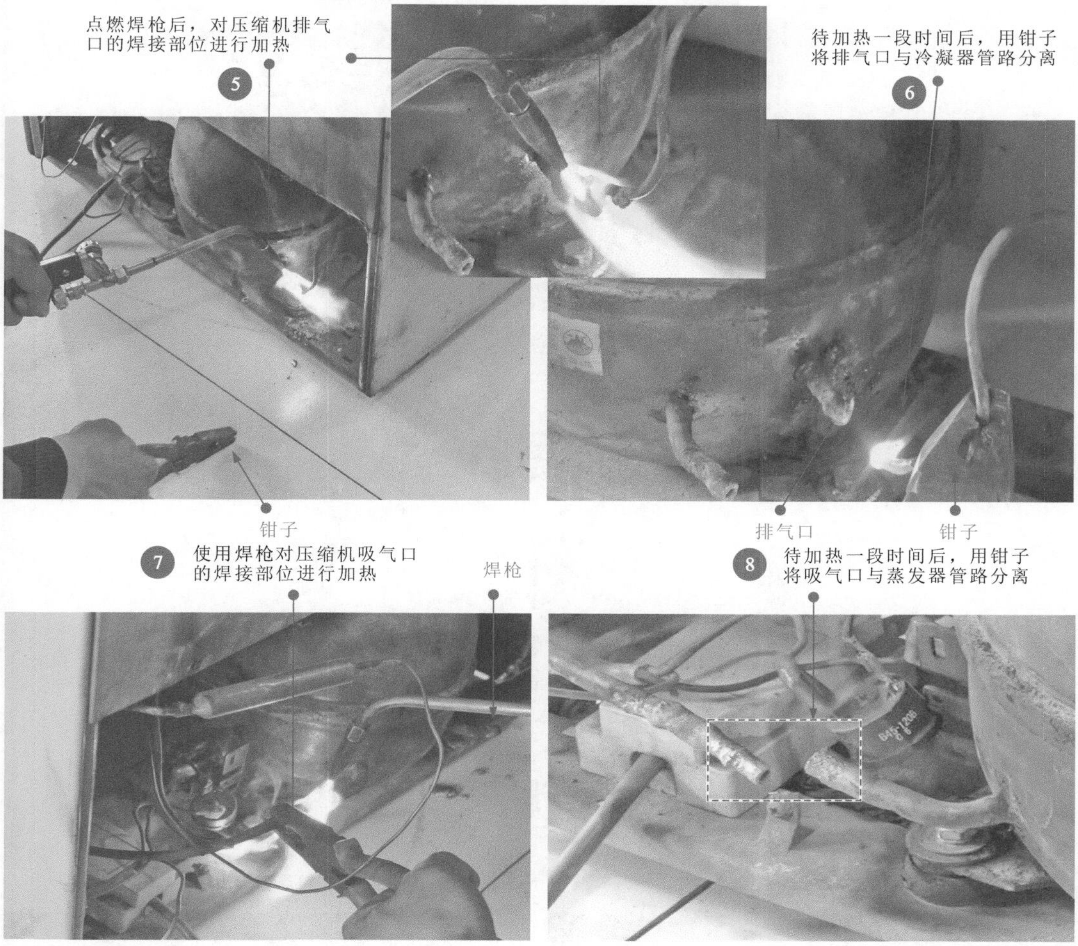

点燃焊枪后，对压缩机排气口的焊接部位进行加热

5

待加热一段时间后，用钳子将排气口与冷凝器管路分离

6

钳子

排气口

钳子

7 使用焊枪对压缩机吸气口的焊接部位进行加热

焊枪

8 待加热一段时间后，用钳子将吸气口与蒸发器管路分离

图 5-23 压缩机管路的拆焊方法

提示

焊接过程中，在调节火焰时，如氧气或燃气开得过大，不易出现中性焰，反而成为不适合焊接的过氧焰或碳化焰，如图 5-24 所示，其中过氧焰温度高，火焰逐渐变成蓝色，焊接时会产生氧化物；而碳化焰的温度较低，无法焊接管路。

外焰呈天蓝色，中焰呈亮蓝色，而焰芯呈明亮的蓝色
中性焰燃气、氧气比例适中适合对管路进行焊接
中性焰

图 5-24

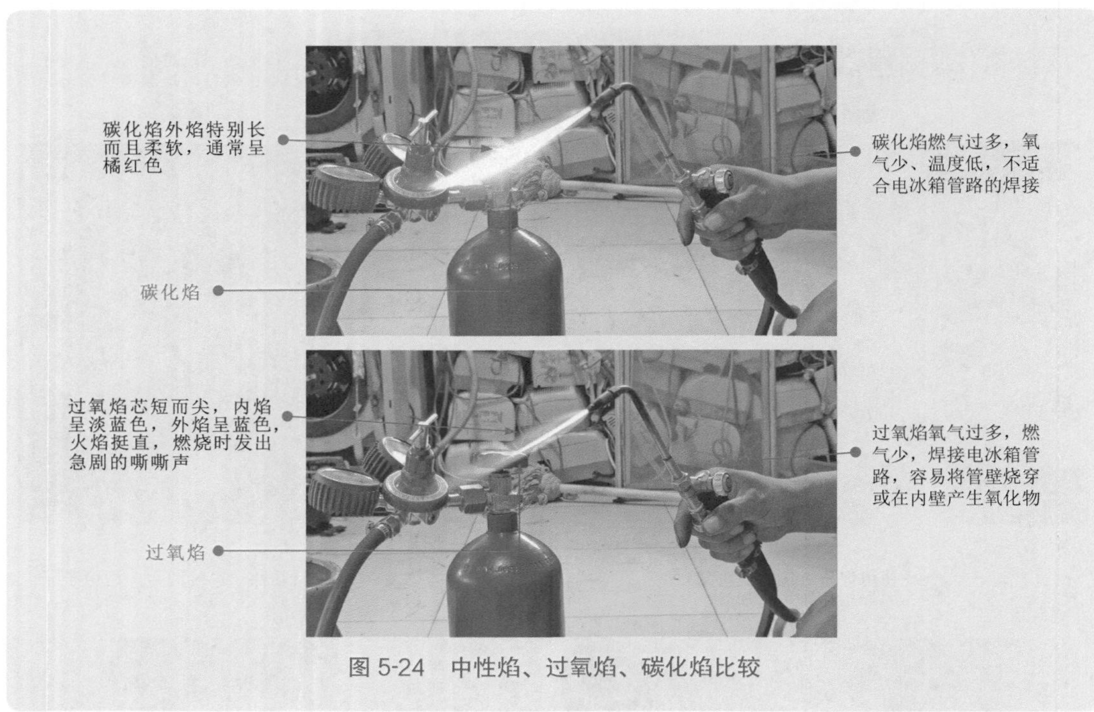
碳化焰外焰特别长而且柔软，通常呈橘红色
碳化焰燃气过多，氧气少、温度低，不适合电冰箱管路的焊接
碳化焰
过氧焰芯短而尖，内焰呈淡蓝色，外焰呈蓝色，火焰挺直，燃烧时发出急剧的嘶嘶声
过氧焰氧气过多，燃气少，焊接电冰箱管路，容易将管壁烧穿或在内壁产生氧化物
过氧焰

图 5-24　中性焰、过氧焰、碳化焰比较

② 压缩机的拆卸　压缩机下方通过螺栓固定在电冰箱的底板上。焊开管路后，再拆下压缩机底部螺栓即可将压缩机取出。

图 5-25 所示为压缩机底部螺栓的拆卸方法。

1
使用扳手将压缩机底部与电冰箱底板固定的四个螺栓分别拧下
扳手

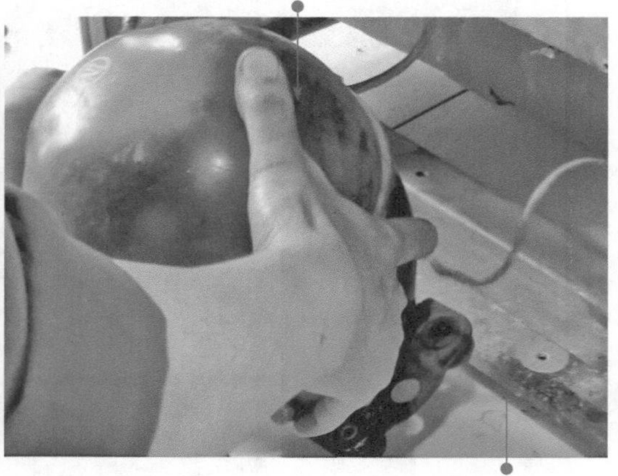
2
将损坏的压缩机从电冰箱底部取出
电冰箱底板

图 5-25　压缩机底部螺栓的拆卸方法

提示

压缩机是电冰箱最重要的器件，更换压缩机前应先掌握损坏压缩机的相关参数，然后根据该参数选择性能良好的压缩机进行更换，压缩机的选择方法如图 5-26 所示。

损坏的压缩机
新的压缩机
新压缩机的铭牌标识
型号
电压
频率
功率
制冷剂
找到与故障电冰箱压缩机型号、规格和制冷剂型号等参数相同的压缩机
MODEL D113LRAA
220V ~ 50/60Hz 1PH R-12
THERMALLY PROTECTED
MATSUSHITA ELECTRIC
IND. CO., LTD.
CIB
91REC0290
SINGAPORE

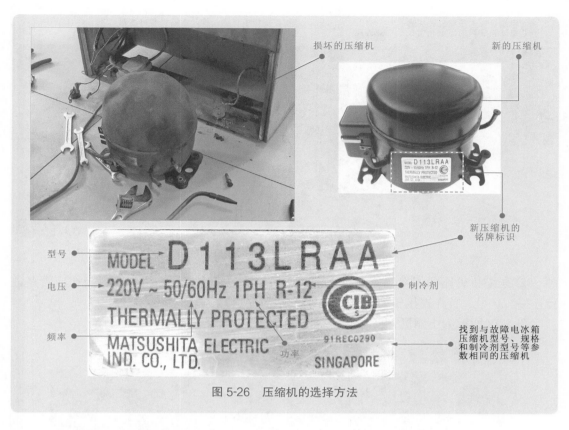

图 5-26 压缩机的选择方法

（2）对压缩机进行代换

① 压缩机的安装　拆下故障压缩机后，再用匹配的、性能良好的压缩机进行更换。将准备好的代换用压缩机放置在原压缩机的安装位置处，使用螺栓将其固定在电冰箱底板上。

图 5-27 所示为将新压缩机固定到电冰箱底部的方法。

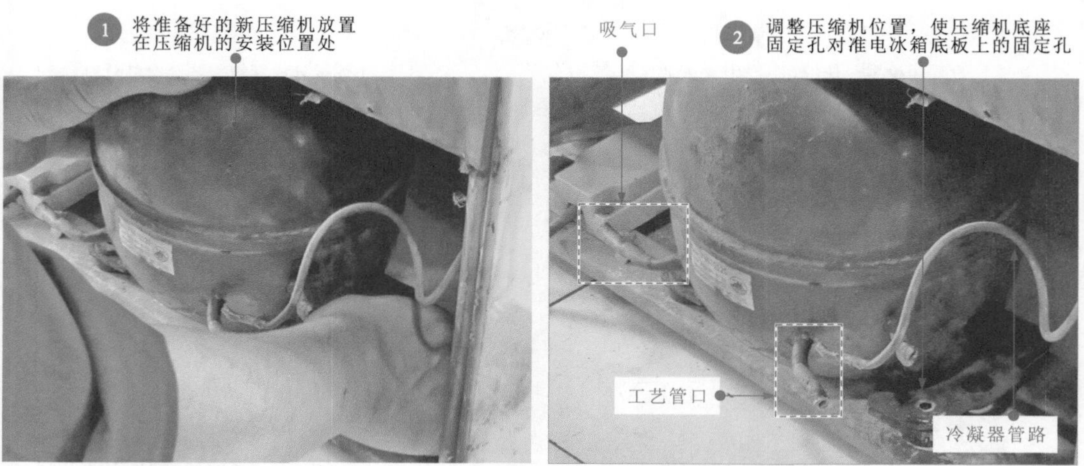

1 将准备好的新压缩机放置在压缩机的安装位置处
吸气口
2 调整压缩机位置，使压缩机底座固定孔对准电冰箱底板上的固定孔
工艺管口
冷凝器管路

图 5-27

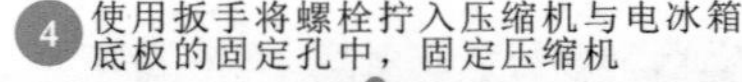

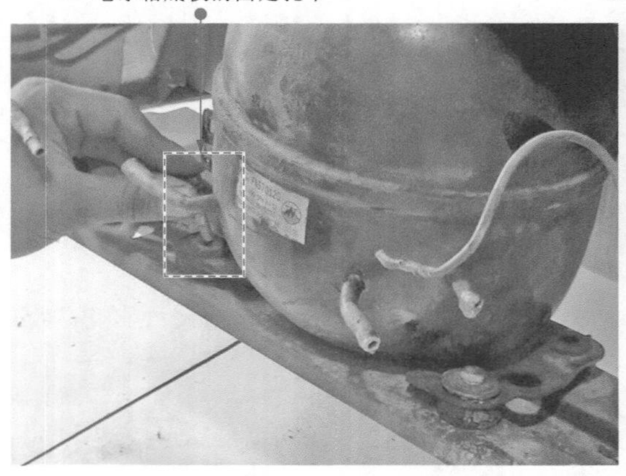
③ 将螺栓插入压缩机底座与电冰箱底板的固定孔中

④ 使用扳手将螺栓拧入压缩机与电冰箱底板的固定孔中，固定压缩机

图 5-27　将新压缩机固定到电冰箱底部的方法

② 压缩机管路的焊接　压缩机固定完成后，接下来应将压缩机各管口与相应管路进行连接。这里，首先连接压缩机吸气口与蒸发器出气口。

图 5-28 所示为压缩机管路与蒸发器管路的焊接方法。

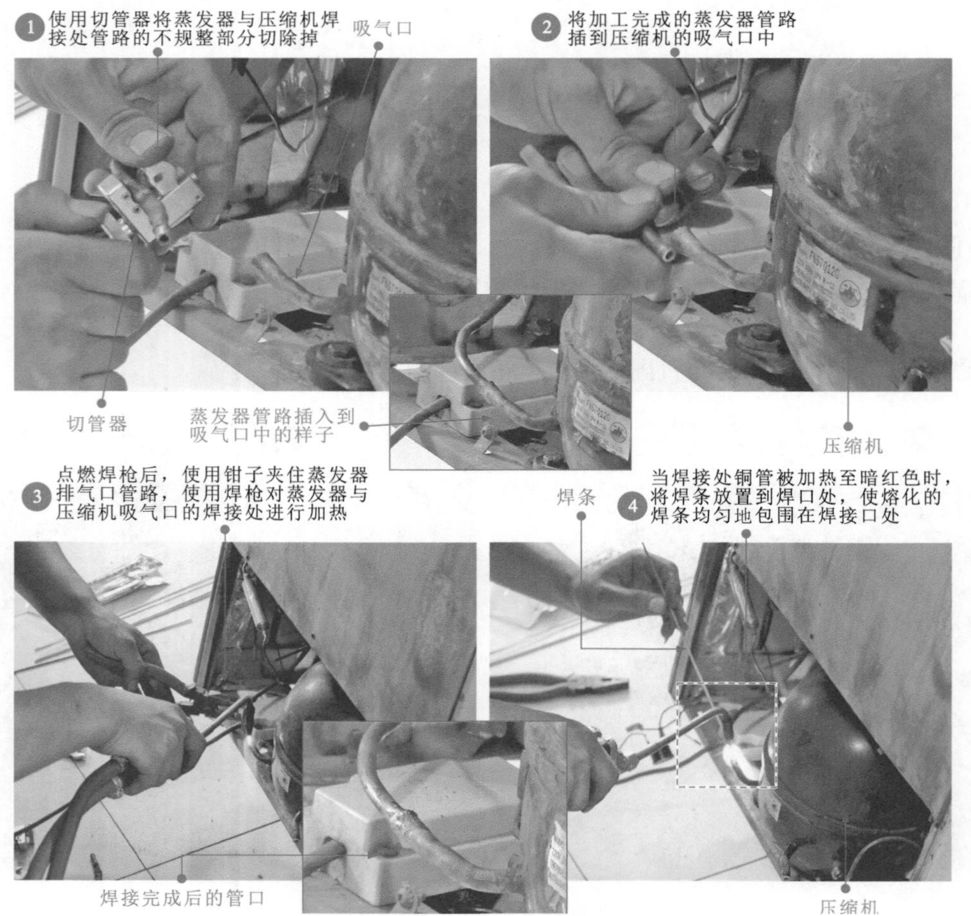
① 使用切管器将蒸发器与压缩机焊接处管路的不规整部分切除掉
吸气口
② 将加工完成的蒸发器管路插到压缩机的吸气口中
切管器
蒸发器管路插入到吸气口中的样子
压缩机
③ 点燃焊枪后，使用钳子夹住蒸发器排气口管路，使用焊枪对蒸发器与压缩机吸气口的焊接处进行加热
焊条
④ 当焊接处铜管被加热至暗红色时，将焊条放置到焊口处，使熔化的焊条均匀地包围在焊接口处
焊接完成后的管口
压缩机

图 5-28　压缩机管路与蒸发器管路的焊接方法

提示

在进行压缩机管口与管路的焊接过程中，由于大部分压缩机的吸气口、排气口的管径较粗，蒸发器或冷凝器的管路可以直接插入到压缩机的吸气口、排气口中，而不需要再进行扩口操作。

接着焊接压缩机的排气口与冷凝器进气口。先将冷凝器进气口进行切管加工，之后，使用气焊设备将其与压缩机排气口进行焊接，然后进行通电试机。

图 5-29 所示为压缩机管路与冷凝器管路的焊接方法。

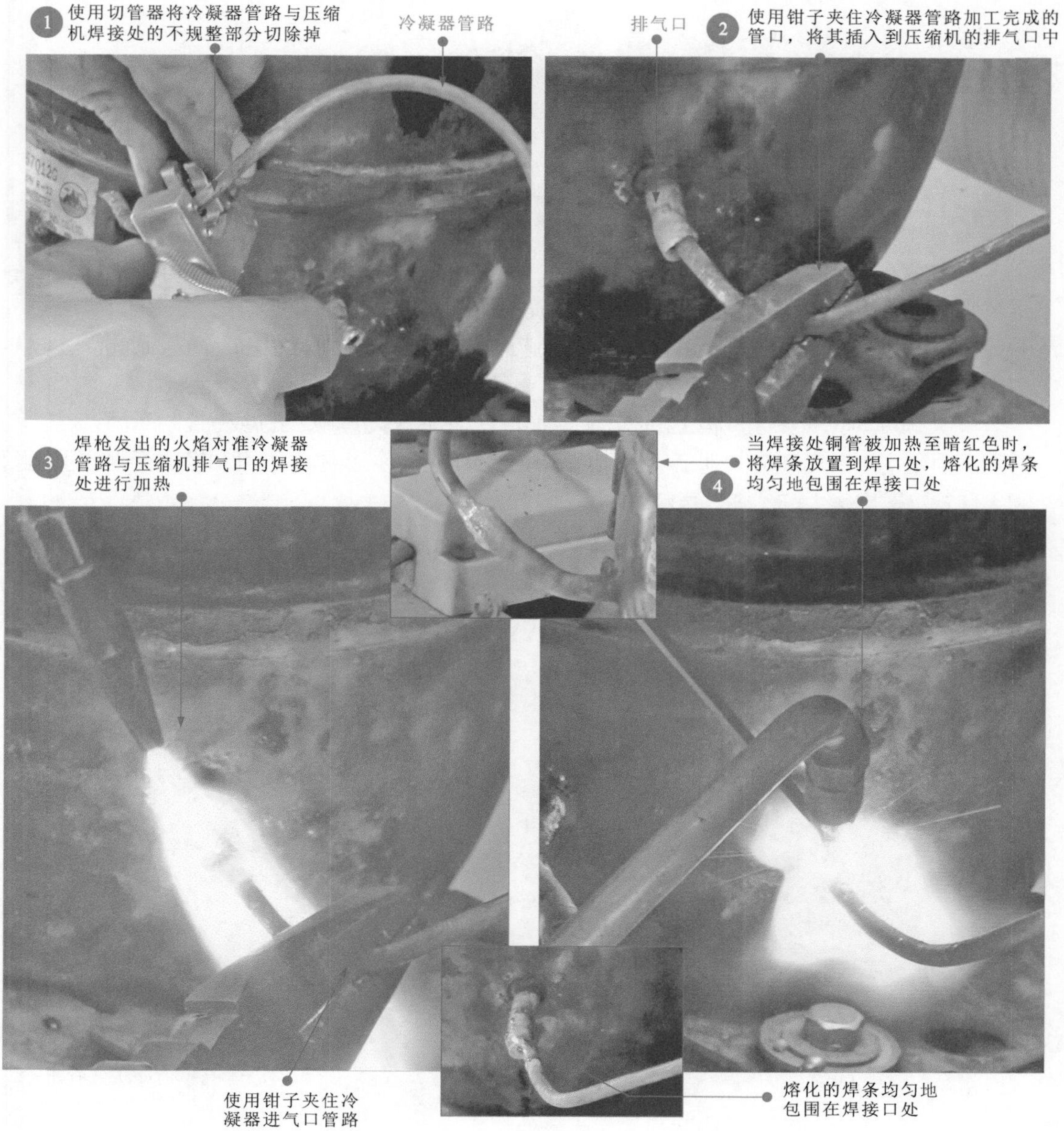

1 使用切管器将冷凝器管路与压缩机焊接处的不规整部分切除掉

冷凝器管路

排气口

2 使用钳子夹住冷凝器管路加工完成的管口，将其插入到压缩机的排气口中

3 焊枪发出的火焰对准冷凝器管路与压缩机排气口的焊接处进行加热

4 当焊接处铜管被加热至暗红色时，将焊条放置到焊口处，熔化的焊条均匀地包围在焊接口处

使用钳子夹住冷凝器进气口管路

熔化的焊条均匀地包围在焊接口处

图 5-29

5 将压缩机的启动保护装置装回压缩机上，开机试运行

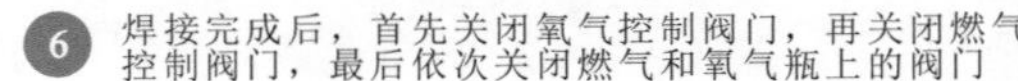
6 焊接完成后，首先关闭氧气控制阀门，再关闭燃气控制阀门，最后依次关闭燃气和氧气瓶上的阀门

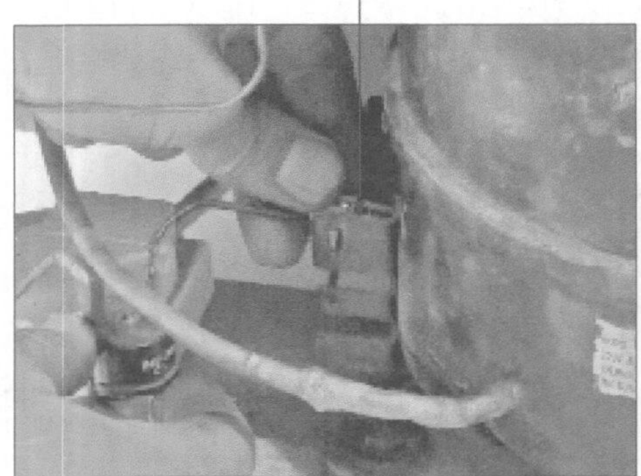

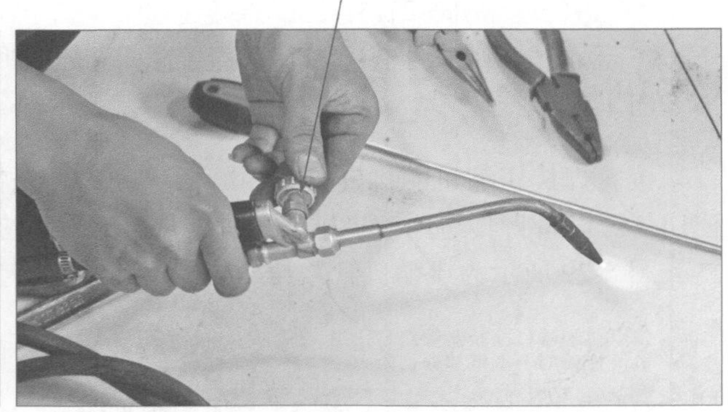

图 5-29　压缩机管路与冷凝器管路的焊接方法

提示

图 5-30 所示为焊枪的点火、灭火顺序。在使用气焊设备时的点火顺序为：先分别打开燃气瓶和氧气瓶阀门（无前后顺序，但应确保焊枪上的控制阀门处于关闭状态），然后打开焊枪上的燃气控制阀门，接着用打火机迅速点火，最后打开焊枪上的氧气控制阀门，调整火焰至中性焰。

关火顺序为：先关闭焊枪上的氧气控制阀门，然后关闭焊枪上的燃气控制阀门，若长时间不再使用，最后还应关闭氧气瓶和燃气瓶上的阀门。关火顺序不可调换，否则会引起回火现象，发出很大的“啪”声响。

另外，若气焊设备焊枪枪口有轻微氧化物堵塞，可首先打开焊枪上的氧气控制阀门，用氧气吹净焊枪枪口，然后将氧气控制阀门调至很小或关闭之后，再打开燃气控制阀门，接着点火，最后再打开氧气控制阀门，调至中性焰。

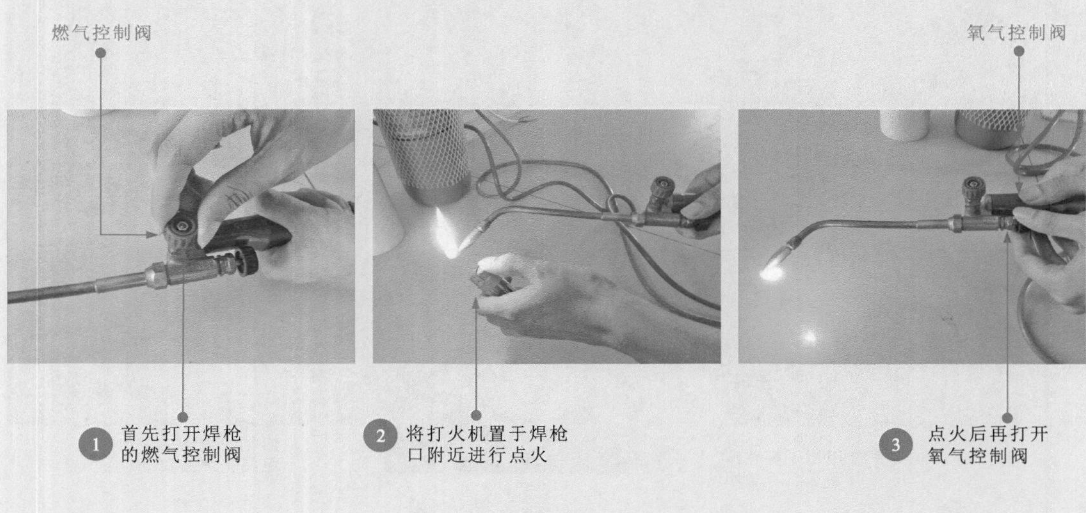
燃气控制阀
氧气控制阀
1 首先打开焊枪的燃气控制阀
2 将打火机置于焊枪口附近进行点火
3 点火后再打开氧气控制阀

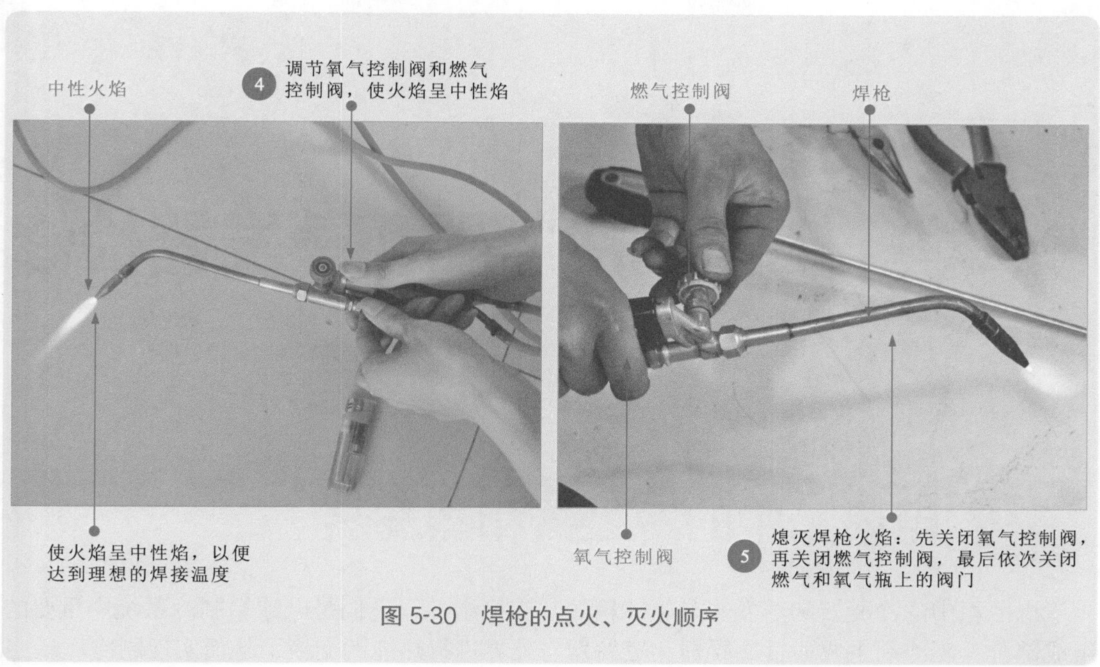
中性火焰
4 调节氧气控制阀和燃气控制阀，使火焰呈中性焰
燃气控制阀
焊枪
使火焰呈中性焰，以便达到理想的焊接温度
氧气控制阀
5 熄灭焊枪火焰：先关闭氧气控制阀，再关闭燃气控制阀，最后依次关闭燃气和氧气瓶上的阀门

图 5-30 焊枪的点火、灭火顺序

第6章 电冰箱冷凝器和蒸发器检修

6.1 电冰箱中的冷凝器和蒸发器

电冰箱中的冷凝器和蒸发器是电冰箱的热交换组件，它们是电冰箱制冷系统中重要的组成部分。制冷剂主要通过冷凝器和蒸发器与外界进行热能的交换，从而实现制冷。

在学习冷凝器和蒸发器的检测代换之初，首先要对冷凝器和蒸发器的安装位置、结构特点和工作原理有一定的了解。对于初学者而言，要能够根据冷凝器和蒸发器的结构特点在电冰箱中准确地找到冷凝器和蒸发器。这是开始检测代换冷凝器和蒸发器的第一步。

6.1.1 冷凝器的安装位置和结构特点

冷凝器在电冰箱制冷管路中是实现散热的部件，其外形成U形，通常安装在电冰箱背部，根据这些特点即可确定冷凝器的安装位置，如图6-1所示。

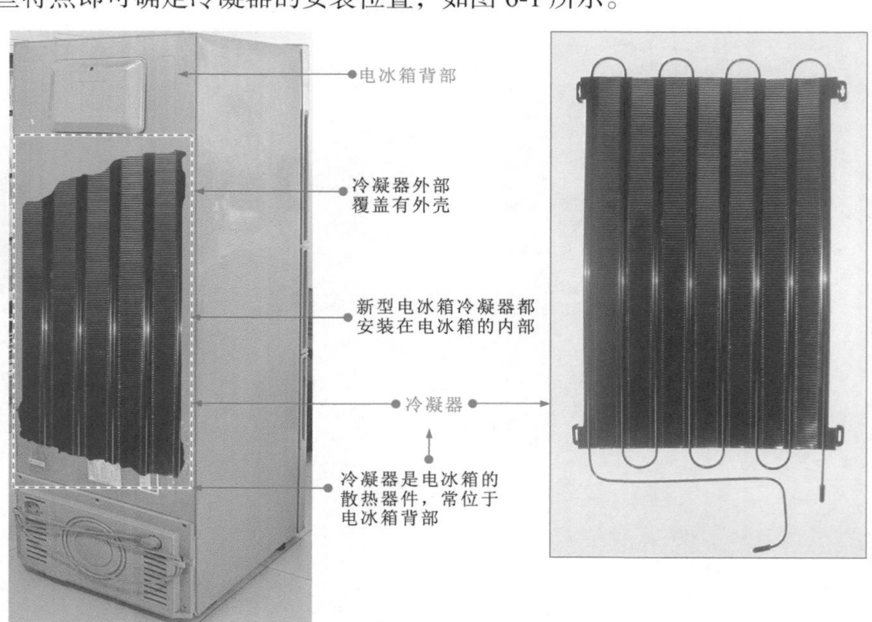
电冰箱背部
冷凝器外部覆盖有外壳
新型电冰箱冷凝器都安装在电冰箱的内部
冷凝器
冷凝器是电冰箱的散热器件，常位于电冰箱背部

图6-1 冷凝器的安装位置

不同品牌、不同型号的电冰箱中，冷凝器的安装位置基本相同，但具体到安装方式和结构细节并不完全相同，图 6-2 所示为不同品牌、型号电冰箱中冷凝器的安装位置。根据安装方式的不同，可分为外置式冷凝器和内置式冷凝器。

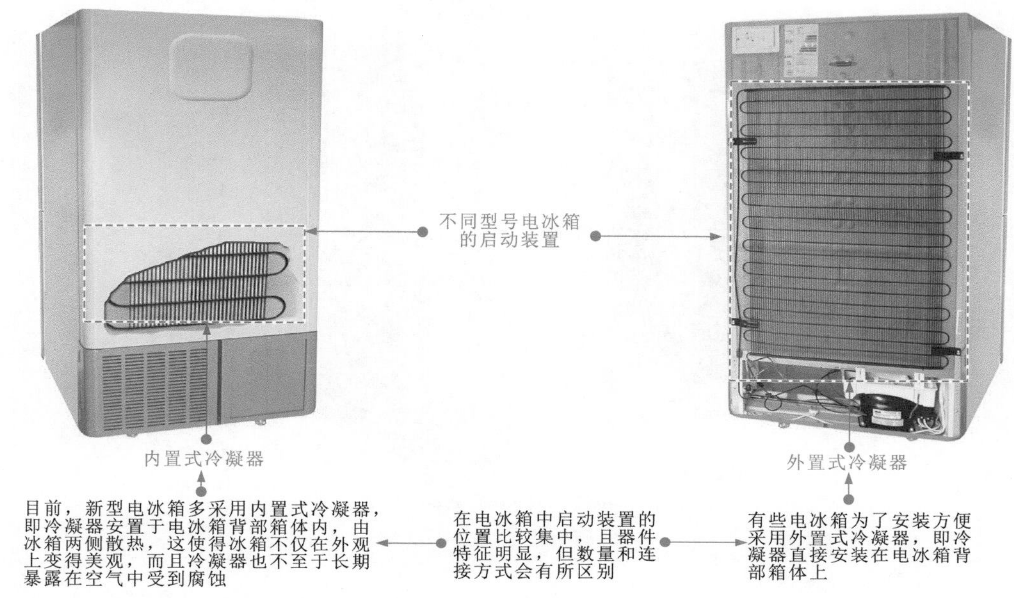
不同型号电冰箱
的启动装置
内置式冷凝器
外置式冷凝器
目前，新型电冰箱多采用内置式冷凝器，即冷凝器安置于电冰箱背部箱体内，由冰箱两侧散热，这使得冰箱不仅在外观上变得美观，而且冷凝器也不至于长期暴露在空气中受到腐蚀
在电冰箱中启动装置的位置比较集中，且器件特征明显，但数量和连接方式会有所区别
有些电冰箱为了安装方便采用外置式冷凝器，即冷凝器直接安装在电冰箱背部箱体上

图 6-2　不同品牌、型号电冰箱中冷凝器的安装位置

（1）外置式冷凝器

外置式冷凝器直接固定在电冰箱背部，通过连接管路与电冰箱的制冷管路连接。根据散热方式不同还可分为钢丝盘管式冷凝器和百叶窗式冷凝器。

① 钢丝盘管式冷凝器　钢丝盘管式冷凝器又叫做丝管式冷凝器，它的蛇形盘管由表面镀铜的薄钢板卷焊而成，在盘管两侧均匀地焊上直径为 1.5 ～ 2mm 的钢丝，利用钢丝散热，如图 6-3 所示。这种冷凝器体积小、重量轻、散热效果好，便于机械化生产。

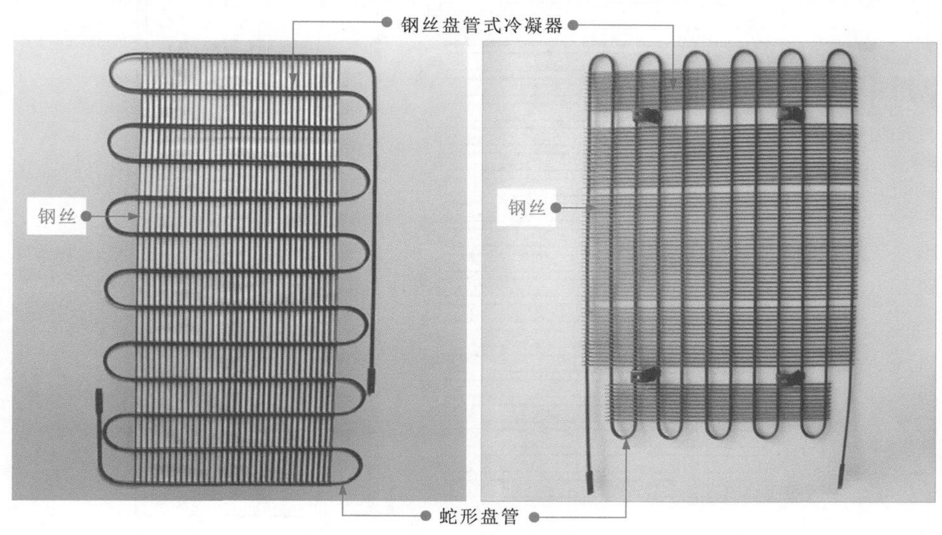
钢丝盘管式冷凝器
钢丝
钢丝
蛇形盘管

图 6-3　钢丝盘管式冷凝器的结构

② 百叶窗式冷凝器　百叶窗式冷凝器是将盘管紧密嵌接、胀接或点焊在百叶窗状风孔的散热钢板上，如图 6-4 所示。盘管通常采用紫铜管制成，散热钢板采用普通碳素钢板制成。这种冷凝器结构较为简单，但散热效果较差。

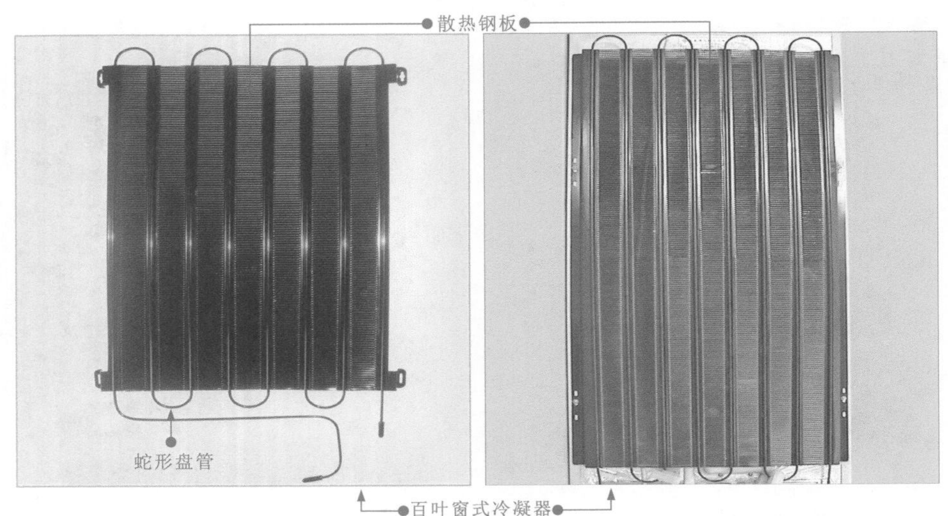
散热钢板
蛇形盘管
百叶窗式冷凝器

图 6-4　百叶窗式冷凝器的结构

（2）内置式冷凝器

目前，多数电冰箱都采用内置式冷凝器，它是用挤压或粘胶铝箔将蛇形盘管贴在电冰箱箱体的背部或侧面薄钢板的内侧，利用电冰箱箱体外壁向外散热。

内置式冷凝器具有占用空间小、不易碰损等优点，但这种冷凝器的散热性能不如外置式冷凝器好，并且由于冷凝器位于电冰箱箱体内，对这种冷凝器的检修也比较麻烦。图 6-5 所示为内置式冷凝器的结构示意图。

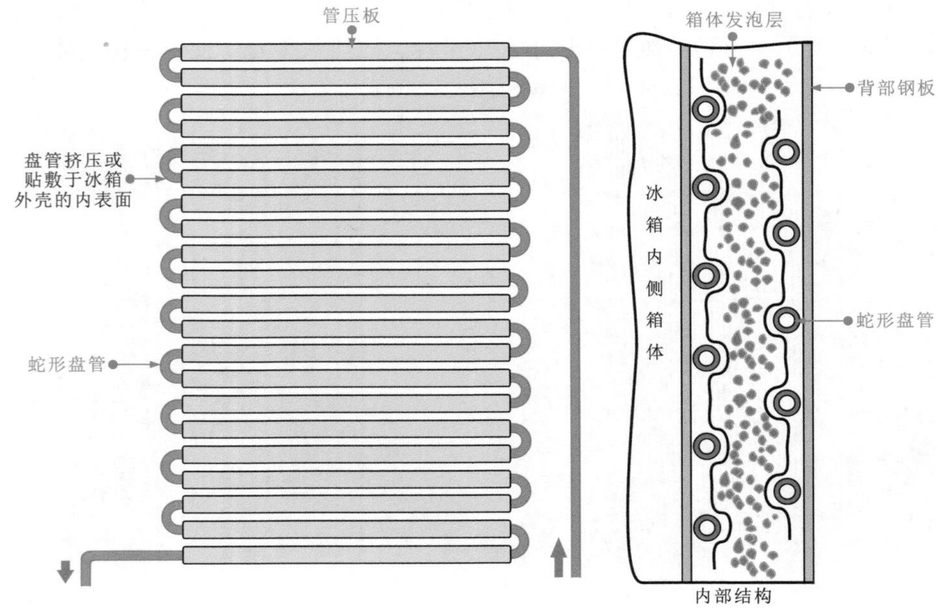
管压板
盘管挤压或
贴敷于冰箱
外壳的内表面
蛇形盘管
箱体发泡层
背部钢板
冰箱内侧箱体
蛇形盘管
内部结构

图 6-5　内置式冷凝器的结构示意图

提示

在大型电冰箱中多采用风冷式冷凝器，其结构如图 6-6 所示。它是由纯铜管和翅片组成的，纯铜管焊接在翅片里，与翅片一起制成长方体而后安装在箱壁内。

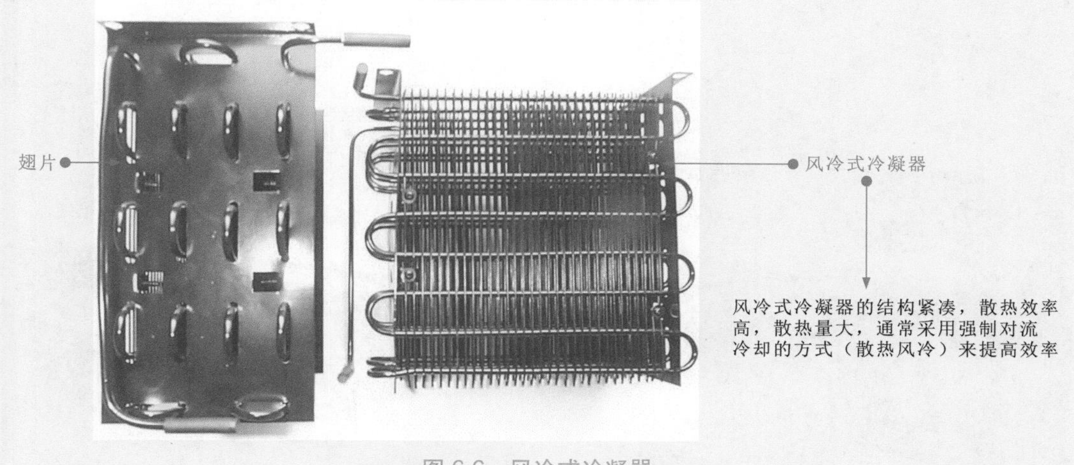
翅片
风冷式冷凝器
风冷式冷凝器的结构紧凑，散热效率高，散热量大，通常采用强制对流冷却的方式（散热风冷）来提高效率

图 6-6 风冷式冷凝器

6.1.2 蒸发器的安装位置和结构特点

蒸发器在电冰箱制冷管路中将蒸发器内的制冷剂从外界（箱内的空气和食物）吸收热量进行汽化，这样就使得电冰箱内的温度下降，达到了制冷的效果。其外形由铜管或铝管制成 U 形，通常用锡焊或粘接的方式安装在电冰箱内部成形的铝板或钢丝网上，根据这些特点即可确定蒸发器的安装位置，如图 6-7 所示。

蒸发器与冷凝器的作用正好相反，它通常安装在电冰箱内部。制冷剂在蒸发器内进行汽化的过程中，从外界（箱内的空气和食物）吸收热量，这样就使得电冰箱内的温度下降，达到了制冷的效果。

目前市场上的电冰箱所采用的蒸发器外形有很多样式，其中冷藏室和变温室多采用内置式蒸发器，而冷冻室则多采用外置式蒸发器。

（1）内置式蒸发器

目前，电冰箱内置式蒸发器多为板管式结构，如图 6-8 所示，这种蒸发器是将铜管或铝管制成一定形状后，用锡焊或粘接的方法安装在成形的铜板或铝板上制成的。

板管式蒸发器的结构简单，加工方便，对原材料和加工设备无太高的要求。但这种蒸发器只能做成单程盘管，且盘管的长度受一定的限制，而且由于盘管与壁板之间会存在一定的距离，这也在一定程度上影响了他的传热效率，同时也会造成蒸发器制冷量不均匀的现象。

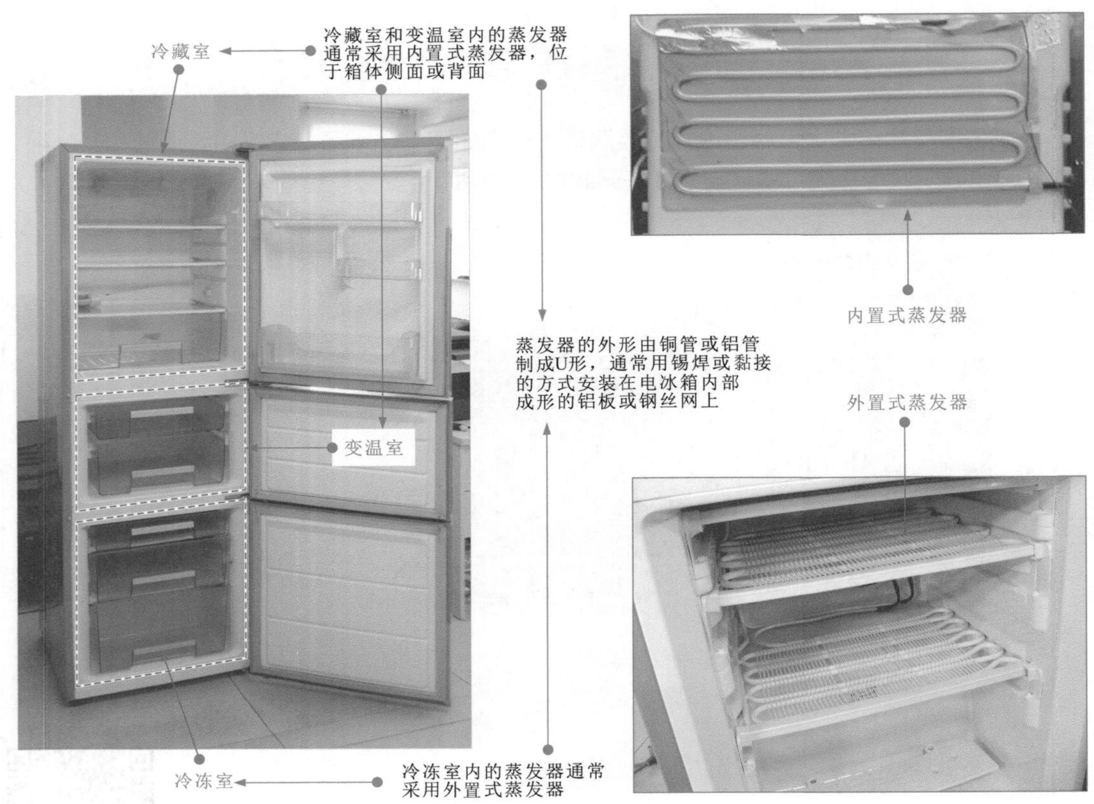

冷藏室
冷藏室和变温室内的蒸发器通常采用内置式蒸发器，位于箱体侧面或背面
变温室
冷冻室
冷冻室内的蒸发器通常采用外置式蒸发器
蒸发器的外形由铜管或铝管制成U形，通常用锡焊或黏接的方式安装在电冰箱内部成形的铝板或钢丝网上
内置式蒸发器
外置式蒸发器

图 6-7　蒸发器的安装位置

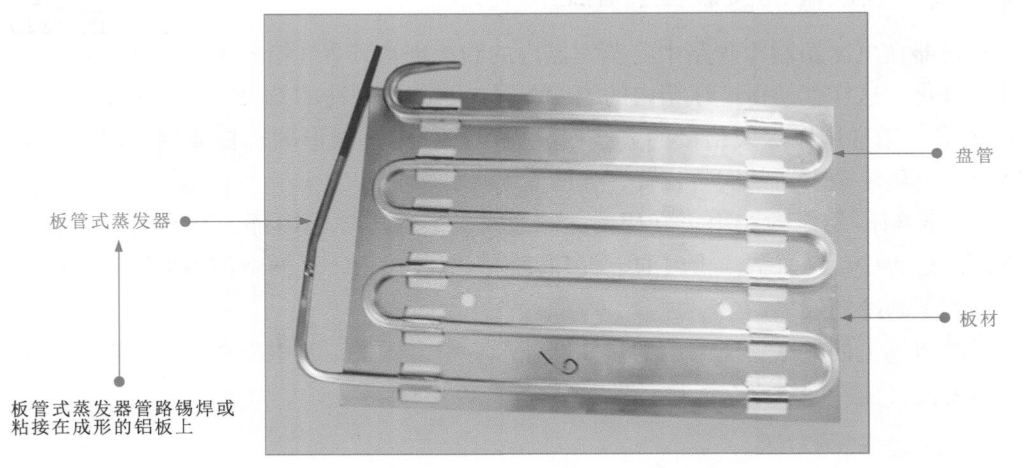

板管式蒸发器
板管式蒸发器管路锡焊或粘接在成形的铝板上
盘管
板材

图 6-8　板管式蒸发器

提示

一些老式电冰箱中采用的蒸发器多为吹胀式蒸发器，它是依靠空气自然循环的一种蒸发器。这种蒸发器是将具有阻焊特性的涂料浇注到事先设计好的蒸发管路模具中，然后与盘好的管路进行强力高压轧焊，使其成为一体，最后再由高压氮气进行充注，将管路吹胀，如图 6-9 所示。

这种蒸发器整个嵌入在冷冻室隔热层中，一旦遇到蒸发器发生泄漏故障时，必须将其整个废除，然后重新嵌入新的蒸发器进行替代。

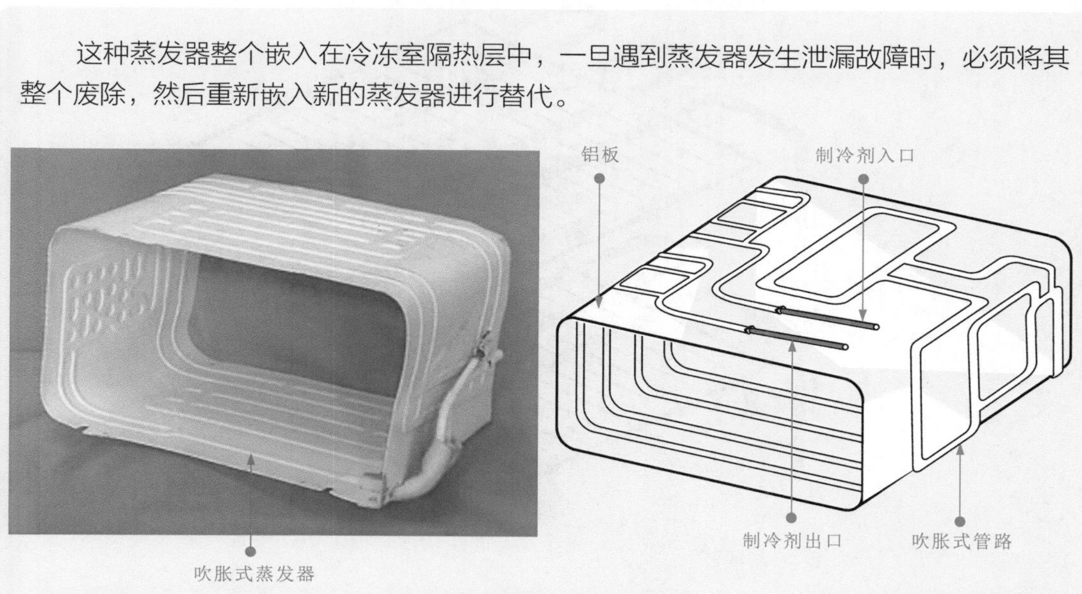
铝板
制冷剂入口
制冷剂出口
吹胀式管路
吹胀式蒸发器

图 6-9 吹胀式蒸发器

（2）外置式蒸发器

外置式蒸发器多应用于冷冻室内，由于冷冻室需要的制冷量多于冷藏室，因此，外置式蒸发器常以外置状态出现。图 6-10 所示为外置式蒸发器的实物外形，从图中可以看出这种蒸发器主要由钢丝和盘管组成。

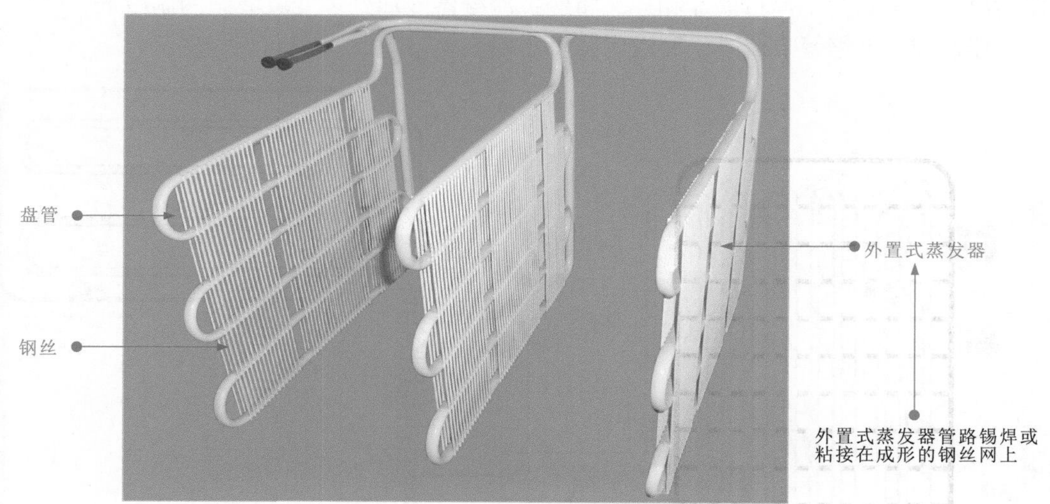
盘管
钢丝
外置式蒸发器
外置式蒸发器管路锡焊或
粘接在成形的钢丝网上

图 6-10 外置式蒸发器的实物外形

图 6-11 所示为外置式蒸发器的结构示意图，它是在制冷盘管的两侧均匀地点焊上钢丝，其结构与钢丝盘管式冷凝器类似，这种蒸发器多用于大容量抽屉式电冰箱的冷冻室中。

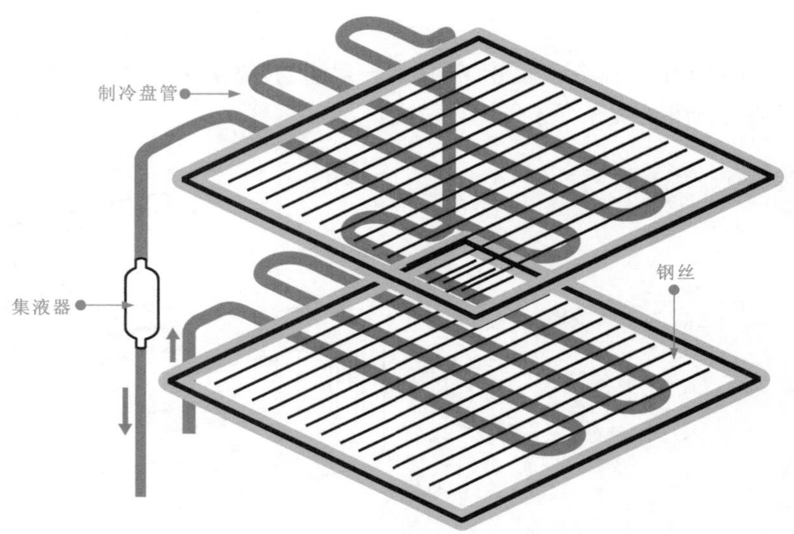
制冷盘管
集液器
钢丝

图 6-11　外置式蒸发器的结构示意图

6.2 冷凝器和蒸发器的工作原理

6.2.1 冷凝器的工作原理

图 6-12 所示为电冰箱冷凝器的工作原理示意图。冷凝器又叫散热器，它的进气口管路与压缩机排气口相连，经压缩机处理的高温高压的制冷剂气体从进气口进入冷凝器，冷凝器的出气口管路与干燥过滤器相连，将经过冷凝器冷却处理变成液态的制冷剂，经过干燥过滤器过滤、毛细管节流降压后送入蒸发器中。

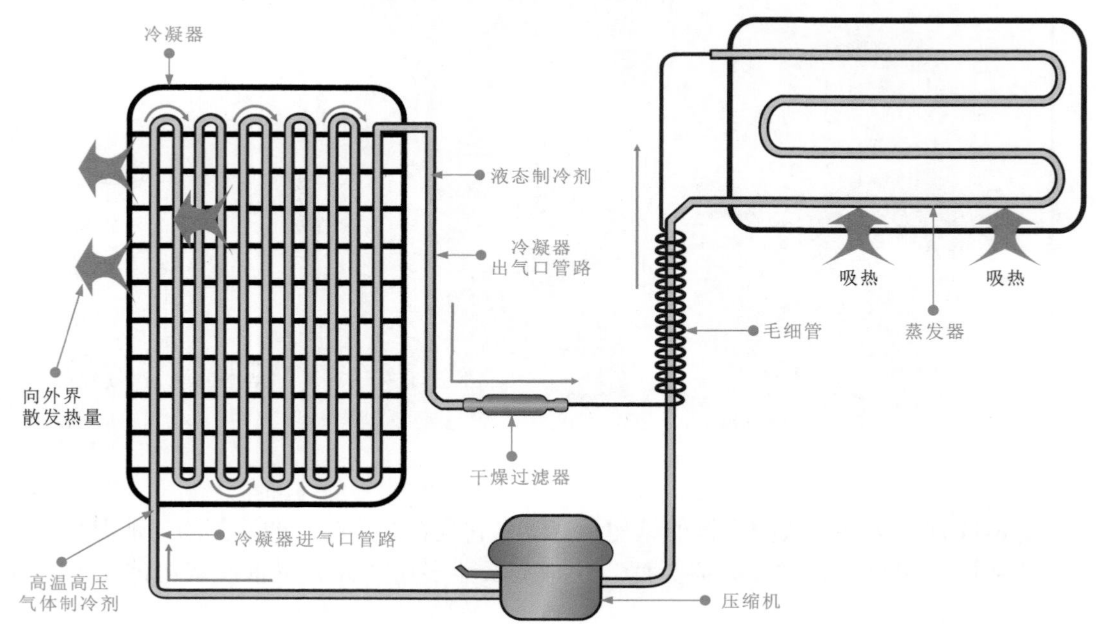
冷凝器
液态制冷剂
冷凝器
出气口管路
吸热
吸热
毛细管
蒸发器
向外界
散发热量
干燥过滤器
冷凝器进气口管路
高温高压
气体制冷剂
压缩机

图 6-12　冷凝器的工作原理图示意图

就其作用简单来说，就是将经压缩机处理后的高温高压制冷剂气体，经过热交换，向周围的空气中散热，冷却液化成液态，以实现热交换。

6.2.2 蒸发器的工作原理

图 6-13 所示为蒸发器的工作原理示意图。蒸发器与冷凝器的作用正好相反，蒸发器又可称为吸热器。它的进气口与毛细管连接，经处理后低温低压的制冷剂经毛细管送入蒸发器中。蒸发器通过吸收箱室内的热量，使内部制冷剂汽化，同时使箱室内的温度降低，达到制冷的目的。制冷剂首先通过冷冻室蒸发器，对冷冻室制冷后，再流入到冷藏室蒸发器中，对冷藏室进行制冷。

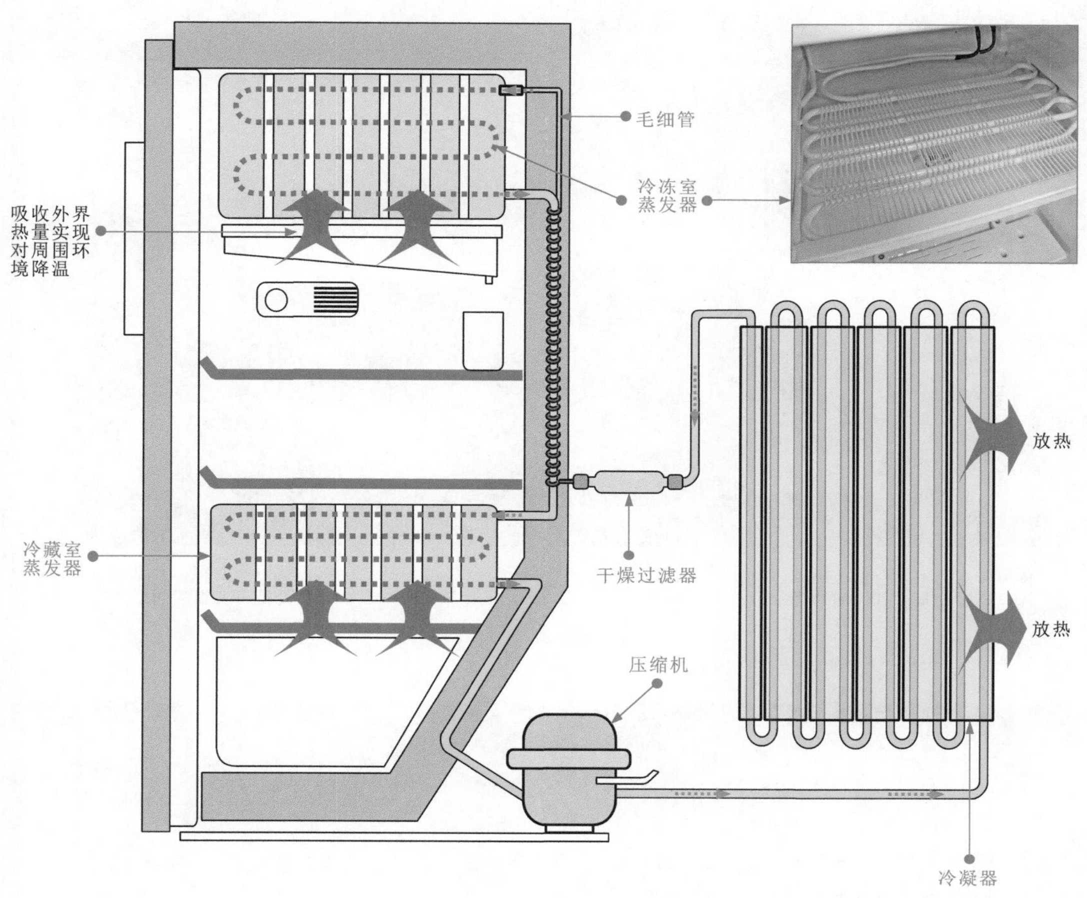
毛细管
冷冻室蒸发器
吸收外界热量实现对周围环境降温
放热
放热
冷藏室蒸发器
干燥过滤器
压缩机
冷凝器

图 6-13　蒸发器的工作原理示意图

6.3 冷凝器和蒸发器的检测代换

对电冰箱冷凝器和蒸发器进行检测代换时，应根据冷凝器和蒸发器的工作原理和检修流程确定检修方案，逐一对相关部件进行检修。下面以典型电冰箱为例，讲解电冰箱冷凝器和蒸发器的检修方法。

6.3.1 冷凝器的检测代换方法

冷凝器的故障主要表现为泄漏或阻塞。通常，冷凝器的管口焊接处是最容易出现泄漏的部位，若怀疑冷凝器泄漏时，应重点对焊接处进行检查。

（1）冷凝器的检修方法

当怀疑冷凝器出现堵塞故障时，可通过检查冷凝器的温度，观察冷凝器的管口焊接处是否有泄漏等方法进行判断。

冷凝器的检修方法如图 6-14 所示。

冷凝器出气口
干燥过滤器
检查冷凝器出气口与干燥过滤器的入口连接处是否有泄漏的现象

冷凝器进气口
压缩机
检查冷凝器进气口与压缩机排气口连接处是否有泄漏的现象

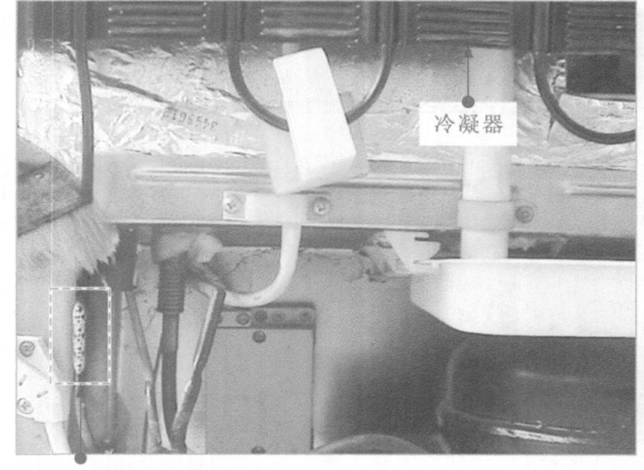
冷凝器
用刷子将洗洁精水涂抹在冷凝器出气口与干燥过滤器的入口焊接处

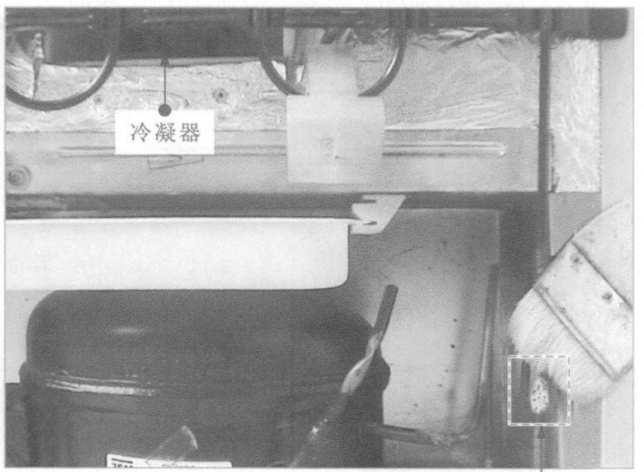
冷凝器
用刷子将洗洁精水涂抹在冷凝器进气口与压缩机排气口焊接处
若有气泡产生，说明焊接处有泄漏故障

图 6-14 冷凝器的检修方法

提示

冷凝器是电冰箱最主要的散热部件，若冷凝器损坏，将导致电冰箱散热不良、不制冷或制冷不正常的故障。在电冰箱使用过程中，导致冷凝器故障的原因主要有：

① 电冰箱位置放置不当，如离墙面过近，周围环境温度过高等情况，都会使冷凝器的传热性能受到影响。

② 长时间不清洁冷凝器，使得冷凝器上外壁沾满了厚厚的灰尘或污垢，电冰箱的制冷性能也会受到很大的影响。

如果是内置式冷凝器泄漏或堵塞故障时，很难进行检修或代换，通常采用的方法是将原内置式冷凝器废弃，在该电冰箱背部另外安装一个新的外置式冷凝器。接下来，就学习一下冷凝器的代换。

（2）冷凝器的代换方法

若经上述检修发现冷凝器堵塞严重，无法将其内部污物清除干净，则需要对其进行更换，以保证电冰箱的正常运行。

目前，新型电冰箱多采用内置式冷凝器，由冰箱两侧散热，这使得冰箱不仅在外观上变得美观，而且冷凝器也不至于长期暴露在空气中受到腐蚀。然而这种内置式冷凝器的电冰箱，一旦冷凝器发生堵塞或泄漏会给维修带来极大的困难。

图 6-15 所示为电冰箱的内置式冷凝器。由于冷凝器安装在电冰箱背部箱体内，维修人员需要将电冰箱背面的箱体全部打开，才能实施维修或更换。这样会大大增加维修成本。因此在维修中，最有效最快捷且最经济的维修方法是在电冰箱背部加装一个外置式冷凝器，将原来电冰箱自带的内置式冷凝器弃之不用。

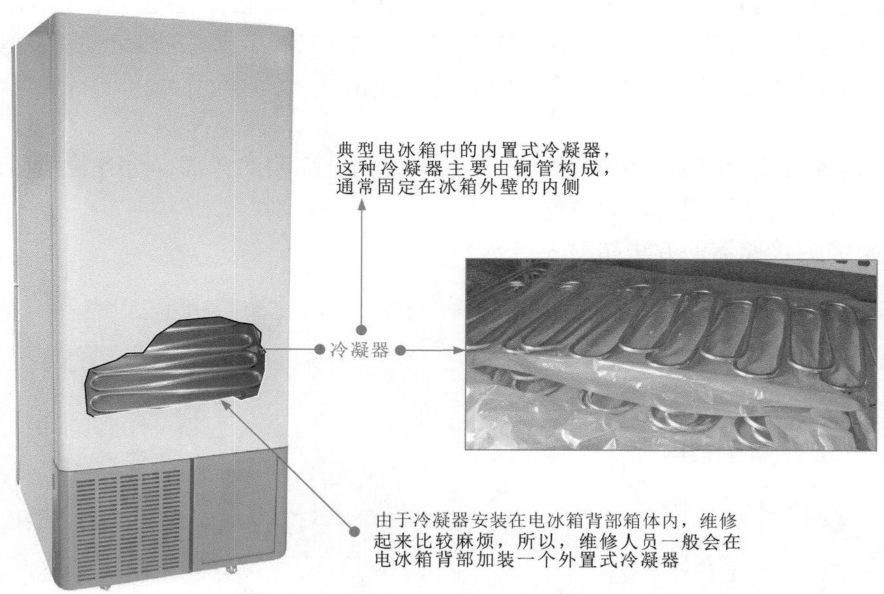
典型电冰箱中的内置式冷凝器，
这种冷凝器主要由铜管构成，
通常固定在冰箱外壁的内侧
冷凝器
由于冷凝器安装在电冰箱背部箱体内，维修
起来比较麻烦，所以，维修人员一般会在
电冰箱背部加装一个外置式冷凝器

图 6-15 电冰箱的内置式冷凝器

替代内置式冷凝器的具体方案如图 6-16 所示。

电冰箱背部
根据电冰箱背部的面积大小
选用适合的外置式冷凝器

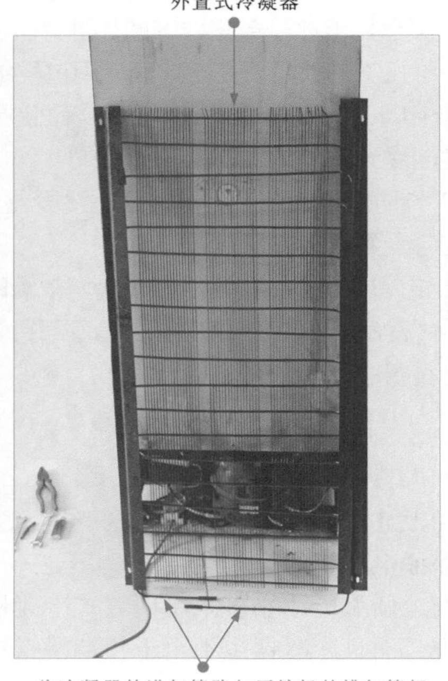
外置式冷凝器
将冷凝器的进气管路与压缩机的排气管相
连；冷凝器的出气管路与干燥过滤器相连

图 6-16　替代内置式冷凝器的具体方案

提示

选择替代的冷凝器一定要考虑其尺寸要与当前电冰箱匹配。若选用的冷凝器尺寸偏小，所引起的故障表现类似制冷剂充注量过多，这时，若减少制冷剂则会使蒸发器不能结霜，引起其他故障。因此，更换冷凝器时尽量选用适合的尺寸。

① 安装外置式冷凝器　将外置式冷凝器放置到电冰箱的背部，对齐管路后，固定好冷凝器，并将冷凝器两端管口的橡胶套取下。

安装外置式冷凝器的方法如图 6-17 所示。

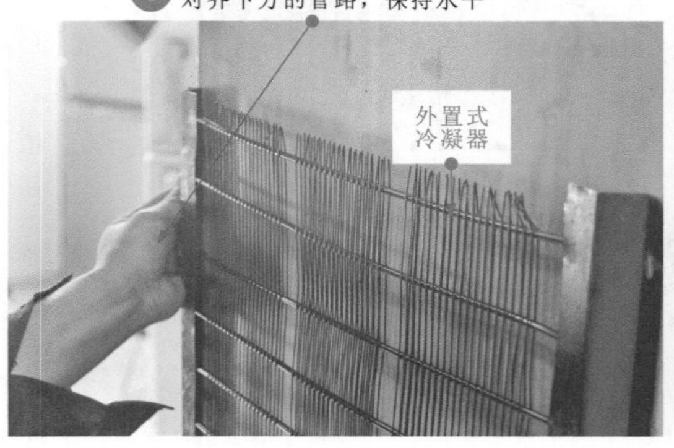
1 将外置式冷凝器放置到电冰箱背部，
对齐下方的管路，保持水平
外置式
冷凝器

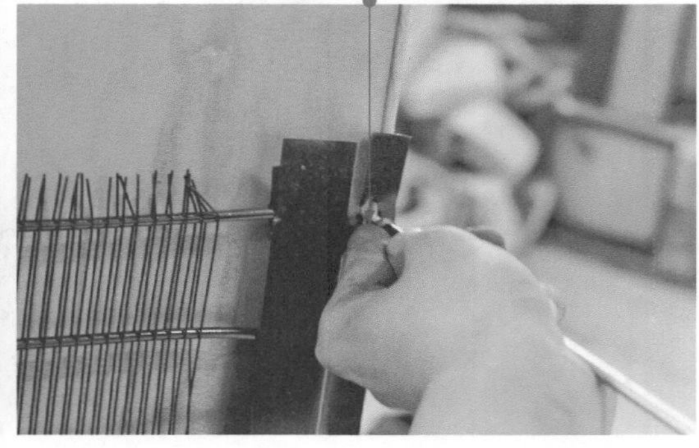
2 使用螺丝刀对冷凝器
进行固定

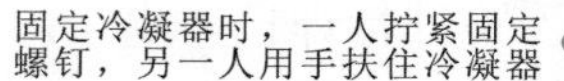
固定冷凝器时，一人拧紧固定
螺钉，另一人用手扶住冷凝器

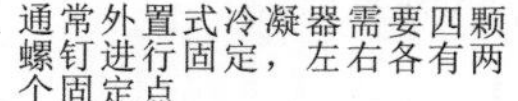
通常外置式冷凝器需要四颗
螺钉进行固定，左右各有两
个固定点

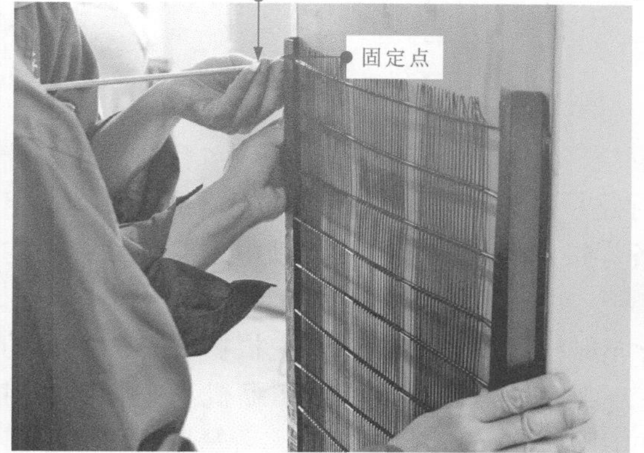
固定点

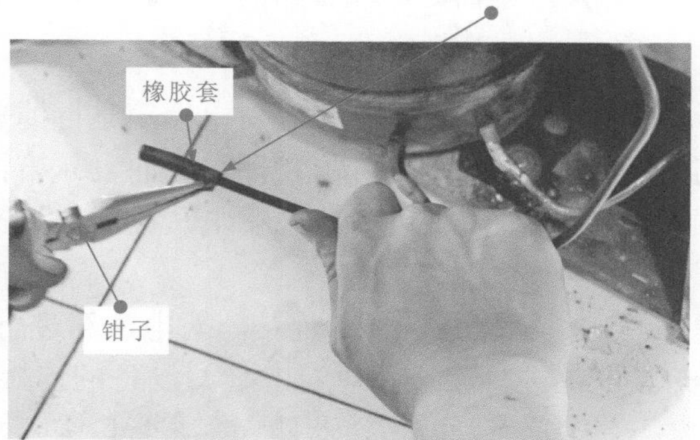
3 使用钳子将冷凝器两个
管口处的橡胶套取下
橡胶套
钳子

图 6-17　安装外置式冷凝器

② 焊接冷凝器的管路　接下来使用气焊设备，先将压缩机与内置式冷凝器的连接管路焊开，再将外置式冷凝器与压缩机的排气口进行连接。

焊接冷凝器管路的方法如图 6-18 所示。

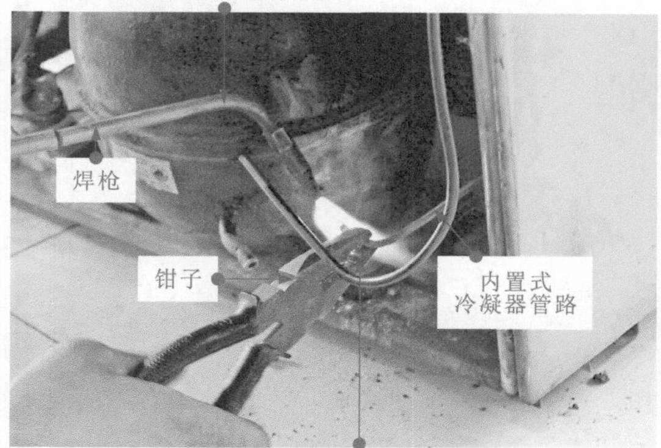
2 用焊枪对压缩机与冷凝器管路
的焊接部位进行加热
焊枪
钳子
内置式
冷凝器管路

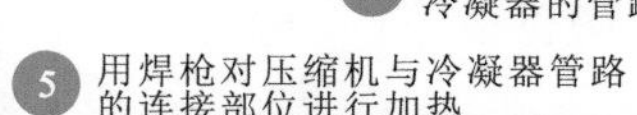
1 用钳子夹住内置式
冷凝器的管路

3 加热一段时间后，用力拉拽内置式
冷凝器的管路，使管路分离

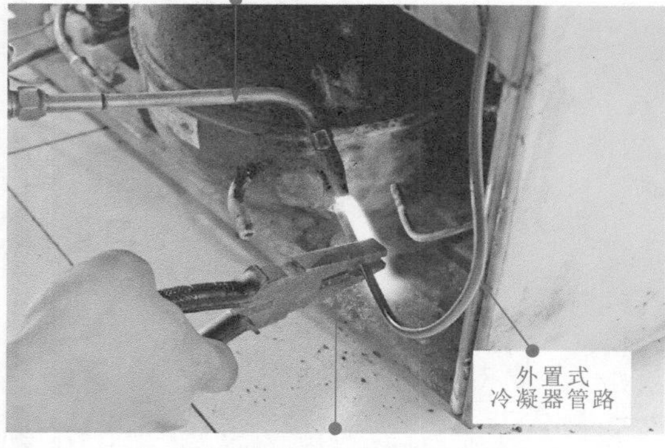
5 用焊枪对压缩机与冷凝器管路
的连接部位进行加热
外置式
冷凝器管路
4 用钳子夹住外置式冷凝器的管路，
将管路与压缩机排气口对齐

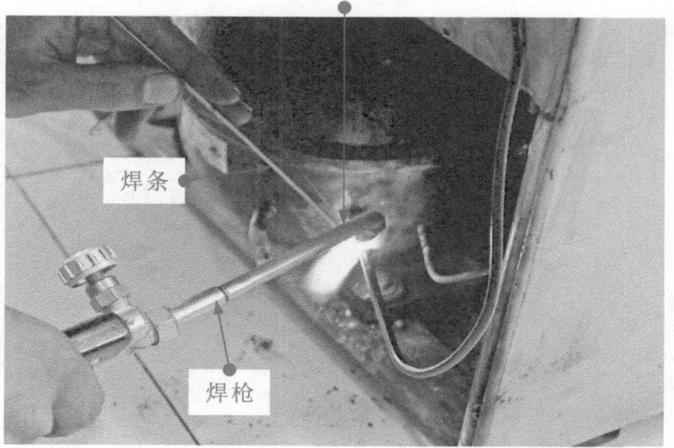
6 加热一段时间后，将焊条
靠近焊接部位进行焊接
焊条
焊枪

图 6-18　焊接冷凝器的管路

③ 焊接冷凝器另一端管路　对外置式冷凝器的另一端管路进行焊接。由于对管路进行维修，因此也需要对干燥过滤器进行代换。

焊接冷凝器另一端管路的方法如图 6-19 所示。

（3）充氮检漏操作

冷凝器代换完成后，在对电冰箱进行抽真空、充注制冷剂之前，需要对整体管路系统进行充氮检漏操作。充氮检漏是指向电冰箱管路系统中充入氮气，并使管路系统具有一定压力后，用洗洁精水（或肥皂水）检查管路各焊接点有无泄漏，以保证电冰箱管路系统的密封性。

① 充氮检漏设备的连接　对电冰箱进行充氮检漏操作前，应首先根据要求对相关的充氮设备进行连接。对充电检漏设备的连接，首先是用切管器切开压缩机工艺管口的封口，其次是将管路连接器插入工艺管口中，并用气焊设备进行焊接，接着是用连接软管将管路连接器与三通压力表阀连接，最后是用另一根连接软管将三通压力表阀与氮气钢瓶上的减压器出口连接。

a. 切开压缩机工艺管口的封口。电冰箱的管路系统是一个封闭的循环系统。对管路进行充氮时，应在电冰箱制冷管路中的制冷剂被回收或释放后，再将电冰箱压缩机工艺管口的封口切开。

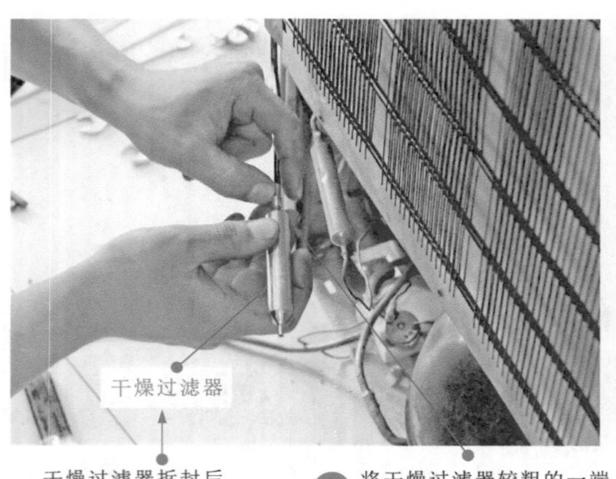
干燥过滤器

干燥过滤器拆封后要迅速使用

① 将干燥过滤器较粗的一端与冷凝器管路相连

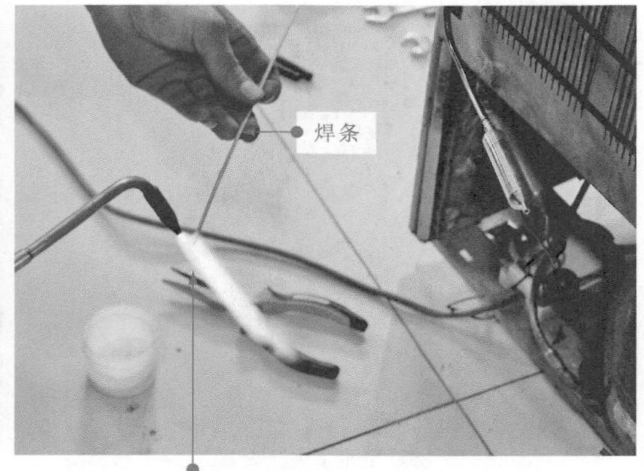
焊条

② 使用焊枪对焊条进行加热

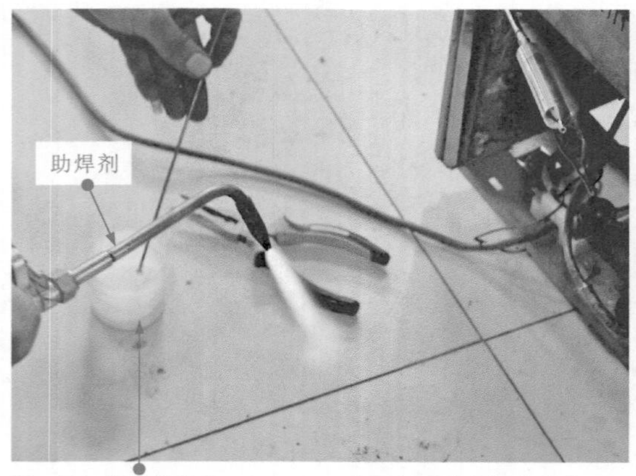
助焊剂

③ 用加热后的焊条蘸取少量的助焊剂

助焊剂可减少氧化物的产生，提高焊接的质量

干燥过滤器

④ 使用焊枪对干燥过滤器与冷凝器的连接部位进行焊接

注意焊接时间不要过长

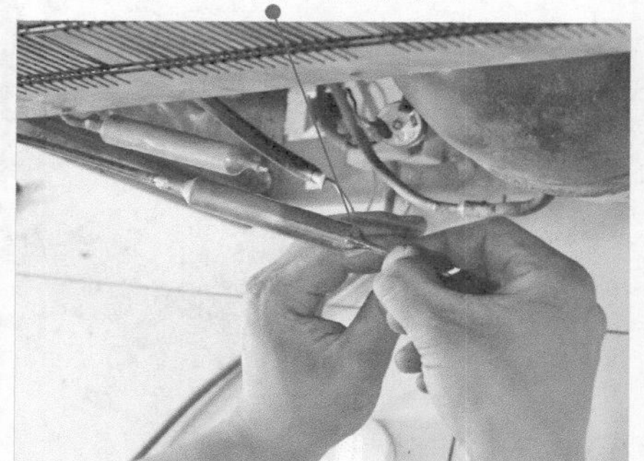
5 将与原干燥过滤器连接的
毛细管插入到新干燥过滤器中
插入时不要触碰到干燥
过滤器的过滤网，一般
插入深度为1cm左右

安装、焊接完成后的
外置式冷凝器

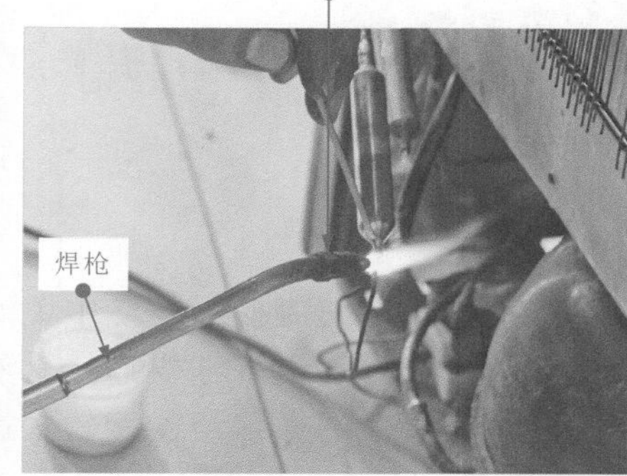
6 使用焊枪和焊条对
连接部位进行焊接
焊枪

图 6-19 焊接冷凝器另一端的管路

压缩机工艺管口的切割方法如图 6-20 所示。

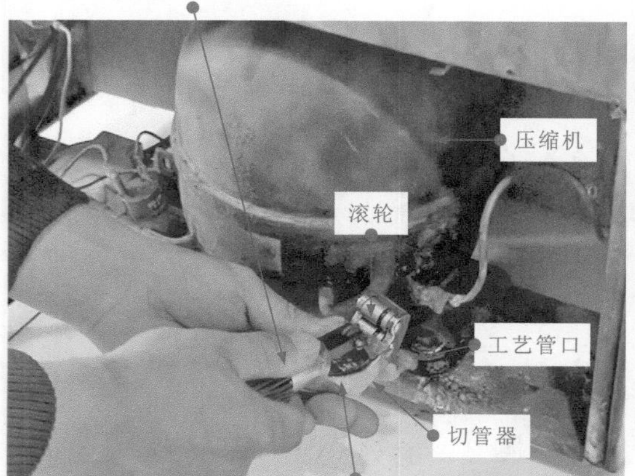
1 调节进刀旋钮，调节切割刀片
和滚轮之间的间距
压缩机
滚轮
工艺管口
切管器
2 将压缩机工艺管口封口的部分
放置在切管器刀片和滚轮之间

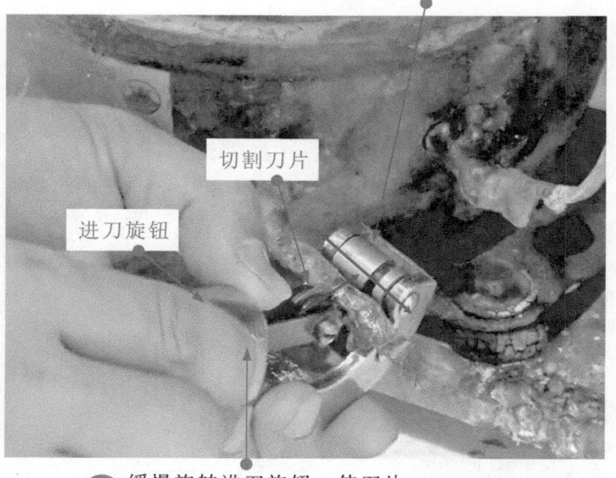
工艺管口与切管器的
切割刀片应相互垂直
切割刀片
进刀旋钮
3 缓慢旋转进刀旋钮，使刀片
接触工艺管口的管壁

图 6-20

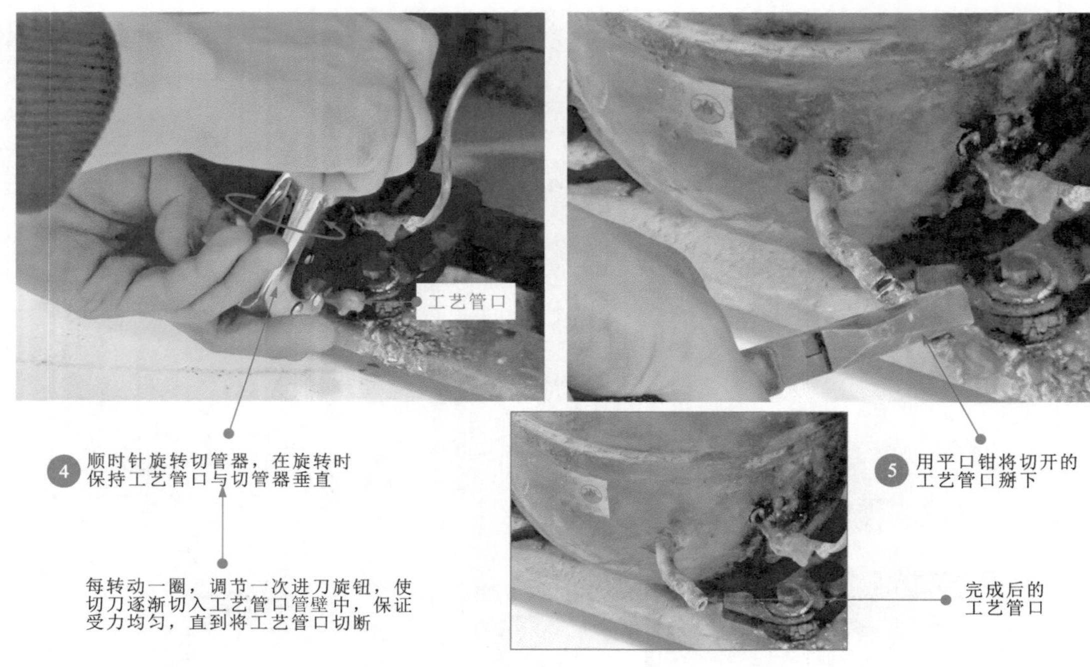
工艺管口
4 顺时针旋转切管器，在旋转时保持工艺管口与切管器垂直
每转动一圈，调节一次进刀旋钮，使切刀逐渐切入工艺管口管壁中，保证受力均匀，直到将工艺管口切断
5 用平口钳将切开的工艺管口掰下
完成后的工艺管口

图 6-20　压缩机工艺管口的切割方法

b. 焊接压缩机工艺管口与管路连接器。管路连接器是电冰箱充氮检漏环境中关键的连接部件。通常电冰箱压缩机的工艺管口无法直接与连接软管等设备建立连接，所以连接时要将管路连接器焊接到工艺管口上，再通过管路连接器的螺口与连接软管进行连接。

为防止气焊加热时损坏内部的阀芯，须将管路连接器接口内的阀芯取下，如图 6-21 所示。

电冰箱压缩机工艺管口与管路连接器焊接的准备操作均完成后，接下来便可进行焊接操作了。在焊接操作之前，首先打开气焊设备。

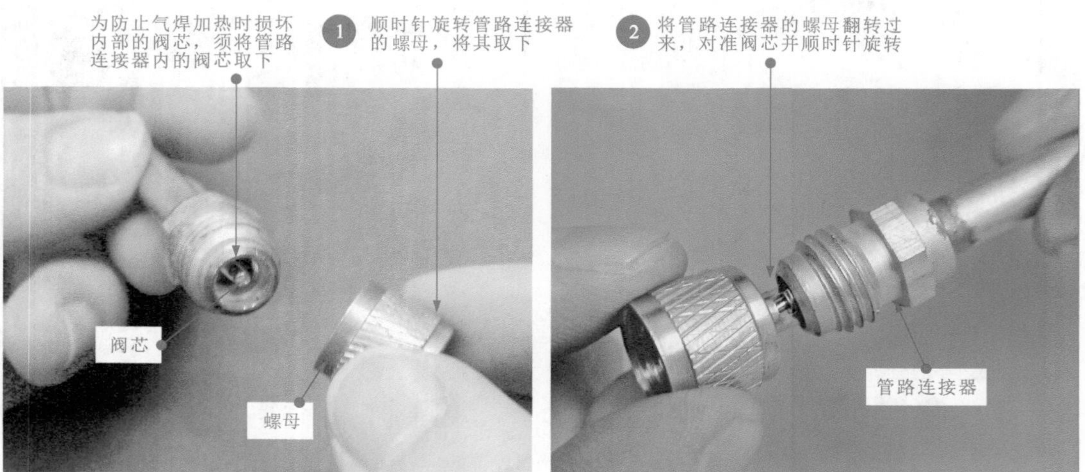
为防止气焊加热时损坏内部的阀芯，须将管路连接器内的阀芯取下
1 顺时针旋转管路连接器的螺母，将其取下
2 将管路连接器的螺母翻转过来，对准阀芯并顺时针旋转
阀芯
螺母
管路连接器

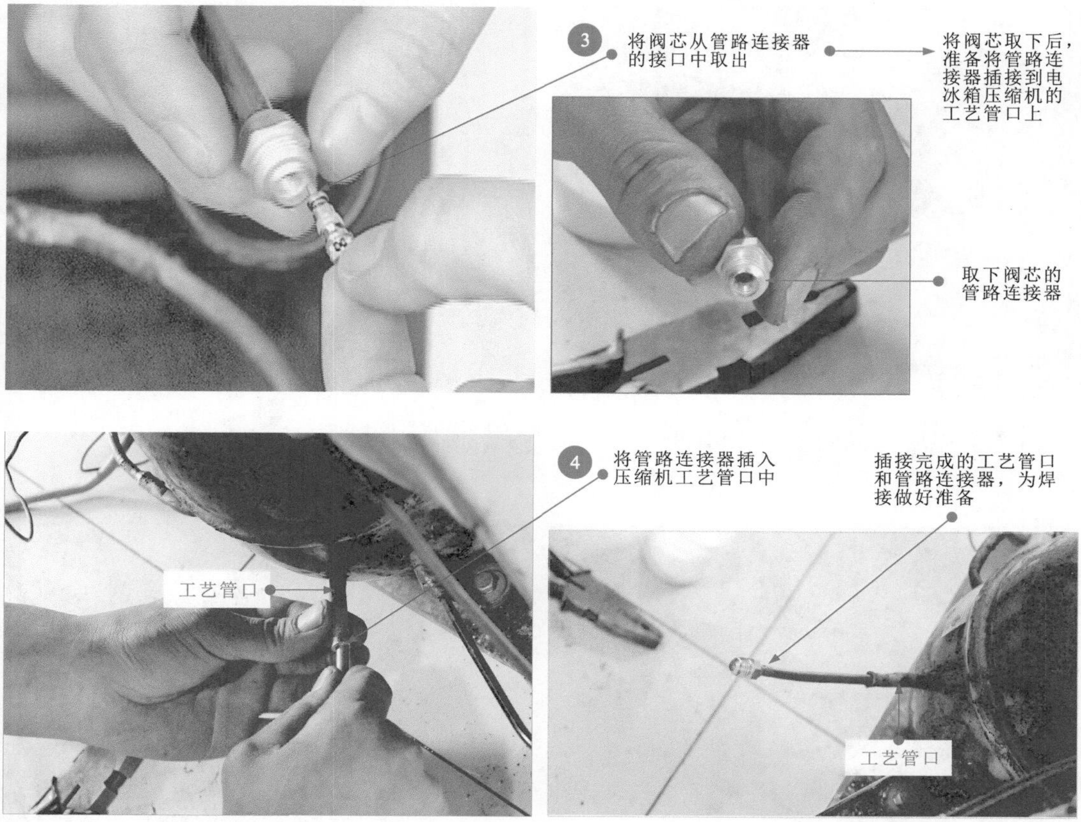

③ 将阀芯从管路连接器的接口中取出

将阀芯取下后，准备将管路连接器插接到电冰箱压缩机的工艺管口上

取下阀芯的管路连接器

④ 将管路连接器插入压缩机工艺管口中

工艺管口

插接完成的工艺管口和管路连接器，为焊接做好准备

工艺管口

图 6-21　取下管路连接器接口内的阀芯

气焊设备开启并调整好后，便可对压缩机工艺管口与管路连接器进行焊接操作了。压缩机工艺管口与管路连接器的焊接操作如图 6-22 所示。

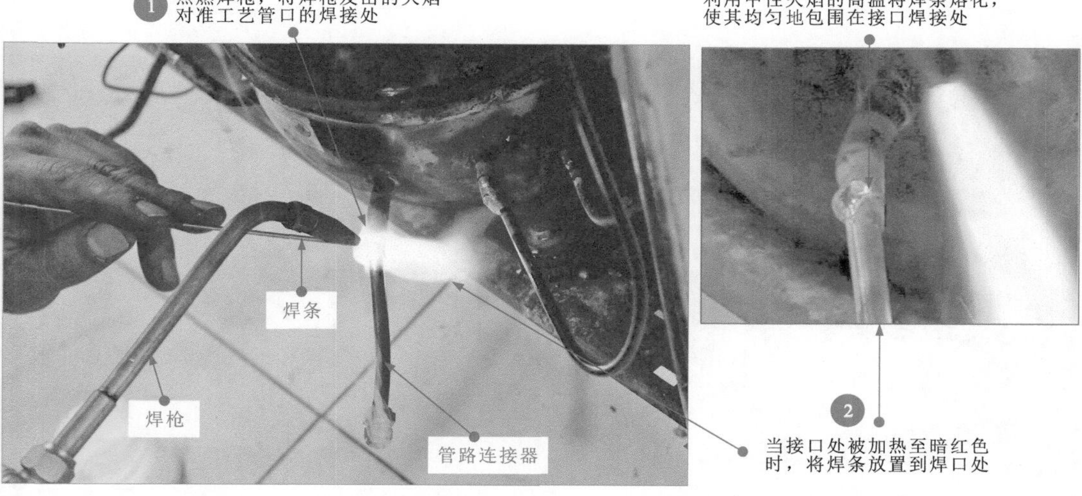

① 点燃焊枪，将焊枪发出的火焰对准工艺管口的焊接处
利用中性火焰的高温将焊条熔化，使其均匀地包围在接口焊接处
焊条
焊枪
管路连接器
② 当接口处被加热至暗红色时，将焊条放置到焊口处

图 6-22

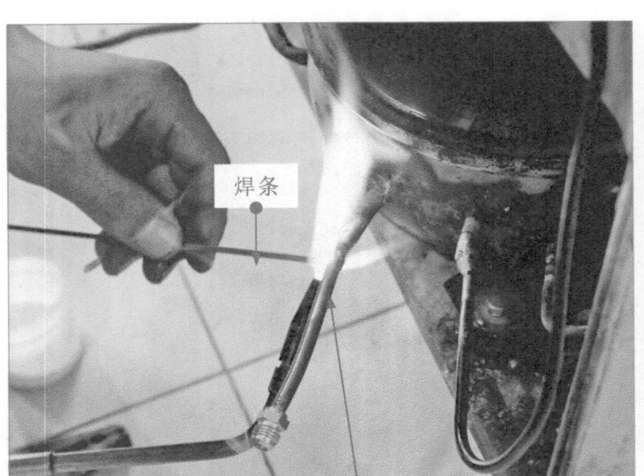
焊条

管路连接器

3 焊接时，应适时调整火焰和焊条位置，使焊口四周受热均匀，焊条位置跟随火焰使其均匀熔化在焊口四周

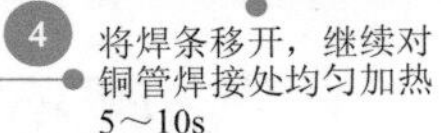

4 将焊条移开，继续对铜管焊接处均匀加热5～10s

此时即可完成焊接工作，按要求关闭气焊设备

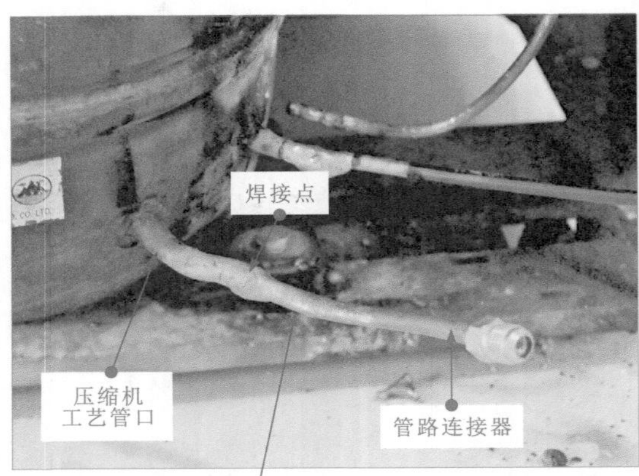
焊接点
压缩机
工艺管口
管路连接器

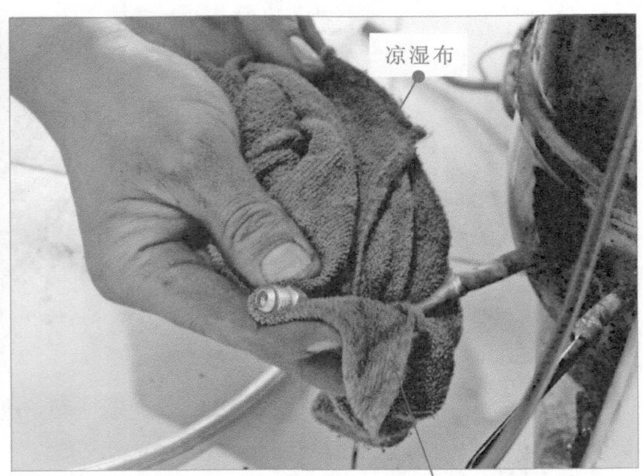
凉湿布

5 熔化的焊条均匀地包围在焊接口处，完成管路连接器与压缩机工艺管口的焊接

焊接前最好在焊接位置的后部放置隔离保护板，防止焊接火焰损坏其他部件

6 使用凉湿布加速焊接处的冷却

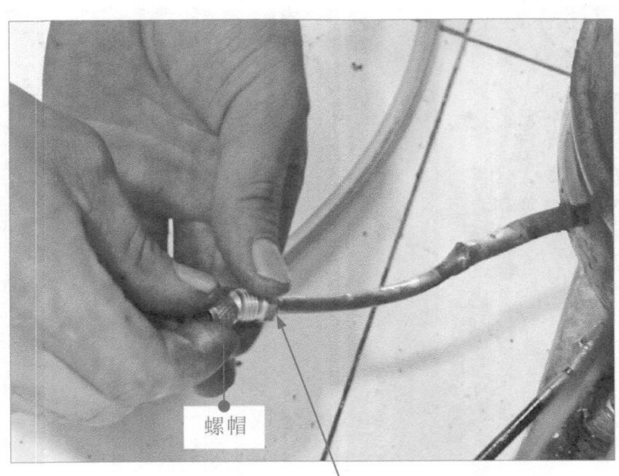
螺帽

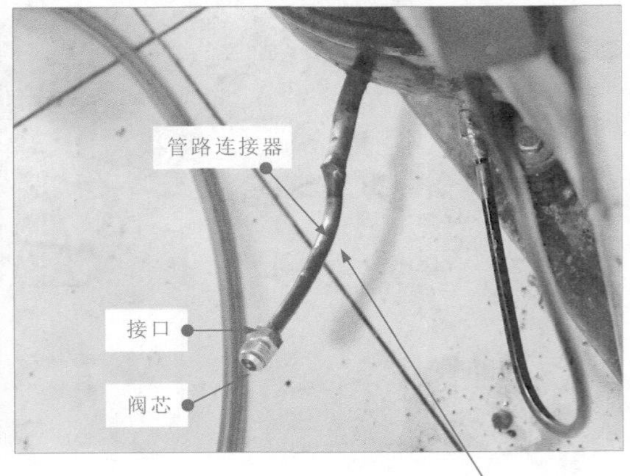
管路连接器
接口
阀芯

7 用管路连接器的螺帽将阀芯装回管路连接器接口中

管路连接器与压缩机工艺管口的焊接效果

焊好的铜管焊口应平整光滑且无小孔或炉渣

图 6-22　压缩机工艺管口与管路连接器的焊接操作

提示

在进行焊接操作时，首先要确保对焊口处进行均匀加热，绝对不允许将焊枪的火焰对准铜管的某一部位进行长时间加热，否则会使铜管烧坏。

另外，在焊接时，若压缩机工艺管口的管壁上有锈蚀现象，需要使用砂布对焊接部位附近 1 ～ 2cm 的范围进行打磨，直至焊接部位呈现铜本色，这样有助于与管路连接器很好地焊接，提高焊接质量。

c. 连接三通压力表阀。在充氮过程中，常常需要监测管路中的压力。三通压力表阀的作用就是时刻监测所连接管路系统中的压力变化。因此，在电冰箱充氮检漏环境的搭建过程中，连接三通压力表阀是必要的操作环节。

通常，焊接好管路连接器后，通过连接软管将管路连接器与三通压力表阀阀门相对的接口进行连接即可。

三通压力表阀的连接方法如图 6-23 所示。

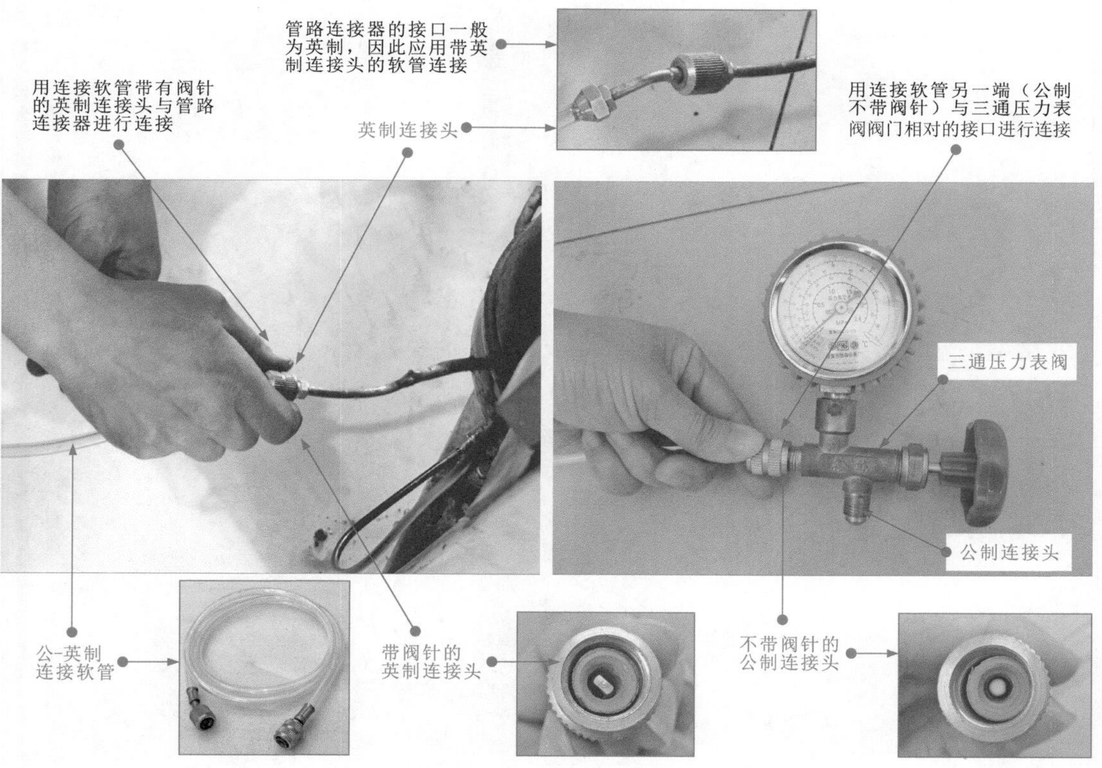
管路连接器的接口一般为英制，因此应用带英制连接头的软管连接
用连接软管带有阀针的英制连接头与管路连接器进行连接
英制连接头
用连接软管另一端（公制不带阀针）与三通压力表阀阀门相对的接口进行连接
三通压力表阀
公制连接头
公-英制连接软管
带阀针的英制连接头
不带阀针的公制连接头

图 6-23　三通压力表阀的连接方法

d. 连接氮气钢瓶及减压器。氮气钢瓶及减压器是充氮检漏操作中的关键设备。将三通压力表阀阀门相对的接口与管路连接器接好后，用另一根连接软管将三通压力表阀表头相对的接口与氮气钢瓶上减压器出口连接（减压器一般直接旋紧在氮气钢瓶的接口上）。

三通压力表阀与减压器的连接方法如图 6-24 所示。

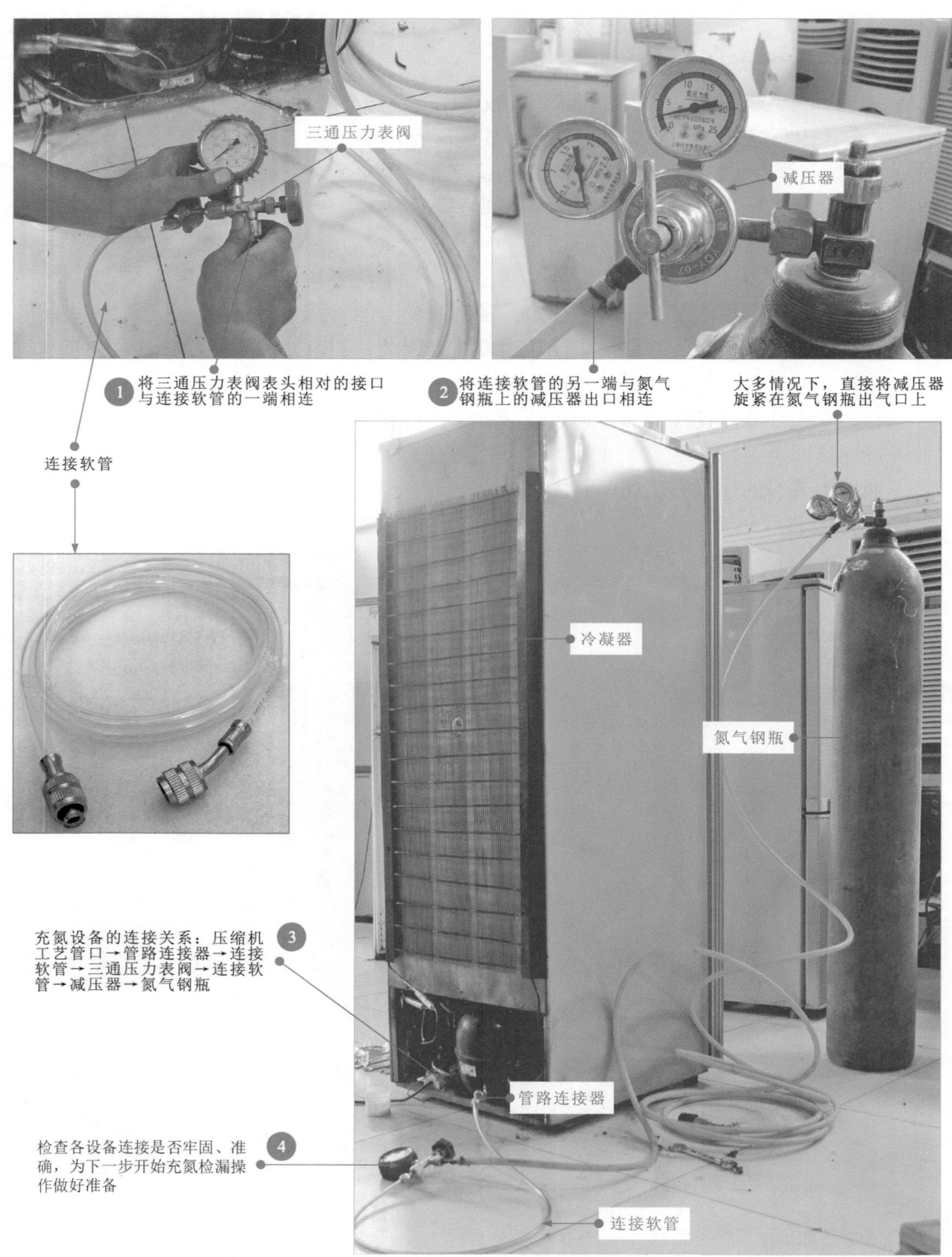
三通压力表阀
减压器
① 将三通压力表阀表头相对的接口与连接软管的一端相连
② 将连接软管的另一端与氮气钢瓶上的减压器出口相连
大多情况下，直接将减压器旋紧在氮气钢瓶出气口上
连接软管
冷凝器
氮气钢瓶
③ 充氮设备的连接关系：压缩机工艺管口→管路连接器→连接软管→三通压力表阀→连接软管→减压器→氮气钢瓶
管路连接器
④ 检查各设备连接是否牢固、准确，为下一步开始充氮检漏操作做好准备
连接软管

图 6-24　三通压力表阀与减压器的连接方法

② 充氮检漏的操作方法　充氮检漏系统的设备连接完成后，需要根据操作规范按要求的顺序打开各设备开关或阀门，然后开始向电冰箱管路中充氮气以及检测有无泄漏点。

对充氮检漏设备的连接：首先按要求的顺序打开各设备开关或阀门充入氮气，其次是对焊接接口部分进行检漏。

a. 按要求的顺序打开各设备开关或阀门充入氮气。充氮检漏各设备连接好后，按照规范要求的顺序打开各设备的开关或阀门，开始进行充氮操作。

充氮的操作细节如图 6-25 所示。

① 打开氮气钢瓶阀门，调整减压器上的调压手柄，使其出口约为0. 8MPa（一般在0.5～1 MPa之间即可）

扳手

氮气钢瓶阀门

出气压力指示表

② 打开三通压力表阀的阀门，使其处于三通状态

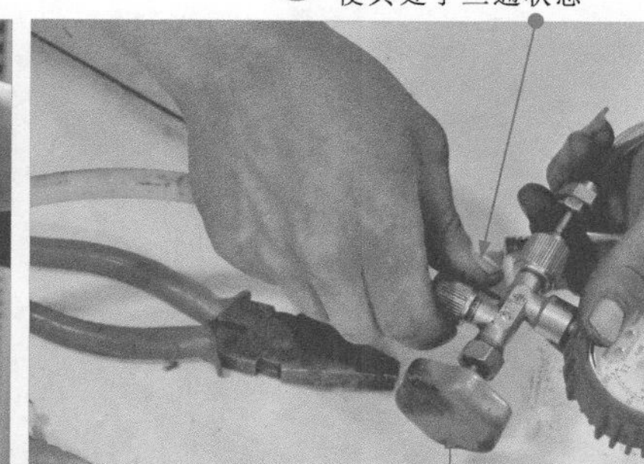
三通压力表阀阀门

各设备均打开后，开始充入氮气，当三通压力表阀显示充氮压力为0. 8MPa时为适中 ③

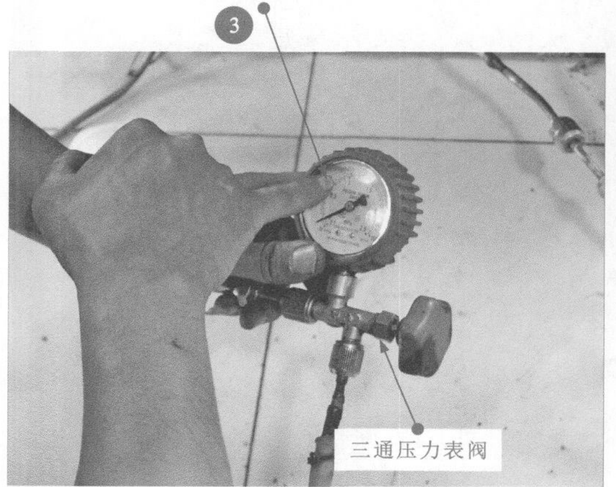
三通压力表阀

氮气经连接软管、三通压力表阀、管路连接器、压缩机工艺管口送入电冰箱管路系统 ④

氮气（N_2）
氮气钢瓶
氮气（N_2）
氮气（N_2）

图 6-25 充氮的操作细节

b. 对焊接接口部分进行检漏。充氮一段时间后，电冰箱管路系统具备一定压力，一般当三通压力表阀指示在 0.6 MPa 时，即可停止充氮。关闭三通压力表阀阀门，取下与氮气钢瓶的连接部分，当仍保持三通压力表阀与电冰箱压缩机的连接关系，一段时间后，若三通压力表阀显示压力维持在 0.6 MPa 不变化，则说明管路中不存在泄漏点；若三通压力表阀显示的压力值逐渐变小，则说明管路存在泄漏故障，应重点对管路的各个焊接接口部分进行检漏。图 6-26 所示为电冰箱管路系统中易发生泄漏故障的重点检查部位。

检漏点：
干燥过滤器与冷凝器
管口的焊接口
检漏点：
干燥过滤器与毛细管
间的焊接口
检漏点：
压缩机吸气口与蒸发器
管口的焊接口
检漏点：
压缩机工艺管口与管路
连接器焊接口处
检漏点：
压缩机排气口与冷凝器
管口的焊接口

图 6-26　易发生泄漏故障的重点检查部位

检漏的操作细节如图 6-27 所示。

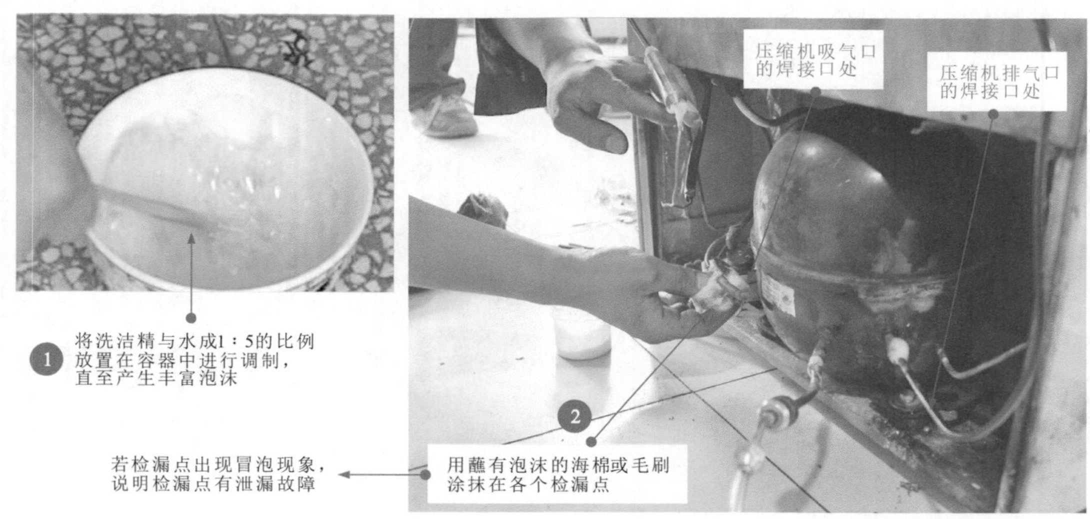
1 将洗洁精与水成1：5的比例
放置在容器中进行调制，
直至产生丰富泡沫
压缩机吸气口
的焊接口处
压缩机排气口
的焊接口处
2 用蘸有泡沫的海棉或毛刷
涂抹在各个检漏点
若检漏点出现冒泡现象，
说明检漏点有泄漏故障

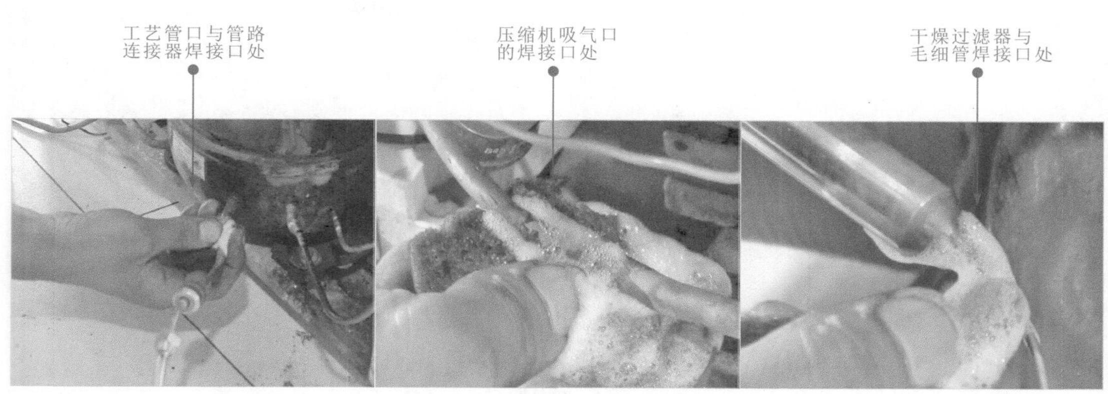
工艺管口与管路
连接器焊接口处
压缩机吸气口
的焊接口处
干燥过滤器与
毛细管焊接口处

图 6-27 检漏的操作细节

提示

在电冰箱管路系统中，除上述一些泄漏故障重点检查部位外，在箱体内部的蒸发器与管路连接处（有些被泡沫填充剂覆盖不易查找，需打开电冰箱后板刮掉填充剂）也可能发生泄漏，引起内漏故障，特别是一些铜铁焊接点、铜铝焊接或连接口处，图 6-28 为电冰箱箱体内外基本焊接点或连接点示意图。

对电冰箱管路泄漏点的处理方法一般为：

- 若管路系统中焊点部位泄漏，可补焊漏点或切开焊接部位重新进行气焊；
- 若管路接头纳子未旋紧，可用活络扳手拧紧接头纳子；
- 若管路接头纳子有裂纹或内部螺纹损坏，应更换纳子；
- 若压缩机工艺管口泄漏，应重新进行封口。

严禁将氧气充入制冷系统用于检漏，否则有爆炸危险。

向电冰箱管路中充入氮气，除可进行上述检漏外，还可应用于对管路脏堵、冰堵或油堵故障的清洁环境：

- 焊下制冷管路中的干燥过滤器，留出冷凝器和毛细管的管口（在电冰箱实际管路系统中，干燥过滤器一端连接冷凝器，一端连接毛细管）。
- 打开氮气钢瓶阀门。
- 打开减压器阀门，适当调整调节阀，使氮气压力适中（一般为 0.6 ～ 0.8MPa），向管路中充入氮气。
- 用大拇指堵住冷凝器管口，氮气将逆着制冷剂的循环方向从焊开的毛细管口泄出，脏物将随气流排出。
- 然后再用大拇指堵住毛细管的管口，充入氮气后清洗另一侧管路，直至脏污随气流排除干净。

在充氮的过程中，可以适当调节氮气压力的大小，使气流呈断续状，可增加排堵效果。

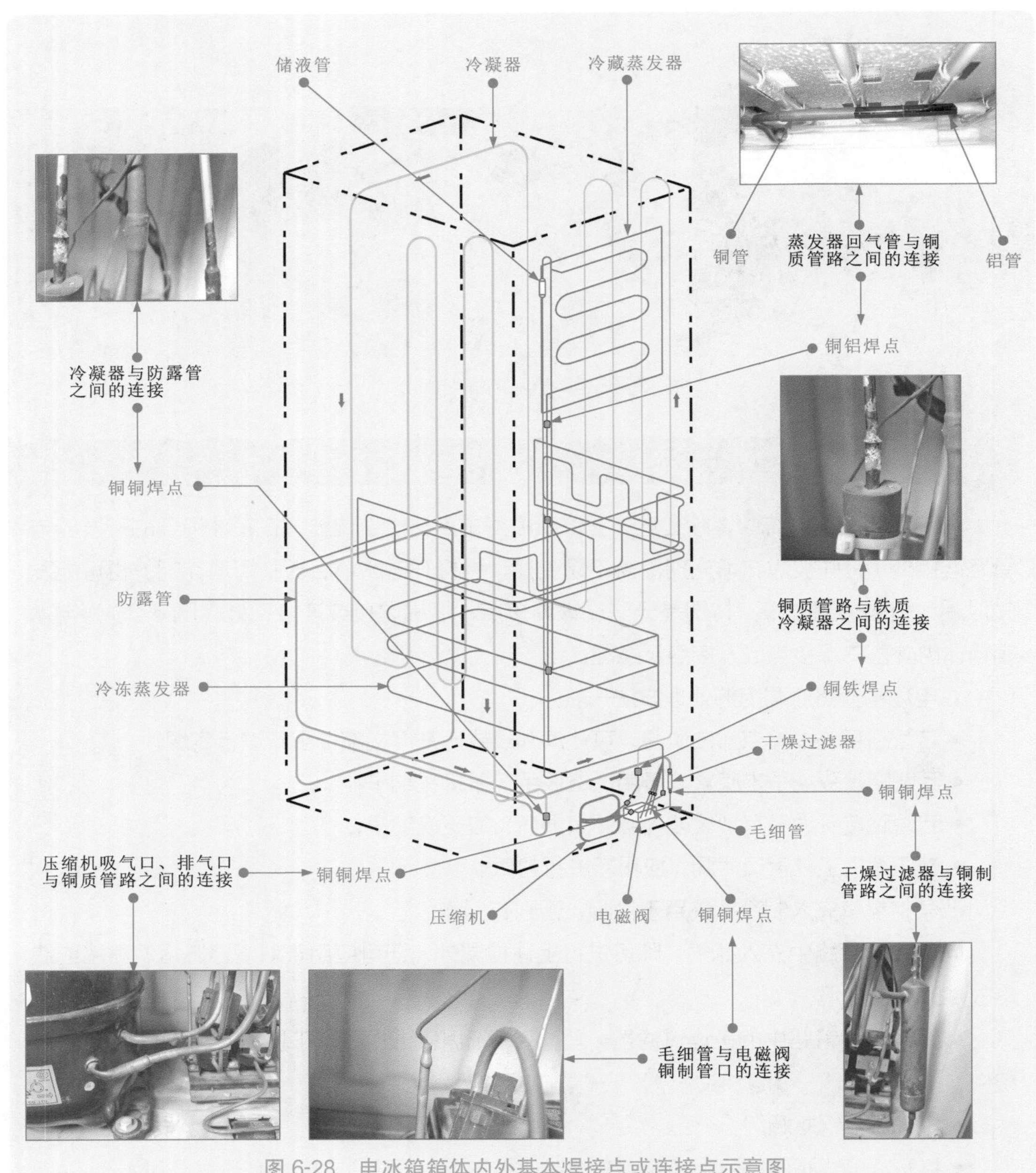
储液管
冷凝器
冷藏蒸发器
铜管
蒸发器回气管与铜质管路之间的连接
铝管
铜铝焊点
冷凝器与防露管之间的连接
铜铜焊点
铜质管路与铁质冷凝器之间的连接
防露管
冷冻蒸发器
铜铁焊点
干燥过滤器
铜铜焊点
毛细管
压缩机吸气口、排气口与铜质管路之间的连接
铜铜焊点
干燥过滤器与铜制管路之间的连接
压缩机
电磁阀
铜铜焊点
毛细管与电磁阀铜制管口的连接

图 6-28　电冰箱箱体内外基本焊接点或连接点示意图

6.3.2　蒸发器的检测代换方法

蒸发器最常见的故障是堵塞或泄漏，为了确定蒸发器是否出现故障，可通过对制冷管路的各连接部分进行检查来判断。

（1）蒸发器的检修方法

对蒸发器进行检查，主要是检查蒸发器是否出现泄漏或堵塞。

蒸发器的检修方法如图 6-29 所示。

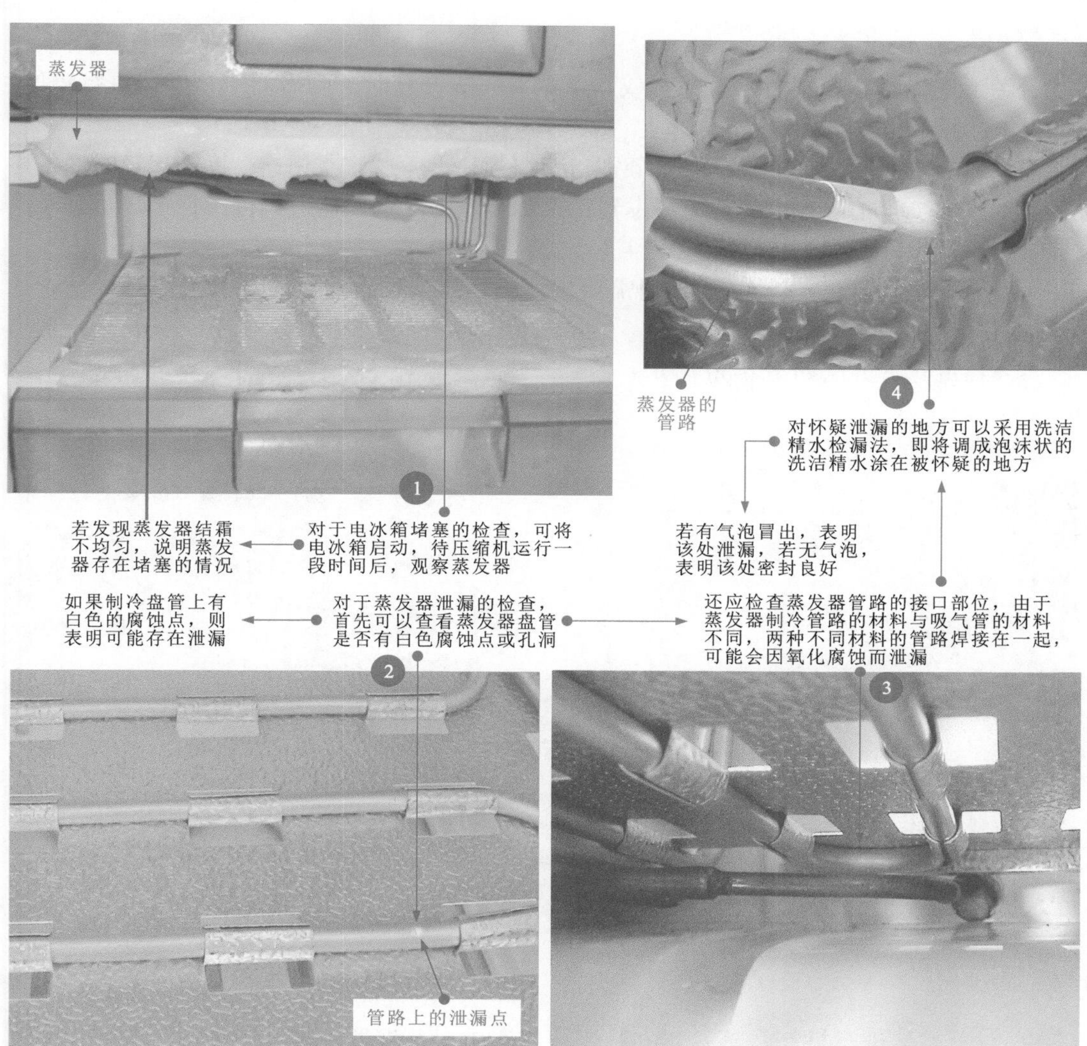
蒸发器
蒸发器的管路
对怀疑泄漏的地方可以采用洗洁精水检漏法，即将调成泡沫状的洗洁精水涂在被怀疑的地方
若发现蒸发器结霜不均匀，说明蒸发器存在堵塞的情况
对于电冰箱堵塞的检查，可将电冰箱启动，待压缩机运行一段时间后，观察蒸发器
若有气泡冒出，表明该处泄漏，若无气泡，表明该处密封良好
如果制冷盘管上有白色的腐蚀点，则表明可能存在泄漏
对于蒸发器泄漏的检查，首先可以查看蒸发器盘管是否有白色腐蚀点或孔洞
还应检查蒸发器管路的接口部位，由于蒸发器制冷管路的材料与吸气管的材料不同，两种不同材料的管路焊接在一起，可能会因氧化腐蚀而泄漏
管路上的泄漏点

图 6-29　蒸发器的检修方法

提示

导致电冰箱中蒸发器泄漏的原因主要有：

① 制造蒸发器的材料质量存在缺陷。例如，局部有微小的金属残渣，在使用时受到制冷剂压力和液体的冲刷，容易出现微小的泄漏；或者制作蒸发器盘管的材料本身就有砂眼。

② 电冰箱长期被含有碱性成分的物品侵蚀而造成泄漏。

③ 由于除霜不当或被异物碰撞而造成蒸发器的泄漏。例如，蒸发器长时间不除霜，其表面霜层结的很厚，这时使用锋利的金属物进行铲霜操作，极易扎破蒸发器表面。

导致蒸发器堵塞的原因有以下几点：

① 电冰箱内霜层太厚，食物与蒸发器冻在一起，这时若强行将食物取出，容易造成蒸发器制冷盘管变形而使制冷剂无法正常顺畅地流通，从而造成堵塞。

② 冷冻机油残留在蒸发器盘管内。

（2）蒸发器的代换方法

若经上述检修发现蒸发器有泄漏或堵塞严重无法修复时，则需要对蒸发器进行更换，以保证电冰箱的正常运行。

蒸发器固定在冷冻室中，蒸发器分别与毛细管和干燥过滤器相连，拆卸代换时通常可分为 4 步：第 1 步是寻找可代替的蒸发器；第 2 步是要对蒸发器进行拆卸；第 3 步是对蒸发器管路进行加工；第 4 步是对蒸发器进行代换。

① 寻找可代替的蒸发器　更换时需要根据损坏蒸发器的管路直径、大小选择适合的器件进行代换。

蒸发器的选择方法如图 6-30 所示。

损坏的蒸发器
新的蒸发器
新蒸发器与原蒸发器使用管路直径相同，体积大小相似，管路排列方式基本相同

图 6-30　蒸发器的选择方法

② 对蒸发器进行拆卸　蒸发器安装于冷冻室中，蒸发器固定在支架上。先将蒸发器的固定支架拆开，再将蒸发器与毛细管分离。

蒸发器的拆卸方法如图 6-31 所示。

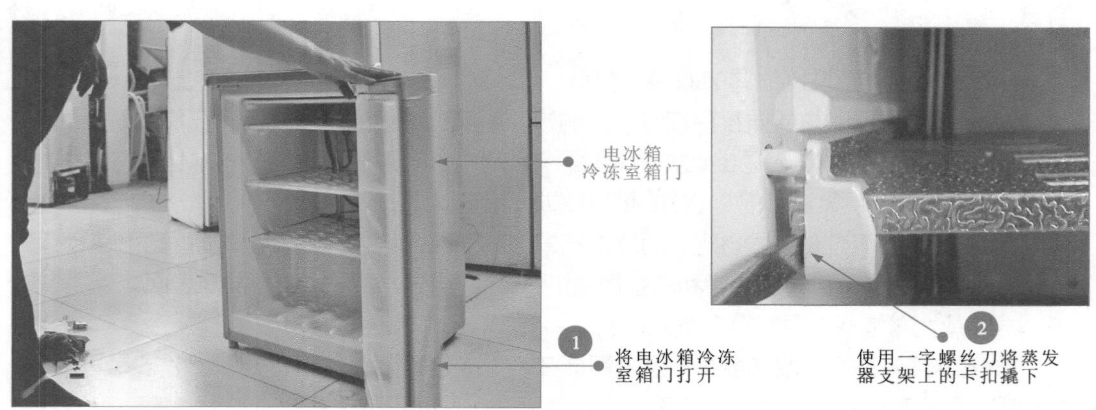
电冰箱冷冻室箱门
1
将电冰箱冷冻室箱门打开
2
使用一字螺丝刀将蒸发器支架上的卡扣撬下

与冷藏蒸发器连接的管路

3 将蒸发器从冷冻室中取出

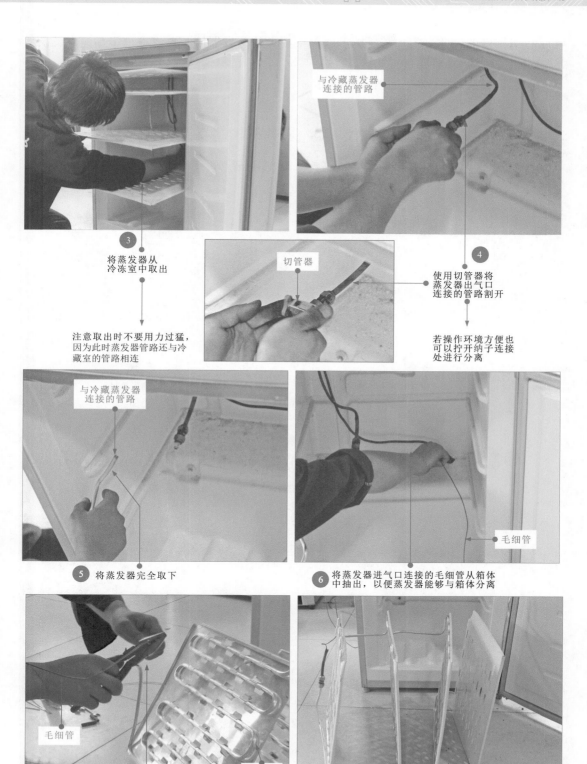

注意取出时不要用力过猛，因为此时蒸发器管路还与冷藏室的管路相连

切管器

4 使用切管器将蒸发器出气口连接的管路割开

若操作环境方便也可以拧开纳子连接处进行分离

与冷藏蒸发器连接的管路

5 将蒸发器完全取下

毛细管

6 将蒸发器进气口连接的毛细管从箱体中抽出，以便蒸发器能够与箱体分离

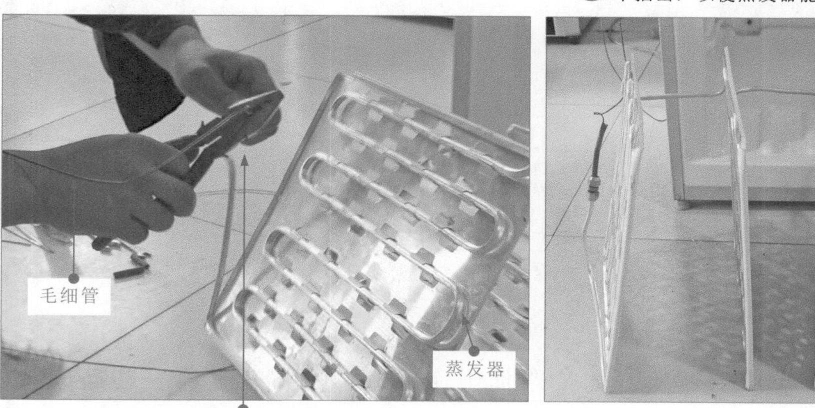
毛细管
蒸发器

7 使用钳子将蒸发器进气口与毛细管连接处剪断

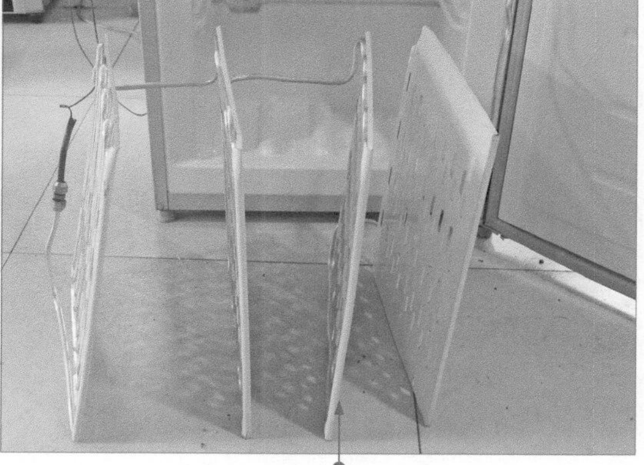

8 取出损坏的蒸发器，拆卸完成

图 6-31　蒸发器的拆卸方法

③ 对蒸发器管路进行加工　拆下冷冻室损坏的蒸发器后，再将冷冻室新蒸发器的管口进行加工，然后对管路进行连接。

蒸发器管路的加工方法如图 6-32 所示。

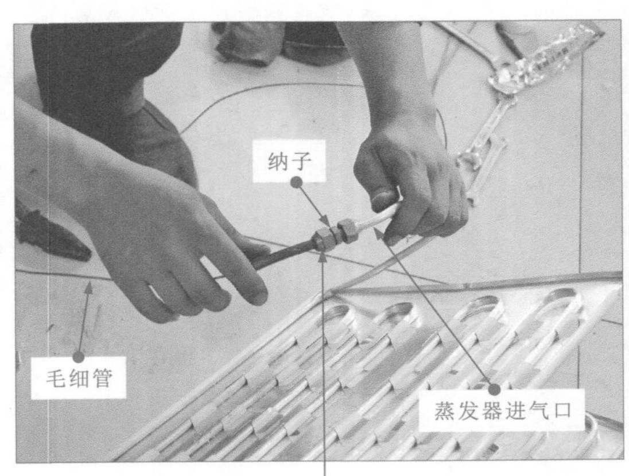
纳子
毛细管
蒸发器进气口

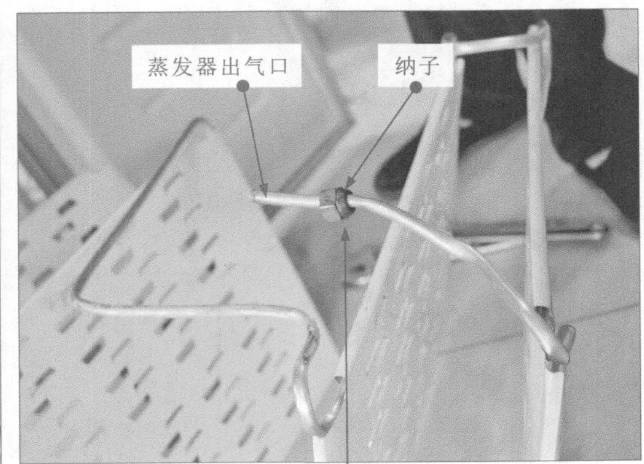
蒸发器出气口
纳子

1 连接蒸发器进气口与毛细管 → 将新蒸发器的进气口通过纳子与原接有毛细管的铜管连接

2 连接蒸发器出气口与冷藏室蒸发器 → 将纳子套在新蒸发器出气口上

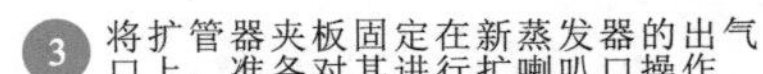

3 将扩管器夹板固定在新蒸发器的出气口上，准备对其进行扩喇叭口操作

4 将顶压器对准新蒸发器管口（出气口)进行扩喇叭口操作，以便通过纳子与蒸发器进行连接

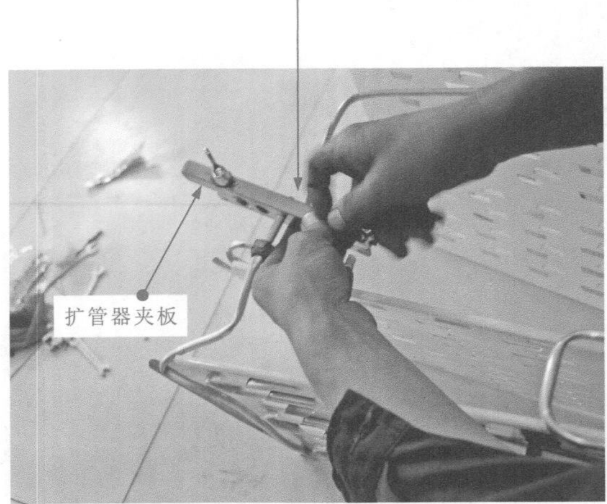
扩管器夹板

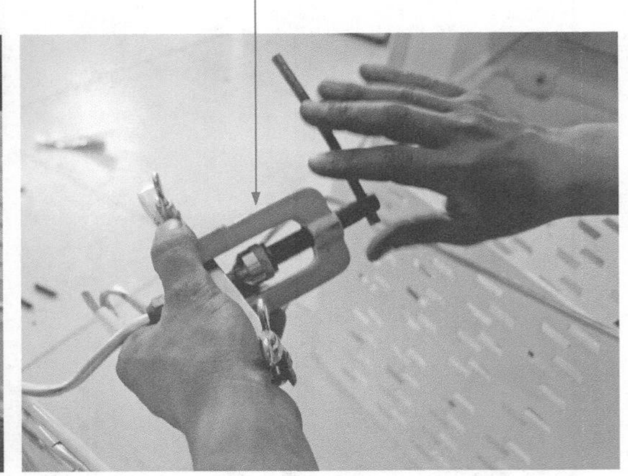

图 6-32　蒸发器管路的加工方法

④ 对蒸发器进行代换　蒸发器的管路加工完成后，再将蒸发器安装回原来的位置。

蒸发器的代换方法如图 6-33 所示。

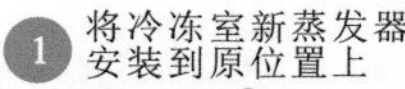
1 将冷冻室新蒸发器
安装到原位置上

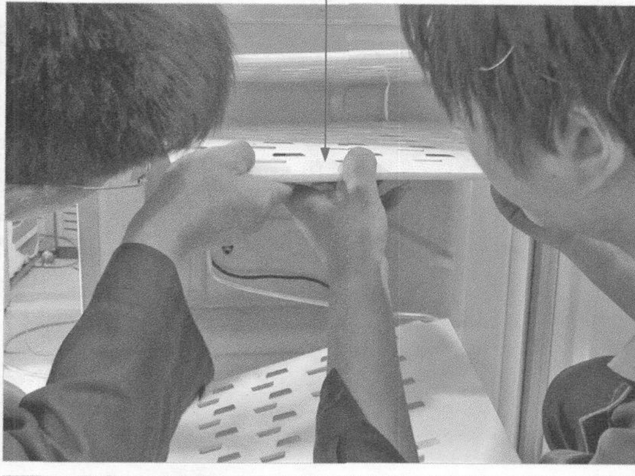

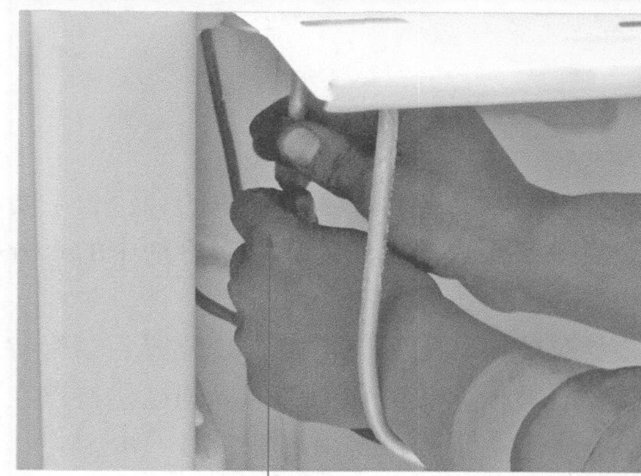
2 将新蒸发器出气口纳子与冷藏室
的蒸发器管路进行连接

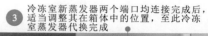

3 冷冻室新蒸发器两个端口均连接完成后，
适当调整其在箱体中的位置，至此冷冻
室蒸发器代换完成
代换好的
蒸发器

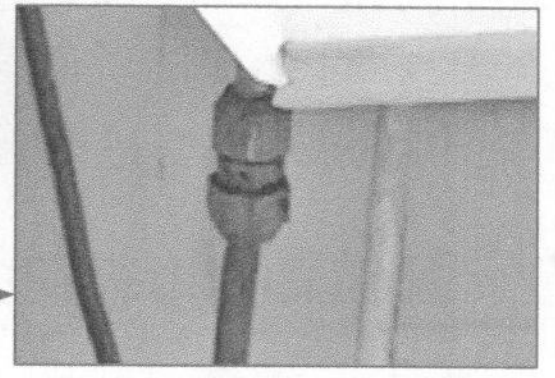

图 6-33 蒸发器的代换方法

第7章 电冰箱节流和闸阀部件检修

7.1 电冰箱中的节流和闸阀部件

电冰箱中的节流阀和电磁阀以及相关的管路位于电冰箱背面下部压缩机的旁边，主要用来控制电冰箱制冷管路中制冷剂的流向，平衡制冷管路内部压力，滤除制冷剂中的水分和杂质等，是电冰箱管路中非常重要的部分。

在学习节流和闸阀部件检测代换之初，首先要对节流和闸阀部件的安装位置、结构特点和工作原理有一定的了解。对于初学者而言，要能够根据节流和闸阀部件的结构特点在电冰箱中准确地找到节流和闸阀部件。这是开始检测代换节流和闸阀部件的第一步。

7.1.1 毛细管的安装位置和结构特点

毛细管在电冰箱制冷管路中是实现节流、降压的部件，其外形是一段又细又长的铜管，通常安装于蒸发器与电磁阀之间，对于一些老式电冰箱不带有电磁阀，则毛细管通常位于蒸发器与干燥过滤器之间，根据这些特点即可确定毛细管的安装位置，如图 7-1 所示。

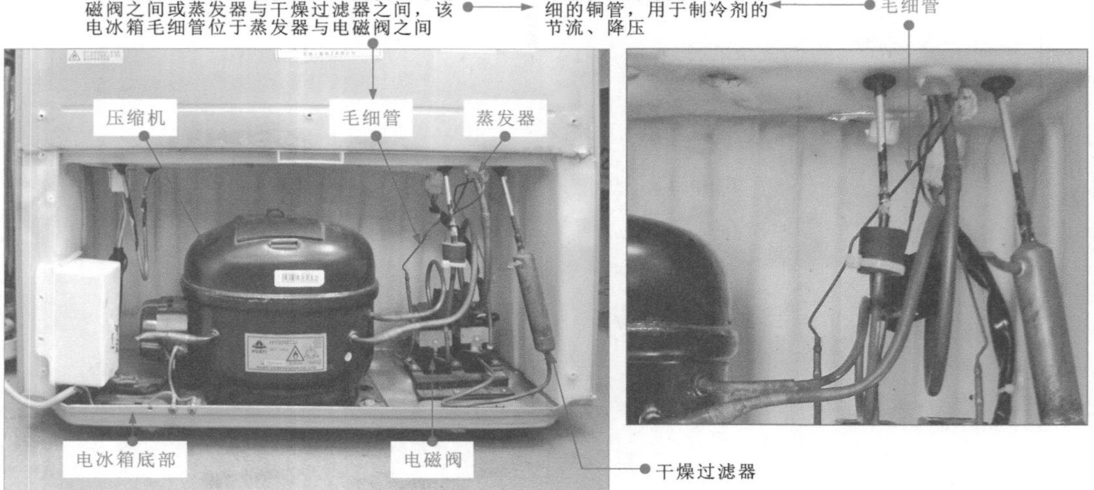
毛细管通常位于压缩机侧面，蒸发器与电磁阀之间或蒸发器与干燥过滤器之间，该电冰箱毛细管位于蒸发器与电磁阀之间
毛细管的外形是一段非常细的铜管，用于制冷剂的节流、降压
毛细管
压缩机
毛细管
蒸发器
电冰箱底部
电磁阀
干燥过滤器

（a）毛细管在电冰箱中的安装位置

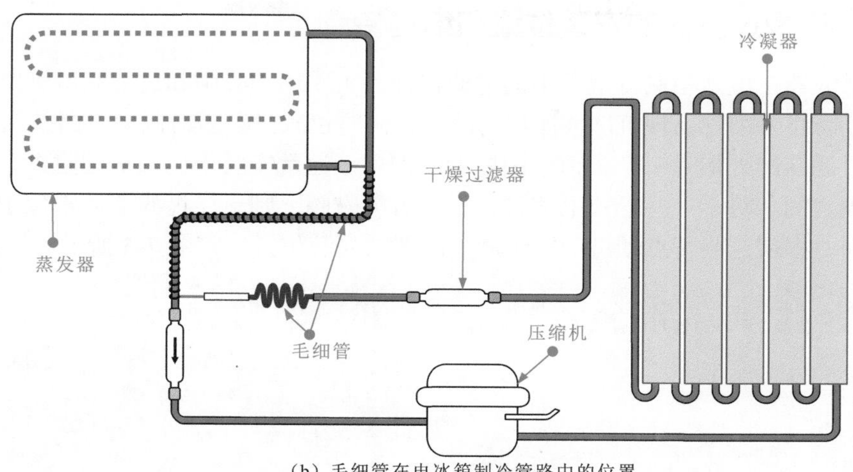
冷凝器
干燥过滤器
蒸发器
毛细管
压缩机

（b）毛细管在电冰箱制冷管路中的位置

图 7-1　毛细管的安装位置

不同品牌、不同型号的电冰箱中，毛细管的结构特征基本相同，但具体到安装方式会有所区别，如图 7-2 所示。

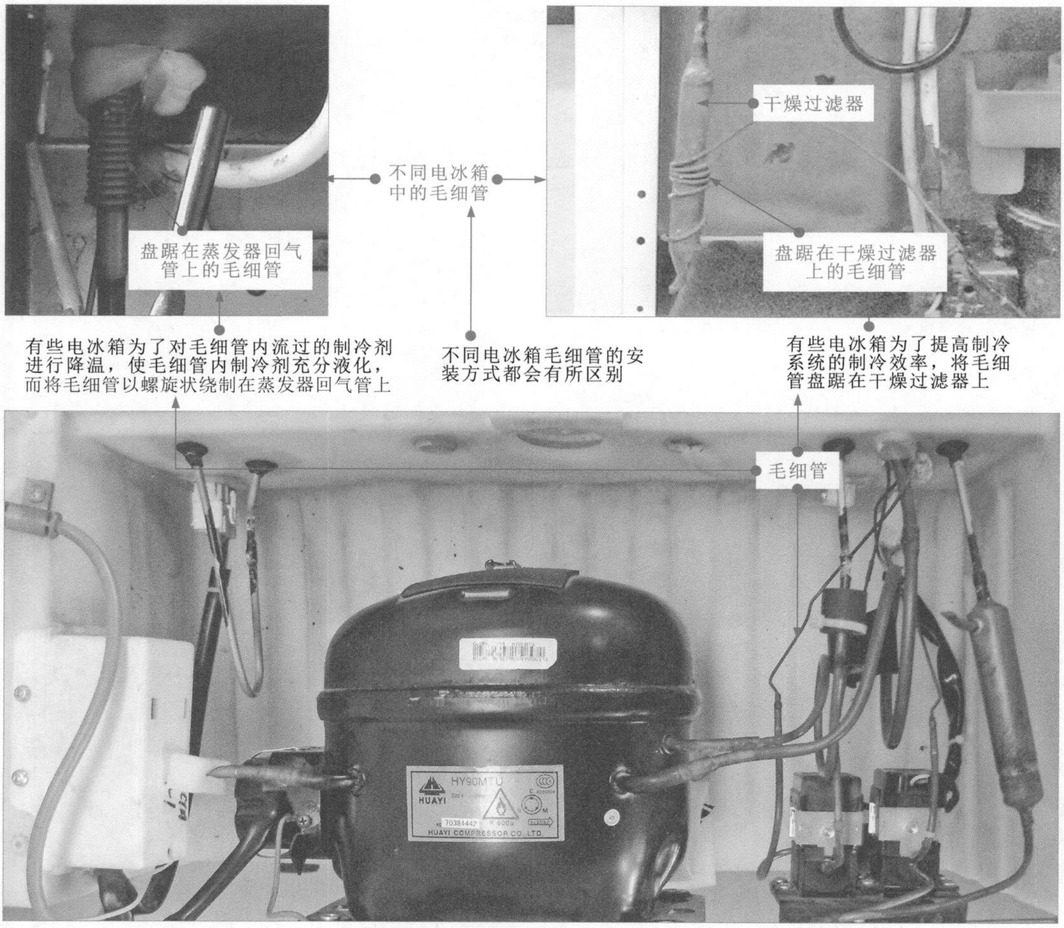

干燥过滤器

不同电冰箱中的毛细管

盘踞在蒸发器回气管上的毛细管

盘踞在干燥过滤器上的毛细管

有些电冰箱为了对毛细管内流过的制冷剂进行降温，使毛细管内制冷剂充分液化，而将毛细管以螺旋状绕制在蒸发器回气管上

不同电冰箱毛细管的安装方式都会有所区别

有些电冰箱为了提高制冷系统的制冷效率，将毛细管盘踞在干燥过滤器上

毛细管

图 7-2　毛细管的结构特征及安装方式

7.1.2 干燥过滤器的安装位置和结构特点

干燥过滤器是电冰箱制冷管路中的过滤器件，主要用于吸附和过滤制冷管路中的水分和杂质，以防止毛细管出现脏堵或冰堵的故障，同时也减少杂质对制冷管路的腐蚀。

干燥过滤器的外形是一个类似于圆柱形的铜管，通常安装于压缩机的附近，接在冷凝器与电磁阀之间。对于一些老式电冰箱，不带有电磁阀，则干燥过滤器通常位于冷凝器与毛细管之间，根据这些特点即可确定干燥过滤器的安装位置，如图 7-3 所示。

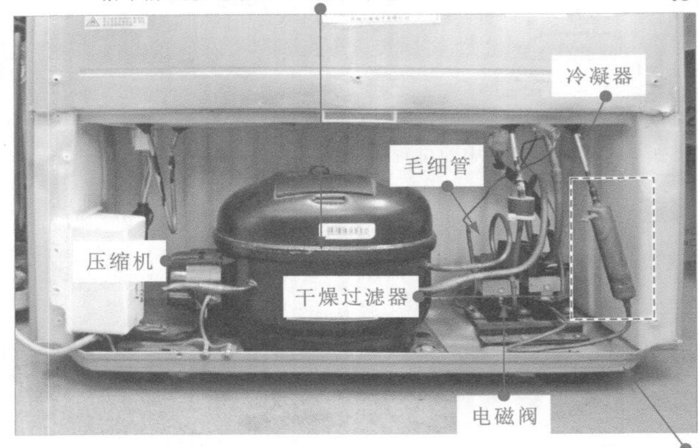
干燥过滤器通常位于压缩机侧面，冷凝器与电磁阀之间或冷凝器与毛细管之间，该电冰箱干燥过滤器位于冷凝器与电磁阀之间
冷凝器
毛细管
压缩机
干燥过滤器
电磁阀

毛细管的外形是一个类似于圆柱的铜管，用于吸附和过滤制冷管路中的水分和杂质
干燥过滤器
电冰箱底部

图 7-3 干燥过滤器的安装位置

不同品牌、不同型号的电冰箱中，干燥过滤器的外形结构以及具体安装位置都会有所区别，如图 7-4 所示。

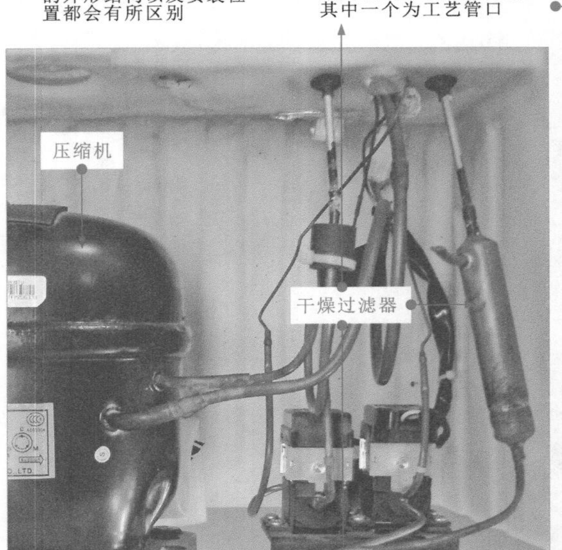
不同电冰箱干燥过滤器的外形结构以及安装位置都会有所区别
有些电冰箱中干燥过滤器采用双入口干燥过滤器，其中一个为工艺管口
压缩机
干燥过滤器
有些电冰箱中干燥过滤器采用单入口干燥过滤器

工艺管口
该干燥过滤器安装于压缩机左侧
不同电冰箱中的干燥过滤器
该干燥过滤器安装于压缩机右侧

单入口
干燥过滤器

图 7-4 干燥过滤器的结构特征及安装位置

电冰箱中常见的干燥过滤器主要有单入口干燥过滤器和双入口干燥过滤器两种，如图 7-5 所示。单入口干燥过滤器两端各有一个端口，其中较粗的一端为入口端，用以连接冷凝器，较细的一端为出口端，用来与毛细管或电磁阀相连；而双入口干燥过滤器入口端有两个端口，其中一个入口端用来与冷凝器连接，另一个作为工艺管口使用，而出口端与单入口干燥过滤器相同，也是同毛细管或电磁阀连接。

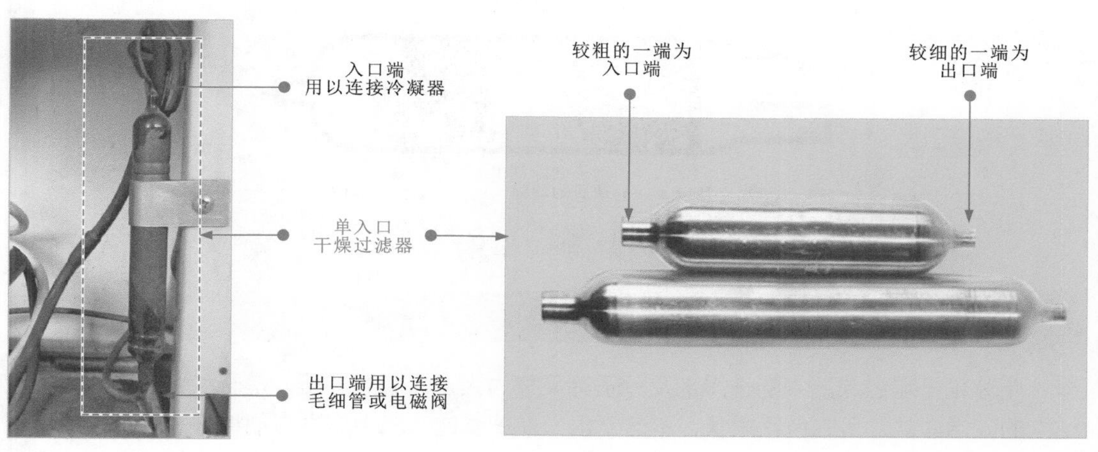
入口端
用以连接冷凝器
较粗的一端为
入口端
较细的一端为
出口端
单入口
干燥过滤器
出口端用以连接
毛细管或电磁阀

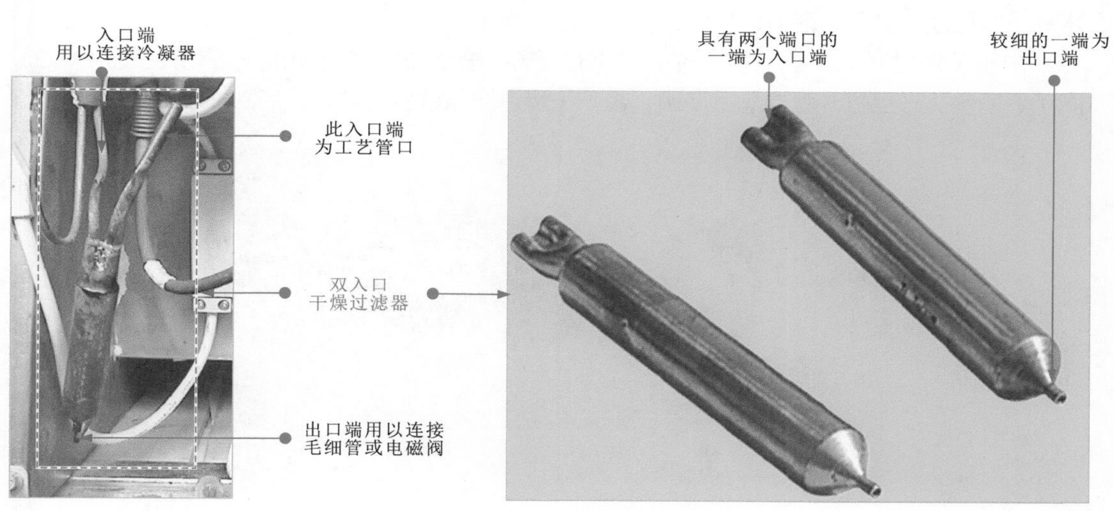
入口端
用以连接冷凝器
具有两个端口的
一端为入口端
较细的一端为
出口端
此入口端
为工艺管口
双入口
干燥过滤器
出口端用以连接
毛细管或电磁阀

图 7-5　干燥过滤器的外部结构特点

无论是单入口干燥过滤器还是双入口干燥过滤器，其内部都是由粗金属网、细过滤网和干燥剂构成的，如图 7-6 所示。其中粗金属网为入口端的过滤网，细过滤网为出口端的过滤网，都是用于制冷剂中杂质的滤除，而干燥过滤器的内部装有的干燥剂则为吸湿性优良的分子筛，用以吸收制冷剂中的水分，确保毛细管畅通和制冷系统的正常运行。

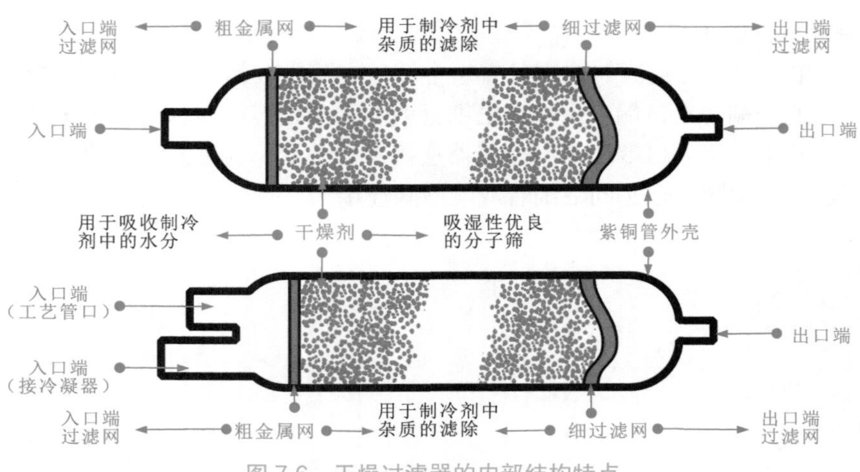
入口端
过滤网
粗金属网
用于制冷剂中
杂质的滤除
细过滤网
出口端
过滤网
入口端
出口端
用于吸收制冷
剂中的水分
干燥剂
吸湿性优良
的分子筛
紫铜管外壳
入口端
（工艺管口）
入口端
（接冷凝器）
出口端
入口端
过滤网
粗金属网
用于制冷剂中
杂质的滤除
细过滤网
出口端
过滤网

图 7-6 干燥过滤器的内部结构特点

提示

电冰箱干燥过滤器中的干燥剂及分子筛又称为人工合成泡沸石，是一种具有晶体骨架结构的硅铝酸盐，呈白色粉末状，不溶于水。在干燥过滤器中用黏合剂将分子筛塑合成小球形状，并具有均匀的结晶空隙。当制冷剂液体从中通过时，由于制冷剂分子的直径大于水分子的直径，分子筛就可以将水分子“筛选”出来。

由于干燥过滤器功能的特殊性，干燥过滤器一般都封装在密闭良好的包装袋内，如图 7-7 所示。一旦打开就要马上使用，否则干燥过滤器就会失效。

完整包装的
干燥过滤器

图 7-7 完整包装的干燥过滤器

7.1.3 单向阀的安装位置和结构特点

单向阀是在电冰箱制冷管路控制制冷剂流向的部件，它具有单向导通、反向截止的特点，用于防止压缩机停机时，其内部大量的高温高压蒸汽倒流向蒸发器，使蒸发器升温，从而导致制冷效率降低。

单向阀在电冰箱中安装的较为隐蔽，通常与蒸发器一起封装在隔热层中，另一端与压缩机的吸气管相连，只有少数电冰箱将其露在外面，根据这些特点即可确定单向阀的安装位置，如图 7-8 所示。

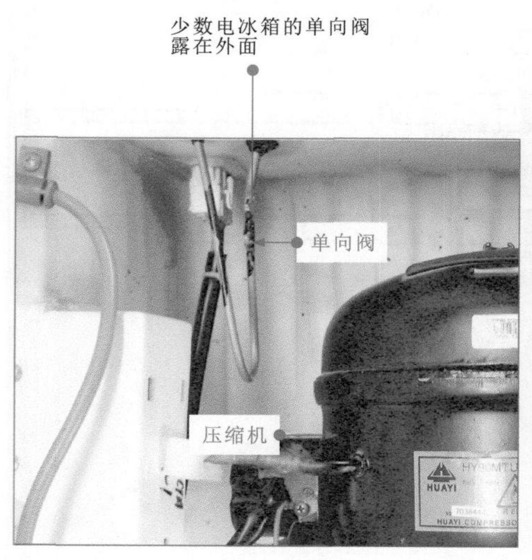
少数电冰箱的单向阀露在外面
单向阀
压缩机

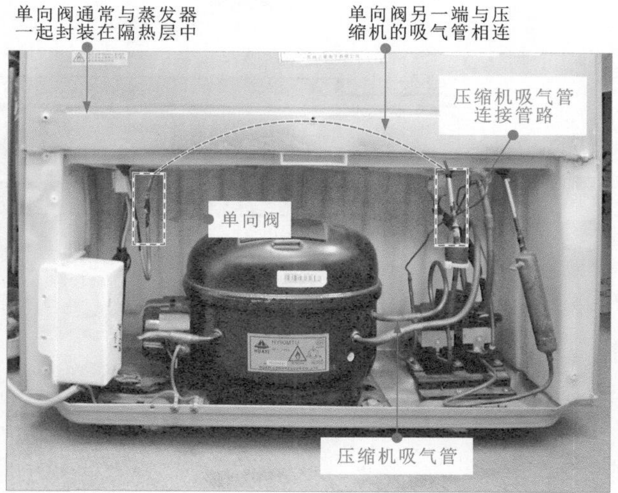
单向阀通常与蒸发器一起封装在隔热层中
单向阀另一端与压缩机的吸气管相连
压缩机吸气管连接管路
单向阀
压缩机吸气管

图 7-8　单向阀的安装位置

不同品牌、不同型号电冰箱中的单向阀的结构特征及安装方式基本相同，如图 7-9 所示。

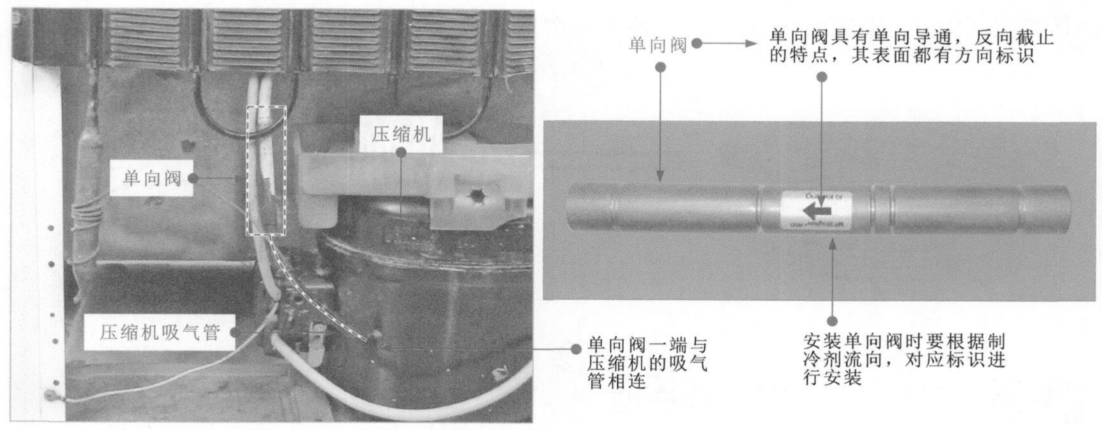
压缩机
单向阀
压缩机吸气管
单向阀一端与压缩机的吸气管相连
单向阀
单向阀具有单向导通，反向截止的特点，其表面都有方向标识
安装单向阀时要根据制冷剂流向，对应标识进行安装

图 7-9　单向阀的结构特征及安装方式

电冰箱中常见的单向阀主要有两种，一种为尼龙阀芯构成的锥形单向阀，另一种为阀珠构成的球形单向阀，两种单向阀内部结构相似，只是阀芯形状不同，如图 7-10 所示。

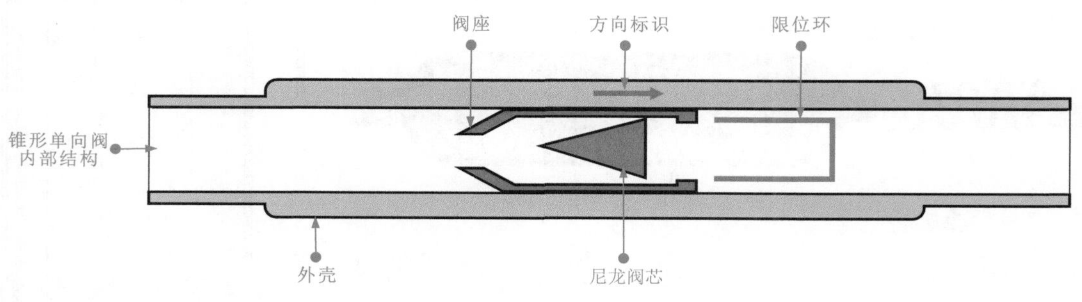
阀座
方向标识
限位环
锥形单向阀内部结构
外壳
尼龙阀芯

图 7-10

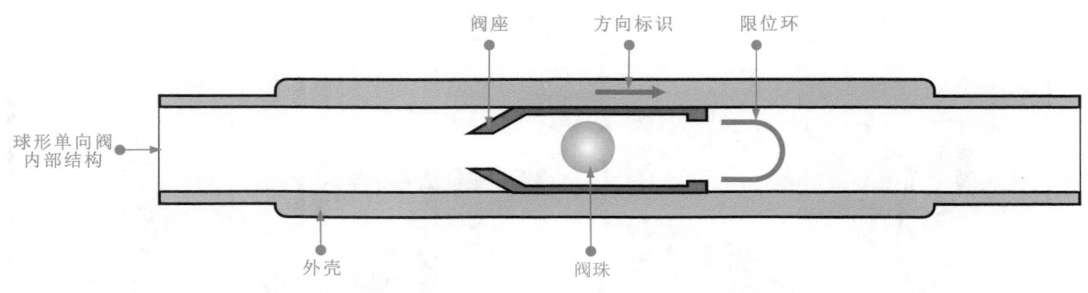
阀座
方向标识
限位环
球形单向阀
内部结构
外壳
阀珠

图 7-10　单向阀的内部结构特点

7.2 节流和闸阀部件的工作原理

7.2.1 毛细管的工作原理

图 7-11 所示为毛细管的工作原理示意图。由于毛细管的外形十分细长，因此当液态制冷剂流入毛细管时，会增强制冷剂在制冷管路中流动的阻力，从而起到降低制冷剂的压力、限制制冷剂流量的作用。当电冰箱停止运转后，毛细管可均衡制冷管路中的压力，使高压管路和低压管路趋于平衡状态，便于下次启动。

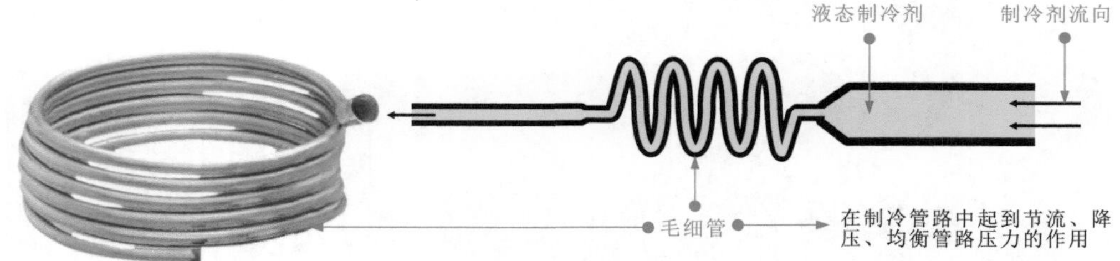
液态制冷剂
制冷剂流向
毛细管
在制冷管路中起到节流、降
压、均衡管路压力的作用

图 7-11　毛细管的工作原理示意图

7.2.2 干燥过滤器的工作原理

图 7-12 所示为干燥过滤器的工作原理示意图。当冷凝器中的制冷剂流入到干燥过滤

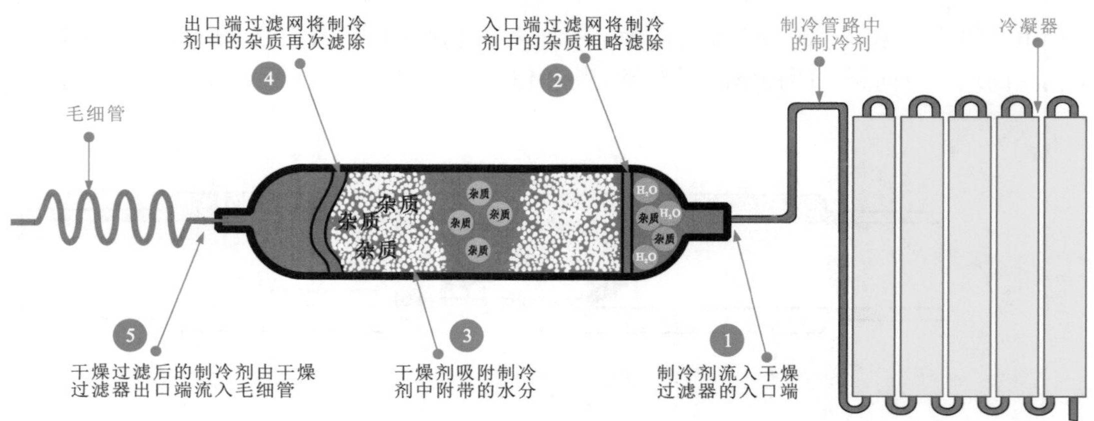
出口端过滤网将制冷
剂中的杂质再次滤除
入口端过滤网将制冷
剂中的杂质粗略滤除
制冷管路中
的制冷剂
冷凝器
毛细管
杂质
杂质
杂质
干燥过滤后的制冷剂由干燥
过滤器出口端流入毛细管
干燥剂吸附制冷
剂中附带的水分
制冷剂流入干燥
过滤器的入口端

图 7-12　干燥过滤器的工作原理示意图

器的入口端时，首先通过入口端过滤网（粗金属网）将制冷剂中的杂质粗略滤除，然后通过干燥剂吸附制冷剂中附带的水分，再通过出口端过滤网（细过滤网）将制冷剂中的杂质滤除，最后通过干燥过滤器出口流入到毛细管中。

提示

虽然整个制冷系统是在干燥的真空环境中工作的，但难免会有微量的水分及微小的杂质存在。这主要是因为在装配过程中，受装配环境的影响、装配操作不规范或零部件自身清洗不彻底，空气或一些灰尘进入到制冷管路中，空气中含有一定的水分和杂质造成的。根据制冷循环的原理，高温高压的过热蒸汽从压缩机排气口排出，经冷凝器冷却后，要进入毛细管进行节流、降压。由于毛细管的内径很小，如果管路中存在水分和杂质就很容易造成堵塞，使制冷剂不能循环。这些杂质一旦进入到压缩机，就可能使活塞、气缸及轴承等部件的磨损加剧，影响压缩机的性能和使用寿命，因此需要在冷凝器和毛细管之间安装干燥过滤器。

7.2.3 单向阀的工作原理

图 7-13 所示为单向阀在制冷管路制冷循环过程中的作用示意图。单向阀在制冷管路中主要用于防止压缩机在停机时，其内部大量的高温高压蒸汽倒流向蒸发器，使蒸发器升温从而导致制冷效率降低。在压缩机吸气管端接入单向阀，可使压缩机停机时，制冷系统内部高、低压能迅速平衡，以便再次启动。

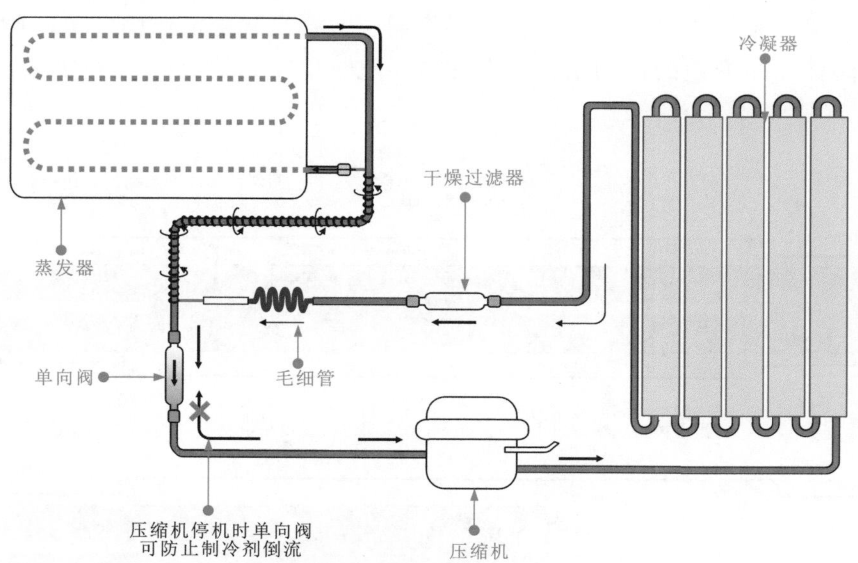
冷凝器
干燥过滤器
蒸发器
单向阀
毛细管
压缩机停机时单向阀
可防止制冷剂倒流
压缩机

图 7-13　单向阀在制冷管路制冷循环过程中的作用示意图

图 7-14 所示为锥形单向阀的具体工作原理示意图。当电冰箱制冷管路中的制冷剂流向与单向阀的方向标识一致时，阀芯受制冷剂本身流动压力的作用，被推至限位环内，单

向阀处于导通状态，允许制冷剂流通；当制冷剂流向与单向阀方向标识相反时，阀芯受单向阀两端压力差的作用，被紧紧压在阀座上，此时单向阀处于截止状态，不允许制冷剂流通。

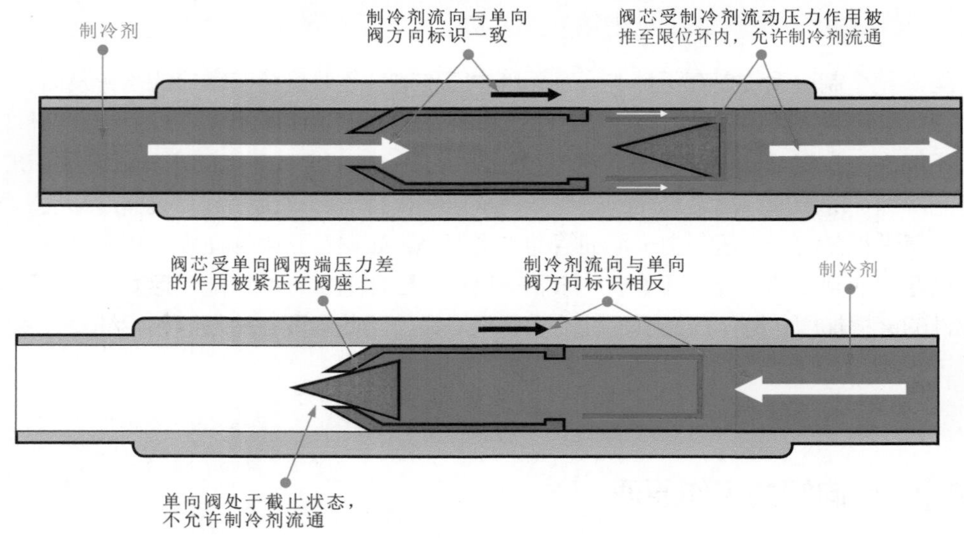
制冷剂
制冷剂流向与单向
阀方向标识一致
阀芯受制冷剂流动压力作用被
推至限位环内，允许制冷剂流通
阀芯受单向阀两端压力差
的作用被紧压在阀座上
制冷剂流向与单向
阀方向标识相反
制冷剂
单向阀处于截止状态，
不允许制冷剂流通

图 7-14　锥形单向阀的具体工作原理示意图

图 7-15 所示为球形单向阀的工作原理示意图，它与锥形单向阀工作原理相同。即当电冰箱制冷管路中的制冷剂流向与单向阀方向标识一致时，阀珠受到压力差的作用，向右移动，单向阀处于导通状态，允许制冷剂流通；当制冷剂流向与单向阀方向标识相反时，阀珠在压力差的作用下，向左移动，此时单向阀处于截止状态，不允许制冷剂流通。

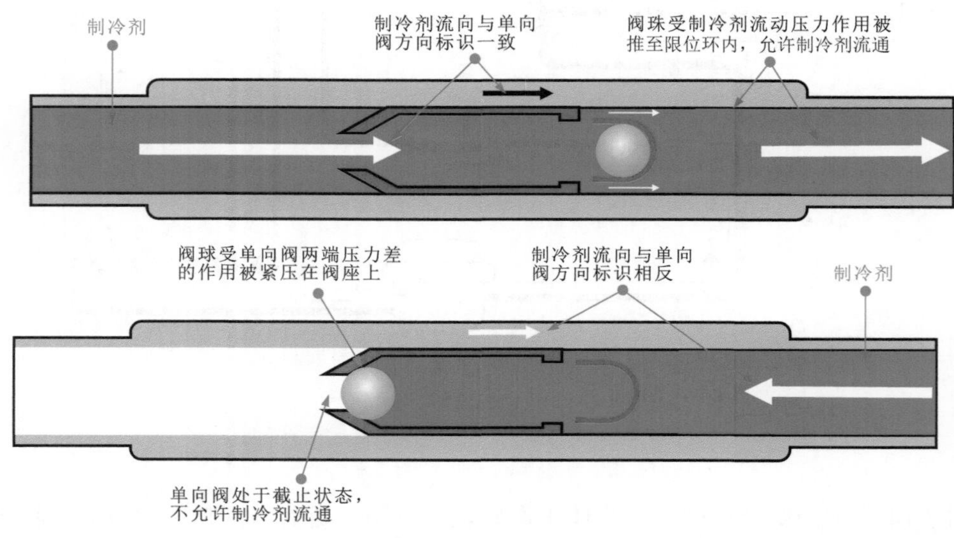
制冷剂
制冷剂流向与单向
阀方向标识一致
阀珠受制冷剂流动压力作用被
推至限位环内，允许制冷剂流通
阀球受单向阀两端压力差
的作用被紧压在阀座上
制冷剂流向与单向
阀方向标识相反
制冷剂
单向阀处于截止状态，
不允许制冷剂流通

图 7-15　球形单向阀的工作原理示意图

7.3 节流和闸阀部件的检修代换

7.3.1 毛细管的检修代换方法

毛细管大部分故障都是由堵塞引起的。当毛细管发生堵塞时，冷凝器下部会聚集大量的制冷剂，导致流进蒸发器内的制冷剂减少，从而造成电冰箱制冷异常或不制冷故障。

（1）毛细管故障的检修方法

毛细管的堵塞可分为脏堵或冰堵两种情况，下面分别对毛细管的这两种故障的检修方法进行介绍。

① 毛细管脏堵的检修方法　当毛细管出现脏堵时，用手触摸干燥过滤器与毛细管接口处，会感到温度与室温差不多或略低于室温；若将毛细管与干燥过滤器连接处断开，会有大量制冷剂从干燥过滤器中喷出。

图 7-16 所示为毛细管脏堵的检查方法。

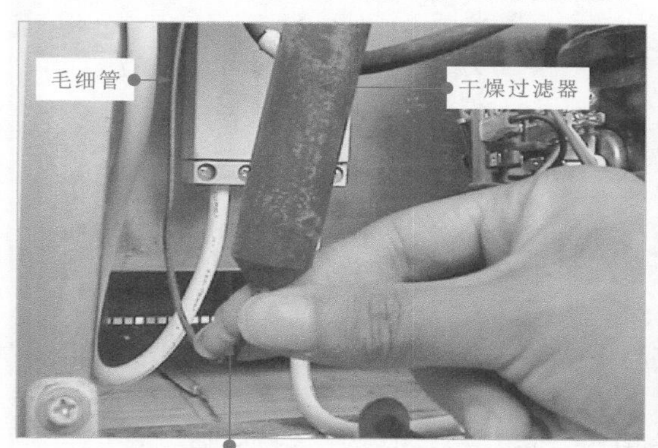
毛细管
干燥过滤器
用手触摸干燥过滤器与毛细管接口
感到温度与室温差不多或略低于室温，说明毛细管出现脏堵

毛细管
制冷剂
断开干燥过滤器与毛细管接口
若有大量制冷剂喷出，说明毛细管出现脏堵

图 7-16　毛细管脏堵的检查方法

② 毛细管冰堵的检修方法　当毛细管出现冰堵时，电冰箱蒸发器会出现反复化霜、结霜的现象，该现象一般是发生在压缩机工作后的一段时间内，通常是由于充注制冷剂或对压缩机添加冷冻油时，制冷剂或冷冻油中带有水分造成的。

图 7-17 所示为毛细管冰堵的检查方法。

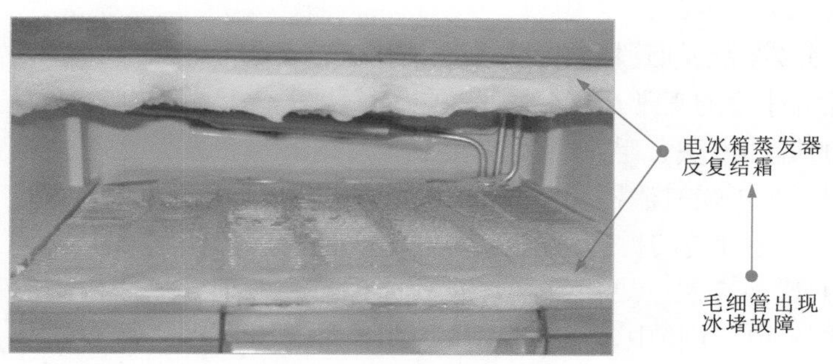
电冰箱蒸发器反复结霜
毛细管出现冰堵故障

图 7-17　毛细管冰堵的检查方法

若经检查毛细管出现轻微冰堵故障时，可以使用电吹风机先加热毛细管与干燥过滤器的接口 3 ～ 5 min，再用榔头轻轻敲打加热部位，敲打管路后，若蒸发器部位有制冷剂的流动声，说明毛细管的冰堵现象有所好转，再反复加热和敲打，直到故障现象消失为止。

图 7-18 所示为毛细管冰堵的检修方法。

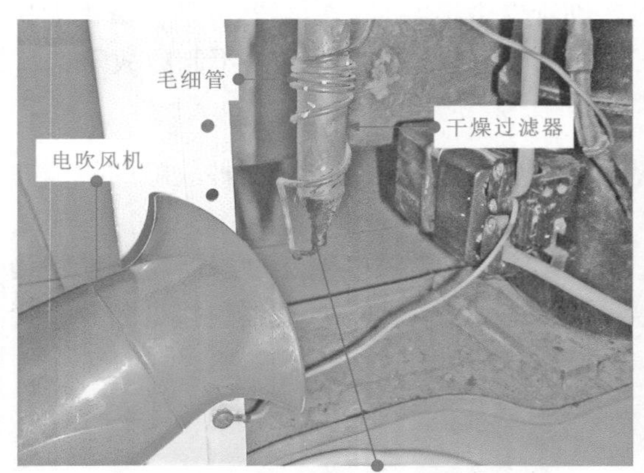
毛细管
干燥过滤器
电吹风机
使用电吹风机对干燥过滤器
与毛细管接口处加热3～5min

榔头
用榔头轻轻敲打加热部位，
排除毛细管冰堵故障

图 7-18　毛细管冰堵的检修方法

提示

若因制冷剂或冷冻油中含有水分造成的冰堵故障时，就必须更换制冷剂或冷冻油来解决。

更换制冷剂时，应先将电冰箱中的制冷剂排放干净，然后根据电冰箱铭牌标识充注制冷剂，即可排除故障。

更换冷冻油时，应先将电冰箱中的冷冻油排放干净，在添加新的冷冻油之前，使用干燥洁净的铁盆盛装冷冻油，加热来蒸发掉冷冻油中的水分，然后再进行更换，否则依旧会出现由冷冻油所引起的冰堵现象。

（2）毛细管的代换方法

若经上述检修发现毛细管堵塞严重，无法将其内部污物清除干净，则需要对毛细管进行更换，以保证电冰箱的正常运行。

① 毛细管的拆卸方法　毛细管安装在干燥过滤器与蒸发器之间，对毛细管进行更换时，应先将毛细管与干燥过滤器和蒸发器管路的接口处焊开，拆卸堵塞的毛细管。

图 7-19 所示为毛细管的拆卸方法。

② 毛细管的代换方法　更换毛细管时，选择与原毛细管尺寸相同的毛细管，按原毛细管的安装方式装回电冰箱中，然后将新的毛细管的两端分别与干燥过滤器和蒸发器的管路接口进行焊接，完成毛细管的代换。

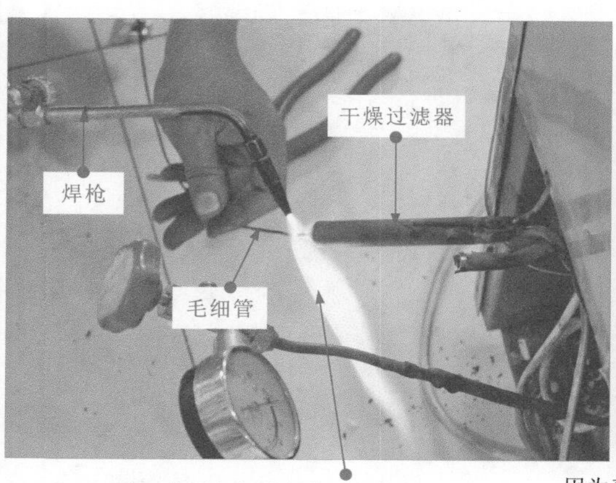
干燥过滤器
焊枪
毛细管

1 使用气焊设备将毛细管与干燥过滤器的焊接处焊开

因为蒸发器管路还与冷藏室的管路相连，所以在取出蒸发器的过程中不要用力 → 2 将与毛细管相连的蒸发器从冷冻室中取出

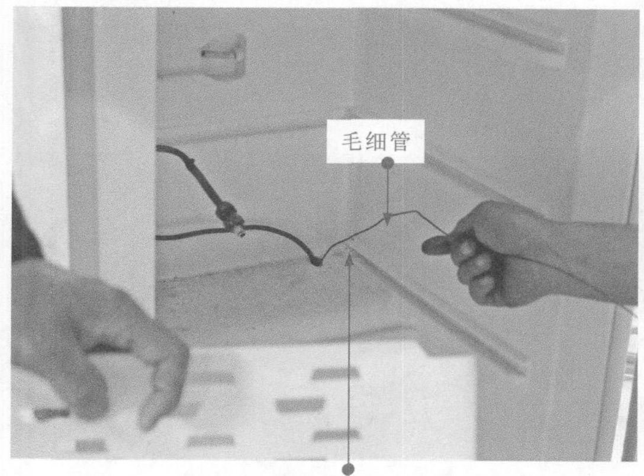
毛细管

3 将与蒸发器连接的毛细管从箱体中抽出

毛细管

4 使用钳子将毛细管与蒸发器连接处剪断

图 7-19 毛细管的拆卸方法

图 7-20 所示为毛细管的代换方法。

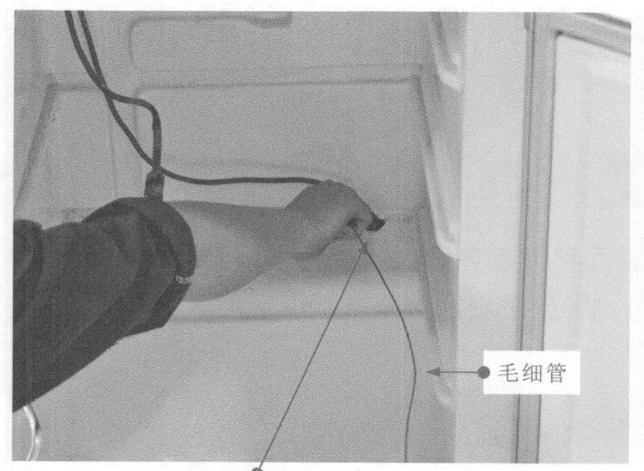
毛细管

1 将新毛细管从电冰箱冷冻室背部穿出

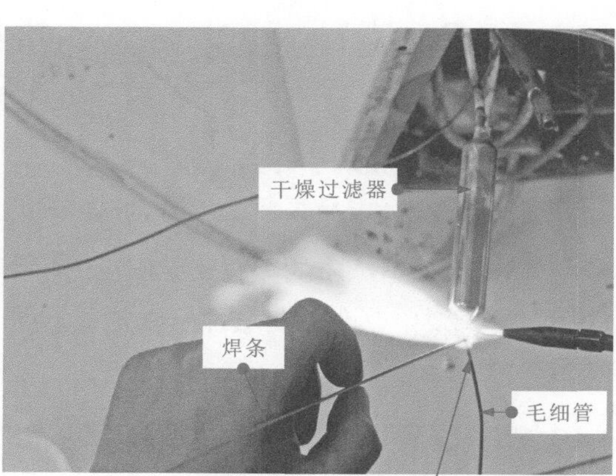
干燥过滤器
焊条
毛细管

2 将穿出的毛细管与干燥过滤器进行焊接

图 7-20

蒸发器

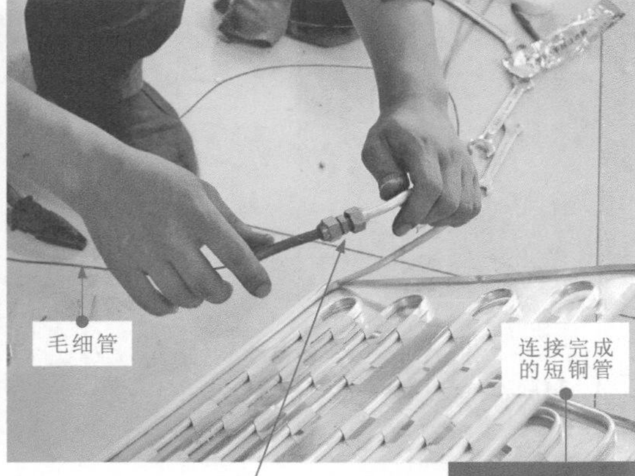
毛细管
连接完成的短铜管

③ 使用切管器将蒸发器的管口修剪平整

④ 将一根短铜管通过纳子与蒸发器焊接端的管路进行连接

⑤ 使用钳子捏扁蒸发器管路连接铜管的一侧

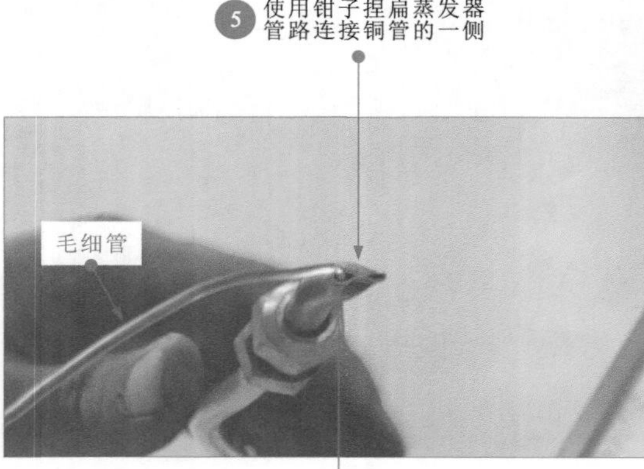
毛细管

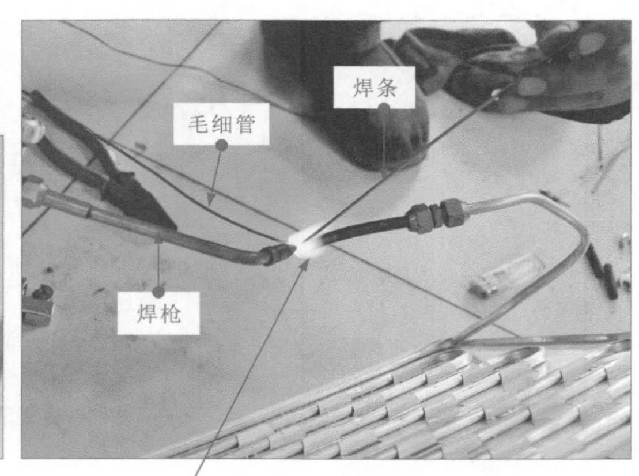
焊条
毛细管
焊枪

⑥ 将毛细管另一端串入连接铜管另一侧的空隙中

⑦ 使用气焊设备对毛细管与铜管的连接处进行焊接

将毛细管和蒸发器装回电冰箱中，此时便完成了毛细管的代换

图 7-20 毛细管的代换方法

提示

目前大多电冰箱的蒸发器采用铝质材质，而毛细管多为铜管，若直接进行铜铝焊接，焊接难度较大，因此往往先用一根短铜管通过纳子与蒸发器管路进行连接后，再与毛细管焊接。

（3）抽真空、充注制冷剂操作

在电冰箱维修操作中，抽真空、重新充注制冷剂是完成管路部分检修后必要的、连续性的操作环节。毛细管代换完成后，更换干燥过滤器，便可对其管路进行抽真空和充注制冷剂等操作。

① 抽真空操作　毛细管代换完成后，在对电冰箱进行充注制冷剂之前，需要对整体管路系统进行抽真空处理，以防止制冷管路中的空气造成管路中高、低压力上升，增加压缩机负荷，影响制冷效果。

a. 抽真空设备的连接。抽真空设备的连接主要分为两大步骤，即三通压力表阀与压缩机工艺管口的连接和三通压力表阀与真空泵的连接。

与充氮设备连接时的前期准备工作相同，在连接三通压力表阀和压缩机工艺管口的过程中，应先在压缩机工艺管口处焊接管路连接器，然后将连接软管的一端接在三通压力表阀阀门相对的接口（即与压缩机工艺管口连接的端口）上，将连接软管的另一端与压缩机工艺管口处焊接的管路连接器端相连。

图 7-21 所示为三通压力表阀与压缩机工艺管口的连接方法。

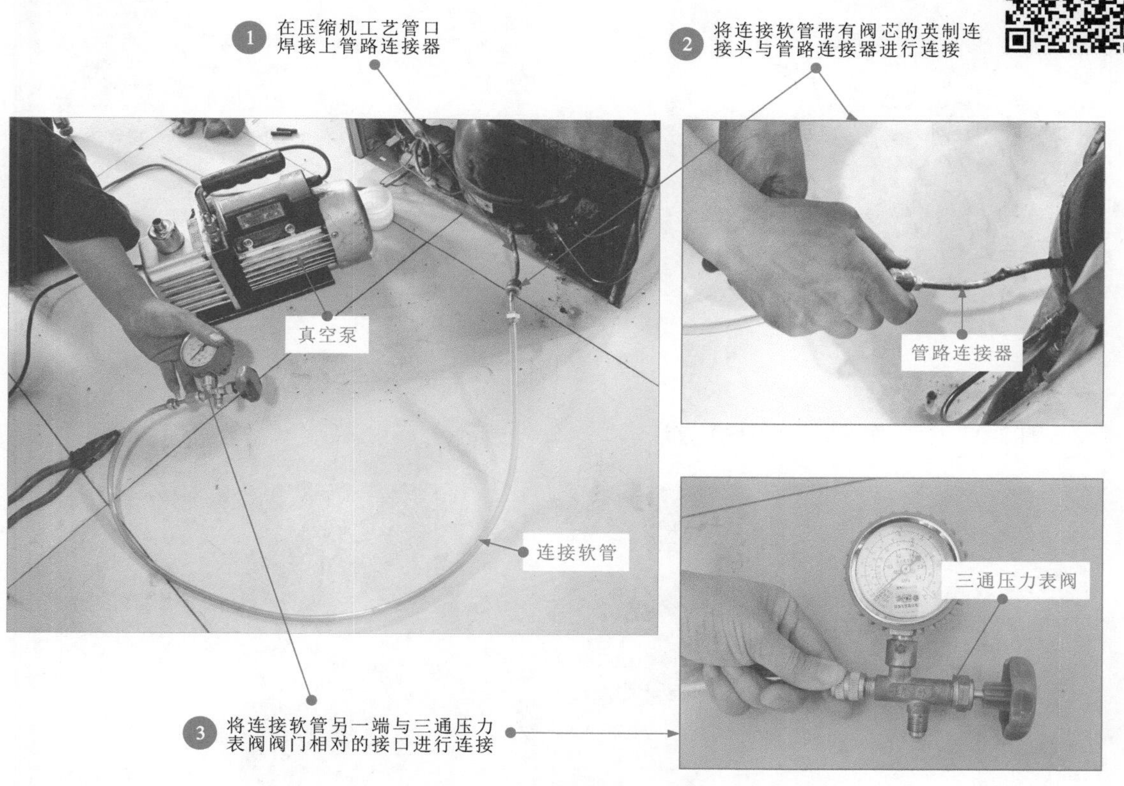
1 在压缩机工艺管口焊接上管路连接器
2 将连接软管带有阀芯的英制连接头与管路连接器进行连接
真空泵
管路连接器
连接软管
三通压力表阀
3 将连接软管另一端与三通压力表阀阀门相对的接口进行连接

图 7-21　三通压力表阀与压缩机工艺管口的连接方法

三通压力表阀连接完成后，选取另一根连接软管将三通压力表阀表头相对的接口（即与真空泵连接的端口）与真空泵的吸气口连接。

图 7-22 所示为三通压力表阀与真空泵的连接方法。

b. 抽真空的操作方法。用于抽真空的各设备连接完成后，需要根据操作规范按要求的顺序打开各设备开关或阀门，然后开始对电冰箱管路系统进行抽真空。

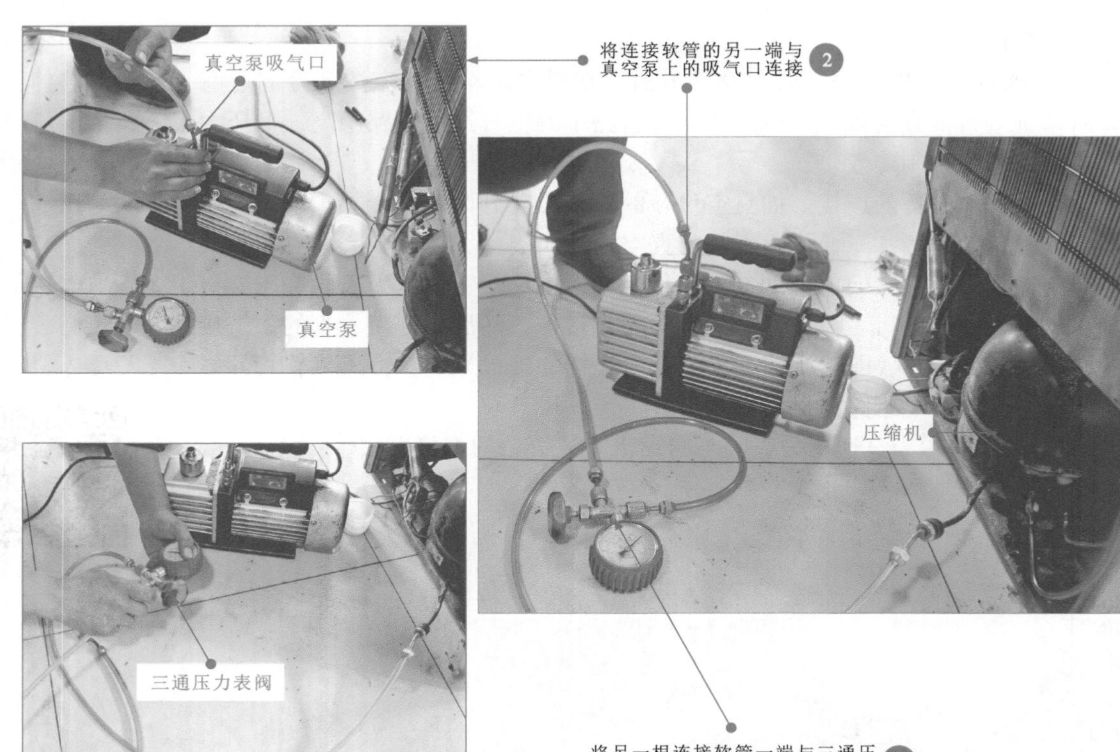
真空泵吸气口
真空泵
将连接软管的另一端与真空泵上的吸气口连接 ②
压缩机
三通压力表阀
将另一根连接软管一端与三通压力表阀表头相对的接口进行连接 ①

图 7-22　三通压力表阀与真空泵的连接方法

图 7-23 所示为抽真空的操作方法。

电冰箱管路中的空气由真空泵的排气口排出 ③
② 按下真空泵电源开关，使真空泵工作
数值达到-0.1MPa
① 打开三通压力表阀的阀门使其处于三通状态
④ 真空泵工作约30min或压力表数值达到-0.1MPa，达到抽真空要求，停止抽真空

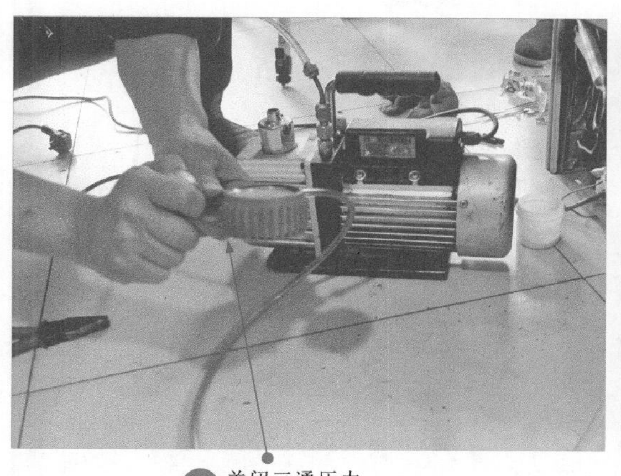

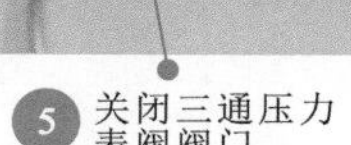
5 关闭三通压力表阀阀门

6 关闭真空泵电源，取下真空泵上的连接软管，停止抽真空

图 7-23　抽真空的操作方法

提示

在电冰箱抽真空操作中，若一直无法将管路中的压力抽至 -0.1MPa，表明管路中存在泄漏点，应进行检漏修复。

在电冰箱抽真空操作结束后，可以保持三通压力表阀与工艺管口的连接状态，使电冰箱静止放置一段时间（2 ～ 5h），然后观察三通压力表上的压力指示，若压力发生变化，说明电冰箱的管路中存在轻微泄漏，应对管路进行检漏操作和处理。若压力未发生变化，说明电冰箱管路系统无泄漏，此时便可进行充注制冷剂的操作了。

② 充注制冷剂操作　对电冰箱管路检修完毕后，都需要根据电冰箱上的铭牌标识或压缩机上标识的制冷剂类型对制冷管路重新充注制冷剂，充注制冷剂的量和类型一定要符合电冰箱的标称量，充入的量过多或过少都会对电冰箱的制冷效果产生影响，如图 7-24 所示。

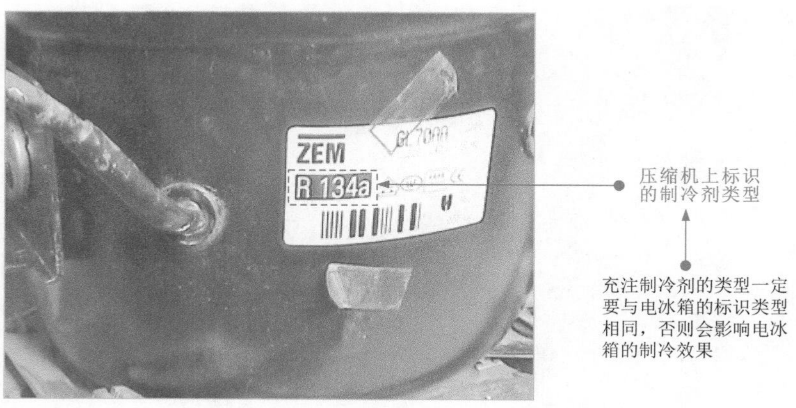
ZEM
R 134a
压缩机上标识的制冷剂类型
充注制冷剂的类型一定要与电冰箱的标识类型相同，否则会影响电冰箱的制冷效果

图 7-24　压缩机上标识的制冷剂类型

a. 充注制冷剂设备的连接。充注制冷剂时，由于前面抽真空操作步骤中，管路连接器、三通压力表阀等相关设备已经连接好，这里不需要再次连接，只需将三通压力表阀表

头相对接口与制冷剂钢瓶进行连接即可。

图 7-25 所示为充注制冷剂设备的连接方法。

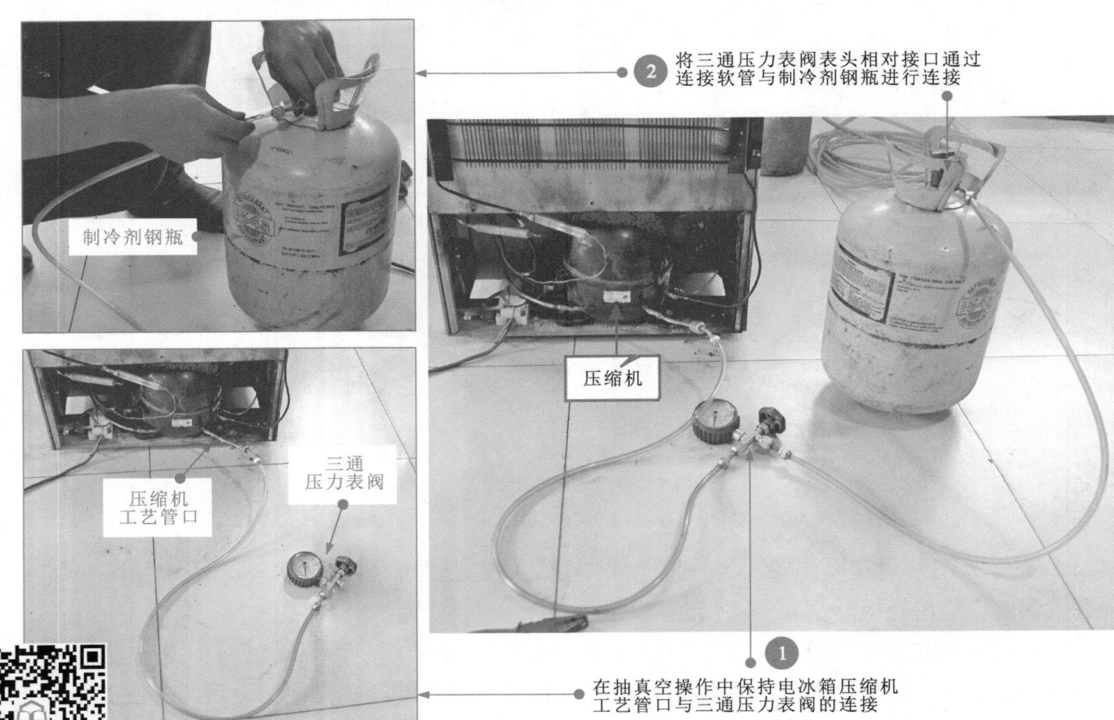
② 将三通压力表阀表头相对接口通过连接软管与制冷剂钢瓶进行连接
制冷剂钢瓶
压缩机
压缩机
工艺管口
三通
压力表阀
① 在抽真空操作中保持电冰箱压缩机工艺管口与三通压力表阀的连接

图 7-25 充注制冷剂设备的连接方法

b. 充注制冷剂的操作方法。用于充注制冷剂的各设备连接完成后，需要根据操作规范按要求的顺序打开各设备开关或阀门，然后开始对电冰箱管路系统充注制冷剂。

图 7-26 所示为充注制冷剂的操作方法。

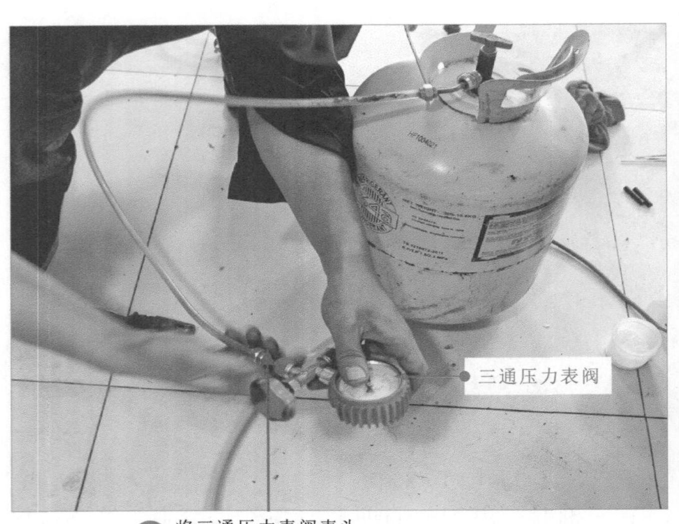
三通压力表阀
① 将三通压力表阀表头相对的接口处虚拧

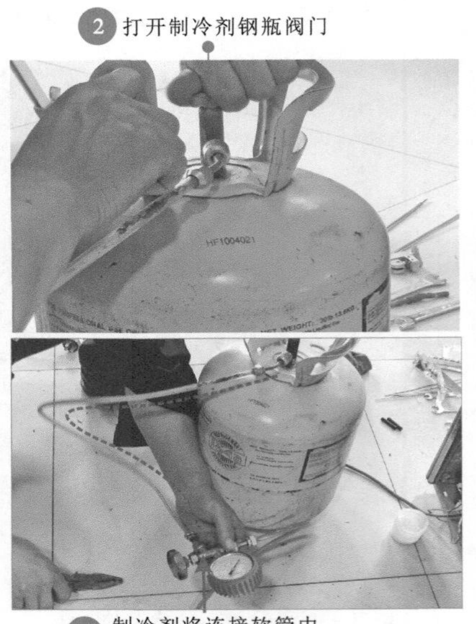
② 打开制冷剂钢瓶阀门
③ 制冷剂将连接软管中的空气从虚拧处顶出

④ 连接软管虚拧处有轻微制冷剂流出时，将虚拧的连接软管拧紧

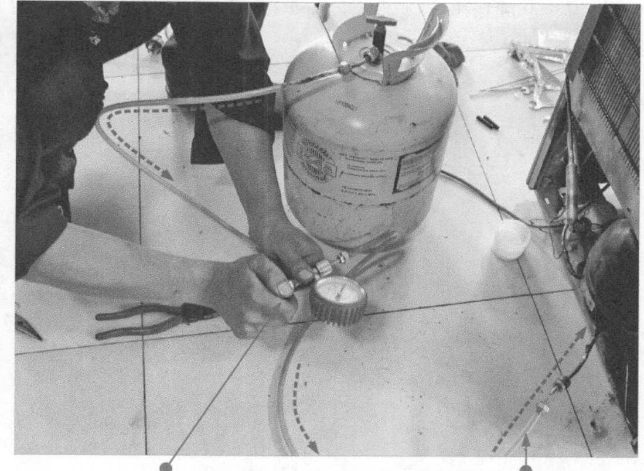
⑤ 打开三通压力表阀阀门，使其处于三通状态
⑥ 制冷剂经三通压力表阀向电冰箱管路系统中充注制冷剂

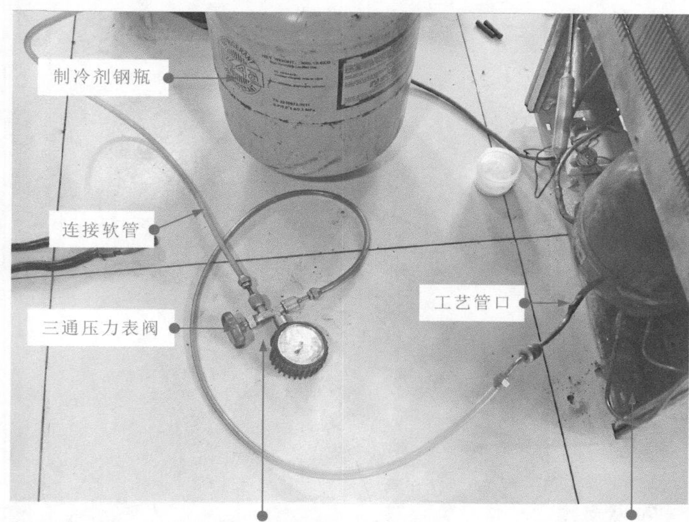
制冷剂钢瓶
连接软管
三通压力表阀
工艺管口
⑦ 制冷剂充注完成后，依次关闭三通压力表阀、制冷剂钢瓶，并将制冷剂钢瓶连同连接软管与三通压力表阀分离
制冷剂充注时，需要开机进行，直到制冷剂充注完成

保留三通压力表阀与工艺管口的连接，以便进行保压测试
⑧

图 7-26 充注制冷剂的操作方法

提示

充注制冷剂操作一般要分多次完成，即开始充注制冷剂约 10 s 后关闭压力表阀，关闭制冷剂钢瓶，开机运转 15min 后，开始第二次充注；同样，充注 10 s 左右后，停止充注，再连续运转 15min 后，开始第三次充注，如此反复。一般可分为 6 次进行充注，充注时间一般应控制在 1.5h 内。充注过程中可同时观察压力表显示压力，判断制冷剂充注是否完成。

充注完成后，连续观察 2h（电冰箱至少完成一次自动停机、自动启动循环），电冰箱制冷效果良好，且运行压力正常（电冰箱功率大小、制冷剂类型不同，具体运行压力也不相同），表明制冷剂充注成功。

c. 压缩机工艺管口封口方法。制冷剂充注成功后，将连接软管与管路连接器分离（由于管路连接器中带有阀芯，不会泄漏制冷剂），然后需要对电冰箱压缩机工艺管口进行封口操作。

图 7-27 所示为电冰箱压缩机工艺管口的封口操作方法。

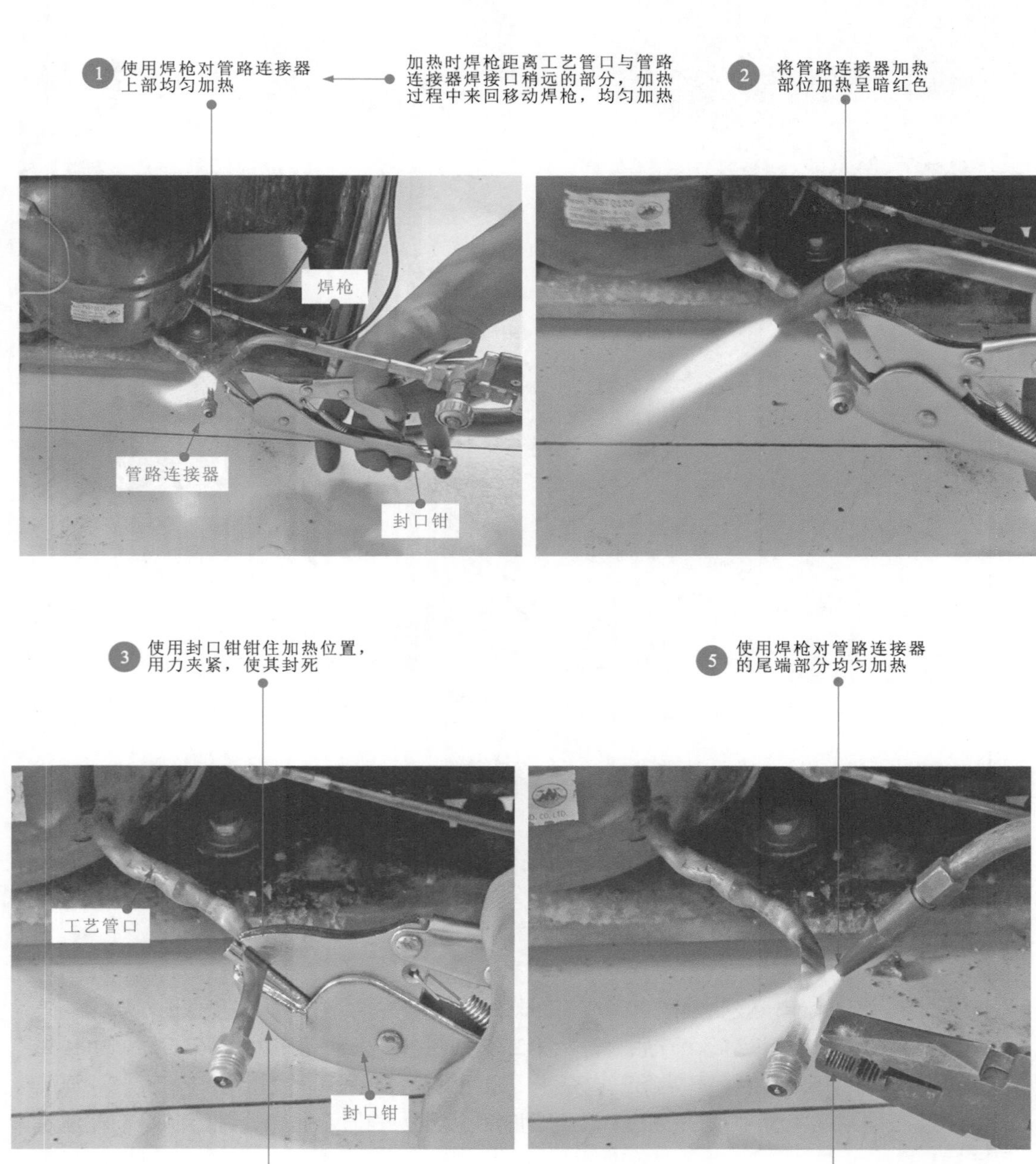
1 使用焊枪对管路连接器上部均匀加热
加热时焊枪距离工艺管口与管路连接器焊接口稍远的部分，加热过程中来回移动焊枪，均匀加热
焊枪
管路连接器
封口钳
2 将管路连接器加热部位加热呈暗红色
3 使用封口钳钳住加热位置，用力夹紧，使其封死
工艺管口
封口钳
4 紧挨夹紧部位再压接一次，以保证封口封闭完全
5 使用焊枪对管路连接器的尾端部分均匀加热
6 加热一段时间，管路连接器软化后，使用平口钳剪断加热部位

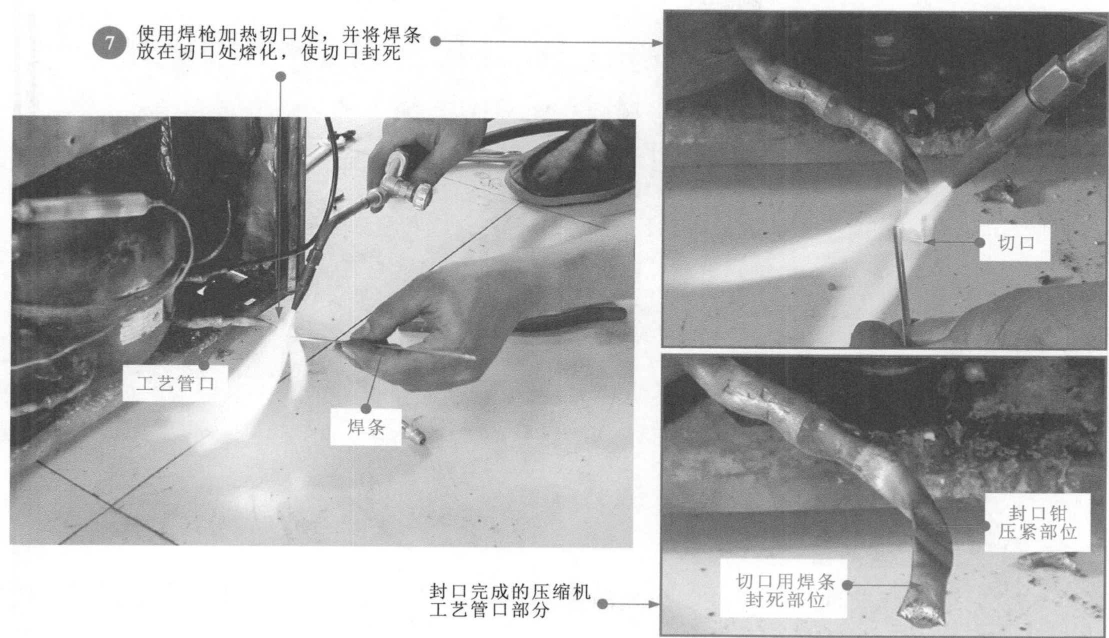
7 使用焊枪加热切口处，并将焊条放在切口处熔化，使切口封死
工艺管口
焊条
切口
封口钳压紧部位
切口用焊条封死部位
封口完成的压缩机工艺管口部分

图 7-27 电冰箱压缩机工艺管口的封口操作方法

7.3.2 干燥过滤器的检测代换方法

干燥过滤器出现故障的表现与毛细管相同，其大部分故障也是由堵塞引起的，当干燥过滤器发生堵塞时，也会造成电冰箱制冷异常或不制冷故障。

（1）干燥过滤器故障的检修方法

当怀疑干燥过滤器出现堵塞故障时，可通过检查冷凝器的温度、倾听蒸发器和压缩机的运行声音、观察干燥过滤器的结霜等方法进行判断。

图 7-28 所示为干燥过滤器故障的检查方法。

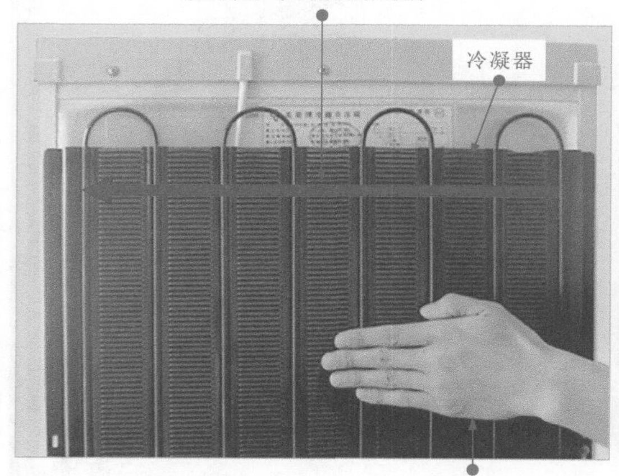
正常情况下冷凝器温度由进气口到出气口处逐渐递减
冷凝器
若发现冷凝器温度逐渐变凉，说明干燥过滤器有故障
压缩机运转后，用手触摸冷凝器

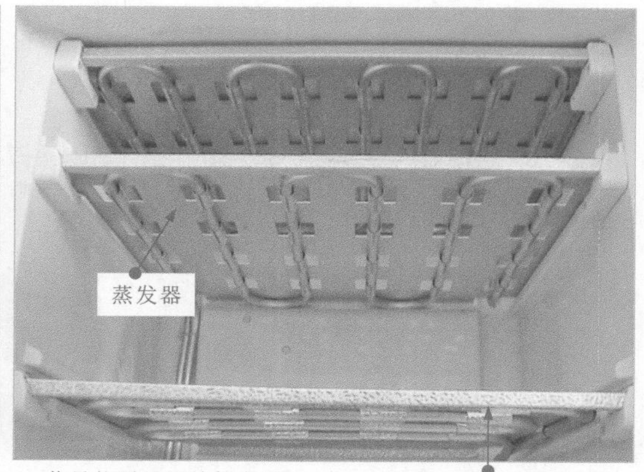
蒸发器
若只能听见压缩机发出的沉闷噪声，说明干燥过滤器有脏堵故障
倾听蒸发器和压缩机运行时的声音

图 7-28

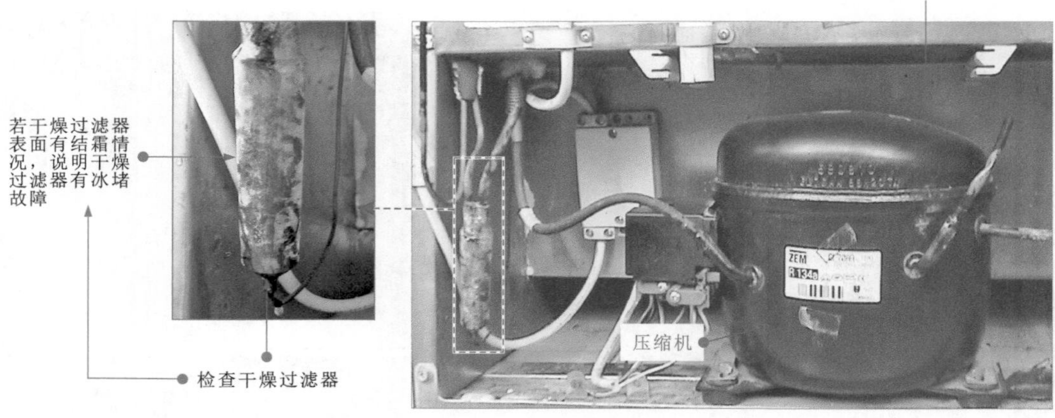
若干燥过滤器表面有结霜情况，说明干燥过滤器有冰堵故障
检查干燥过滤器
压缩机

图 7-28 干燥过滤器故障的检查方法

（2）干燥过滤器的代换方法

若经上述检修发现干燥过滤器出现故障，就需要寻找可替代的新干燥过滤器进行代换，以保证电冰箱的正常运行。

提示

代换干燥过滤器是电冰箱维修中最普遍的维修操作，通常只要对制冷管路进行维修后（管路任意部分被切开过），都需要更换干燥过滤器。而且，为确保干燥过滤器的性能良好，对其进行更换的过程要尽可能短。

① 干燥过滤器的拆卸方法　干燥过滤器安装在毛细管与冷凝器之间，对干燥过滤器进行更换时，应先将干燥过滤器与毛细管和冷凝器管路的接口处焊开，拆下干燥过滤器。

图 7-29 所示为干燥过滤器的拆卸方法。

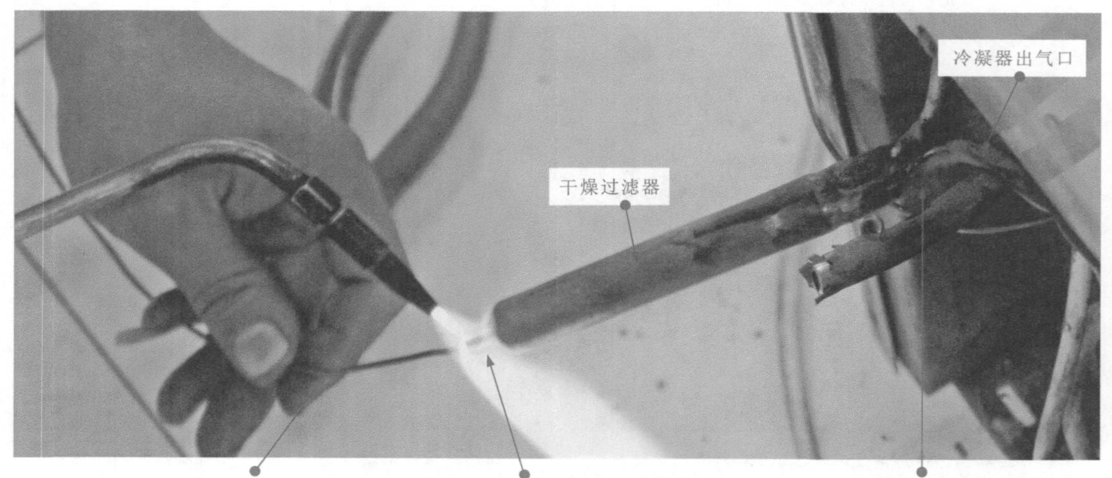
冷凝器出气口
干燥过滤器
① 点燃焊枪后，握住毛细管
② 将焊枪发出的火焰对准干燥过滤器与毛细管的焊接处
干燥过滤器与冷凝器出气口管路的焊接处

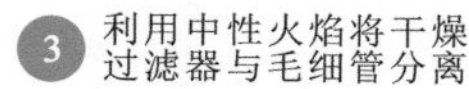
③ 利用中性火焰将干燥过滤器与毛细管分离

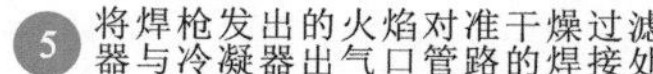
⑤ 将焊枪发出的火焰对准干燥过滤器与冷凝器出气口管路的焊接处

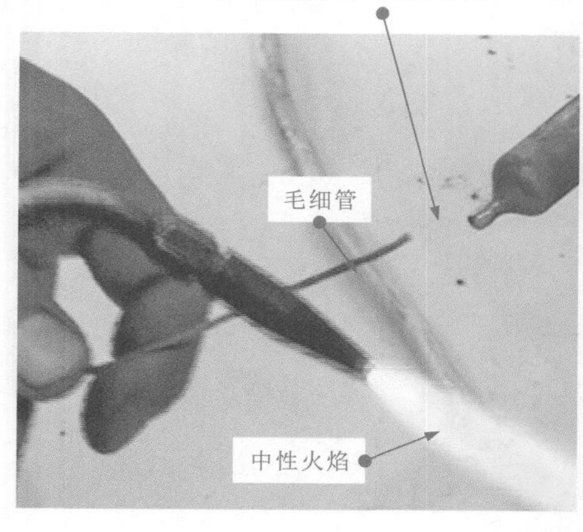
毛细管
中性火焰

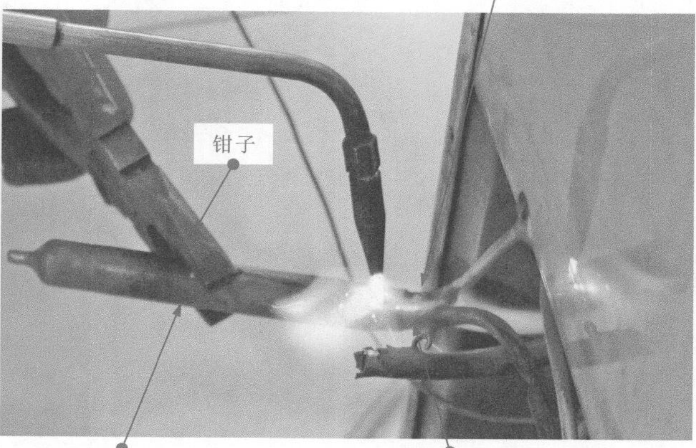
钳子

④ 使用钳子夹住损坏的干燥过滤器

⑥ 利用中性火焰将干燥过滤器与冷凝器管路分离

图 7-29 干燥过滤器的拆卸方法

② 干燥过滤器的代换方法 更换干燥过滤器时，选择与原干燥过滤器类型、大小相同的干燥过滤器，按原干燥过滤器的安装方式装回电冰箱中，然后将新的干燥过滤器的两端分别与毛细管和冷凝器的管路接口进行焊接，完成干燥过滤器的代换。

提示

由于干燥过滤器内部干燥剂吸收特性，在使用之前不要过早拆开新的干燥过滤器的包装，以免空气中的水分侵入干燥过滤器，通常干燥过滤器在代换时才可拆开密封包装。

图 7-30 所示为干燥过滤器的代换方法。

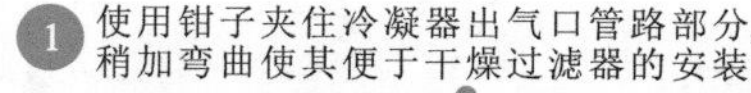
① 使用钳子夹住冷凝器出气口管路部分，稍加弯曲使其便于干燥过滤器的安装

② 拆开新的干燥过滤器的包装

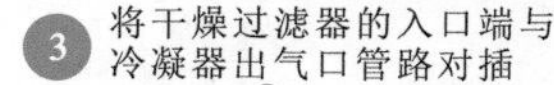
③ 将干燥过滤器的入口端与冷凝器出气口管路对插

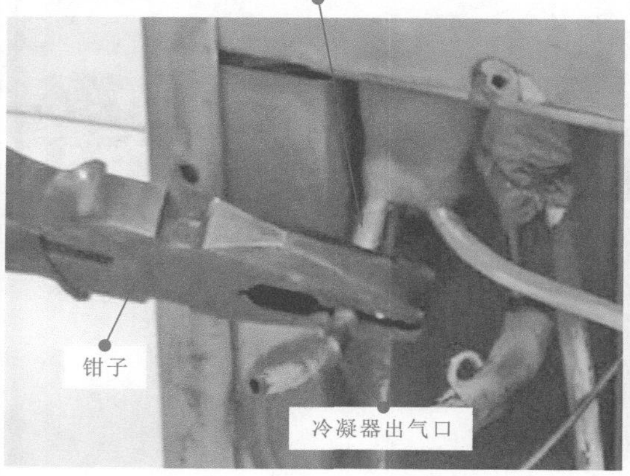
钳子
冷凝器出气口

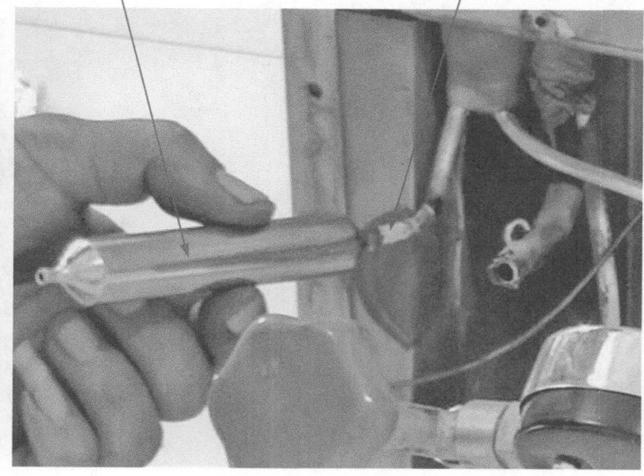

图 7-30

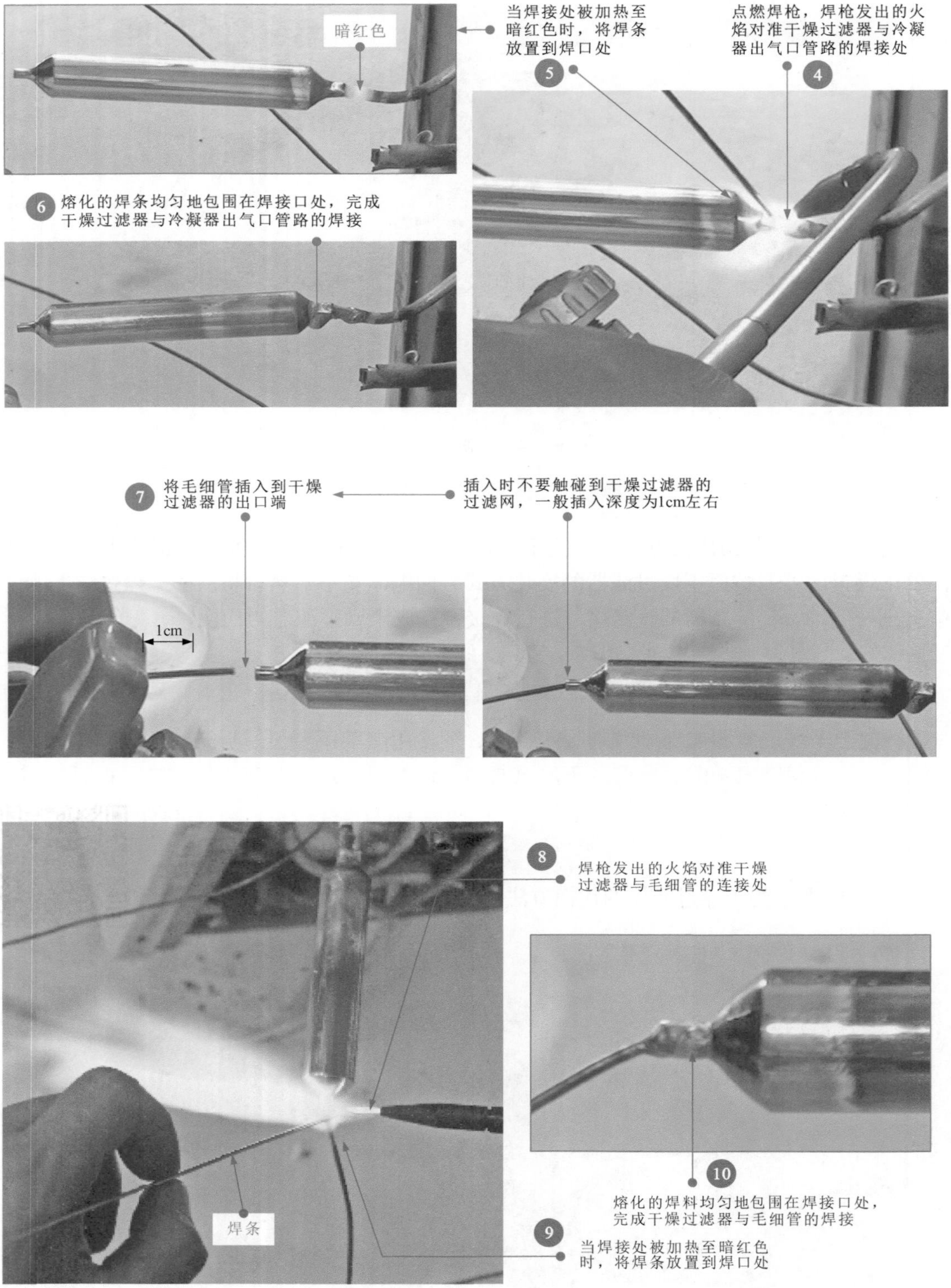

暗红色
当焊接处被加热至暗红色时，将焊条放置到焊口处
5
点燃焊枪，焊枪发出的火焰对准干燥过滤器与冷凝器出气口管路的焊接处
4
6
熔化的焊条均匀地包围在焊接口处，完成干燥过滤器与冷凝器出气口管路的焊接
7
将毛细管插入到干燥过滤器的出口端
插入时不要触碰到干燥过滤器的过滤网，一般插入深度为1cm左右
1cm
8
焊枪发出的火焰对准干燥过滤器与毛细管的连接处
10
熔化的焊料均匀地包围在焊接口处，完成干燥过滤器与毛细管的焊接
焊条
9
当焊接处被加热至暗红色时，将焊条放置到焊口处

图 7-30　干燥过滤器的代换方法

提示

在对损坏的干燥过滤器进行拆卸后，要对冷凝器和毛细管的管口进行切割处理，确保连接管口平整光滑，方可再焊接新的干燥过滤器，否则极易造成管路堵塞。

另外，在拆装过程之中，尽量使用钳子辅助拿取、拆卸，避免用手直接接触而发生烫伤事故。

7.3.3 单向阀的检测代换方法

单向阀故障表现主要有始终接通和始终截止两种现象。当单向阀出现始终接通时，虽然电冰箱的制冷正常，但压缩机的运转时间过长；而当单向阀出现始终截止时，则将导致制冷剂不流通，电冰箱出现不制冷故障。

（1）单向阀故障的检修方法

单向阀损坏主要是由阀珠或阀芯与进口端密封不严所引起的，从而造成阀门失灵，因此在对单向阀进行检测时，主要是对单向阀的密封性进行检查。

图 7-31 所示为单向阀的检查方法。

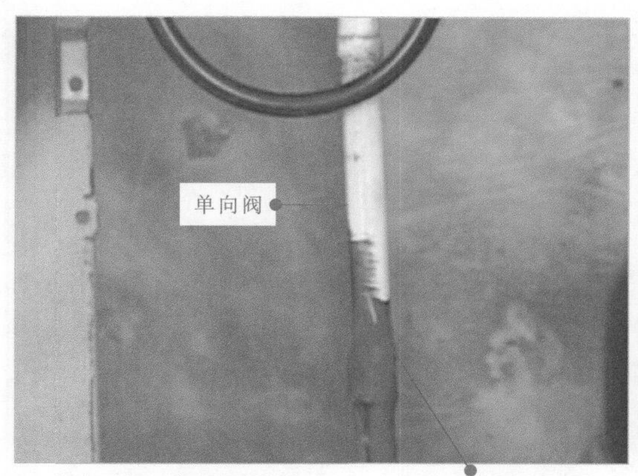
单向阀
若感到有温感或者在停机一瞬间有气流声，说明单向阀进气口端密封不严
在电冰箱停机状态下，触摸单向阀进气口

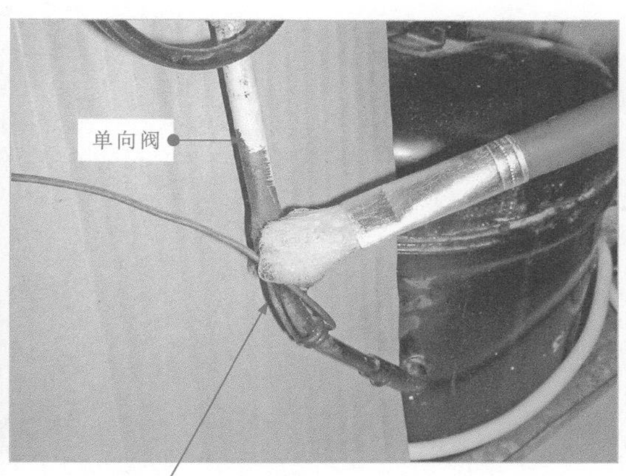
单向阀
将洗洁精水涂抹在单向阀两端
若产生气泡，说明单向阀的两端有泄漏故障

图 7-31 单向阀的检查方法

若单向阀密封不严可使用酒精和氮气进行清洗单向阀，即使用酒精清洗后再使用氮气吹冲干燥的方法排除单向阀密封不严的故障。若无法排除单向阀密封不严的故障，则需要将单向阀进行更换。

（2）单向阀的代换方法

若经检修发现单向阀有故障，则需要使用新的单向阀进行代换。代换单向阀时需要使用气焊设备进行焊接，因此代换前应先将压缩机的启动保护装置取下（单向阀与压缩机启动保护装置距离较近），防止在代换单向阀时将压缩机启动保护部件和引线烧坏，然后再使用焊枪焊开单向阀两端的管路，取下损坏的单向阀，焊接上新的单向阀。

图 7-32 所示为单向阀的代换方法。

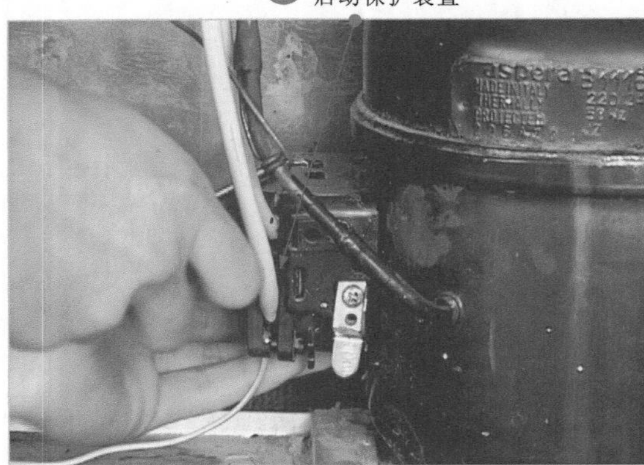

1 拆下压缩机的启动保护装置

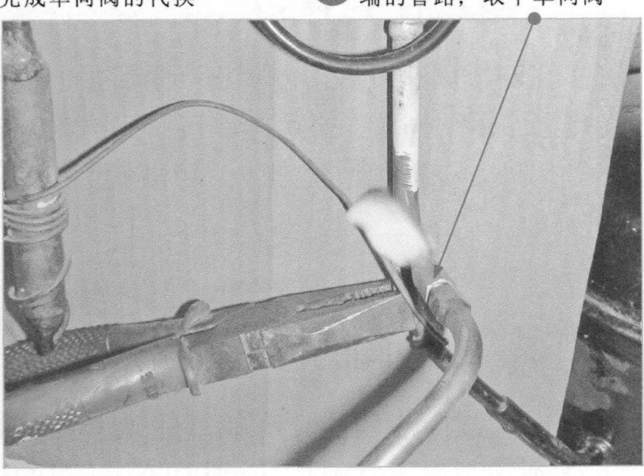

焊接上新的单向阀完成单向阀的代换
2 使用焊枪焊开单向阀两端的管路，取下单向阀

图 7-32　单向阀的代换方法

提示

由于单向阀具有单向导通、反向截止的功能，在安装新的单向阀时，应注意单向阀表面的方向标识，按正确方向进行连接安装，以免将单向阀接反。

第8章 电冰箱压缩机启动和保护装置检修

8.1 电冰箱中的压缩机启动和保护装置

电冰箱压缩机电机的启动和保护装置位于电冰箱压缩机侧面的塑料保护盒内，主要用来控制压缩机电机的启动和保护等，是电冰箱中非常重要的部分。

在学习启动和保护装置的检测代换之初，首先要对启动和保护装置的安装位置、结构特点和工作原理有一定的了解。对于初学者而言，要能够根据启动和保护装置的结构特点在电冰箱中准确地找到启动和保护装置。这是开始检测代换启动和保护装置的第一步。

8.1.1 压缩机启动装置的安装位置和结构特点

压缩机启动装置是对电冰箱中压缩机进行启动和控制的装置。压缩机启动装置的核心部件是一个继电器，该器件通常称之为启动继电器，启动继电器就安装在压缩机电机绕组接线端，由一个塑料防护罩遮挡，由于其外形比较特殊，比较容易识别，如图 8-1 所示。初学者可先在电冰箱中找到压缩机，即可确定压缩机启动装置的大体位置。

电冰箱压缩机启动装置通常位于压缩机侧面的塑料保护盒内
压缩机启动和保护装置
电冰箱的压缩机

压缩机启动继电器是电冰箱的标志器件，安装在压缩机侧面的塑料保护盒内
启动继电器
MTRP-0014-
2-273-001
9F
启动继电器的连接引线
启动继电器通过连接引线与压缩机进行连接，用以控制压缩机电机的启动情况

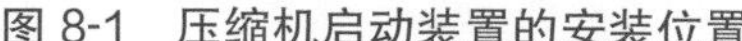

图 8-1　压缩机启动装置的安装位置

不同品牌、不同型号的电冰箱中，压缩机启动装置的安装位置基本相同，但具体到结构细节并不完全相同。图 8-2 所示为不同品牌、型号电冰箱中压缩机启动装置的结构特征。

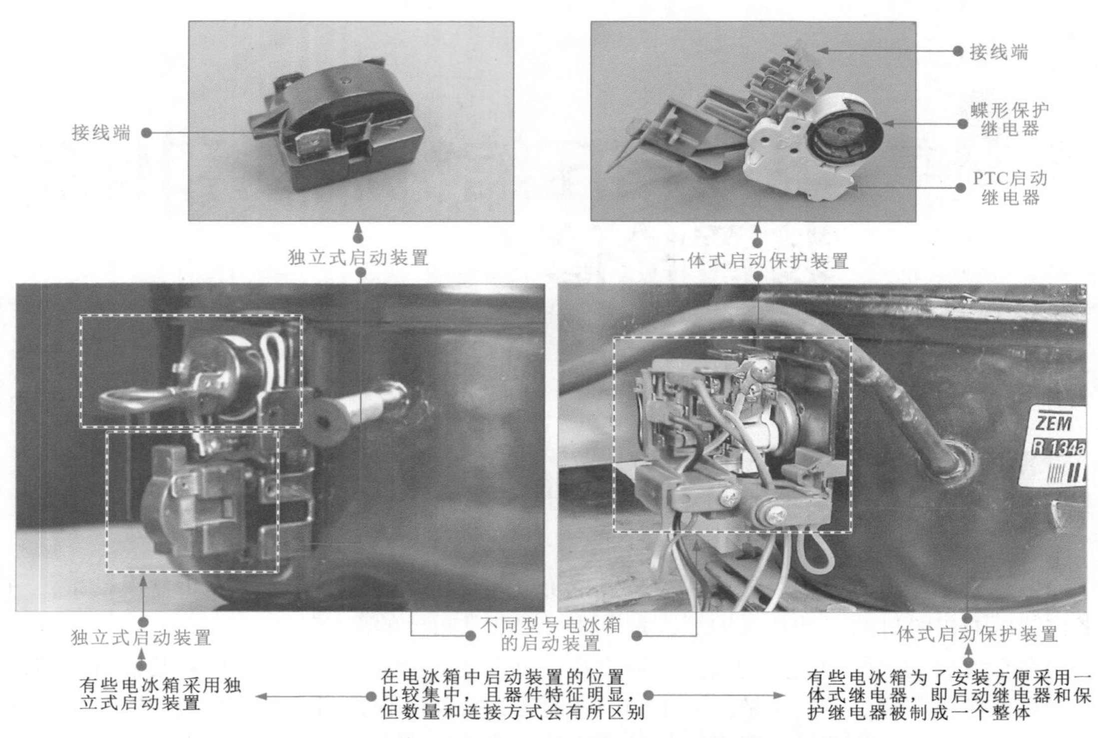
接线端
接线端
蝶形保护继电器
PTC启动继电器
独立式启动装置
一体式启动保护装置
ZEM
R 134a
独立式启动装置
不同型号电冰箱的启动装置
一体式启动保护装置
有些电冰箱采用独立式启动装置
在电冰箱中启动装置的位置比较集中，且器件特征明显，但数量和连接方式会有所区别
有些电冰箱为了安装方便采用一体式继电器，即启动继电器和保护继电器被制成一个整体

图 8-2　不同品牌、型号电冰箱中压缩机启动装置的结构特征

提示

在一些新型电冰箱中，压缩机的启动装置是受电路板控制的，如图 8-3 所示。

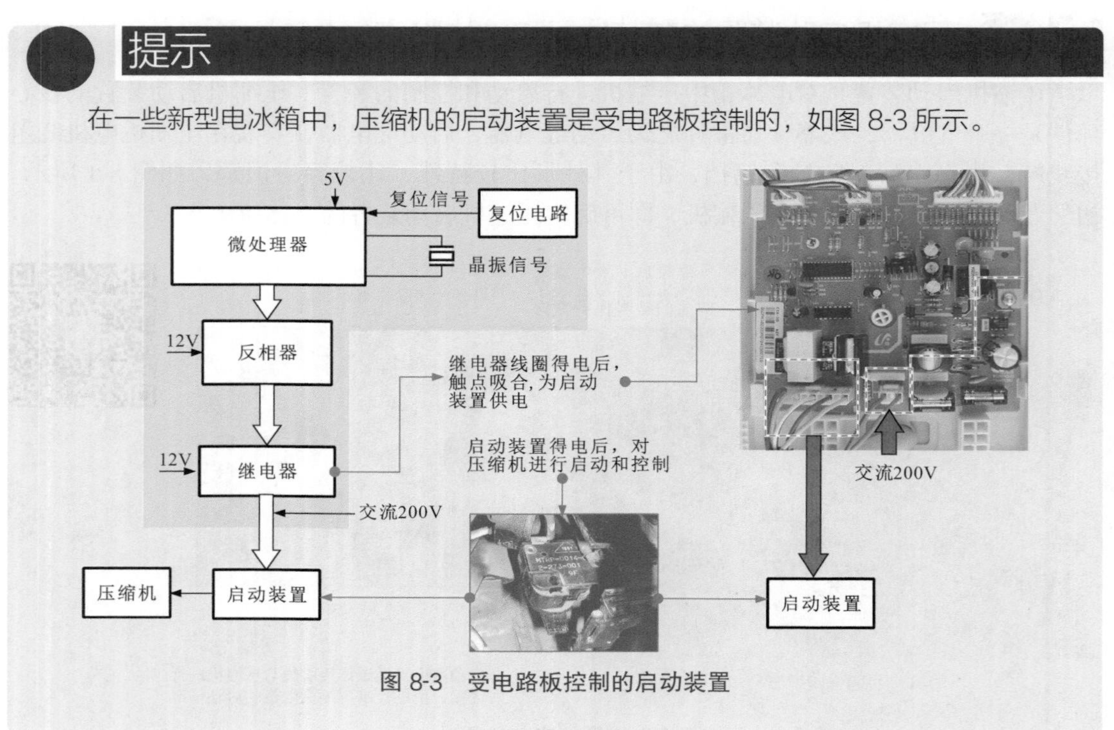
5V
复位信号
复位电路
微处理器
晶振信号
12V
反相器
继电器线圈得电后，触点吸合，为启动装置供电
12V
继电器
启动装置得电后，对压缩机进行启动和控制
交流200V
交流200V
压缩机
启动装置
启动装置

图 8-3　受电路板控制的启动装置

在电冰箱中找到压缩机启动装置之后，就需要对压缩机启动装置结构组成进行深入的了解，掌握压缩机启动装置中各组成部件的功能特点和相互关系。

在电冰箱中，多采用电流式启动继电器控制压缩机的启动，控制压缩机从启动状态进入正常的运行状态。根据电流式启动继电器原理的不同，电流式启动继电器又可细分为重锤式启动继电器和 PTC 启动继电器两种，下面对两种启动继电器的结构进行介绍。

（1）了解重锤式启动继电器的结构

重锤式启动继电器又称组合式启动继电器，它广泛应用于电容启动式压缩机中，在老式电冰箱中比较常见。该启动继电器结构紧凑、体积小、可靠性好，可直接接在压缩机启动绕组与运行绕组的接线柱上，与过热保护继电器安装在一个接线盒内。图 8-4 所示为重锤式启动继电器的实物外形。

HX1/6 HP
重锤式
启动继电器

图 8-4　重锤式启动继电器的实物外形

图 8-5 所示为重锤式启动继电器的内部结构。它主要由线圈、触点、衔铁、启动端插孔、运行端插孔、绝缘外壳等部分组成。

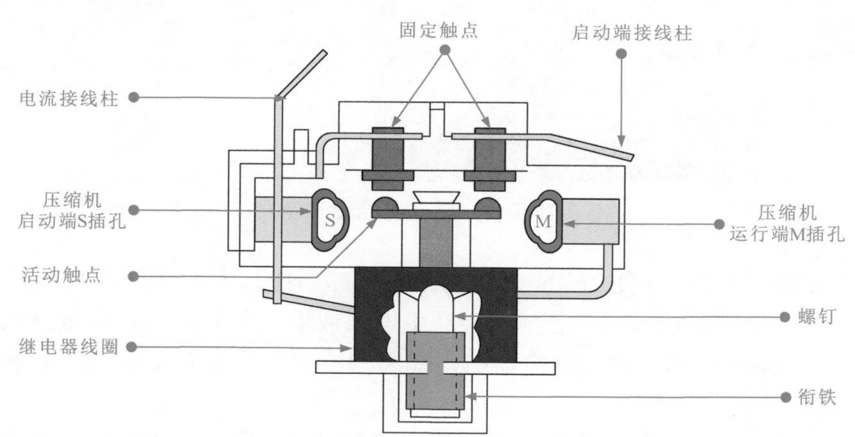
固定触点
启动端接线柱
电流接线柱
压缩机
启动端S插孔
S
M
压缩机
运行端M插孔
活动触点
螺钉
继电器线圈
衔铁

图 8-5　重锤式启动继电器的内部结构

重锤式启动继电器与压缩机的接线方式如图 8-6 所示。重锤式启动继电器的触点端与压塑机启动端相连，线圈一侧与压缩机运行端相连。启动时交流 220 V 电压加到 L、N 两端，由于继电器触点是断开的，因而电源先加到电机运行绕组的两端，而且开始电流很大，该电流流过继电器的线圈，由于线圈的吸力使衔铁带动触点闭合，电源（L）也加到电机的启动绕组，使电机迅速启动。电机启动后，由于绕组反电动势的作用，电流减小，启动继电器复原，触点就断开，启动完成。

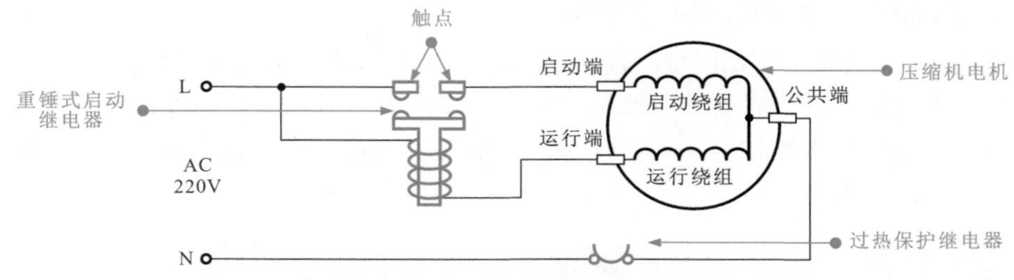
触点
重锤式启动
继电器
L
N
AC
220V
启动端
运行端
启动绕组
运行绕组
公共端
压缩机电机
过热保护继电器

图 8-6　重锤式启动继电器与压缩机的接线图

（2）了解 PTC 启动继电器的结构

PTC 启动继电器又称半导体式启动继电器，它内部是由 PTC 元件构成的。PTC 元件实际上就是正温度系数热敏电阻，它的阻值会随温度的升高而升高，进行控制压缩机的启动和正常运行。图 8-7 所示为 PTC 启动继电器的实物外形，其结构简单，内部无触点和运动部件，性能可靠。

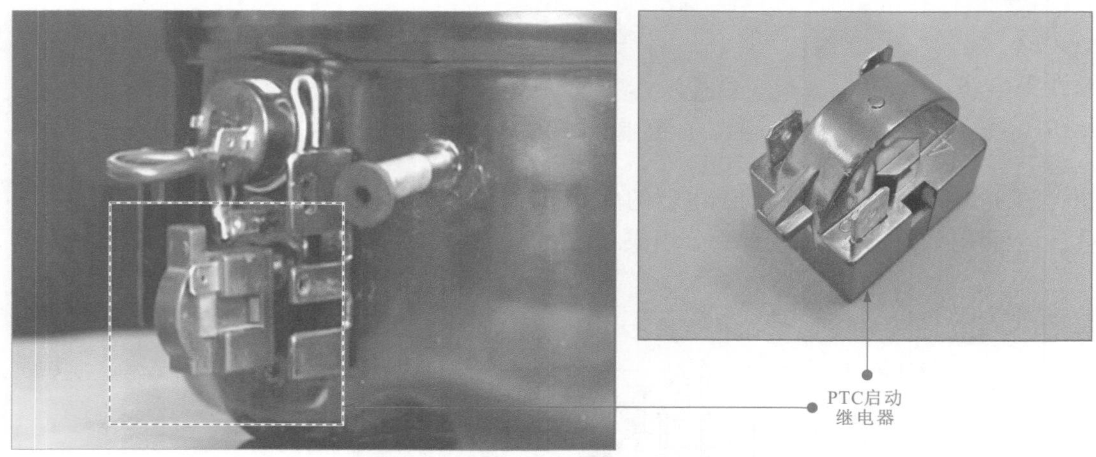
PTC启动
继电器

图 8-7　PTC 启动继电器的外形图

PTC 启动继电器常见于使用 R600a 制冷剂的电冰箱中，由于 R600a 遇明火容易燃烧，因此选用无触点的 PTC 启动继电器（不会产生电弧或电火花）能够保证电冰箱不出现意外事故。图 8-8 所示为 PTC 启动继电器的内部结构，主要是由 PTC 元件、挡板、塑料外壳等部分组成。

在实际应用中，PTC 启动继电器的连接线路如图 8-9 所示。PTC 启动继电器通常并联在压缩机的启动端和运行端上。它串接在启动绕组，电源加到引线端时，由于温度低，PTC 启动继电器电阻很小，启动绕组中有较大的电流使电机启动，启动后由于 PTC 启动继电器温度升高，电阻增大，启动绕组中的电流减小，完成启动过程。

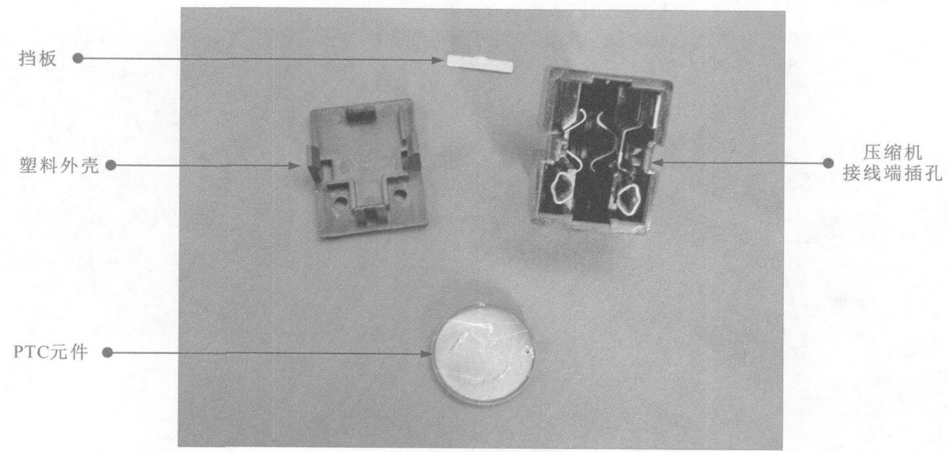
挡板
塑料外壳
压缩机
接线端插孔
PTC元件

图 8-8　PTC 启动继电器的内部结构

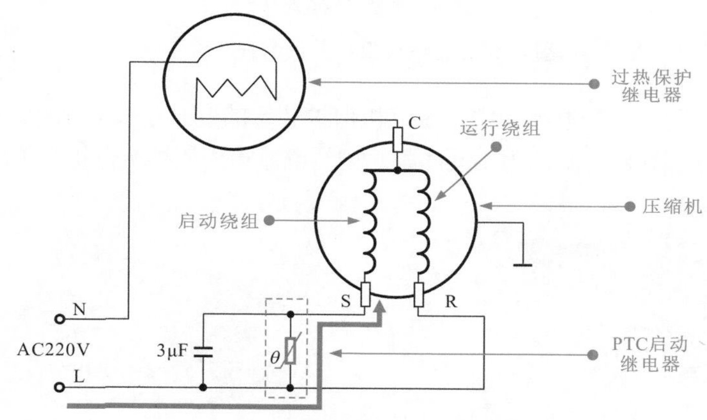
过热保护
继电器
C
运行绕组
压缩机
启动绕组
N
S
R
AC220V
3μF
θ
PTC启动
继电器
L

图 8-9　PTC 启动继电器与压缩机的接线图

8.1.2　压缩机保护装置的安装位置和结构特点

压缩机保护装置是对电冰箱中压缩机进行过流和过热保护的装置。压缩机保护装置的核心部件是一个保护继电器，该器件通常称之为过热保护继电器，过热保护继电器也安装在压缩机电机绕组接线端，由一个塑料防护罩遮挡，由于其外形比较特殊，也比较容易识别，如图 8-10 所示。初学者可先在电冰箱中找到压缩机，即可确定压缩机保护装置的大体位置。

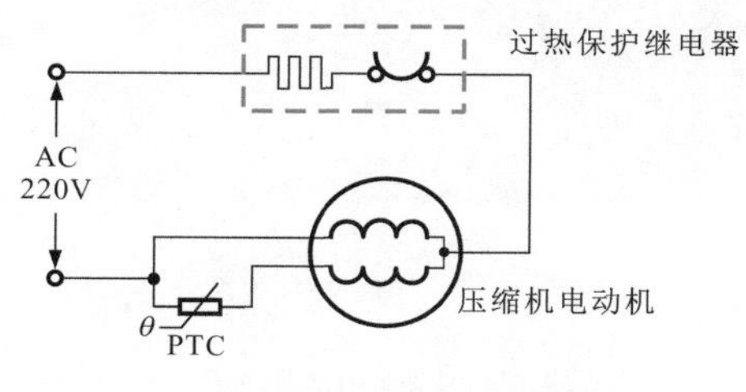
过热保护继电器
AC
220V
压缩机电动机
θ
PTC

（a）压缩机保护装置接线示意图

图 8-10

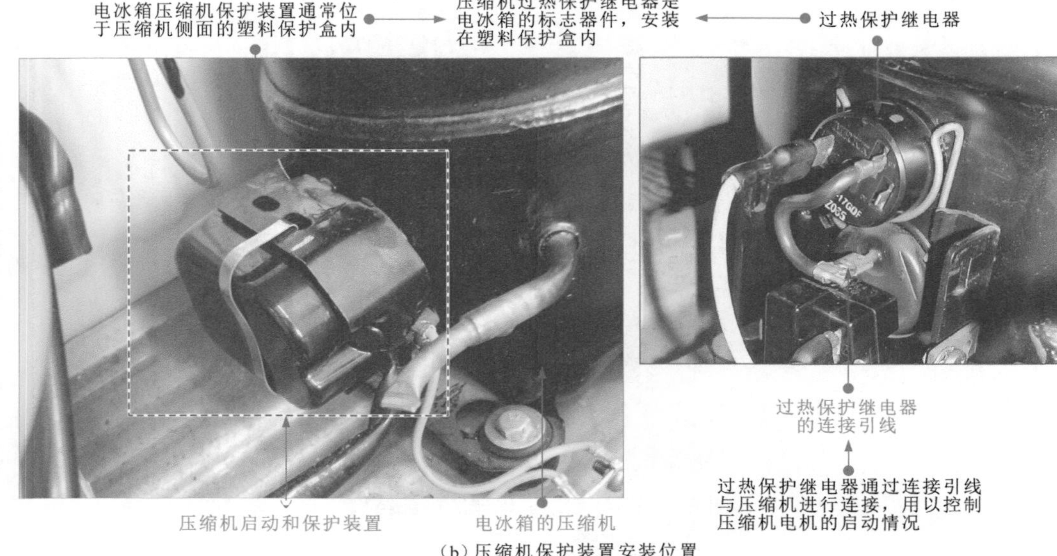
电冰箱压缩机保护装置通常位于压缩机侧面的塑料保护盒内
压缩机过热保护继电器是电冰箱的标志器件，安装在塑料保护盒内
过热保护继电器
过热保护继电器的连接引线
过热保护继电器通过连接引线与压缩机进行连接，用以控制压缩机电机的启动情况
压缩机启动和保护装置
电冰箱的压缩机

（b）压缩机保护装置安装位置

图 8-10　压缩机保护装置的安装位置

不同品牌、不同型号的电冰箱中，压缩机保护装置的安装位置基本相同，但具体到结构细节并不完全相同。图 8-11 所示为不同品牌、型号电冰箱中压缩机保护装置的结构特征。

接线端

独立式保护装置

接线端

蝶形保护继电器

PTC启动继电器

一体式启动保护装置

独立式保护装置

不同型号电冰箱的保护装置

一体式启动保护装置

有些电冰箱采用独立式保护装置

在电冰箱中保护装置的位置比较集中，且器件特征明显，但数量和连接方式会有所区别

有些电冰箱为了安装方便采用一体式继电器，即启动继电器和保护继电器被制成一个整体

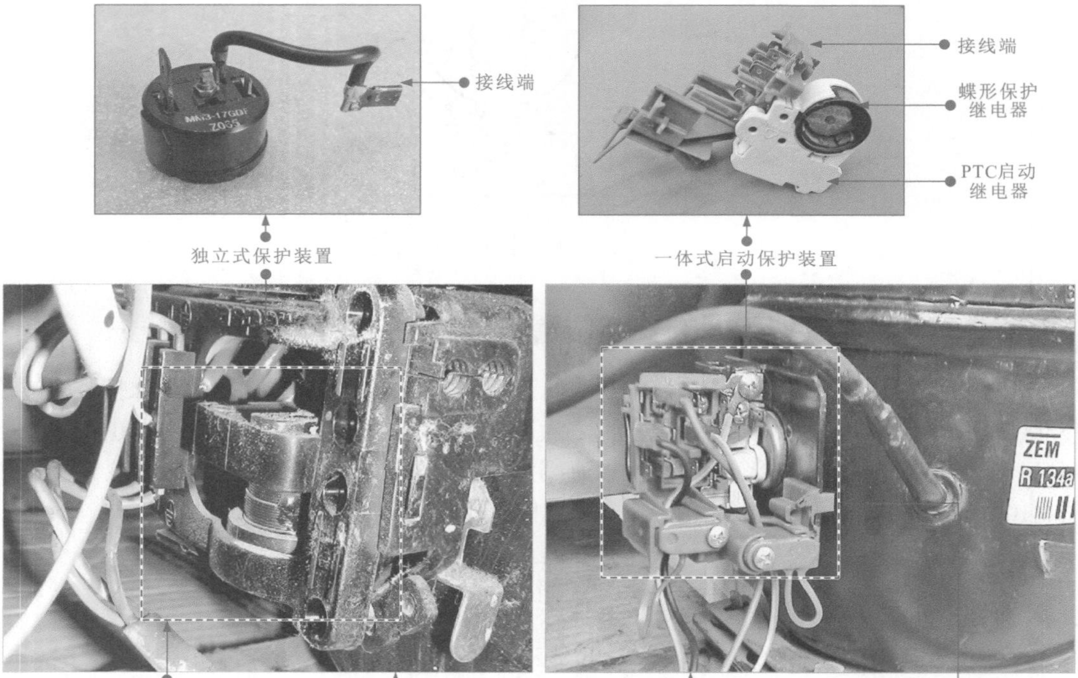

图 8-11　不同品牌、型号电冰箱中压缩机保护装置的结构特征

在电冰箱中找到压缩机保护装置之后，就需要对压缩机保护装置结构组成进行深入地了解，掌握压缩机保护装置中各组成部件的功能特点和相互关系。

过热保护继电器的作用是保护压缩机不至于因电流过大或者温度过高而烧毁，起过流保护和过热保护的双重功能。图 8-12 所示为过热保护继电器的实物外形。

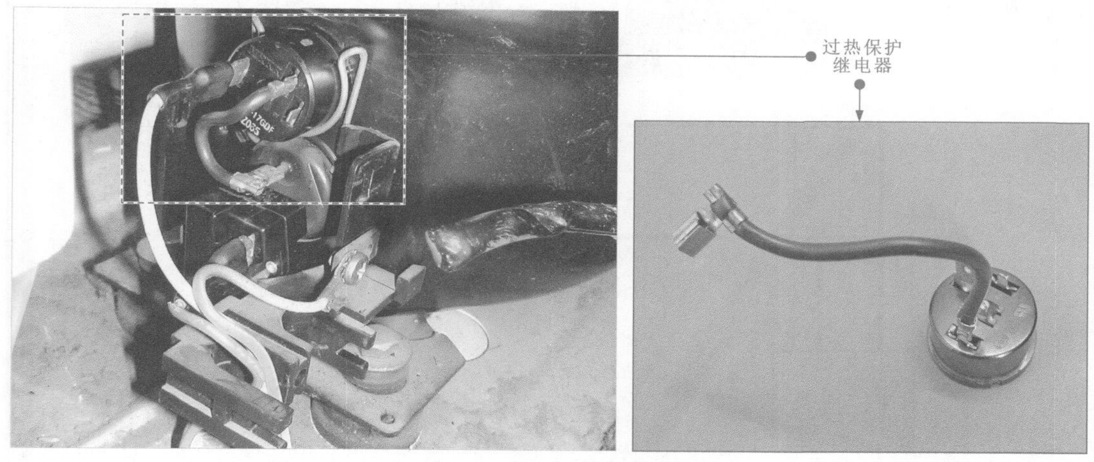
过热保护
继电器

图 8-12　过热保护继电器的实物外形

过热保护继电器紧贴在压缩机外壳上，与压缩机公共端串联，并固定在接线盒内。它的主要由双金属片、触点和两个接线端子组成，如图 8-13 所示。

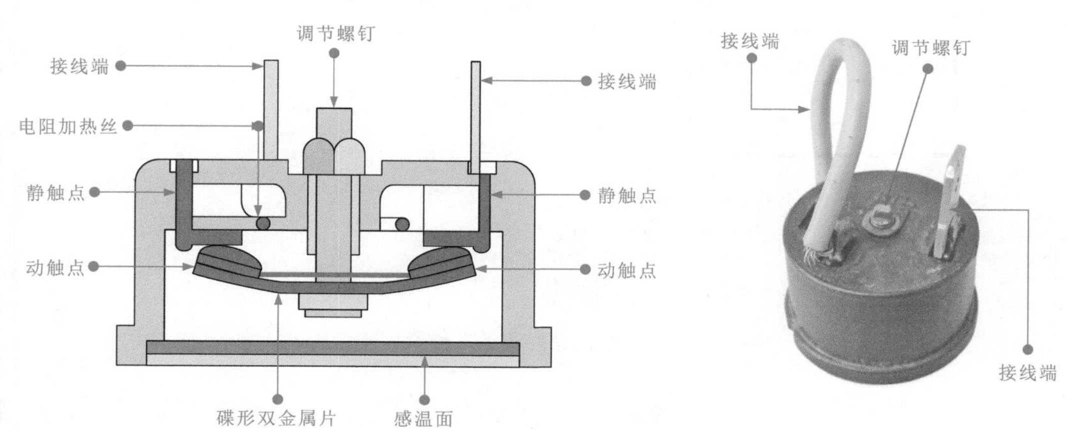
调节螺钉
接线端
接线端
电阻加热丝
静触点
静触点
动触点
动触点
碟形双金属片
感温面
接线端
调节螺钉
接线端

图 8-13　过热保护继电器的内部结构

8.2 压缩机启动和保护装置的工作原理

电冰箱压缩机的电机需要启动和保护装置进行启动、控制和保护。

8.2.1 压缩机启动装置的工作原理

压缩机启动装置是对电冰箱中压缩机进行启动和控制的装置。图 8-14 所示为压缩机启动装置的工作原理示意图。

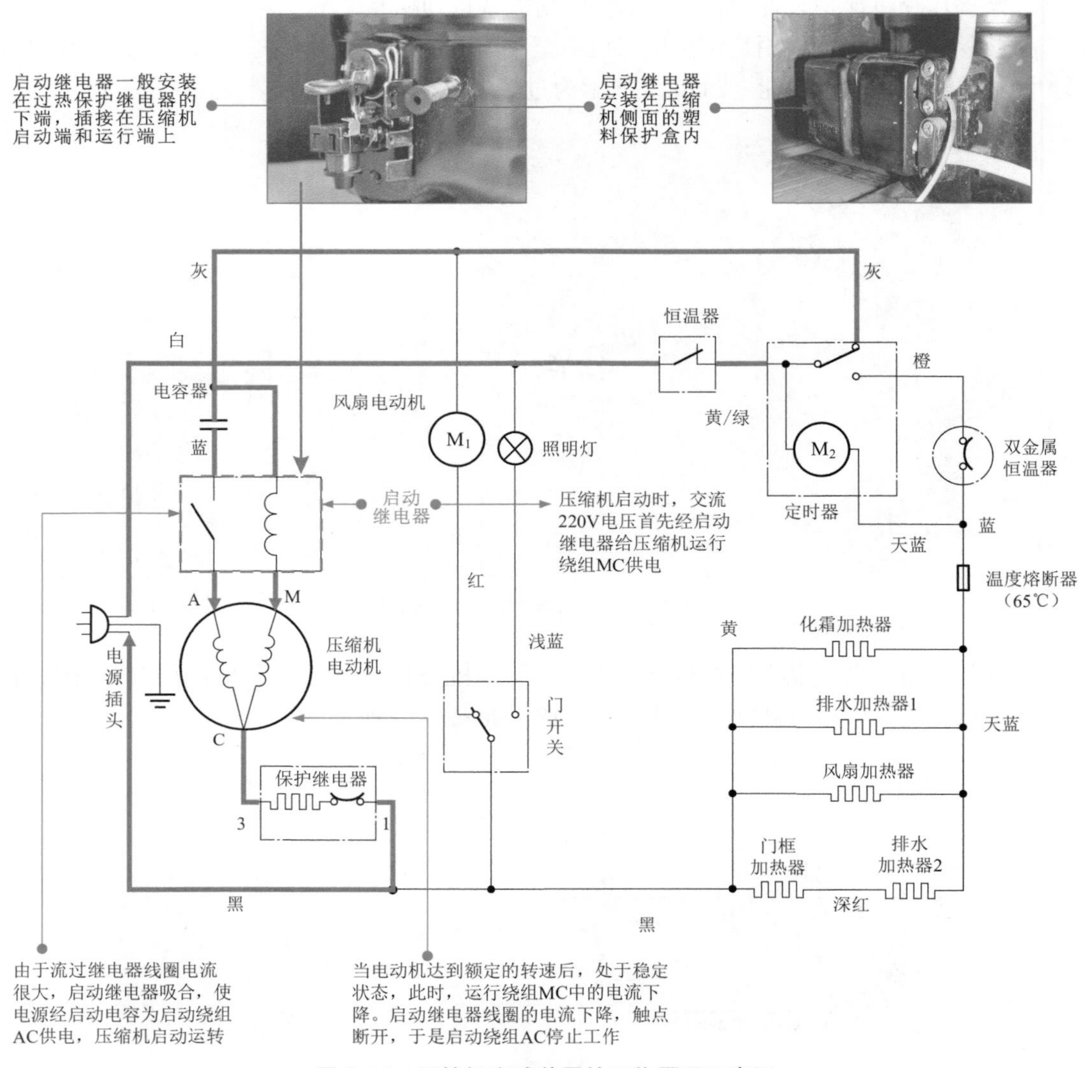
启动继电器一般安装在过热保护继电器的下端，插接在压缩机启动端和运行端上
启动继电器安装在压缩机侧面的塑料保护盒内
灰
灰
恒温器
白
橙
电容器
风扇电动机
黄/绿
M_1
照明灯
M_2
双金属恒温器
蓝
启动继电器
压缩机启动时，交流220V电压首先经启动继电器给压缩机运行绕组MC供电
定时器
蓝
天蓝
红
温度熔断器（65℃）
A
M
黄
化霜加热器
压缩机电动机
浅蓝
电源插头
排水加热器1
天蓝
门开关
C
风扇加热器
保护继电器
3
1
门框加热器
排水加热器2
黑
深红
黑
由于流过继电器线圈电流很大，启动继电器吸合，使电源经启动电容为启动绕组AC供电，压缩机启动运转
当电动机达到额定的转速后，处于稳定状态，此时，运行绕组MC中的电流下降。启动继电器线圈的电流下降，触点断开，于是启动绕组AC停止工作

图 8-14　压缩机启动装置的工作原理示意图

启动继电器安装在压缩机的绕组端，触点分别与压缩机的启动端 A 和运行端 M 连接。平时启动继电器处于断开状态，刚接通电源时，只有继电器线圈和运行绕组中有电流。由于压缩机的转子是静止的，启动电流很大，电流流过继电器线圈，继电器触点闭合，接通启动绕组，压缩机开始旋转。随着转速的升高，电流减小，触点断开，启动动作完成。

（1）重锤式启动继电器的工作原理

图 8-15 所示为重锤式启动继电器的工作原理。在静止状态，重锤启动继电器中的触点处于断开状态。刚接通电源时，只有继电器线圈和运行绕组中有电流，由于压缩机的转子是静止的，启动电流很大，电流流过继电器线圈，继电器线圈吸引重锤衔铁向上运动，使触点闭合，接通启动绕组，压缩机开始旋转。

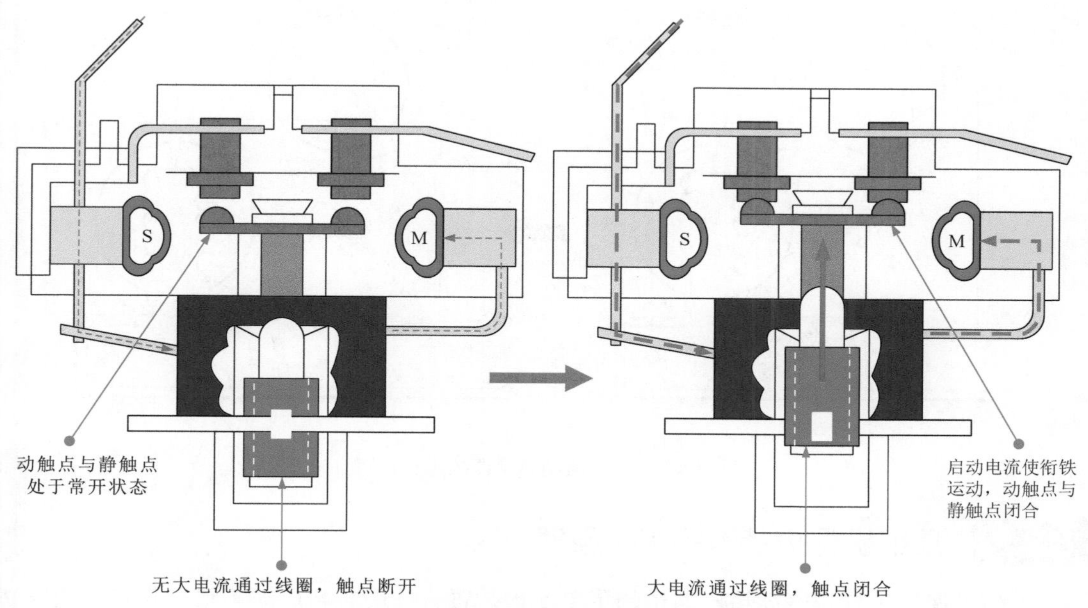
S
M
S
M
动触点与静触点
处于常开状态
启动电流使衔铁
运动，动触点与
静触点闭合
无大电流通过线圈，触点断开
大电流通过线圈，触点闭合
图 8-15　重锤式启动继电器的工作原理

当压缩机内电机达到额定的转速后，处于稳定状态，此时，运行绕组中的电流下降。重锤继电器线圈的电流下降，重锤衔铁靠自重而落下，触点断开，启动绕组断电，只有运行绕组工作，启动动作完成，如图 8-16 所示。

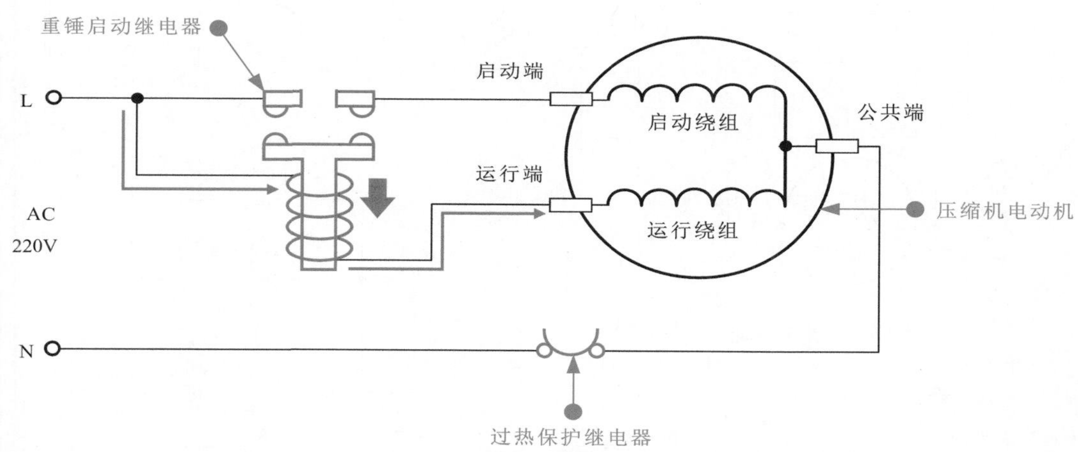
重锤启动继电器
L
启动端
启动绕组
公共端
运行端
AC
220V
运行绕组
压缩机电动机
N
过热保护继电器
图 8-16　重锤启动继电器工作原理

（2）PTC 启动继电器的工作原理

图 8-17 所示为 PTC 启动继电器的工作原理。当电冰箱的压缩机刚开始启动时，PTC 启动继电器的温度较低，电阻值较小，在电路中呈通路状态。经过运行电容的电流与经过启动继电器的电流相加，为压缩机启动绕组供电。当启动电流增大到正常运行电流的 4 ～ 6 倍时，启动绕组中通过的电流很大，使压缩机产生很大的启动转矩。与此同时，大电流使启动继电器的温度迅速升高（一般为 100 ～ 140℃），其阻值急剧上升，通过的电流又下降到很小的稳定值，使压缩机进入正常运转状态。

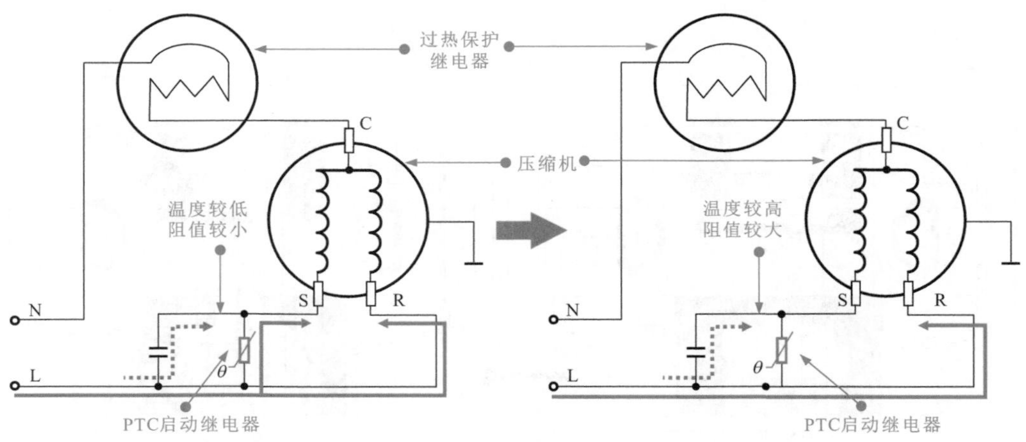
过热保护
继电器
C
压缩机
温度较低
阻值较小
温度较高
阻值较大
N
L
S
R
θ
PTC启动继电器
PTC启动继电器

图 8-17　PTC 启动继电器的工作原理

8.2.2　压缩机保护装置的工作原理

压缩机保护装置是电冰箱压缩机的重要保护装置，一般它与启动装置一起安装在压缩机接线端子附近。图 8-18 所示为压缩机保护装置的工作原理示意图。过热保护继电器与压缩

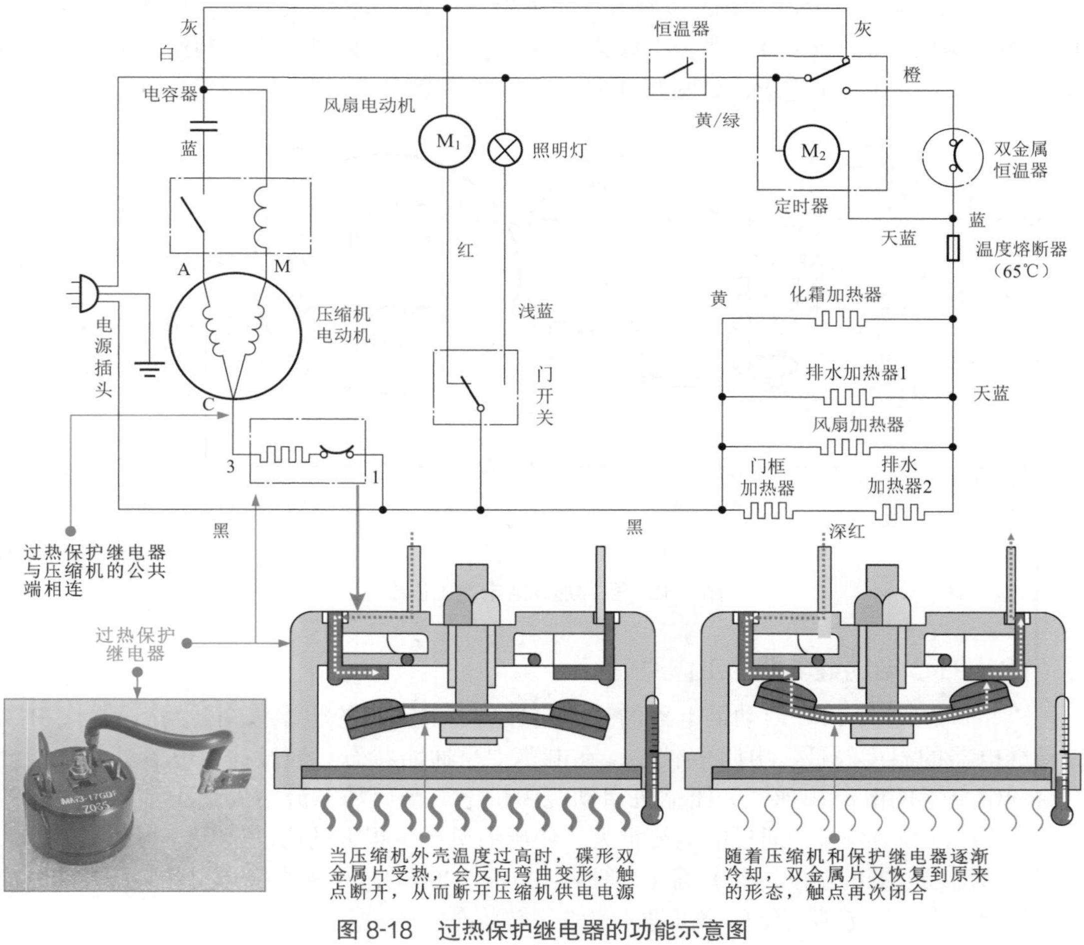

图 8-18　过热保护继电器的功能示意图

机的公共端相连，当压缩机外壳温度过高或者电流过大时，继电器内的蝶形双金属片受热后反向弯曲变形，使触点断开，压缩机停机降温，对压缩机起到了保护的作用。过热保护继电器动作后，随着压缩机温度逐渐下降，双金属片又恢复到原来的形态，触点再次接通。

8.3 压缩机启动和保护装置的检测代换

8.3.1 压缩机启动装置的检测代换方法

压缩机启动装置出现故障后，电冰箱将不能正常启动。若怀疑启动装置出现问题，首先需要将启动装置从压缩机中取下，取下后便可对压缩机启动装置进行检测，一旦发现故障，就需要寻找可替代的新启动装置进行代换。

（1）压缩机启动装置的拆卸方法

启动继电器安装在电冰箱压缩机侧端的保护盒内，两个引脚分别与压缩机的启动绕组和运行绕组连接。

图 8-19 所示为启动继电器的拆卸方案。启动继电器安装在压缩机侧端的保护盒内，拆卸时通常可分为 4 步：第 1 步是要对保护盒进行拆卸，第 2 步是对引线固定插件进行拆卸，第 3 步是对接线盒进行拆卸，第 4 步是对启动继电器进行拆卸。

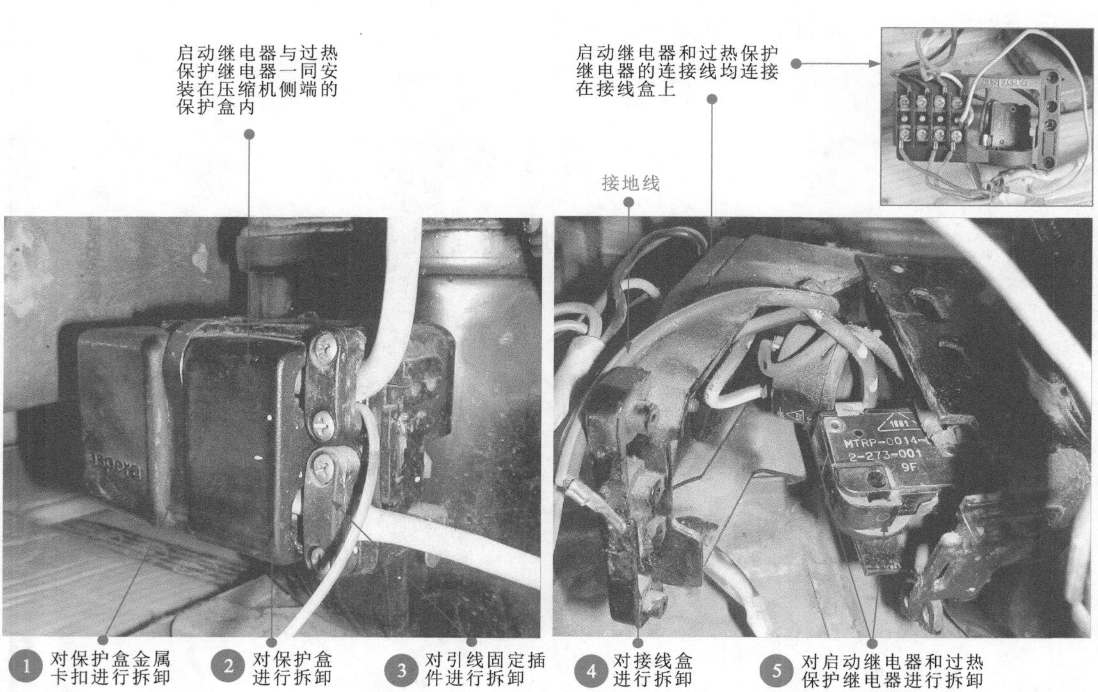
启动继电器与过热保护继电器一同安装在压缩机侧端的保护盒内
启动继电器和过热保护继电器的连接线均连接在接线盒上
接地线
MTRP-C014-
2-273-001
9F
1 对保护盒金属卡扣进行拆卸
2 对保护盒进行拆卸
3 对引线固定插件进行拆卸
4 对接线盒进行拆卸
5 对启动继电器和过热保护继电器进行拆卸

图 8-19　启动继电器的拆卸方案

① 对保护盒进行拆卸　由于启动继电器安装在保护盒内，因此要先对保护盒进行拆卸。保护盒的拆卸方法如图 8-20 所示。

使用一字螺丝刀撬开金属卡扣 1

2
取下金属卡扣

3
取下保护盒

图 8-20 保护盒的拆卸方法

② 对引线固定插件进行拆卸　引线固定插件用于固定电冰箱电气线路，拆卸重锤式启动继电器前也需将引线固定插件取下。

引线固定插件的拆卸方法如图 8-21 所示。

1 使用螺丝刀拧下上端引线固定插件的固定螺钉

2 使用螺丝刀拧下上端引线固定插件的另一个固定螺钉

3 取下上端引线固定插件

4 使用螺丝刀拧下下端引线固定插件的固定螺钉

5 使用螺丝刀拧下下端引线固定插件的另一个固定螺钉

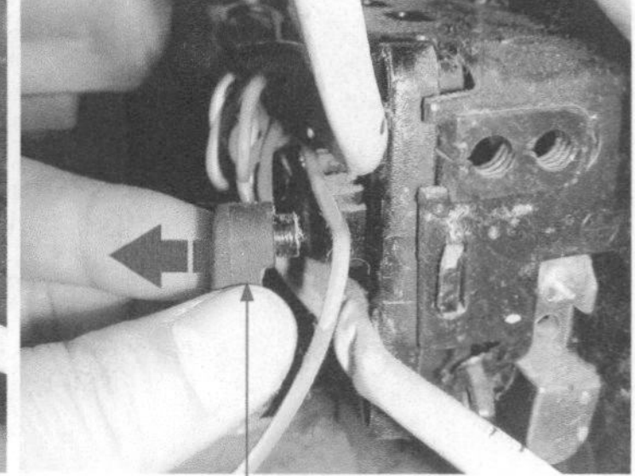
6 取下下端引线固定插件

图 8-21 引线固定插件的拆卸方法

③ 对接线盒进行拆卸　启动继电器与过热保护继电器等的连接引线均连接在接线盒的接线柱上，取下接线盒后，便可看到启动继电器了。

接线盒的拆卸方法如图 8-22 所示。

1 使用一字螺丝刀撬开接线盒的卡扣

2 取下接线盒

3 使用螺丝刀拧下与电冰箱机壳一端连接的接地线固定螺钉
过热保护继电器
启动继电器
接线盒
4 使用螺丝刀拧开与压缩机一端连接的接地线
取下接线盒、接地线后，启动继电器和过热保护继电器就露出来了

图 8-22　接线盒的拆卸方法

④ 对启动继电器进行拆卸　接线盒取下后，从压缩机绕组端取下启动继电器，并连同接线盒一同从压缩机上彻底分离，然后再将启动继电器从接线盒上取下。

启动继电器的拆卸方法如图 8-23 所示。

① 从压缩机绕阻端拔下启动继电器

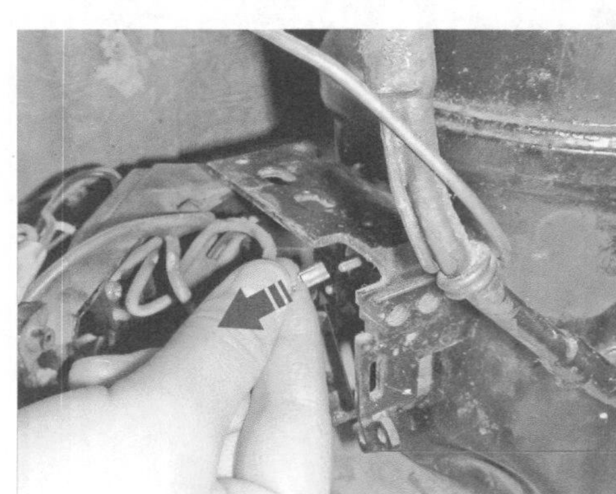

② 将过热保护继电器的接线端从压缩机绕组公共端拔下

③ 将接线盒连同启动继电器和过热保护继电器一起从压缩机上取下

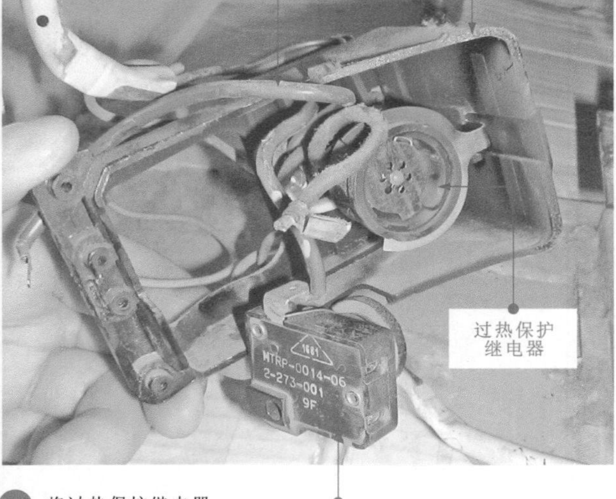
接线盒
过热保护继电器
MTRP-0014-06
2-273-001
9F
启动继电器

④ 使用螺丝刀分别将接线盒与电气系统的连接线卸下

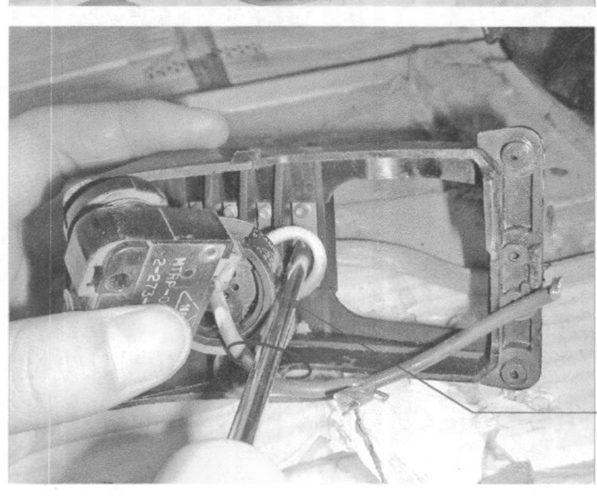

⑤ 使用螺丝刀将接线盒上接地线的固定螺钉拧下

⑥ 从接线盒的固定卡环中取出过热保护继电器

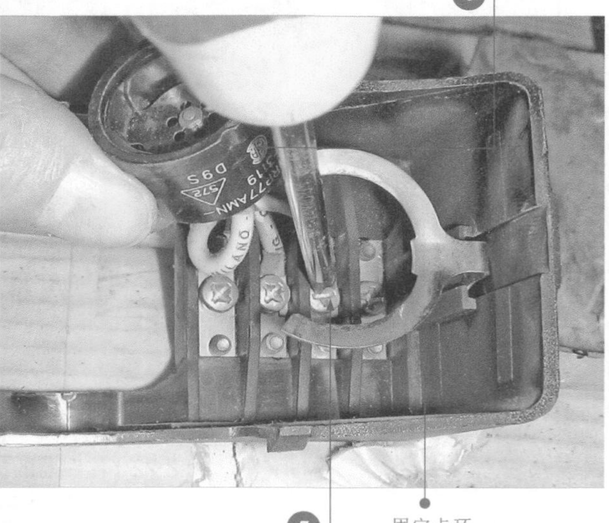
D9S
固定卡环

⑦ 使用螺丝刀拧下过热保护继电器连接线在接线盒上的固定螺钉，使过热保护继电器与接线盒彻底分离

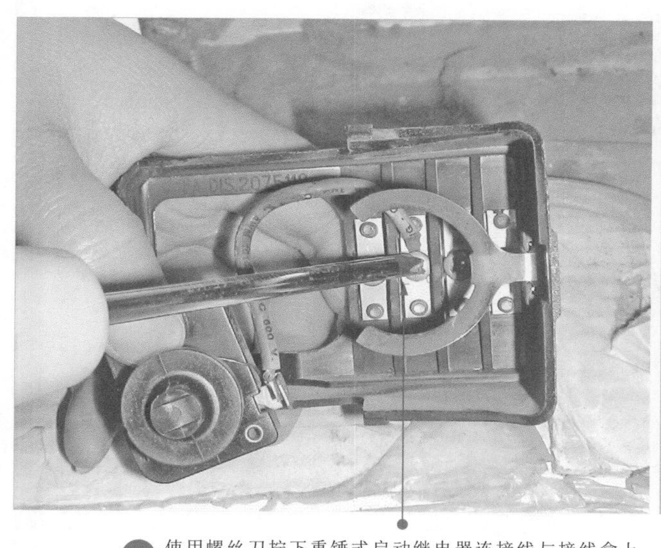
8 使用螺丝刀拧下重锤式启动继电器连接线与接线盒上的固定螺钉，使重锤式启动继电器与接线盒彻底分离

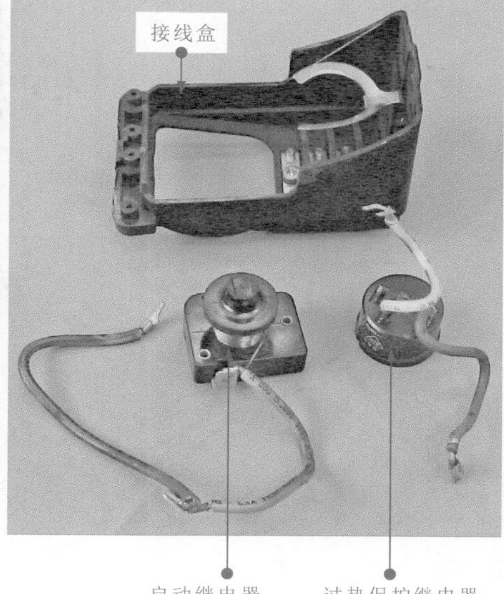
接线盒
启动继电器
过热保护继电器

图 8-23 启动继电器的拆卸方法

（2）压缩机启动装置的检测方法

在电冰箱中常用的启动继电器主要有 PTC 启动继电器和重锤式启动继电器两种，维修电冰箱中，需根据启动继电器的类型，采用恰当的方法对启动继电器进行检测判断。

① PTC 启动继电器的检测 判断 PTC 启动继电器是否损坏，可通过在常温状态下，使用万用表检测内部 PTC 元件的阻值进行判断。

PTC 启动继电器的检测方法如图 8-24 所示。

1 将万用表的两表笔任意搭在PTC启动继电器的两插孔中
QP2-22
PTC
启动继电

2 观察万用表的阻值，正常时应为15～40Ω左右
ISO 9001认证
MODEL MF47-8
A-V-Ω
MODEL MF47-8
全保护·遥控器检测

图 8-24 PTC 启动继电器的检测方法

正常情况下，PTC 启动继电器在常温状态下测得的阻值应为 15 ～ 40Ω，若测得阻值为 0Ω，则说明该 PTC 启动继电器损坏。

② 重锤式启动继电器的检测 判断重锤式启动继电器是否损坏时，可通过使用万用表检测重锤式启动继电器内部触点的动作状态进行判断。

重锤式启动继电器的检测方法如图 8-25 所示。

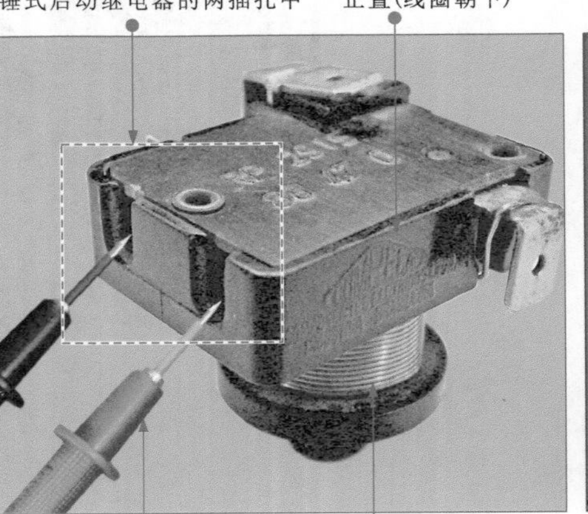

①将万用表的两表笔任意搭在重锤式启动继电器的两插孔中
将重锤式启动继电器正置(线圈朝下)
黑表笔
红表笔
线圈

②观察万用表的阻值，正常时应为无穷大
ISO 9001认证
A-V-Ω
MODEL MF47-8
全保护·遥控器检测

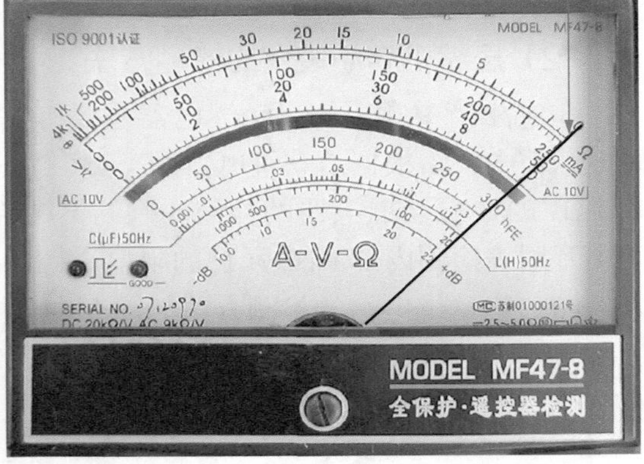

将重锤式启动继电器倒置(线圈朝上)
线圈
④观察万用表的阻值，正常时应趋于零
MODEL MF47-8
全保护·遥控器检测
黑表笔
红表笔
③将万用表的两表笔任意搭在重锤式启动继电器的两插孔中

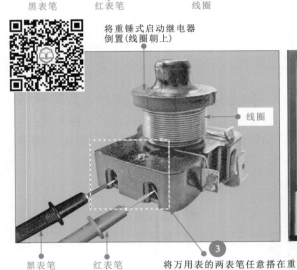

图 8-25 重锤式启动继电器的检测方法

重锤启动继电器正置，使线圈朝下，人为模拟断开状态，万用表检测继电器触点的阻值，正常情况应为∞，若测得阻值为 0 Ω，则说明该重锤启动继电器内部损坏。

重锤启动继电器倒置，使线圈朝上，人为模拟接通状态，万用表检测继电器触点的阻值，正常情况应为 0 Ω，若测得阻值为∞，则说明该重锤启动继电器内部损坏。

提示

如果重锤式启动继电器倒置时的阻值为无穷大，说明该重锤式启动继电器的动触点没有与静触点接通，造成这种现象的原因通常有两点：一是接触点接触不良，二是重锤衔铁卡死。出现上述两个故障时，就要对继电器的内部进行简单的修理工作，如图 8-26 所示。

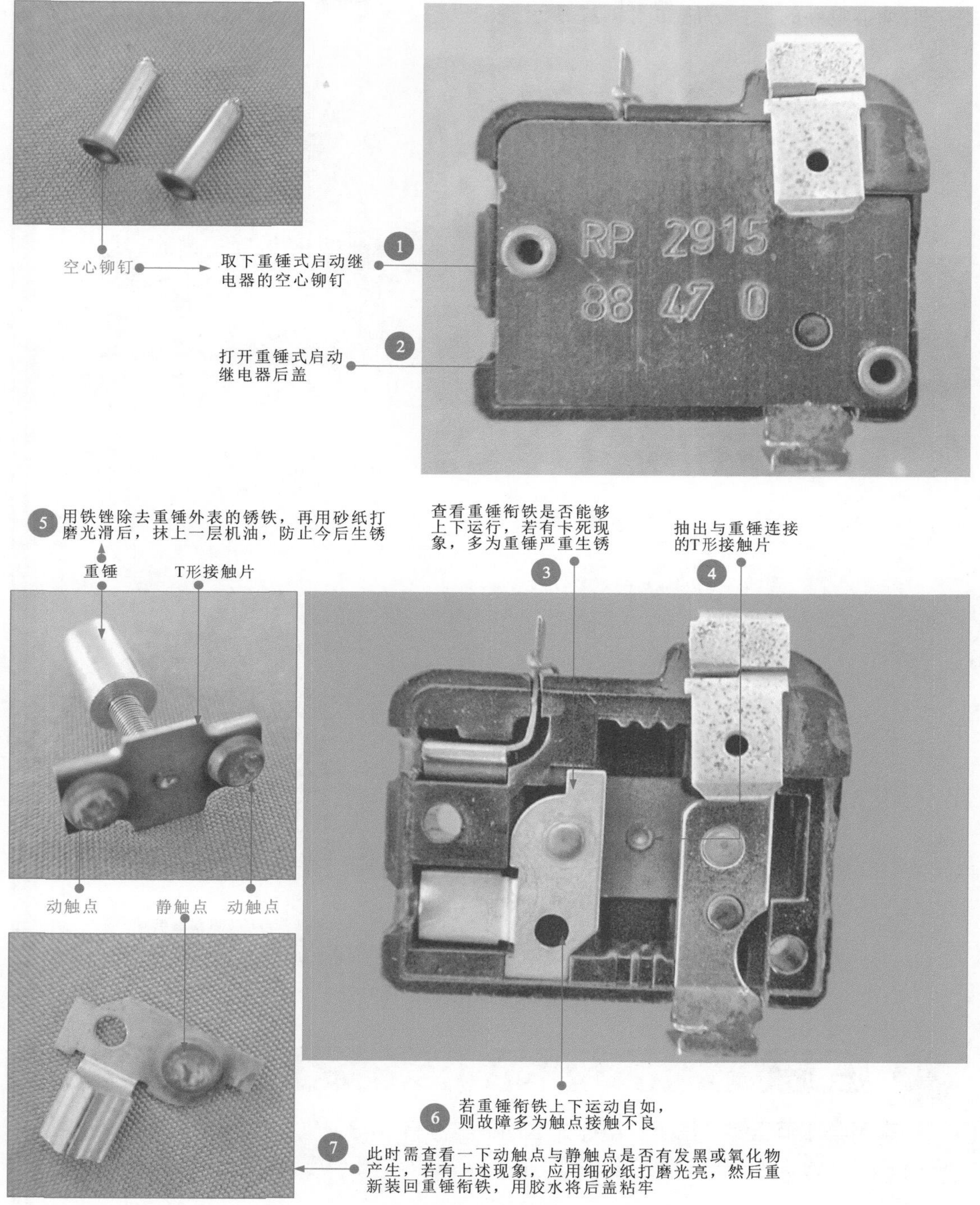
RP 2915
88 47 0
空心铆钉
1 取下重锤式启动继电器的空心铆钉
2 打开重锤式启动继电器后盖
5 用铁锉除去重锤外表的锈铁，再用砂纸打磨光滑后，抹上一层机油，防止今后生锈
重锤
T形接触片
查看重锤衔铁是否能够上下运行，若有卡死现象，多为重锤严重生锈
3
抽出与重锤连接的T形接触片
4
动触点
静触点
动触点
6 若重锤衔铁上下运动自如，则故障多为触点接触不良
7 此时需查看一下动触点与静触点是否有发黑或氧化物产生，若有上述现象，应用细砂纸打磨光亮，然后重新装回重锤衔铁，用胶水将后盖粘牢

图 8-26 重锤式启动继电器内部的简单修理方法

（3）压缩机启动装置的代换方法

若经检测启动继电器损坏且无法修复，则需选择合适的启动继电器进行代换。选购启动继电器时需根据继电器上的标识进行选择。在选择启动继电器时，必须与损坏启动继电器规格相同，或与压缩机进行功率匹配。

启动继电器的选择方法如图 8-27 所示。

损坏的重锤式启动继电器功率为1/6 HP（122.6 W）

HX1/6 HP

找到与损坏重锤式启动继电器功率相同[1/6HP（122.6W）]且良好的重锤式启动继电器进行更换

QP2-22

损坏的PTC启动继电器的型号为QP2-22

QP2-22

找到与损坏PTC启动继电器型号相同（QP2-22）的继电器进行更换

图 8-27　启动继电器的选择方法

提示

家用电冰箱压缩机常用的重锤式启动继电器有 61.3 W（1/12 HP）、73.5 W（1/10 HP）、91.3 W（1/8 HP）、122.6 W（1/6 HP）、147.1 W（1/5 HP）等规格，其中 HP 表示马力。

将新的重锤式启动继电器插孔插入压缩机绕组端，并将接线盒、引线固定插件、保护盒装回压缩机侧端，接通电冰箱电源后能够正常启动和运转，说明故障排除。

重锤式启动继电器的代换方法如图 8-28 所示。

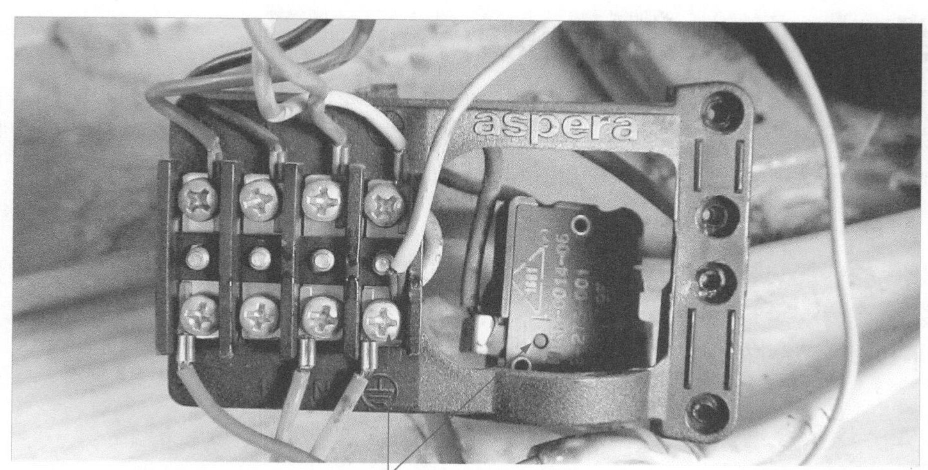
aspera
② 将过热保护继电器的连接线插入压缩机的公共绕组端
① 将重锤式启动继电器、过热保护继电器以及电冰箱电气系统的连接线安装固定到接线盒上
③ 将重锤式启动继电器向下，两插孔分别插入压缩机的启动和运行绕组端

⑥ 扣上保护盒
④ 将接线盒通过卡扣固定在压缩机侧端的固定框上
金属卡扣
⑧ 接通电源，电冰箱启动和运转正常，故障排除

aspera

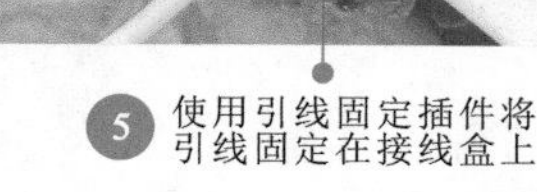
⑤ 使用引线固定插件将引线固定在接线盒上

⑦ 安装金属卡扣固定保护盒

图 8-28　重锤式启动继电器的代换方法

8.3.2 压缩机保护装置的检测代换方法

压缩机保护装置出现故障后，电冰箱压缩机会出现不启动或过载烧毁的情况。若怀疑保护装置出现问题，首先需要将保护装置从压缩机中取出，取出后便可对压缩机保护装置进行检测，一旦发现故障，就需要寻找可替代的新保护装置进行代换。

（1）压缩机保护装置的拆卸方法

过热保护装置安装在电冰箱压缩机侧端的保护盒内，两个引脚分别与压缩机的公共端和供电线路连接。

图 8-29 所示为过热保护装置的拆卸方案。

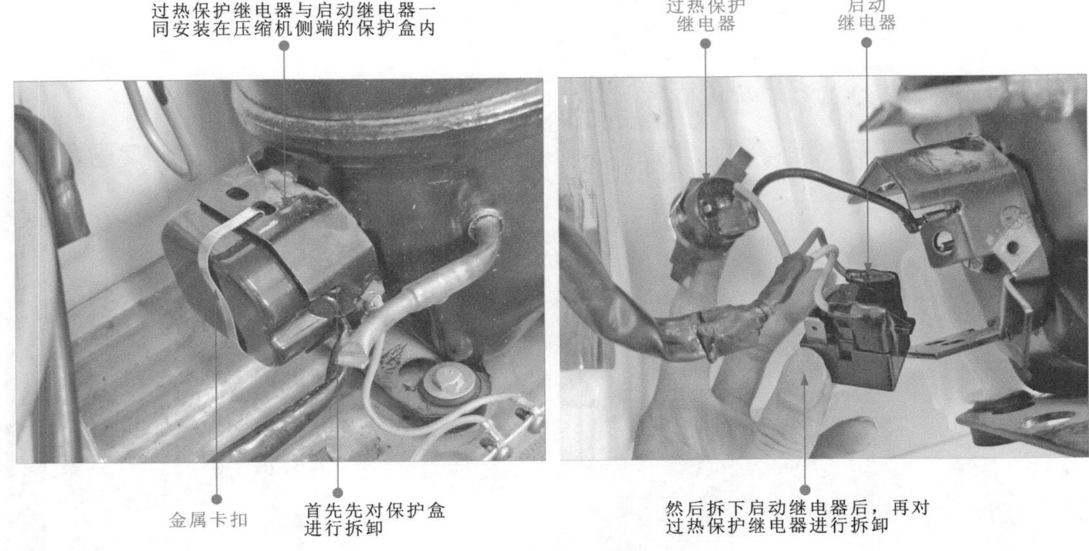
过热保护继电器与启动继电器一同安装在压缩机侧端的保护盒内
过热保护继电器
启动继电器
金属卡扣
首先先对保护盒进行拆卸
然后拆下启动继电器后，再对过热保护继电器进行拆卸

图 8-29 过热保护装置的拆卸方案

过热保护继电器的拆卸通常可分为 2 步：第 1 步是对保护盒和启动继电器进行拆卸，第 2 步是对过热保护继电器进行拆卸。

① 对保护盒和启动继电器进行拆卸　由于过热保护继电器安装在保护盒内，因此要先对保护盒进行拆卸。

保护盒和启动继电器的拆卸方法如图 8-30 所示。

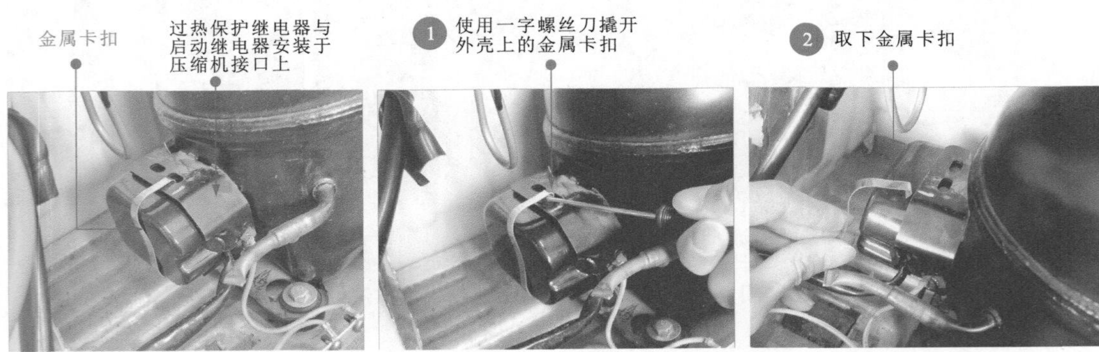
金属卡扣
过热保护继电器与启动继电器安装于压缩机接口上
1 使用一字螺丝刀撬开外壳上的金属卡扣
2 取下金属卡扣

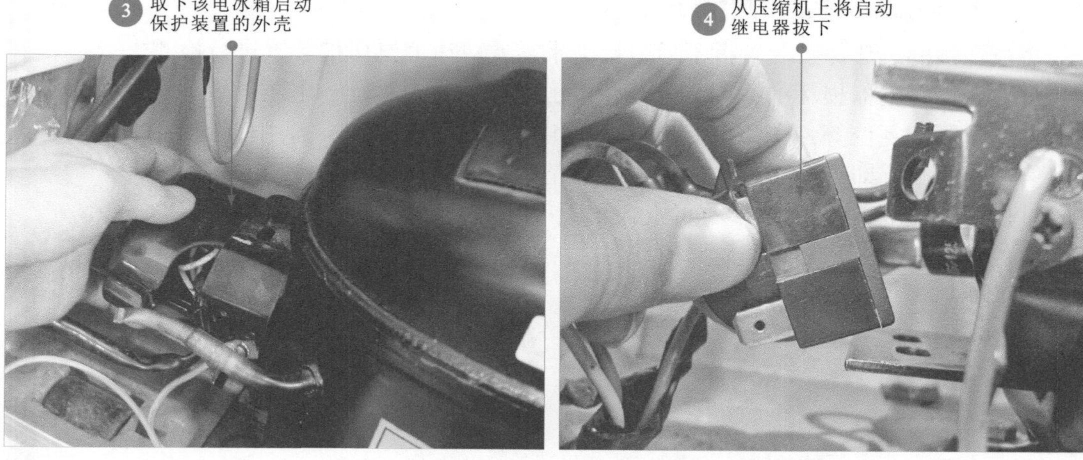
③ 取下该电冰箱启动保护装置的外壳
④ 从压缩机上将启动继电器拔下

图 8-30　保护盒和启动继电器的拆卸方法

② 对过热保护继电器进行拆卸　拆下保护盒后，再对过热保护继电器进行拆卸。过热保护继电器的拆卸方法如图 8-31 所示。

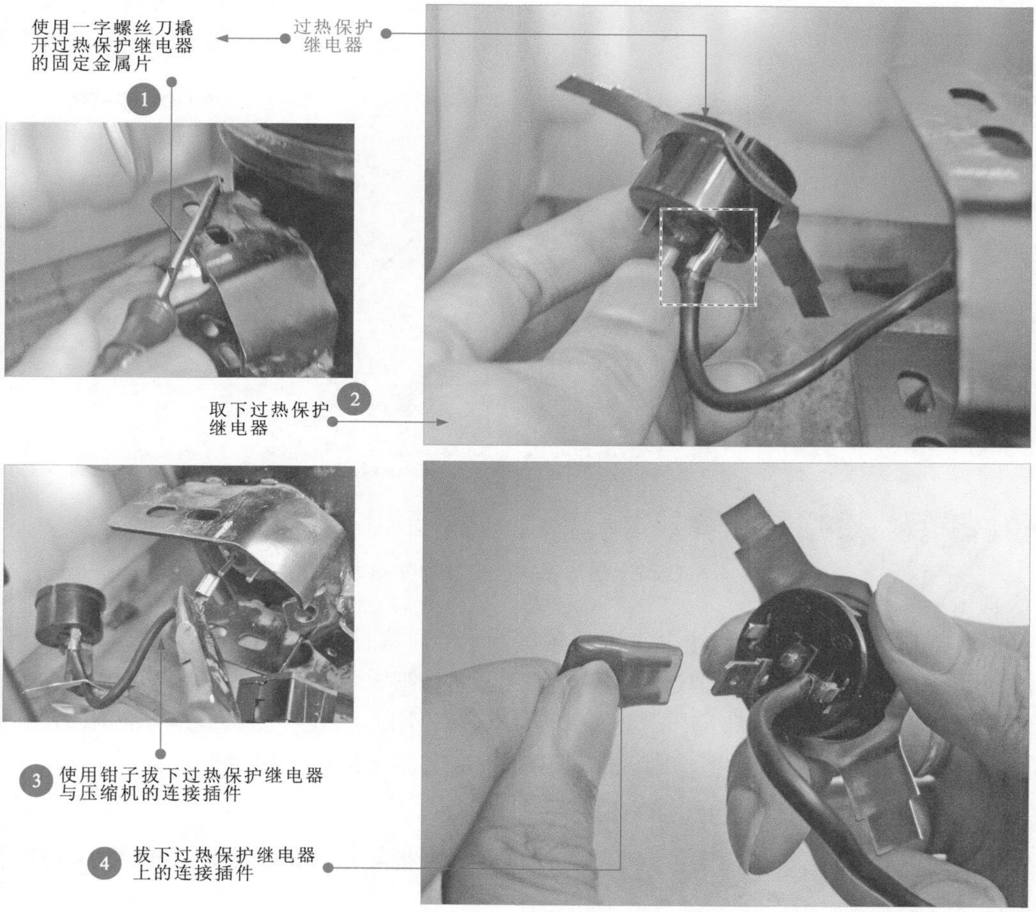

使用一字螺丝刀撬开过热保护继电器的固定金属片
过热保护继电器
①
② 取下过热保护继电器
③ 使用钳子拔下过热保护继电器与压缩机的连接插件
④ 拔下过热保护继电器上的连接插件

图 8-31　过热保护继电器的拆卸方法

（2）压缩机保护装置的检测方法

将被怀疑的过热保护装置拆下后，接下来需要对压缩机保护装置进行检测。

过热保护继电器损坏的原因多是触点接触不良、触点粘连、电阻丝烧断或常温下双金属触点变形不能复位等，若要判断过热保护继电器是否有故障，需用使用万用表对其触点的阻值进行检测，即可判断过热保护继电器是否出现故障。

过热保护继电器的检测方法如图 8-32 所示。

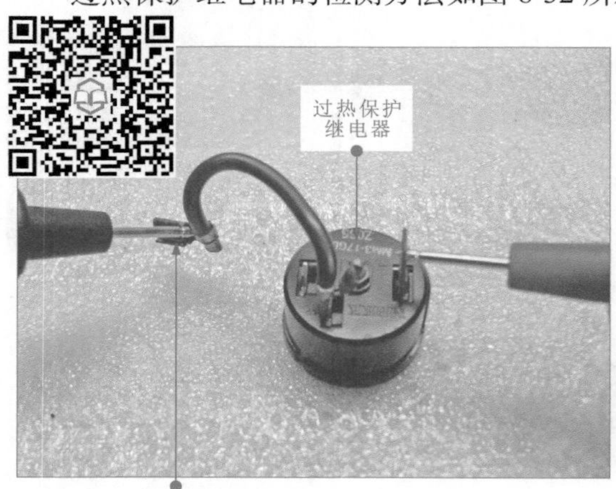
过热保护继电器
① 将万用表的红、黑表笔分别搭在过热保护继电器的两引脚上
② 常温状态下，万用表测得的阻值应接近于零

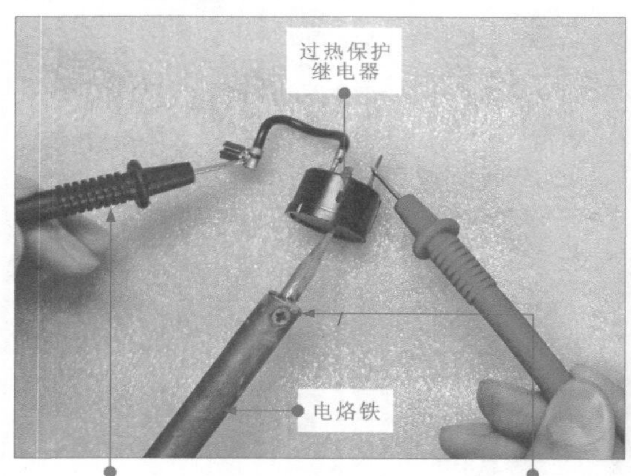
过热保护继电器
电烙铁
③ 将万用表的红黑表笔分别搭在过热保护继电器的两引脚上
④ 将电烙铁靠近过热保护继电器的底部
⑤ 高温情况下，万用表测得的阻值应为无穷大

图 8-32　过热保护继电器的检测方法

室温状态下，过热保护继电器金属片触点处于接通状态，用万用表检测接线端子的阻值应接近于零，正常；若测得阻值过大，甚至到无穷大，则说明该过热保护继电器内部损坏。

高温状态下，过热保护继电器金属片变形断开，用万用表检测接线端子的阻值应为无穷大，正常；若测得阻值为零，则说明过热保护继电器已损坏，应更换。

（3）压缩机保护装置的代换方法

经检查若确定过热保护继电器故障，就需要根据损坏过热保护继电器的大小选择适合的器件进行代换。

过热保护继电器的选择方法如图 8-33 所示。

损坏的过热保护继电器

规格参数相近，外形相似的过热保护继电器

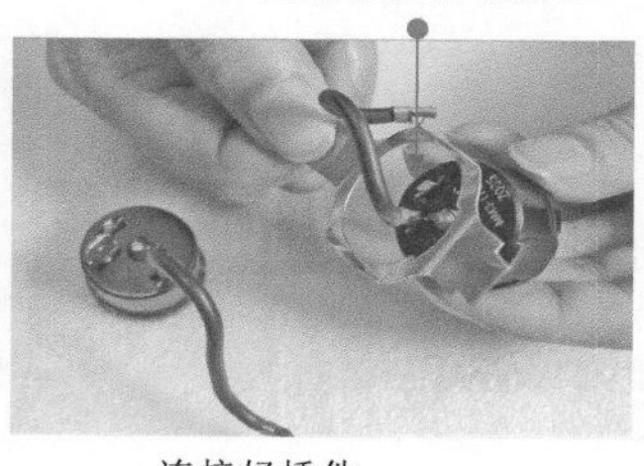
将金属片套在新的过热保护继电器上

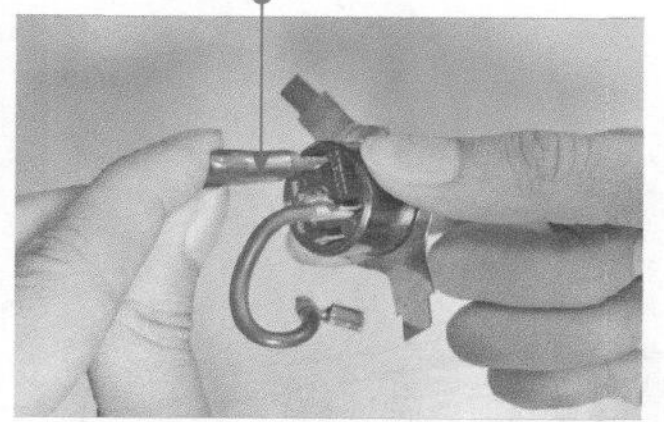
连接好插件

图 8-33 过热保护继电器的选择方法

提示

过热保护继电器属于易损元器件，由于它的价格低，所以损坏后只需选购同规格的过热保护继电器进行更换即可，切忌不能用保险丝或金属短接替代，否则将失去保护功能。

选择好合适的过热保护继电器后，接下来需要对过热保护继电器进行代换。代换时将新过热保护继电器安装到压缩机上，然后通电试机。

过热保护继电器的代换方法如图 8-34 所示。

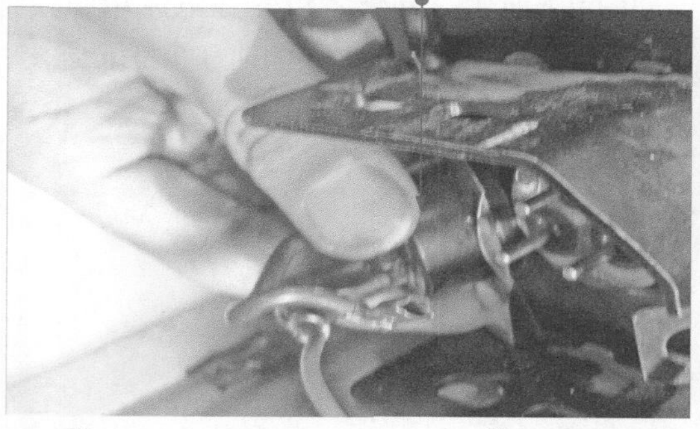
1 将过热保护继电器安装回原位置

2 将过热保护继电器上的插件与压缩机公共端相连

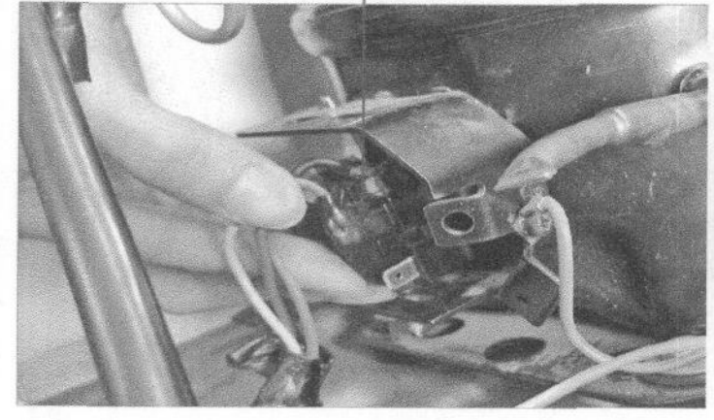
3 重新安装启动继电器

4 盖上启动保护装置的外壳

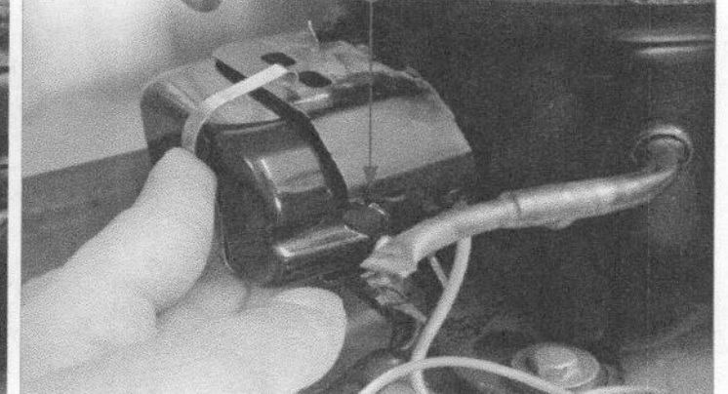
5 安装好金属卡扣后，通电开机发现压缩机能够正常启动和运行，故障排除

图 8-34 过热保护继电器的代换方法

第9章 电冰箱温度控制装置检修

9.1 电冰箱中的温度控制装置

电冰箱中的温度控制装置位于电冰箱的冷藏室内，是电冰箱中不可缺少的装置。在学习温度控制装置的检修之初，首先要对温度控制装置的安装位置、结构特点、种类特点以及工作原理有一定的了解。对于初学者而言，要能够根据温度控制装置的结构特点在电冰箱中准确地找到温度控制装置。这是开始检修温度控制装置的第一步。

9.1.1 温度控制装置的安装位置和结构特点

电冰箱中的温度控制装置主要是用来对电冰箱箱室内的制冷温度进行调节和控制的装置，电冰箱制冷时室内的温度高低都与温度控制装置相关。

温度控制装置的核心部件是一个控制部分和感温部分，温度控制装置就安装在电冰箱冷藏室内，由于其外形比较特殊，比较容易识别，如图9-1所示。初学者可先在电冰箱中找到冷藏室，即可确定温度控制装置的大体位置，这也是确定温度控制装置范围的重要依据。

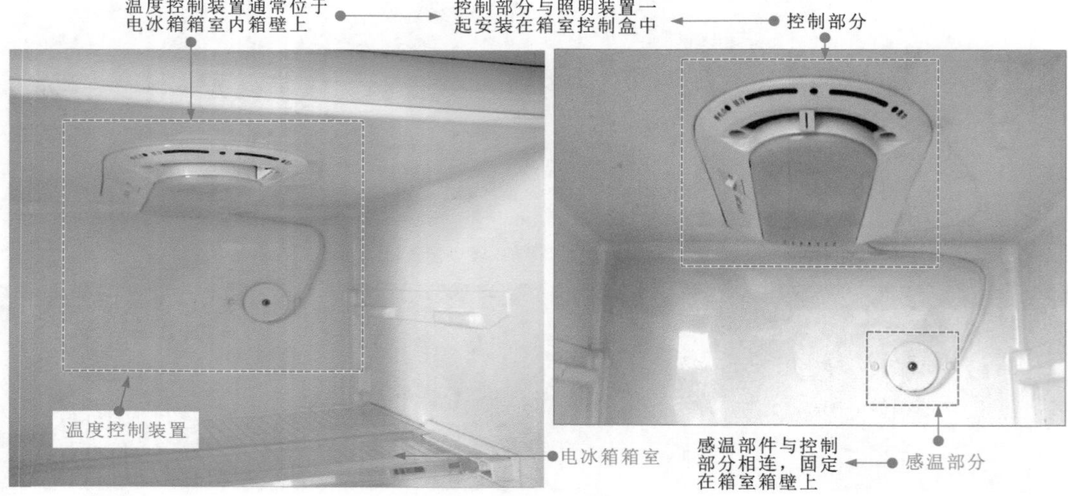
温度控制装置通常位于电冰箱箱室内箱壁上
控制部分与照明装置一起安装在箱室控制盒中
控制部分
温度控制装置
电冰箱箱室
感温部件与控制部分相连，固定在箱室箱壁上
感温部分

图9-1 压缩机启动装置的安装位置

对于初学者来说，当确定了温度控制装置的大体位置后，可通过从温度控制装置中的关键部件入手，找到该电路中的主要元器件。不同品牌、不同型号的电冰箱中，温度控制装置的安装位置、结构细节并不完全相同。图 9-2 所示为不同品牌、型号电冰箱中温度控制装置的结构特征。

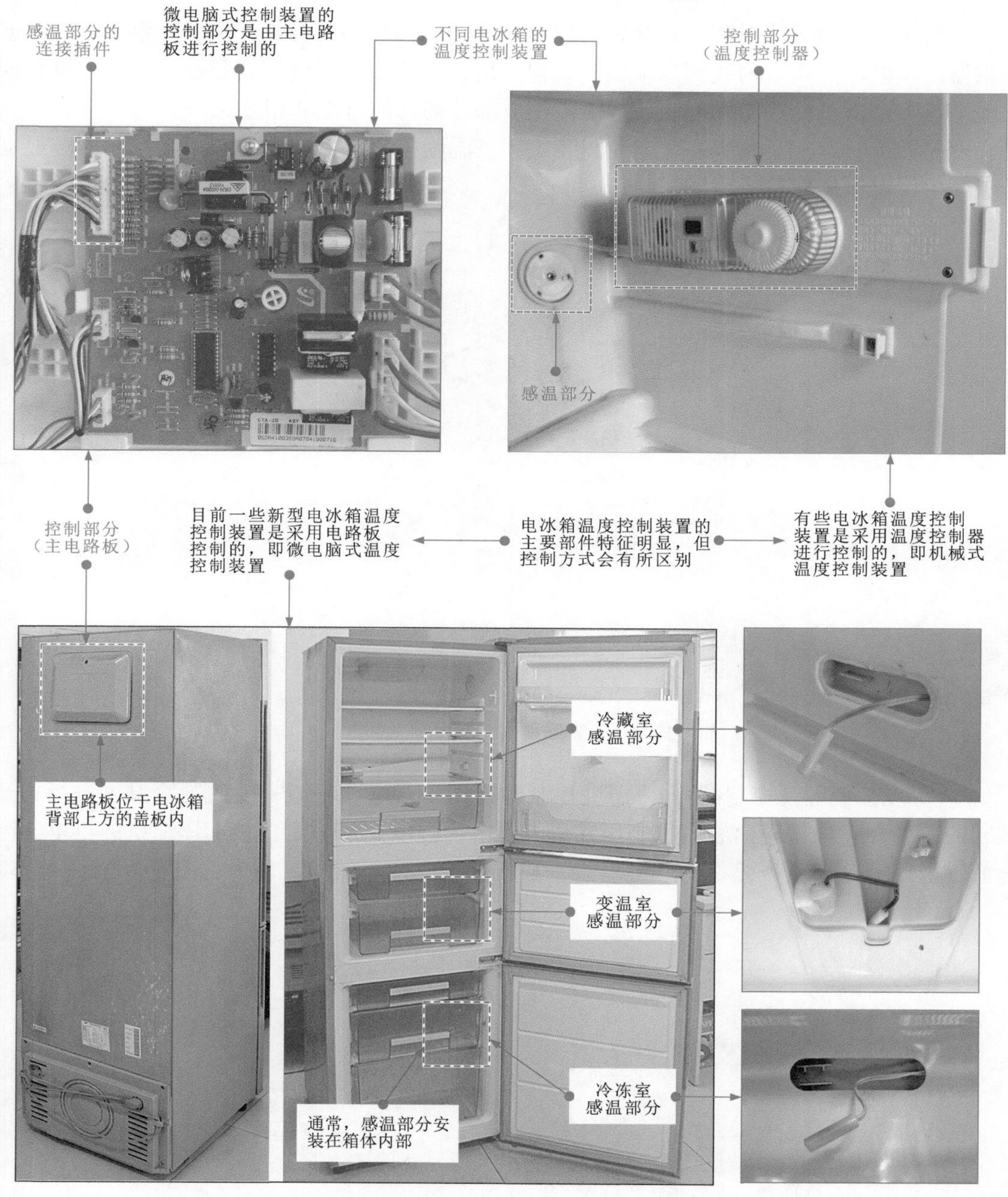
感温部分的
连接插件
微电脑式控制装置的
控制部分是由主电路
板进行控制的
不同电冰箱的
温度控制装置
控制部分
（温度控制器）
感温部分
控制部分
（主电路板）
目前一些新型电冰箱温度
控制装置是采用电路板
控制的，即微电脑式温度
控制装置
电冰箱温度控制装置的
主要部件特征明显，但
控制方式会有所区别
有些电冰箱温度控制
装置是采用温度控制器
进行控制的，即机械式
温度控制装置
主电路板位于电冰箱
背部上方的盖板内
冷藏室
感温部分
变温室
感温部分
冷冻室
感温部分
通常，感温部分安
装在箱体内部

图 9-2　不同品牌、型号电冰箱中温度控制装置的结构特征

在电冰箱中找到温度控制装置之后，就需要对温度控制装置结构组成进行深入地了解，掌握温度控制装置中各组成部件的功能特点和相互关系。

9.1.2 温度控制装置的种类特点

根据电冰箱温度控制装置控制方式的不同，可将温度控制装置分为机械式温度控制装置和微电脑式温度控制装置两种。下面对这两种温度控制装置的结构进行介绍。

（1）机械式温度控制装置

一般来说，机械式温度控制装置主要是温度控制器和温度补偿开关，感温装置是温度传感器。在电冰箱箱室内找到温度控制装置之后，就需要对温度控制装置结构组成进行深入地了解，掌握机械式温度控制装置中各组成部件的功能特点和相互关系。

图 9-3 所示为典型机械式温度控制装置。该温度控制装置主要是由温度控制器、温度补偿开关、温度传感器等组成的。

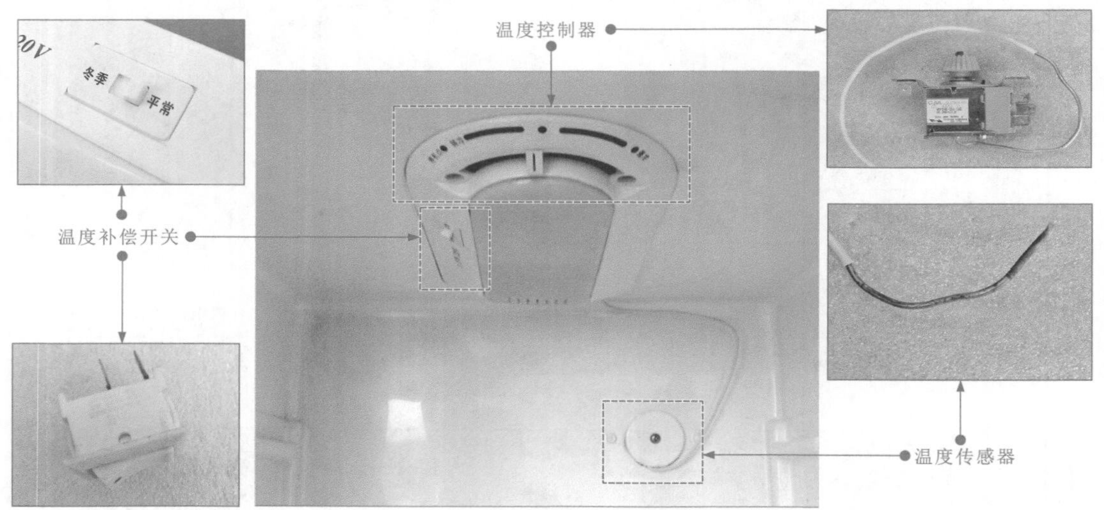
温度控制器
冬季
平常
温度补偿开关
温度传感器

图 9-3 典型机械式温度控制装置

① 温度控制器（控制部分） 温度控制器是用来对电冰箱箱室内的制冷温度进行调节控制的器件，它根据箱内温度控制压缩机的供电，温度高于设定值接通压缩机的供电，温度低于设定值则切断压缩机的供电。它一般安装在电冰箱的冷藏室内，图 9-4 所示为温度

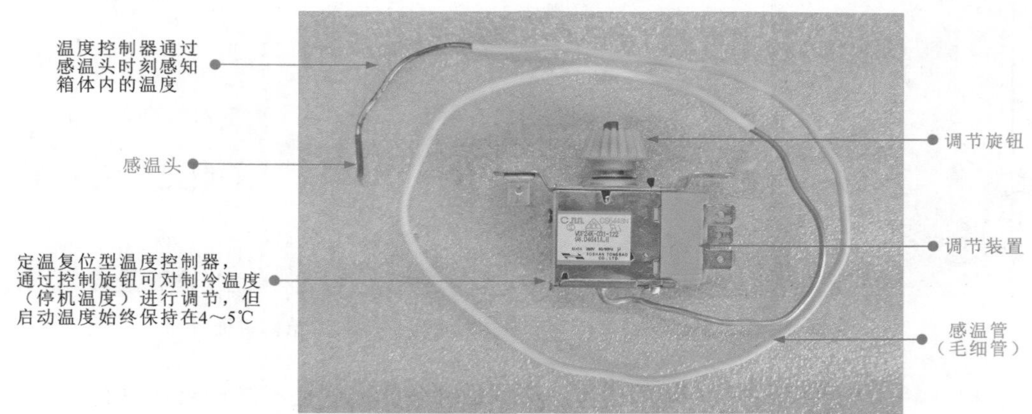
温度控制器通过
感温头时刻感知
箱体内的温度
感温头
定温复位型温度控制器，
通过控制旋钮可对制冷温度
（停机温度）进行调节，但
启动温度始终保持在4～5℃
调节旋钮
调节装置
感温管
（毛细管）

图 9-4 温度控制器的实物外形

控制器的实物外形。从图中可以看出温度控制器主要由调节装置（温度控制器主体）、调节旋钮、温度传感器（感温管和感温头）等构成。

图 9-5 所示为典型温度控制器的内部结构图，从图中可以了解温度控制器内部的基本构造。

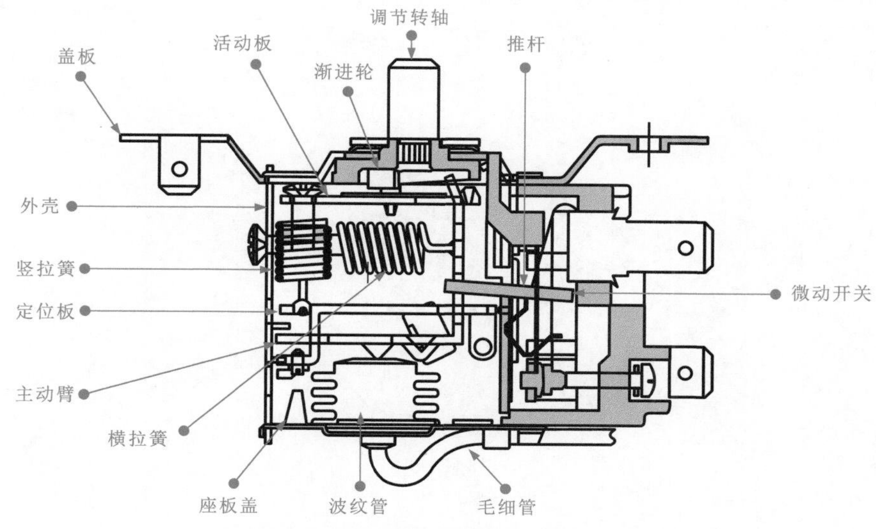
调节转轴
活动板
推杆
盖板
渐进轮
外壳
竖拉簧
定位板
主动臂
横拉簧
微动开关
座板盖
波纹管
毛细管

图 9-5　典型温度控制器的内部结构图

提示

机械式温度控制器除了这种普通的温度控制器外，有些电冰箱还采用半自动化霜温度控制器和感温风门温度控制器。

a. 半自动化霜温度控制器。在普通型温度控制器的基础上，增加了一套除霜装置的温度控制器称为半自动化霜温度控制器，如图 9-6 所示。半自动化霜温度控制器在电冰箱中，一方面可以像普通型温度控制器那样对箱内温度进行调节和控制，另一方面当冰箱蒸发器表面霜层过厚时可自动进行化霜。

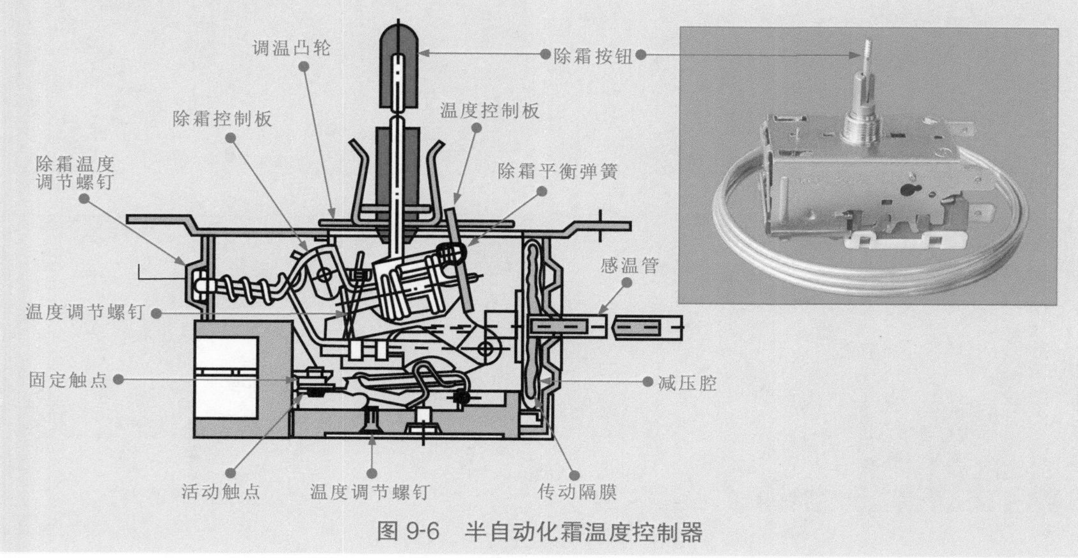
调温凸轮
除霜按钮
除霜控制板
温度控制板
除霜温度
调节螺钉
除霜平衡弹簧
感温管
温度调节螺钉
固定触点
减压腔
活动触点
温度调节螺钉
传动隔膜

图 9-6　半自动化霜温度控制器

b. 感温风门温度控制器。而感温风门温度控制器主要应用于双门间冷式无霜电冰箱中，这种电冰箱利用强制循环的冷空气分别对冷藏室和冷冻室进行冷却，感温风门温度控制器根据温度控制风门的自动开启和关闭，从而实现控制冷冻室和冷藏室的温度，如图 9-7 所示。

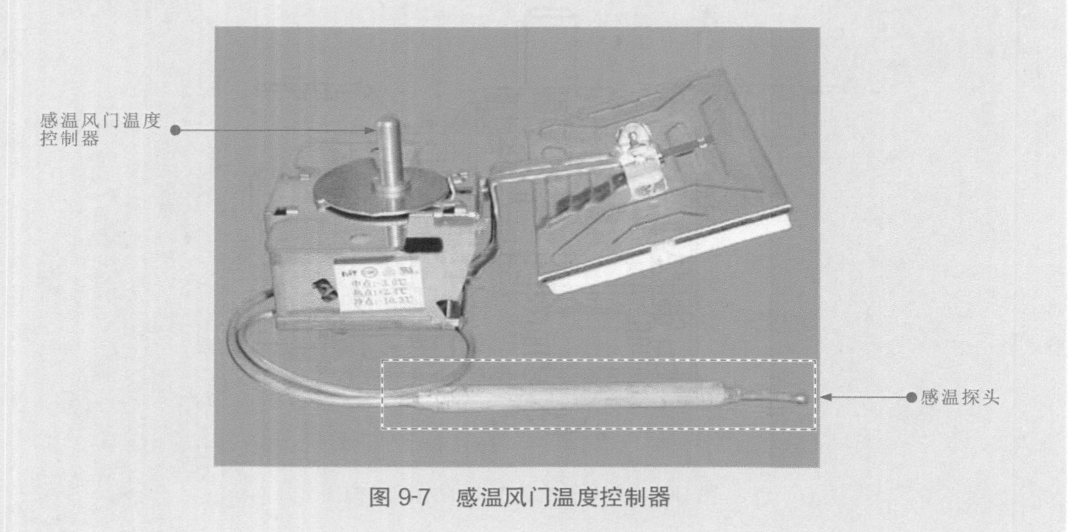
感温风门温度控制器
感温探头

图 9-7　感温风门温度控制器

② 温度补偿开关（控制部分）　温度补偿开关是用来对电冰箱制冷工作进行补偿调节的电气部件，它一般安装在电冰箱的冷藏室的控制盒内。图 9-8 所示为温度补偿开关的实物外形。

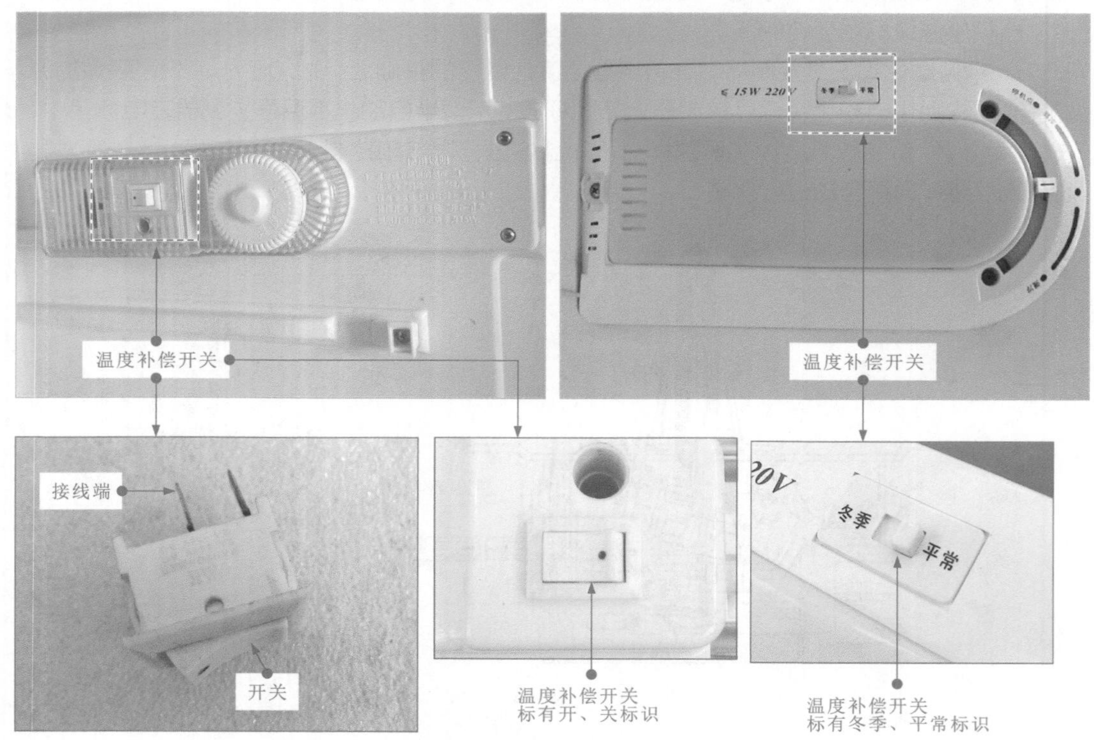
温度补偿开关
温度补偿开关
接线端
开关
冬季
平常
温度补偿开关
标有开、关标识
温度补偿开关
标有冬季、平常标识

图 9-8　温度补偿开关的实物外形

低温环境中使用电冰箱，会大幅降低电冰箱压缩机的工作频率。因此，很多电冰箱设置了冬季温度补偿开关，适时补充调节温度控制器的感应温度，防止压缩机过长时间不启动、电冰箱制冷不足等问题。

（2）微电脑式温度控制装置

一般来说，微电脑式温度控制装置主要也是由控制部分和感温部分组成，其中控制部分是指控制电路板，感温部分是指温度传感器。微电脑根据检测的箱内温度对压缩机进行控制。在电冰箱中找到温度控制装置之后，就需要对温度控制装置结构组成进行深入的了解，掌握机械式温度控制装置中各组成部件的功能特点和相互关系。

图 9-9 所示为典型微电脑式温度控制装置。该温度控制装置主要是由主电路板、温度传感器等组成的。

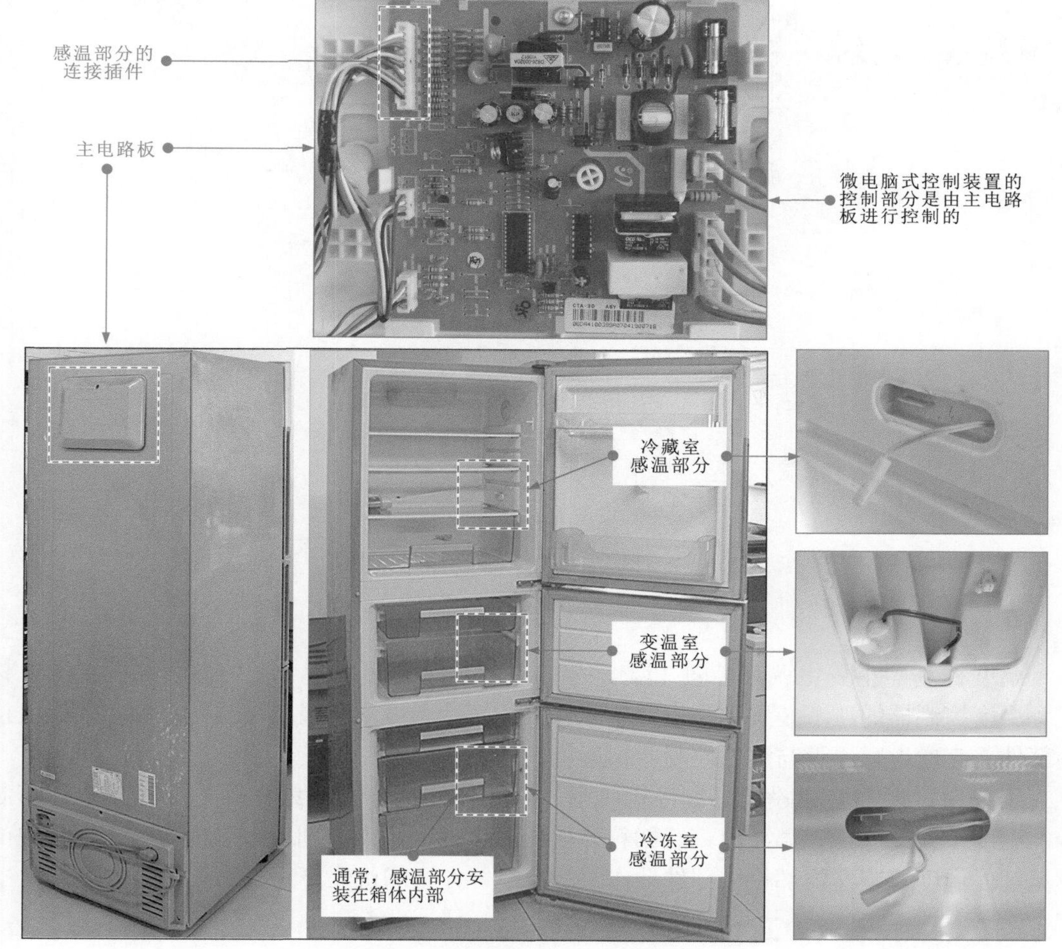
感温部分的
连接插件
主电路板
微电脑式控制装置的
控制部分是由主电路
板进行控制的
冷藏室
感温部分
变温室
感温部分
冷冻室
感温部分
通常，感温部分安
装在箱体内部

图 9-9　典型微电脑式温度控制装置

温度传感器所使用的热敏电阻，可分为正温度系数热敏电阻和负温度系数热敏电阻。其中正温度系数热敏电阻的温度升高时，其阻值也会升高，温度降低时，其阻值也会降低；而负温度系数热敏电阻正好相反，当其温度升高时，阻值便会降低，当温度降低时，阻值便会升高。

9.2 温度控制装置的工作原理

9.2.1 机械式温度控制装置的工作原理

机械式温度控制装置是通过温度控制器对电冰箱室内的制冷温度进行调节控制的。图 9-10 所示为机械式温度控制装置的工作原理图。

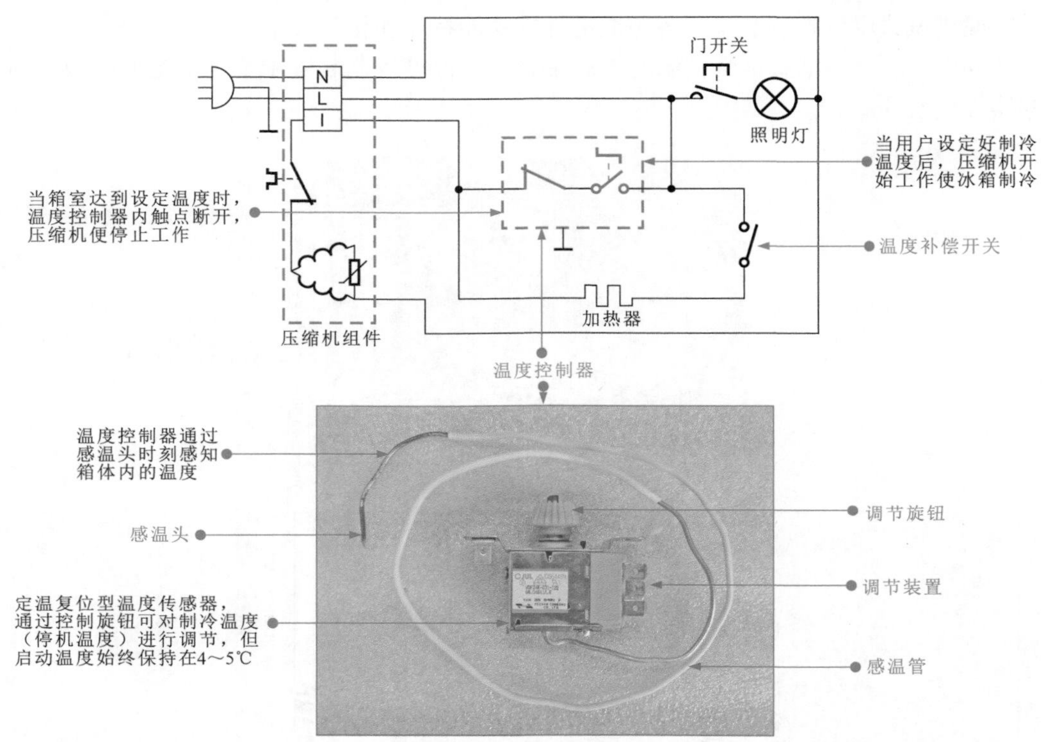
门开关
N
L
I
照明灯
当用户设定好制冷温度后，压缩机开始工作使冰箱制冷
当箱室达到设定温度时，温度控制器内触点断开，压缩机便停止工作
温度补偿开关
加热器
压缩机组件
温度控制器
温度控制器通过感温头时刻感知箱体内的温度
感温头
调节旋钮
调节装置
定温复位型温度传感器，通过控制旋钮可对制冷温度（停机温度）进行调节，但启动温度始终保持在4～5℃
感温管

图 9-10　温度控制装置的工作原理图

温度控制器主要由调节装置（温度控制器主体）、温度传感器（感温管和感温头）构成。温度控制器的调节装置用来设定电冰箱内的制冷温度。感温头是温度控制器的温度检测部件，它通过感温管与温度控制器相连。

用户通过调节旋钮设定好制冷温度后，内部触点闭合，压缩机开始工作使电冰箱制冷。温度控制器通过感温头时刻感知箱体内的温度，当室内达到设定温度时，感温管内的感温剂使温度控制器内部机械部件动作，触点断开，压缩机便停止工作。

（1）温度控制器的工作原理

机械式温度控制器主要是由感温器和触点式微型开关等部件构成，如图 9-11 所示。其中感温器叫作温压转换部件，是一个封闭的囊体，主要由温度传感器（感温头、感温管）和感温腔三部分组成。感温头位于蒸发器的表面或电冰箱箱体内，用以感应电冰箱箱内的温度。感温管内充有感温剂，温度控制器旋钮用以设定冰箱的制冷温度。

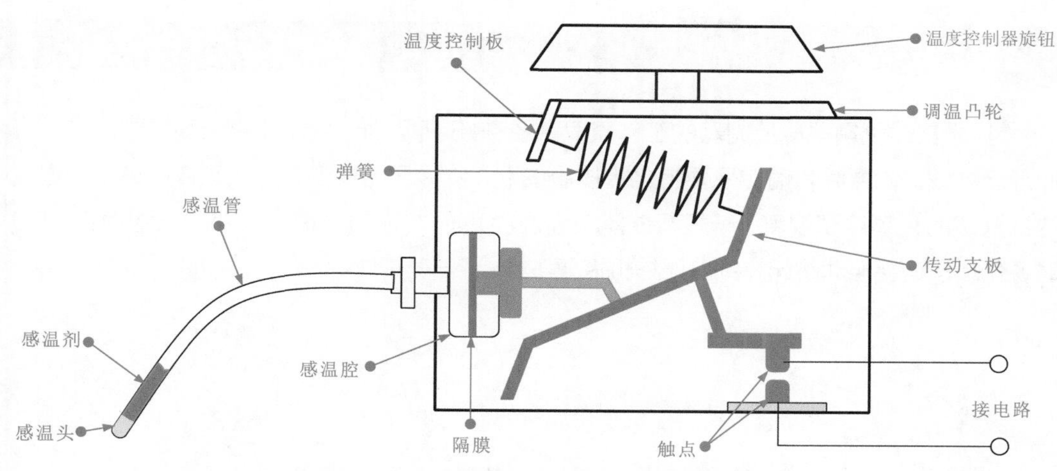
温度控制板
温度控制器旋钮
调温凸轮
弹簧
感温管
传动支板
感温剂
感温腔
接电路
感温头
隔膜
触点
图 9-11　机械式温度控制器的工作原理图

电冰箱制冷温度的调节是通过调节温度控制器旋钮实现的，如图 9-12 所示。当调整温度控制器旋钮时，温度控制器旋钮便带动调温凸轮转动，造成温度控制板的前移或后移，从而控制弹簧拉力的增大或缩小。若弹簧拉力较大，就需要待蒸发器温度较高时使感温剂压力增大，产生较大的推动力使得传动支板前移，推动触点闭合，压缩机才会启动工作，这就是调高冰箱温度的方法。反之，若弹簧拉力小，当蒸发器温度稍微升高时，感温剂所产生的压力就足以推动传动支板，使触点闭合，启动压缩机工作，这样就将电冰箱的制冷温度调低了。

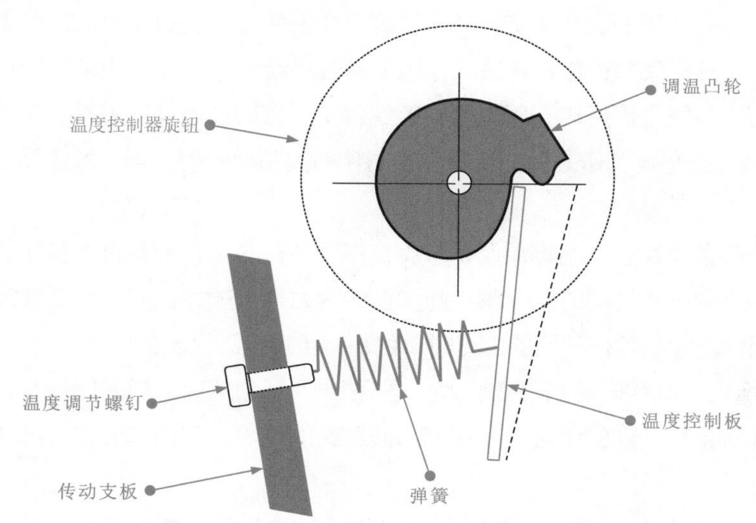
调温凸轮
温度控制器旋钮
温度调节螺钉
温度控制板
传动支板
弹簧
图 9-12　温度控制器的调温凸轮与温度控制板的关系示意图

图 9-12 中的温度调节螺钉是用来调整温度范围的，将该螺钉顺时针转动（右旋），相当于加大了弹簧的拉力，使得温控点升高。如果电冰箱出现不停机的故障，可将该调节螺钉顺时针旋转半周或一周。反之，若逆时针转动该温度调节螺钉（左旋），则相当于减小弹簧的拉力，使得温控点降低。当电冰箱出现不能规律性启动的故障时，可将该调节螺钉逆时针旋转半周或一周。

提示

① 半自动化霜温度控制器的工作原理　图 9-13 所示为半自动化霜温度控制器的工作原理示意图。需要除霜时，只要将化霜按钮按下，制冷压缩机就会停止工作，待箱内温度达到预定的化霜终了温度（一般蒸发器表面温度为 5 ℃左右，箱内中部温度约为 10 ℃）时，化霜按钮会自动跳起，制冷压缩机恢复工作。

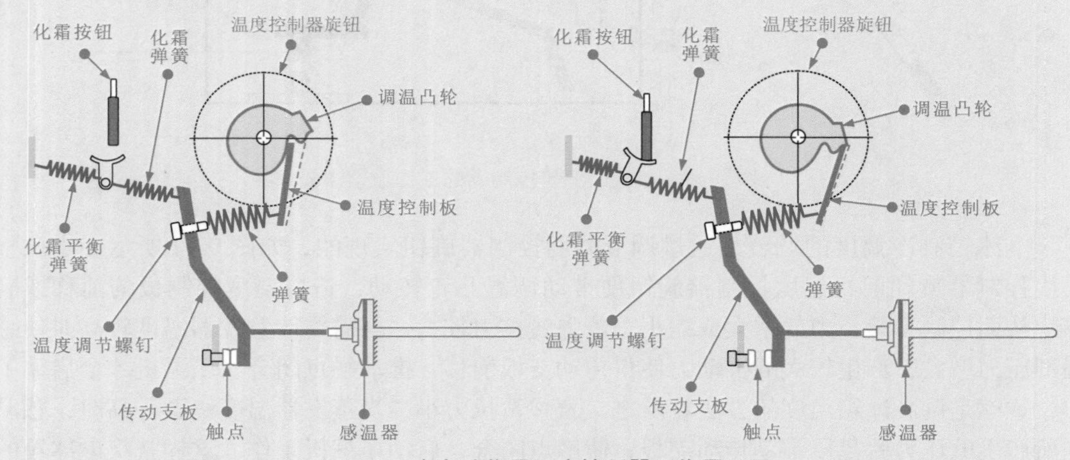
化霜按钮
化霜弹簧
温度控制器旋钮
调温凸轮
温度控制板
化霜平衡弹簧
弹簧
温度调节螺钉
传动支板
触点
感温器
化霜按钮
化霜弹簧
温度控制器旋钮
调温凸轮
温度控制板
化霜平衡弹簧
弹簧
温度调节螺钉
传动支板
触点
感温器
图 9-13　半自动化霜温度控制器工作原理图

当化霜按钮未按下时，化霜弹簧并未对弹簧（主弹簧）增加外力，如将化霜按钮按下进行化霜，传动支板就会在化霜弹簧的作用下将触点断开，压缩机便停止运转。当箱内温度达到预定的化霜终了温度时，感温器中感温剂所产生的压力才能够推动主杠杆（传动支板），使它克服化霜平衡弹簧之外的化霜弹簧对化霜控制板的阻力矩，触点闭合，压缩机开始工作。

化霜平衡弹簧是用于补偿调温凸轮被旋在不同位置时化霜弹簧拉力变化的。例如，当调温凸轮从冷点向热点转动时，化霜平衡弹簧的阻力矩增加，但化霜平衡弹簧的顺向力矩也增加，从而使调温凸轮在不同的位置时，化霜终了温度不会发生变化。

② 感温风门温度控制器的工作原理　图 9-14 所示为感温风门温度控制器的工作原理示意图，感温头将感受到的温度变化变换为波纹管的位移，利用弹簧和杠杆调节风门的开启角度。

当调节旋钮置于热位置时，波纹管在内部作用力的带动下推动杠杆，使活动风门处于垂直状态，风门完全闭合；当调节旋钮置于冷位置时，波纹管在内部作用力的带动下释放杠杆，使活动风门旋转角度偏离垂直位置，风门被打开。

感温风门温度控制器的工作原理，也是利用感温剂压力随温度而变化的特性，通过转换部件带动并改变风门开闭的角度，控制冷藏室的冷风量，以控制冷藏室的温度。它不接入电路，由冷冻室温度控制器控制压缩机的启停。

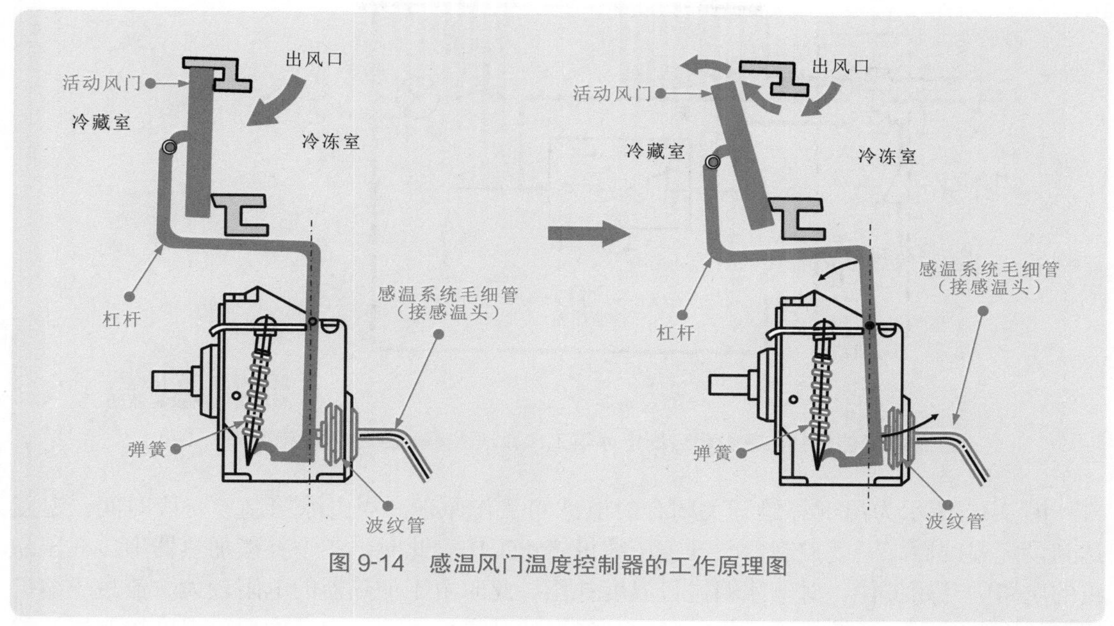
活动风门
出风口
冷藏室
冷冻室
杠杆
感温系统毛细管
（接感温头）
弹簧
波纹管
出风口
活动风门
冷藏室
冷冻室
感温系统毛细管
（接感温头）
杠杆
弹簧
波纹管

图 9-14　感温风门温度控制器的工作原理图

（2）温度补偿开关的工作原理

图 9-15 所示为典型温度补偿开关断开时电冰箱的工作原理图。温度补偿开关控制的是冬季补偿加热器，接通温度补偿开关后，当箱内温度较低时，温度控制器断路，交流电源经开关 K、压缩机绕组形成回路，加热器开始加热使温度控制器温度上升，温度控制器内的开关闭合，压缩机得电开始工作，进行制冷。当不需要进行温度补偿，也就是温度补偿开关处于开路状态时，由温度控制器直接控制压缩机运行。

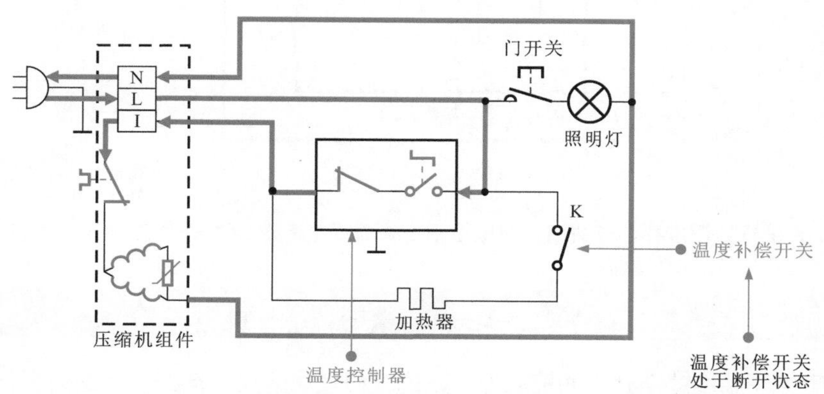
门开关
N
L
I
照明灯
K
温度补偿开关
加热器
压缩机组件
温度控制器
温度补偿开关
处于断开状态

图 9-15　温度补偿开关断开时电冰箱工作原理（美菱 BCD-191 电冰箱）

图 9-16 所示为温度补偿开关闭合时电冰箱工作原理。当冬季到来，随着环境温度的降低，为了防止压缩机长时间不启动，可将温度补偿开关拨至冬季状态，即温度补偿开关闭合。此时冬季补偿加热器会参与电冰箱工作。

当电冰箱内的温度高于温度控制器事先设定的温度时，即便是温度补偿开关闭合，温度控制器内的开关接通将加热器短路，冬季补偿加热器仍不工作，压缩机在温度控制器的监控下，制冷运行。

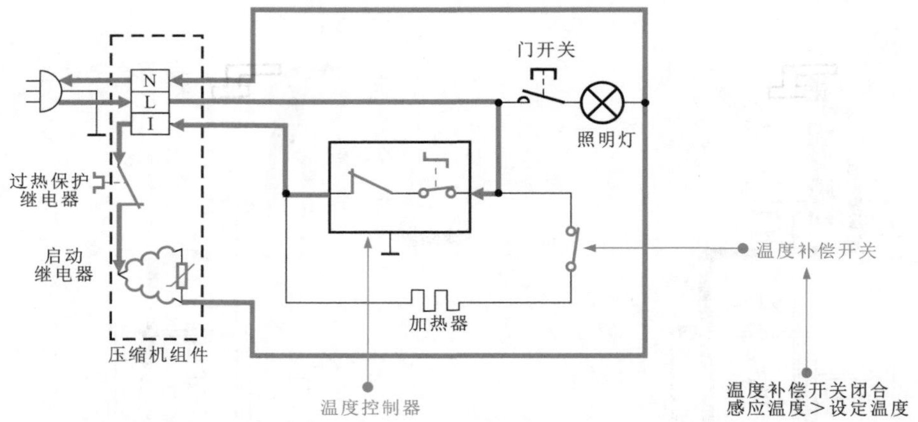
门开关
N
L
I
照明灯
过热保护
继电器
启动
继电器
温度补偿开关
加热器
压缩机组件
温度控制器
温度补偿开关闭合
感应温度>设定温度

图 9-16　温度补偿开关闭合时电冰箱工作原理（美菱 BCD-191 电冰箱）（1）

图 9-17 所示为温度补偿开关闭合时电冰箱工作原理。当电冰箱制冷一段时间，温度达到设定温度后，温度控制器断开，压缩机停止工作。此时，冬季补偿加热器串接在压缩机的电路中开始工作，对电冰箱进行温度补偿。此时由于加热器的电阻较大，流过压缩机绕组的电流较小，压缩机不工作。感应到温度的升高，达到设定温度后，温度控制器开关接通，压缩机又开始重新工作。

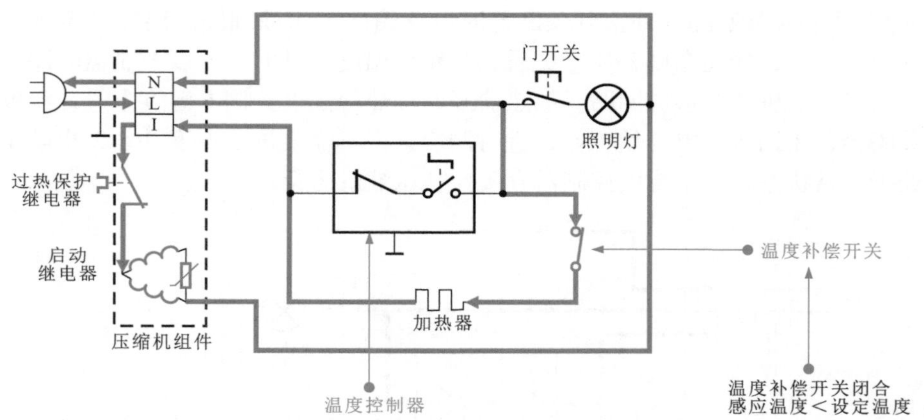
门开关
N
L
I
照明灯
过热保护
继电器
启动
继电器
温度补偿开关
加热器
压缩机组件
温度控制器
温度补偿开关闭合
感应温度<设定温度

图 9-17　温度补偿开关闭合时电冰箱工作原理（美菱 BCD-191 电冰箱）（2）

提示

不同电冰箱温度补偿开关的控制部件不同，但其目的是一样的，都是为了在冬季补偿温度，使电冰箱能够在低温环境中照样正常地运行，但工作原理略有不同。

图 9-18 所示为容声 BCD-208 电冰箱温度补偿开关闭合时电冰箱工作原理。温度补偿开关控制的是照明灯，照明灯作为加热器。温度补偿开关与整流二极管串联后并联在门开关上。当冬季需要进行温度补偿时，温度补偿开关就会闭合，即使关闭电冰箱箱门后，照明灯仍然会亮，发出热能，对电冰箱进行温度补偿，以便压缩机正常运行工作。

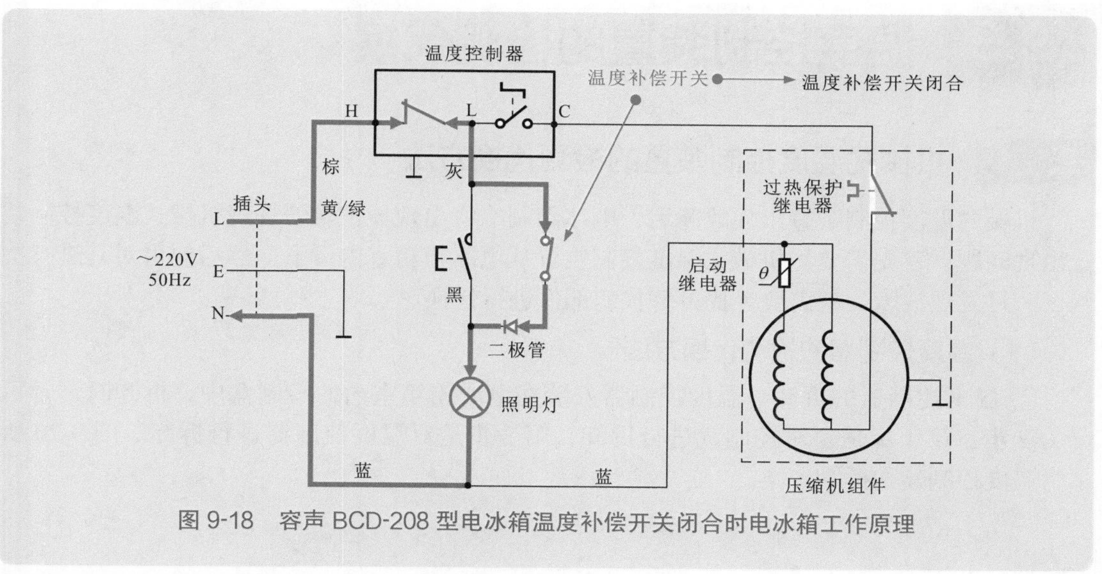
温度控制器
温度补偿开关
温度补偿开关闭合
H
L
C
棕
灰
插头
黄/绿
L
~220V
50Hz
E
N
黑
二极管
照明灯
过热保护继电器
启动继电器
θ
蓝
蓝
压缩机组件

图 9-18　容声 BCD-208 型电冰箱温度补偿开关闭合时电冰箱工作原理

9.2.2　微电脑式温度控制装置工作原理

微电脑式温度控制装置是指通过主电路板对电冰箱室内的温度进行调节控制的。图 9-19 所示为典型电冰箱的温度检测电路。

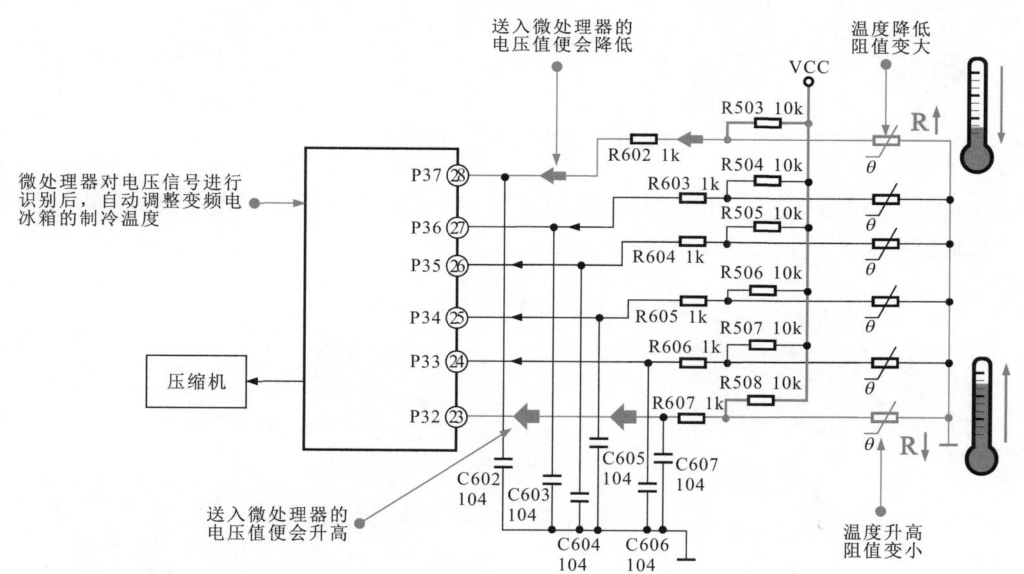
送入微处理器的电压值便会降低
温度降低阻值变大
VCC
R503 10k
R602 1k
R504 10k
R603 1k
R505 10k
R604 1k
R506 10k
R605 1k
R507 10k
R606 1k
R508 10k
R607 1k
P37 28
P36 27
P35 26
P34 25
P33 24
P32 23
微处理器对电压信号进行识别后，自动调整变频电冰箱的制冷温度
压缩机
C602 104
C603 104
C604 104
C605 104
C606 104
C607 104
送入微处理器的电压值便会升高
温度升高阻值变小

图 9-19　典型电冰箱的温度检测电路

该电路主要由温度传感器、微处理器以及外围电子元器件构成。这些温度传感器采用负温度系数热敏电阻，当某一箱室内温度降低，该箱室的温度传感器自身阻值上升，送入微处理器的电压值便会升高；当箱室内温度升高，温度传感器自身阻值降低，送入微处理器的电压值便会降低。微处理器对电压信号进行识别后，自动对压缩机进行控制，使电冰箱处于恒温制冷模式下，从而实现变频电冰箱的自动控温功能。

9.3 温度控制装置的检测代换

9.3.1 机械式温度控制装置的检测代换方法

机械式温度控制装置出现故障后，电冰箱制冷将出现异常。若怀疑机械式温度控制装置出现问题，首先需要将机械式温度控制装置从电冰箱箱室内拆下，然后便可对其进行检测，一旦发现故障，就需要寻找可替代的部件进行代换。

（1）温度控制器的检测代换方法

① 温度控制器的拆卸　温度控制器安装在电冰箱箱室内的控制盒中，拆卸时通常可分为 2 步：第 1 步是要对控制盒进行拆卸，第 2 步是对温度控制器进行拆卸。图 9-20 所示为温度控制器的拆卸方案。

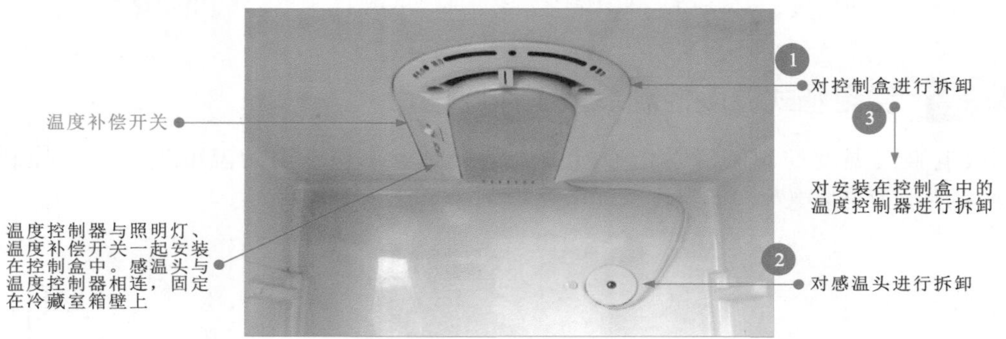
温度补偿开关
温度控制器与照明灯、温度补偿开关一起安装在控制盒中。感温头与温度控制器相连，固定在冷藏室箱壁上
1 对控制盒进行拆卸
3
对安装在控制盒中的温度控制器进行拆卸
2 对感温头进行拆卸

图 9-20　温度控制器的拆卸方案

a. 对控制盒进行拆卸。由于温度控制器安装在控制盒内，因此要先对控制盒进行拆卸。控制盒的拆卸方法如图 9-21 所示。

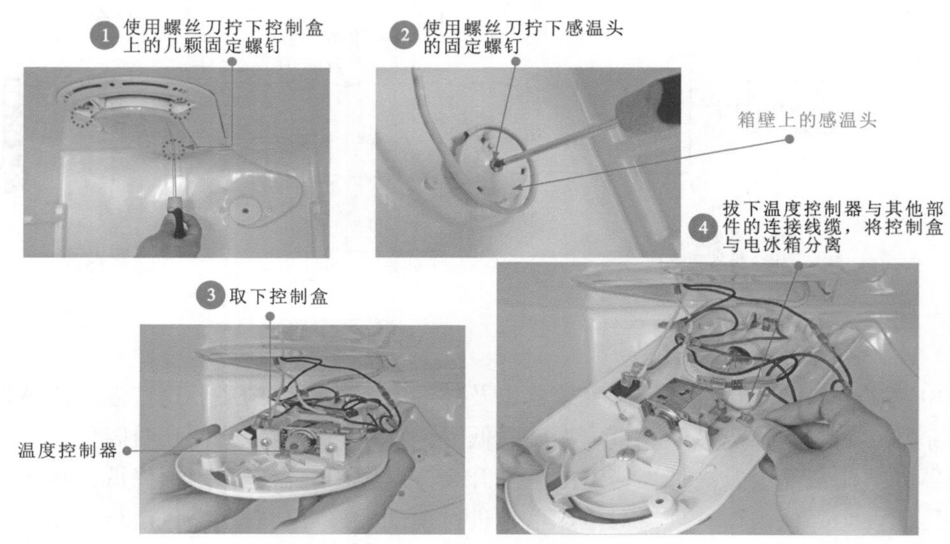
1 使用螺丝刀拧下控制盒上的几颗固定螺钉
2 使用螺丝刀拧下感温头的固定螺钉
箱壁上的感温头
4 拔下温度控制器与其他部件的连接线缆，将控制盒与电冰箱分离
3 取下控制盒
温度控制器

图 9-21　控制盒的拆卸方法

b. 对温度控制器进行拆卸。拆下控制盒后，再对温度控制器进行拆卸。

温度控制器的拆卸方法如图 9-22 所示。

1 使用螺丝刀拧下温度控制器的两颗固定螺钉

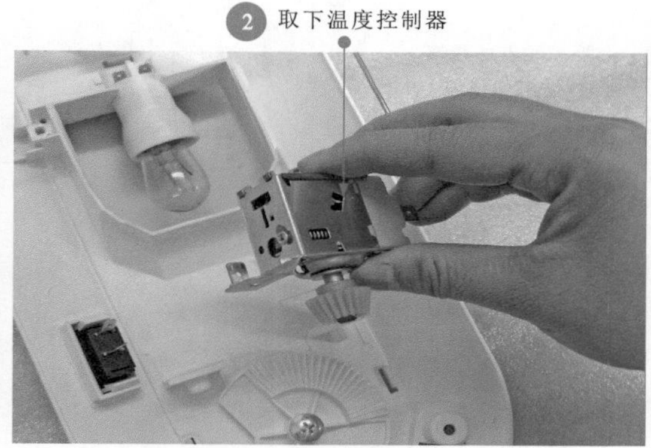
2 取下温度控制器

图 9-22　温度控制器的拆卸方法

② 温度控制器的检测　拆下温度控制器后，对温度控制器进行检测，先对感温头、感温管进行检查，再使用万用表对温度控制器不同状态下的阻值进行检测，即可判断温度控制器是否出现故障。

温度控制器的检测方法如图 9-23 所示。

③ 温度控制器的代换　若温度控制器损坏就需要根据损坏温度控制器的类型、型号、大小等规格参数选择适合的器件进行代换。

将新温度控制器安装到护盖内，由于固定方式与原部件不同，需要使用线缆进行调整。

温度控制器的代换方法如图 9-24 所示。

（2）温度补偿开关的检测代换

① 温度补偿开关的拆卸　温度补偿开关通常安装在电冰箱冷藏室的控制盒上，两个引脚分别与温度控制器和温度补偿加热器连接。拆卸时通常可分为 2 步：第 1 步是要对控制盒进行拆卸，第 2 步是对温度补偿开关进行拆卸。图 9-25 所示为温度补偿开关的拆卸方案。

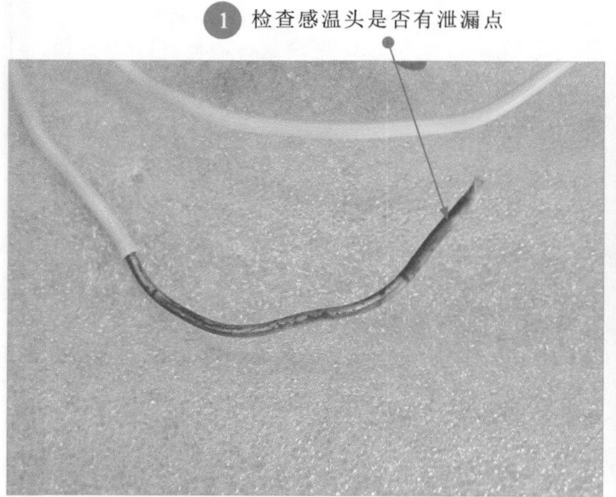
1 检查感温头是否有泄漏点

2 检查感温管是否有泄漏点，管路是否有弯折、挤压的情况
CO., LTD.

图 9-23

④ 将温度控制器调至制冷模式（除停机挡的任意位置）

⑤ 红、黑表笔任意搭在温度控制器两引脚上

⑥ 制冷模式下，温度控制器引脚间阻值为零

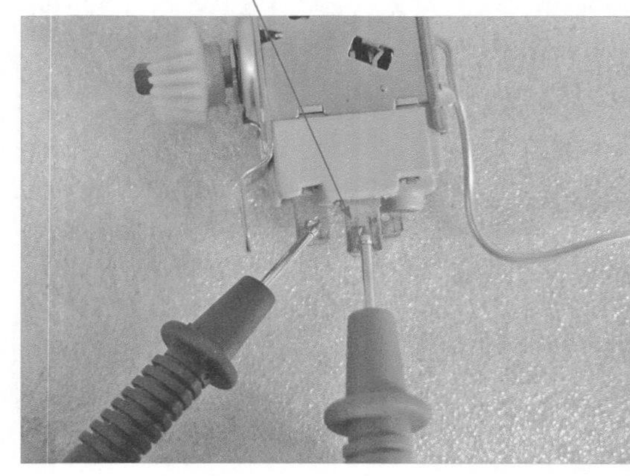

ISO 9001认证
MODEL MF47-8
A-V-Ω
MODEL MF47-8
全保护·遥控器检测

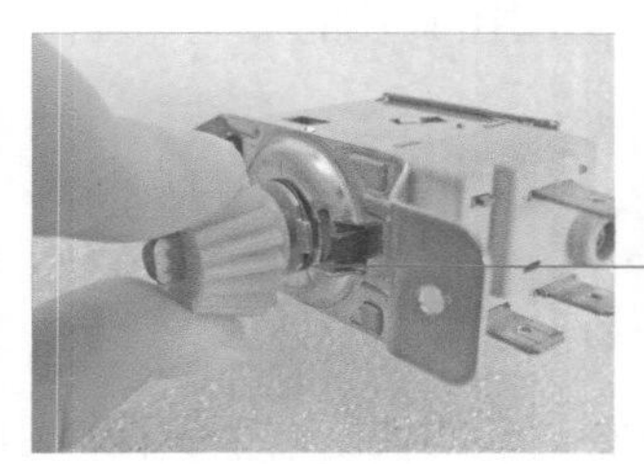

③ 万用表挡位调至“×1”欧姆挡

⑧ 将温度控制器调至停机挡的位置

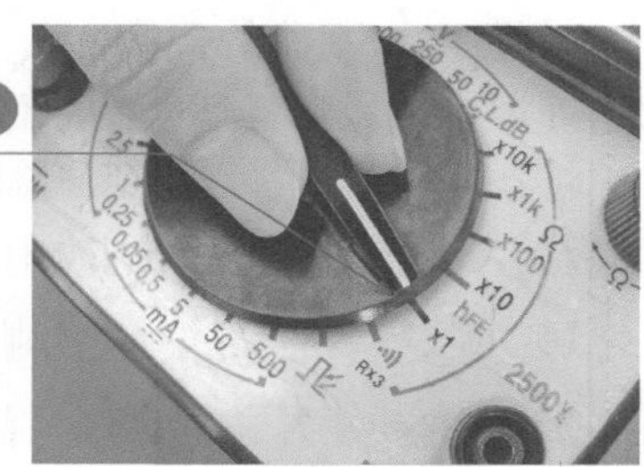

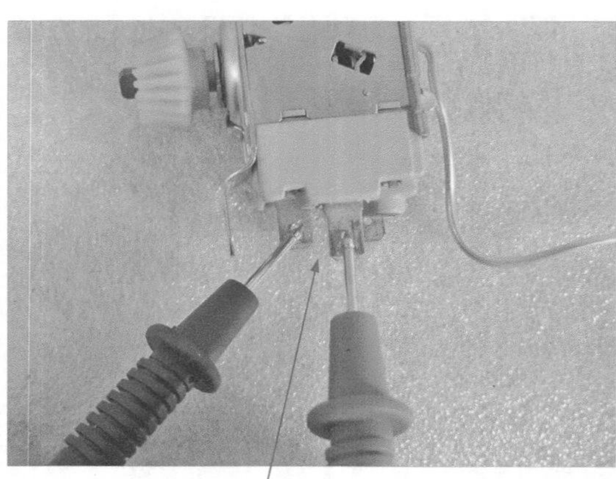

ISO 9001认证
MODEL MF47-8
A-V-Ω
MODEL MF47-8
全保护·遥控器检测

⑦ 红、黑表笔位置不变

⑨ 停机状态下，温度控制器引脚间阻值为无穷大

图 9-23　温度控制器的检测方法

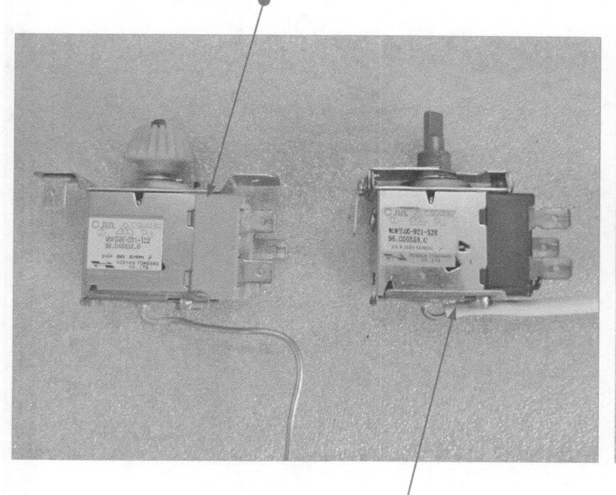
损坏的温度控制器，属于定温复位型温度控制器，型号为WDF24K
选用的温度控制器也属于定温复位型温度控制器，型号为WDF24K，大小基本相同

损坏的温度控制器采用齿轮传动的方式来调节旋钮，并使用螺钉进行固定
对新温度控制器进行安装时，要根据需要对温度控制器的传动方式和固定方式进行改造

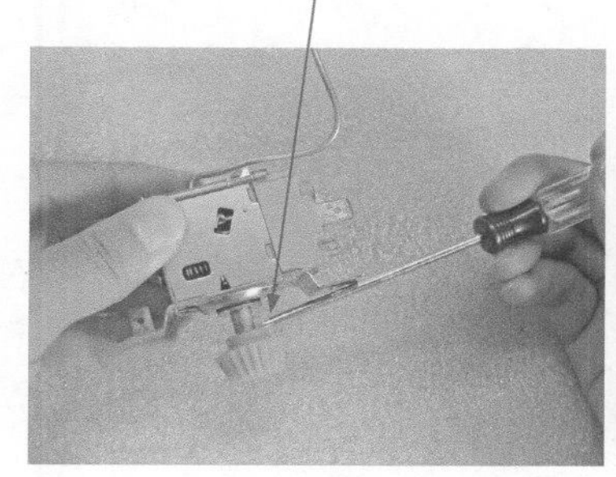
1 使用一字螺丝刀撬下原温度控制器上的齿轮

2 将齿轮内部凹槽与新温度控制器的旋杆对齐

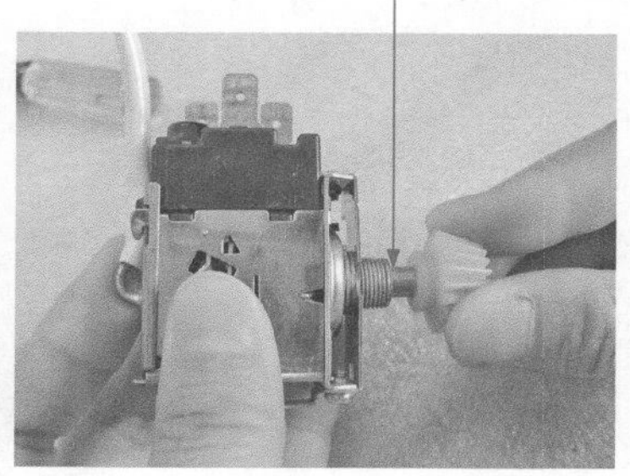
3 为新温度控制器安装齿轮

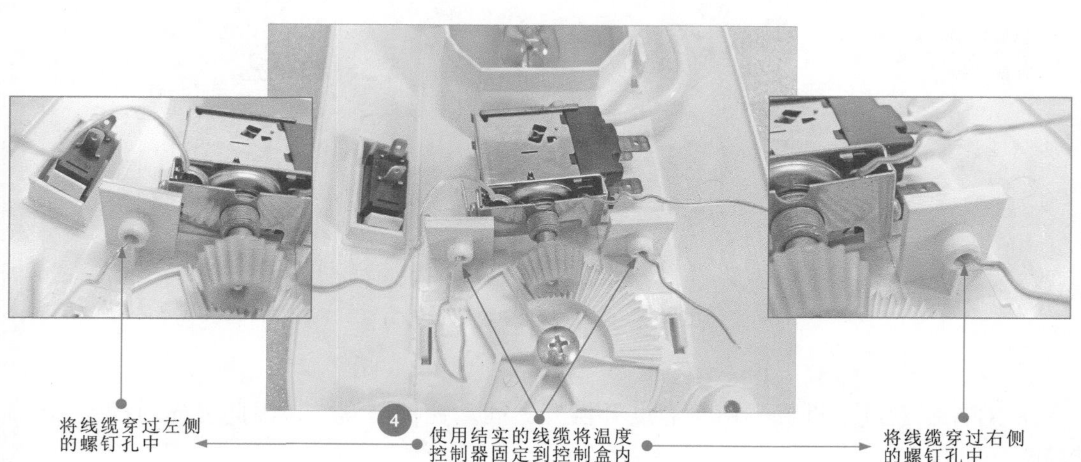
将线缆穿过左侧的螺钉孔中
4 使用结实的线缆将温度控制器固定到控制盒内
将线缆穿过右侧的螺钉孔中

图 9-24

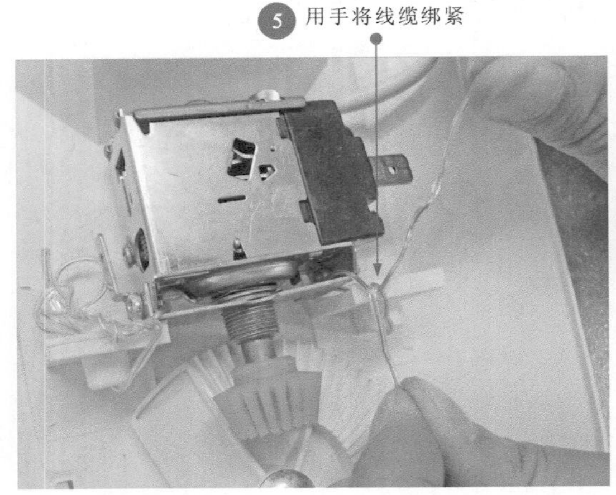

5 用手将线缆绑紧

6 将两侧的线缆绑紧，保证温度控制器不松动、注意齿轮要压紧齿轮盘

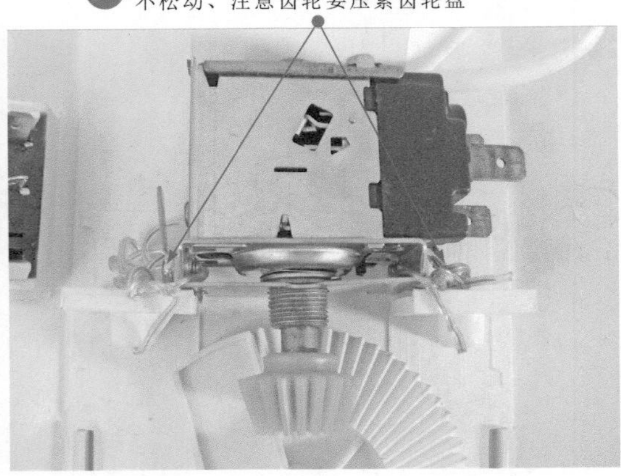

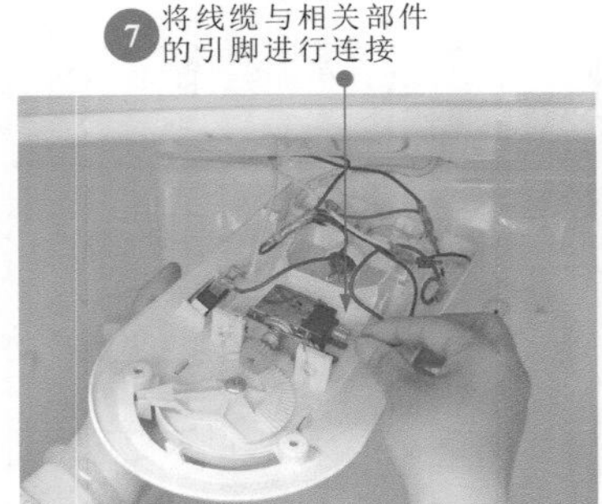

7 将线缆与相关部件的引脚进行连接

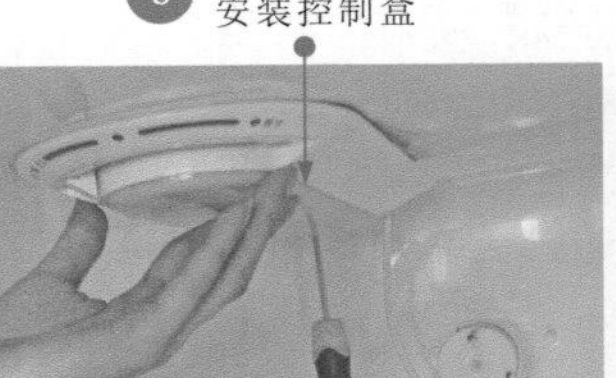

8 拧紧固定螺钉，安装控制盒

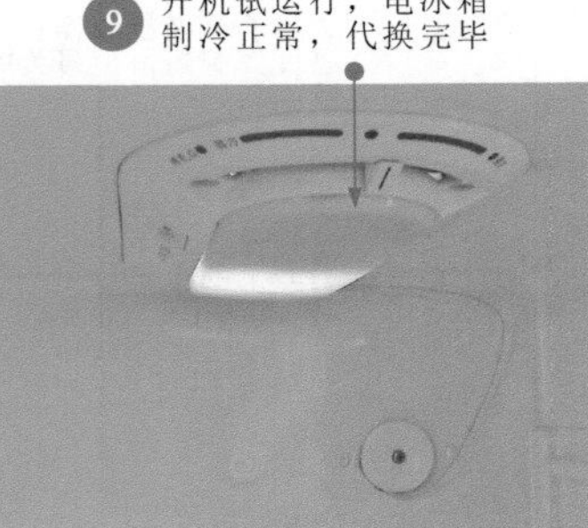

9 开机试运行，电冰箱制冷正常，代换完毕

图 9-24　温度控制器的代换方法

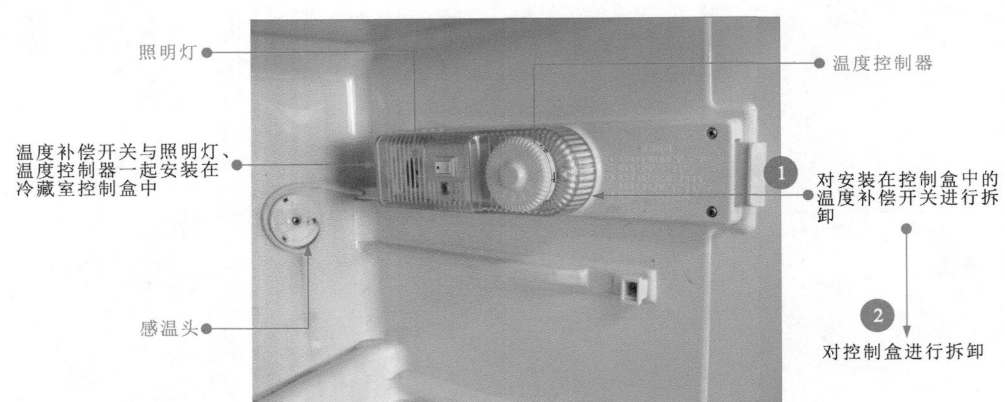

照明灯
温度控制器
温度补偿开关与照明灯、温度控制器一起安装在冷藏室控制盒中
1 对安装在控制盒中的温度补偿开关进行拆卸
感温头
2 对控制盒进行拆卸

图 9-25　温度补偿开关的拆卸方案

a. 对控制盒进行拆卸。由于温度补偿开关固定在控制盒内，因此要先对控制盒进行拆卸。

控制盒的拆卸方法如图 9-26 所示。

b. 对温度补偿开关进行拆卸。拆下控制盒后，再对温度补偿开关进行拆卸。

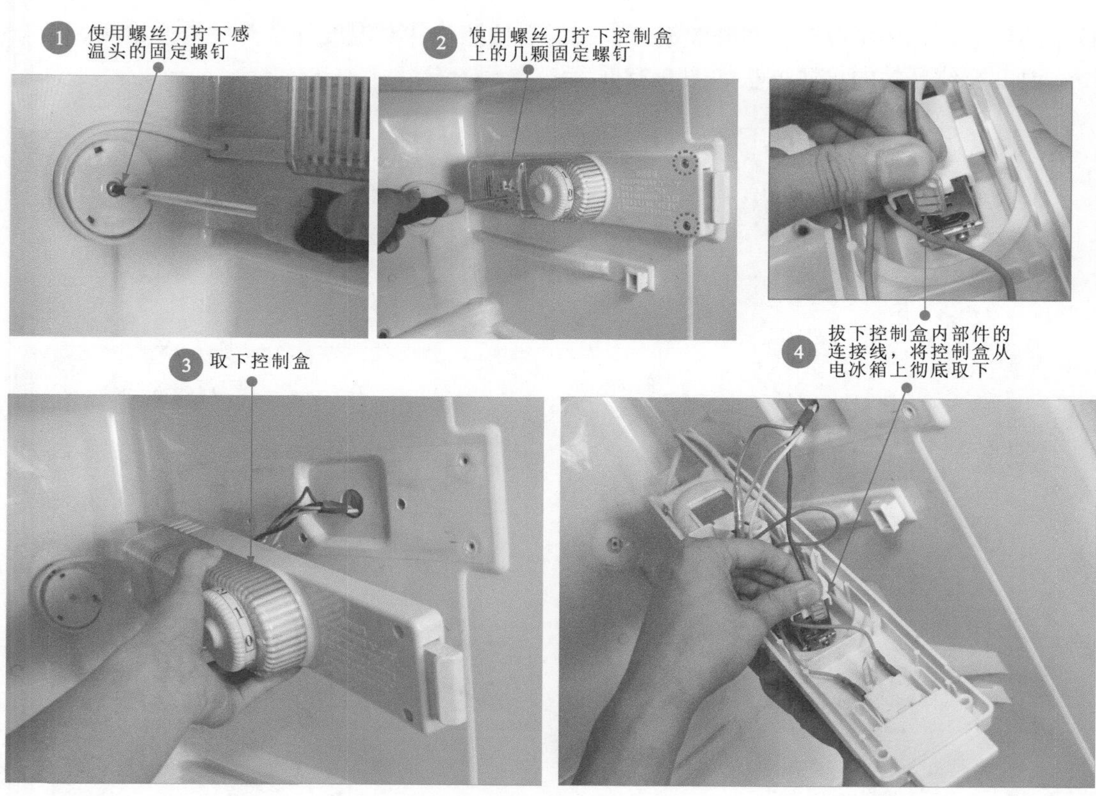
1 使用螺丝刀拧下感温头的固定螺钉
2 使用螺丝刀拧下控制盒上的几颗固定螺钉
3 取下控制盒
4 拔下控制盒内部件的连接线，将控制盒从电冰箱上彻底取下

图 9-26 控制盒的拆卸方法

温度补偿开关的拆卸方法如图 9-27 所示。

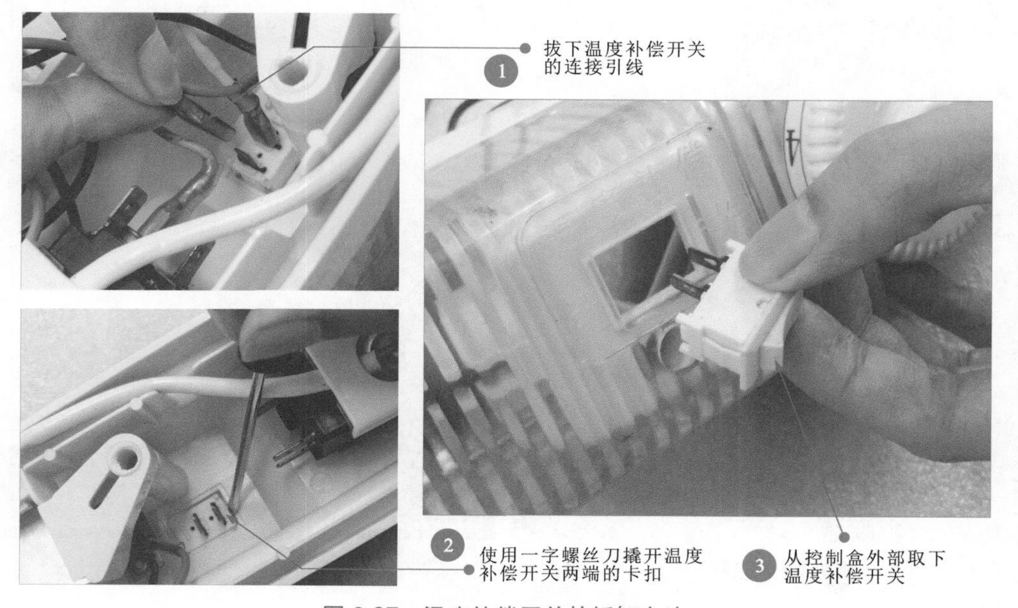
1 拔下温度补偿开关的连接引线
2 使用一字螺丝刀撬开温度补偿开关两端的卡扣
3 从控制盒外部取下温度补偿开关

图 9-27 温度补偿开关的拆卸方法

② 温度补偿开关的检测 温度补偿开关出现故障后，电冰箱可能会出现冬季制冷量

较小的现象。若怀疑温度补偿开关损坏，就需要按照步骤对温度补偿开关进行检测。

温度补偿开关的检测方法如图 9-28 所示。

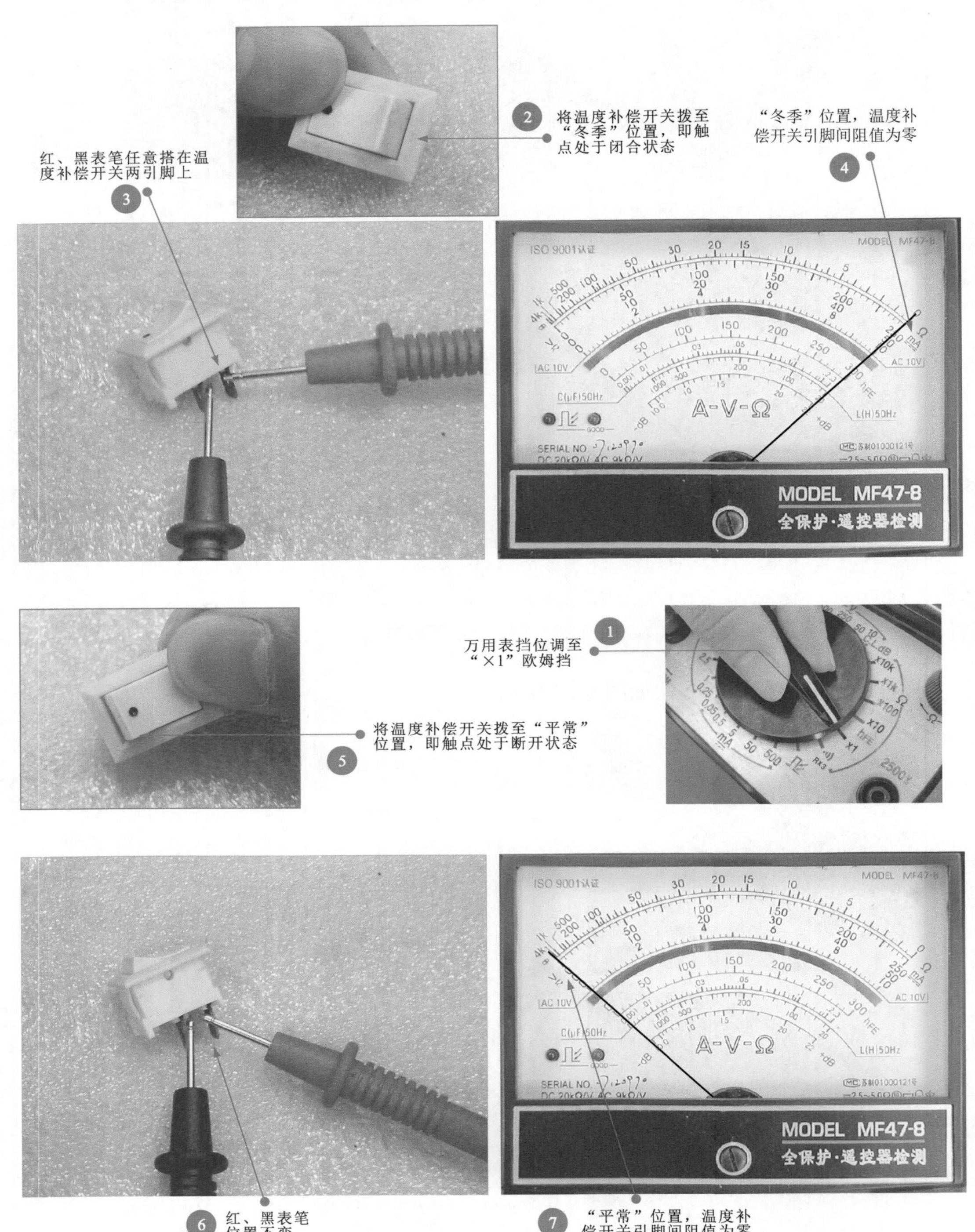

2 将温度补偿开关拨至“冬季”位置，即触点处于闭合状态
“冬季”位置，温度补偿开关引脚间阻值为零
4
红、黑表笔任意搭在温度补偿开关两引脚上
3
MODEL MF47-8
全保护·遥控器检测
A-V-Ω
1 万用表挡位调至“×1”欧姆挡
将温度补偿开关拨至“平常”位置，即触点处于断开状态
5
6 红、黑表笔位置不变
7 “平常”位置，温度补偿开关引脚间阻值为零

图 9-28　温度补偿开关的检测方法

③ 温度补偿开关的代换　若温度补偿开关损坏就需要根据损坏温度补偿开关的外形

选择适合的开关进行代换。将新开关装入控制盒中，插接好连接线后，再将控制盒装到电冰箱中。

温度补偿开关的代换方法如图 9-29 所示。

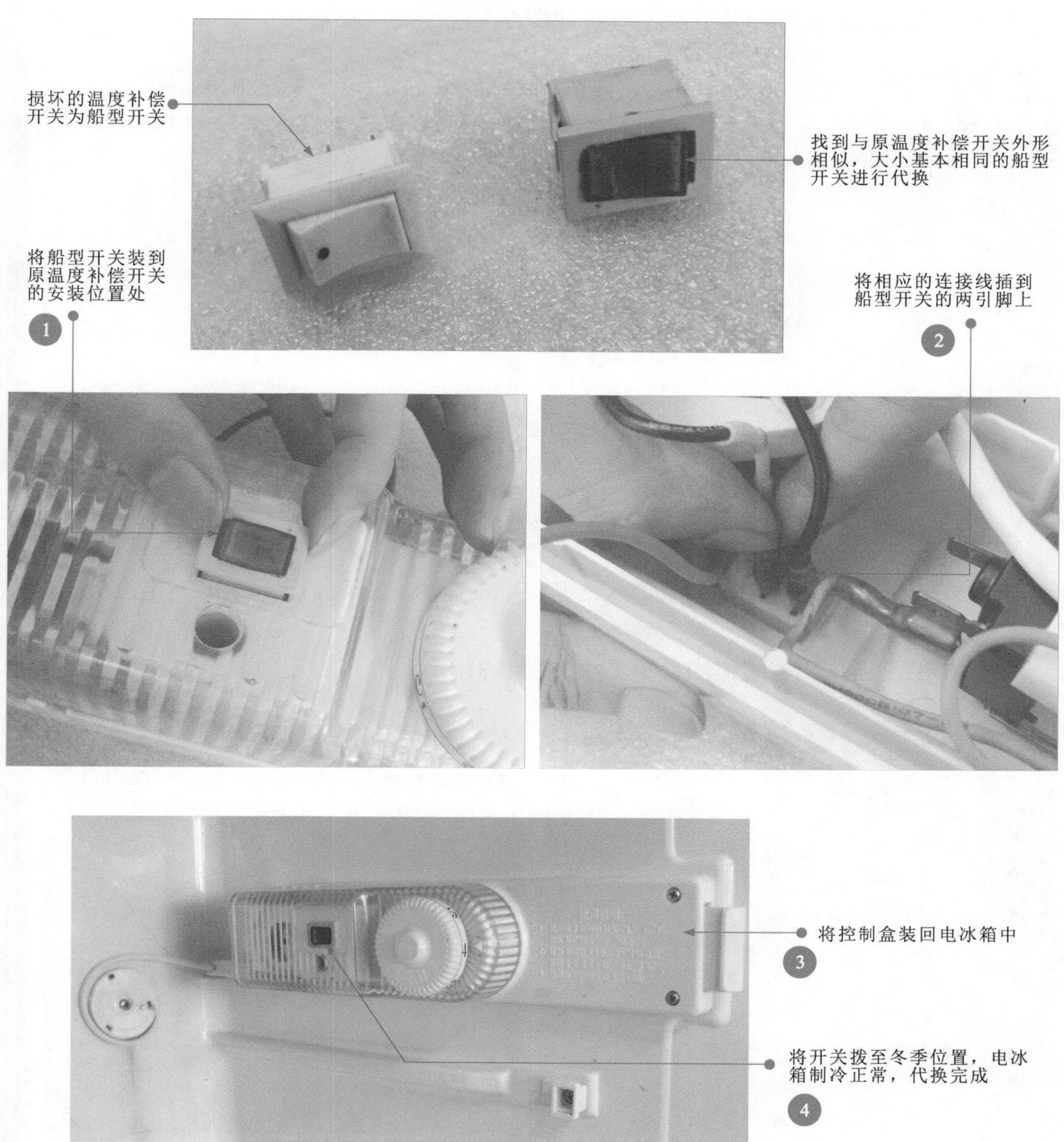
损坏的温度补偿开关为船型开关
找到与原温度补偿开关外形相似，大小基本相同的船型开关进行代换
将船型开关装到原温度补偿开关的安装位置处
1
将相应的连接线插到船型开关的两引脚上
2
将控制盒装回电冰箱中
3
将开关拨至冬季位置，电冰箱制冷正常，代换完成
4

图 9-29　温度补偿开关的代换方法

9.3.2　微电脑式温度控制装置的检测代换

微电脑式温度控制装置出现故障后，也会引起电冰箱制冷出现异常。若怀疑微电脑式温度控制装置出现问题，主要是对温度传感器进行检测。检修温度传感器时，首先需要将温度传感器从电冰箱箱室内拆下，然后便可对其进行检测，一旦发现故障，就需要寻找可替代的部件进行代换。

(1)温度检测传感器的检测方法

对于温度传感器的检测，可使用万用表测量温度传感器在不同温度下的阻值，然后将万用表测量的实测值与正常值进行比较，即可完成对温度传感器的检测。

冷水中的温度传感器阻值的检测方法如图 9-30 所示。

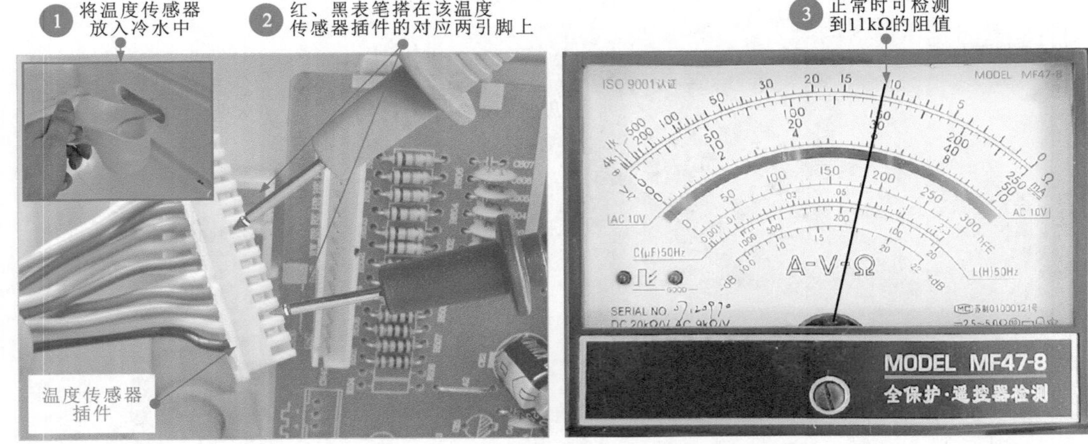
1 将温度传感器放入冷水中
2 红、黑表笔搭在该温度传感器插件的对应两引脚上
3 正常时可检测到11kΩ的阻值
温度传感器插件
MODEL MF47-8
全保护·遥控器检测

图 9-30　冷水中的温度传感器阻值的检测方法

正常情况下，万用表测得的阻值应比常温状态下大，若阻值无变化或变化量很小，说明该温度传感器可能已损坏。

热水中的温度传感器阻值的检测方法如图 9-31 所示。

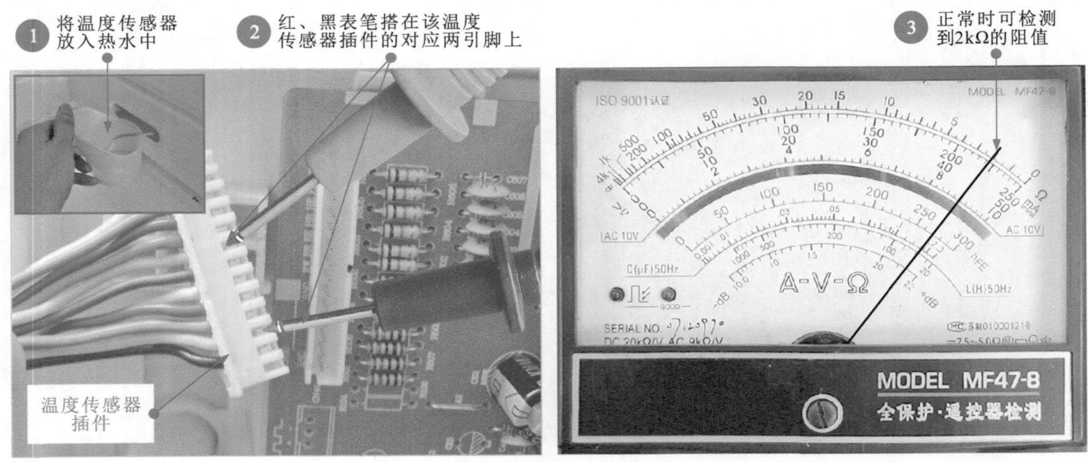
1 将温度传感器放入热水中
2 红、黑表笔搭在该温度传感器插件的对应两引脚上
3 正常时可检测到2kΩ的阻值
温度传感器插件
MODEL MF47-8
全保护·遥控器检测

图 9-31　热水中的温度传感器阻值的检测方法

正常情况下，万用表测得的阻值应比常温状态下小，若阻值无变化或变化量很小，说明该温度传感器可能已损坏。

(2)温度检测传感器的代换方法

若温度传感器损坏，电冰箱的制冷将会出现异常等情况，此时就需要根据损坏温度传感器的规格选择适合的元件进行更换。

温度传感器固定在电冰箱箱室的箱壁上。

温度传感器的拆卸方法如图 9-32 所示。

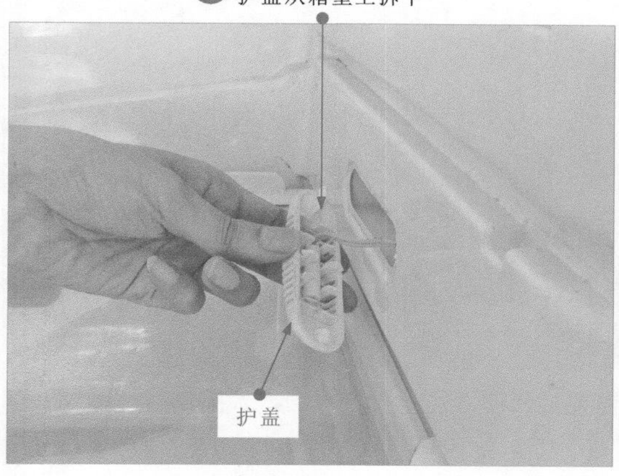

1 将温度传感器的护盖从箱壁上拆下
护盖

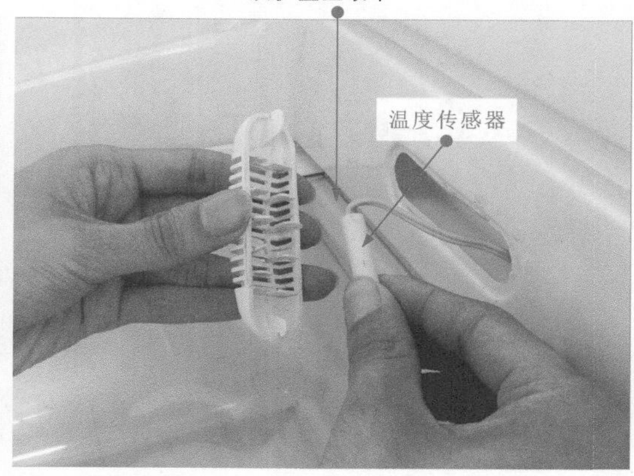

2 然后将温度传感器从护盖上取下
温度传感器

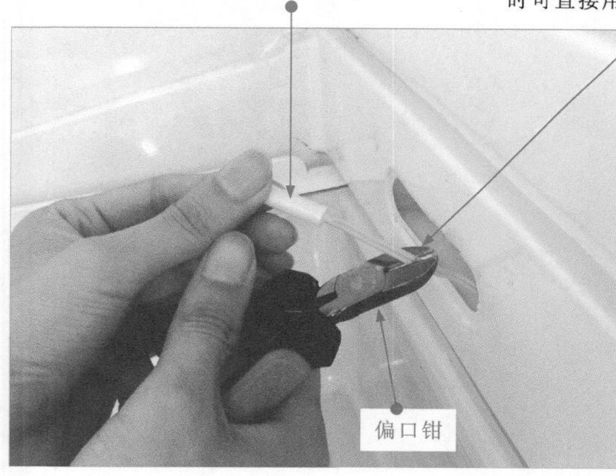

3 使用偏口钳剪断损坏温度传感器的引线
由于变频电冰箱的温度传感器的连接引线位于箱体内，拆卸时可直接用偏口钳将引线剪断
偏口钳

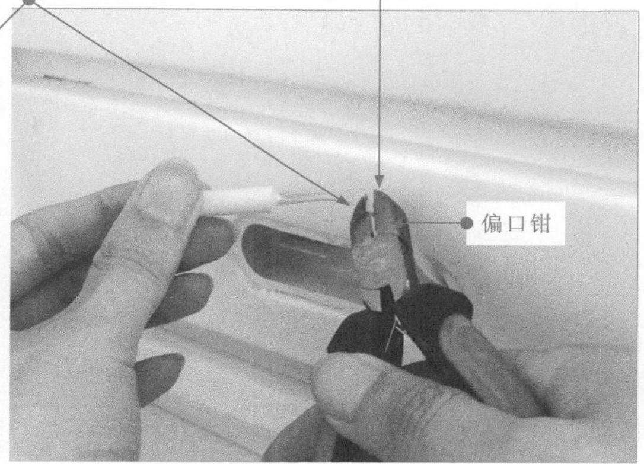

4 剪断引线后，便可将温度传感器取下
偏口钳

图 9-32 温度传感器的拆卸方法

温度传感器的代换方法如图 9-33 所示。

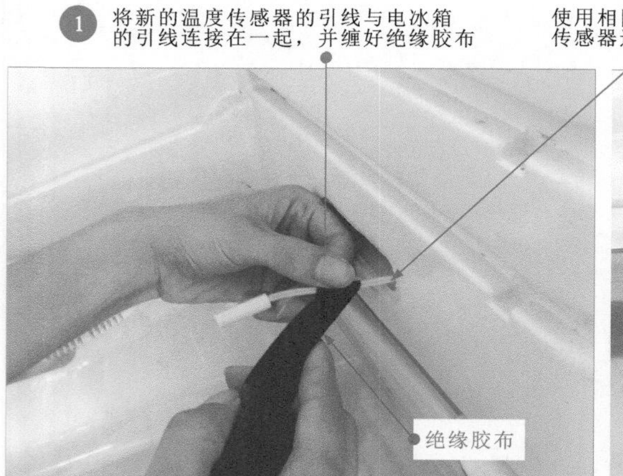

1 将新的温度传感器的引线与电冰箱的引线连接在一起，并缠好绝缘胶布
使用相同规格的温度传感器进行代换
绝缘胶布

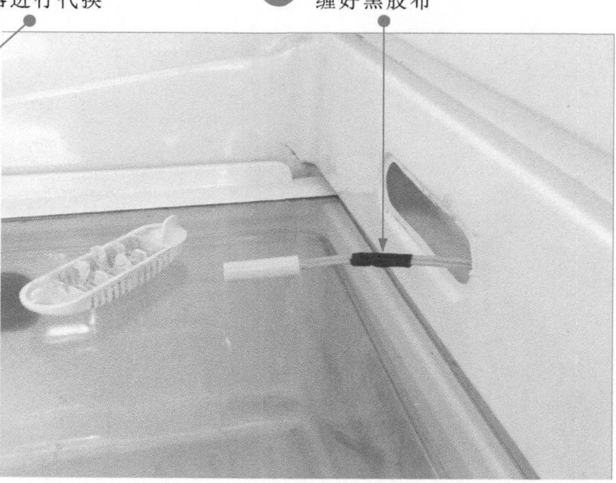

2 在引线连接位置缠好黑胶布

图 9-33

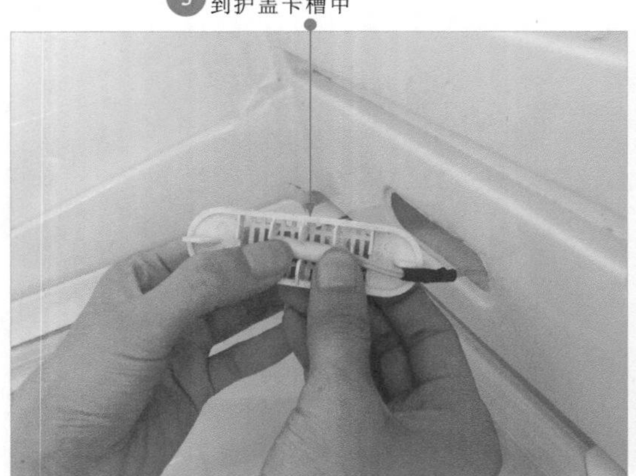
3
将新温度传感器固定
到护盖卡槽中

4
将护盖安装到箱壁上，温度
传感器的代换便完成了

图 9-33　温度传感器的代换方法

第10章 电冰箱照明电路检修

10.1 照明电路

10.1.1 照明电路结构

电冰箱的照明电路位于电冰箱冷藏室内，主要为用户提供照明，方便用户拿取或存放食物。照明电路是由照明灯和供电控制电路构成的。普通电冰箱的照明灯供电是由门开关控制的，打开门则亮，关上门则灭。微电脑式电冰箱的照明灯是由控制电路板控制的。图 10-1 所示为典型微电脑式电冰箱中的照明电路。

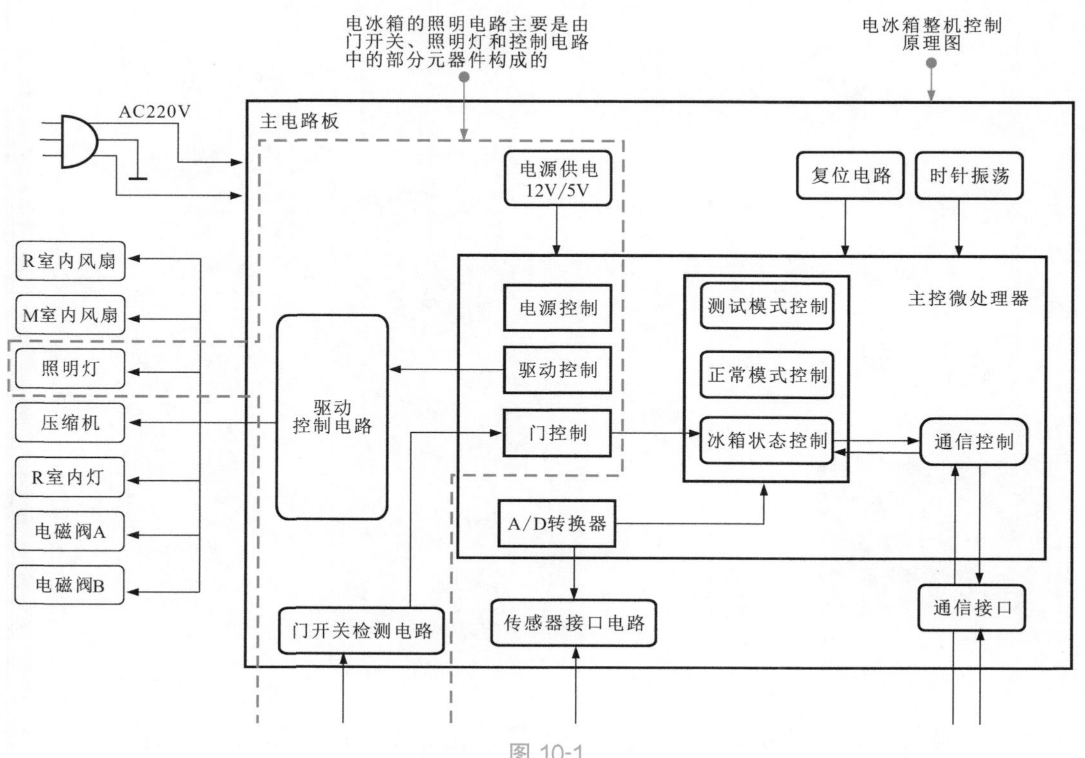
电冰箱的照明电路主要是由门开关、照明灯和控制电路中的部分元器件构成的
电冰箱整机控制原理图
AC220V
主电路板
电源供电 12V/5V
复位电路
时针振荡
R室内风扇
M室内风扇
照明灯
压缩机
R室内灯
电磁阀A
电磁阀B
主控微处理器
电源控制
驱动控制
门控制
测试模式控制
正常模式控制
冰箱状态控制
通信控制
驱动控制电路
A/D转换器
门开关检测电路
传感器接口电路
通信接口

图 10-1

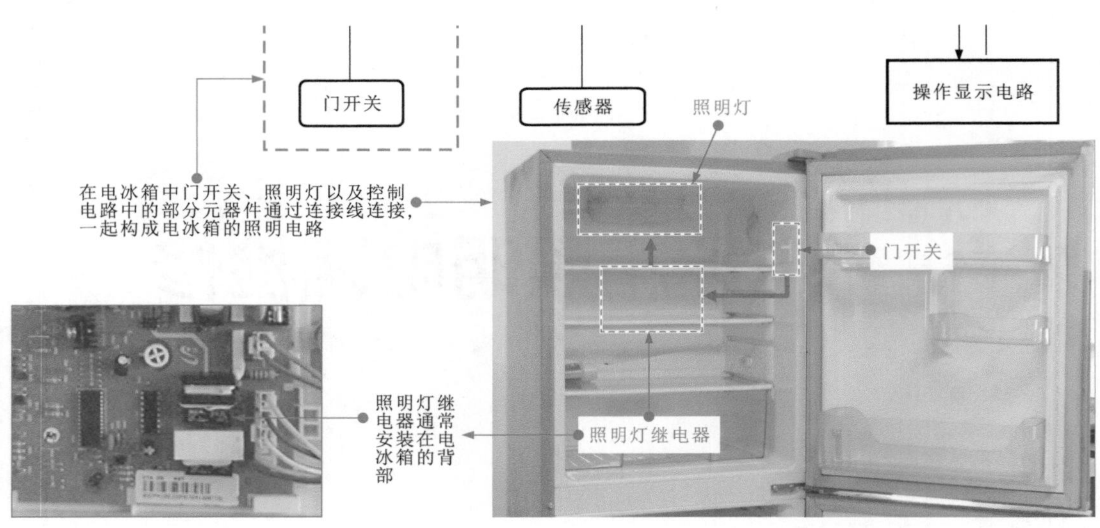
门开关
传感器
照明灯
操作显示电路
在电冰箱中门开关、照明灯以及控制电路中的部分元器件通过连接线连接，一起构成电冰箱的照明电路
门开关
照明灯继电器通常安装在电冰箱的背部
照明灯继电器

图 10-1 典型微电脑式电冰箱中的照明电路

通过图 10-1 可知，照明电路是由供电和控制电路共同来协调完成照明的。在学习照明电路检修之初，首先要对照明电路的结构组成和工作特点有一定的了解。对于初学者而言，要能够根据照明电路的结构特点在电冰箱中找到构成该电路的元器件，这是开始检修照明电路的第一步，即了解照明电路的构成，如图 10-2 所示。

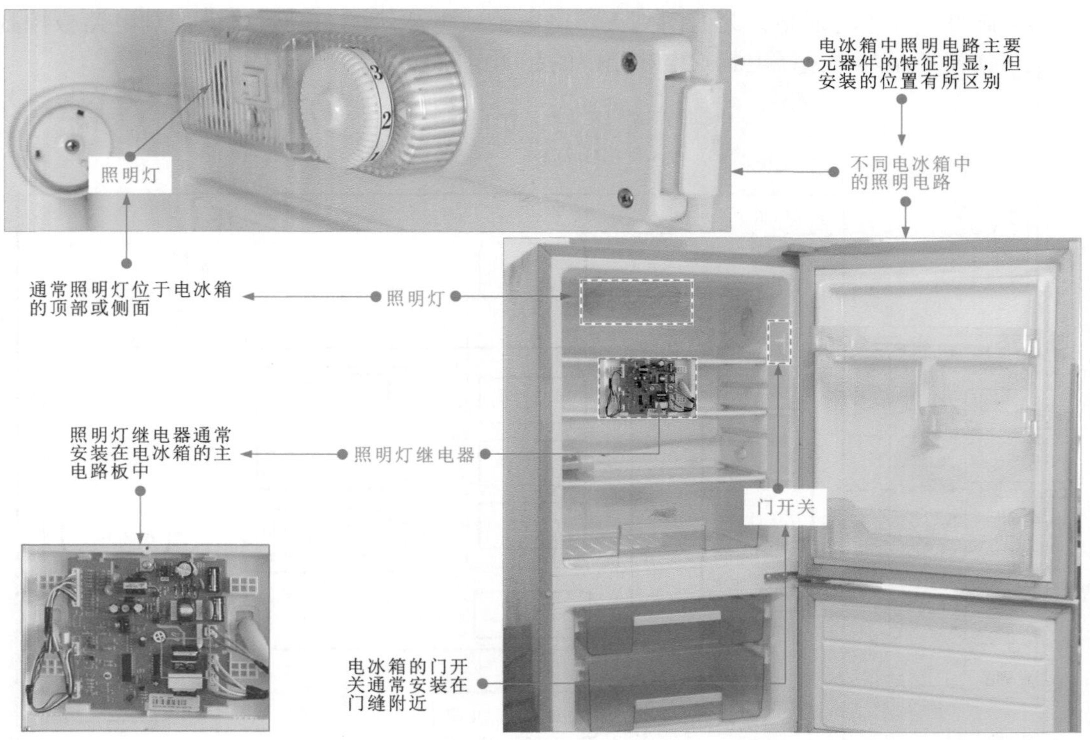
电冰箱中照明电路主要元器件的特征明显，但安装的位置有所区别
照明灯
不同电冰箱中的照明电路
通常照明灯位于电冰箱的顶部或侧面
照明灯
照明灯继电器通常安装在电冰箱的主电路板中
照明灯继电器
门开关
电冰箱的门开关通常安装在门缝附近

图 10-2 典型电冰箱中照明电路的安装位置

打开电冰箱门后，即可以看到该电路中的部分组成元器件，如图 10-3 所示。

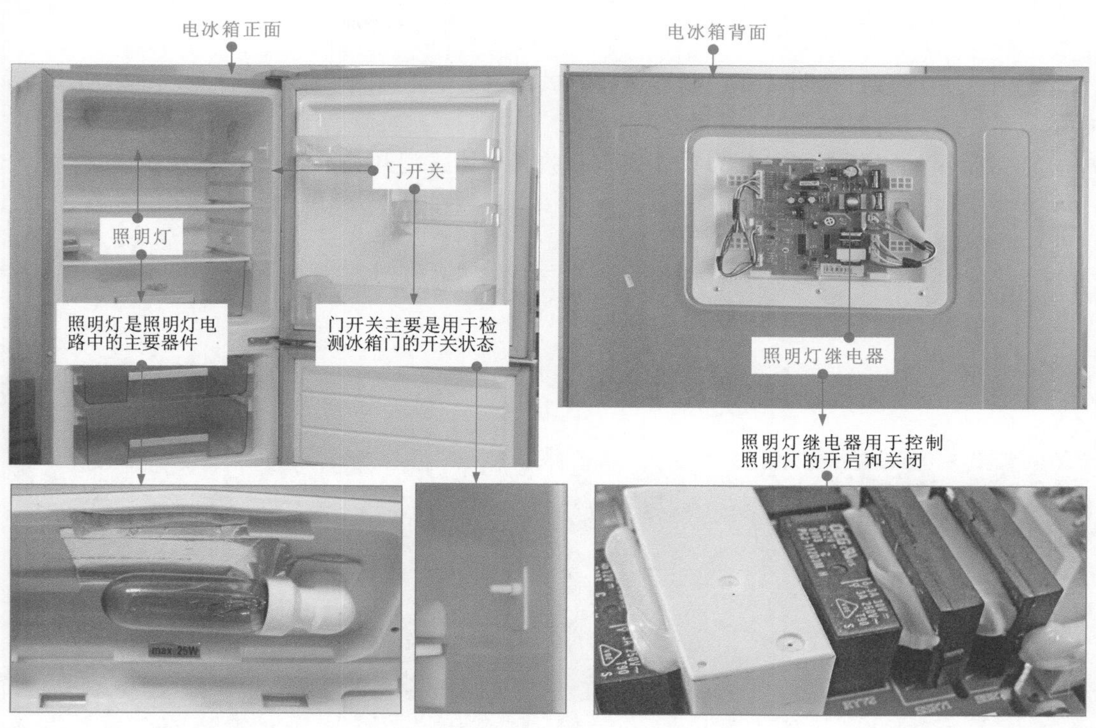
电冰箱正面
门开关
照明灯
照明灯是照明灯电路中的主要器件
门开关主要是用于检测冰箱门的开关状态
电冰箱背面
照明灯继电器
照明灯继电器用于控制照明灯的开启和关闭
max 25W

图 10-3　典型电冰箱中照明电路的结构

电冰箱的照明电路主要是由照明灯、门开关、照明灯继电器等构成的。

（1）照明灯

照明灯安装在照明灯座上，被封装在冷藏室的内壁上，主要是为用户提供照明，不同型号的电冰箱，照明灯的安装位置也有所区别，如图 10-4 所示。

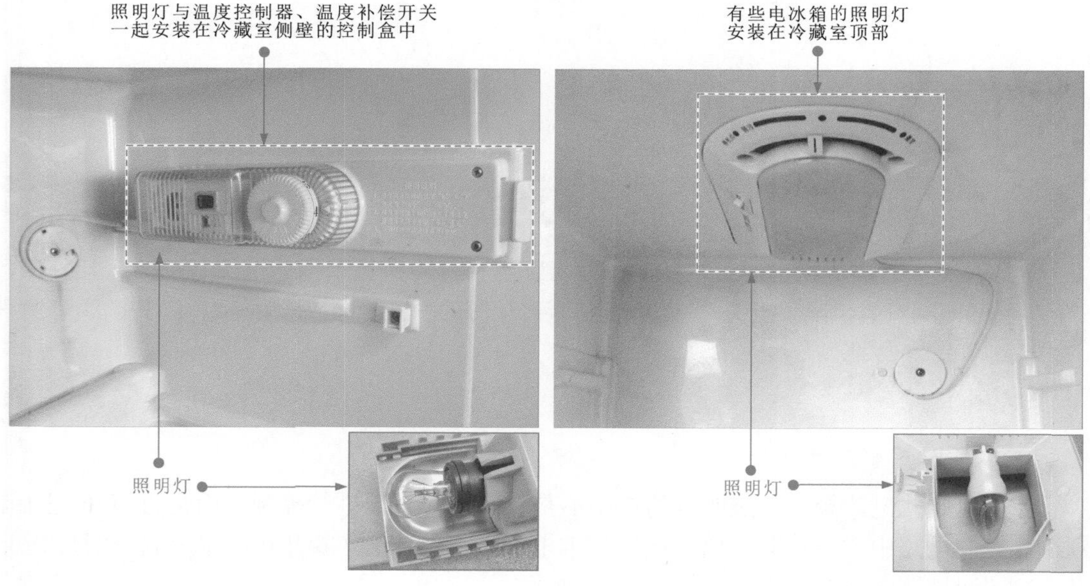
照明灯与温度控制器、温度补偿开关一起安装在冷藏室侧壁的控制盒中
有些电冰箱的照明灯安装在冷藏室顶部
照明灯
照明灯

图 10-4　照明灯的实物外形

（2）门开关

门开关是用来对照明灯和风扇进行控制的部件，它利用箱门内侧与门开关按压部分接触的方式，来对内部触点的通 / 断进行控制。

通常暗箱的门开关可以分为独立式门开关和一体式门开关，如图 10-5 所示。

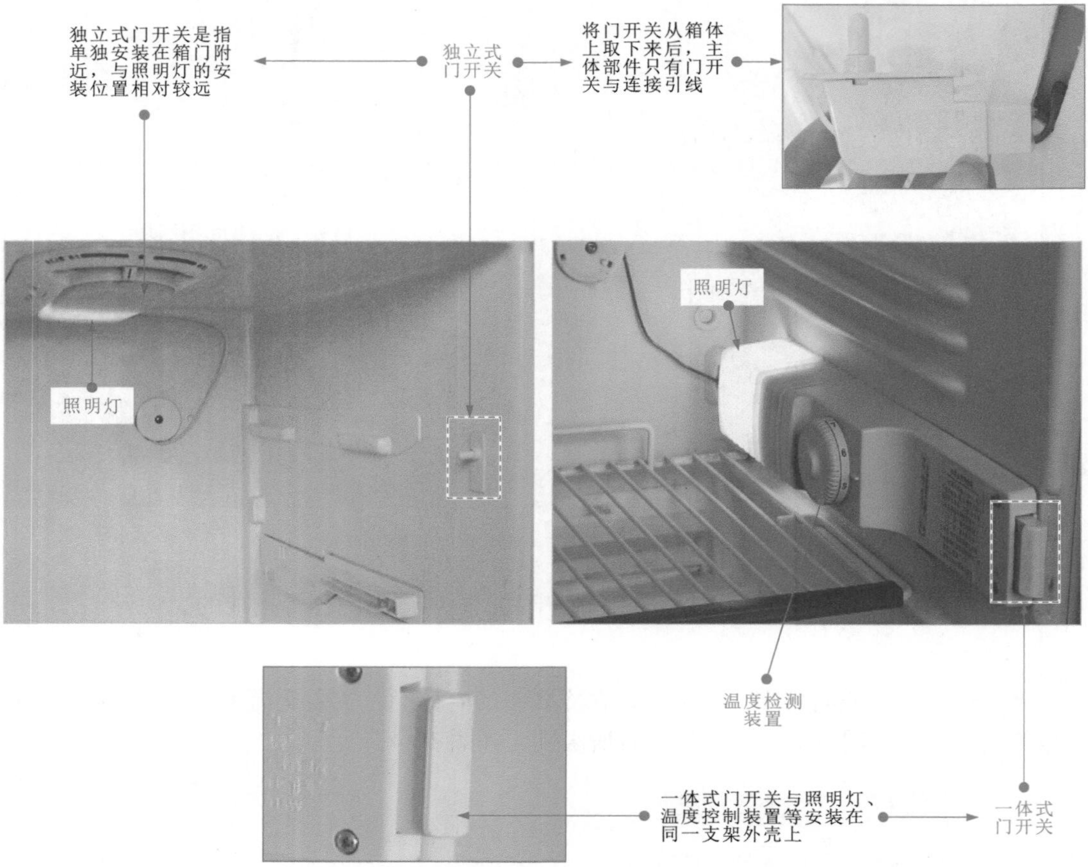

独立式门开关是指单独安装在箱门附近，与照明灯的安装位置相对较远

独立式门开关

将门开关从箱体上取下来后，主体部件只有门开关与连接引线

照明灯

照明灯

温度检测装置

一体式门开关与照明灯、温度控制装置等安装在同一支架外壳上

一体式门开关

图 10-5　门开关的实物外形

提示

门开关安装在冷藏室靠近箱门的箱壁上，当打开冷藏室箱门后，门开关按压部分弹起，接通照明灯的供电；当关闭冷藏室箱门后，门开关按压部分受力压紧，断开照明灯的供电。

（3）照明灯继电器

在微电脑式电冰箱中，照明灯的控制不是靠门开关直接进行控制，而是将门开关的信号送往控制电路中，由控制电路中照明灯继电器触点的闭合 / 断开状态来控制照明灯是否点亮，照明灯继电器的实物外形如图 10-6 所示。

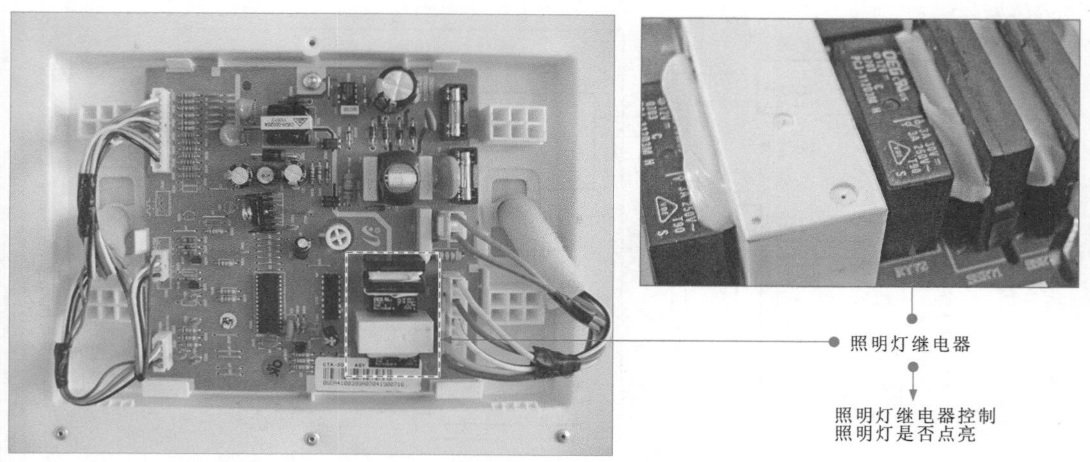
照明灯继电器
照明灯继电器控制
照明灯是否点亮

图 10-6 照明灯继电器的实物外形

提示

目前市场上一些普通电冰箱直接使用门开关控制照明灯的开关状态，这些电冰箱中多数未安装控制电路板。

10.1.2 照明电路原理

电冰箱的照明电路是电冰箱中提供照明的主要电路，该电路中的照明灯主要是由门开关或照明灯继电器进行控制，由 220 V 电源进行供电，如图 10-7 所示为电冰箱中照明电路的流程框图。

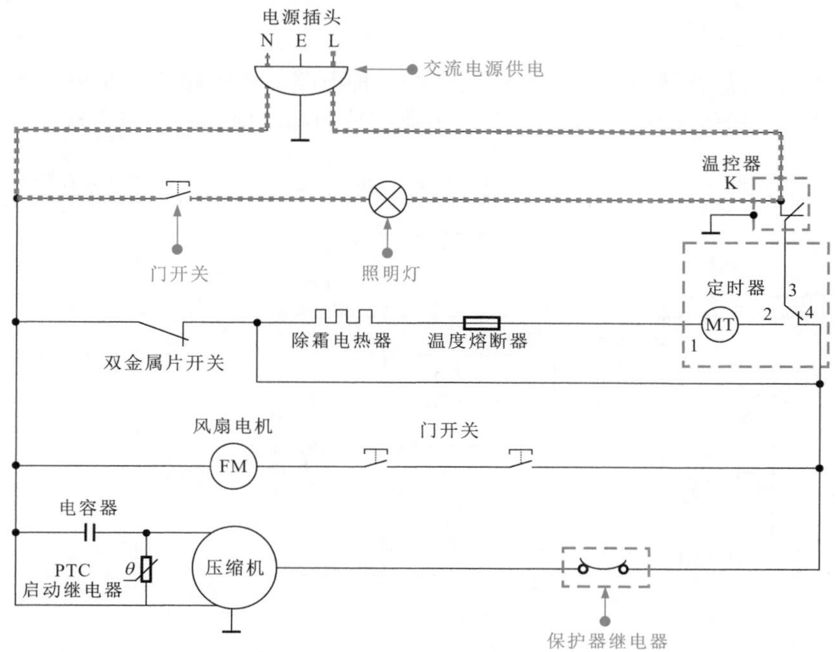
电源插头
N E L
交流电源供电
温控器
K
门开关
照明灯
定时器
3
2
4
MT
1
除霜电热器
温度熔断器
双金属片开关
风扇电机
门开关
FM
电容器
PTC
启动继电器
θ
压缩机
保护器继电器

（a）机械式电冰箱照明电路的流程框图

图 10-7

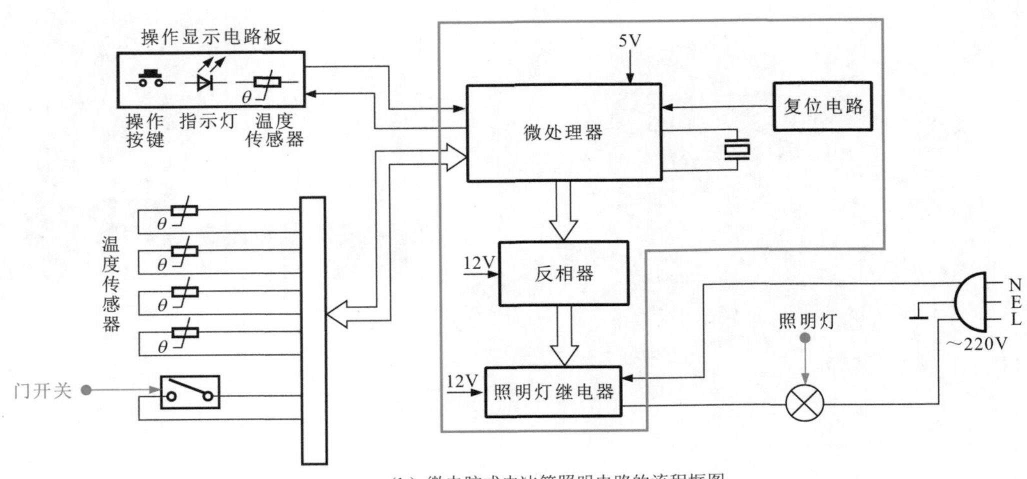
操作显示电路板
操作按键
指示灯
温度传感器
5V
微处理器
复位电路
温度传感器
12V
反相器
照明灯
N
E
L
~220V
门开关
12V
照明灯继电器

（b）微电脑式电冰箱照明电路的流程框图

图 10-7　电冰箱中照明电路的流程框图

从图 10-7 中可以看出，不同品牌、型号的电冰箱，其照明电路的控制方式也有所区别，图 10-7（a）中的照明电路主要是通过门开关直接控制照明灯的工作状态，当门开关处于闭合时，交流 220 V 通过门开关为照明灯提供电压，使照明灯点亮；当门开关处于断开时，切断照明灯 220 V 的供电电压，照明灯熄灭。

图 10-7（b）中的照明电路为微处理器控制的照明电路，该电路中的 220 V 交流电压经插件送入电冰箱中，门开关的状态信号送入控制电路的微处理器中，经微处理器识别后输出照明灯控制信号，控制照明灯的 220 V 供电导通，使照明灯发光。

下面分别针对两种不同的照明电路进行详细地分析。

（1）普通电冰箱照明电路原理

普通照明电路是普通电冰箱中应用较多的一种电路，该电路主要是由照明灯、门开关以及 220 V 供电等部分构成，图 10-8 所示为典型普通照明电路的分析方法。

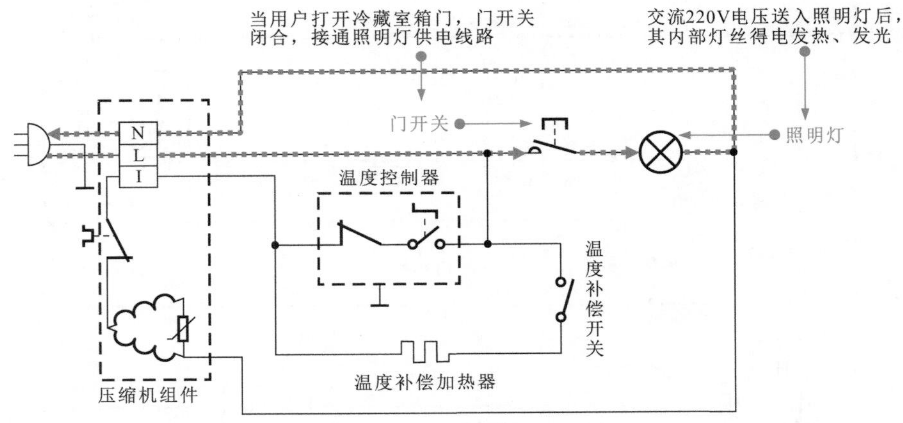
当用户打开冷藏室箱门，门开关闭合，接通照明灯供电线路
交流220V电压送入照明灯后，其内部灯丝得电发热、发光
N
L
I
门开关
照明灯
温度控制器
温度补偿开关
压缩机组件
温度补偿加热器

图 10-8　典型普通照明电路的分析方法

当用户打开冷藏室的箱门后，门开关闭合，接通照明灯的供电电路，此时，交流 220 V 电压送入照明灯后，其内部的灯丝得电后发热、发光。

当用户关闭冷藏室的箱门后，门开关断开，照明灯的供电电路断开，此时，照明灯的供电电压被切断，照明灯熄灭。

（2）微电脑式电冰箱控制照明电路原理

微电脑式电冰箱的照明电路在智能电冰箱中应用较多，如图 10-9 所示，根据电路图可知，该电路主要是由微处理器 IC101（TMP86P807N）、反相器 IC102（ULN2003）、照明灯继电器 RY72 以及照明灯等构成的。

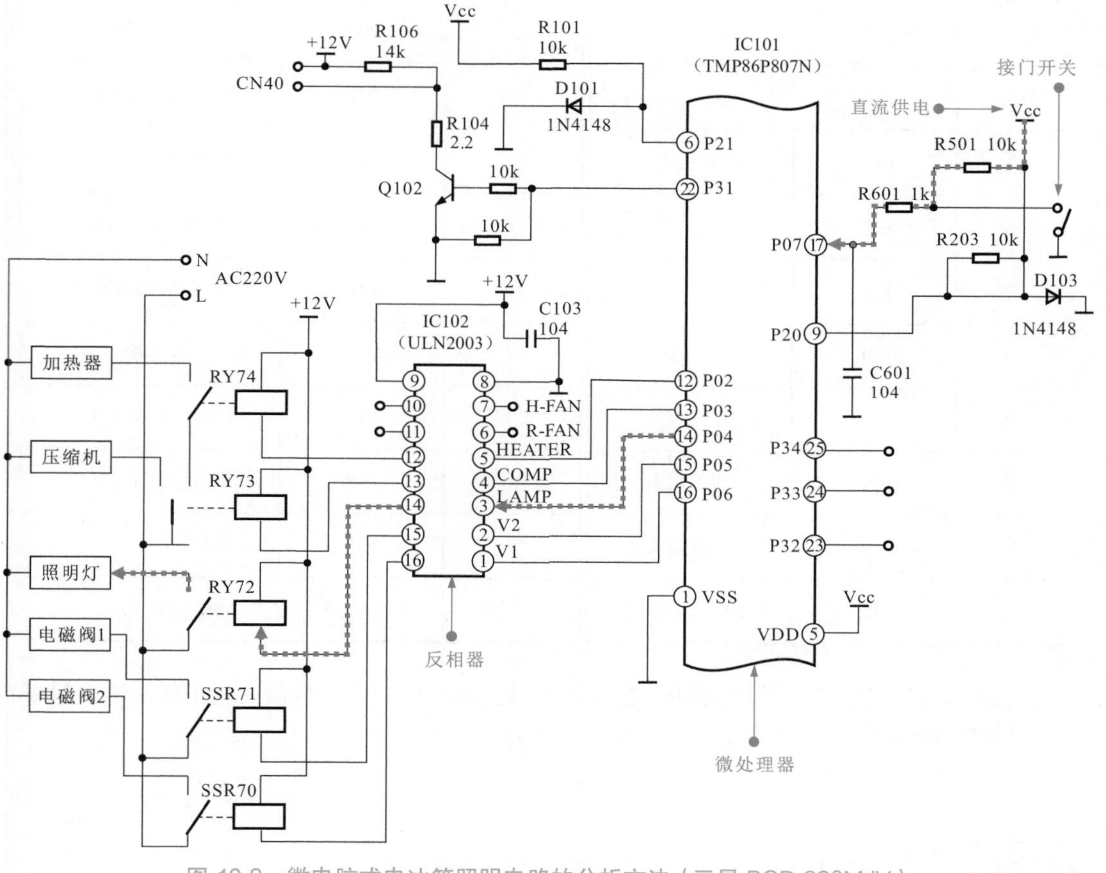

图 10-9　微电脑式电冰箱照明电路的分析方法（三星 BCD-226MJV）

由图 10-9 可知，电冰箱的门开关与微处理器 IC101 的 ⑰ 脚相连，通过门开关对电冰箱冷藏室门的开启进行检测，并将检测到的信号送到微处理器 IC101 中。经微处理器内部处理后，由 ⑭ 脚输出照明灯控制信号送往反相器 IC102 的 ③ 脚中，由反相器 IC102 的 ⑭ 脚输出控制信号，使照明灯继电器的线圈得电，触点闭合后，交流 220 V 供电电压为照明灯提供电能，使照明灯点亮。

提示

在分析微电脑式电冰箱照明电路时，通常会遇到集成芯片，在分析这类电路时可以先对集成芯片的各引脚进行学习，通过引脚的功能了解信号的输入、输出，这样对分析微处理器控制照明电路有很大帮助。

表 10-1 所列为微处理器 IC101（TMP86P807N）各引脚的功能。

表 10-1　微处理器 TMP86P807N 各引脚功能

引脚号	名称	引脚功能	引脚号	名称	引脚功能
①	VSS	接地	⑬	P03	压缩机控制端
②、③	XIN、XOUT	晶振端口	⑭	P04	照明灯控制端
④	TEST	测试端	⑮	P05	电磁阀 1 控制端
⑤	VDD	+5 V 供电端	⑯	P06	电磁阀 2 控制端
⑥	P21	—	⑰	P07	门开关信号端
⑦	P22	—	⑱	P10	光合成除臭灯控制端
⑧	RESET	复位端	⑲	P11	检测端
⑨	P20	—	⑳	P12	风扇控制端（H）
⑩	TX	数据输出	㉑	P30	风扇控制端（R）
⑪	RX	数据输入	㉒	P31	—
⑫	P02	加热器控制端	㉓～㉔	P32～P37	温度检测端

在微电脑式电冰箱照明电路中，各集成芯片正常工作时，应具备一些工作条件，其中主要包括供电电压（+5V）、复位信号和晶振信号。

10.2 照明电路检修方法

10.2.1 照明电路检修分析

照明电路是电冰箱为用户提供照明的主要部分，若该电路出现故障，经常会造成电冰箱内的照明灯不亮、照明灯一直亮的故障现象。对该电路进行检修时，可根据故障现象，依照供电流程对可能产生故障的部件进行逐一排查，图 10-10 所示为典型照明电路的检修流程。

提示

当照明电路出现故障时，可首先采用观察法检查照明电路的照明灯是否有烧坏的迹象，若出现该类情况可以直接对照明灯进行更换。

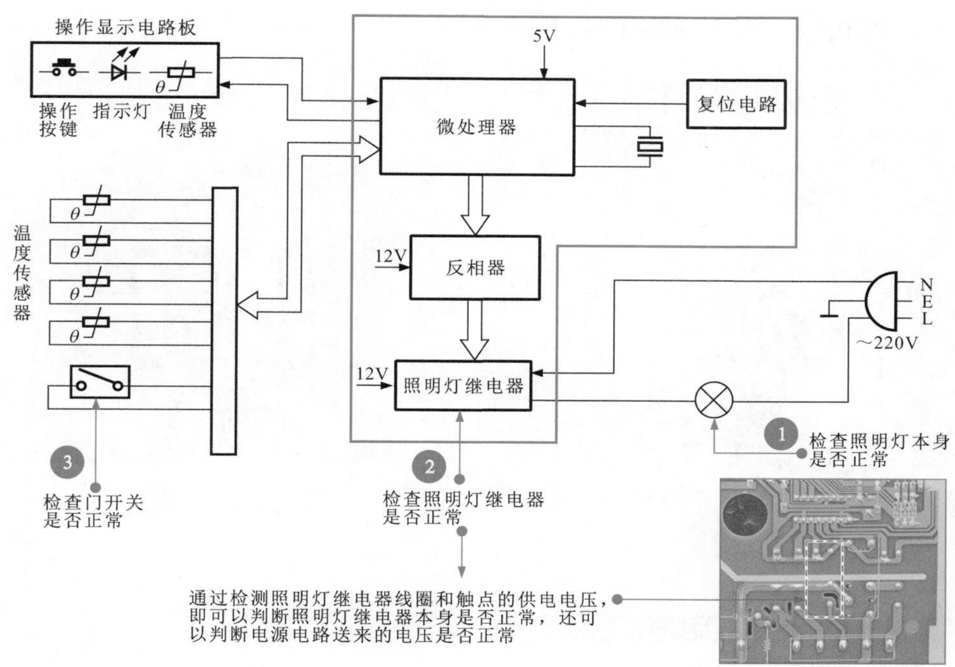
操作显示电路板
操作按键
指示灯
温度传感器
5V
微处理器
复位电路
温度传感器
12V
反相器
N
E
L
~220V
12V
照明灯继电器
1 检查照明灯本身是否正常
2 检查照明灯继电器是否正常
3 检查门开关是否正常
通过检测照明灯继电器线圈和触点的供电电压，即可以判断照明灯继电器本身是否正常，还可以判断电源电路送来的电压是否正常

图 10-10 典型照明电路的检修流程

10.2.2 照明灯的检测

照明灯电路出现故障造成照明灯不亮时，应先对照明灯进行检测，若照明灯有明显损坏的现象，可直接进行更换；若通过观察无法判断照明灯是否正常时，可以使用万用表检测照明灯的阻值是否正常。

正常情况下，万用表应能检测到照明灯有一定的阻值。若检测照明灯阻值异常，则需要对照明灯进行更换；若检测照明灯阻值正常，则需要对控制照明灯的照明灯继电器进行检测。

照明灯本身的检测方法如图 10-11 所示。

1 首先查看照明灯的螺口式灯头是否有烧焦的痕迹，玻璃是否破裂、变黑
2 接下来检查照明灯的灯丝是否已烧断，若灯丝烧断，就需要更换照明灯

图 10-11 照明灯的检测方法

照明灯阻值的检测方法如图 10-12 所示。

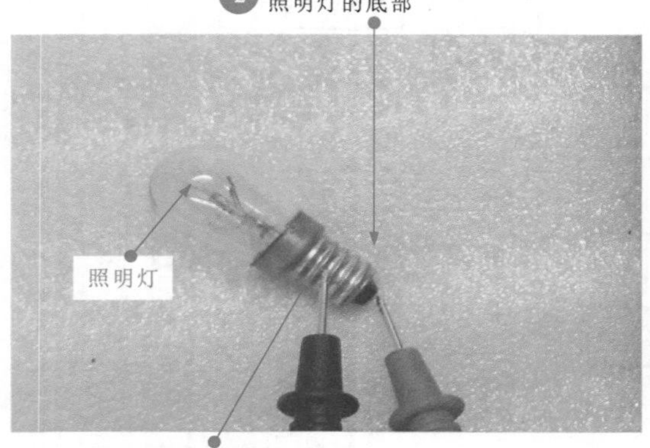
2 将万用表红表笔搭在照明灯的底部
照明灯
3 将万用表黑表笔搭在照明灯的螺口式灯头处

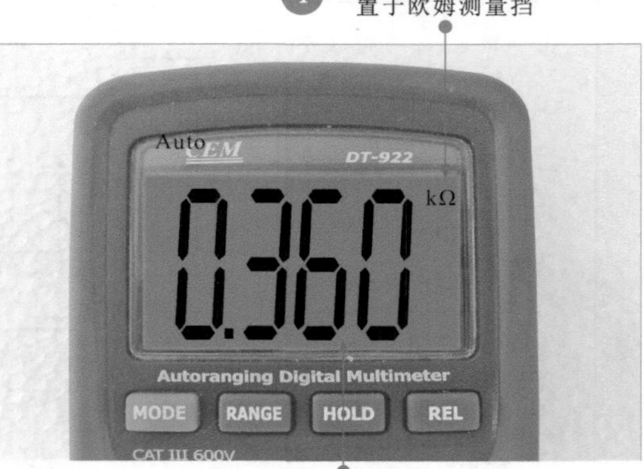
1 将万用表的挡位旋钮置于欧姆测量挡
Auto
DT-922
0.360
kΩ
Autoranging Digital Multimeter
MODE
RANGE
HOLD
REL
CAT III 600V
4 正常情况下万用表能够测到的一定的阻值

图 10-12 照明灯阻值的检测方法

10.2.3 照明灯继电器的检测

照明灯继电器直接控制照明灯的开/关状态，当照明灯正常时，则需要对照明灯继电器进行检测，正常情况下当开启电冰箱冷藏室的门时，照明灯继电器线圈间的电压值应为 +12V，触点间的电压值应为 220V。若测得电压值异常，则表明电冰箱的供电部分出现故障；若测得电压值正常，则表明照明灯继电器可以正常工作，接下来，应对门开关本身进行检测。

照明灯继电器线圈的检测方法如图 10-13 所示。

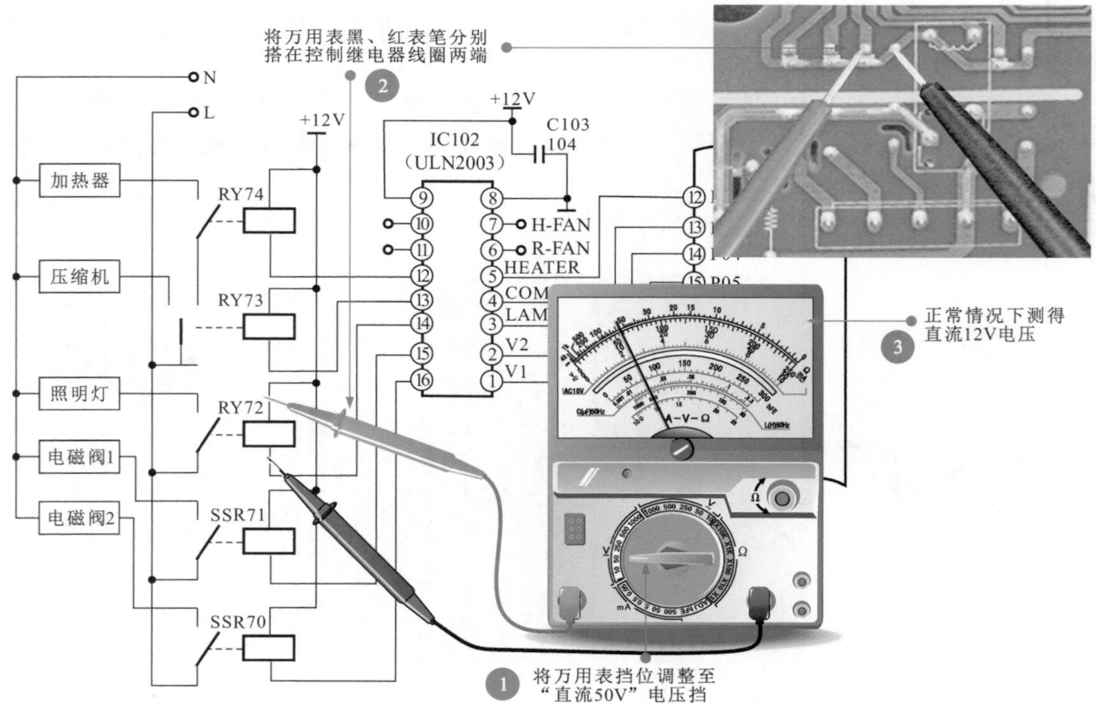
将万用表黑、红表笔分别搭在控制继电器线圈两端 2
N
L
+12V
+12V
C103
104
IC102
（ULN2003）
加热器
RY74
压缩机
RY73
照明灯
RY72
电磁阀1
电磁阀2
SSR71
SSR70
H-FAN
R-FAN
HEATER
COM
LAM
V2
V1
P05
正常情况下测得直流12V电压 3
1 将万用表挡位调整至“直流50V”电压挡

图 10-13 照明灯继电器线圈的检测方法

照明灯继电器触点的检测方法如图 10-14 所示。

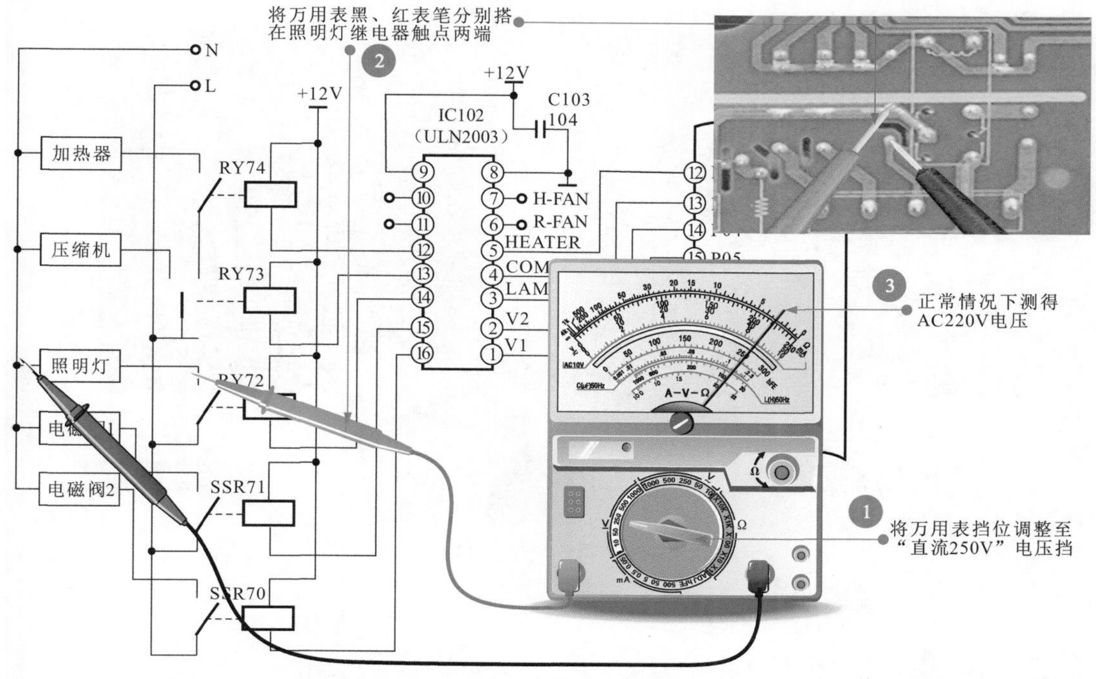
将万用表黑、红表笔分别搭在照明灯继电器触点两端
正常情况下测得AC220V电压
将万用表挡位调整至“直流250V”电压挡
N
L
+12V
IC102
(ULN2003)
C103
104
加热器
压缩机
照明灯
电磁阀2
RY74
RY73
SSR71
SSR70
H-FAN
R-FAN
HEATER
V2
V1

图 10-14 照明灯继电器触点的检测方法

10.2.4 门开关的检测

若检测照明电路中的照明灯以及照明灯继电器均正常时，仍然存在故障，则需要对门开关进行检测。判断门开关是否正常时，通常使用万用表检测门开关两引脚触点间的阻值是否正常。

若检测门开关本身损坏，则需要使用同型号的门开关进行更换，以排除故障。

门开关的检测方法如图 10-15 所示。

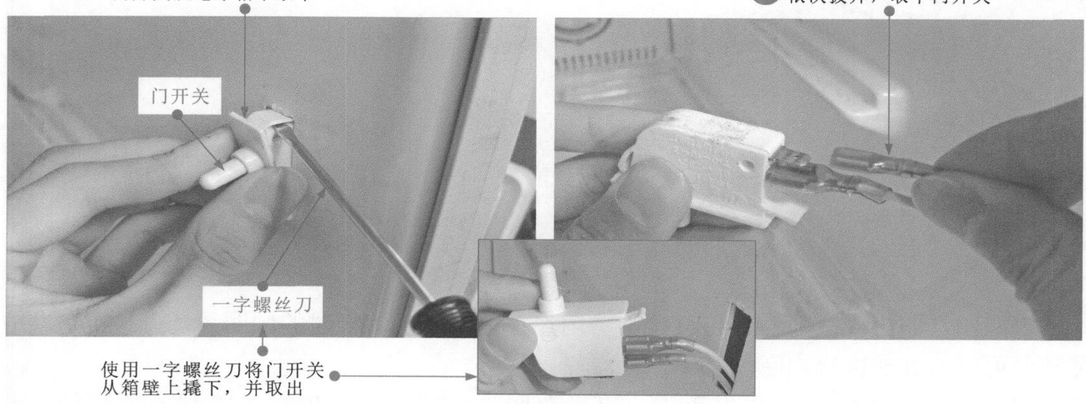
检测门开关是否正常，可先将门开关从电冰箱中取下
将连接线缆从门开关上依次拔开，取下门开关
门开关
一字螺丝刀
使用一字螺丝刀将门开关从箱壁上撬下，并取出

(a) 取下门开关

图 10-15

4 未按压门开关，模拟箱门打开的状态

6 正常情况下测得阻值为零

门开关

CEM DT-922

Auto

000.0 Ω

Autoranging Digital Multimeter

MODE RANGE HOLD REL

5 将万用表黑、红表笔分别搭在门开关的两引脚上

3 将万用表的挡位旋钮置于欧姆测量挡

（b）检测电冰箱门打开状态时门开关的阻值

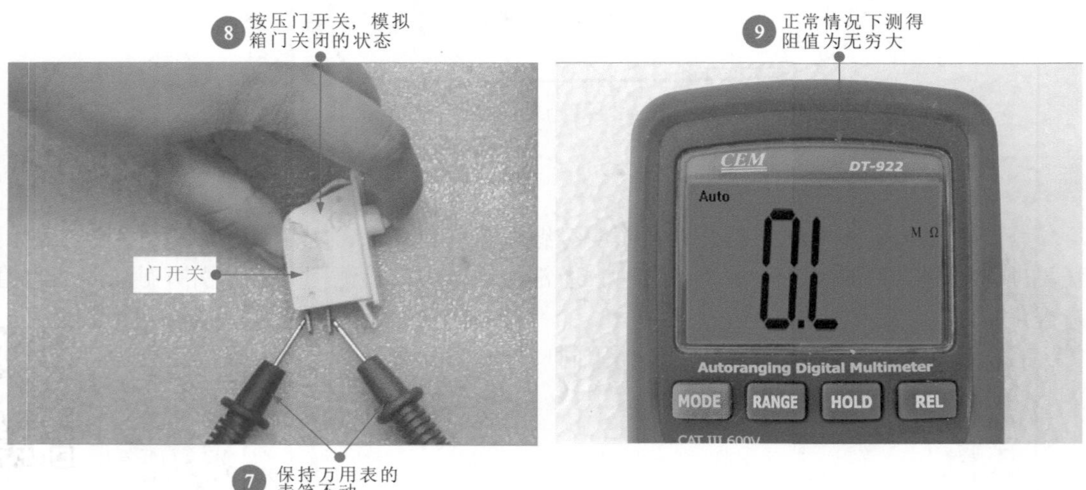
8 按压门开关，模拟箱门关闭的状态
9 正常情况下测得阻值为无穷大
门开关
CEM DT-922
Auto
0.L
M Ω
Autoranging Digital Multimeter
MODE RANGE HOLD REL
7 保持万用表的表笔不动

（c）检测电冰箱门开关在关闭状态时门开关的阻值

图 10-15 门开关的检测方法

10.3 照明电路常见故障的检修案例

当照明电路出现故障后，将直接影响用户存储或取出食物时的照明系统，针对这些故障现象可以直观地进行判断。

因此，当电冰箱在工作过程中，出现照明失常时，首先根据故障现象进行初步分析，确定故障的大概范围，以排查的方式逐步缩小故障范围，最后找到故障元器件，排

除故障。

10.3.1 容声电冰箱照明灯不亮的检修案例

容声电冰箱在使用过程中，制冷正常但是打开冷藏室的门后，里面的照明灯出现不亮的故障现象。

根据电冰箱的故障表现可知，该电冰箱的制冷正常，表明电冰箱的制冷部分正常，照明灯不亮，应先对照明灯的本身（如灯丝）进行检查，以排查的方式找到故障点。图 10-16 为待测容声电冰箱的照明电路。

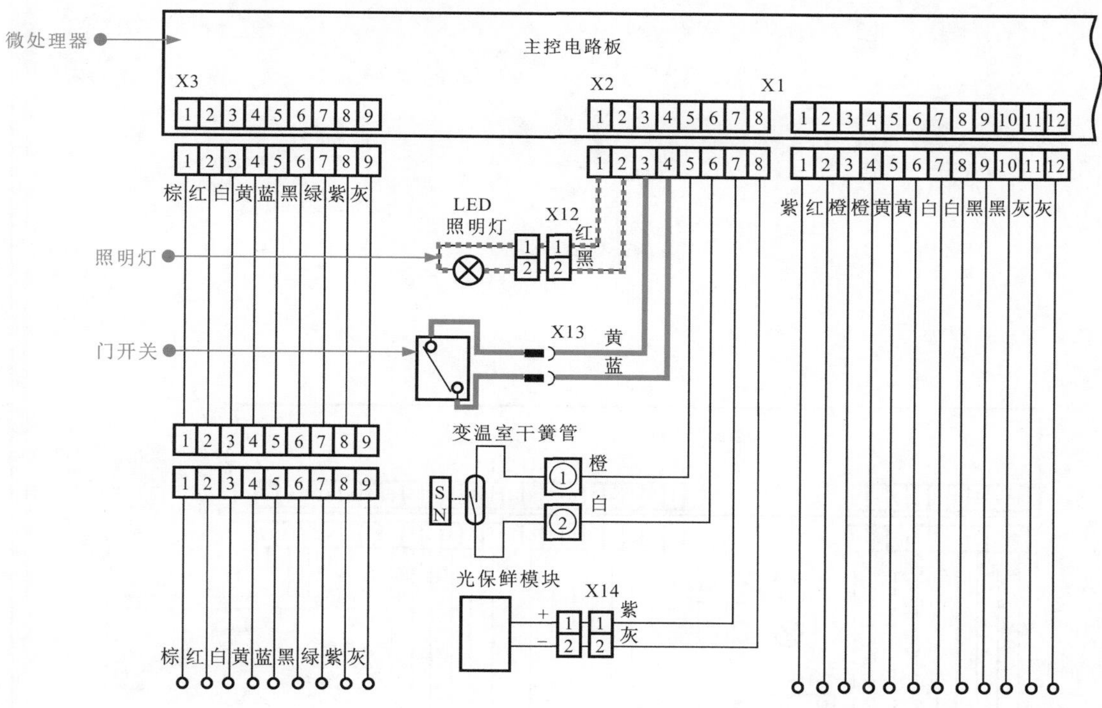
微处理器
主控电路板
X3
X2
X1
棕 红 白 黄 蓝 黑 绿 紫 灰
LED
照明灯
X12
红
黑
照明灯
门开关
X13
黄
蓝
紫 红 橙 橙 黄 黄 白 白 黑 黑 灰 灰
变温室干簧管
橙
白
S
N
光保鲜模块
X14
紫
灰
棕 红 白 黄 蓝 黑 绿 紫 灰

图 10-16 待测容声电冰箱的照明电路

照明灯位于电冰箱的冷藏室中，打开箱门后，可为冷藏室提供照明，若照明灯不亮时，应重点检查照明灯本身是否正常，若该器件正常，则需要对门开关部分进行检测。

根据图 10-16 可知，门开关用于控制照明灯的工作情况，若门开关损坏，则会造成照明灯不亮或一直亮的故障，此时应对门开关进行检测。

根据以上检修分析，首先检查照明灯本身是否正常。

照明灯的检查方法如图 10-17 所示。

检测结果：照明灯本身正常。根据检修分析，接下来检测冷藏门开关是否正常。

冷藏门开关检测方法如图 10-18 所示。

检测结果：使用万用表检测冷藏门开关在不同状态下（打开或关闭）的阻值，发现冷藏门开关打开时的阻值为无穷大；关闭冷藏门开关时，阻值仍为无穷大，表明门开关可能损坏，可对其进行更换。

照明灯

③ 接下来检查照明灯的灯丝，正常

① 找到电冰箱中照明灯，并将其取下

② 首先查看照明灯的螺口式灯头，发现没有烧焦的痕迹，玻璃也没有破裂、变黑的现象

图 10-17　照明灯的检查方法

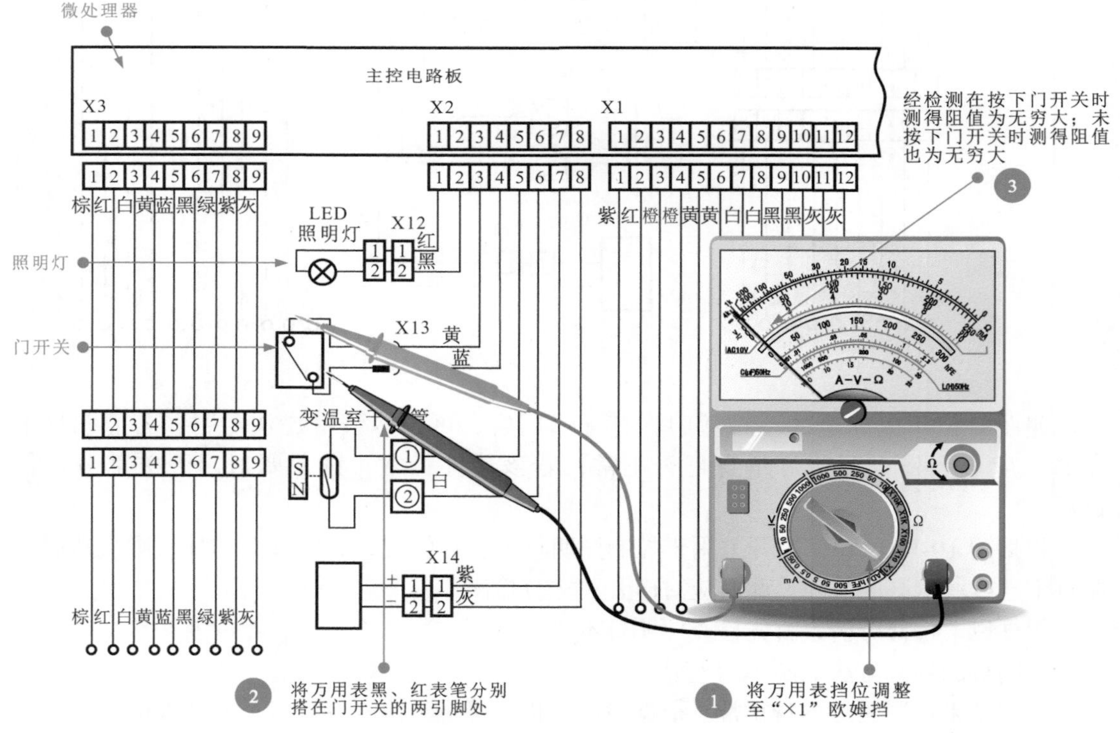
微处理器
主控电路板
X3
X2
X1
棕 红 白 黄 蓝 黑 绿 紫 灰
LED
照明灯
X12
红
黑
紫 红 橙 橙 黄 黄 白 白 黑 黑 灰 灰
照明灯
门开关
X13
黄
蓝
变温室干
白
X14
紫
灰
经检测在按下门开关时测得阻值为无穷大；未按下门开关时测得阻值也为无穷大
③
② 将万用表黑、红表笔分别搭在门开关的两引脚处
① 将万用表挡位调整至“×1”欧姆挡

图 10-18　冷藏门开关检测方法

冷藏门开关的代换方法如图 10-19 所示。

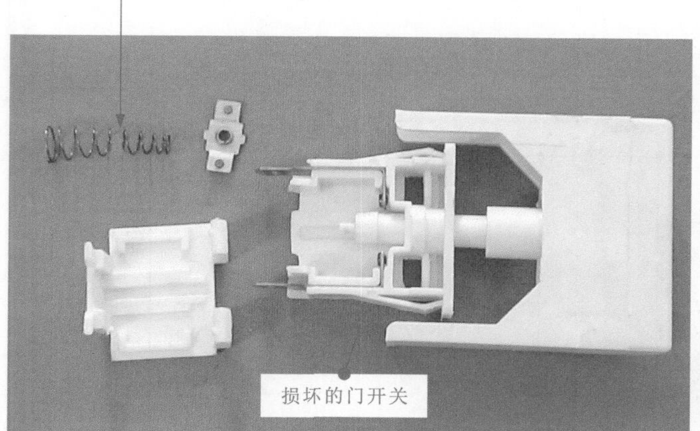
1 取出门开关后，发现其内部的弹簧断裂
损坏的门开关

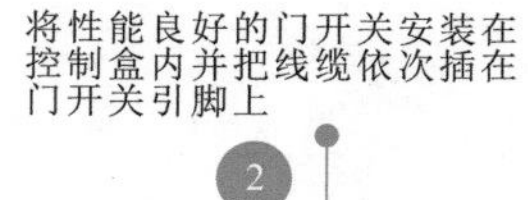
将性能良好的门开关安装在控制盒内并把线缆依次插在门开关引脚上
2

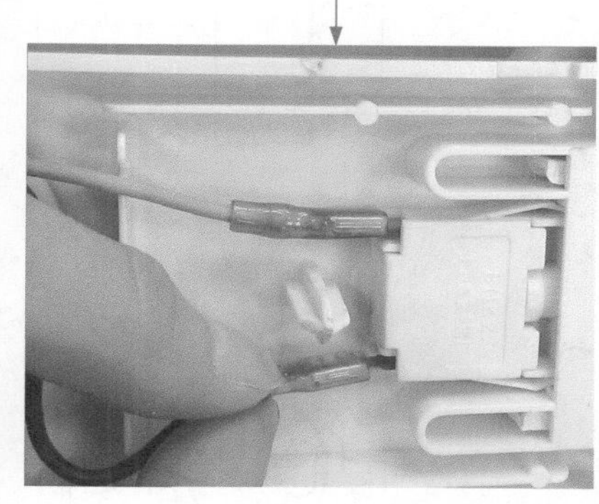

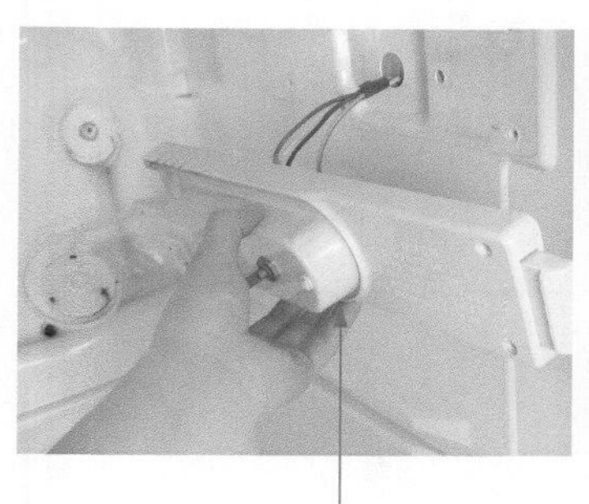

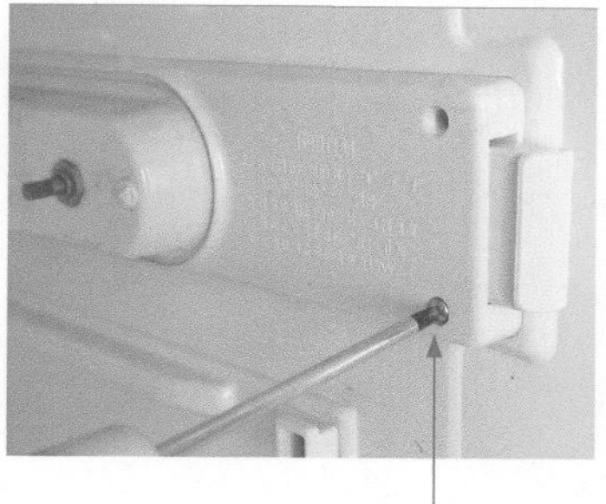

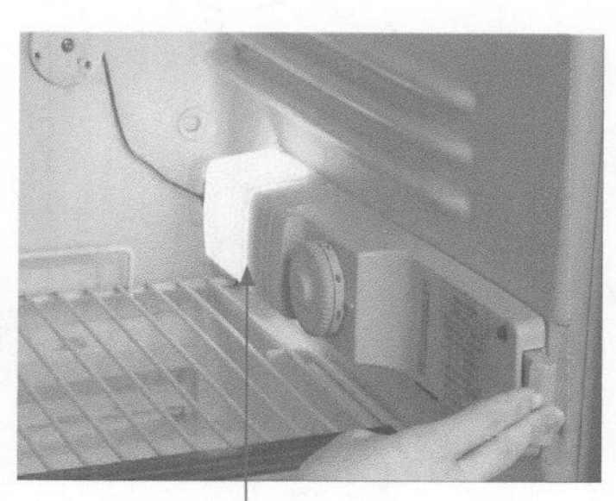

3 将控制盒装回电冰箱内部

4 拧紧螺钉，使控制盒与箱壁固定

5 通电开机，打开箱门照明灯点亮，风扇停转；按压门开关，照明灯熄灭，风扇旋转，故障排除

图 10-19 冷藏门开关的代换方法

更换结果：将冷藏门开关更换后，打开冷藏门开关，照明灯亮，故障排除。

10.3.2 美菱电冰箱制冷正常，照明灯不亮的检修案例

美菱电冰箱通电开机后，制冷正常，但照明灯出现不亮的故障现象。

根据电冰箱的故障现象，美菱电冰箱的照明灯不亮，可通过手动按下门开关，若照明灯仍不亮，则排除门开关与电冰箱箱门接触不良的故障。

怀疑是照明灯损坏或门开关失控造成的故障，此时需要对照明灯、门开关进行检测。检测前，应对美菱电冰箱照明电路进行了解，图 10-20 为待测美菱电冰箱照明电路。

照明灯位于电冰箱冷藏室中为电冰箱提供照明使用，并且在门开关的控制下发光或熄灭。当电冰箱的照明灯不亮时可先对照明灯进行检测，若检测照明灯正常，则需要对门开关的性能进行判断，找到故障点，排除故障。

根据以上检修分析，首先检查照明电路中的照明灯本身是否正常，检测照明灯时，可将照明灯从电冰箱中取出，再通过观察和检测的方法进行判断。

取下照明灯的方法如图 10-21 所示。

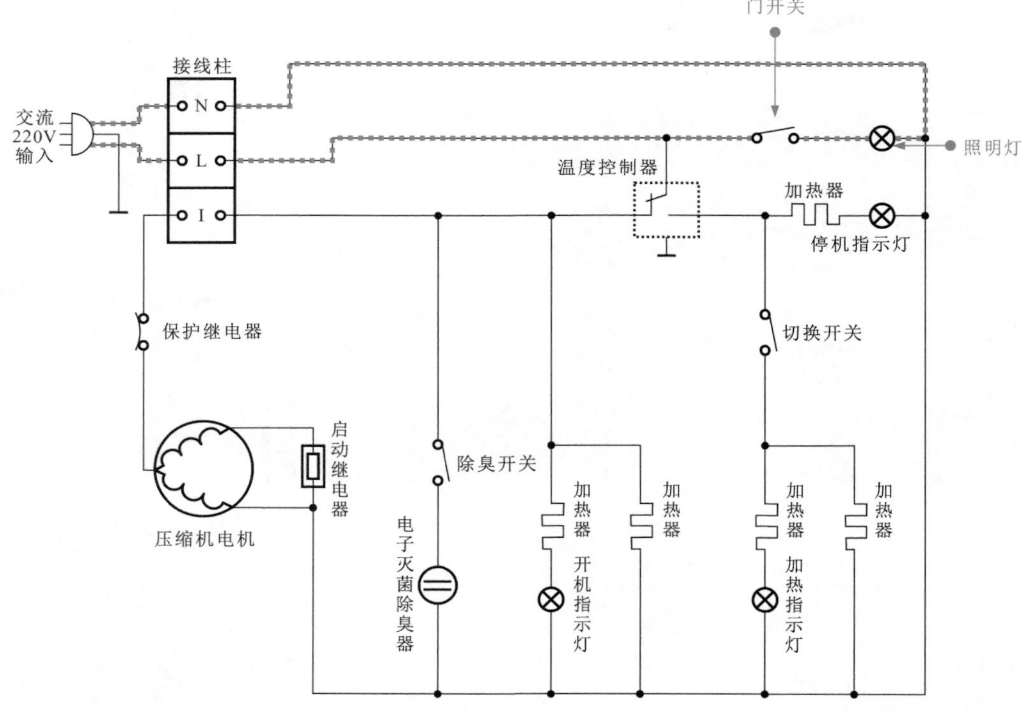
门开关
接线柱
交流
220V
输入
N
L
I
照明灯
温度控制器
加热器
停机指示灯
保护继电器
切换开关
启
动
继
电
器
压缩机电机
除臭开关
电子灭菌除臭器
加热器
开机指示灯
加热器
加热器
加热指示灯
加热器

图 10-20　待测美菱电冰箱照明电路

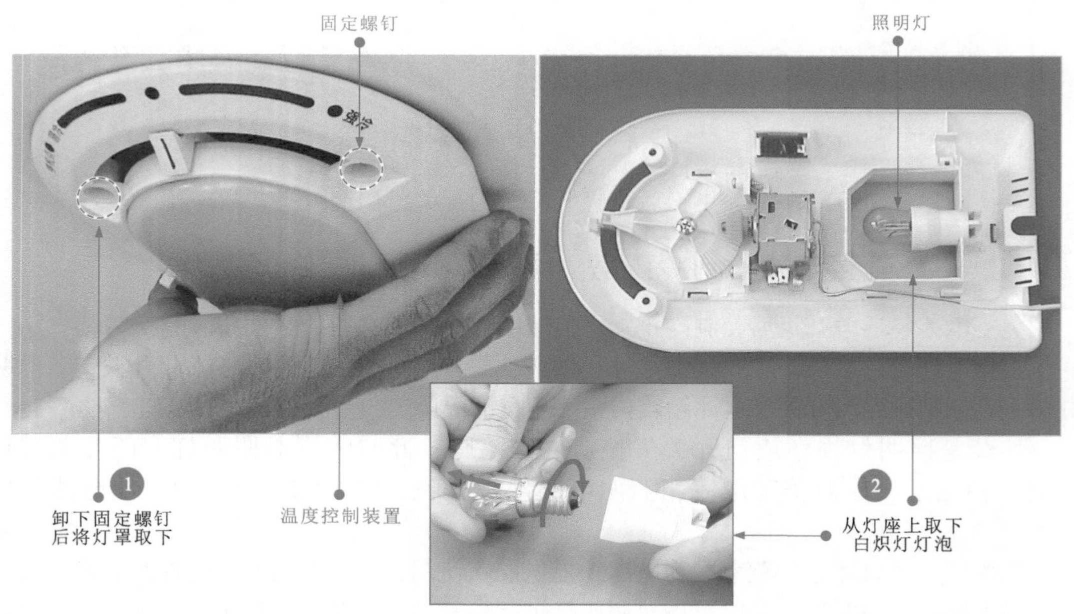
固定螺钉
照明灯
1
卸下固定螺钉后将灯罩取下
温度控制装置
2
从灯座上取下白炽灯灯泡

图 10-21　取下照明灯的方法

检测结果：取下照明灯后，根据检修思路，接下来观察照明灯表面是否有损坏的现象。

照明灯表面的检测方法如图 10-22 所示。

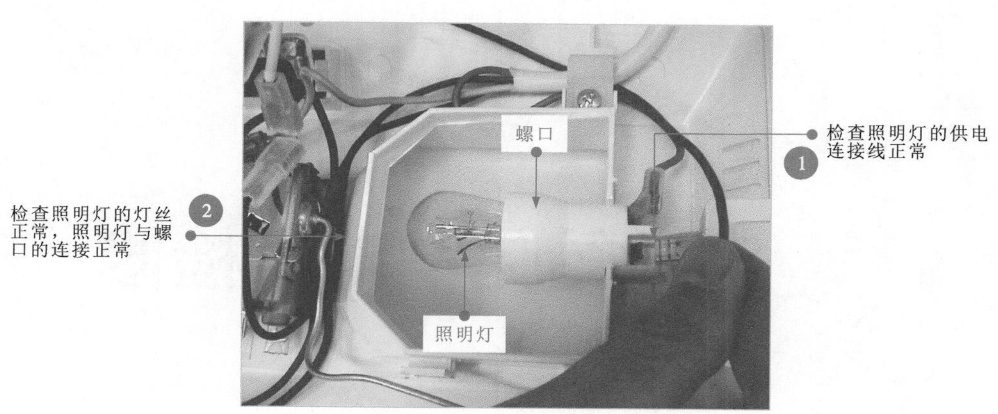
螺口
检查照明灯的供电连接线正常
1
2
检查照明灯的灯丝正常，照明灯与螺口的连接正常
照明灯

图 10-22 照明灯表面的检测方法

检测结果：通过观察照明灯的表面未发现照明灯有损坏的现象，接下来可以使用万用表进一步对照明灯的阻值进行检测。

照明灯阻值的检测方法如图 10-23 所示。

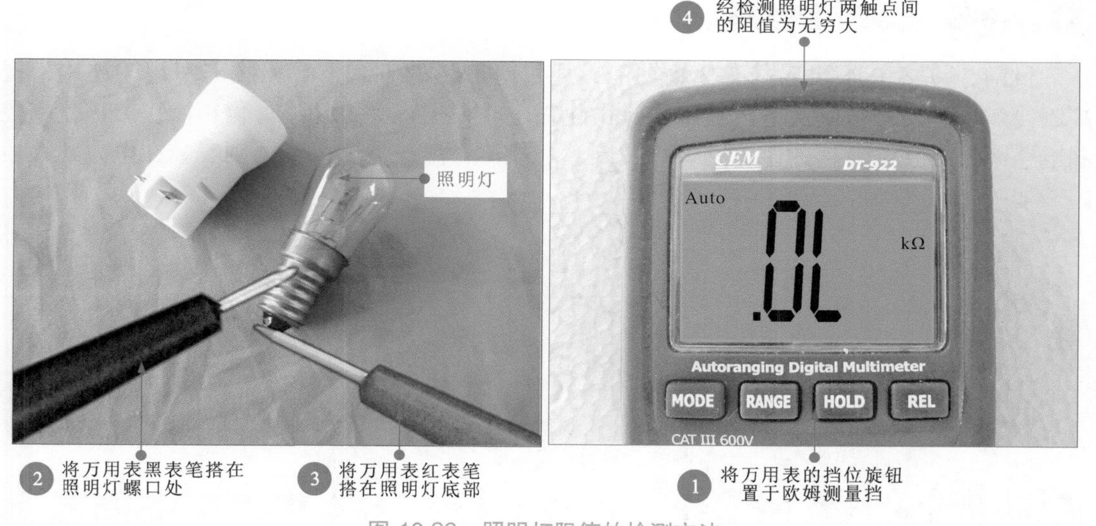
4
经检测照明灯两触点间的阻值为无穷大
照明灯
CEM
DT-922
Auto
.0L
kΩ
Autoranging Digital Multimeter
MODE
RANGE
HOLD
REL
CAT III 600V
2
将万用表黑表笔搭在照明灯螺口处
3
将万用表红表笔搭在照明灯底部
1
将万用表的挡位旋钮置于欧姆测量挡

图 10-23 照明灯阻值的检测方法

检测结果：照明灯两触点间的阻值为无穷大，表明该照明灯损坏，用同型号的照明灯进行更换后，再打开冷藏室门，照明正常，故障排除。

第11章 电冰箱化霜电路检修

11.1 化霜电路

11.1.1 化霜电路结构

目前，许多电冰箱都具有化霜功能，通过电加热的方式，溶化冷冻室内的冰霜，提高制冷效果。在微电脑式电冰箱中，是由化霜电路根据程序自动进行化霜操作。该化霜控制电路部分可在电冰箱的主电路板上找到，加热器、温控器和熔断器则安装在电冰箱箱体内，如图 11-1 所示。

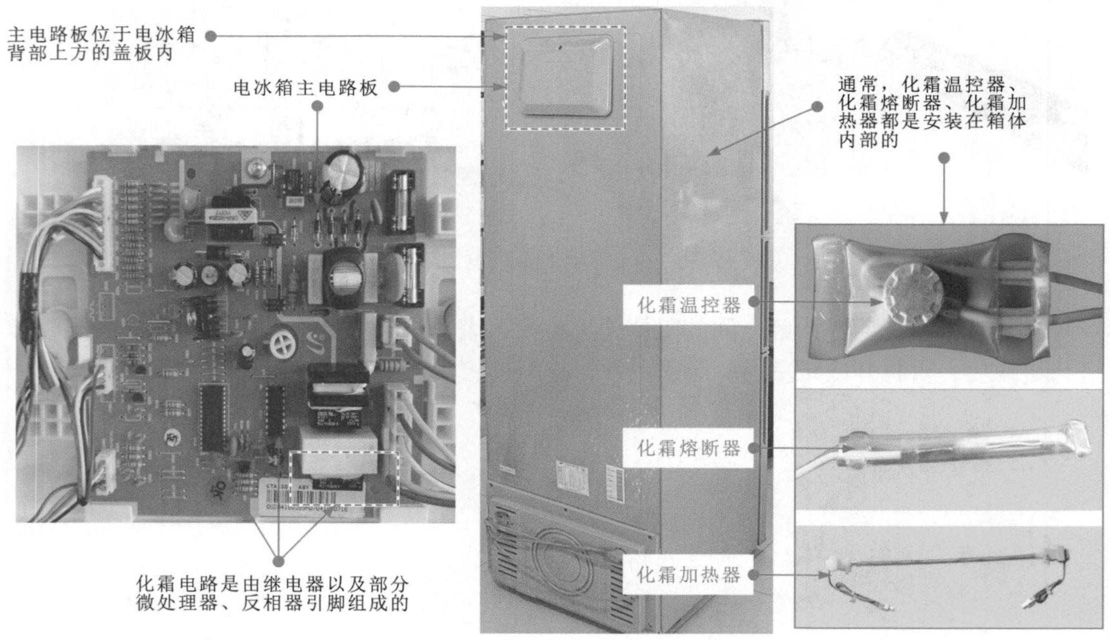
主电路板位于电冰箱背部上方的盖板内
电冰箱主电路板
通常，化霜温控器、化霜熔断器、化霜加热器都是安装在箱体内部的
化霜温控器
化霜熔断器
化霜加热器
化霜电路是由继电器以及部分微处理器、反相器引脚组成的

图 11-1 微电脑式电冰箱的化霜电路位置

提示

在机械式电冰箱中由于没有微处理器控制电路，化霜电路部分主要是由化霜定时器进行控制，该定时器通常安装在箱室壁上，其他部件也安装在电冰箱箱体内，如图 11-2 所示。

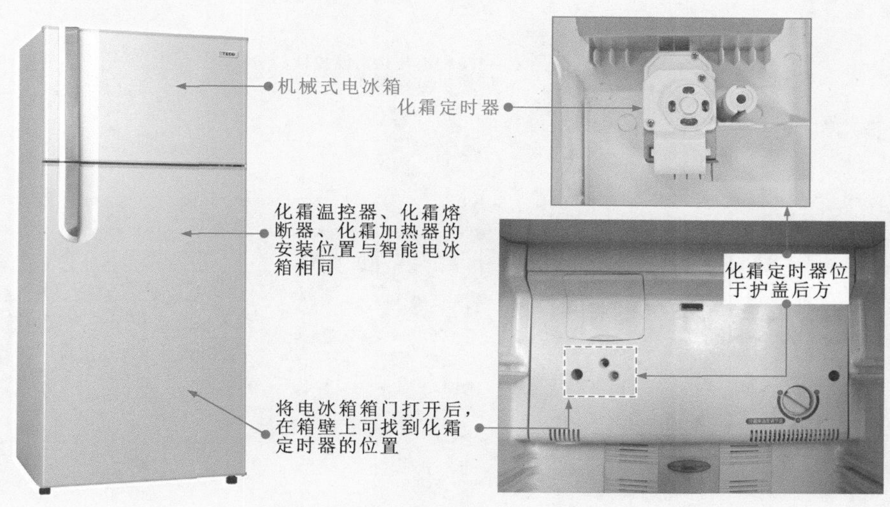
机械式电冰箱
化霜定时器
化霜温控器、化霜熔断器、化霜加热器的安装位置与智能电冰箱相同
化霜定时器位于护盖后方
将电冰箱箱门打开后，在箱壁上可找到化霜定时器的位置

图 11-2　机械式电冰箱的化霜电路位置

电冰箱常见的化霜方式有三种，即人工化霜、半自动化霜和自动化霜。人工化霜是通过化霜开关手动控制化霜工作的开始和结束；半自动化霜是通过带有化霜功能的温度控制器手动控制化霜工作的开始，化霜完成可自动开始制冷；自动化霜是通过化霜定时器（时间不可调）每隔一段时间自动控制化霜工作的开始和结束。

图 11-3 所示为典型电冰箱中的化霜电路。该化霜电路主要分为两部分，控制部分位于电路板上，主要由继电器和一部分反相器与微处理器组成，另一部分安装在电冰箱箱体内，主要由化霜温控器、化霜熔断器和化霜加热器组成。

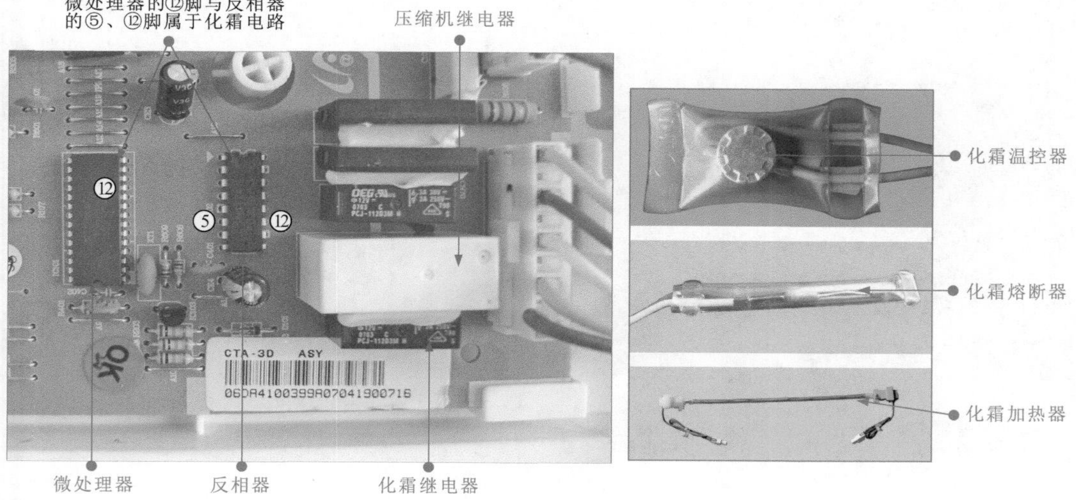
微处理器的⑫脚与反相器的⑤、⑫脚属于化霜电路
压缩机继电器
⑫
⑤
⑫
CTA-3D　ASY
化霜温控器
化霜熔断器
化霜加热器
微处理器
反相器
化霜继电器

图 11-3　典型电冰箱中的化霜电路

提示

在机械式电冰箱中，化霜电路是以化霜定时器为核心，由化霜温控器、化霜熔断器和化霜加热器组成的，如图 11-4 所示，结构与微电脑式电冰箱类似，只是控制部件有所不同。

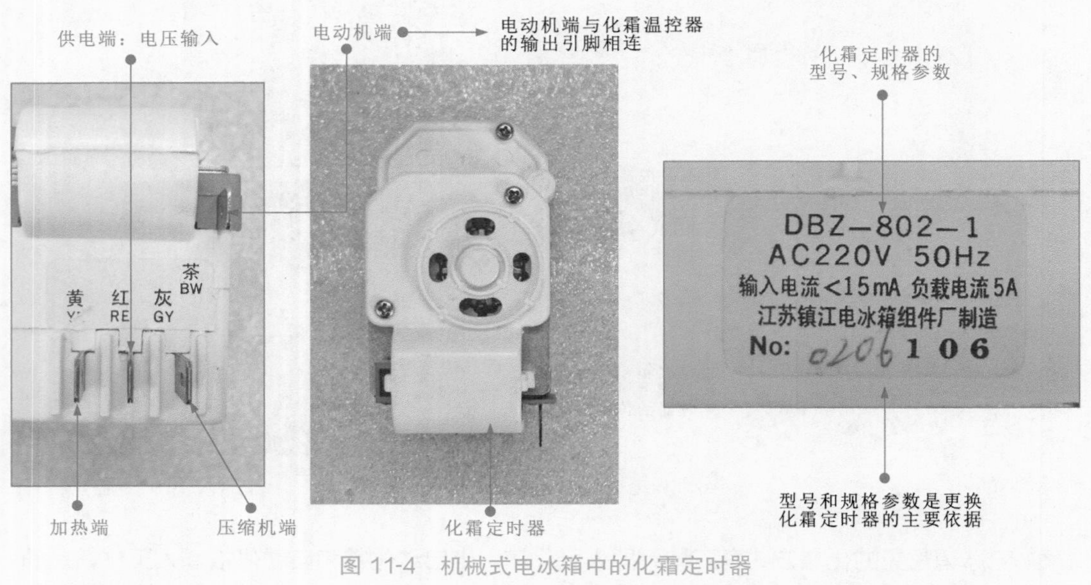
供电端：电压输入
电动机端
电动机端与化霜温控器的输出引脚相连
化霜定时器的型号、规格参数
茶 BW
黄
红 RE
灰 GY
DBZ—802—1
AC220V 50Hz
输入电流<15mA 负载电流5A
江苏镇江电冰箱组件厂制造
No: 106
型号和规格参数是更换化霜定时器的主要依据
加热端
压缩机端
化霜定时器

图 11-4　机械式电冰箱中的化霜定时器

（1）控制部分

化霜电路的控制部分位于主电路板上，如图 11-5 所示。微处理器通过反相器对继电器进行控制，从而控制化霜加热器的供电，使电冰箱自动进行化霜操作。

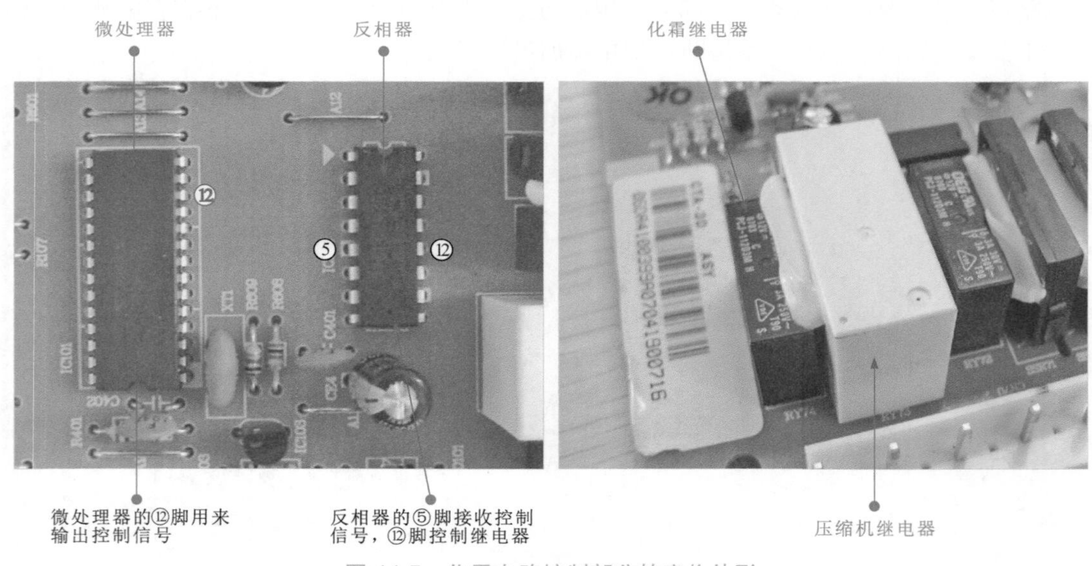
微处理器
反相器
化霜继电器
⑫
⑤
⑫
微处理器的⑫脚用来输出控制信号
反相器的⑤脚接收控制信号，⑫脚控制继电器
压缩机继电器

图 11-5　化霜电路控制部分的实物外形

（2）化霜温控器

化霜温控器实际上是一个双金属恒温器，当化霜加热器达到某一温度时，化霜温控器便会断开，切断化霜加热器的供电，当温度降低后，会再次闭合。图 11-6 所示为化霜温控器的实物外形。

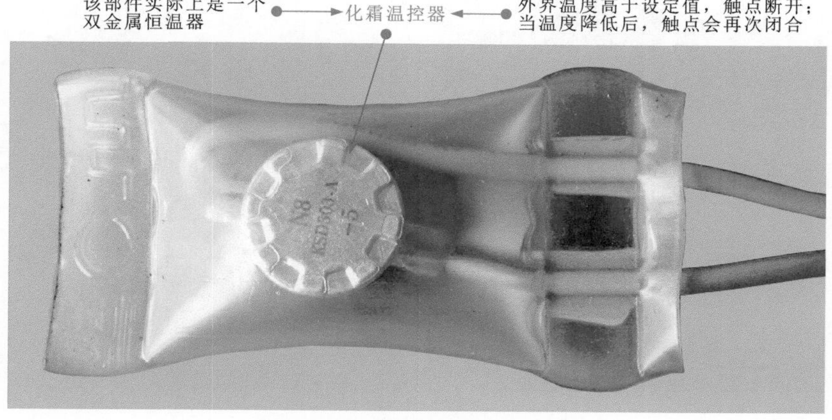
该部件实际上是一个双金属恒温器
化霜温控器
外界温度高于设定值，触点断开；当温度降低后，触点会再次闭合

图 11-6 化霜温控器的实物外形

提示

通常化霜温控器串联在加热器供电线路中，当温度升高到（13±3）℃时，触点断开；当温度降低到 -3℃时，触点闭合。

（3）化霜熔断器

化霜熔断器是一种一次性安全保护装置，熔断温度一般为 65 ～ 70℃，当加热器超过熔断温度（化霜温控器也损坏）时，化霜熔断器便会熔断，切断供电线路，使加热器停止加热，保护其他部件不受损坏。图 11-7 是化霜熔断器的实物外形。

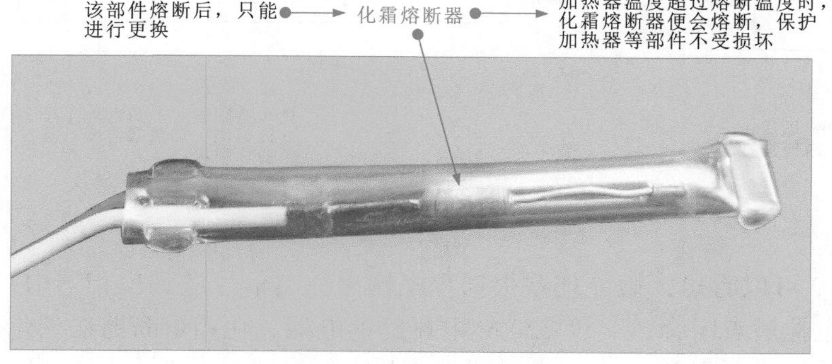
该部件熔断后，只能进行更换
化霜熔断器
加热器温度超过熔断温度时，化霜熔断器便会熔断，保护加热器等部件不受损坏

图 11-7 化霜熔断器的实物外形

（4）化霜加热器

化霜加热器位于蒸发器附近，它可将电能转换为热能，通过加热蒸发器的方式，使箱

室内的冰霜受热消融。目前，化霜加热器有两种，分别为金属管加热器和石英管加热器，图 11-8 所示为化霜加热器的实物外形。

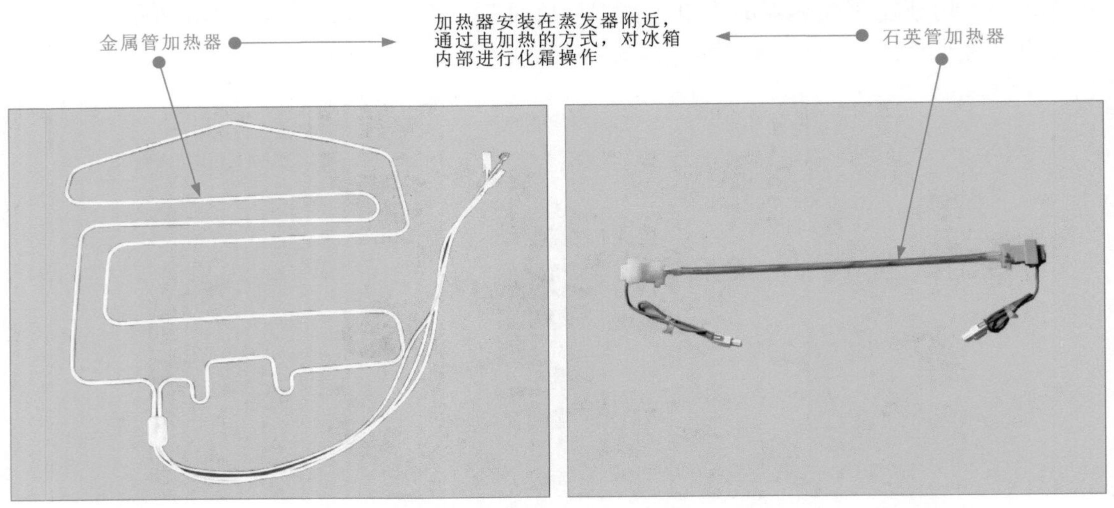
金属管加热器
加热器安装在蒸发器附近，通过电加热的方式，对冰箱内部进行化霜操作
石英管加热器

图 11-8　化霜加热器的实物外形

11.1.2　化霜电路原理

电冰箱的化霜电路可在人为控制下或自动控制下，对电冰箱箱室进行化霜操作，并且在完成化霜操作后，可自动转换制冷模式。

图 11-9 所示为典型电脑控制式电冰箱中化霜电路的流程框图。

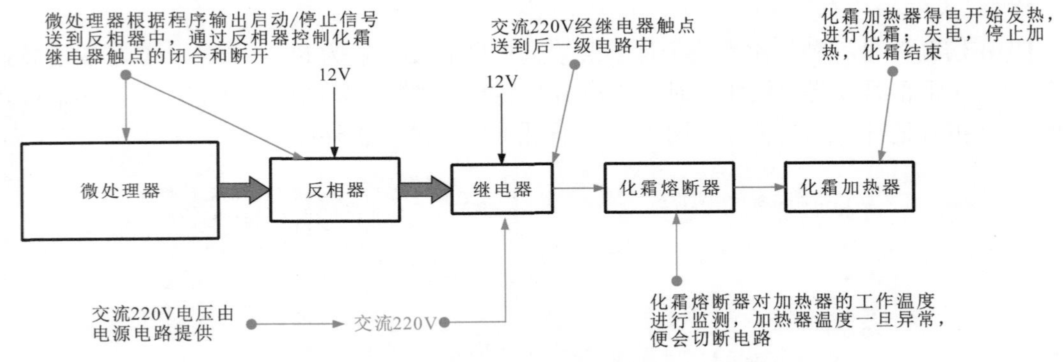
微处理器根据程序输出启动/停止信号送到反相器中，通过反相器控制化霜继电器触点的闭合和断开
12V
12V
交流220V经继电器触点送到后一级电路中
化霜加热器得电开始发热，进行化霜；失电，停止加热，化霜结束
微处理器
反相器
继电器
化霜熔断器
化霜加热器
交流220V电压由电源电路提供
交流220V
化霜熔断器对加热器的工作温度进行监测，加热器温度一旦异常，便会切断电路

图 11-9　典型电冰箱中化霜电路的流程框图

从图 11-9 可以看出，微处理器根据程序输出控制信号送到反相器中，经反相器后控制化霜继电器触点闭合，交流 220 V 电压经继电器、化霜熔断器送到化霜加热器中，化霜加热器发热开始除霜。当化霜时间结束后，微处理器根据程序输出停止信号送到反相器中，经反相器后控制化霜继电器触点断开，化霜加热器失电，停止加热，化霜结束。

此外，在机械式电冰箱中设有化霜温控器和化霜熔断器，可随时对加热器的工作温度进行监测，加热器温度一旦异常，便会切断电路，停止化霜工作。

图 11-10 所示为典型三星电冰箱的化霜电路，由图可知，该电路主要是由微处理器 IC101、反相器 IC102、化霜继电器 RY74、RY73、化霜熔断器和化霜加热器等构成的。

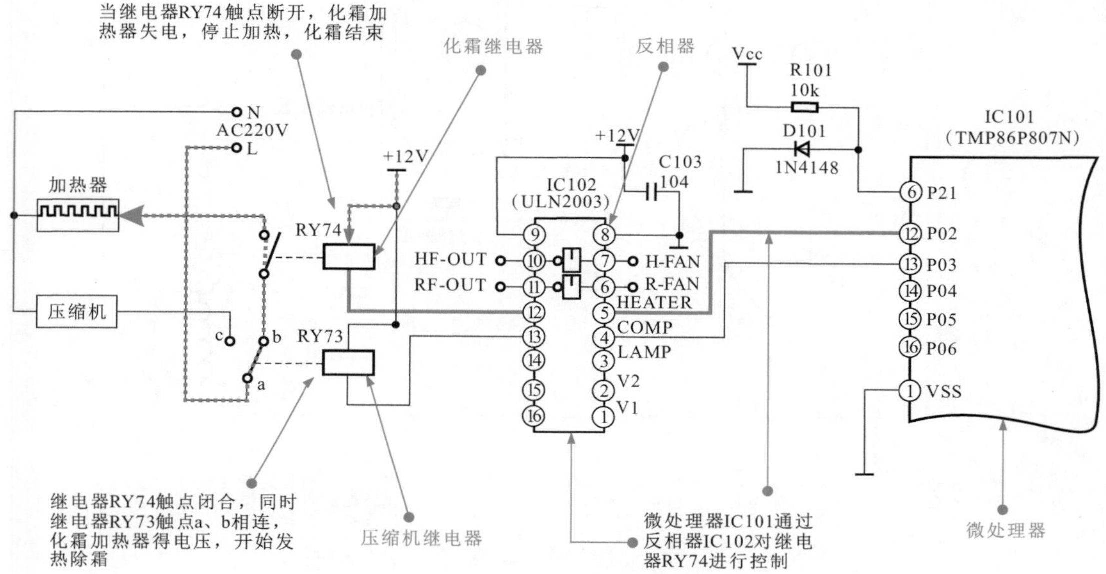
当继电器RY74触点断开，化霜加热器失电，停止加热，化霜结束
化霜继电器
反相器
Vcc
R101
10k
D101
1N4148
IC101
（TMP86P807N）
N
AC220V
L
加热器
+12V
+12V
C103
104
IC102
（ULN2003）
RY74
HF-OUT
RF-OUT
H-FAN
R-FAN
HEATER
COMP
LAMP
V2
V1
P21
P02
P03
P04
P05
P06
VSS
压缩机
c
b
a
RY73
继电器RY74触点闭合，同时继电器RY73触点a、b相连，化霜加热器得电压，开始发热除霜
压缩机继电器
微处理器IC101通过反相器IC102对继电器RY74进行控制
微处理器

图 11-10　典型三星电冰箱的化霜电路

微处理器 IC101 通过反相器 IC102 对继电器 RY74 和 RY73 进行控制，继电器 RY74 的触点闭合，同时继电器 RY73 触点 a、b 相连，化霜加热器得到交流 220 V 电压，化霜加热器发热开始除霜；当继电器 RY74 触点断开，化霜加热器失电，停止加热，化霜结束。

化霜熔断器对加热器及其他部件提供保护，当加热器温度超过化霜熔断器熔断温度时，化霜熔断器便会熔断从而切断电源，保护加热器等不受损坏。

提示

图 11-11 所示为典型机械式电冰箱的化霜电路原理图。该电路是由化霜定时器、化霜温控器、化霜熔断器和化霜加热器等构成的。

电冰箱通电后，压缩机得电开始工作，化霜定时器内部电动机得电开始运转，当达到预定时间时（设定时间不可调），化霜定时器内部触点 a、b 相连，切断压缩机供电，停止制冷；同时供电电压经触点、化霜温控器、化霜熔断器为化霜加热器供电，开始化霜操作。

当加热器温度升高到某一点时，化霜温控器断开，交流 220 V 电压再次经过定时器电动机，电动机开始下一次化霜的运转，化霜定时器内部触点 a、c 相连，压缩机得电，再次工作。

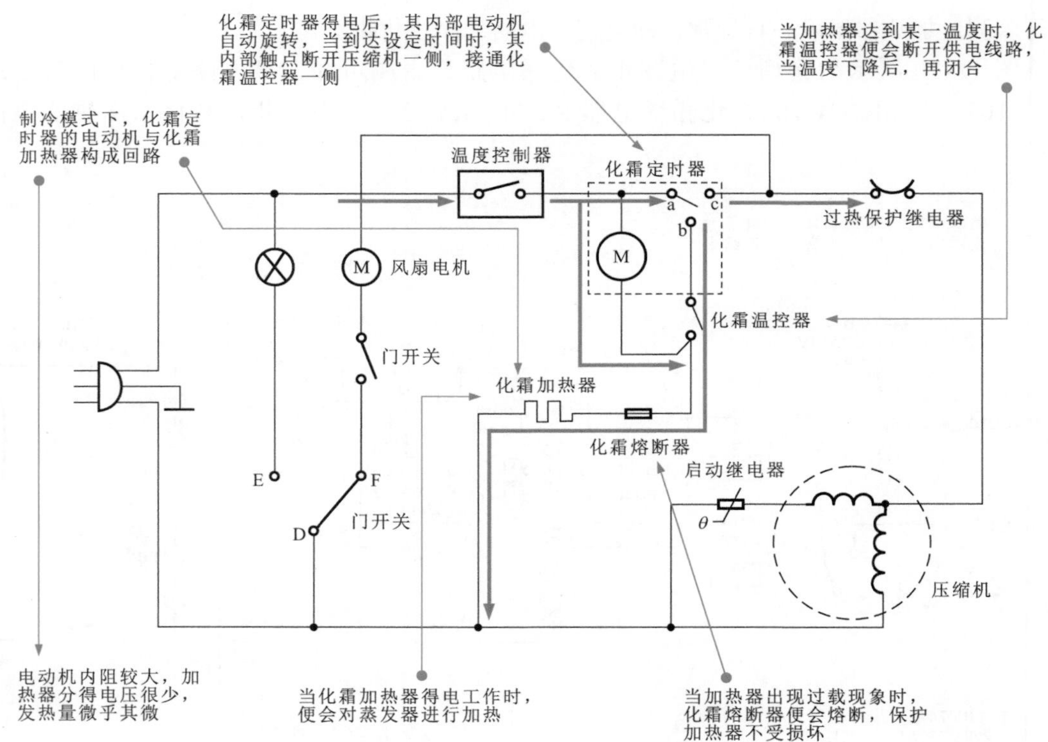
化霜定时器得电后，其内部电动机自动旋转，当到达设定时间时，其内部触点断开压缩机一侧，接通化霜温控器一侧
当加热器达到某一温度时，化霜温控器便会断开供电线路，当温度下降后，再闭合
制冷模式下，化霜定时器的电动机与化霜加热器构成回路
温度控制器
化霜定时器
过热保护继电器
风扇电机
化霜温控器
门开关
化霜加热器
化霜熔断器
启动继电器
压缩机
电动机内阻较大，加热器分得电压很少，发热量微乎其微
当化霜加热器得电工作时，便会对蒸发器进行加热
当加热器出现过载现象时，化霜熔断器便会熔断，保护加热器不受损坏

图 11-11　典型机械式电冰箱的化霜电路原理图

11.2 化霜电路检修方法

11.2.1 化霜电路检修分析

化霜电路出现故障经常会引起电冰箱出现不化霜、化霜异常等故障现象，对该电路进行检修时，可依据故障现象分析出产生故障的原因，并根据化霜电路的信号流程对可能产生故障的部件逐一进行排查。图 11-12 所示为典型微电脑式电冰箱操作显示电路的检修流程。

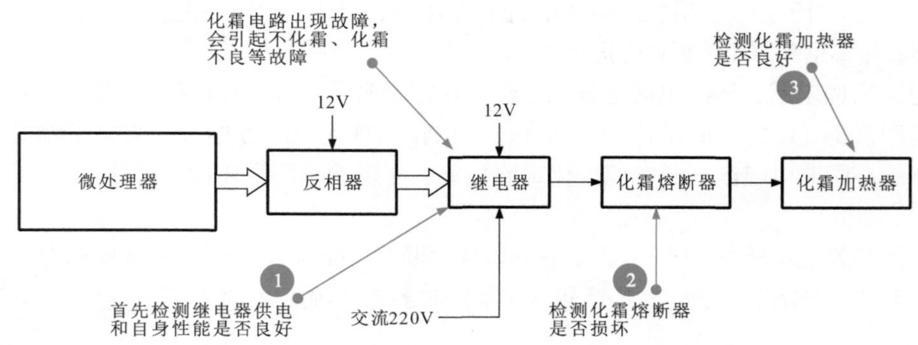
化霜电路出现故障，会引起不化霜、化霜不良等故障
检测化霜加热器是否良好
3
12V
12V
微处理器
反相器
继电器
化霜熔断器
化霜加热器
1
2
首先检测继电器供电和自身性能是否良好
交流220V
检测化霜熔断器是否损坏

图 11-12　典型微电脑式电冰箱操作显示电路的检修流程

提示

当化霜电路出现异常时，可首先采用观察法检查化霜电路在主电路板上的控制部分元件有无明显损坏迹象（脱焊、烧焦等），若出现上述情况则应立即更换损坏的元器件。

11.2.2 化霜继电器的检测

当怀疑化霜电路损坏时，可先使用万用表对化霜继电器供电及性能进行检测，判断继电器是否良好。检测时若继电器良好，说明后级电路中的部件存在故障；若继电器性能不良，就需要对继电器进行代换。

图 11-13 所示为继电器的检测方法。

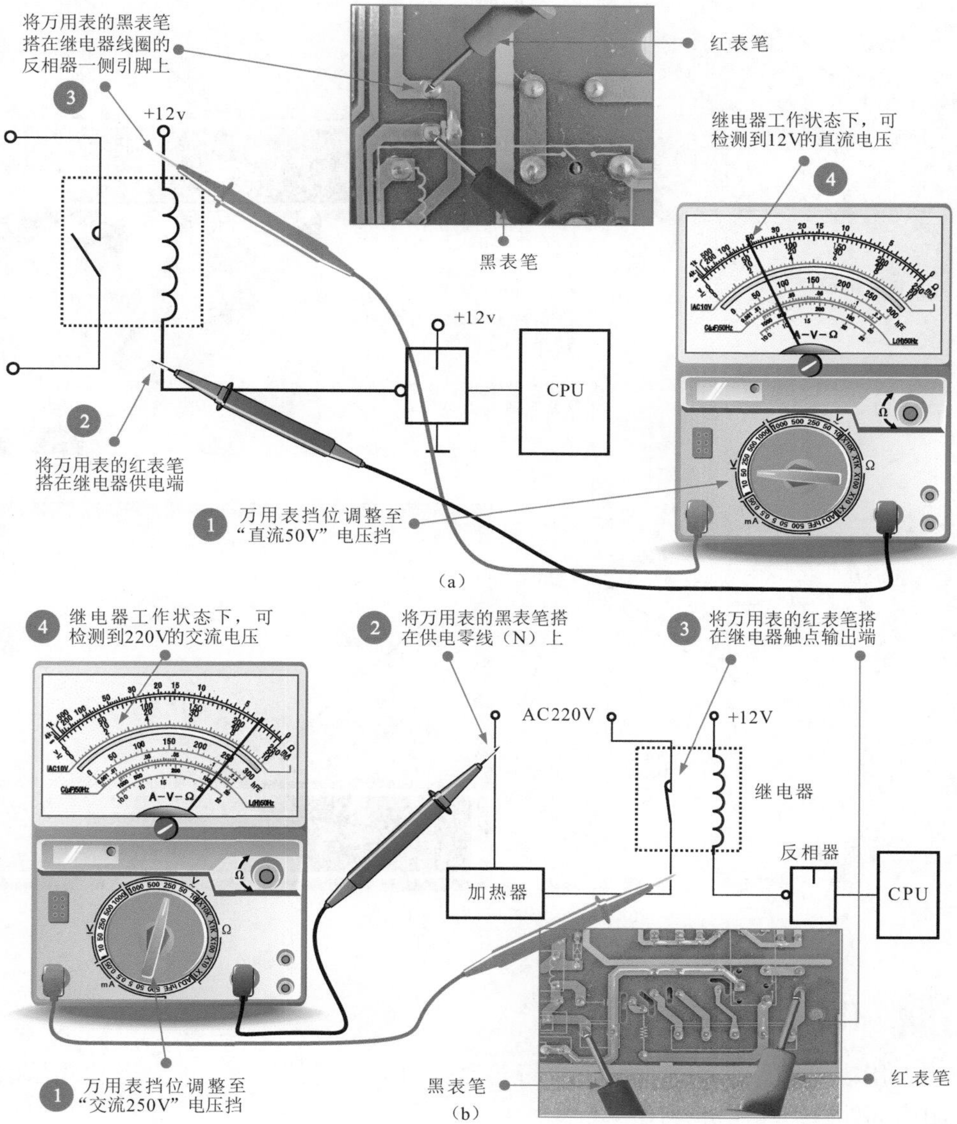

将万用表的黑表笔搭在继电器线圈的反相器一侧引脚上
3
红表笔
+12v
继电器工作状态下，可检测到12V的直流电压
4
黑表笔
+12v
CPU
2
将万用表的红表笔搭在继电器供电端
1 万用表挡位调整至“直流50V”电压挡
(a)
4 继电器工作状态下，可检测到220V的交流电压
2 将万用表的黑表笔搭在供电零线（N）上
3 将万用表的红表笔搭在继电器触点输出端
AC220V
+12V
继电器
反相器
加热器
CPU
1 万用表挡位调整至“交流250V”电压挡
黑表笔
红表笔
(b)

图 11-13 继电器的检测方法

提示

化霜温控器用在机械控制式电冰箱中，可使用万用表对化霜温控器进行检测，判断其是否良好。若化霜温控器阻值异常，说明该部件已损坏需进行代换。图 11-14 所示为化霜温控器的检测方法。

2 红、黑表笔任意搭在温控器插件引脚上
3 常温状态下，温控器阻值为零
化霜温控器常温下触点闭合，高温下触点断开
1 万用表挡位调至“×1”欧姆挡
4 表笔位置不变，将通电的电烙铁靠近温控器
5 高温状态下，温控器阻值为无穷大
MODEL MF47-8
全保护·遥控器检测

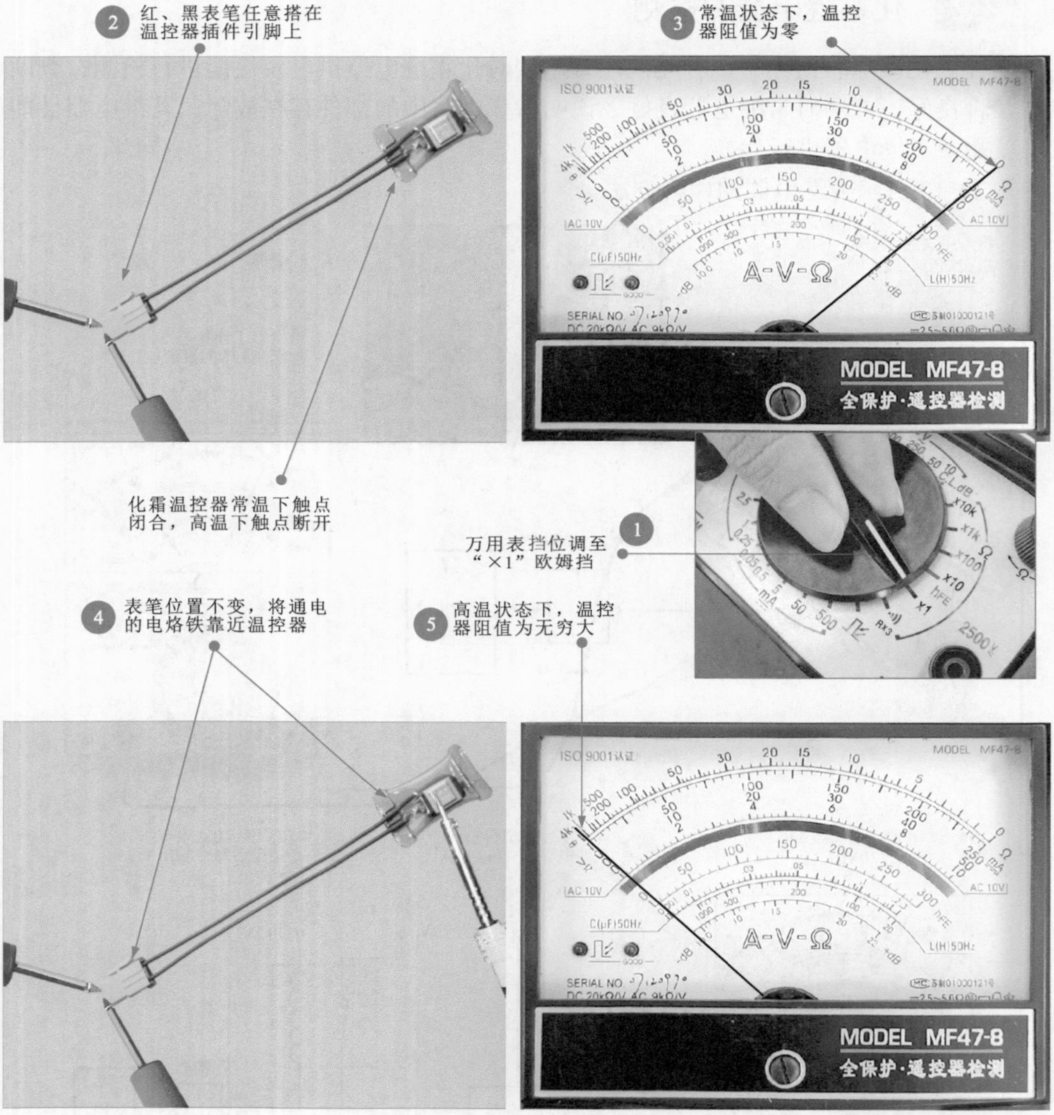

图 11-14 化霜温控器的检测方法

11.2.3 化霜熔断器的检测

使用万用表对化霜熔断器的阻值进行检测，即可判断其是否良好。若化霜熔断器断路，说明该部件已损坏需进行代换。

图 11-15 所示为化霜熔断器的检测方法。

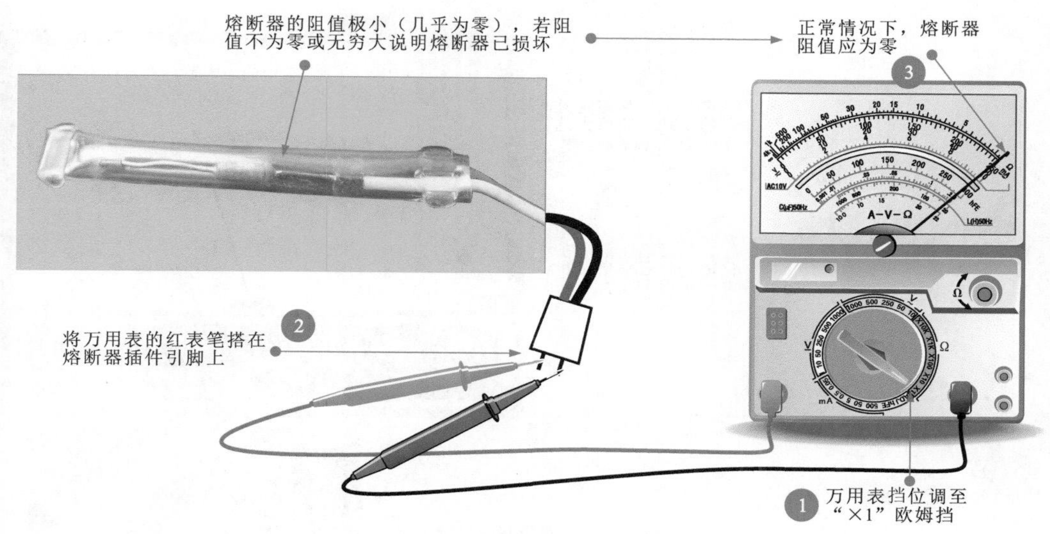
熔断器的阻值极小（几乎为零），若阻值不为零或无穷大说明熔断器已损坏
正常情况下，熔断器阻值应为零
3
将万用表的红表笔搭在熔断器插件引脚上
2
万用表挡位调至“×1”欧姆挡
1
A-V-Ω

图 11-15 化霜熔断器的检测方法

11.2.4 化霜加热器的检测

使用万用表对化霜加热器的阻值进行检测，即可判断其是否良好。若化霜加热器阻值异常，说明该部件已损坏需进行代换。

图 11-16 所示为化霜加热器的检测方法。

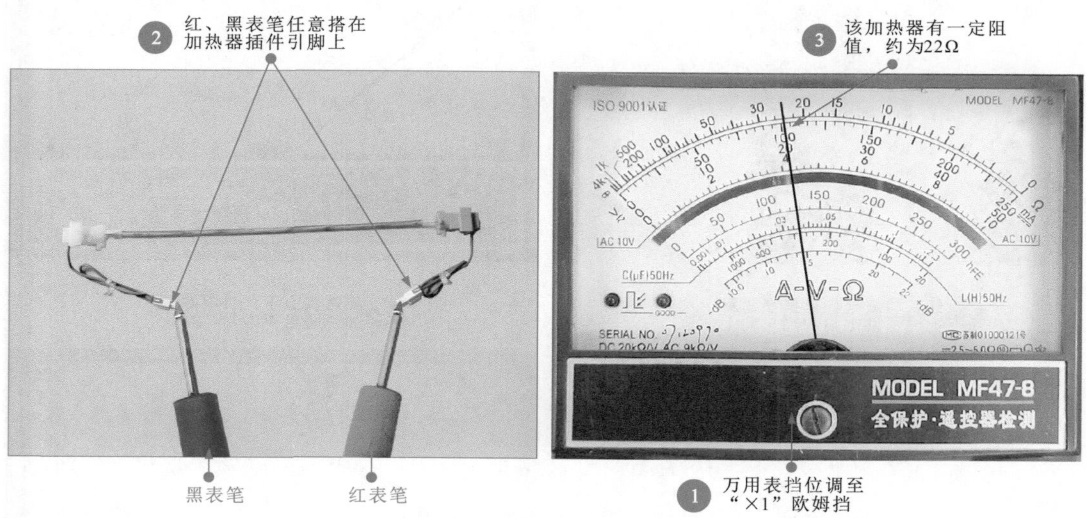
2
红、黑表笔任意搭在加热器插件引脚上
3
该加热器有一定阻值，约为22Ω
ISO 9001认证
MODEL MF47-8
A-V-Ω
MODEL MF47-8
全保护·遥控器检测
黑表笔
红表笔
1
万用表挡位调至“×1”欧姆挡

图 11-16 化霜加热器的检测方法

提示

对机械式电冰箱中的化霜定时器进行检测时，可使用万用表对引脚间的阻值进行检测，通过不同状态下引脚间阻值的变化，来判断化霜定时器是否损坏，如图 11-17 所示。

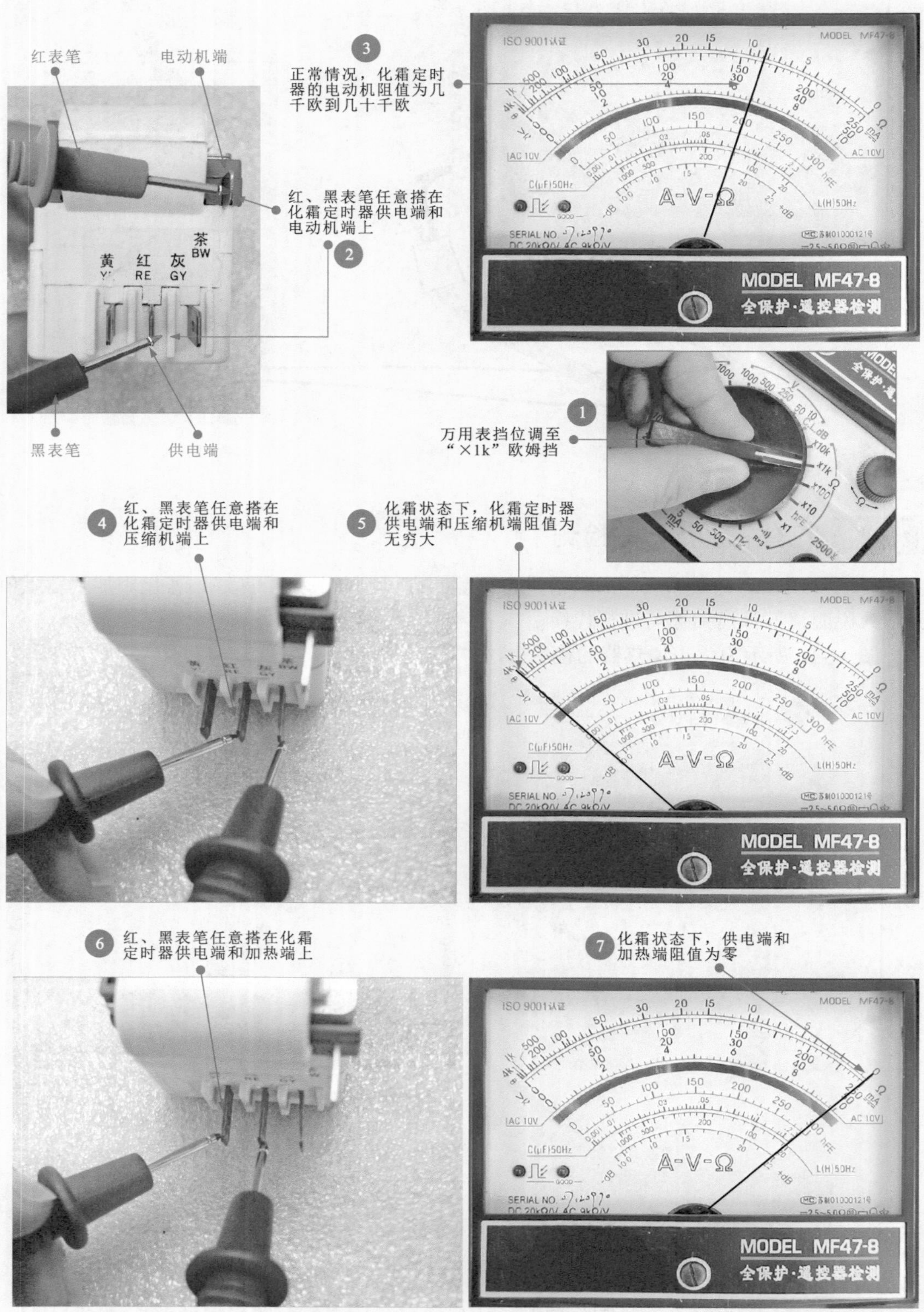

红表笔　电动机端

黄 YL　红 RE　灰 GY　茶 BW

黑表笔　供电端

① 万用表挡位调至“×1k”欧姆挡

② 红、黑表笔任意搭在化霜定时器供电端和电动机端上

③ 正常情况，化霜定时器的电动机阻值为几千欧到几十千欧

④ 红、黑表笔任意搭在化霜定时器供电端和压缩机端上

⑤ 化霜状态下，化霜定时器供电端和压缩机端阻值为无穷大

⑥ 红、黑表笔任意搭在化霜定时器供电端和加热端上

⑦ 化霜状态下，供电端和加热端阻值为零

图 11-17　化霜定时器的检测

11.3 化霜电路常见故障的检修案例

当化霜电路出现故障后，将影响电冰箱的化霜操作，这些故障现象可以通过电冰箱的工作状态进行直接判断。

因此，当电冰箱在工作过程中，出现不化霜、化霜失常等故障时，首先根据故障的具体表现、特征进行初步分析和判断，然后对怀疑的电路部分进行检测和排查，逐步缩小故障范围，最后找到故障元件，排除故障。

11.3.1 春兰电冰箱化霜异常的检修案例

春兰电冰箱通电后，制冷正常，但一段时间后自动开始化霜，且化霜持续很长时间，箱室内壁很热，再次制冷后便不再化霜。

根据电冰箱的故障表现可知，春兰电冰箱制冷正常，表明供电部分、控制部分、制冷循环正常，但化霜开始后便不能停止，说明化霜电路部分中的检测元件可能存在故障，由于化霜电路长时间工作，可能使化霜熔断器熔断或加热器烧毁，造成电冰箱之后不能进行化霜工作。图 11-18 为待测春兰电冰箱的化霜电路部分。

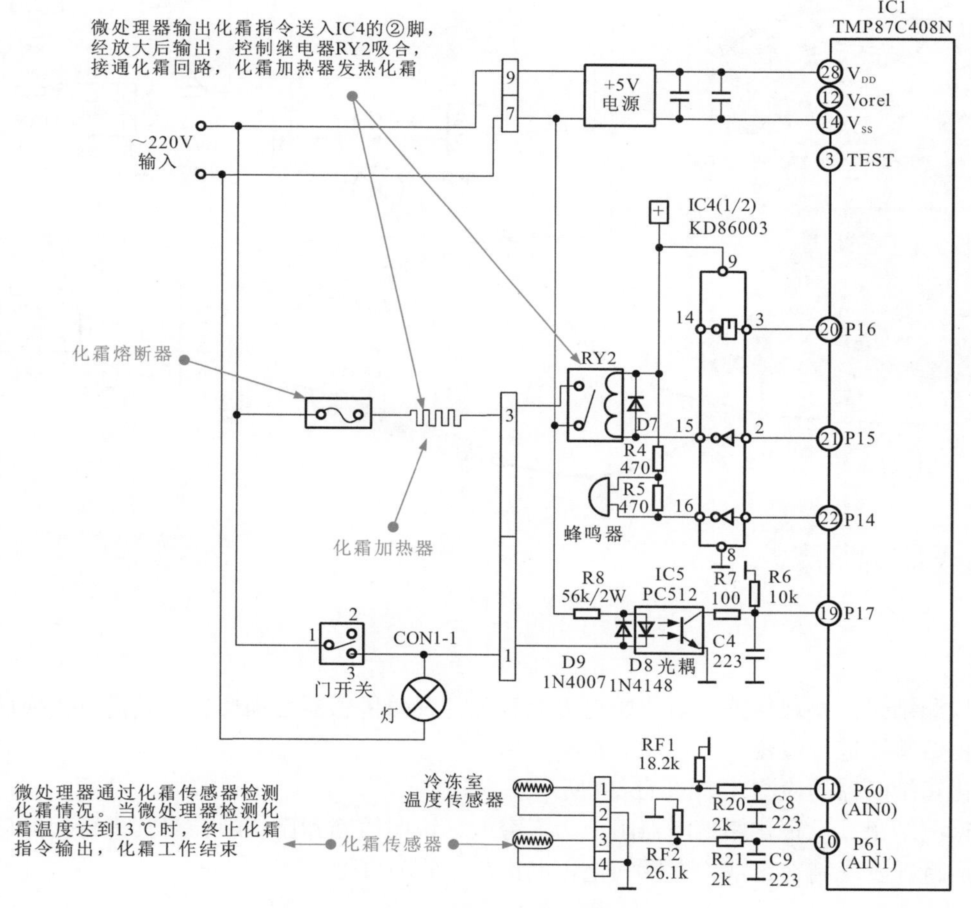
微处理器输出化霜指令送入IC4的②脚，
经放大后输出，控制继电器RY2吸合，
接通化霜回路，化霜加热器发热化霜
IC1
TMP87C408N
~220V
输入
+5V
电源
VDD
Vorel
VSS
TEST
IC4(1/2)
KD86003
P16
P15
P14
P17
化霜熔断器
RY2
D7
R4
470
R5
470
蜂鸣器
化霜加热器
R8
56k/2W
IC5
PC512
R7
100
R6
10k
C4
223
CON1-1
门开关
灯
D9
1N4007
D8 光耦
1N4148
RF1
18.2k
冷冻室
温度传感器
R20
2k
C8
223
P60
(AIN0)
微处理器通过化霜传感器检测
化霜情况。当微处理器检测化
霜温度达到13 ℃时，终止化霜
指令输出，化霜工作结束
化霜传感器
RF2
26.1k
R21
2k
C9
223
P61
(AIN1)

图 11-18 待测春兰电冰箱的化霜电路部分

该电冰箱的各种工作是由微处理器进行控制的，当压缩机累计运行 7h，微处理器由㉑脚输出化霜指令并送入 IC4 的②脚，经放大后由⑮脚输出，控制继电器 RY2 吸合，接通化霜加热器的供电电路，化霜加热器发热化霜。与此同时，微处理器通过与其⑩脚连接的化霜传感器，检测化霜情况。化霜传感器（热敏电阻）将不同的温度转换成电信号，传送回 CPU 中。当微处理器检测化霜温度达到 13℃时，㉑脚终止化霜指令输出，化霜工作结束。

在对该电路进行排查时，应对各主要部件进行检测，先对化霜传感器进行检测，确认其是否良好后，再对化霜熔断器和加热器等进行检测。

根据以上检修分析，先对化霜传感器进行检测。

化霜传感器的检测，如图 11-19 所示。

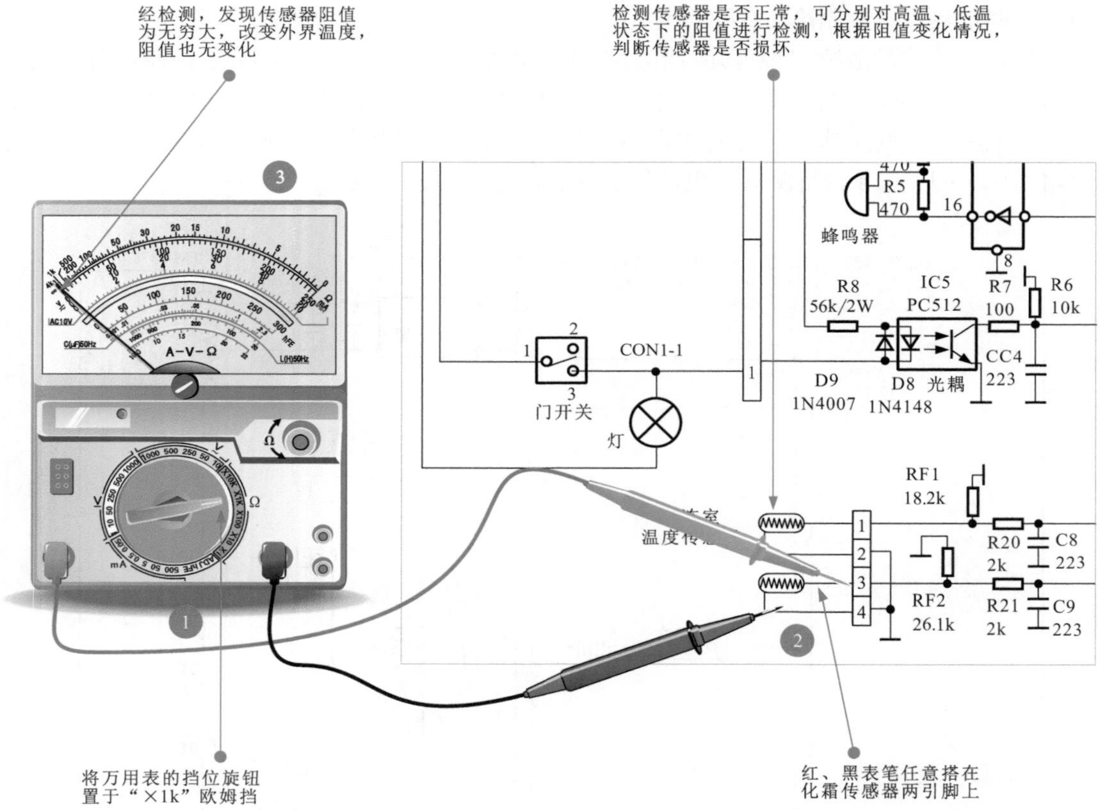

经检测，发现传感器阻值为无穷大，改变外界温度，阻值也无变化

检测传感器是否正常，可分别对高温、低温状态下的阻值进行检测，根据阻值变化情况，判断传感器是否损坏

将万用表的挡位旋钮置于“×1k”欧姆挡

红、黑表笔任意搭在化霜传感器两引脚上

图 11-19　化霜传感器的检测

检测结果：发现传感器阻值始终为无穷大，说明传感器已损坏，对其进行代换后，再对化霜熔断器进行检测。

化霜熔断器的检测，如图 11-20 所示。

检测结果：发现化霜熔断器阻值为无穷大，说明熔断器已烧断，对其进行代换后，开机试运行，发现制冷正常，之后的化霜也正常，故障排除。

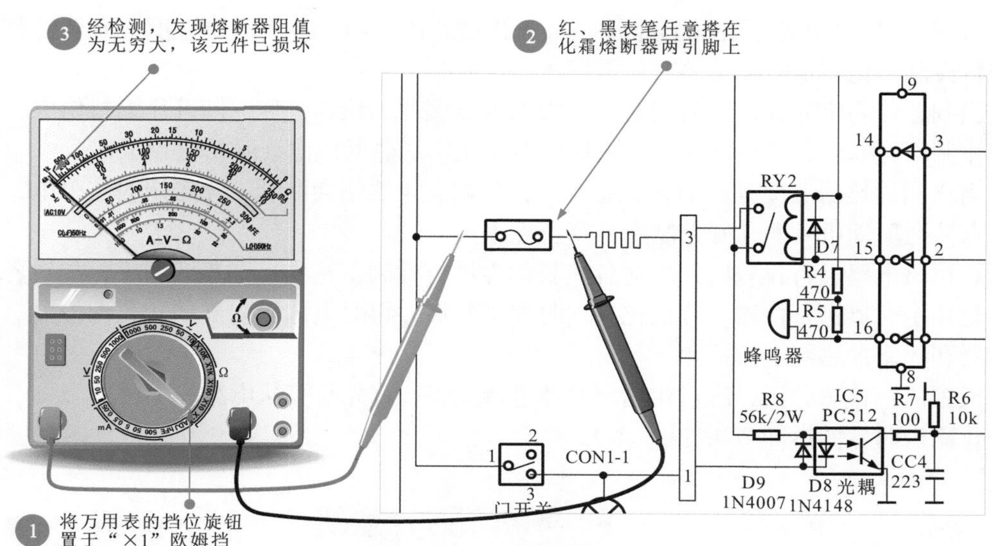

③ 经检测，发现熔断器阻值为无穷大，该元件已损坏
② 红、黑表笔任意搭在化霜熔断器两引脚上
① 将万用表的挡位旋钮置于“×1”欧姆挡
RY2
D7
R4 470
R5 470
蜂鸣器
R8 56k/2W
IC5 PC512
R7 100
R6 10k
CON1-1
D9 1N4007
D8 光耦 1N4148
CC4 223

图 11-20　化霜熔断器的检测

11.3.2　三星电冰箱不化霜的检修案例

三星电冰箱通电后，工作正常，但一段时间后进行化霜操作，发现电冰箱不能进行化霜。

根据电冰箱的故障表现可知，三星电冰箱制冷正常，表明供电部分、制冷循环正常，但不能进行化霜操作，怀疑是化霜电路部分可能存在故障。图 11-21 所示为待测三星电冰箱整机电路图。

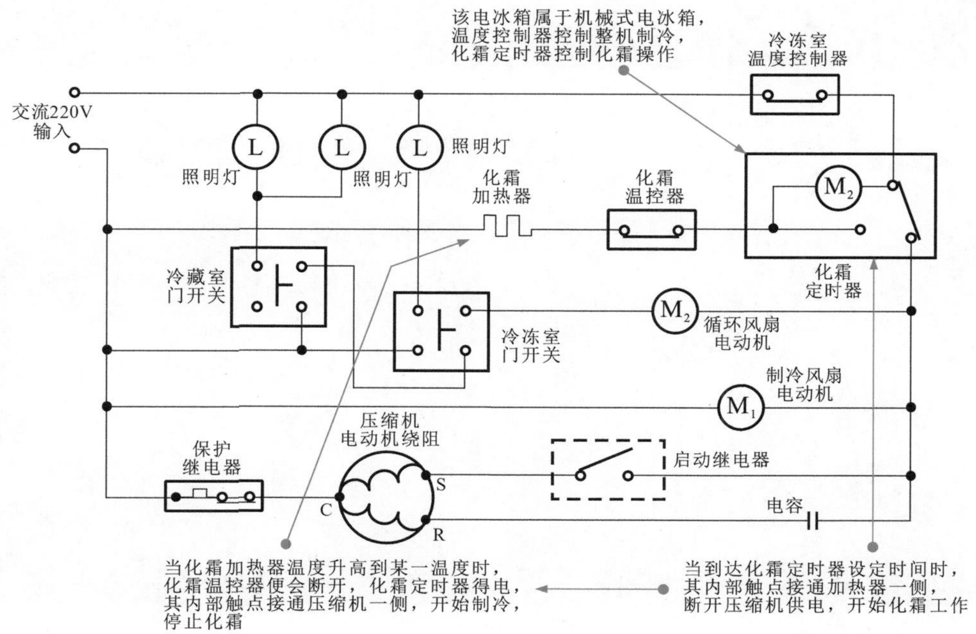

该电冰箱属于机械式电冰箱，温度控制器控制整机制冷，化霜定时器控制化霜操作
冷冻室温度控制器
交流220V输入
照明灯
照明灯
照明灯
化霜加热器
化霜温控器
化霜定时器
冷藏室门开关
冷冻室门开关
循环风扇电动机
制冷风扇电动机
压缩机电动机绕阻
保护继电器
启动继电器
电容
当化霜加热器温度升高到某一温度时，化霜温控器便会断开，化霜定时器得电，其内部触点接通压缩机一侧，开始制冷，停止化霜
当到达化霜定时器设定时间时，其内部触点接通加热器一侧，断开压缩机供电，开始化霜工作

图 11-21　待测三星电冰箱整机电路图

从图 11-21 中可以看出，该电冰箱属于机械式电冰箱，主要通过温度控制器对整机制冷进行控制，化霜定时器主要对化霜操作进行控制。

当到达化霜定时器设定时间时，其内部触点接通加热器一侧，断开压缩机供电，电冰箱停止制冷。同时，供电电压经化霜温控器为化霜加热器供电，开始化霜工作。

当化霜加热器温度升高到某一温度时，化霜温控器便会断开，化霜定时器得电，其内部触点接通压缩机一侧，开始制冷，停止化霜。

在对该电路进行排查时，应对各主要部件进行检测，从先易到难的顺序，先对容易拆卸的化霜定时器进行检测，确认化霜定时器良好后，再对电冰箱内部的化霜温控器、化霜熔断器和化霜加热器进行检测。

根据以上检修分析，应对化霜定时器进行检查，首先将其从电冰箱上拆下。

化霜定时器的拆卸方法如图 11-22 所示。

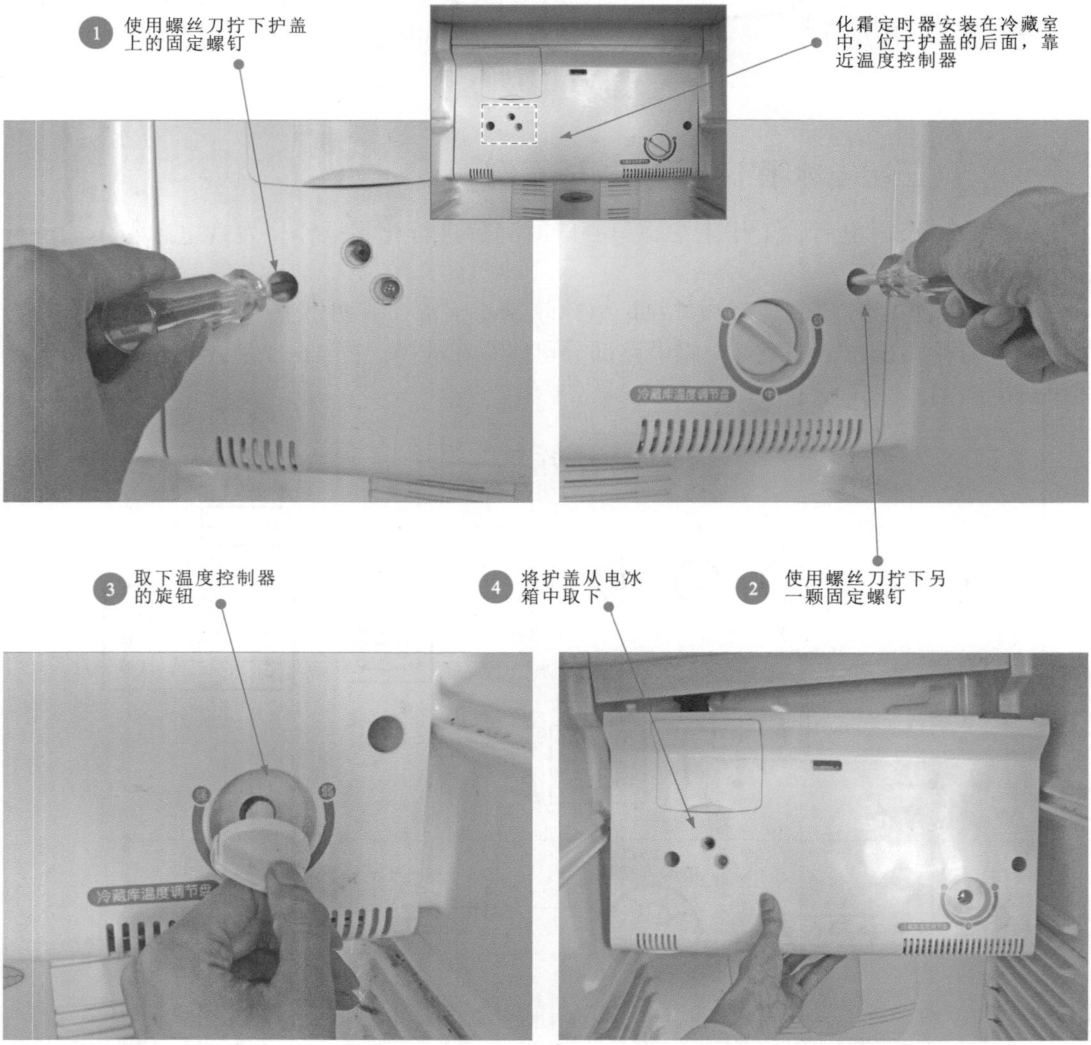

1 使用螺丝刀拧下护盖上的固定螺钉

化霜定时器安装在冷藏室中，位于护盖的后面，靠近温度控制器

3 取下温度控制器的旋钮

4 将护盖从电冰箱中取下

2 使用螺丝刀拧下另一颗固定螺钉

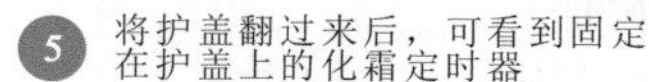
5 将护盖翻过来后，可看到固定在护盖上的化霜定时器

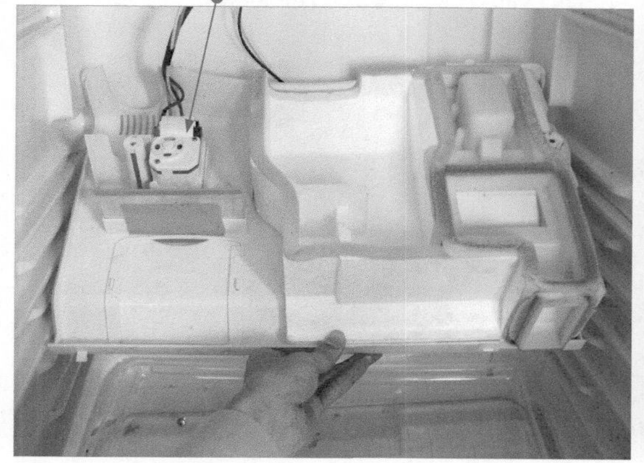

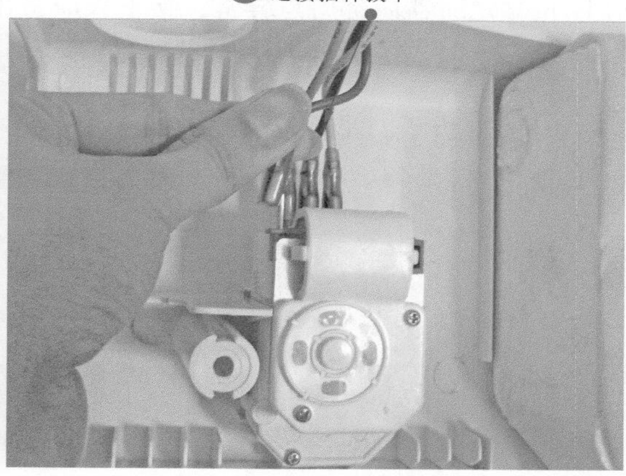
6 将化霜定时器上的连接插件拔下

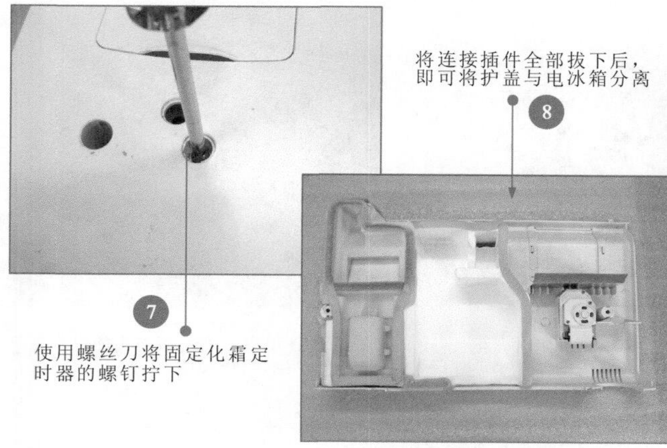
将连接插件全部拔下后，即可将护盖与电冰箱分离
8
7
使用螺丝刀将固定化霜定时器的螺钉拧下

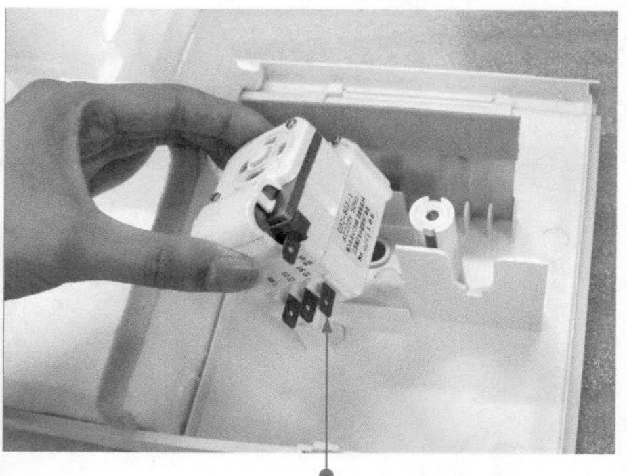
9 取下化霜定时器

图 11-22 化霜定时器的拆卸方法

将化霜定时器拆下后，使用万用表对其进行检测。

化霜定时器的检测如图 11-23 所示。

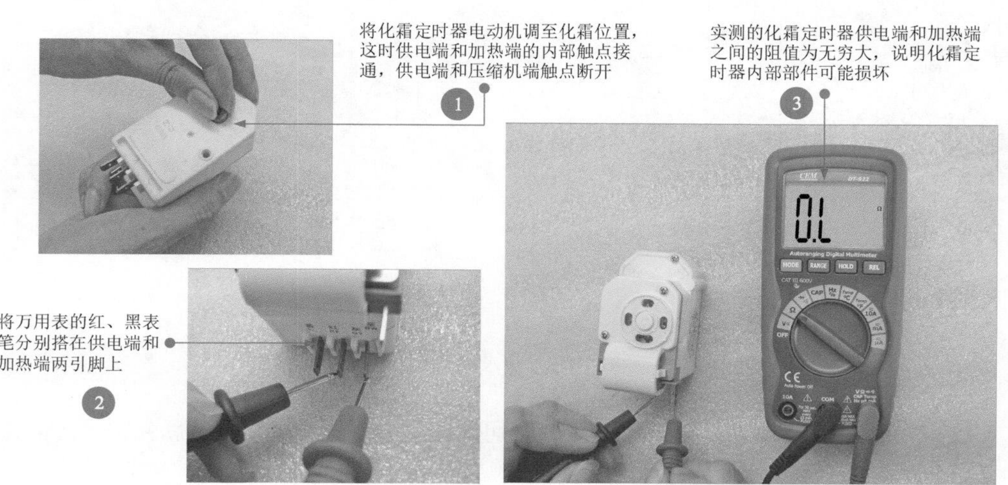
将化霜定时器电动机调至化霜位置，这时供电端和加热端的内部触点接通，供电端和压缩机端触点断开
1
实测的化霜定时器供电端和加热端之间的阻值为无穷大，说明化霜定时器内部部件可能损坏
3
0.L
将万用表的红、黑表笔分别搭在供电端和加热端两引脚上
2

图 11-23 化霜定时器的检测

检测结果：在化霜状态下，实测化霜定时器的供电端和加热端之间的阻值为无穷大，说明化霜定时器内部触点异常，接下来应将化霜定时器拆开，检查内部触点。

化霜定时器的拆分方法如图 11-24 所示。

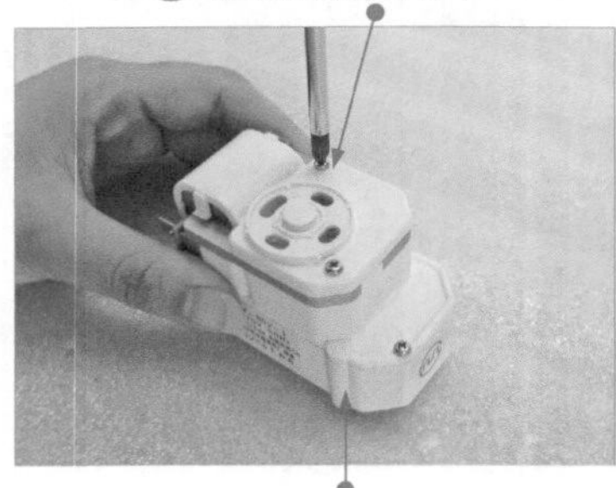
① 使用螺丝刀将化霜定时器上盖的螺钉拧下
化霜定时器

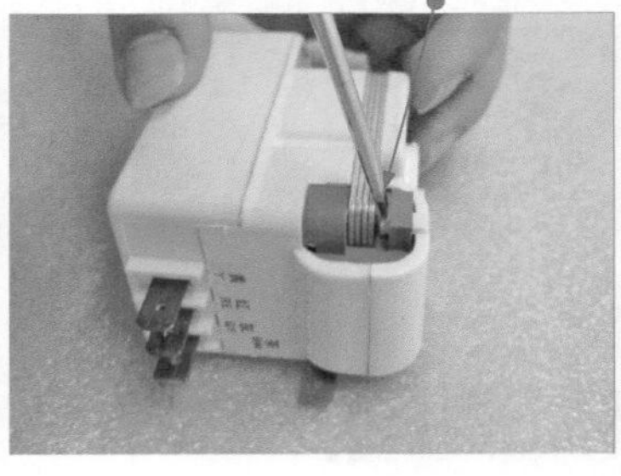
② 使用一字螺丝刀将化霜定时器上盖的卡扣撬开
电动机部分

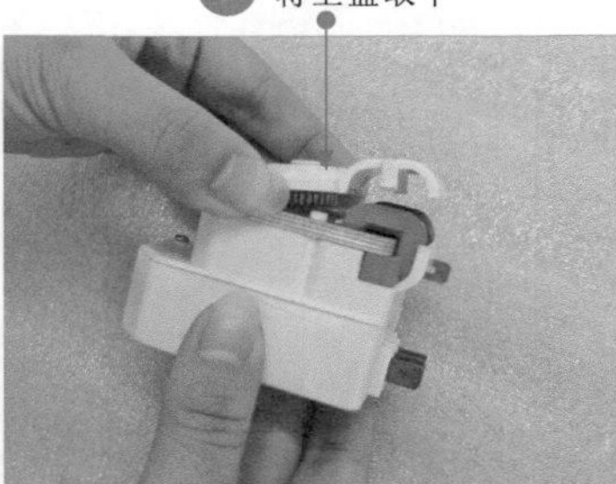
③ 将上盖取下
电动机转子

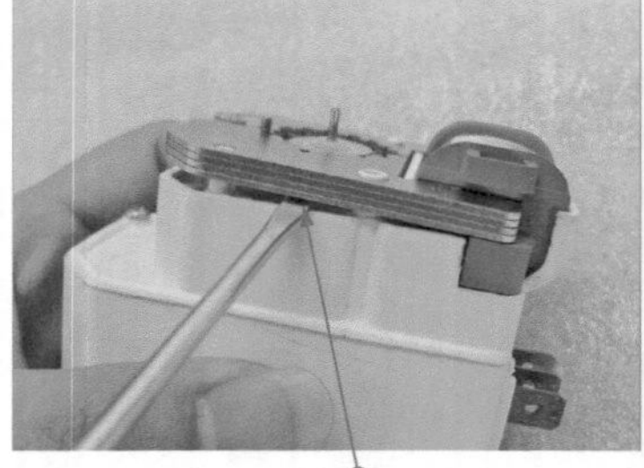
④ 使用一字螺丝刀将电动机部分撬开

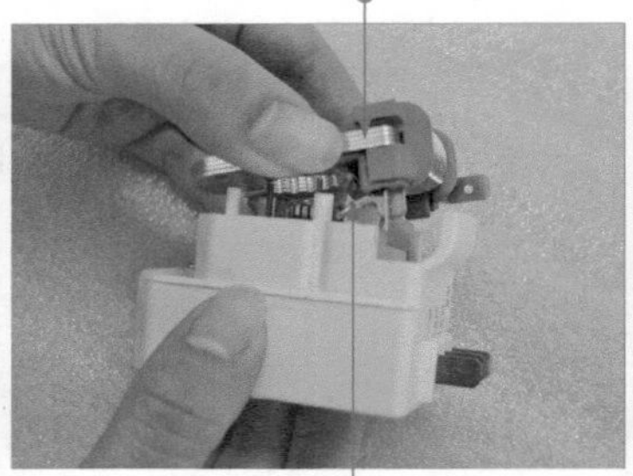
⑤ 将化霜定时器电动机部分取下

⑥ 使用螺丝刀将减速齿轮附近的螺钉拧下

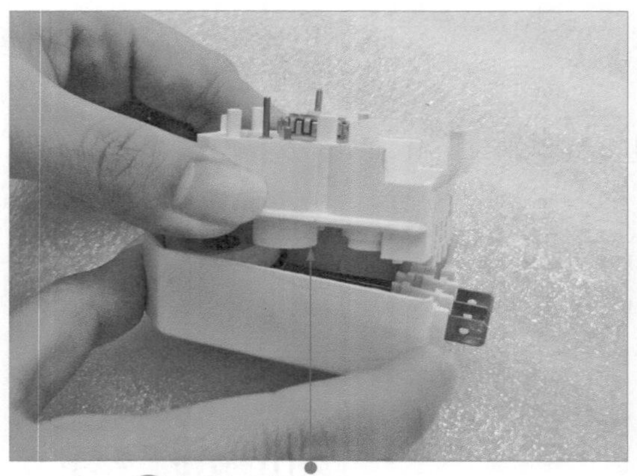
⑦ 将减速齿轮部分取下

⑧ 对化霜定时器的触点部分进行检查，发现触点弹片老化变形，需要对弹片进行代换

图 11-24　化霜定时器的拆分方法

提示

若化霜定时器出现不可修复的故障，则可以使用同型号、同规格的新化霜定时器进行代换。

将触点修复回原状后，将化霜定时器重新安装到电冰箱上，开机测试化霜效果，故障排除。

化霜定时器的安装方法如图 11-25 所示。

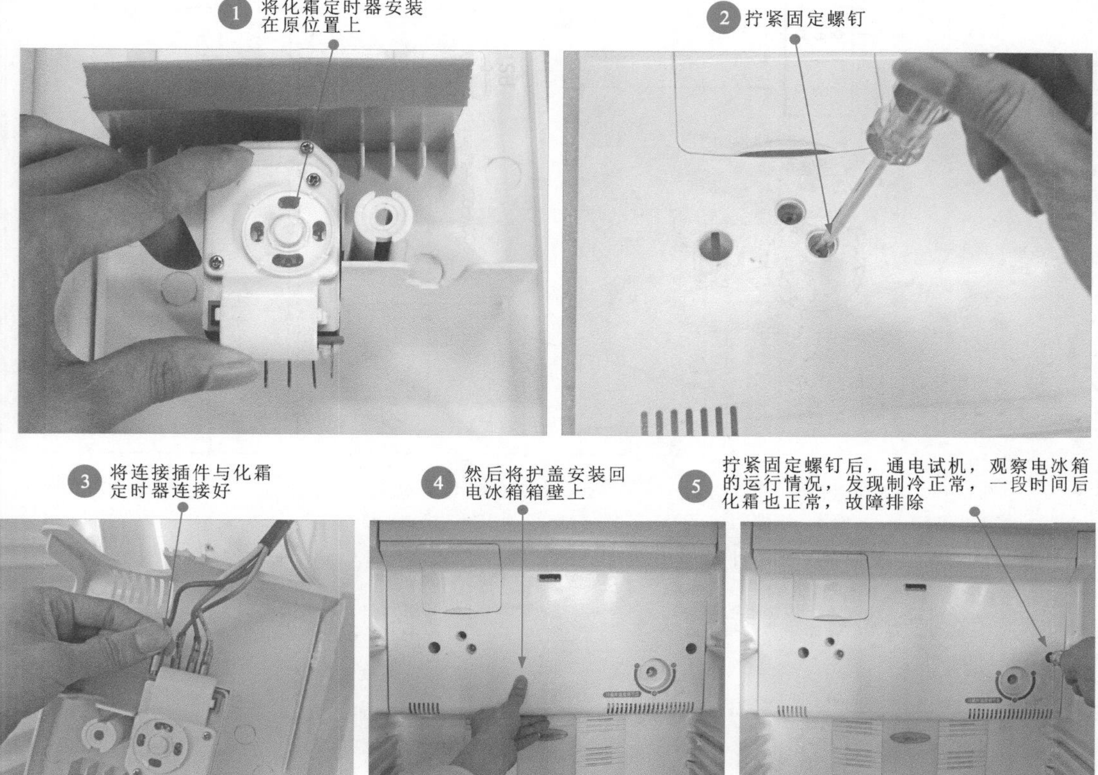
1 将化霜定时器安装在原位置上
2 拧紧固定螺钉
3 将连接插件与化霜定时器连接好
4 然后将护盖安装回电冰箱箱壁上
5 拧紧固定螺钉后，通电试机，观察电冰箱的运行情况，发现制冷正常，一段时间后化霜也正常，故障排除

图 11-25　化霜定时器的安装方法

11.3.3 美菱电冰箱结霜严重的检修案例

美菱电冰箱通电后，制冷正常，使用一段时间后，冷冻室结霜严重，但对冰箱进行化霜时，发现化霜效果不良且化霜范围不均匀。

根据电冰箱的故障表现可知，美菱电冰箱制冷正常，表明供电部分、控制部分、制冷循环正常，化霜效果不良且化霜范围不均匀的故障可能是由化霜电路的加热器不良引起的。图 11-26 所示为待测美菱电冰箱的整机电路。

从图 11-26 中可以看出，该电冰箱属于机械式电冰箱，主要通过温度控制器对整机制冷进行控制，化霜工作则是由人工控制化霜开关进行启动和停止的。

当化霜开关闭合时，加热器开始加热，加热指示灯亮，电冰箱的化霜电路开始工作。当手动断开化霜开关时，加热器停止加热，加热指示灯熄灭，电冰箱停止化霜工作。

在对该电路进行排查时，应重点对三组加热器进行检测，判断哪组加热器损坏。

根据以上检修分析，重点对化霜加热器进行检测。

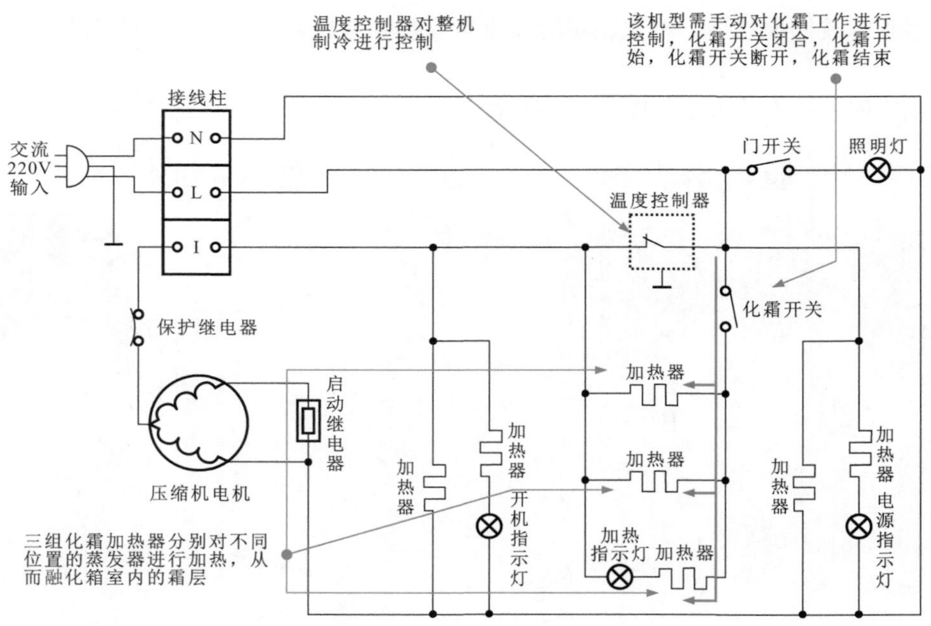
温度控制器对整机制冷进行控制
该机型需手动对化霜工作进行控制，化霜开关闭合，化霜开始，化霜开关断开，化霜结束
接线柱
交流220V输入
N
L
I
门开关
照明灯
温度控制器
化霜开关
保护继电器
加热器
启动继电器
压缩机电机
加热器
加热器
加热器
开机指示灯
加热指示灯
加热器
加热器
电源指示灯
三组化霜加热器分别对不同位置的蒸发器进行加热，从而融化箱室内的霜层

图 11-26　待测美菱电冰箱的整机电路

化霜加热器的检测，如图 11-27 所示。

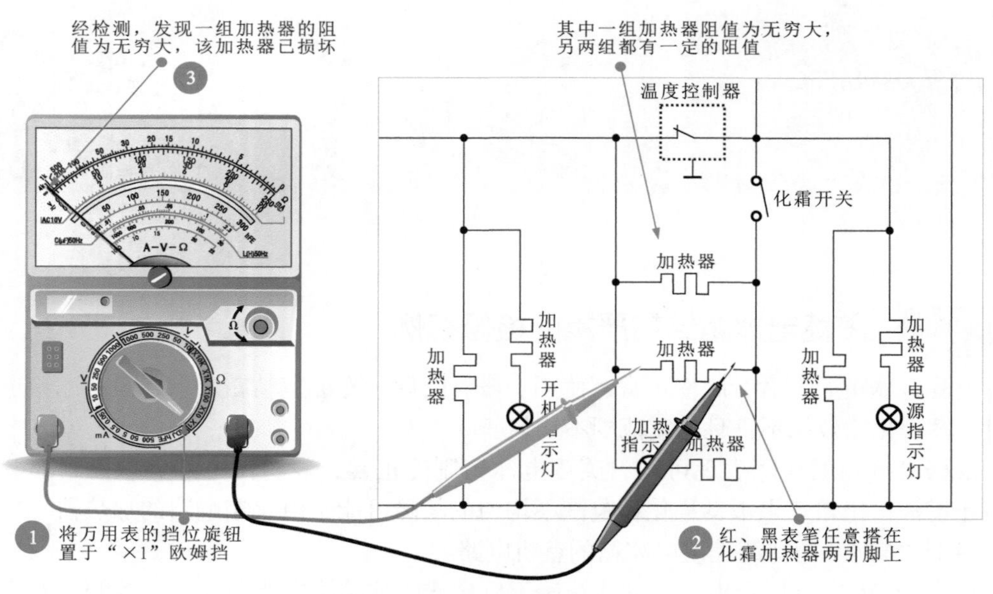
经检测，发现一组加热器的阻值为无穷大，该加热器已损坏
其中一组加热器阻值为无穷大，另两组都有一定的阻值
温度控制器
化霜开关
加热器
加热器
加热器
加热器
开机指示灯
加热指示灯
加热器
加热器
电源指示灯
A-V-Ω
将万用表的挡位旋钮置于“×1”欧姆挡
红、黑表笔任意搭在化霜加热器两引脚上

图 11-27　化霜加热器的检测

检测结果：发现其中一组化霜加热器阻值为无穷大，说明该加热器出现断路故障，对其进行代换后，开机试运行，化霜工作正常，故障排除。

第12章 电冰箱操作显示电路检修

12.1 操作显示电路

12.1.1 操作显示电路结构

操作显示电路是方便用户为电冰箱输入人工指令，控制电冰箱的工作情况，同时通过显示屏显示电冰箱当前的工作状态，该电路是电冰箱中的重要电路之一。通常情况下，操作显示电路位于电冰箱的冷藏室门上，如图 12-1 所示。

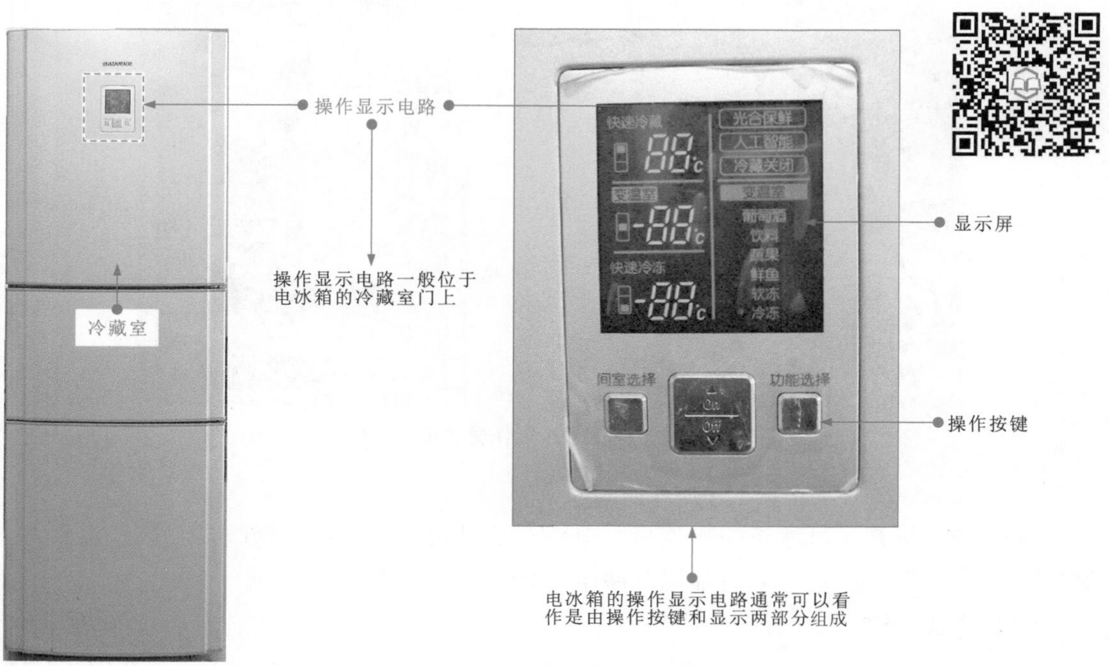

操作显示电路
操作显示电路一般位于电冰箱的冷藏室门上
冷藏室
快速冷藏
变温室
快速冷冻
光合保鲜
人工智能
冷藏关闭
变温室
葡萄酒
饮料
蔬果
鲜鱼
软冻
冷冻
间室选择
功能选择
显示屏
操作按键
电冰箱的操作显示电路通常可以看作是由操作按键和显示两部分组成

图 12-1　典型电冰箱中操作显示电路的位置

在学习操作显示电路检修之初，首先要对操作显示电路的结构组成和工作特点有一定的了解。对于初学者而言，要能够根据操作显示电路的结构特点在电冰箱中找到构成该电路的元器件，这是开始检修操作显示电路的第一步，即了解操作显示电路的构成。

将电冰箱的操作显示电路从电冰箱冷藏室门中取下后，打开该电路的外壳即可以看到其内部的具体结构，如图 12-2 所示。

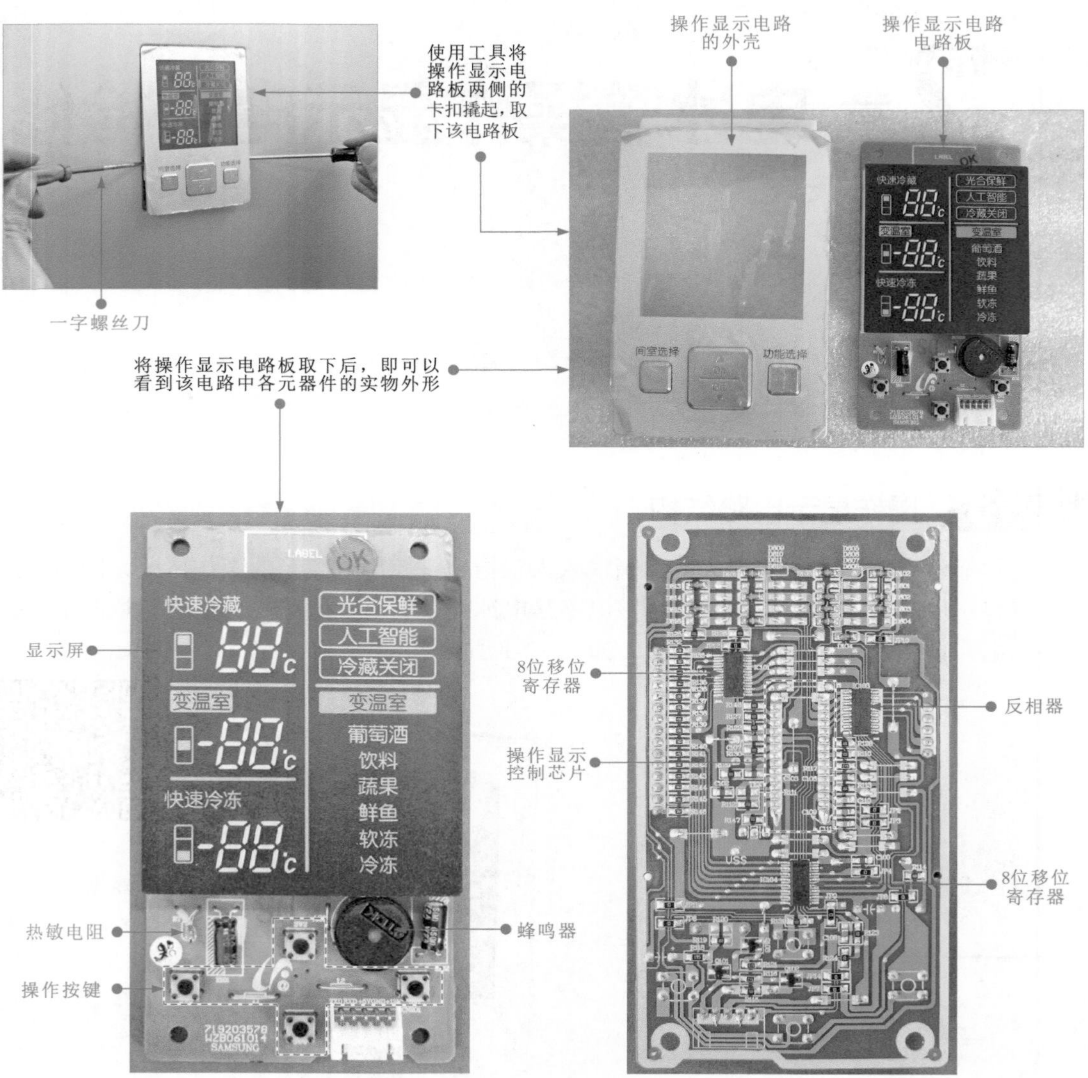

使用工具将操作显示电路板两侧的卡扣撬起，取下该电路板
一字螺丝刀
操作显示电路的外壳
操作显示电路电路板
将操作显示电路板取下后，即可以看到该电路中各元器件的实物外形
显示屏
热敏电阻
操作按键
蜂鸣器
8位移位寄存器
操作显示控制芯片
反相器
8位移位寄存器
快速冷藏
变温室
快速冷冻
光合保鲜
人工智能
冷藏关闭
葡萄酒
饮料
蔬果
鲜鱼
软冻
冷冻
间室选择
功能选择

图 12-2　典型电冰箱中操作显示电路的结构

由图 12-2 可知，电冰箱的操作显示电路主要是由操作按键、蜂鸣器、热敏电阻器、显示屏、反相器、8 位移位寄存器以及操作显示控制芯片等组成的。

（1）操作按键

电冰箱的操作按键主要采用具有四个引脚的微动开关，该电冰箱共有四个按键，分别用来进行间室选择、温度调节键（“On”按键和“Off”按键）以及功能选择控制，如图 12-3 所示。

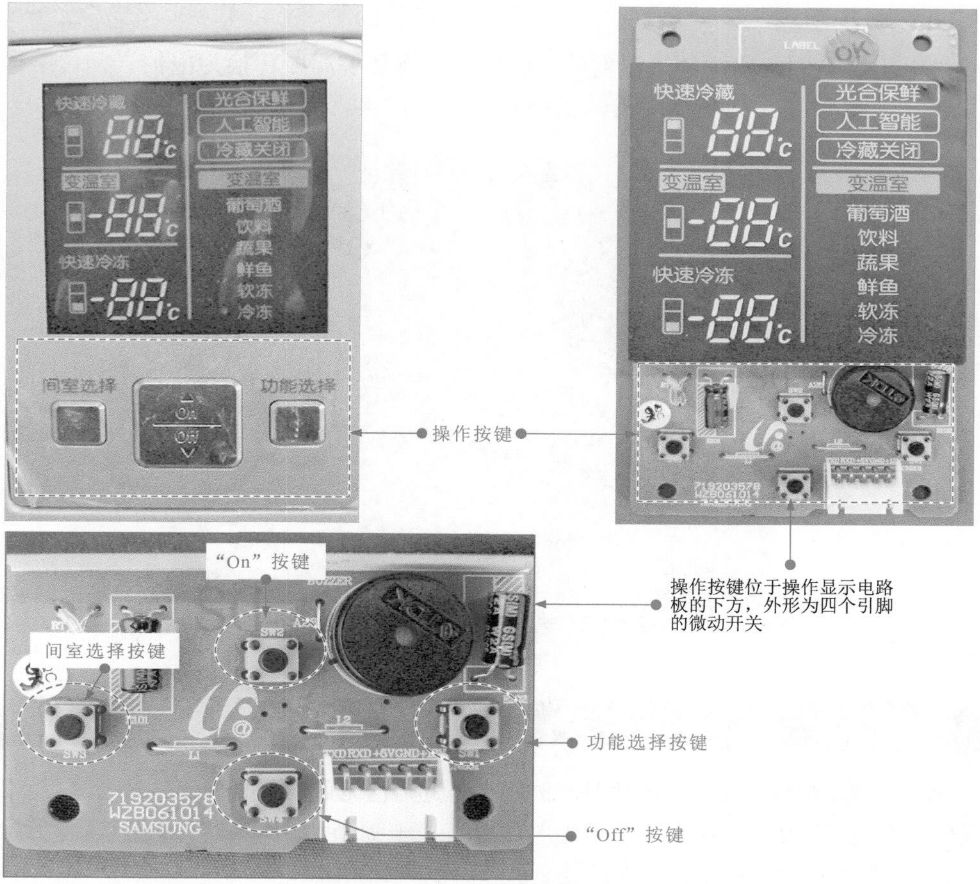

操作按键

操作按键位于操作显示电路板的下方，外形为四个引脚的微动开关

“On”按键

间室选择按键

功能选择按键

“Off”按键

图 12-3　操作按键的实物外形

（2）蜂鸣器

在操作显示电路中，蜂鸣器主要的功能是发出报警信号，用来提示电冰箱的工作状态，如图 12-4 所示。

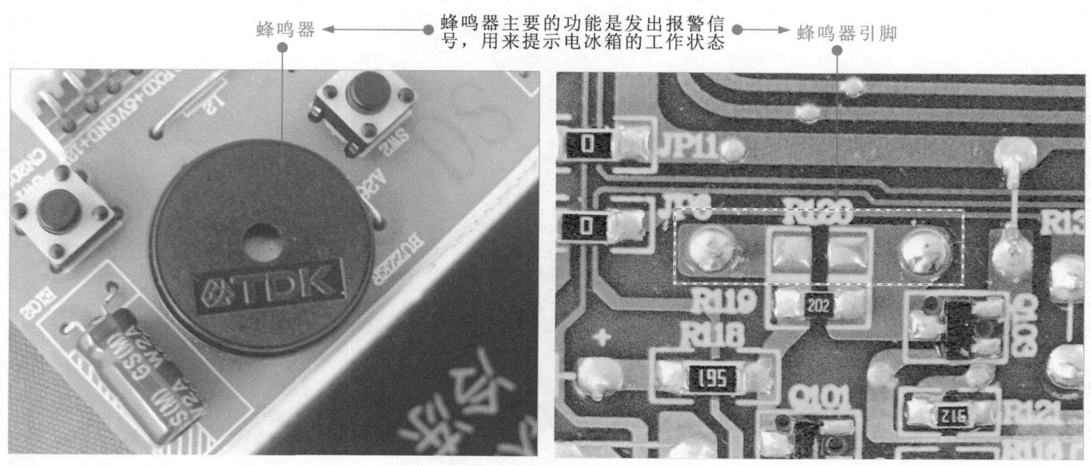
蜂鸣器
蜂鸣器主要的功能是发出报警信号，用来提示电冰箱的工作状态
蜂鸣器引脚
TDK
BUZZER
SW2
JP11
R120
R119
R118
202
195
Q101
R121

图 12-4　蜂鸣器的实物外形

（3）热敏电阻器

热敏电阻器是用于检测环境温度的传感器，它将环境温度转换为电信号，送给操作显示控制芯片。图 12-5 是热敏电阻器的实物外形。

热敏电阻器是用于检测环境温度的传感器
热敏电阻器在电路板中的标识
RT
热敏电阻器

图 12-5　热敏电阻器的实物外形

提示

对于热敏电阻器来说，当温度升高时所测得的阻值比正常温度下所测得阻值大，则表明该热敏电阻器为正温度系数热敏电阻器；当温度升高时所测得的阻值比正常温度下测得的阻值小，则表明该热敏电阻器为负温度系数热敏电阻器。

（4）显示屏

操作显示电路中的显示屏主要是用来显示电冰箱当前的工作状态，如图 12-6 所示，根据显示区域的不同提示电冰箱运行的状态也是不同的。

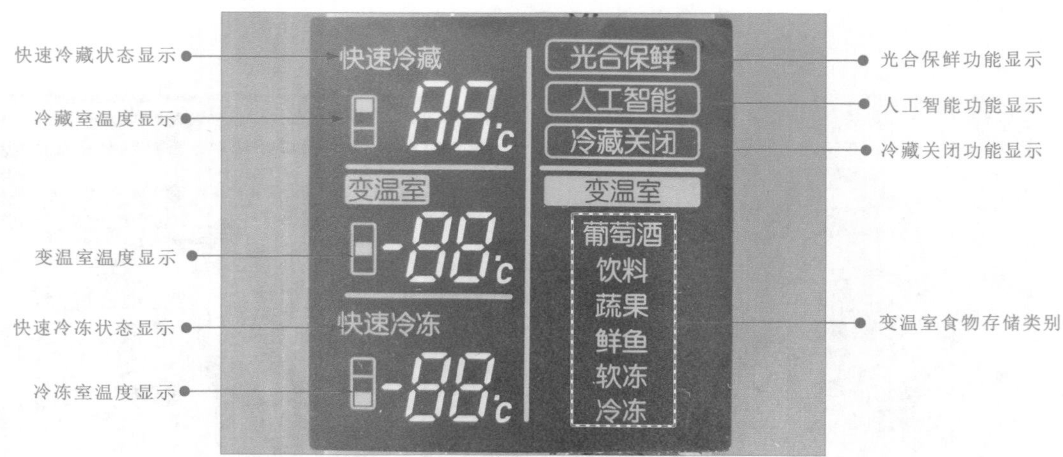

快速冷藏状态显示
冷藏室温度显示
变温室温度显示
快速冷冻状态显示
冷冻室温度显示
快速冷藏
88°C
变温室
-88°C
快速冷冻
-88°C
光合保鲜
人工智能
冷藏关闭
变温室
葡萄酒
饮料
蔬果
鲜鱼
软冻
冷冻
光合保鲜功能显示
人工智能功能显示
冷藏关闭功能显示
变温室食物存储类别

图 12-6　显示屏的实物外形

提示

通常在显示屏下方安装有操作显示电路中的操作显示控制芯片，该类芯片一般较为隐蔽，不易找到其型号以及相关标识，只能看到其引脚焊点，如图 12-7 所示。

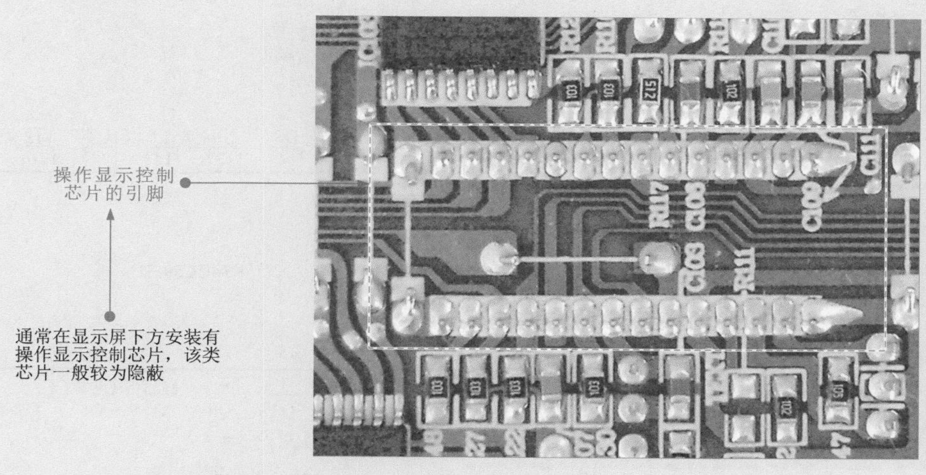
操作显示控制
芯片的引脚
通常在显示屏下方安装有
操作显示控制芯片，该类
芯片一般较为隐蔽

图 12-7 操作显示电路中的操作显示控制芯片引脚

（5）反相器

反相器用以放大操作显示控制芯片输出的控制信号，以便有足够的功率去驱动一些部件工作，在电冰箱的操作显示电路中常安装于电路板的背部，图 12-8 所示为反相器 IC103 的实物外形以及其内部结构。

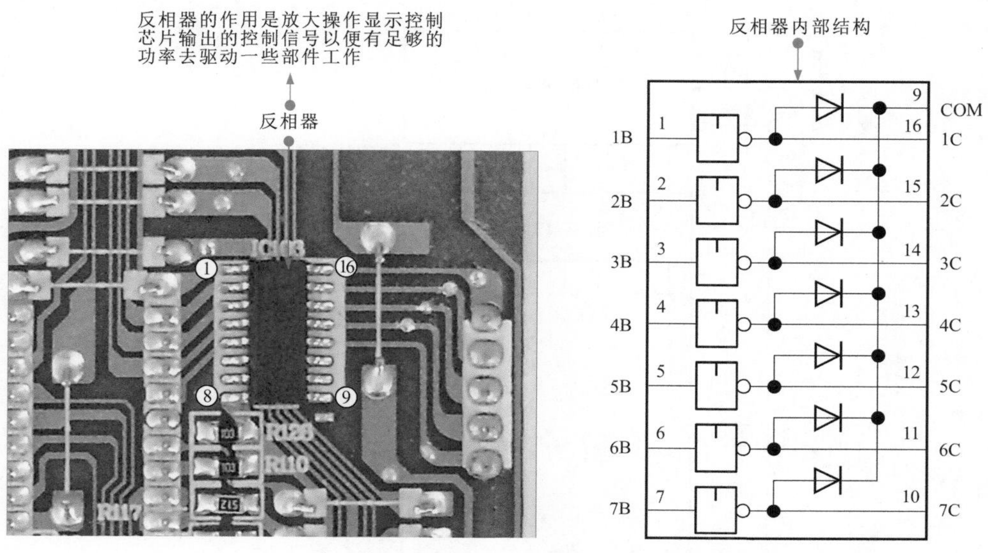
反相器的作用是放大操作显示控制
芯片输出的控制信号以便有足够的
功率去驱动一些部件工作
反相器
IC103
①
⑯
⑧
⑨
R128
R110
R117
反相器内部结构
9 COM
1B 1 16 1C
2B 2 15 2C
3B 3 14 3C
4B 4 13 4C
5B 5 12 5C
6B 6 11 6C
7B 7 10 7C

图 12-8 反相器 IC103 的实物外形及内部结构

通过图 12-8 可知，反相器的⑨脚为供电端、①～⑦脚为信号输入端，⑩～⑯脚为信号输出端。

(6) 8 位移位寄存器

操作显示电路的数据接口电路多采用 8 位移位寄存器，它可将 1 位串行数据变为 8 位并行数据，经转换后可输出多路并行或串行数据。图 12-9 所示为 8 位移位寄存器 74HC595D 的实物外形。

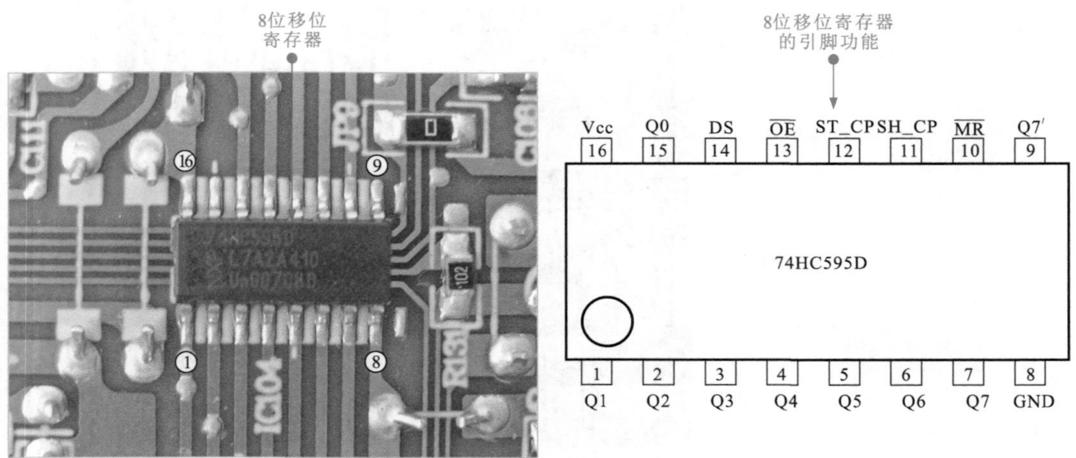
8位移位寄存器
8位移位寄存器的引脚功能
Vcc 16
Q0 15
DS 14
$\overline{OE}$ 13
ST_CP 12
SH_CP 11
$\overline{MR}$ 10
Q7′ 9
74HC595D
1 Q1
2 Q2
3 Q3
4 Q4
5 Q5
6 Q6
7 Q7
8 GND

图 12-9　8 位移位寄存器的实物外形

提示

为了进一步对 8 位移位寄存器功能进行了解，可以通过该芯片的功能框图进行学习，如图 12-10 所示。

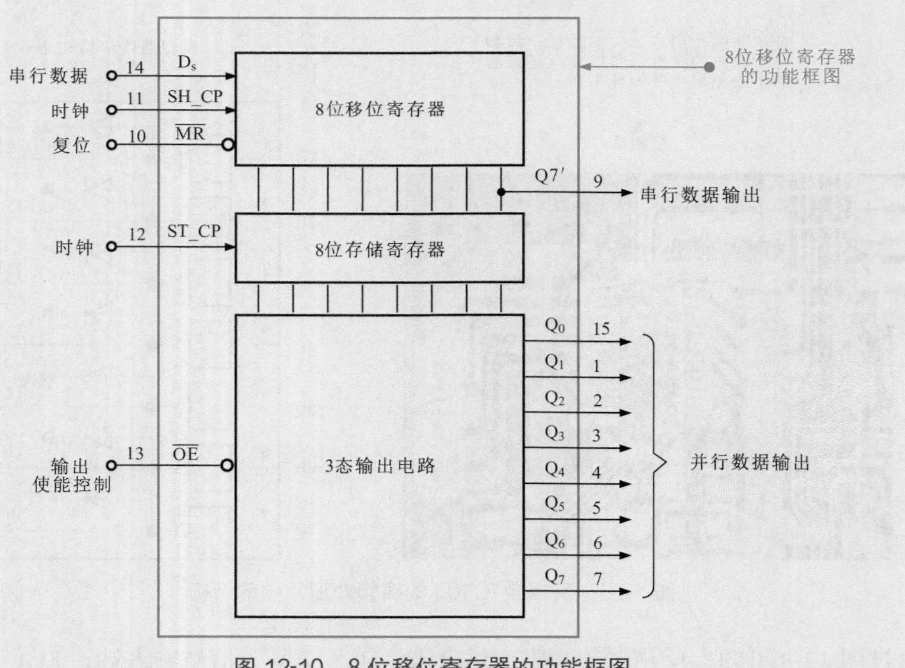
8位移位寄存器的功能框图
串行数据 14 D_s
时钟 11 SH_CP
复位 10 $\overline{MR}$
8位移位寄存器
Q7′ 9 串行数据输出
时钟 12 ST_CP
8位存储寄存器
输出使能控制 13 $\overline{OE}$
3态输出电路
Q_0 15
Q_1 1
Q_2 2
Q_3 3
Q_4 4
Q_5 5
Q_6 6
Q_7 7
并行数据输出

图 12-10　8 位移位寄存器的功能框图

8 位移位寄存器（74HC595D）各引脚代表的含义见表 12-1。

表 12-1　数据接口电路（74HC595D）各引脚的含义

引脚	符号	含义	引脚	符号	含义
①	Q1	并行数据输出	⑨	Q7’	串行数据输出
②	Q2	并行数据输出	⑩	$\overline{MR}$	复位
③	Q3	并行数据输出	⑪	SH_CP	移位寄存器时钟输入
④	Q4	并行数据输出	⑫	ST_CP	存储寄存器时钟输入
⑤	Q5	并行数据输出	⑬	$\overline{OE}$	输出使能控制
⑥	Q6	并行数据输出	⑭	DS	串行数据输入
⑦	Q7	并行数据输出	⑮	Q0	并行数据输出
⑧	GND	接地	⑯	Vcc	正电源供电端

（7）操作显示控制芯片

操作显示控制芯片是电冰箱操作显示电路中的关键控制器件。显示电路中输入的操作指令、输出的显示状态等信息均由该芯片实现转换和控制。

12.1.2 操作显示电路原理

电冰箱的操作显示电路是电冰箱中输入人工指令和显示工作状态的部分，该电路通过操作按键输入人工指令，并通过显示屏显示当前的工作状态和内部温度。

图 12-11 所示为典型电冰箱中操作显示电路的流程框图。

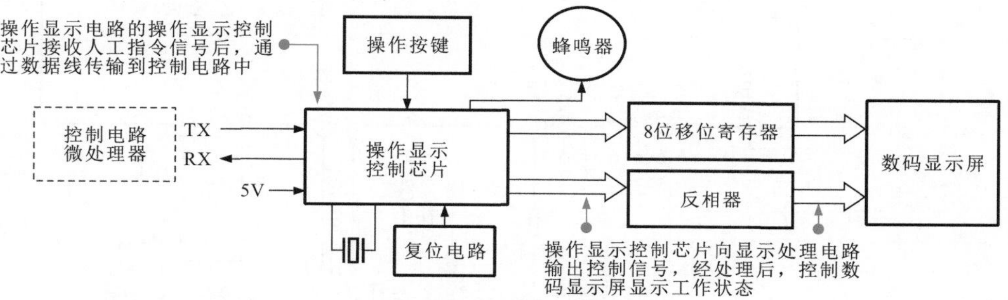
操作显示电路的操作显示控制芯片接收人工指令信号后，通过数据线传输到控制电路中
操作按键
蜂鸣器
控制电路微处理器
TX
RX
5V
操作显示控制芯片
8位移位寄存器
反相器
数码显示屏
复位电路
操作显示控制芯片向显示处理电路输出控制信号，经处理后，控制数码显示屏显示工作状态

图 12-11　典型电冰箱中操作显示电路的流程框图

从图 12-11 中可以看出，操作显示电路中的操作显示控制芯片送来的显示信息和提示信息，经处理后去驱动显示屏显示工作状态，驱动蜂鸣器发出提示音。

用户通过操作显示电路上的操作按键可以为电冰箱输入人工指令，设置电冰箱的工作状态。操作显示电路的操作显示控制芯片接收人工指令后，经处理后变成串行数据信号送到控制电路中的主控微处理器中，由主控微处理器根据人工指令和内部程序，对压缩机、电磁阀、风扇等进行控制。

图 12-12 所示为典型三星电冰箱的操作显示电路，由图可知，该电路主要是由几个功能不同的电路部分构成的。

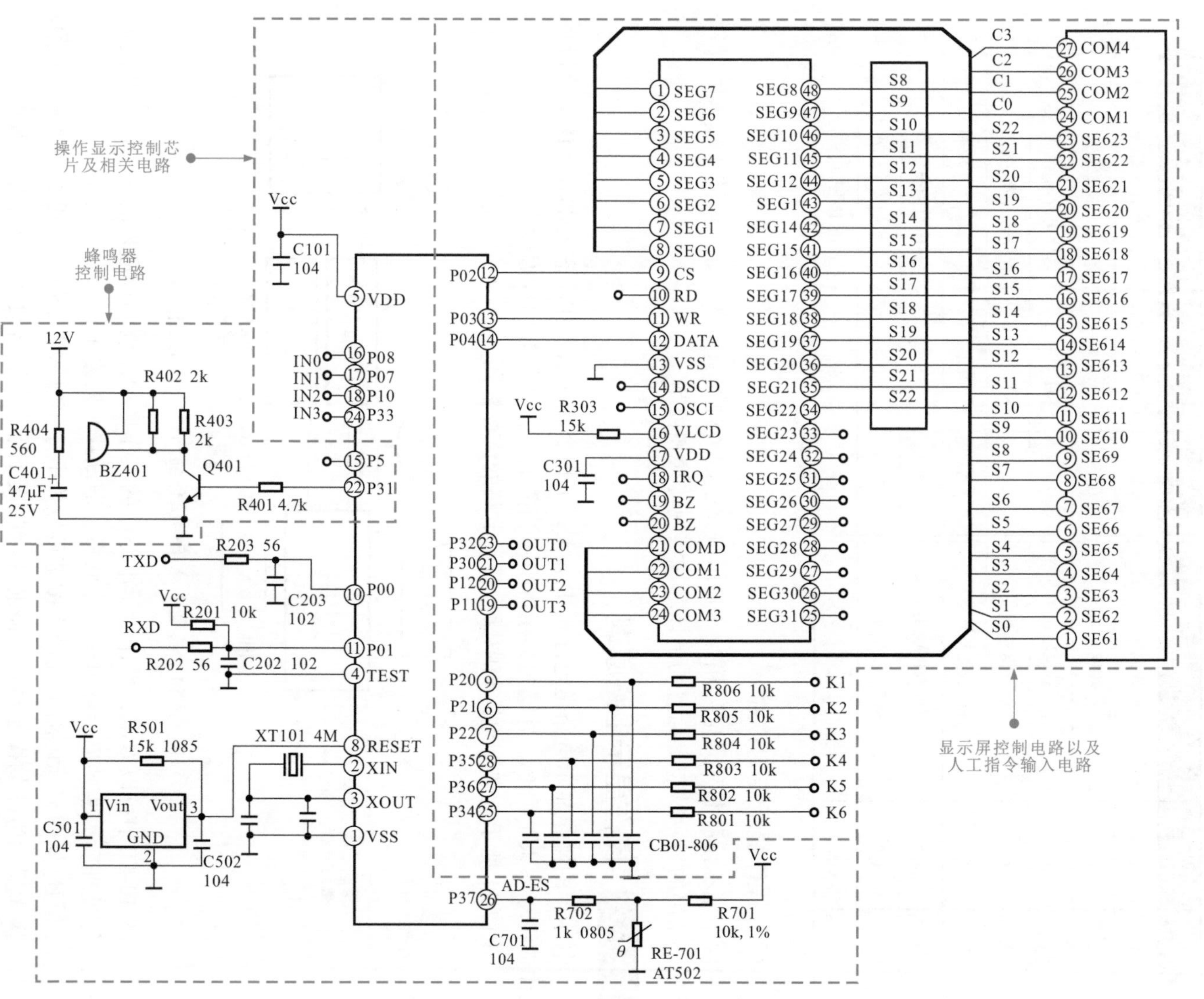
操作显示控制芯片及相关电路
蜂鸣器控制电路
显示屏控制电路以及人工指令输入电路
COM4 COM3 COM2 COM1 SE623 SE622 SE621 SE620 SE619 SE618 SE617 SE616 SE615 SE614 SE613 SE612 SE611 SE610 SE69 SE68 SE67 SE66 SE65 SE64 SE63 SE62 SE61
C3 C2 C1 C0 S22 S21 S20 S19 S18 S17 S16 S15 S14 S13 S12 S11 S10 S9 S8 S7 S6 S5 S4 S3 S2 S1 S0
SEG7 SEG6 SEG5 SEG4 SEG3 SEG2 SEG1 SEG0 CS RD WR DATA VSS DSCD OSCI VLCD VDD IRQ BZ BZ COMD COM1 COM2 COM3
SEG8 SEG9 SEG10 SEG11 SEG12 SEG1 SEG14 SEG15 SEG16 SEG17 SEG18 SEG19 SEG20 SEG21 SEG22 SEG23 SEG24 SEG25 SEG26 SEG27 SEG28 SEG29 SEG30 SEG31
Vcc R303 15k
C301 104
OUT0 OUT1 OUT2 OUT3
K1 K2 K3 K4 K5 K6
R806 10k R805 10k R804 10k R803 10k R802 10k R801 10k
CB01-806
Vcc
R701 10k, 1%
RE-701 AT502
R702 1k 0805
AD-ES
C701 104
P02 P03 P04 P32 P30 P12 P11 P20 P21 P22 P35 P36 P34 P37
VDD P08 P07 P10 P33 P5 P31 P00 P01 TEST RESET XIN XOUT VSS
Vcc C101 104
IN0 IN1 IN2 IN3
R401 4.7k
Q401
R403 2k
R402 2k
BZ401
12V
R404 560
C401 47μF 25V
TXD R203 56
C203 102
Vcc R201 10k
RXD R202 56
C202 102
XT101 4M
Vcc R501 15k 1085
Vin Vout GND
C501 104
C502 104

图 12-12 典型三星电冰箱的操作显示电路

提示

根据电冰箱操作显示电路的结构，将该操作显示电路划分为三个部分，即操作显示控制芯片及相关电路、显示屏控制以及人工指令输入电路、蜂鸣器控制电路。下面分别介绍各单元电路的结构，顺信号流程逐级分析。

（1）操作显示控制芯片及相关电路原理

操作显示控制芯片进入工作状态需要具备一些工作条件，主要包括+5V供电电压、复位信号和晶振信号。

图12-13所示为三星BCD-252NIVR型电冰箱操作显示控制芯片及相关电路的工作原理。

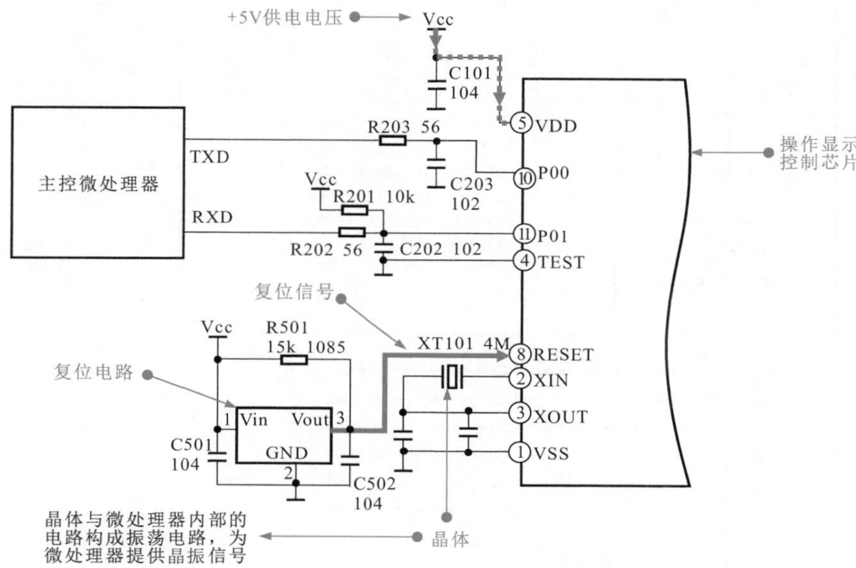
+5V供电电压
Vcc
C101
104
R203 56
C203
102
主控微处理器
TXD
RXD
Vcc
R201 10k
R202 56
C202 102
⑤VDD
⑩P00
⑪P01
④TEST
操作显示
控制芯片
复位信号
Vcc
R501
15k 1085
XT101 4M
⑧RESET
②XIN
③XOUT
①VSS
复位电路
1 Vin Vout 3
GND
2
C501
104
C502
104
晶体与微处理器内部的
电路构成振荡电路，为
微处理器提供晶振信号
晶体

图12-13　典型三星电冰箱操作显示控制芯片及相关电路的工作原理

操作显示控制芯片若要进入工作状态需要具备一些工作条件，例如+5V供电电压、复位信号和晶振信号等。

其中，操作显示控制芯片的⑤脚为+5V供电端，为操作显示控制芯片提供工作电压；操作显示控制芯片的⑧脚输入复位信号；晶体XT101与操作显示控制芯片的电路构成振荡电路，为操作显示控制芯片提供晶振信号。

当操作显示控制芯片正常工作后，由⑩脚和⑪脚作为通信接口与主控微处理器相连并进行信息互通，其中TXD为发送端，输送人工指令信号；RXD为接收端，可接收显示信息、提示信息等内容。同时，操作显示控制芯片的㉖脚外接热敏电阻RE-701主要是用来对环境温度进行检测。

（2）显示屏控制及人工指令输入电路原理

数码显示屏分为多个显示单元，每个显示单元可以显示特定的字符或图形，因而需要多种驱动信号进行控制，显示控制电路就是将微处理器输出的显示数据转换成多种控制信号。

图 12-14 所示为三星电冰箱显示屏控制及人工指令输入电路的工作原理。

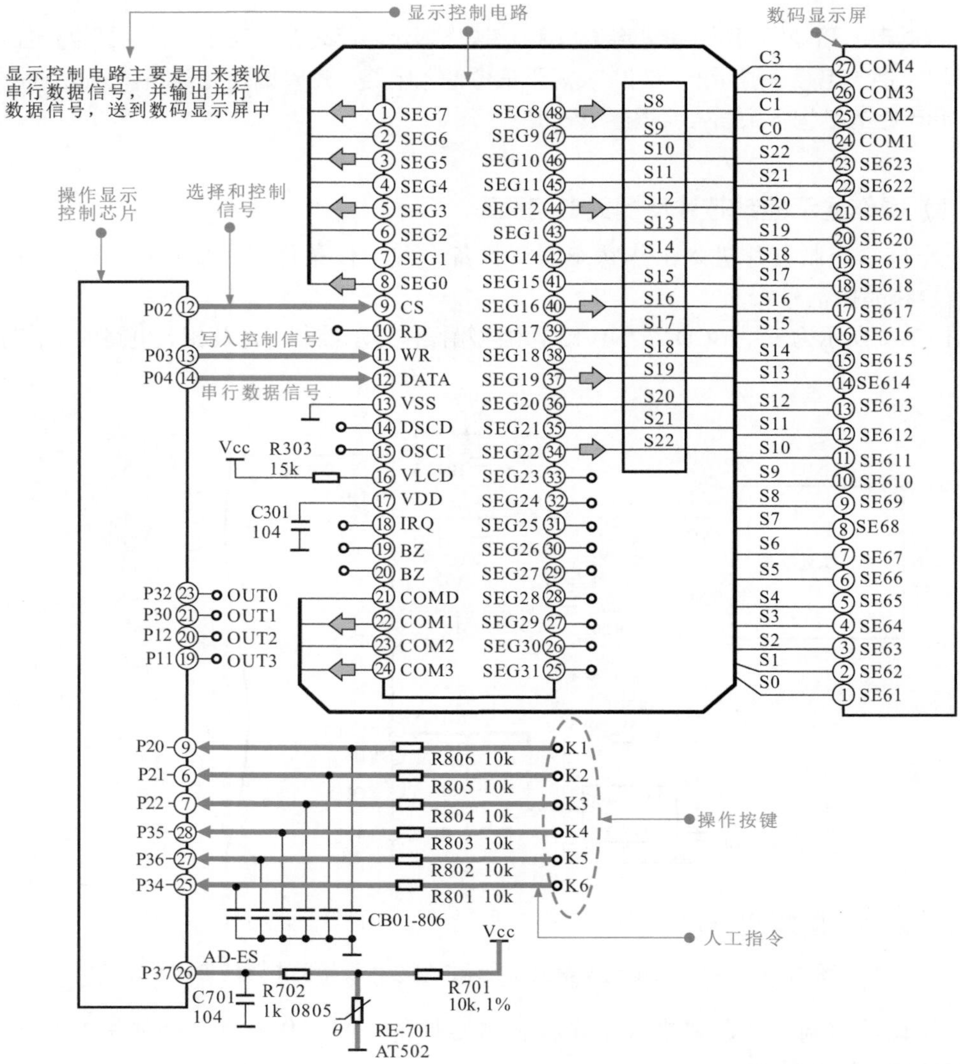

图 12-14　典型三星电冰箱显示屏控制及人工指令输入电路的工作原理

显示屏控制及人工指令输入电路中，由操作按键 K1 ～ K6 输入人工指令，通过⑨脚、⑥脚、⑦脚、㉘脚、㉗脚、㉕ 脚送入微处理器中，经内部处理后将可执行指令传送到控制电路的主控微处理器中进行信息的交互。

同时，操作显示控制芯片将显示信号通过 ⑫ 脚、⑬ 脚和 ⑭ 脚送到显示控制电路中，显示控制电路的 ⑫ 脚主要是用来接收由操作显示控制芯片送来的串行数据信号（DATA），⑪ 脚为写入控制信号（WR），⑨脚为芯片选择和控制信号（CS）并由㉞～㊽脚输出并行数据，对数码显示屏进行控制。

（3）蜂鸣器控制电路原理

蜂鸣器控制电路在电冰箱中主要起到警示的作用，当启动电冰箱或是对电冰箱进行操作时，均是由蜂鸣器控制电路驱动蜂鸣器发出声音。

图 12-15 所示为典型三星电冰箱蜂鸣器控制电路工作原理。

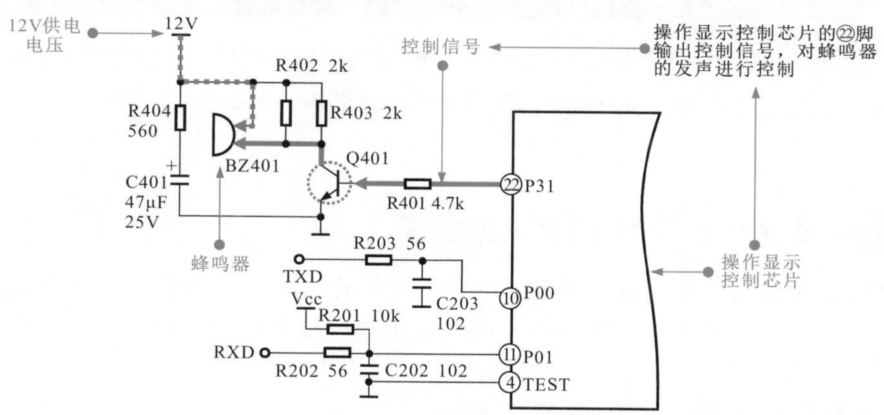

12V供电电压
12V
控制信号
操作显示控制芯片的㉒脚输出控制信号，对蜂鸣器的发声进行控制
R402 2k
R404 560
R403 2k
BZ401
Q401
C401 47μF 25V
P31
R401 4.7k
蜂鸣器
R203 56
TXD
操作显示控制芯片
P00
Vcc
C203 102
R201 10k
RXD
P01
R202 56
C202 102
TEST

图 12-15　典型三星电冰箱蜂鸣器控制电路的工作原理

操作显示控制芯片的 ㉒ 脚外接蜂鸣器驱动晶体管 Q401，驱动信号经该晶体管放大后再去驱动蜂鸣器 BZ401，电源部分送来的 +12V 直流电压为蜂鸣器提供工作电压。

电冰箱在工作过程中，当进行开机、操作按键或是电冰箱报警时，由操作显示控制芯片的 ㉒ 脚输出控制信号，驱动蜂鸣器 BZ401 发出声音，提示用户。

12.2 操作显示电路检修方法

12.2.1 操作显示电路检修分析

操作显示电路是智能电冰箱中的人机交互部分，若该电路出现故障经常会引起电冰箱出现控制失灵、显示异常等故障现象，对该电路进行检修时，可依据故障现象分析出产生故障的原因，并根据操作显示电路的信号流程对可能产生故障的部件逐一进行排查。图 12-16 所示为典型电冰箱操作显示电路的检修流程。

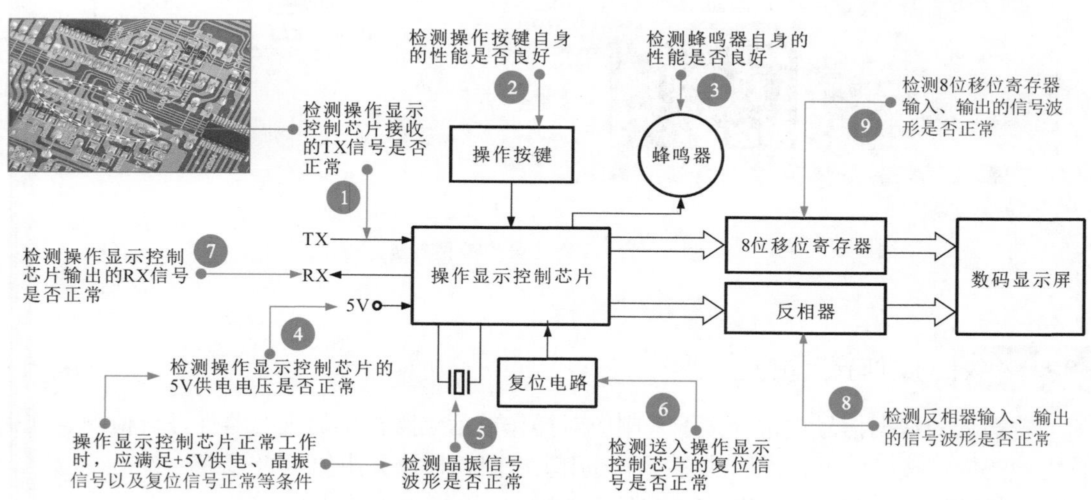

检测操作按键自身的性能是否良好
检测蜂鸣器自身的性能是否良好
检测8位移位寄存器输入、输出的信号波形是否正常
检测操作显示控制芯片接收的TX信号是否正常
操作按键
蜂鸣器
TX
8位移位寄存器
数码显示屏
检测操作显示控制芯片输出的RX信号是否正常
RX
操作显示控制芯片
5V
反相器
检测操作显示控制芯片的5V供电电压是否正常
复位电路
检测反相器输入、输出的信号波形是否正常
操作显示控制芯片正常工作时，应满足+5V供电、晶振信号以及复位信号正常等条件
检测晶振信号波形是否正常
检测送入操作显示控制芯片的复位信号是否正常

图 12-16　典型电冰箱操作显示电路的检修流程

提示

当操作显示电路出现故障时，可首先采用观察法检查操作显示电路的主要元件有无明显损坏迹象，若出现上述情况则应立即更换损坏的元器件。

12.2.2 传送数据信号（TX）的检测

电冰箱操作显示电路出现故障时，应先检测操作显示电路与控制电路之间的数据信号是否正常。若该信号正常，则排除主控电路出现故障的可能，可进一步对操作按键进行检测。

输入数据信号的检测方法如图 12-17 所示。

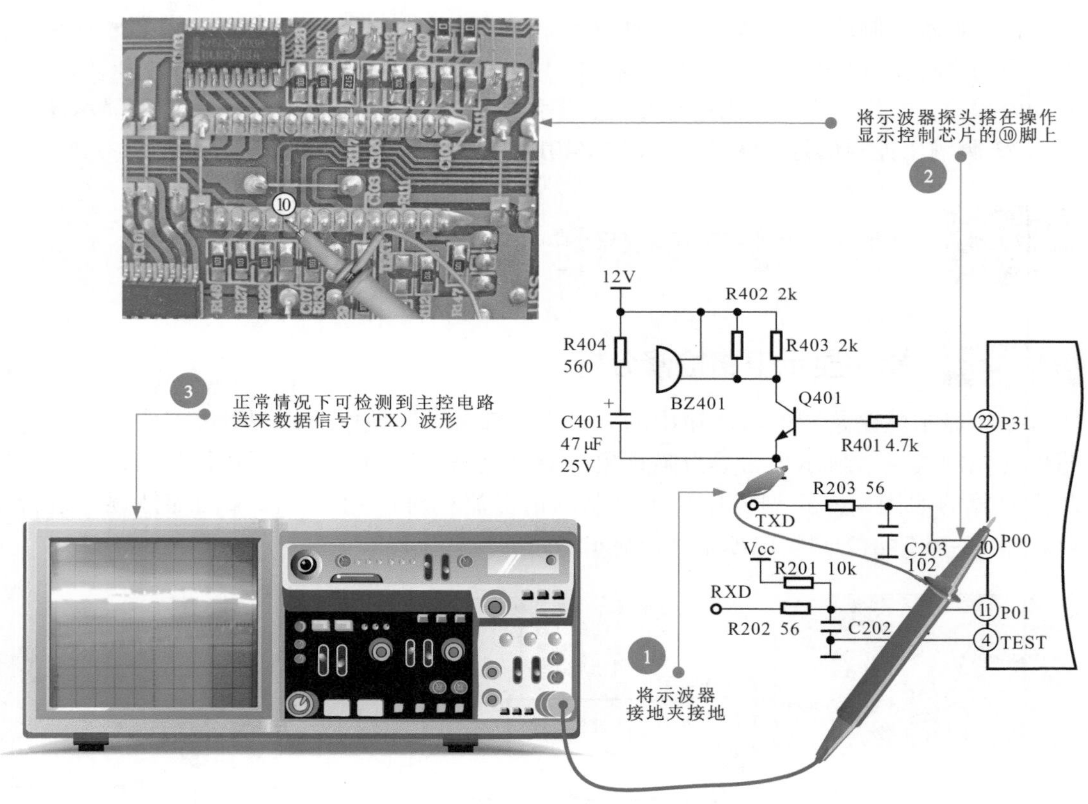
将示波器探头搭在操作显示控制芯片的⑩脚上
2
正常情况下可检测到主控电路送来数据信号（TX）波形
3
将示波器接地夹接地
1
12V
R402 2k
R404 560
R403 2k
BZ401
Q401
C401 47μF 25V
R401 4.7k
P31
R203 56
TXD
C203 102
P00
Vcc
R201 10k
RXD
R202 56
C202
P01
TEST

图 12-17 TX 信号的检测方法

12.2.3 操作按键的检测

若输入的数据信号正常，接下来则应对操作显示电路板中的主要器件进行检测。这里首先检测操作按键，可在不同状态下用万用表电阻挡检测其阻值是否正常。

操作按键的检测方法如图 12-18 所示。

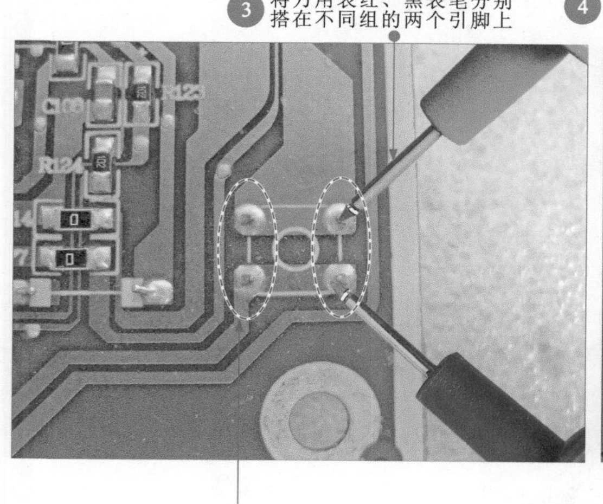
③ 将万用表红、黑表笔分别搭在不同组的两个引脚上

④ 未按压情况下，万用表可测得的阻值为无穷大
MODEL MF47-8
全保护·遥控器检测
A-V-Ω

① 根据印制线路板可知，操作按键的引脚分为两组
② 先检测操作按键在未按压状态下时两引脚间阻值

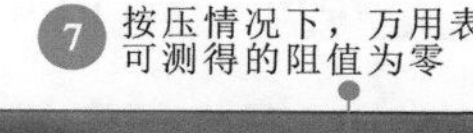
⑦ 按压情况下，万用表可测得的阻值为零

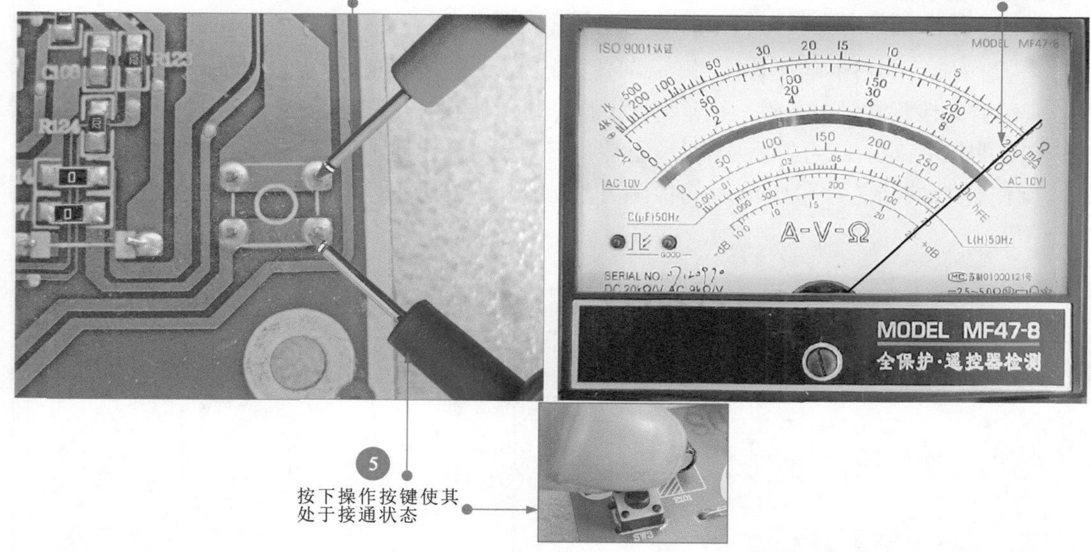
⑥ 将万用表红、黑表笔分别搭在不同组的两个引脚上
MODEL MF47-8
全保护·遥控器检测
A-V-Ω
⑤ 按下操作按键使其处于接通状态

图 12-18　操作按键的检测方法

12.2.4　蜂鸣器的检测

对蜂鸣器进行检测，一般使用万用表检测其两引脚的阻值。正常情况下，可以检测到一定的阻值，并且在检测时可以听到蜂鸣器发出“吱吱”声。

输入数据信号的检测方法如图 12-19 所示。

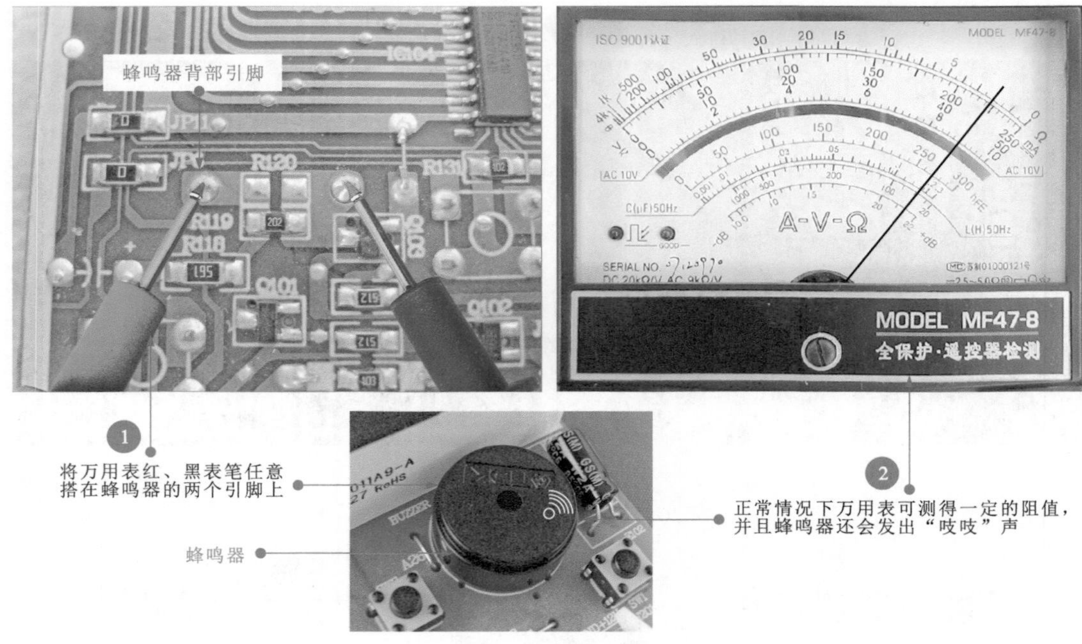
蜂鸣器背部引脚
1
将万用表红、黑表笔任意
搭在蜂鸣器的两个引脚上
蜂鸣器
2
正常情况下万用表可测得一定的阻值，
并且蜂鸣器还会发出“吱吱”声
MODEL MF47-8
全保护·遥控器检测

图 12-19　蜂鸣器的检测方法

12.2.5　操作显示控制芯片的检测

（1）操作显示控制芯片直流供电电压的检测

若操作显示电路中的操作按键、蜂鸣器都正常，则接下来可对操作显示控制芯片进行检测，一般首先检测其供电条件，正常情况下操作显示控制芯片应有 +5 V 的供电电压，若供电异常，则表明供电部分出现故障；若供电正常，则需要对操作显示控制芯片的信号进行检测。

操作显示控制芯片供电电压的检测方法如图 12-20 所示。

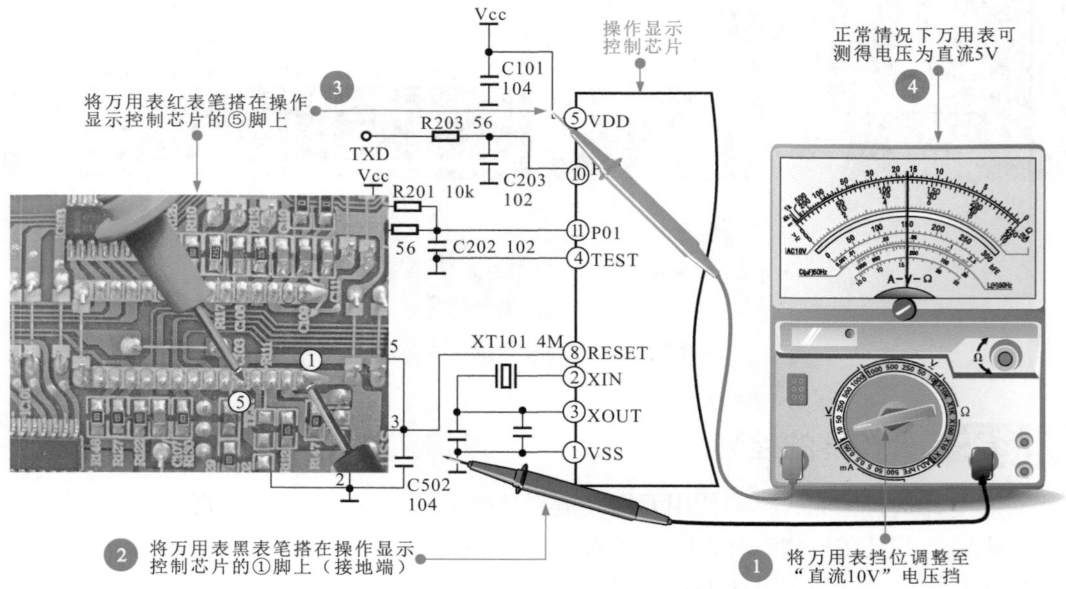
Vcc
C101
104
操作显示
控制芯片
正常情况下万用表可
测得电压为直流5V
3
将万用表红表笔搭在操作
显示控制芯片的⑤脚上
4
R203 56
⑤VDD
TXD
C203
102
⑩
Vcc
R201 10k
⑪P01
56
C202 102
④TEST
XT101 4M
⑧RESET
②XIN
③XOUT
①VSS
C502
104
2
将万用表黑表笔搭在操作显示
控制芯片的①脚上（接地端）
1
将万用表挡位调整至
“直流10V”电压挡

图 12-20　操作显示控制芯片供电电压的检测

（2）晶振信号波形的检测

操作显示控制芯片的工作条件除了需要供电电压外，还需要晶体提供的晶振信号才可以正常工作。若该信号正常，则表明晶体本身以及操作显示控制芯片的工作条件正常，接下来则应对操作显示控制芯片的复位信号进行检测。

晶振信号波形的检测方法如图 12-21 所示。

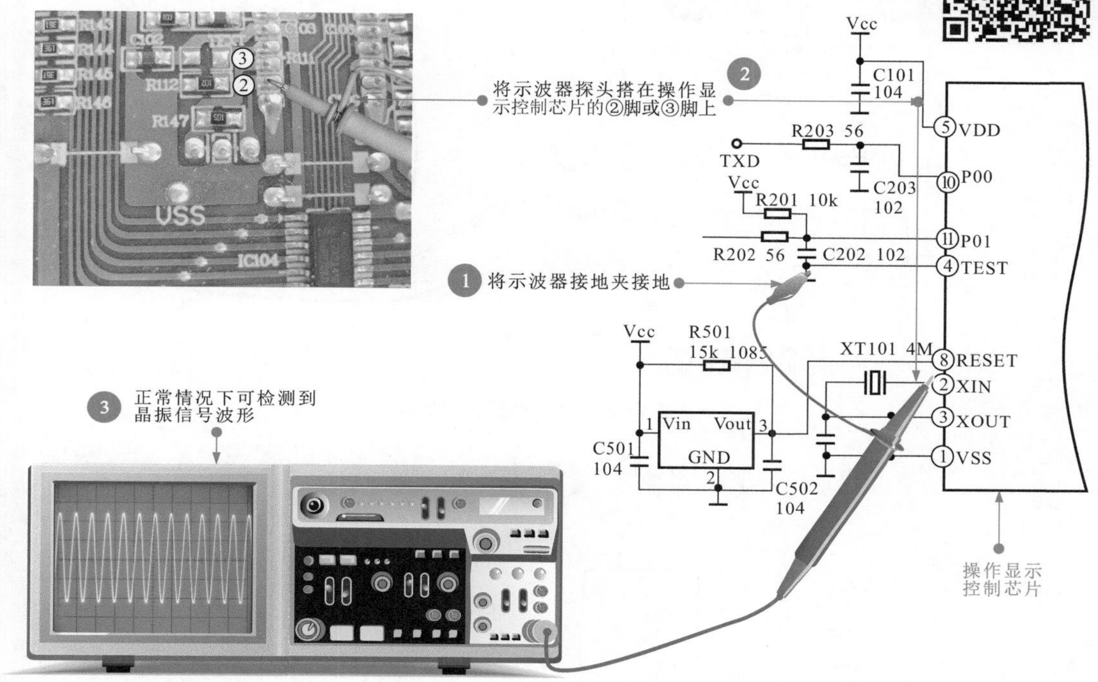

将示波器探头搭在操作显示控制芯片的②脚或③脚上

将示波器接地夹接地

正常情况下可检测到晶振信号波形

操作显示控制芯片

图 12-21　晶振信号波形的检测

（3）复位信号的检测

复位信号也是操作显示控制芯片工作的条件之一，若无复位信号，则操作显示控制芯片不能正常工作。若操作显示控制芯片的直流供电、晶振信号、复位信号工作条件正常，输入的数据信号也正常，而操作显示仍不正常，则多为操作显示控制芯片本身出现故障。

操作显示控制芯片中复位电压的检测方法如图 12-22 所示。

（4）操作显示控制芯片接收的数据信号（RX）的检测

若操作显示控制芯片的工作条件正常，还可以检测操作显示控制芯片接收的 RX 数据信号是否正常。若该信号不正常，说明操作显示控制芯片存在故障；若该信号正常，则说明操作显示控制芯片可以正常工作，可以进一步对反相器进行检测。

操作显示控制芯片中 RX 信号的检测方法如图 12-23 所示。

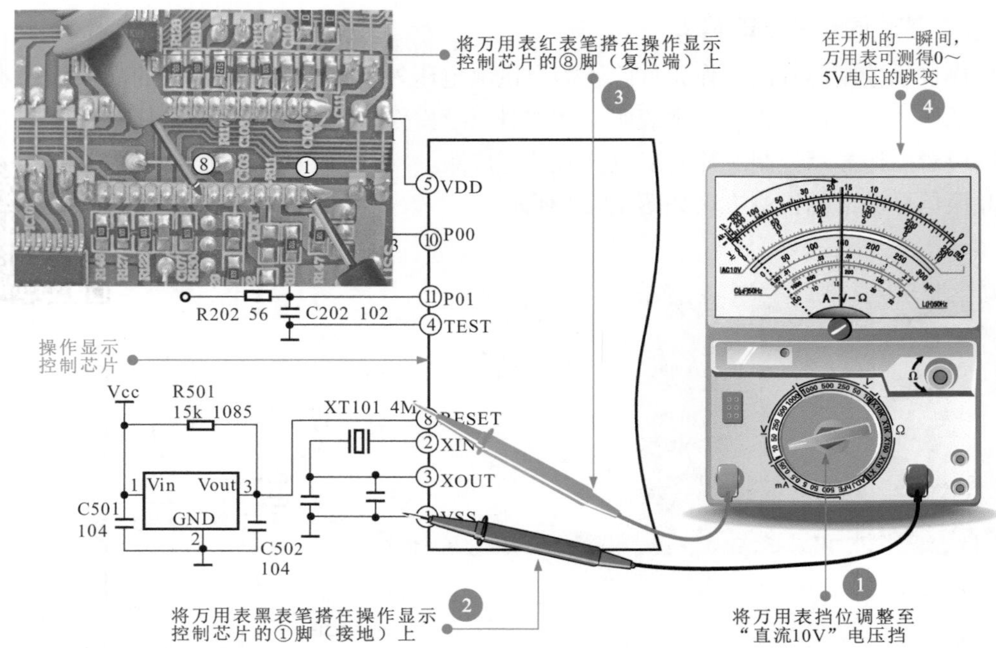
将万用表红表笔搭在操作显示控制芯片的⑧脚（复位端）上
3
在开机的一瞬间，万用表可测得0～5V电压的跳变
4
⑧
①
⑤VDD
⑩P00
⑪P01
R202 56
C202 102
④TEST
操作显示控制芯片
Vcc
R501
15k 1085
XT101 4M
⑧RESET
②XIN
③XOUT
①VSS
1 Vin Vout 3
GND
2
C501
104
C502
104
将万用表黑表笔搭在操作显示控制芯片的①脚（接地）上
2
1
将万用表挡位调整至“直流10V”电压挡

图 12-22 复位信号的检测

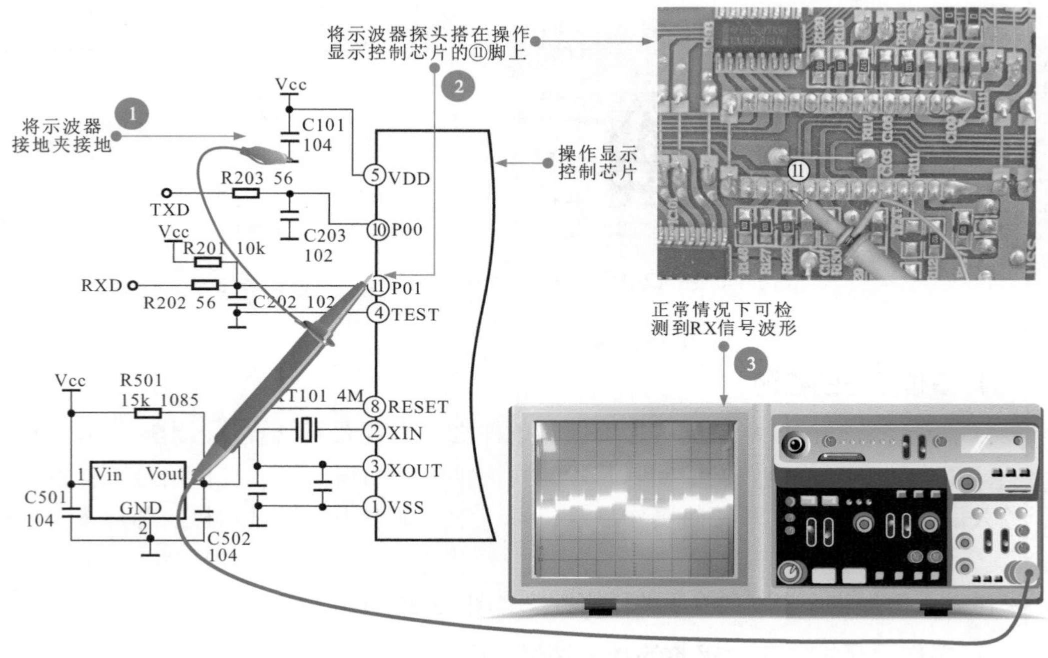
将示波器探头搭在操作显示控制芯片的⑪脚上
2
将示波器接地夹接地
1
Vcc
C101
104
⑤VDD
R203 56
TXD
⑩P00
C203
102
Vcc
R201 10k
RXD
⑪P01
R202 56
C202 102
④TEST
操作显示控制芯片
⑪
正常情况下可检测到RX信号波形
3
Vcc
R501
15k 1085
XT101 4M
⑧RESET
②XIN
③XOUT
①VSS
1 Vin Vout
GND
2
C501
104
C502
104

图 12-23 RX 信号的检测方法

12.2.6 反相器的检测

确定操作显示控制芯片正常后，在操作显示电路中，还应对反相器的供电电压和输入、输出的信号进行检测。若供电电压正常，输入信号正常，输出信号不正常，说明反相器可能出现故障。

反相器的检测方法如图 12-24 所示。

2 将万用表红表笔搭在反相器的⑨脚上
红表笔
⑯
⑨
①
⑧
黑表笔
1 将万用表黑表笔搭在反相器的⑧脚（接地端）上

3 正常情况下，万用表可测得电压为直流12V
MODEL MF47-8
全保护·遥控器检测

（a）反相器供电电压的检测方法

4 将示波器接地夹接地，探头搭在反相器的①脚上
⑯
⑨
①
⑥
示波器探头

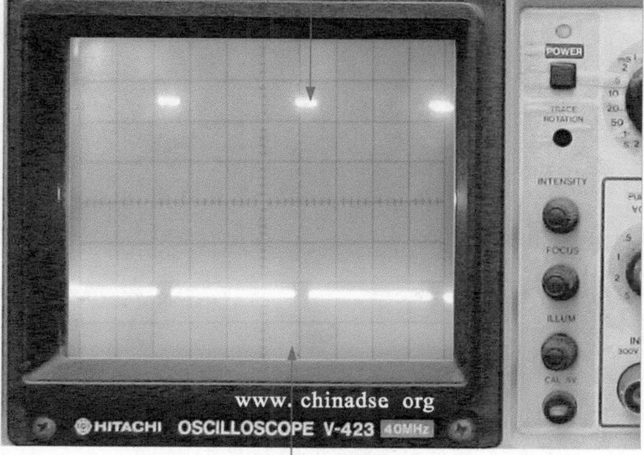

5 正常情况下，可检测到输入的信号波形
www. chinadse org
HITACHI OSCILLOSCOPE V-423 40MHz
①脚输入的信号波形

（b）反相器输入信号的检测方法

6 将示波器接地夹接地，探头搭在反相器的⑯脚上
⑯
⑨
示波器探头
①
⑥

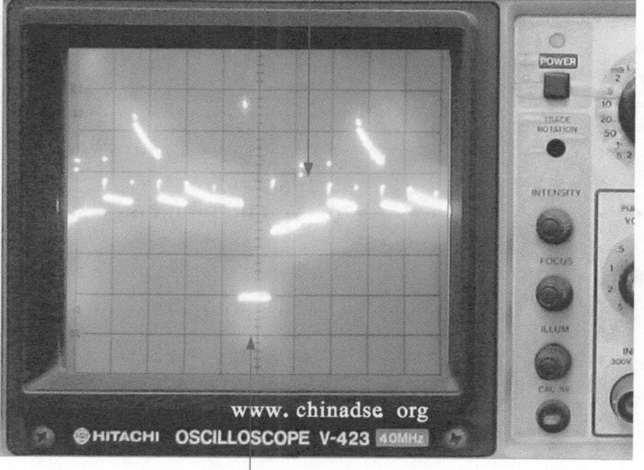

7 正常情况下，可检测到输出的信号波形
www. chinadse org
HITACHI OSCILLOSCOPE V-423 40MHz
⑯脚输出的信号波形

（c）反相器输出信号的检测方法

图 12-24 反相器的检测方法

12.2.7 8 位移位寄存器的检测

确定反相器正常后，还应对电路中的 8 位移位寄存器的供电电压和输入、输出的信号进行检测。

若供电电压正常，输入信号正常，输出信号不正常，则说明 8 位移位寄存器可能出现故障；若电压和信号都正常，说明数码显示屏可能存在故障。

8 位移位寄存器的检测方法如图 12-25 所示。

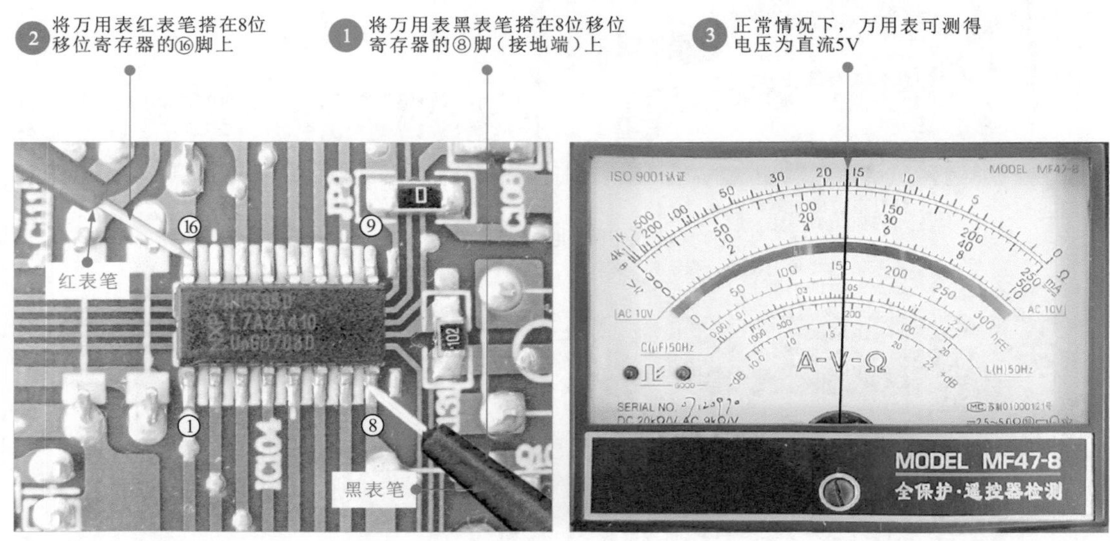

2 将万用表红表笔搭在8位移位寄存器的⑯脚上
1 将万用表黑表笔搭在8位移位寄存器的⑧脚（接地端）上
3 正常情况下，万用表可测得电压为直流5V
红表笔
黑表笔
⑯
⑨
①
⑧
MODEL MF47-8
全保护·遥控器检测

（a）8位移位寄存器供电电压的检测方法

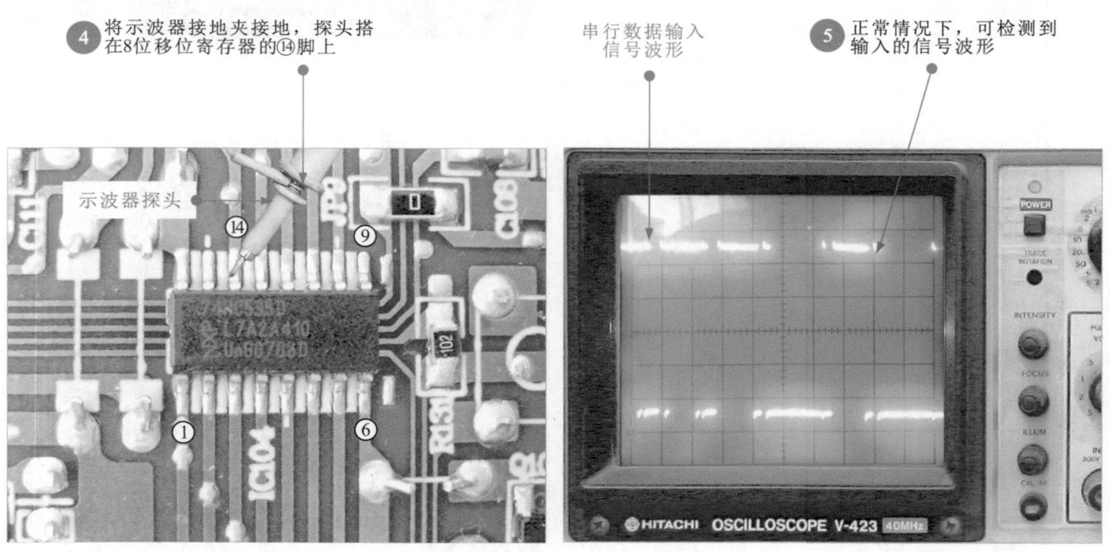

4 将示波器接地夹接地，探头搭在8位移位寄存器的⑭脚上
串行数据输入信号波形
5 正常情况下，可检测到输入的信号波形
示波器探头
⑭
⑨
①
⑥
HITACHI OSCILLOSCOPE V-423 40MHz

（b）8位移位寄存器输入信号的检测方法

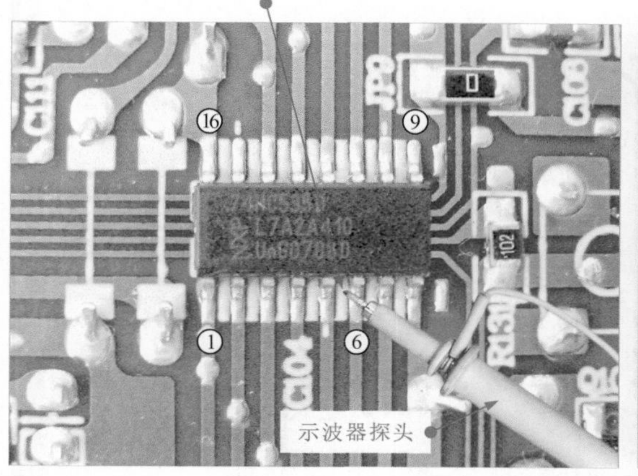
6 将示波器接地夹接地，探头搭在8位移位寄存器的⑥脚上
⑯
⑨
①
⑥
示波器探头

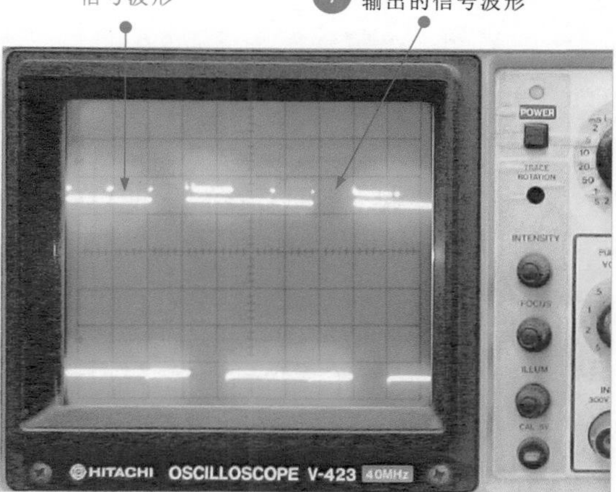
串行数据输出信号波形
7 正常情况下，可检测到输出的信号波形
HITACHI OSCILLOSCOPE V-423 40MHz
POWER
INTENSITY
FOCUS
ILLUM

（c）8位移位寄存器输出信号的检测方法

图 12-25 8 位移位寄存器的检测方法

12.3 操作显示电路常见故障的检修案例

当操作显示电路出现故障后，将直接影响电冰箱的控制和显示，这些故障现象可以通过电冰箱的工作状态进行直接判断。

因此，当电冰箱在工作过程中，出现无法控制或无法显示工作状态时，首先根据故障的具体表现、特征进行初步的分析和判断，然后对怀疑的电路部分进行检测和排查，逐步缩小故障范围，最后找到故障元件，排除故障。

12.3.1 海尔电冰箱操作按键无反应的检修案例

海尔电冰箱通电后，数码显示管显示状态正常，但通过按键调节电冰箱内的温度时，发现电冰箱内的温度无法进行调节。

根据电冰箱的故障表现可知，海尔电冰箱显示状态正常，表明显示部分正常，但电冰箱内的温度无法进行调节，怀疑是操作电路部分可能存在故障。

图 12-26 所示为待测海尔电冰箱操作显示电路的电路图。

从图中可以看出，操作显示电路正常工作时，该电路应有 +5V 的供电电压。按键开关 SW1、SW2 主要是用来调节电冰箱内冷冻室、冷藏室的制冷温度，用户可以通过该开关对电冰箱内的温度进行调节。

在对该电路进行排查时，若按键本身、供电电压均正常，还需要对该电路中按键开关到微处理器之间相关的外围元器件进行检测。

根据以上检修分析，首先检查按键开关本身是否正常。

按键开关的检查方法如图 12-27 所示。

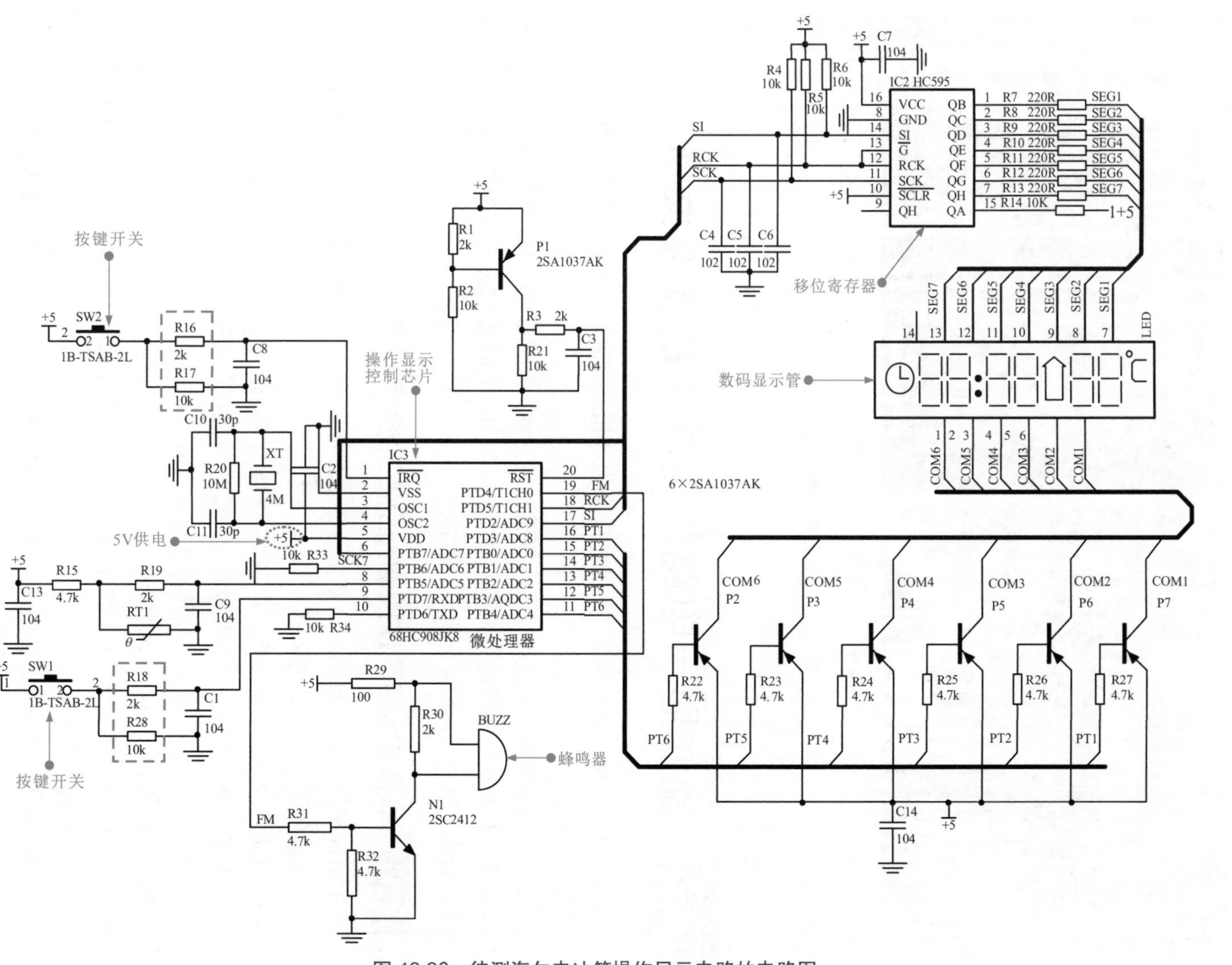
移位寄存器
数码显示管
操作显示控制芯片
微处理器
蜂鸣器
按键开关
5V供电
按键开关
IC2 HC595
IC3
68HC908JK8
6×2SA1037AK
P1 2SA1037AK
N1 2SC2412
BUZZ
LED
SW1 1B-TSAB-2L
SW2 1B-TSAB-2L

图 12-26 待测海尔电冰箱操作显示电路的电路图

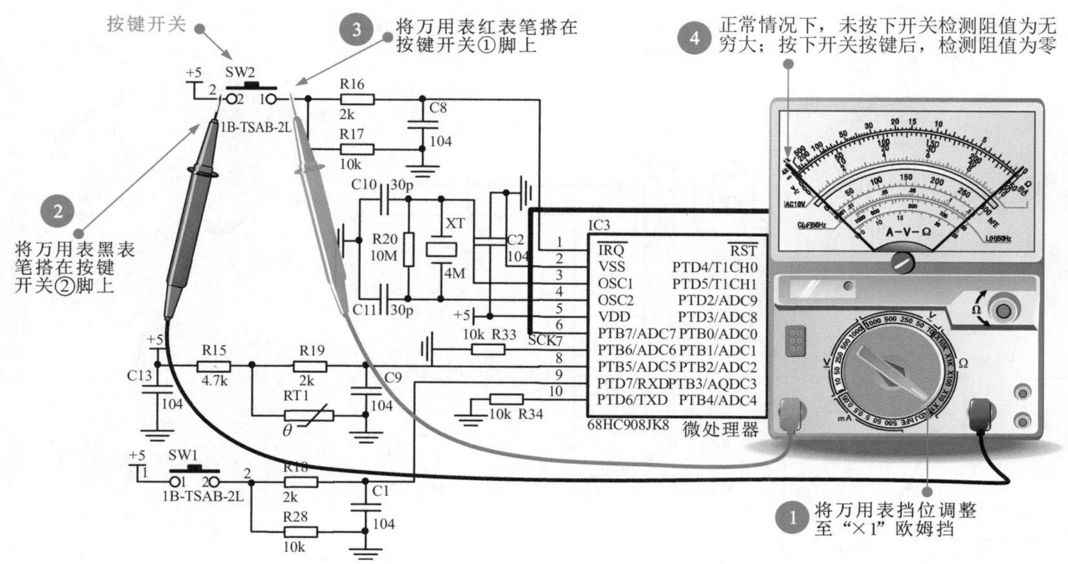
按键开关
③ 将万用表红表笔搭在按键开关①脚上
④ 正常情况下，未按下开关检测阻值为无穷大；按下开关按键后，检测阻值为零
② 将万用表黑表笔搭在按键开关②脚上
SW2
1B-TSAB-2L
R16
2k
C8
104
R17
10k
C10 30p
R20
10M
XT
4M
C2
104
C11 30p
IC3
IRQ
VSS
OSC1
OSC2
VDD
PTB7/ADC7
PTB6/ADC6
PTB5/ADC5
PTD7/RXD
PTD6/TXD
RST
PTD4/T1CH0
PTD5/T1CH1
PTD2/ADC9
PTD3/ADC8
PTB0/ADC0
PTB1/ADC1
PTB2/ADC2
PTB3/AQDC3
PTB4/ADC4
68HC908JK8
微处理器
10k R33
SCK7
10k R34
R15
4.7k
R19
2k
C13
104
RT1
C9
104
SW1
1B-TSAB-2L
R18
2k
C1
104
R28
10k
① 将万用表挡位调整至“×1”欧姆挡

图 12-27 按键开关的检查方法

检测结果：未按下开关的情况下，检测阻值为无穷大；按下开关按键后，检测阻值为零，按键开关正常。根据检修分析，接下来检测操作显示电路的供电电压是否正常。

操作显示电路供电电压的检测方法如图 12-28 所示。

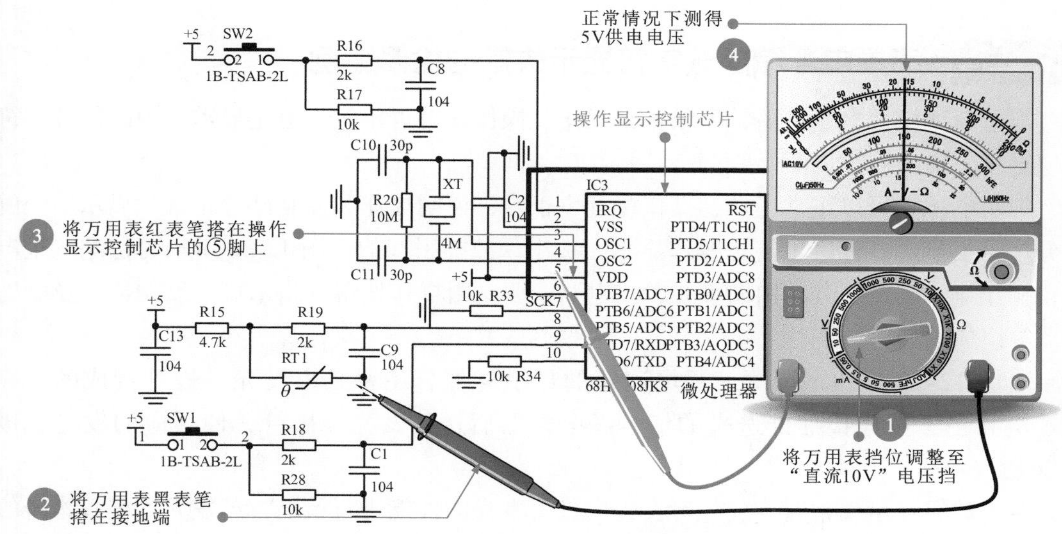
正常情况下测得5V供电电压
④
操作显示控制芯片
③ 将万用表红表笔搭在操作显示控制芯片的⑤脚上
② 将万用表黑表笔搭在接地端
① 将万用表挡位调整至“直流10V”电压挡
SW2
1B-TSAB-2L
R16
2k
C8
104
R17
10k
C10 30p
R20
10M
XT
4M
C2
104
C11 30p
IC3
68HC908JK8
微处理器
10k R33
10k R34
R15
4.7k
R19
2k
C13
104
RT1
C9
104
SW1
1B-TSAB-2L
R18
2k
C1
104
R28
10k

图 12-28 操作显示电路供电电压的检测方法

检测结果：供电电压正常。根据检修思路，接下来应根据电路图对操作按键后级电路中的电阻器等关键元器件进行检测。

关键元器件（电阻器）的检测方法如图 12-29 所示。

检测结果：电阻器 R16 的标称值为 2kΩ，经检测该电阻的阻值为无穷大，表明该电阻器已损坏，以同型号的电阻器进行更换后，再次开机运行，故障排除。

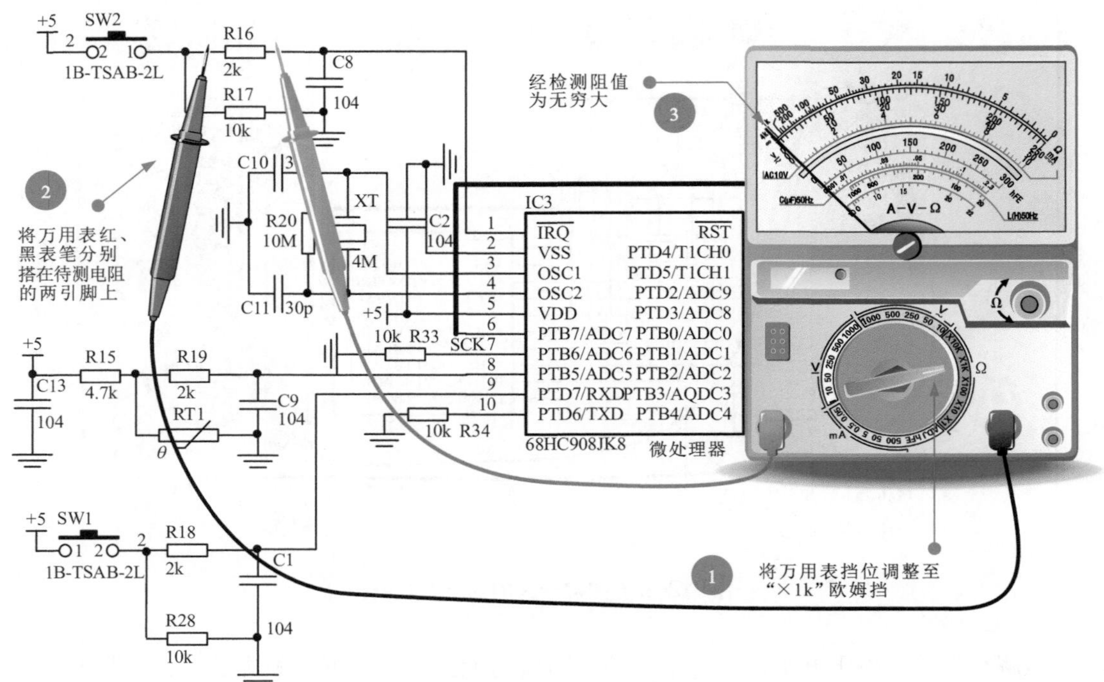
经检测阻值
为无穷大
3
2
将万用表红、
黑表笔分别
搭在待测电阻
的两引脚上
1
将万用表挡位调整至
"×1k"欧姆挡
IC3
68HC908JK8
微处理器

图 12-29　关键元器件（电阻器）的检测方法

12.3.2 三星电冰箱部分字符显示失常的检修案例

三星电冰箱通电开机后，可以正常工作，操作按键也正常，但是显示屏中的部分字符出现显示失常的故障现象。

三星电冰箱可以正常工作，操作按键也正常，说明操作和控制部分正常。显示屏中的部分字符不显示，怀疑可能是操作显示面板出现故障引起的。图 12-30 所示为待测三星电冰箱操作显示电路部分，由图可知，该电路主要是由操作按键、指示灯、反相器以及微处理器等组成的。

由图 12-30 可知，待测三星电冰箱的显示屏部分主要是由发光二极管构成的，在显示电路中，由连接插件送来的信号经电阻器后送往发光二极管，使相应的发光二极管发光。

若电冰箱显示失常时，应先对发光二极管本身的性能进行检测，若发光二极管本身的性能出现异常，应对该器件进行更换；若发光二极管本身正常，则需要对显示电路中连接插件至发光二极管间的主要元器件进行检测，找到故障点，排除故障。

根据以上检修分析，首先检查操作显示电路中的发光二极管本身是否正常。

发光二极管本身的检测方法如图 12-31 所示。

检测结果：使用万用表检测发光二极管正向阻值时，发光二极管发光，并且有一定的阻值，检测反向阻值时为无穷大，表明该器件本身正常。根据检修思路，接下来应检测连接插件至发光二极管间的电阻器是否正常。

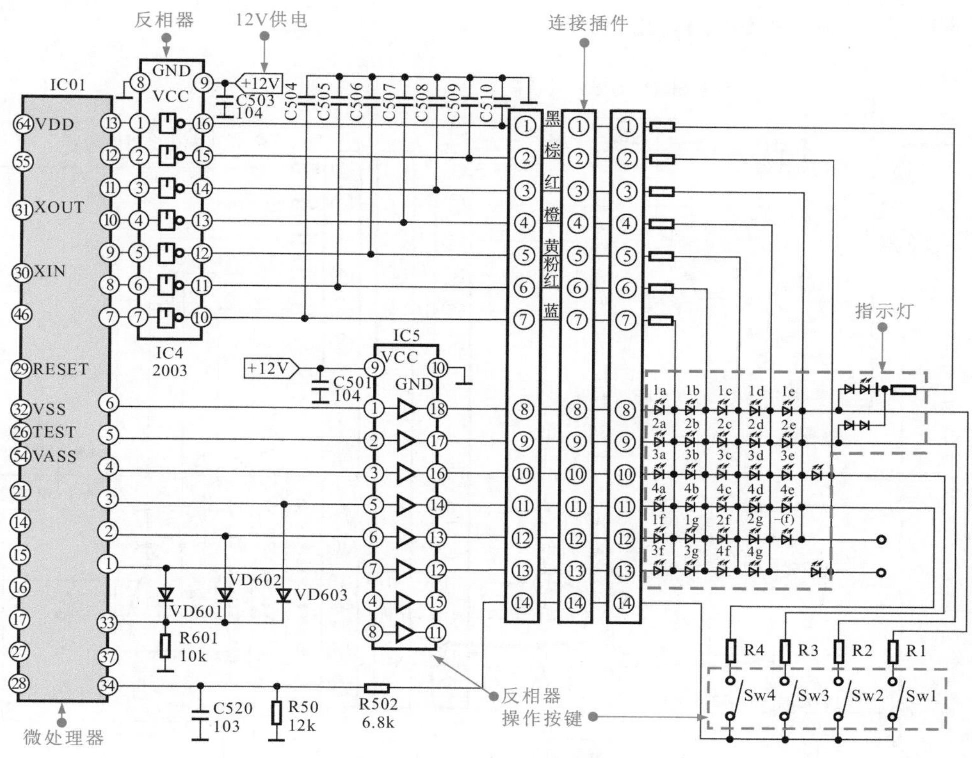
反相器
12V供电
连接插件
IC01
IC4
2003
IC5
指示灯
微处理器
反相器
操作按键
R601
10k
C520
103
R50
12k
R502
6.8k
VD601
VD602
VD603
R4
R3
R2
R1
Sw4
Sw3
Sw2
Sw1

图 12-30 待测三星电冰箱操作显示电路部分

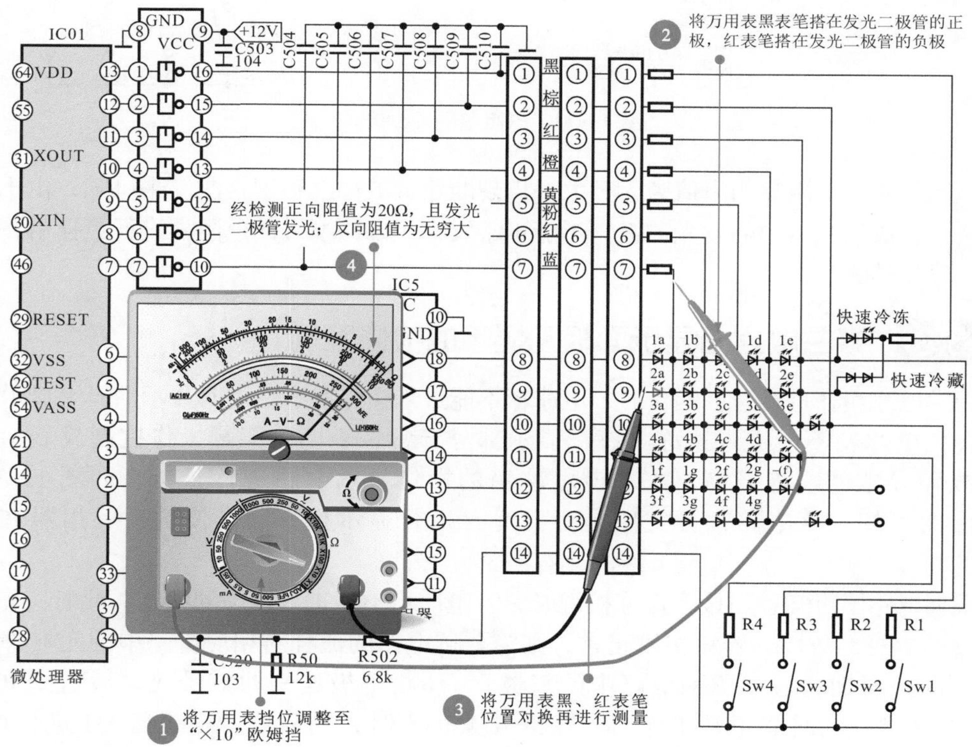
将万用表黑表笔搭在发光二极管的正极，红表笔搭在发光二极管的负极
经检测正向阻值为20Ω，且发光二极管发光；反向阻值为无穷大
快速冷冻
快速冷藏
将万用表挡位调整至“×10”欧姆挡
将万用表黑、红表笔位置对换再进行测量
微处理器

图 12-31 发光二极管本身的检测方法

电阻器的检测方法如图 12-32 所示。

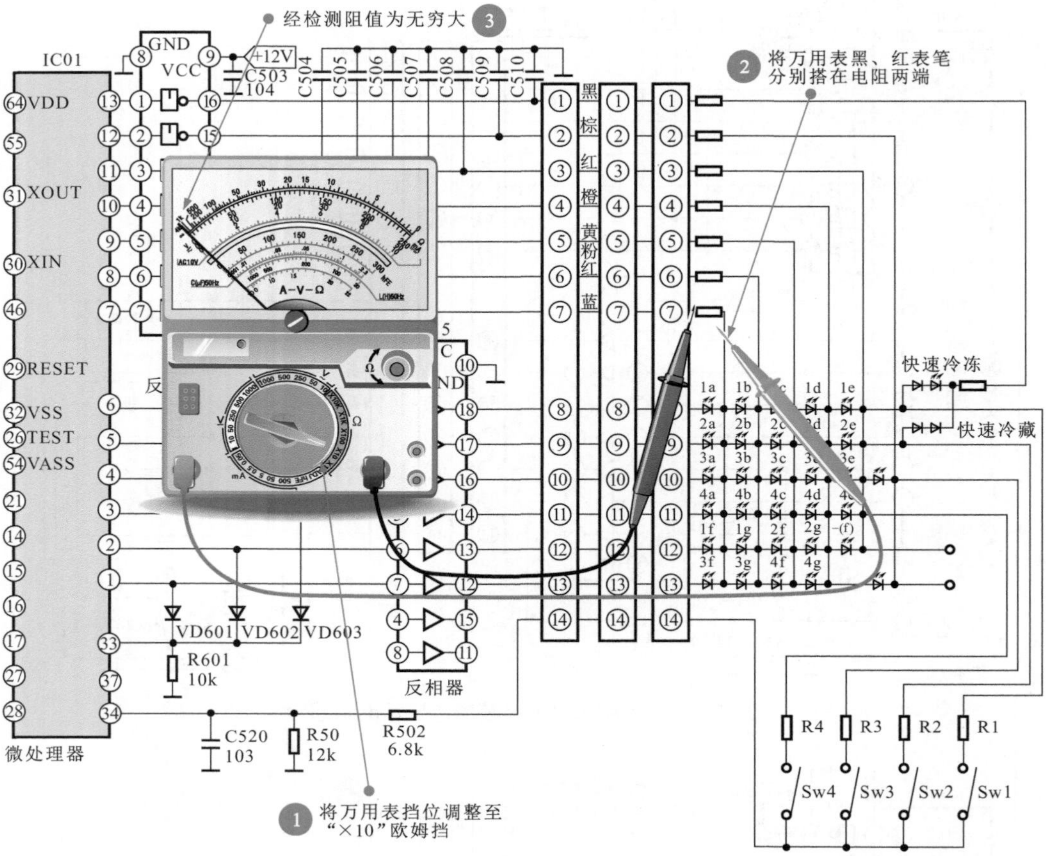

图 12-32　电阻器的检测方法

检测结果：电阻器的阻值为无穷大，出现断路的故障。根据检测结果可知，由于电阻器断路，造成该线路中的发光二极管不能正常发光，以同型号的电阻器进行更换后，开机运行，故障排除。

12.3.3　春兰电冰箱显示面板无显示的检修案例

春兰电冰箱在进行速冻操作时，电冰箱不能进入速冻状态，同时显示面板无显示。

春兰电冰箱不能进入速冻状态，显示部分异常，表明可能是操作控制或显示部分出现故障导致的。检修前，先对该电冰箱的操作显示电路进行分析，如图 12-33 所示，由图可知，该电路部分主要是由发光二极管显示板、操作按键、反相器 IC7 等组成的。

根据电路图可知，当按下速冻按键时，若电冰箱不能进入速冻的状态，此时应先排除操作按键本身的故障。若该按键正常，则需要按电路的流程对相应电路中的元器件进行检测。由图可知，显示驱动电路中的三极管 Q1 将基极送来的信号放大后送到 IC1 的 ⑬ 脚，使控制电路能正常工作，若按键开关正常时，还需要对三极管 Q1 进行检测，以排除故障。

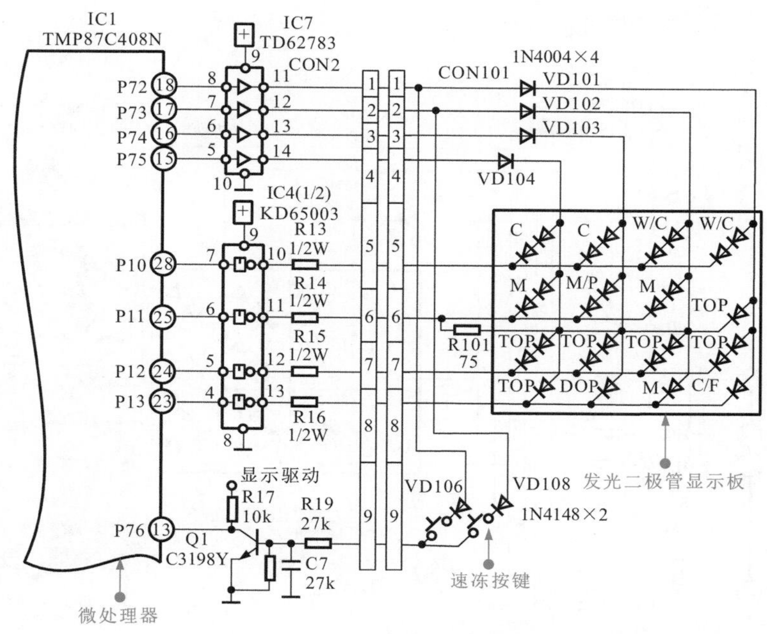
IC1
TMP87C408N
IC7
TD62783
CON2
CON101
1N4004×4
VD101
VD102
VD103
VD104
P72
P73
P74
P75
P10
P11
P12
P13
P76
IC4(1/2)
KD65003
R13
1/2W
R14
1/2W
R15
1/2W
R16
1/2W
R101
75
显示驱动
R17
10k
R19
27k
Q1
C3198Y
C7
27k
VD106
VD108
1N4148×2
发光二极管显示板
速冻按键
微处理器

图 12-33 待测春兰电冰箱操作显示电路部分

根据以上检修分析，首先检查操作显示电路中的速冻按键是否正常。速冻按键本身的检测方法如图 12-34 所示。

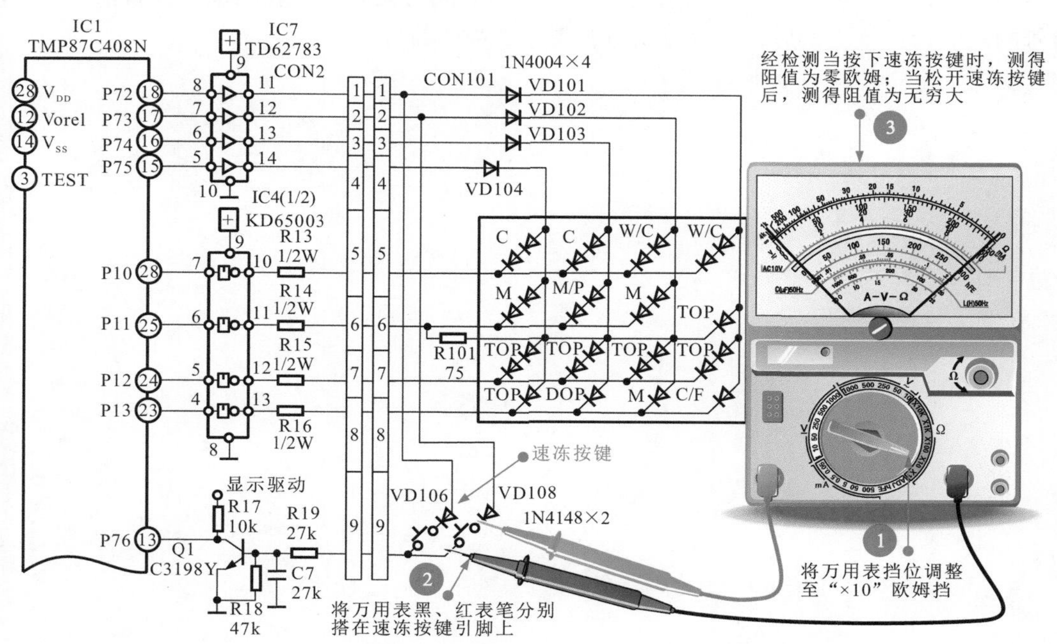
IC1
TMP87C408N
VDD
Vorel
VSS
TEST
IC7
TD62783
CON2
CON101
1N4004×4
VD101
VD102
VD103
VD104
IC4(1/2)
KD65003
R101
75
显示驱动
R17
10k
R19
27k
Q1
C3198Y
C7
27k
R18
47k
VD106
VD108
1N4148×2
速冻按键
经检测当按下速冻按键时，测得阻值为零欧姆；当松开速冻按键后，测得阻值为无穷大
将万用表挡位调整至“×10”欧姆挡
将万用表黑、红表笔分别搭在速冻按键引脚上

图 12-34 速冻按键本身的检测方法

检测结果：当按下速冻按键时，阻值为零欧姆；当松开速冻按键后，阻值为无穷大，表明按键本身正常。根据检修思路，接下来检测电路中三极管是否正常。

三极管的检测方法如图 12-35 所示。

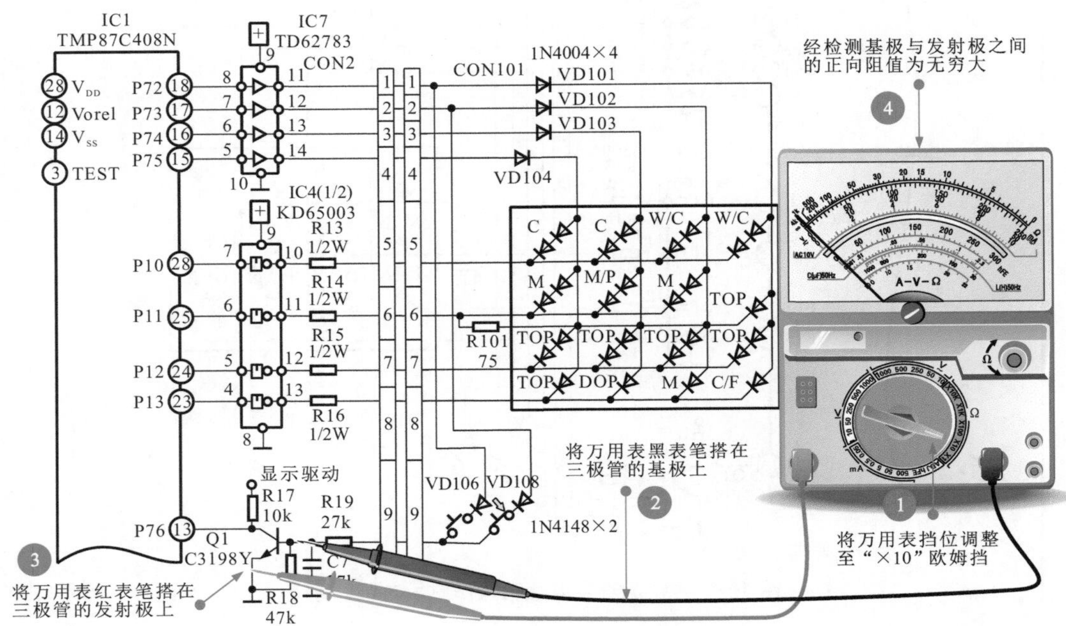
IC1
TMP87C408N
IC7
TD62783
CON2
CON101
1N4004×4
VD101
VD102
VD103
VD104
IC4(1/2)
KD65003
R13
1/2W
R14
1/2W
R15
1/2W
R16
1/2W
R101
75
显示驱动
R17
10k
R19
27k
Q1
C3198Y
R18
47k
VD106
VD108
1N4148×2
经检测基极与发射极之间的正向阻值为无穷大
将万用表黑表笔搭在三极管的基极上
将万用表红表笔搭在三极管的发射极上
将万用表挡位调整至“×10”欧姆挡

图 12-35　三极管的检测方法

检测结果：三极管基极与发射极之间的正向阻值为无穷大，表明该三极管损坏，以同型号的三极管进行更换后，再次开机进行调整，故障排除。

第13章 电冰箱变频电路检修

13.1 电冰箱变频电路

13.1.1 变频电路结构

变频电路是变频电冰箱中特有的电路模块，通常安装在电冰箱箱体背部的保护罩内，如图 13-1 所示。其主要的功能就是为电冰箱的变频压缩机提供驱动电流，用来调节压缩机的转速，实现电冰箱制冷的变频控制，高效节能。

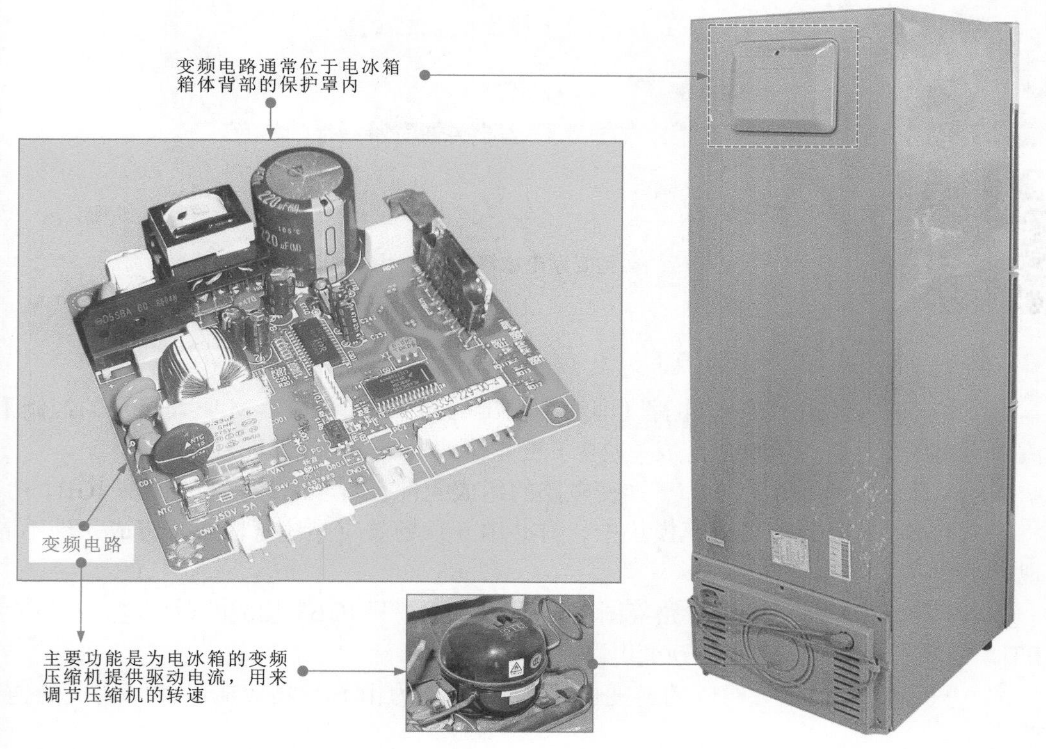

变频电路通常位于电冰箱箱体背部的保护罩内
变频电路
主要功能是为电冰箱的变频压缩机提供驱动电流，用来调节压缩机的转速

图 13-1　变频电路的安装位置

取下电冰箱背部的保护罩后，即可看到位于电冰箱箱体上的变频电路板。图 13-2 所示为典型变频电冰箱中的变频电路板，可以看到，该电路主要是由逆变电路（功率输出电路）、变频控制电路、电源供电电路以及外围元器件等构成。

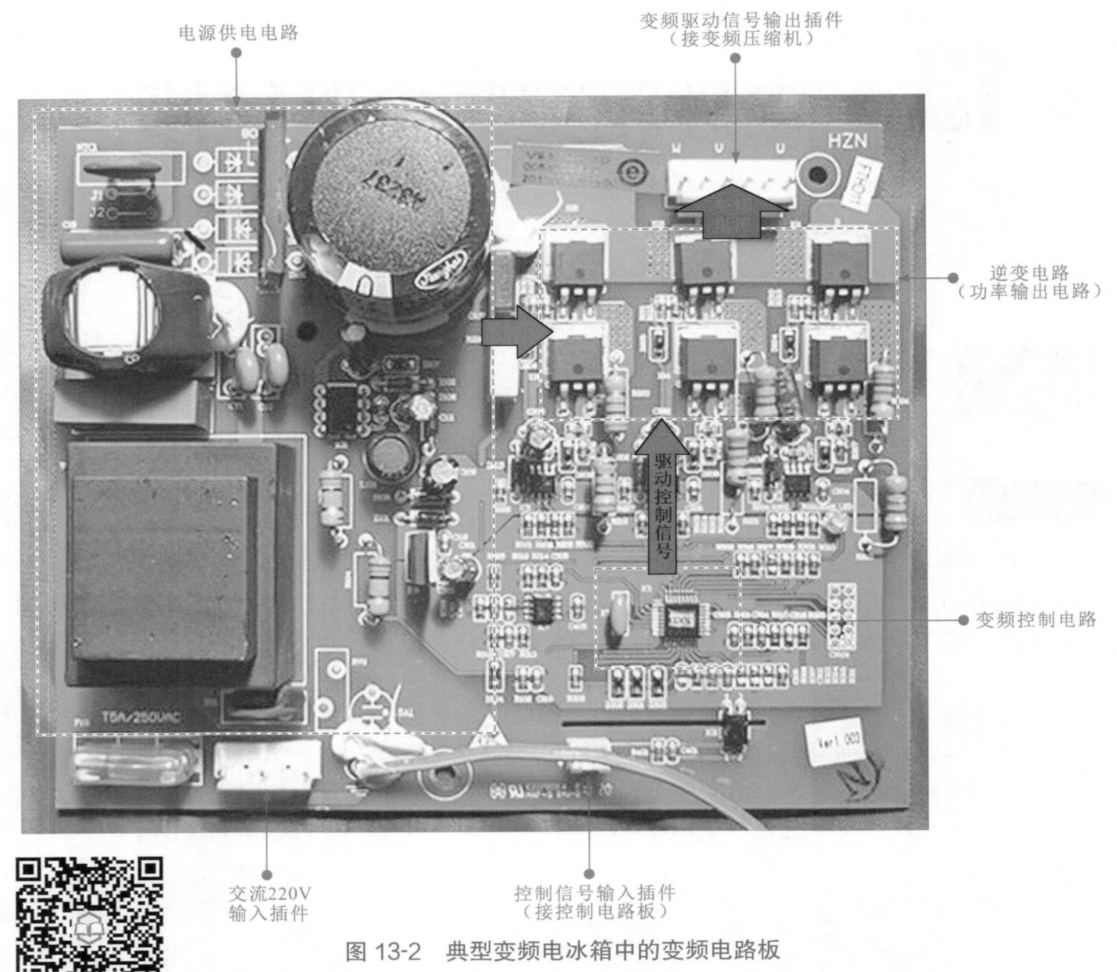
电源供电电路
变频驱动信号输出插件
（接变频压缩机）
逆变电路
（功率输出电路）
驱动控制信号
变频控制电路
交流220V
输入插件
控制信号输入插件
（接控制电路板）

图 13-2　典型变频电冰箱中的变频电路板

（1）逆变电路（功率输出电路）

电冰箱变频电路中的逆变电路（即功率输出电路）用于在 PWM 驱动信号的控制下，轮流导通或截止，将直流供电变成（逆变）变频压缩机所需的变频驱动信号。

不同品牌和型号的电冰箱中，逆变电路的组成元件有所不同，有些由 6 只 IGBT 构成或将 6 只 IGBT 集成到一个功率模块中，有些由 6 只场效应晶体管构成。组成元件不同，实现的功能都是相同的。

① 6 只 IGBT 构成的逆变电路　图 13-3 分别为由 6 只 IGBT 构成的逆变电路和将 6 只 IGBT 集成到一个功率模块中的逆变电路。

② 6 只场效应晶体管构成的逆变电路　图 13-4 为由 6 只场效应晶体管构成的逆变电路。

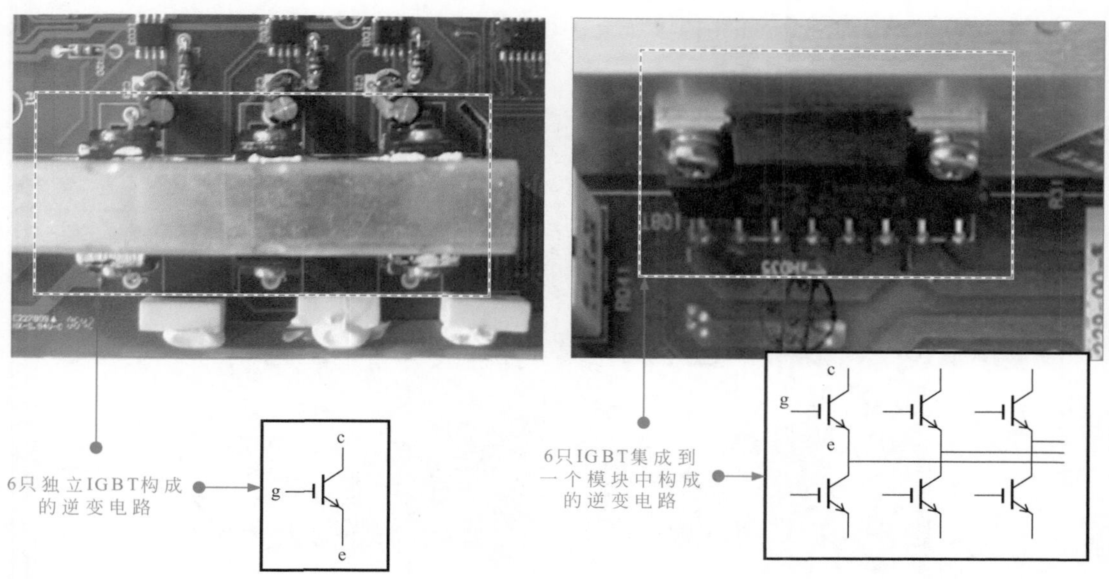
6只独立IGBT构成的逆变电路
g
c
e
6只IGBT集成到一个模块中构成的逆变电路
g
c
e

图 13-3 6 只 IGBT 构成的逆变电路

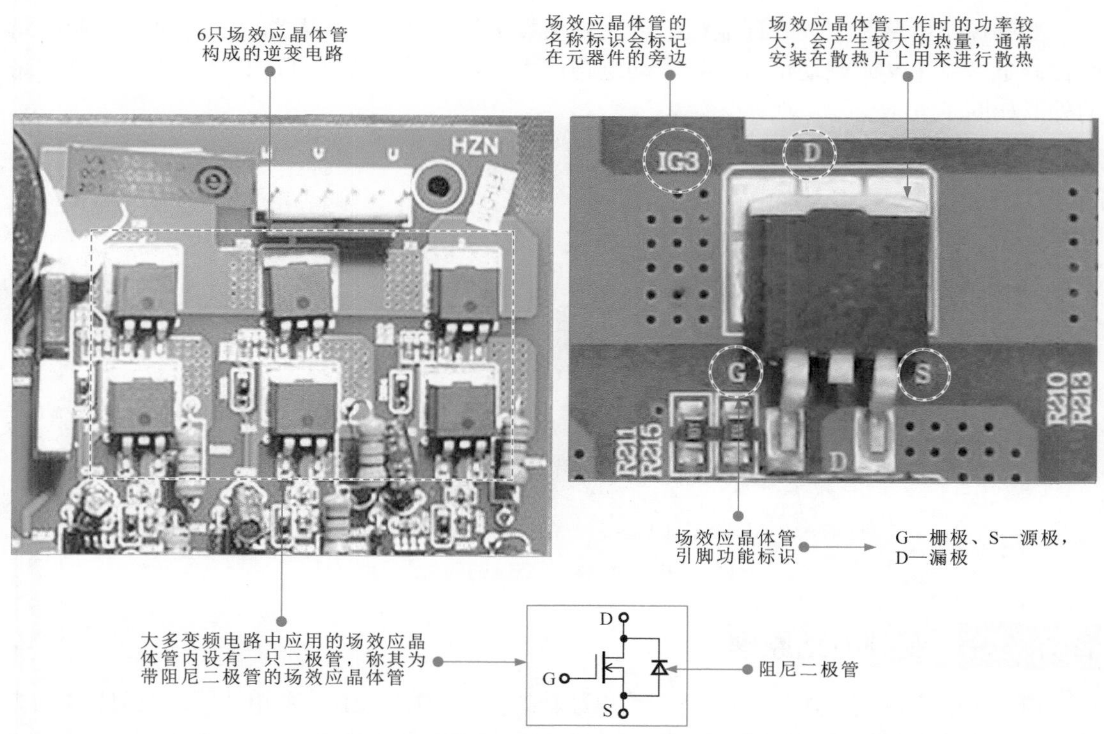
6只场效应晶体管构成的逆变电路
场效应晶体管的名称标识会标记在元器件的旁边
场效应晶体管工作时的功率较大，会产生较大的热量，通常安装在散热片上用来进行散热
HZN
IG3
D
G
S
D
R211
R215
R210
R213
场效应晶体管引脚功能标识
G—栅极、S—源极，D—漏极
大多变频电路中应用的场效应晶体管内设有一只二极管，称其为带阻尼二极管的场效应晶体管
D
G
S
阻尼二极管

图 13-4 由 6 只场效应晶体管构成的逆变电路

（2）电源电路

变频电路中的电源电路主要用来将电冰箱主电源电路整流输出的直流 300V 电压进行平滑滤波处理，为变频电路等进行供电。该电路主要是由互感滤波器、滤波电容器、电源

变压器、熔断器等组成的，如图 13-5 所示。

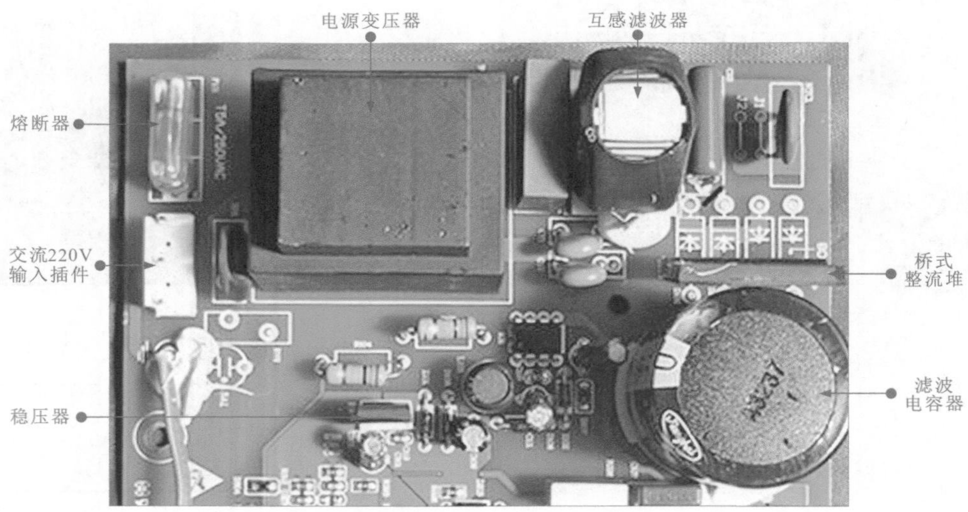
电源变压器
互感滤波器
熔断器
交流220V
输入插件
桥式
整流堆
滤波
电容器
稳压器

图 13-5　电源电路的实物外形

（3）变频控制电路

变频控制电路是安装在印制板上的大规模数字信号处理集成电路，主要是在控制电路的控制下产生 PWM 驱动信号，经驱动电路放大后用来控制 6 只 IGBT 管，变频控制电路的外形如图 13-6 所示。

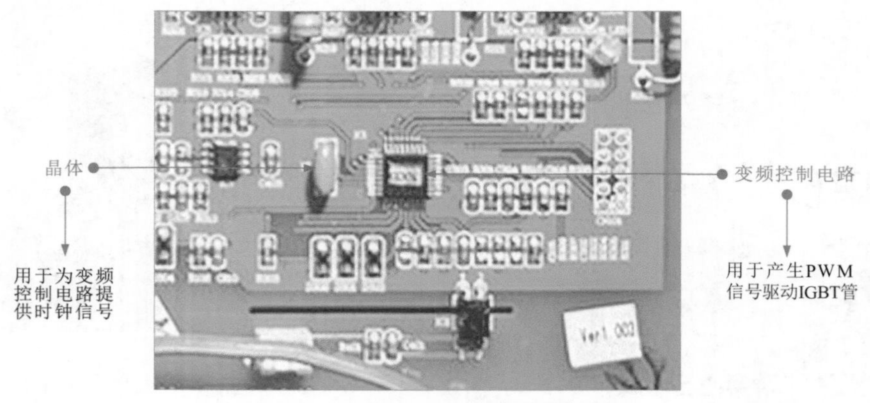
晶体
用于为变频
控制电路提
供时钟信号
变频控制电路
用于产生PWM
信号驱动IGBT管

图 13-6　变频控制电路的实物外形

13.1.2　变频电路原理

电冰箱中变频电路主要的功能就是为电冰箱的变频压缩机提供变频电流，用来调节压缩机的转速，实现电冰箱制冷剂的循环控制。图 13-7 所示为变频电冰箱中变频电路的流程框图。

从图 13-7 中可以看出，电源电路板和控制电路板输出的直流 300V 电压为逆变电路（6 只 IGBT 管）以及变频驱动电路进行供电，同时由控制电路板输出的控制信号经变频控制电路和信号驱动电路后，控制逆变电路中的 6 只 IGBT 轮流导通或截止，为变频压缩机提供所需的变频驱动信号，变频驱动信号加到变频压缩机的三相绕阻端，使变频压缩机启动，进行变频运转，驱动制冷剂循环，进而达到电冰箱变频制冷的目的。

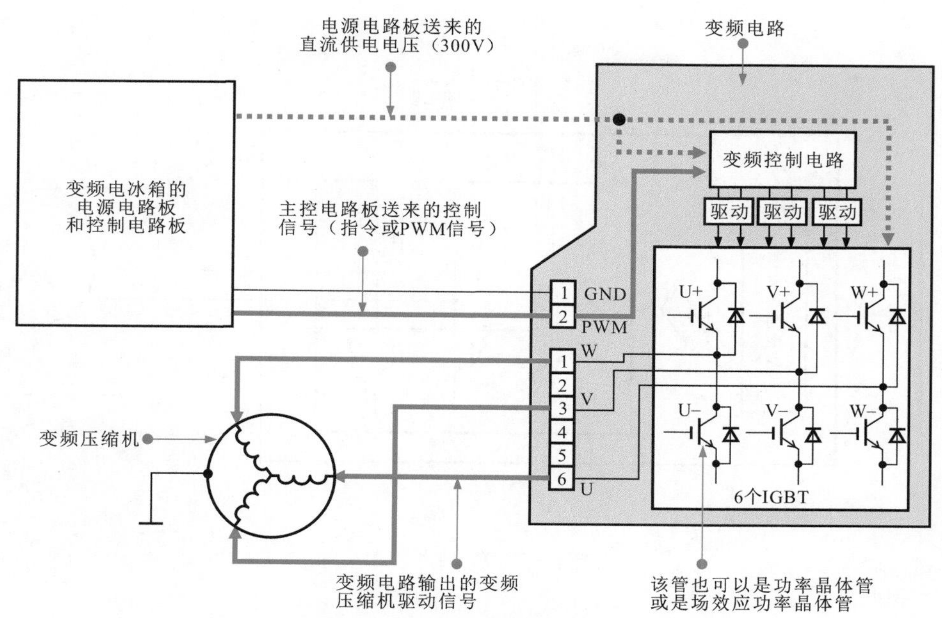
电源电路板送来的
直流供电电压（300V）
变频电路
变频电冰箱的
电源电路板
和控制电路板
主控电路板送来的控制
信号（指令或PWM信号）
变频控制电路
驱动
驱动
驱动
GND
PWM
W
V
U
U+
V+
W+
U−
V−
W−
6个IGBT
变频压缩机
变频电路输出的变频
压缩机驱动信号
该管也可以是功率晶体管
或是场效应功率晶体管

图 13-7 电冰箱变频电路的流程框图

提示

结构形式不同的变频电路，其电路信号处理过程基本相同，图 13-8 所示为三种不同结构形式变频电路的框图，从框图中可以看到电路内部器件的关系和信号流程。

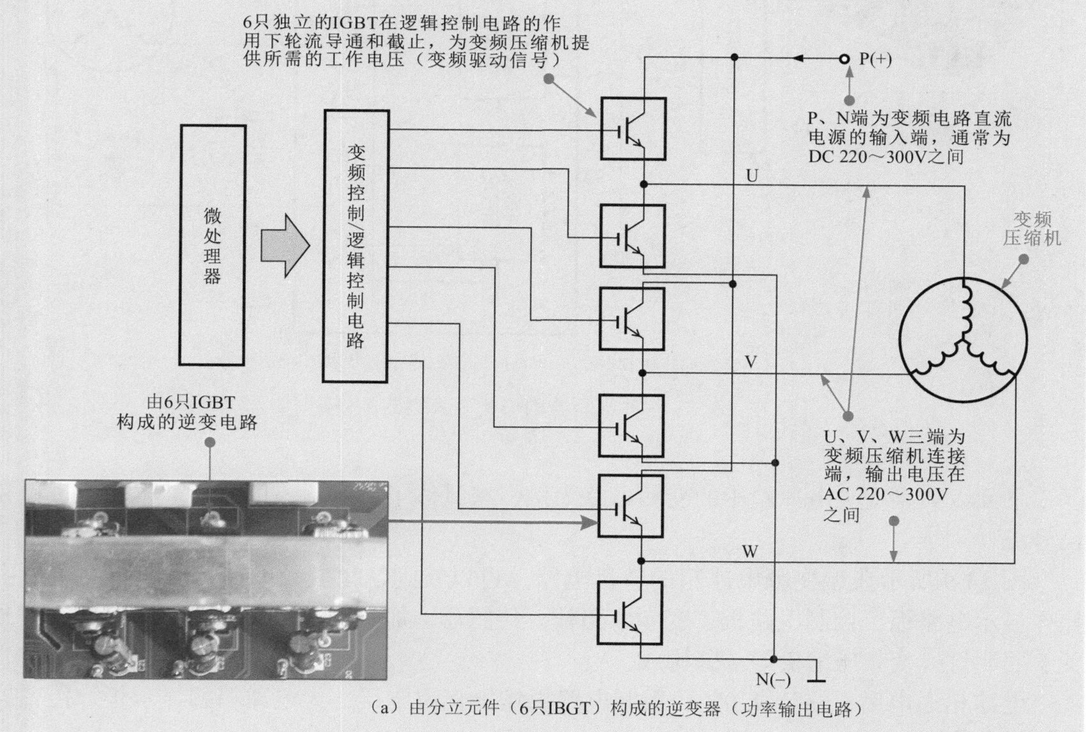
6只独立的IGBT在逻辑控制电路的作
用下轮流导通和截止，为变频压缩机提
供所需的工作电压（变频驱动信号）
P(+)
P、N端为变频电路直流
电源的输入端，通常为
DC 220～300V之间
微处理器
变频控制/逻辑控制电路
U
V
W
变频
压缩机
由6只IGBT
构成的逆变电路
U、V、W三端为
变频压缩机连接
端，输出电压在
AC 220～300V
之间
N(−)

（a）由分立元件（6只IBGT）构成的逆变器（功率输出电路）

图 13-8

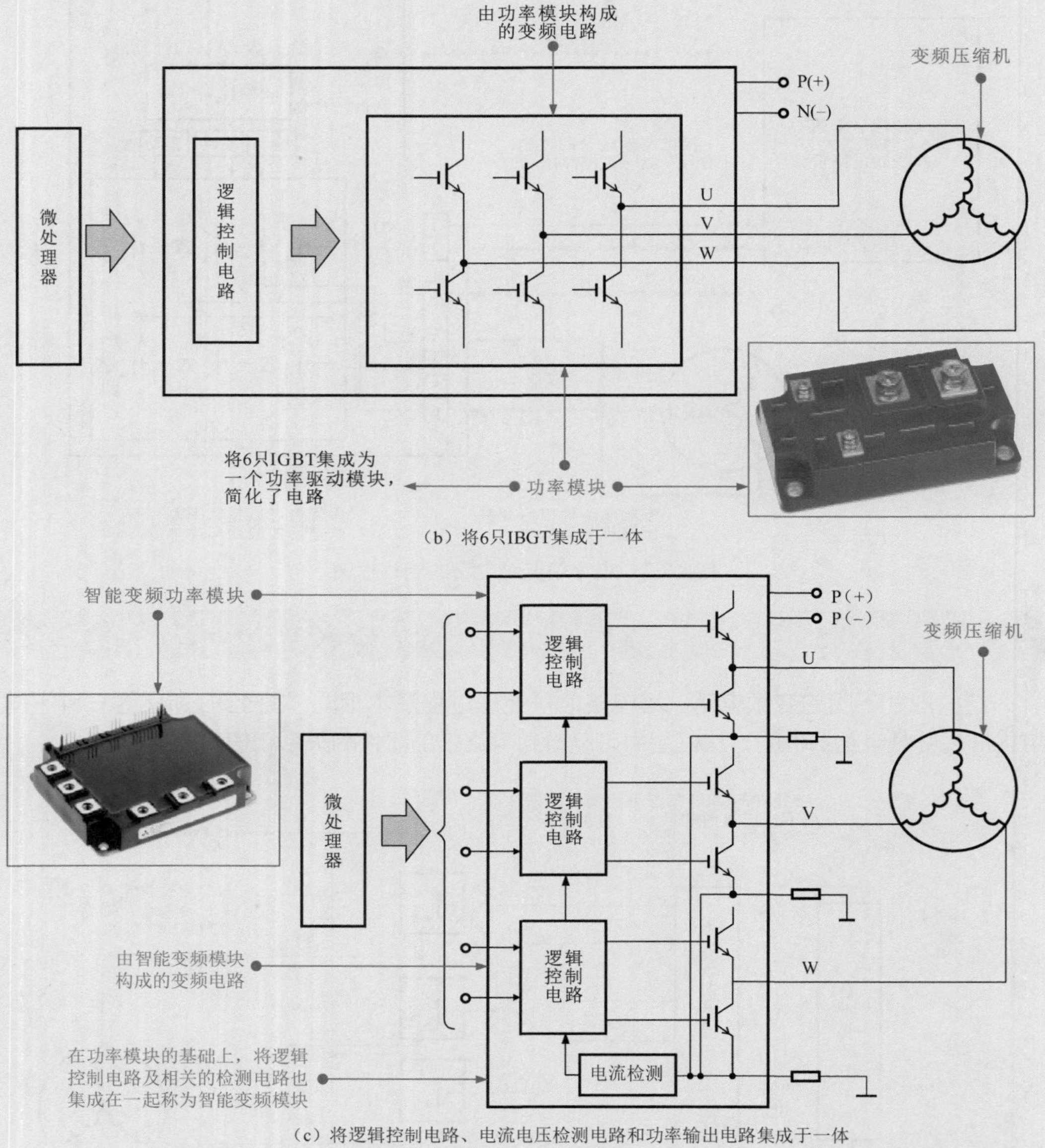

由功率模块构成的变频电路

变频压缩机

P(+)

N(−)

微处理器

逻辑控制电路

U

V

W

将6只IGBT集成为一个功率驱动模块，简化了电路

功率模块

（b）将6只IBGT集成于一体

智能变频功率模块

P（+）

P（−）

变频压缩机

逻辑控制电路

U

微处理器

逻辑控制电路

V

由智能变频模块构成的变频电路

逻辑控制电路

W

在功率模块的基础上，将逻辑控制电路及相关的检测电路也集成在一起称为智能变频模块

电流检测

（c）将逻辑控制电路、电流电压检测电路和功率输出电路集成于一体

图 13-8　三种不同结构形式变频电路的框图

下面以典型变频电冰箱中的变频电路为例，来具体了解一下该电路的基本工作过程和信号流程。

图 13-9 所示典型变频电冰箱的整机电路。可以看到，该变频电冰箱整机电路主要由操作显示电路板、控制电路板、变频电路板、传感器、加热器、风扇电机、电磁阀、门开关、照明灯、变频压缩机等部分构成。

电冰箱通电后，交流 220V 经控制电路板输出直流电压，为电冰箱的显示板、传感器等提供工作电压。

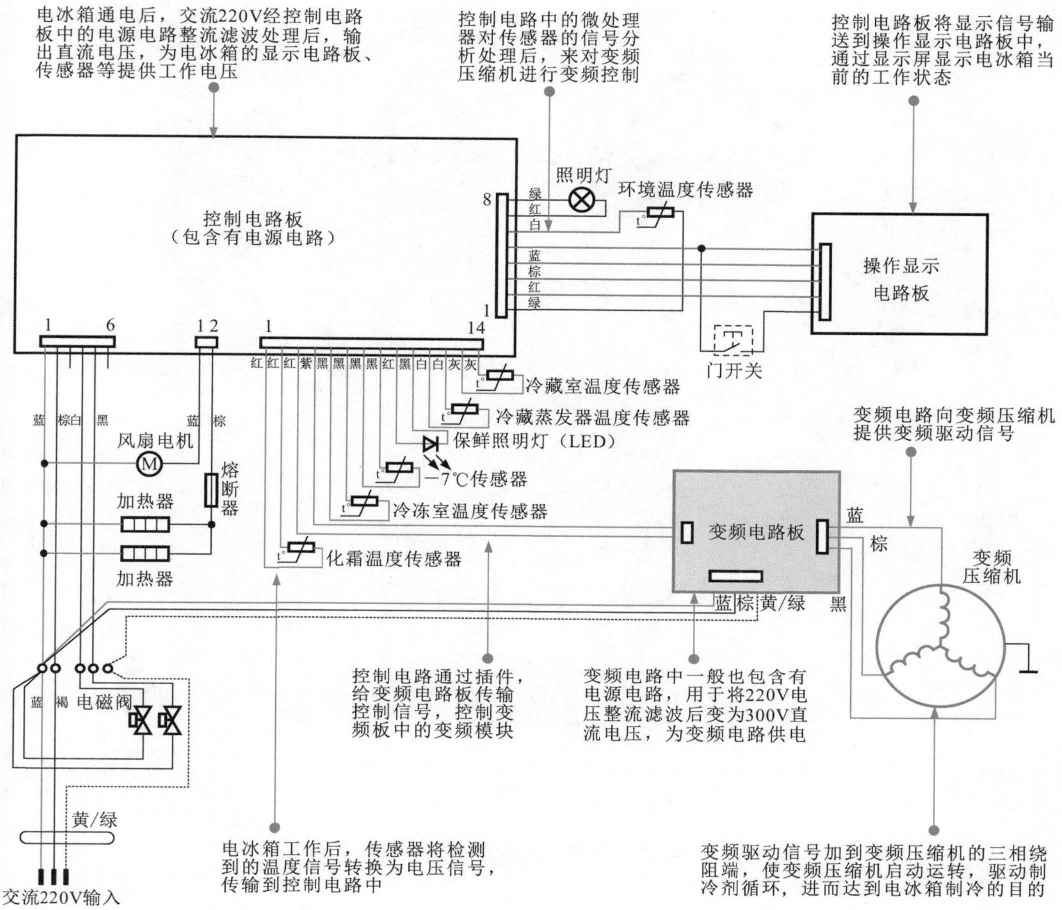

电冰箱通电后，交流220V经控制电路板中的电源电路整流滤波处理后，输出直流电压，为电冰箱的显示电路板、传感器等提供工作电压

控制电路中的微处理器对传感器的信号分析处理后，来对变频压缩机进行变频控制

控制电路板将显示信号输送到操作显示电路板中，通过显示屏显示电冰箱当前的工作状态

控制电路板（包含有电源电路）

照明灯

环境温度传感器

操作显示电路板

门开关

冷藏室温度传感器

冷藏蒸发器温度传感器

保鲜照明灯（LED）

−7℃传感器

冷冻室温度传感器

化霜温度传感器

风扇电机

熔断器

加热器

加热器

电磁阀

变频电路板

变频压缩机

变频电路向变频压缩机提供变频驱动信号

交流220V输入

控制电路通过插件，给变频电路板传输控制信号，控制变频板中的变频模块

变频电路中一般也包含有电源电路，用于将220V电压整流滤波后变为300V直流电压，为变频电路供电

电冰箱工作后，传感器将检测到的温度信号转换为电压信号，传输到控制电路中

变频驱动信号加到变频压缩机的三相绕阻端，使变频压缩机启动运转，驱动制冷剂循环，进而达到电冰箱制冷的目的

图 13-9 典型变频电冰箱整机电路

控制电路板控制变频电路板中的变频模块向变频压缩机提供变频驱动信号，使变频压缩机启动运转，进而达到电冰箱制冷的目的。

电冰箱工作后，显示屏显示电冰箱当前的工作状态，控制电路板对传感器送来的信号进行分析处理后，对变频压缩机进行变频控制。

提示

根据电冰箱变频电路的流程图，结合当前电冰箱的整机电路，先对电冰箱的整机电路流程进行分析，熟悉整机中变频电路与其他单元电路之间的关系。然后再对变频电路的信号流程进行分析，了解变频电路对变频压缩机的控制过程。最后再深入对变频电路中功率元件（IGBT）的工作特点进行分析，从而掌握整个变频电路的工作过程。

（1）变频电路部分的工作原理

图 13-10 所示为典型变频电冰箱变频电路部分的工作原理。

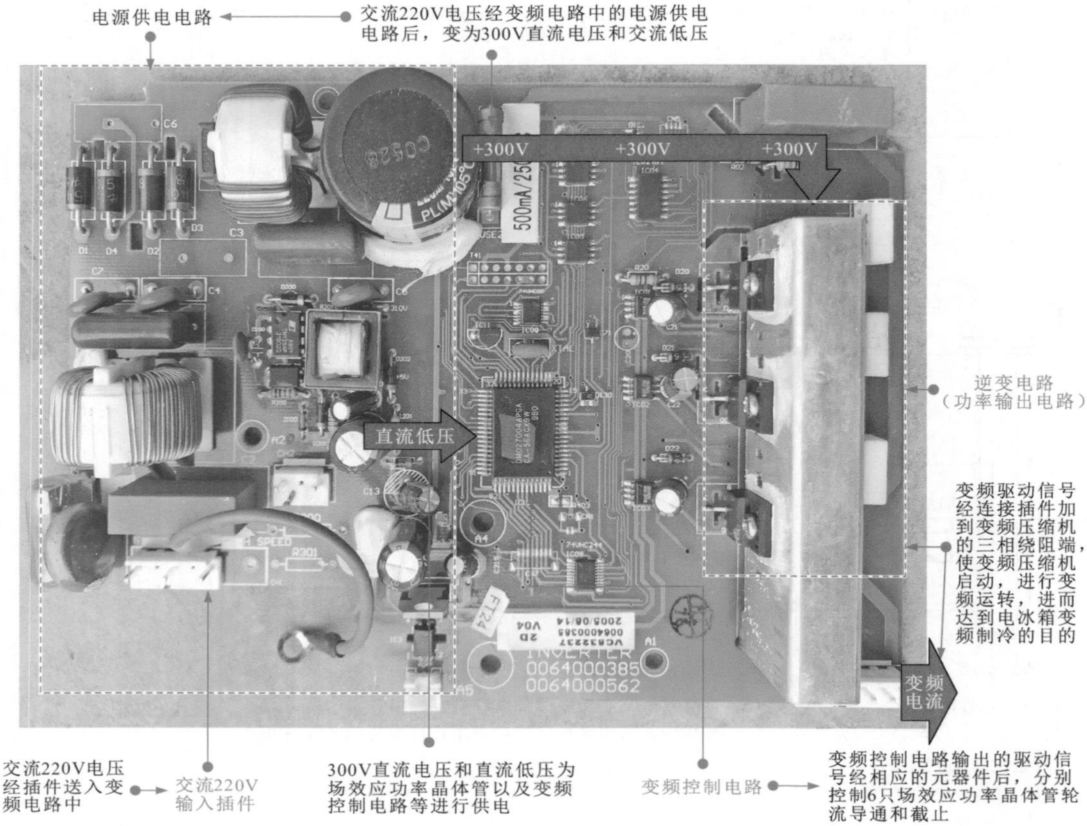

电源供电电路

交流220V电压经变频电路中的电源供电电路后，变为300V直流电压和交流低压

+300V　+300V　+300V

直流低压

逆变电路（功率输出电路）

变频驱动信号经连接插件加到变频压缩机的三相绕阻端，使变频压缩机启动，进行变频运转，进而达到电冰箱变频制冷的目的

变频电流

交流220V电压经插件送入变频电路中

交流220V输入插件

300V直流电压和直流低压为场效应功率晶体管以及变频控制电路等进行供电

变频控制电路

变频控制电路输出的驱动信号经相应的元器件后，分别控制6只场效应功率晶体管轮流导通和截止

图 13-10　典型变频电冰箱变频电路部分的工作原理

交流 220V 电压经变频电路中的电源供电电路后，变为约 300 V 直流电压和直流低压，为 IGBT 以及驱动集成电路等进行供电。驱动集成电路输出的驱动信号经相应的元器件后，分别控制 6 只 IGBT 轮流导通和截止，从而为变频压缩机提供变频驱动信号。

（2）变频电路中核心元件（IGBT）的工作原理

6 只 IGBT 是变频电路中的功率元件，通过 IGBT 的导通和截止来为变频压缩机提供所需的工作电压（变频驱动信号），图 13-11 所示为变频电路中 6 只 IGBT 的工作原理。

6 只 IGBT 每两只为一组，分别导通和截止。下面将控制电路中微处理器对 6 只 IGBT 的控制过程进行分析，具体了解一下每组 IGBT 导通周期的工作过程。

① U+ 和 V- 两只 IGBT 导通周期的工作过程　图 13-12 所示为 U+ 和 V- 两只 IGBT 导通周期的工作过程。在变频压缩机内的电动机旋转的 0° ～ 120° 周期，控制信号同时加到 IGBT U+ 和 V- 的控制极，使之导通，于是电源 +300V 经 U+ IGBT → U 线圈→ V 线圈→ V- IGBT →电源负端形成回路。

② V+ 和 W- 两只 IGBT 导通周期的工作过程　图 13-13 所示为 V+ 和 W- 两只 IGBT 导通周期的工作过程。在变频压缩机旋转的 120° ～ 240° 周期，主控电路输出的控制信号产生变化，使 IGBT V+ 和 IGBT W- 控制极为高电平而导通，于是电源 +300V 经 V+ IGBT → V 线圈→ W 线圈→ W-IGBT →电源负端形成回路。

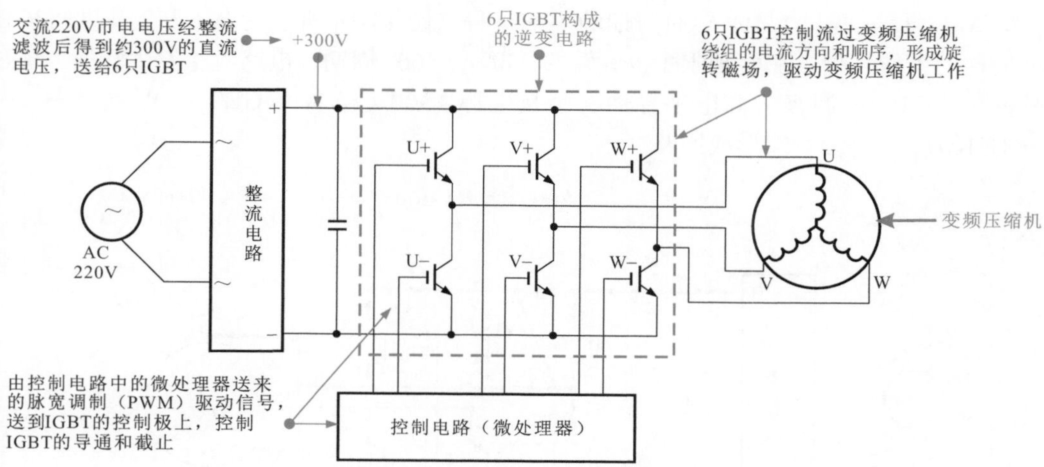
交流220V市电电压经整流滤波后得到约300V的直流电压，送给6只IGBT
+300V
6只IGBT构成的逆变电路
6只IGBT控制流过变频压缩机绕组的电流方向和顺序，形成旋转磁场，驱动变频压缩机工作
AC 220V
整流电路
U+
V+
W+
U−
V−
W−
U
V
W
变频压缩机
由控制电路中的微处理器送来的脉宽调制（PWM）驱动信号，送到IGBT的控制极上，控制IGBT的导通和截止
控制电路（微处理器）

图 13-11　变频电路核心元件的工作原理

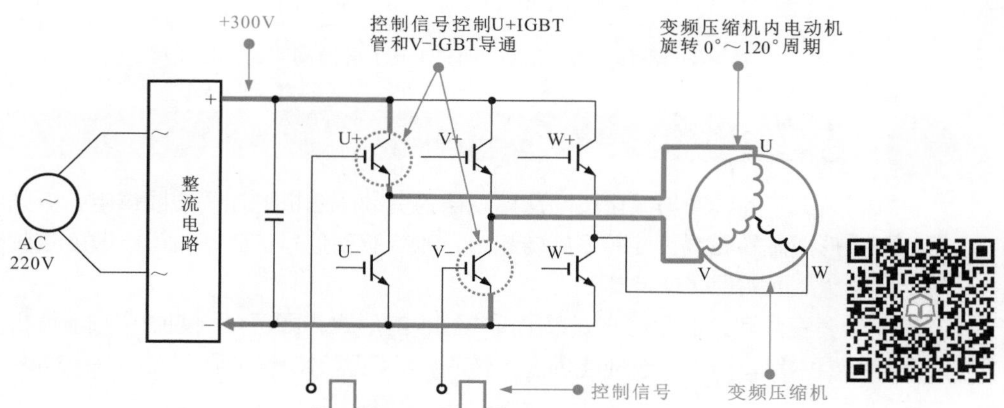
+300V
控制信号控制U+IGBT管和V−IGBT导通
变频压缩机内电动机旋转 0°～120° 周期
AC 220V
整流电路
U+
V+
W+
U−
V−
W−
U
V
W
控制信号
变频压缩机

图 13-12　U+ 和 V− 两只 IGBT 导通周期的工作过程

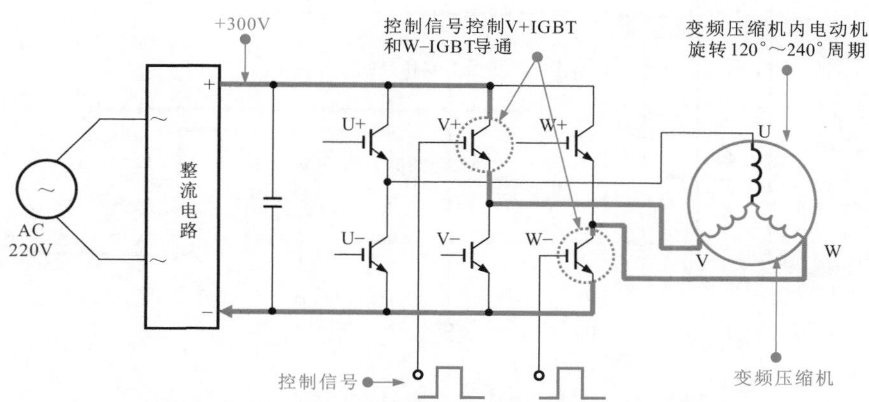
+300V
控制信号控制V+IGBT和W−IGBT导通
变频压缩机内电动机旋转 120°～240° 周期
AC 220V
整流电路
U+
V+
W+
U−
V−
W−
U
V
W
控制信号
变频压缩机

图 13-13　V+ 和 W− 两只 IGBT 导通周期的工作过程

③ W+ 和 U- 两只 IGBT 导通周期的工作过程　图 13-14 所示为 W+ 和 U- 两只 IGBT 导通周期的工作过程。在变频压缩机旋转的 240° ～ 360° 周期，电路再次发生转换，IGBT W+ 和 IGBT U- 控制极为高电平导通，于是电源 +300V 经 W+ IGBT → W 线圈→ U 线圈→ U-IGBT →电源负端形成回路。

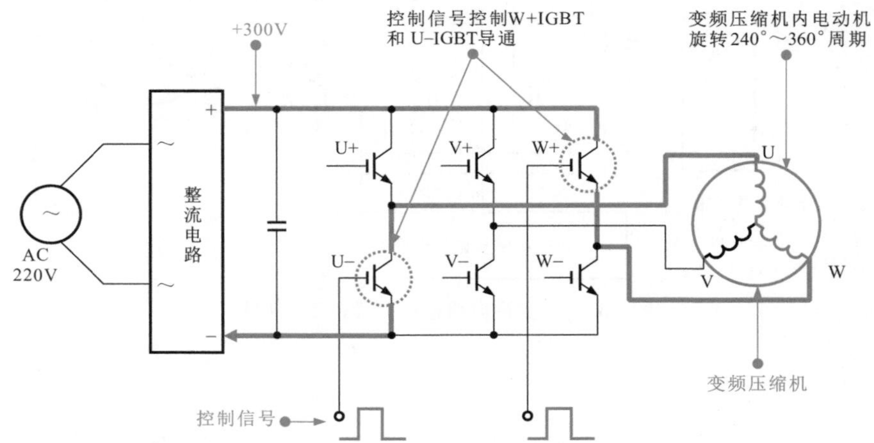
+300V
控制信号控制W+IGBT
和U-IGBT导通
变频压缩机内电动机
旋转240°～360°周期
U+
V+
W+
U-
V-
W-
U
V
W
整
流
电
路
AC
220V
变频压缩机
控制信号

图 13-14　W+ 和 U- 两只 IGBT 导通周期的工作过程

提示

6 只 IGBT 的导通与截止按照这种规律为变频压缩机的定子线圈供电，变频压缩机定子线圈会形成旋转磁场，使转子旋转起来，改变驱动信号的频率就可以改变变频压缩机的转动速度，从而实现转速控制。

有很多变频电路的驱动方式采用图 13-15 的形式，即每个周期中变频压缩机内电动机的三相绕组中都有电流，合成磁场是旋转的，此时驱动信号加到 U+、V+ 和 W-，其电流方向如图所示。

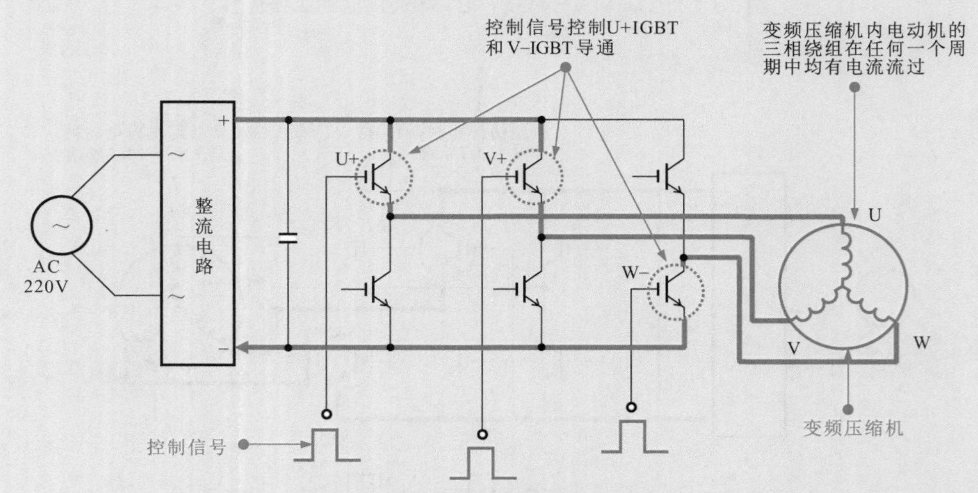
控制信号控制U+IGBT
和V-IGBT导通
变频压缩机内电动机的
三相绕组在任何一个周
期中均有电流流过
U+
V+
W-
U
V
W
整
流
电
路
AC
220V
变频压缩机
控制信号

图 13-15　三只 IGBT 导通周期的工作流程分析要诀

13.2 变频电路检修方法

13.2.1 变频电路检修分析

变频电路出现故障经常会引起电冰箱出现不制冷、制冷效果差等故障，对该电路进行检修时，可依据故障现象分析出产生故障的原因，并根据变频电路的信号流程对可能产生故障的部件逐一进行排查。图 13-16 所示为典型电冰箱变频电路的检修流程。

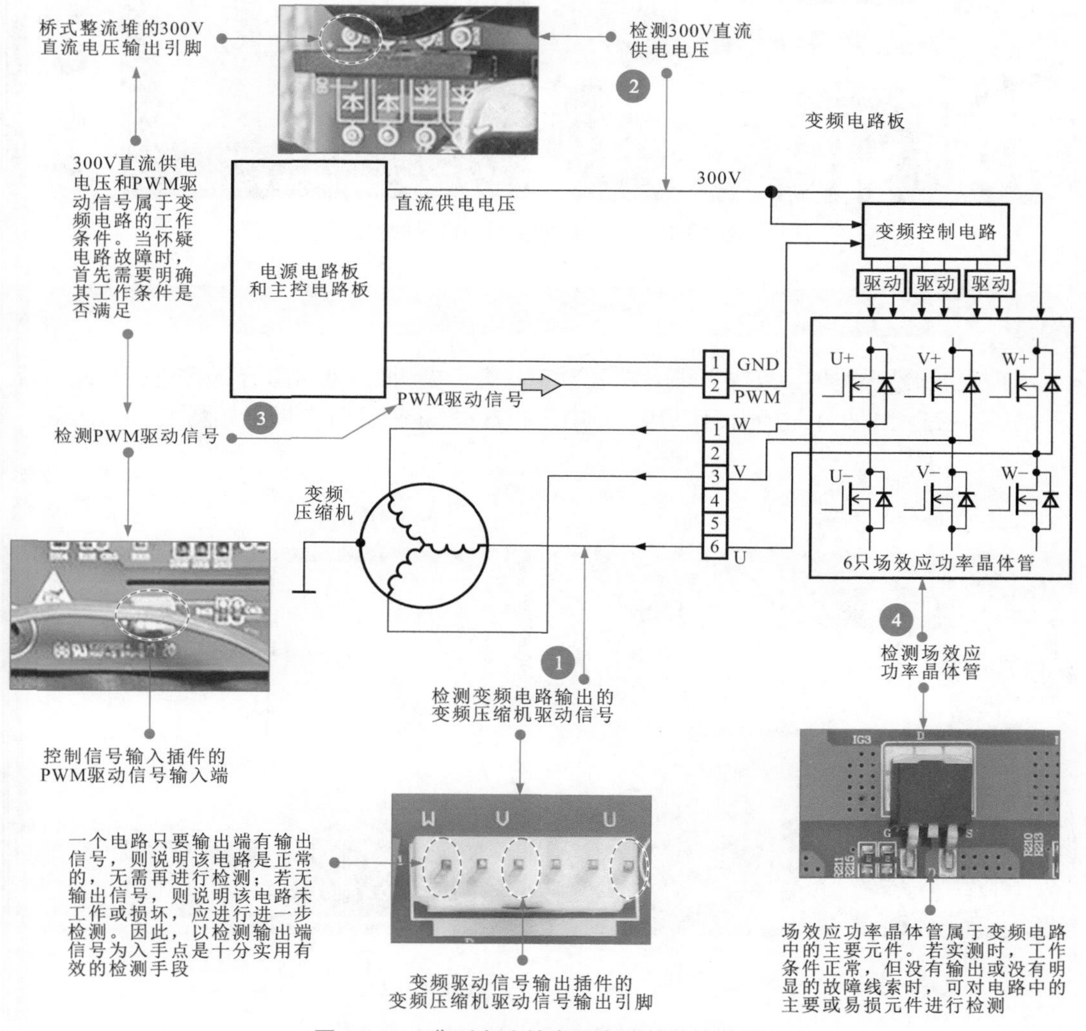
桥式整流堆的300V直流电压输出引脚
检测300V直流供电电压
2
变频电路板
300V直流供电电压和PWM驱动信号属于变频电路的工作条件。当怀疑电路故障时，首先需要明确其工作条件是否满足
300V
直流供电电压
变频控制电路
电源电路板和主控电路板
驱动
驱动
驱动
U+
V+
W+
1 GND
2 PWM
PWM驱动信号
3
检测PWM驱动信号
W
V
U
变频压缩机
U−
V−
W−
6只场效应功率晶体管
4
检测场效应功率晶体管
1
检测变频电路输出的变频压缩机驱动信号
控制信号输入插件的PWM驱动信号输入端
一个电路只要输出端有输出信号，则说明该电路是正常的，无需再进行检测；若无输出信号，则说明该电路未工作或损坏，应进行进一步检测。因此，以检测输出端信号为入手点是十分实用有效的检测手段
变频驱动信号输出插件的变频压缩机驱动信号输出引脚
场效应功率晶体管属于变频电路中的主要元件。若实测时，工作条件正常，但没有输出或没有明显的故障线索时，可对电路中的主要或易损元件进行检测
图 13-16　典型电冰箱变频电路的检修流程

13.2.2 变频压缩机驱动信号的检测

当怀疑电冰箱变频电路出现故障时，应首先对变频电路输出的变频压缩机驱动信号进行检测，若变频压缩机驱动信号正常，则说明变频电路正常；若变频压缩机驱动信号不正

常，则需对电源电路板和主控电路板送来的供电电压和 PWM 驱动信号进行检测。

图 13-17 所示为变频压缩机驱动信号的检测方法。

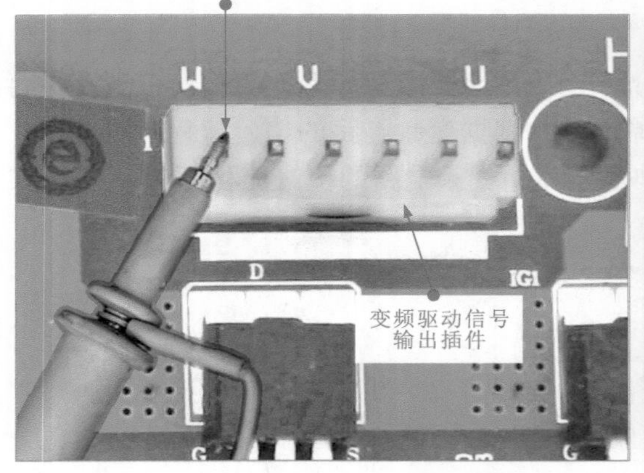

2 将示波器探头分别靠近变频电路的驱动信号输出端（U、V、W端）
启动电冰箱，将示波器的接地夹接地 1
W V U
变频驱动信号输出插件

3 可检测到变频压缩机的驱动信号波形
HITACHI OSCILLOSCOPE V-423 40MHz

图 13-17　变频压缩机驱动信号的检测

提示

在上述检测过程中，对变频压缩机驱动信号进行检测时，使用了示波器进行测试，若不具备该检测条件时，也可以用万用表测电压的方法进行检测和判断，如图 13-18 所示。

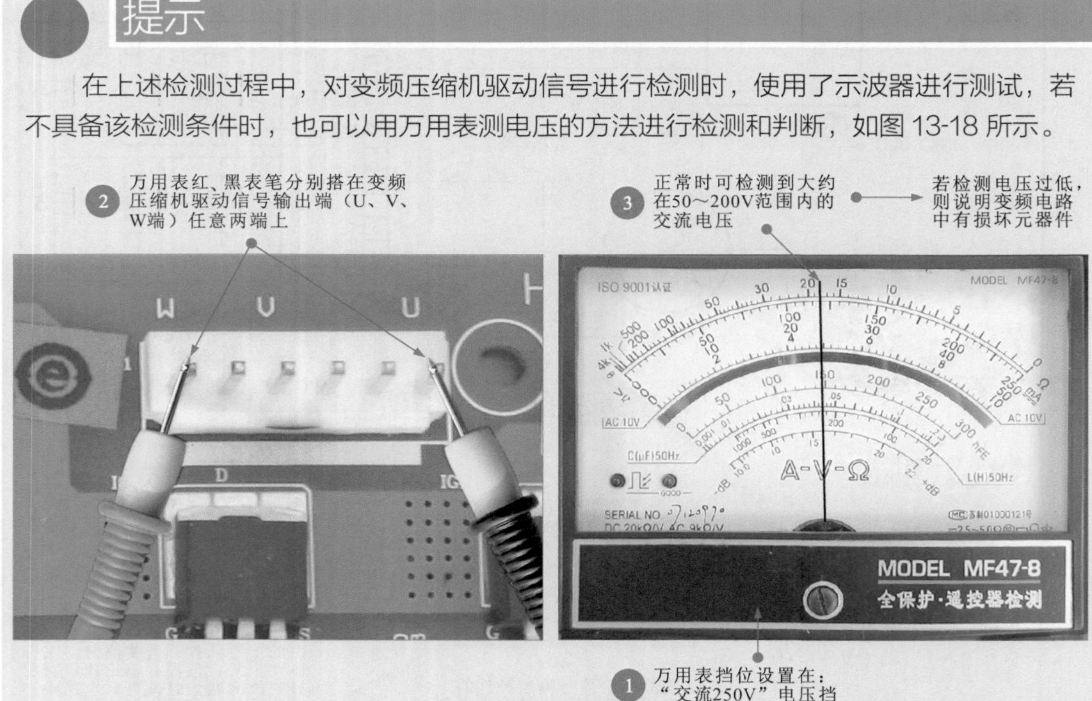

2 万用表红、黑表笔分别搭在变频压缩机驱动信号输出端（U、V、W端）任意两端上
3 正常时可检测到大约在50～200V范围内的交流电压
若检测电压过低，则说明变频电路中有损坏元器件
MODEL MF47-8
全保护·遥控器检测
1 万用表挡位设置在："交流250V"电压挡

图 13-18　检测变频电路输出的变频压缩机驱动电压

13.2.3　变频电路 300 V 直流供电电压的检测

变频电路的工作条件有两种，即供电电压和 PWM 驱动信号，若变频电路无变频压缩机驱动信号输出，在判断是否为变频电路的故障时，应首先对这两个工作条件进行检测。

检测时应先对变频电路的300V直流供电电压进行检测，若300V直流供电电压正常，则说明电源供电电路正常，若供电电压不正常，则需继续对另一个工作条件PWM驱动信号进行检测。

图13-19所示为变频电路300V直流供电电压的检测方法。

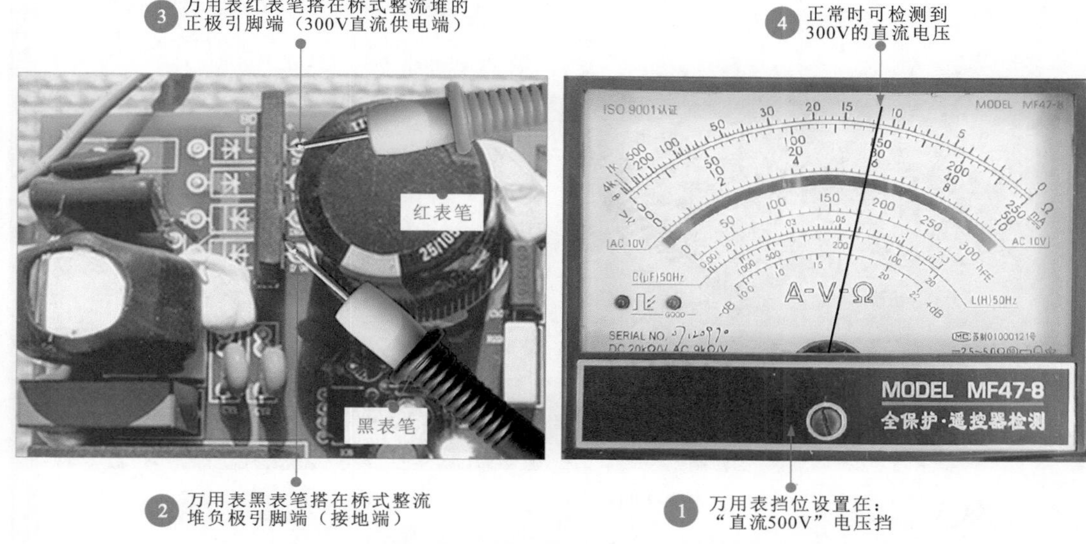
③ 万用表红表笔搭在桥式整流堆的正极引脚端（300V直流供电端）
④ 正常时可检测到300V的直流电压
红表笔
黑表笔
MODEL MF47-8
全保护·遥控器检测
② 万用表黑表笔搭在桥式整流堆负极引脚端（接地端）
① 万用表挡位设置在："直流500V"电压挡

图13-19 变频电路300 V直流供电电压的检测方法

13.2.4 变频电路PWM驱动信号的检测

若经检测变频电路的供电电压正常，接下来需对主控电路板送来的PWM驱动信号进行检测，若PWM驱动信号也正常，则说明变频电路中存在故障元器件，若PWM驱动信号不正常，则需对主控电路板进行检测。

图13-20所示为变频电路PWM驱动信号的检测方法。

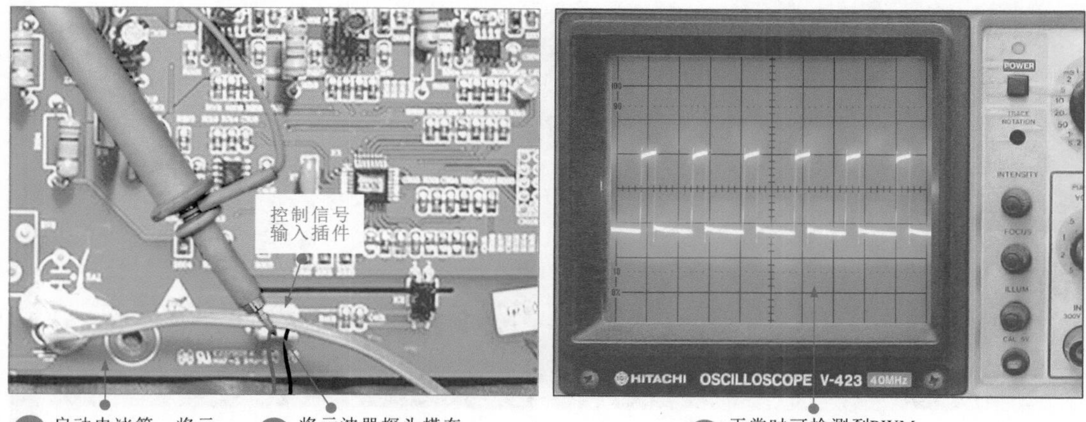
控制信号输入插件
HITACHI OSCILLOSCOPE V-423 40MHz
① 启动电冰箱，将示波器的接地夹接地
② 将示波器探头搭在PWM信号输入端
③ 正常时可检测到PWM驱动信号波形

图13-20 变频电路PWM驱动信号的检测方法

提示

在上述检测过程中，对变频压缩机 PWM 驱动信号进行检测时，使用了示波器进行测试，若不具备该检测条件时，也可以用万用表测电压的方法进行检测和判断，如图 13-21 所示。

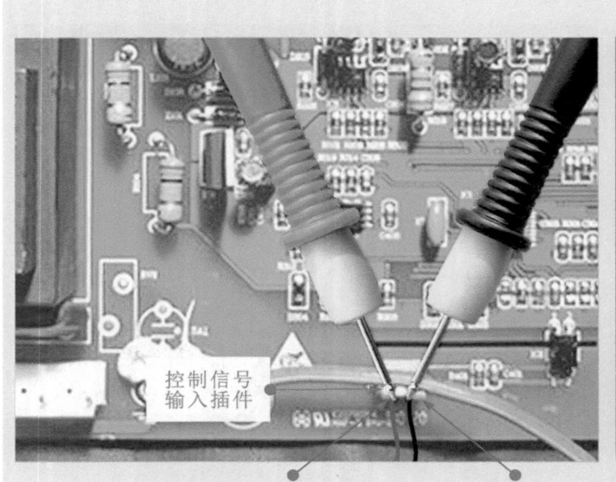
控制信号
输入插件
③ 万用表红表笔搭在PWM
驱动信号输入端上
② 万用表黑表笔
搭在接地端

④ 正常时可检测到2.5V左右的直流
电压（脉冲信号的平均电压）
MODEL MF47-8
全保护·遥控器检测
① 万用表挡位设置在：
“直流10V”电压挡

图 13-21　使用万用表检测变频电路输入的 PWM 驱动信号

13.2.5　场效应功率晶体管的检测

场效应功率晶体管是变频电路中的关键元件，也是比较容易损坏的元件之一，若变频电路出现故障，则应重点对场效应功率晶体管进行检测。

图 13-22 所示为场效应功率晶体管的检测方法。

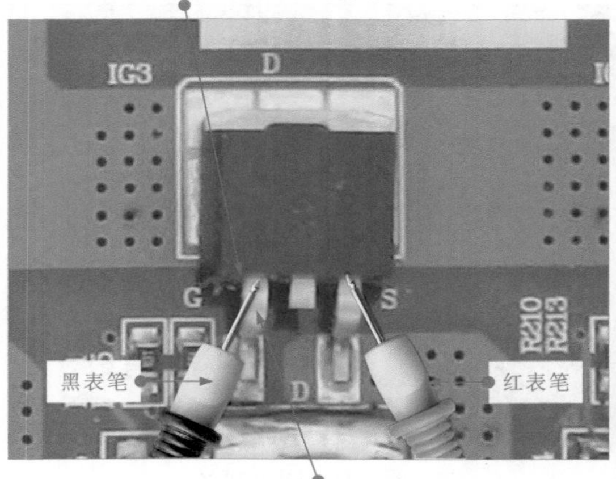
② 万用表的红、黑表笔分别搭在场效应
晶体管栅极（G）与源极（S）、栅极
（G）与漏极（D）引脚端
D
G
S
黑表笔
红表笔
MOSFET 场效应晶体管的栅极绝缘层
很薄弱，容易被击穿而损坏，检测时
应注意防止人体静电损坏管子

③ 正常时G-S、G-D极之间的
正反向阻值均为无穷大
MODEL MF47-8
全保护·遥控器检测
① 万用表挡位设置在：
“×10”欧姆挡

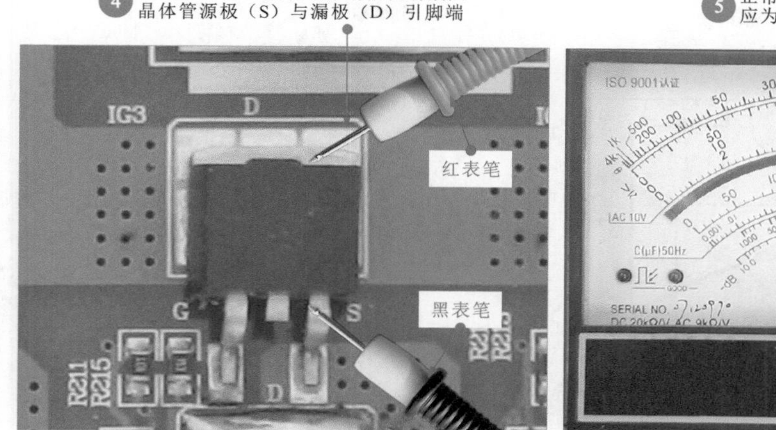

4 万用表的红、黑表笔分别搭在场效应晶体管源极（S）与漏极（D）引脚端
IG3
D
G
S
红表笔
黑表笔

5 正常时S-D极之间的阻值应为几百欧姆至几千欧姆
MODEL MF47-8
全保护·遥控器检测
A-V-Ω

图 13-22　场效应功率晶体管的检测方法

13.2.6　变频模块的检测

随着变频电冰箱型号的不同，其变频电路结构也稍有差异，有些变频电路中使用变频模块来代替 6 只 IGBT，其集成度较高，结构比较紧密，多应用在一些新型的变频电冰箱中，下面以 FSBS15CH60 型变频模块为例，介绍变频模块的检测方法。

确定变频模块是否损坏时，可先对变频模块输出的变频压缩机驱动信号波形进行检测，若输出的变频压缩机驱动信号正常，说明变频电路正常；若变频模块无驱动信号输出，则需对变频模块的两个工作条件，即供电电压和 PWM 驱动信号波形进行检测，若工作条件正常，而变频模块无变频压缩机驱动信号波形输出，则说明变频模块损坏。

图 13-23 所示为 FSBS15CH60 型变频模块输出变频压缩机驱动信号的检测方法。

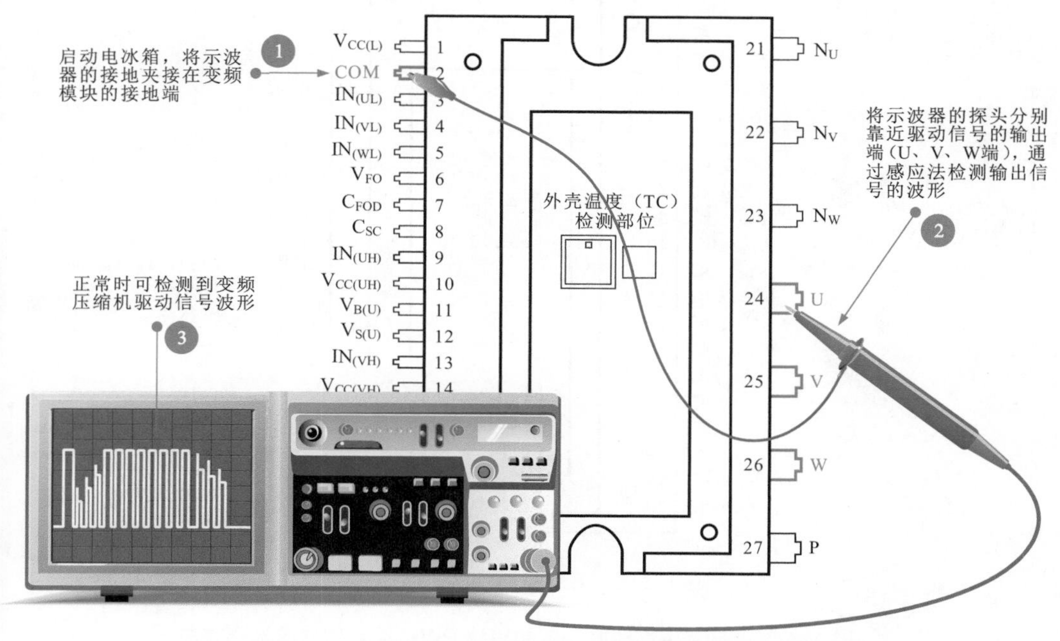

1 启动电冰箱，将示波器的接地夹接在变频模块的接地端
2 将示波器的探头分别靠近驱动信号的输出端（U、V、W端），通过感应法检测输出信号的波形
3 正常时可检测到变频压缩机驱动信号波形
外壳温度（TC）检测部位
VCC(L) 1
COM 2
IN(UL) 3
IN(VL) 4
IN(WL) 5
VFO 6
CFOD 7
CSC 8
IN(UH) 9
VCC(UH) 10
VB(U) 11
VS(U) 12
IN(VH) 13
VCC(VH) 14
21 NU
22 NV
23 NW
24 U
25 V
26 W
27 P

图 13-23　FSBS15CH60 型变频模块输出变频压缩机驱动信号的检测方法

图 13-24 所示为 FSBS15CH60 型变频模块供电电压的检测方法。

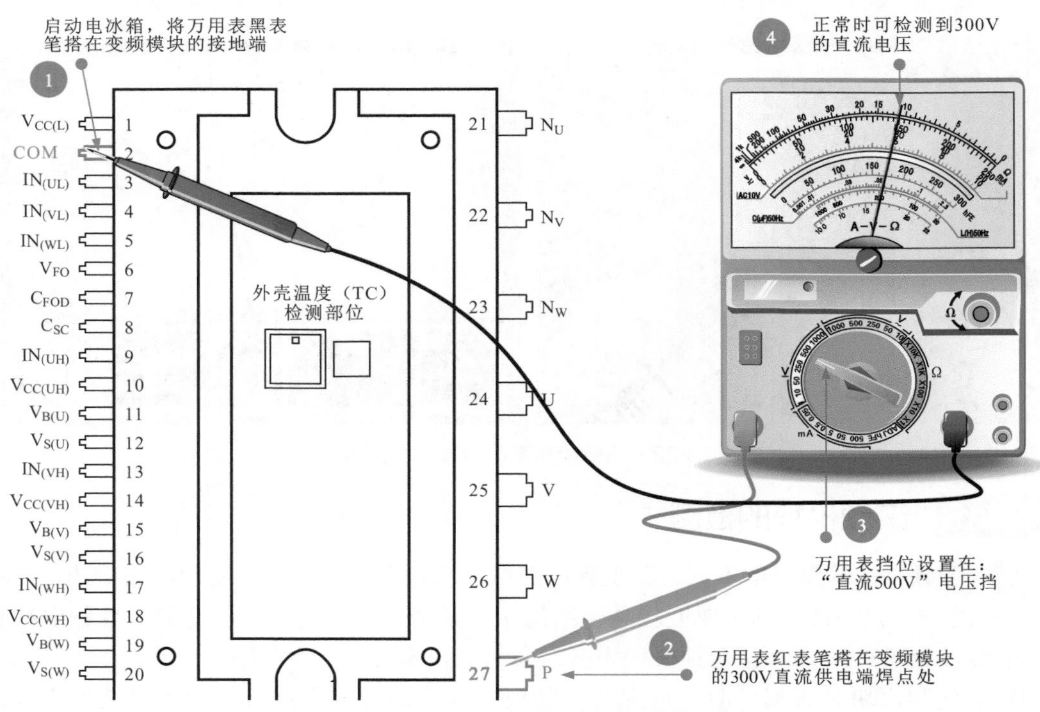

启动电冰箱，将万用表黑表笔搭在变频模块的接地端
正常时可检测到300V的直流电压
外壳温度（TC）检测部位
万用表挡位设置在："直流500V"电压挡
万用表红表笔搭在变频模块的300V直流供电端焊点处

图 13-24　FSBS15CH60 型变频模块供电电压的检测方法

图 13-25 所示为 FSBS15CH60 型变频模块 PWM 驱动信号的检测方法。

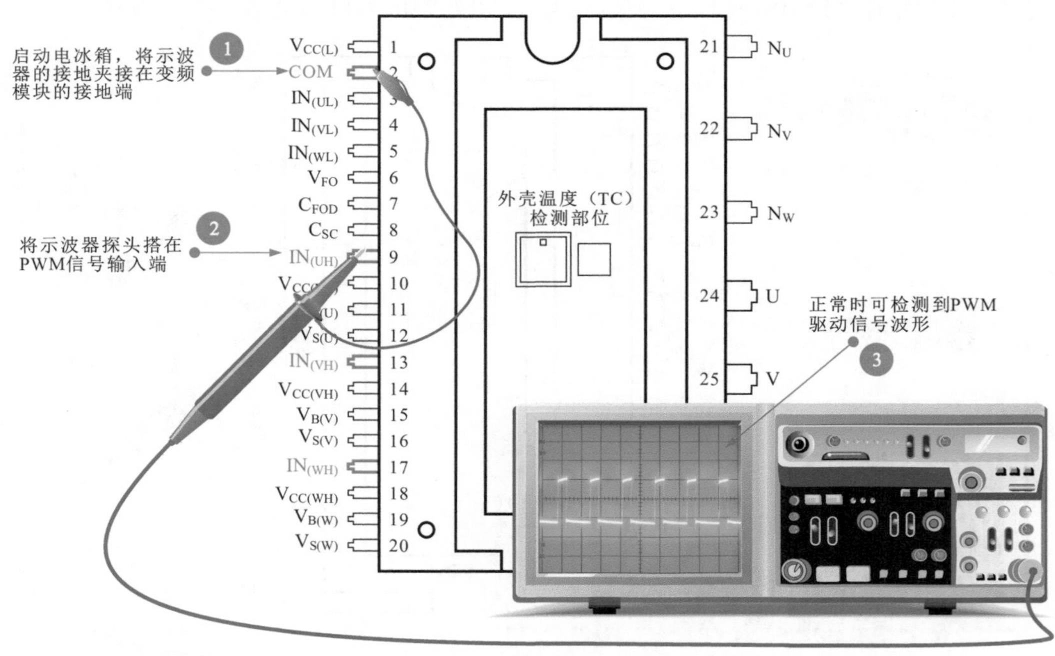

启动电冰箱，将示波器的接地夹接在变频模块的接地端
将示波器探头搭在PWM信号输入端
外壳温度（TC）检测部位
正常时可检测到PWM驱动信号波形

图 13-25　FSBS15CH60 型变频模块 PWM 驱动信号的检测方法

提示

图 13-26 所示为 FSBS15CH60 型变频模块，该模块有 27 个引脚，参数为 15A/600V，其引脚功能见表 13-1。

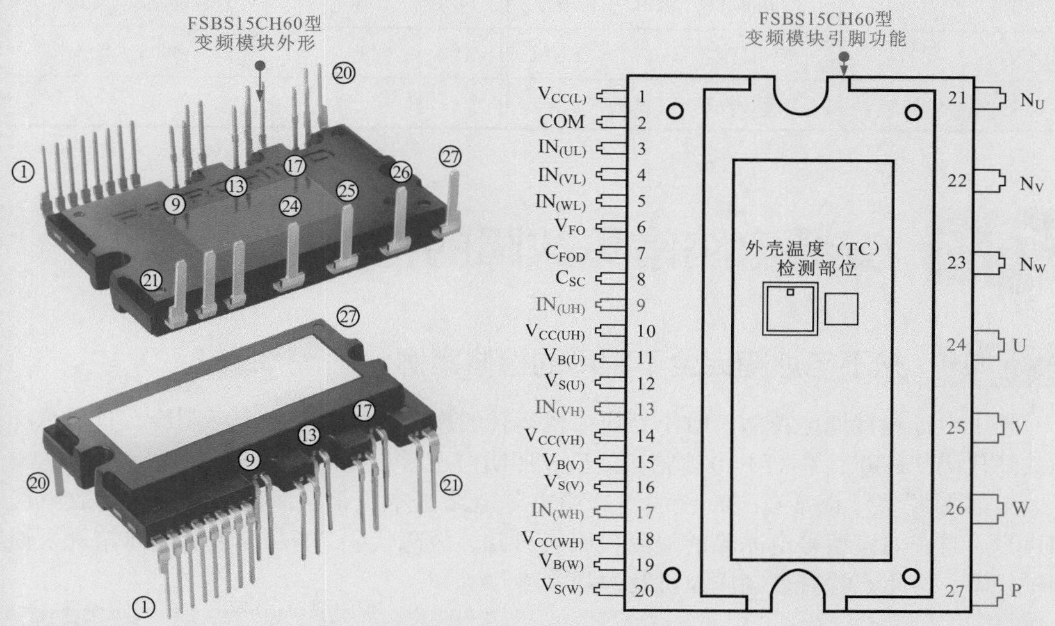
FSBS15CH60型
变频模块外形
FSBS15CH60型
变频模块引脚功能
外壳温度（TC）
检测部位
$V_{CC(L)}$ 1
COM 2
$IN_{(UL)}$ 3
$IN_{(VL)}$ 4
$IN_{(WL)}$ 5
V_{FO} 6
C_{FOD} 7
C_{SC} 8
$IN_{(UH)}$ 9
$V_{CC(UH)}$ 10
$V_{B(U)}$ 11
$V_{S(U)}$ 12
$IN_{(VH)}$ 13
$V_{CC(VH)}$ 14
$V_{B(V)}$ 15
$V_{S(V)}$ 16
$IN_{(WH)}$ 17
$V_{CC(WH)}$ 18
$V_{B(W)}$ 19
$V_{S(W)}$ 20
21 N_U
22 N_V
23 N_W
24 U
25 V
26 W
27 P

图 13-26　FSBS15CH60 型变频模块

表 13-1　FSBS15CH60 型变频模块引脚功能

引脚	字母代号	功能说明	引脚	字母代号	功能说明
①	$V_{CC(L)}$	低侧（IGBT）晶体管驱动电路（IC）供电端（偏压）	⑪	$VB_{(U)}$	高端偏压供电（U 相 IGBT 管驱动）
②	COM	接地端	⑫	$VS_{(U)}$	接地端
③	$IN_{(UL)}$	信号接入端（低侧 U 相）	⑬	$IN_{(VH)}$	信号输入（高端 V 相）
④	$IN_{(VL)}$	信号接入端（低侧 V 相）	⑭	$V_{CC(VH)}$	高端偏压供电（V 相驱动 IC）
⑤	$IN_{(WL)}$	信号接入端（低侧 W 相）	⑮	$V_{B(V)}$	高端偏压供电（V 相 IGBT 管驱动）
⑥	V_{FO}	故障输出	⑯	$V_{S(V)}$	接地端
⑦	C_{FOD}	故障输出电容（饱和时间选择）	⑰	$IN_{(WH)}$	信号输入（高端 W 相）
⑧	C_{SC}	滤波电容端（短路检测输入）	⑱	$V_{CC(WH)}$	高端偏压供电（W 相驱动 IC）
⑨	$IN_{(UH)}$	高端信号输入（U 相）	⑲	$V_{B(W)}$	高端偏压供电（W 相 IGBT 管驱动）
⑩	$V_{CC(UH)}$	高端偏压供电（U 相驱动 IC）	⑳	$V_{S(W)}$	接地端

续表

引脚	字母代号	功能说明	引脚	字母代号	功能说明
㉑	N_U	U 相晶体管（IGBT）发射极	㉕	V	V 相驱动输出（电机）
㉒	N_V	V 相晶体管（IGBT）发射极	㉖	W	W 相驱动输出（电机）
㉓	N_W	W 相晶体管（IGBT）发射极	㉗	P	电源（+300V）输入端
㉔	U	U 相驱动输出（电机）		—	—

13.3 变频电路常见故障的检修案例

13.3.1 松下电冰箱完全不制冷的检修案例

松下电冰箱接通电源后，听不到压缩机运转的声音，电冰箱完全不制冷，且显示屏显示故障代码“H40”，但打开电冰箱箱门后，照明灯正常点亮。

电冰箱照明灯正常点亮，说明电冰箱电源电路基本正常，而显示屏上显示故障代码“H40”，经查询该型号电冰箱的故障代码表可知，故障代码“H40”表示电冰箱进入锁定保护状态，应重点检查变频压缩机及控制电路。

提示

在一些新型的电冰箱中都带有操作显示面板，用来显示电冰箱工作状态以及故障信息。操作显示面板上显示的信息均表示电冰箱的不同工作状态或提示电冰箱工作异常等情况，因此当电冰箱出现故障时通过操作显示面板上显示的故障代码，查阅相关资料，确定故障代码的含义，是判断电冰箱故障部位最快捷、最有效的方法。图 13-27 所示为松下 NR-F461AH/AX 变频电冰箱的操作显示面板，其操作显示面板显示的不同故障代码所表示故障含义见表 13-2。

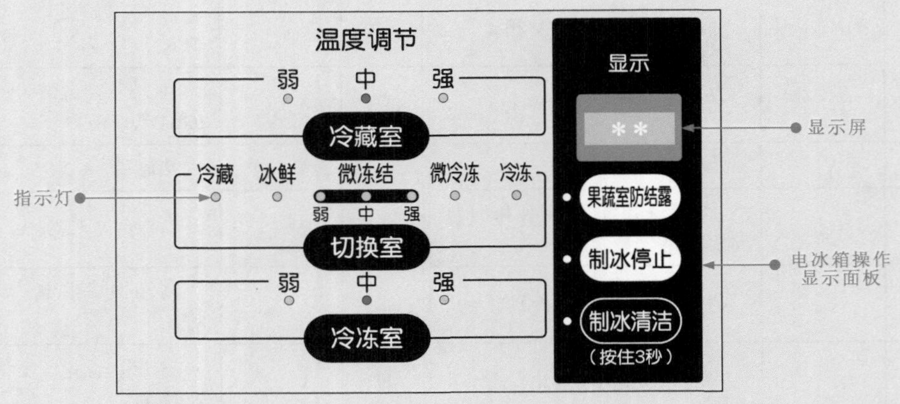
温度调节
弱
中
强
冷藏室
冷藏
冰鲜
微冻结
微冷冻
冷冻
弱
中
强
切换室
弱
中
强
冷冻室
指示灯
显示
* *
显示屏
果蔬室防结露
制冰停止
制冰清洁
（按住3秒）
电冰箱操作
显示面板

图 13-27 松下 NR-F461AH/AX 变频电冰箱的操作显示面板

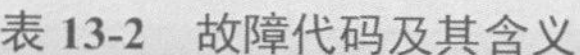

表 13-2 故障代码及其含义

显示符号	表现和状态	检查内容	显示时的条件
U10	门开启警告	1. 门的半开启 2. 拉门上下方向错位 3. 门开关（冷冻室 / 冷藏室） 4. 控制电路板	门开关接点为持续 1min 以上的关闭状态时
H01	冷冻室传感器电路异常	1. 冷冻室传感器 2. 控制电路板	断路或短路
H02	冷藏室传感器电路异常	1. 冷藏室传感器 2. 控制电路板	断路或短路
H04	制冰传感器电路异常	1. 制冷传感器 2. 控制电路板	断路或短路
H05	冷冻室除霜传感器电路异常	1. 冷冻室除霜传感器 2. 控制电路板 3. 冷冻室除霜传感器电路温度传感器（熔断）	断路或短路 断路时，除霜时间会延长，并熔断温度传感器
H07	外部气温传感器电路异常	1. 外部气温传感器（蜂鸣器 ATC 基板内） 2. 外部气温传感器电路 3. 控制电路板	断路或短路
H21	制冰机异常（保护控制中）	1. 制冰机旋转部 2. 制冰机 3. 控制电路板	向出冰电动机连续通电约 1min，并反复进行规定次数的上述运行
H27	冷藏室用风扇电动机断路 / 锁定	1. 冷藏室用风扇电动机 2. 控制电路板	断路或锁定
H28	机械室用风扇电动机断路 / 锁定	1. 异物的接触 2. 机械室风扇电动机 3. 控制电路板	断路或锁定 如果在显示“H28”的过程中，外部气温达到 40 ℃以上时，强制停止压缩机
H29	冷冻室用风扇电动机断路 / 锁定	1. 冰等的接触 2. 冷冻室用风扇电动机 3. 控制电路板	断路或锁定
H31	冷冻室除霜加热器电路异常	1. 冷冻室除霜加热器 2. 温度传感器 3. 控制电路板	除霜传感器未达到规定温度以上时
H35	冷却系统异常（切换阀 / 高压侧漏线 / 压缩机不良）	1. 切换阀 2. 高压侧漏电 3. 压缩机不良	尽管压缩机正在运行，但是冷冻室传感器、冷冻室除霜传感器的各温度未达到 0 ℃以下的状态持续一定次数时

续表

显示符号	表现和状态	检查内容	显示时的条件
H36	冷却系统异常（低压侧漏电）	1. 切换阀 2. 低压侧漏电	在规定时间以内持续显示“H40”和“H36”时
H38	冷冻室用风扇电动机转数异常	控制电路板	运行信号电路断路时，风扇电动机以最高转速运行，因此性能上不会发生异常现象
H39	除臭用风扇电动机断路 / 锁定	1. 异物的接触 2. 除臭用风扇电动机 3. 控制电路板	断路或锁定
H40	压缩机不运转 冷冻、冷藏均不冷却	1. 控制电路板 2. 压缩机不良	锁定
H50	通信异常	1. 控制电路板 2. 操作显示基板 3. 控制电路板～操作显示基板	在控制电路板 IC1 和 IC201 之间的通信中，IC1 无法进行一定时间的接收时
H51	控制电路板异常（EEPROM）	控制电路板	无法进行控制电路板通电时间的累计记录
H52	控制电路板异常	控制电路板	全电压控制时，超过规定电压的情况；倍电压控制时，低于规定电压的情况

根据以上检修分析，应先对变频压缩机进行检测，经检测变频压缩机各绕组阻值均为 9.27Ω，说明压缩机正常。此时应对变频电路输出的变频压缩机驱动信号进行检测，以判断变频电路、控制电路是否正常。

图 13-28 所示为变频压缩机驱动信号的检测。

经检测变频压缩机连接插件 CON303 处没有驱动信号输出，由此可确定控制电路板中的变频电路未工作或损坏。接下来，继续对变频电路的工作条件，即控制电路送来的 PWM 驱动信号进行检测，以判断变频电路故障还是控制电路故障。经检测由控制电路送来的 PWM 驱动信号也正常，此时将故障点锁定在了变频电路上，继续对变频电路中的易损元件进行检测，经检测变频电路中的逆变电路（功率模块）损坏，更换损坏的逆变电路（功率模块）后，接通电冰箱电源，压缩机正常启动，箱内温度逐渐降低，故障排除。

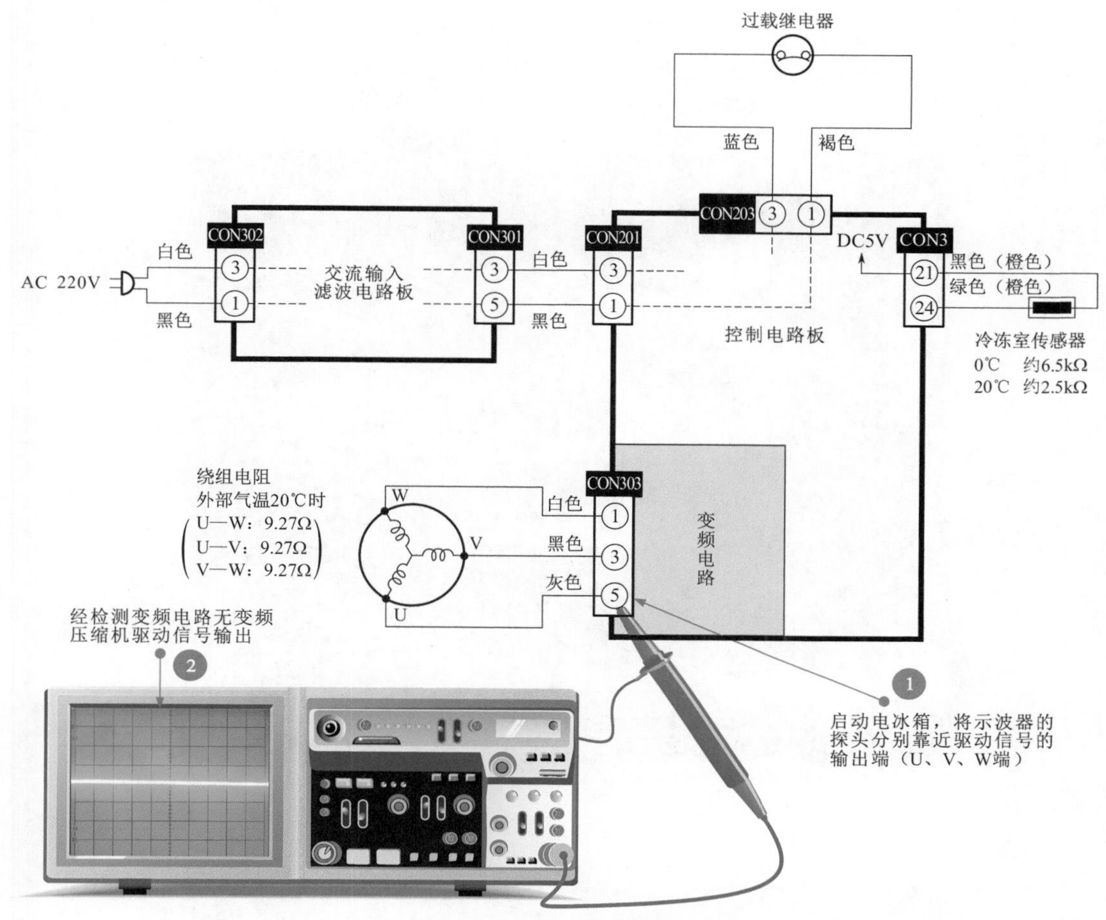
过载继电器
蓝色
褐色
CON203
DC5V
CON3
CON302
CON301
CON201
白色
AC 220V
交流输入
滤波电路板
黑色
黑色（橙色）
绿色（橙色）
控制电路板
冷冻室传感器
0℃　约6.5kΩ
20℃　约2.5kΩ
绕组电阻
外部气温20℃时
U—W：9.27Ω
U—V：9.27Ω
V—W：9.27Ω
CON303
变频电路
灰色
经检测变频电路无变频压缩机驱动信号输出
启动电冰箱，将示波器的探头分别靠近驱动信号的输出端（U、V、W端）

图 13-28　变频压缩机驱动信号的检测

13.3.2　松下电冰箱压缩机不启动的检修案例

松下电冰箱通电后风扇旋转，显示板显示，按键有声音，但压缩机不启动。

电冰箱风扇旋转，显示板显示，按键有声音，说明电冰箱电源电路、控制电路基本正常，由于该电冰箱为变频电冰箱，压缩机出现不启动的故障，怀疑变频电路部分或压缩机本身出现故障。图 13-29 所示为待测松下电冰箱的变频电路板。

检修过程：根据以上检修分析，先从简单的故障入手，即对变频电路与压缩机的连接线路、与控制电路板的连接数据线、与交流输入线路连接线进行检查，经检查其连接情况及连接线路均正常，此时再对变频电路输出的变频压缩机驱动信号进行检测，以判断变频电路故障还是压缩机故障。

图 13-30 所示为变频压缩机驱动信号的检测。

经检测变频电路无变频压缩机驱动信号输出，由此可确定该故障是由变频电路出现故障引起的，因此需对变频电路的工作条件，即 300V 直流供电电压和 PWM 驱动信号进行检测，以判断是否为工作条件不满足引起的变频电路故障。

互感滤波器
电源变压器
熔断器
交流220V
输入插件
变频
电路板正面
变频
控制电路
桥式
整流堆
功率模块
滤波
电容器
变频驱动
信号输出插件
（接变频压缩机）

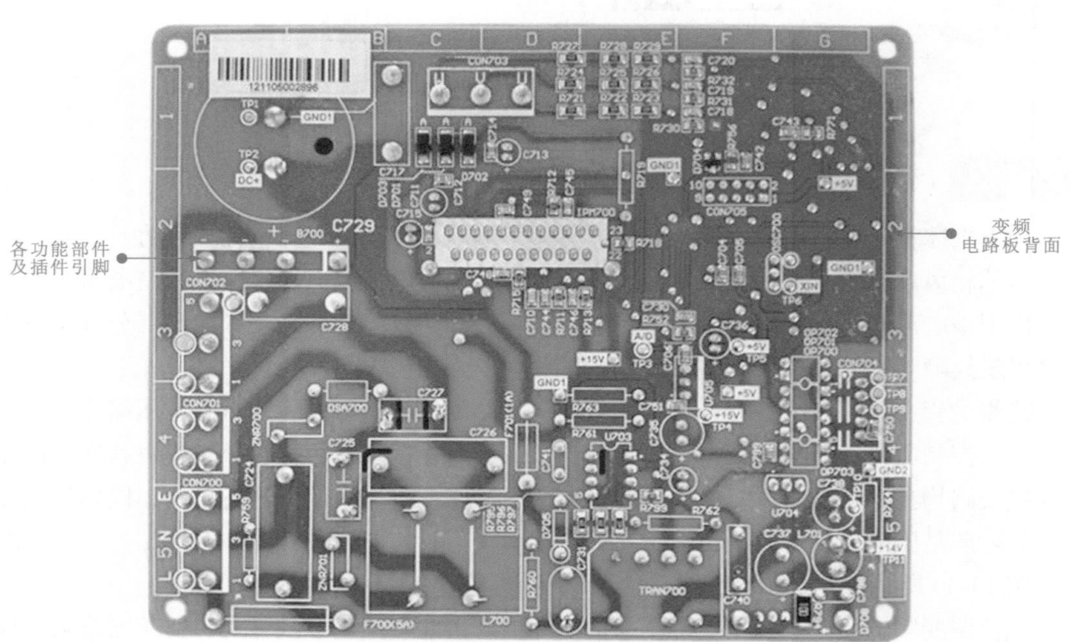
各功能部件
及插件引脚
变频
电路板背面

图 13-29　待测松下电冰箱的变频电路板

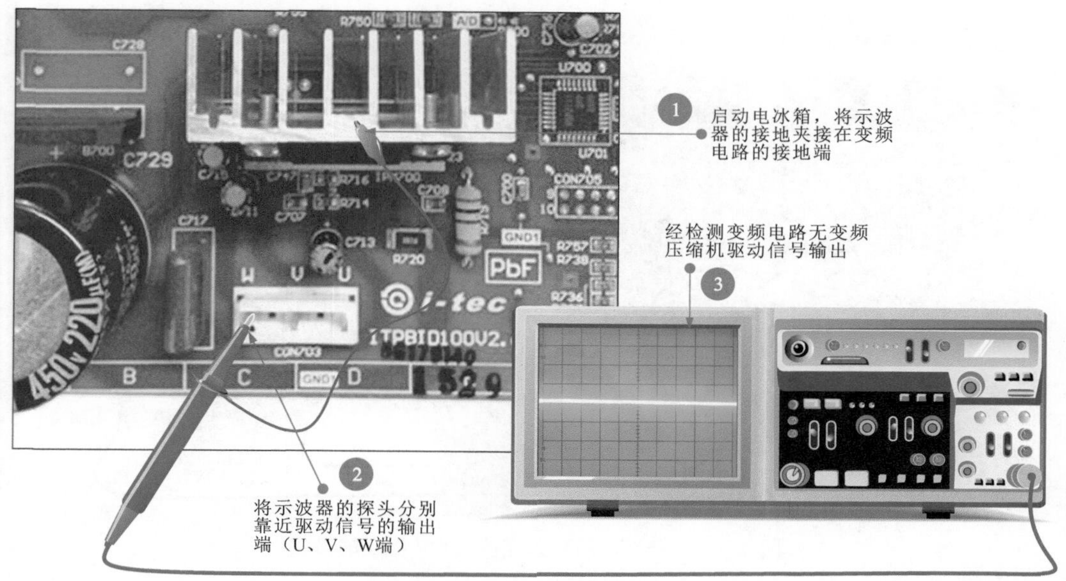
1 启动电冰箱，将示波器的接地夹接在变频电路的接地端
2 将示波器的探头分别靠近驱动信号的输出端（U、V、W端）
3 经检测变频电路无变频压缩机驱动信号输出

图 13-30 变频压缩机驱动信号的检测

图 13-31 所示为变频电路 300V 直流供电电压的检测。

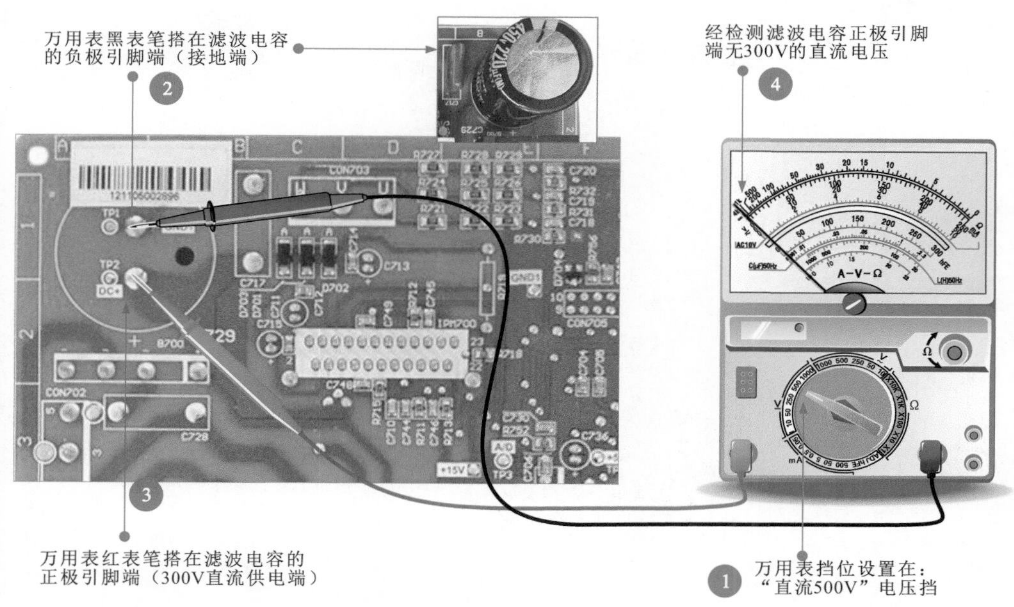
1 万用表挡位设置在："直流500V"电压挡
2 万用表黑表笔搭在滤波电容的负极引脚端（接地端）
3 万用表红表笔搭在滤波电容的正极引脚端（300V直流供电端）
4 经检测滤波电容正极引脚端无300V的直流电压

图 13-31 变频电路 300V 直流供电电压的检测

经检测变频电路无 300V 直流供电电压，此时应对变频电路输入的交流 220V 电压进行检测，以判断是否为变频电路中的电源供电电路出现故障元件。

图 13-32 所示为变频电路输入交流 220V 电压的检测。

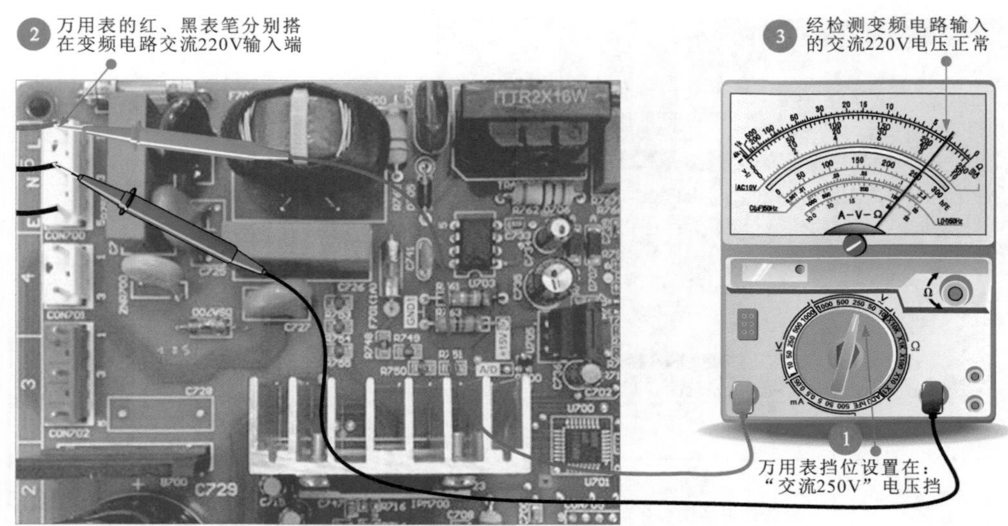
②万用表的红、黑表笔分别搭在变频电路交流220V输入端
③经检测变频电路输入的交流220V电压正常
①万用表挡位设置在：“交流250V”电压挡

图 13-32　变频电路输入交流 220V 电压的检测

经检测变频电路输入的交流 220V 电压正常，而变频电路中电源供电电路部分无 300V 直流电压输出，则说明电源供电电路部分出现故障元件。此时对电源供电电路部分中的易损元件滤波电容、桥式整流堆、熔断器等进行检测，经检测滤波电容有漏电现象，用性能良好且同型号的滤波电容更换后，通电试机，故障排除。

第14章 电冰箱检修实例

14.1 海尔 BCD-318WS 型电冰箱检修实例

图 14-1 为海尔 BCD-318WS 型电冰箱整机电路的检修指导。海尔 BCD-318WS 型电冰箱的整机电路主要体现整机电气部件之间的连接和控制关系。该电冰箱主要由温度传感器、LED 照明灯、显示板、压缩机、加热管、熔断器、电动风门、冷冻风机、冷藏门开关等部分构成。

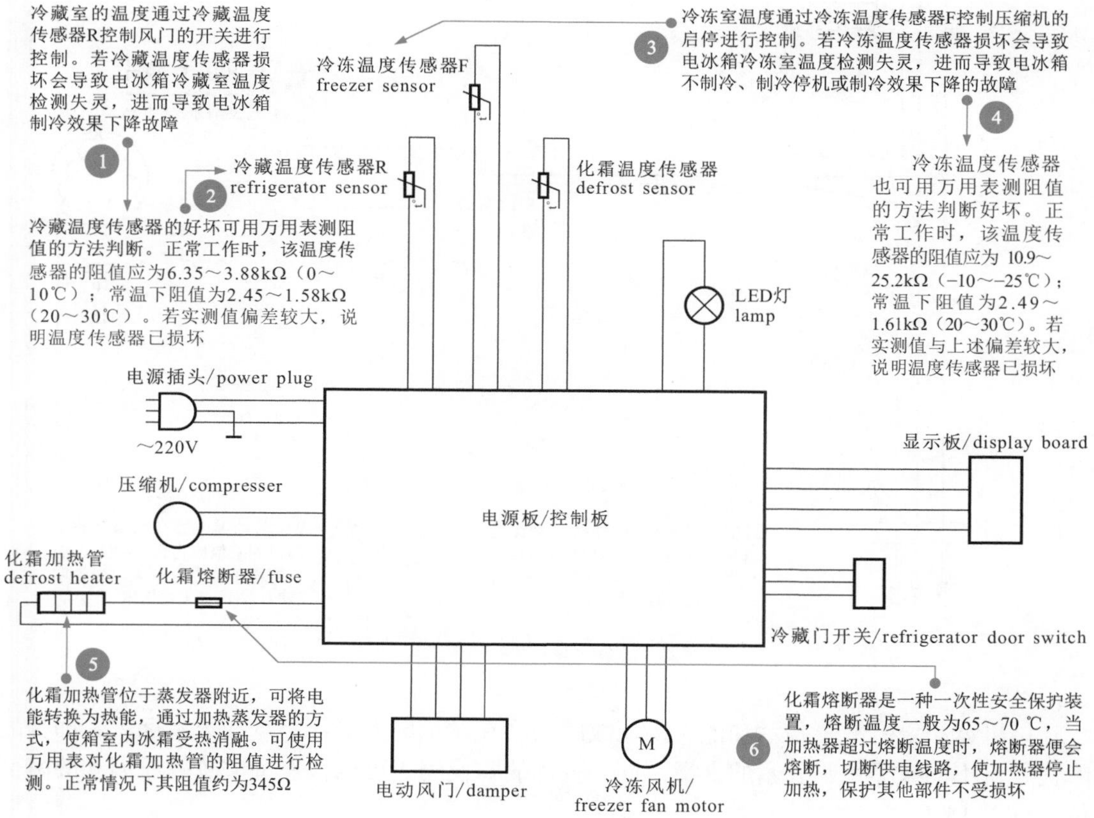

① 冷藏室的温度通过冷藏温度传感器R控制风门的开关进行控制。若冷藏温度传感器损坏会导致电冰箱冷藏室温度检测失灵，进而导致电冰箱制冷效果下降故障

② 冷藏温度传感器的好坏可用万用表测阻值的方法判断。正常工作时，该温度传感器的阻值应为6.35～3.88kΩ（0～10℃）；常温下阻值为2.45～1.58kΩ（20～30℃）。若实测值偏差较大，说明温度传感器已损坏

③ 冷冻室温度通过冷冻温度传感器F控制压缩机的启停进行控制。若冷冻温度传感器损坏会导致电冰箱冷冻室温度检测失灵，进而导致电冰箱不制冷、制冷停机或制冷效果下降的故障

④ 冷冻温度传感器也可用万用表测阻值的方法判断好坏。正常工作时，该温度传感器的阻值应为 10.9～25.2kΩ（−10～−25℃）；常温下阻值为2.49～1.61kΩ（20～30℃）。若实测值与上述偏差较大，说明温度传感器已损坏

⑤ 化霜加热管位于蒸发器附近，可将电能转换为热能，通过加热蒸发器的方式，使箱室内冰霜受热消融。可使用万用表对化霜加热管的阻值进行检测。正常情况下其阻值约为345Ω

⑥ 化霜熔断器是一种一次性安全保护装置，熔断温度一般为65～70 ℃，当加热器超过熔断温度时，熔断器便会熔断，切断供电线路，使加热器停止加热，保护其他部件不受损坏

冷冻温度传感器F freezer sensor
冷藏温度传感器R refrigerator sensor
化霜温度传感器 defrost sensor
LED灯 lamp
电源插头/power plug
～220V
压缩机/compresser
化霜加热管 defrost heater
化霜熔断器/fuse
电源板/控制板
显示板/display board
冷藏门开关/refrigerator door switch
电动风门/damper
M
冷冻风机/freezer fan motor

图 14-1 海尔 BCD-318WS 型电冰箱整机电路的检修指导

图 14-2 为海尔 BCD-318WS 型电冰箱电源板接口与压缩机组件的检修指导。

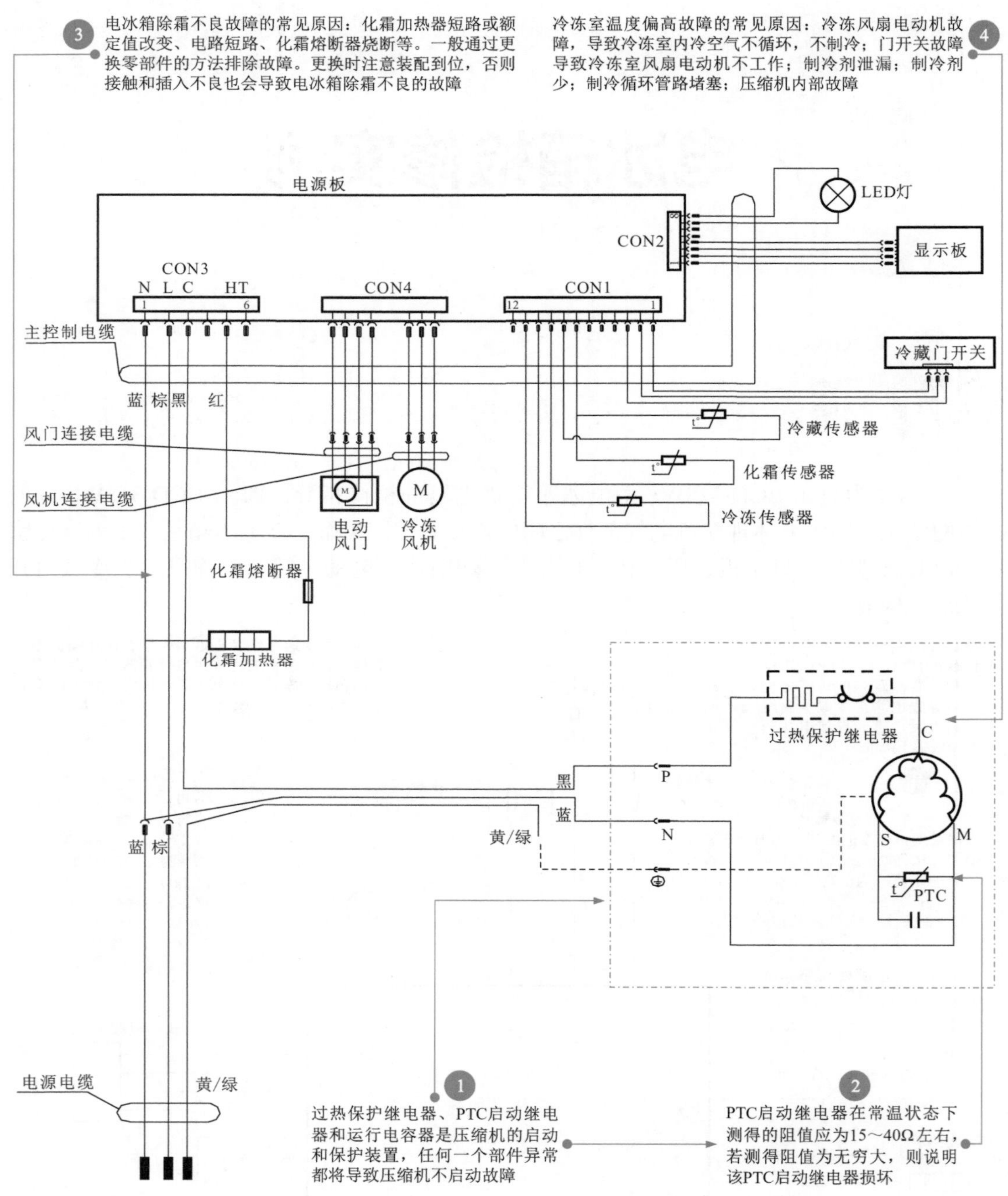
3
电冰箱除霜不良故障的常见原因：化霜加热器短路或额定值改变、电路短路、化霜熔断器烧断等。一般通过更换零部件的方法排除故障。更换时注意装配到位，否则接触和插入不良也会导致电冰箱除霜不良的故障
4
冷冻室温度偏高故障的常见原因：冷冻风扇电动机故障，导致冷冻室内冷空气不循环，不制冷；门开关故障导致冷冻室风扇电动机不工作；制冷剂泄漏；制冷剂少；制冷循环管路堵塞；压缩机内部故障
电源板
LED灯
CON2
显示板
CON3
N L C HT
CON4
CON1
主控制电缆
冷藏门开关
蓝 棕 黑 红
冷藏传感器
风门连接电缆
化霜传感器
风机连接电缆
冷冻传感器
电动风门
冷冻风机
化霜熔断器
化霜加热器
过热保护继电器
C
黑
P
蓝
N
黄/绿
S
M
PTC
蓝 棕
电源电缆
黄/绿
1
过热保护继电器、PTC启动继电器和运行电容器是压缩机的启动和保护装置，任何一个部件异常都将导致压缩机不启动故障
2
PTC启动继电器在常温状态下测得的阻值应为15～40Ω左右，若测得阻值为无穷大，则说明该PTC启动继电器损坏

图 14-2 海尔 BCD-318WS 型电冰箱电源板接口与压缩机组件的检修指导

该电冰箱设有故障指示功能，出现故障后会在显示屏上显示字母和数字标识，即为故障代码，不同故障代码表示的含义不同，查询故障代码表可以快速了解故障原因和故障部位，见表 14-1。

表 14-1　海尔 BCD-318WS 型电冰箱故障代码含义表

故障代码	故障原因	故障位置
F2	环境温度传感器 H 故障	环境温度传感器在显示板上
F3	冷藏温度传感器 R 故障	冷藏温度传感器在冷藏室右侧
F4	冷冻温度传感器 F 故障	冷冻温度传感器在冷冻风道盖板左侧
F6	化霜温度传感器 D 故障	化霜温度传感器在翅片蒸发器上
E0	显示板与电源板通信故障	
E1	风机故障	

表 14-2 为海尔 BCD-318WS 型电冰箱电源板各接口功能含义对照表。

表 14-2　海尔 BCD-318WS 型电冰箱电源板各接口功能含义对照表

CN1	功能	CN2	功能	CN3	功能	CN4	功能
①	GND	①	GND	①	零线	①	风机反馈信号
②	+12V	②	+5V	②	火线	②	风机 GND
③	门开关信号	③	通信	③	压缩机	③	风机 +12V
④～⑥	空	④	通信	④	空	④	风机 +12V
⑦～⑧	连接冷藏传感器	⑤	空	⑤	化霜加热管	⑤～⑥	空
⑦～⑨	连接化霜传感器	⑥	连接化霜传感器	⑥	空	⑦～⑨	冷藏风门电动机
⑩～⑪	连接冷冻传感器	⑦	+12V				
⑫	空	⑧	GND				

14.2　海尔 BCD-196TE 型电冰箱检修实例

图 14-3 为海尔 BCD-196TE 型电冰箱整机电路的检修指导。该机型的电冰箱整机电路主要由操作显示板、压缩机、门开关、冷冻室传感器和电磁阀等构成。

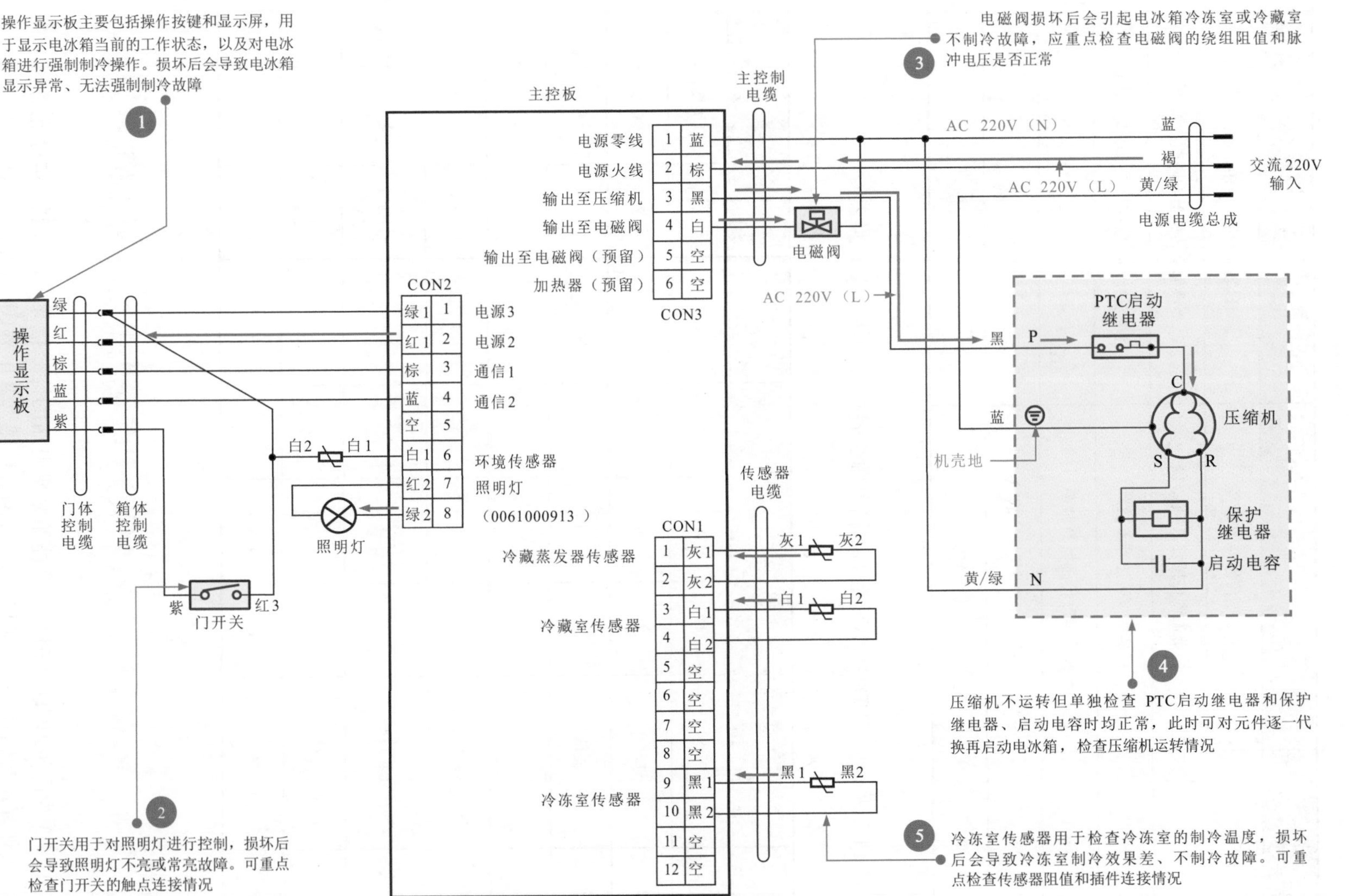

操作显示板主要包括操作按键和显示屏，用于显示电冰箱当前的工作状态，以及对电冰箱进行强制制冷操作。损坏后会导致电冰箱显示异常、无法强制制冷故障
1
主控板
主控制电缆
电磁阀损坏后会引起电冰箱冷冻室或冷藏室不制冷故障，应重点检查电磁阀的绕组阻值和脉冲电压是否正常
3
电源零线
电源火线
输出至压缩机
输出至电磁阀
输出至电磁阀（预留）
加热器（预留）
1 蓝
2 棕
3 黑
4 白
5 空
6 空
CON3
AC 220V（N）
蓝
褐
AC 220V（L）
黄/绿
交流220V输入
电源电缆总成
电磁阀
AC 220V（L）
PTC启动继电器
黑
P
C
压缩机
蓝
机壳地
S
R
保护继电器
启动电容
黄/绿
N
操作显示板
绿
红
棕
蓝
紫
门体控制电缆
箱体控制电缆
CON2
绿1 1 电源3
红1 2 电源2
棕 3 通信1
蓝 4 通信2
空 5
白1 6 环境传感器
红2 7 照明灯
绿2 8
（0061000913 ）
白2
白1
照明灯
紫
门开关
红3
传感器电缆
CON1
冷藏蒸发器传感器
1 灰1
2 灰2
灰1
灰2
冷藏室传感器
3 白1
4 白2
白1
白2
5 空
6 空
7 空
8 空
冷冻室传感器
9 黑1
10 黑2
黑1
黑2
11 空
12 空
4
压缩机不运转但单独检查 PTC启动继电器和保护继电器、启动电容时均正常，此时可对元件逐一代换再启动电冰箱，检查压缩机运转情况
2
门开关用于对照明灯进行控制，损坏后会导致照明灯不亮或常亮故障。可重点检查门开关的触点连接情况
5
冷冻室传感器用于检查冷冻室的制冷温度，损坏后会导致冷冻室制冷效果差、不制冷故障。可重点检查传感器阻值和插件连接情况

图 14-3 海尔 BCD-196TE 型电冰箱整机电路的检修指导

14.3 海尔 BCD-215DF 型电冰箱检修实例

图 14-4 为海尔 BCD-215DF 型电冰箱主控电路的检修指导。

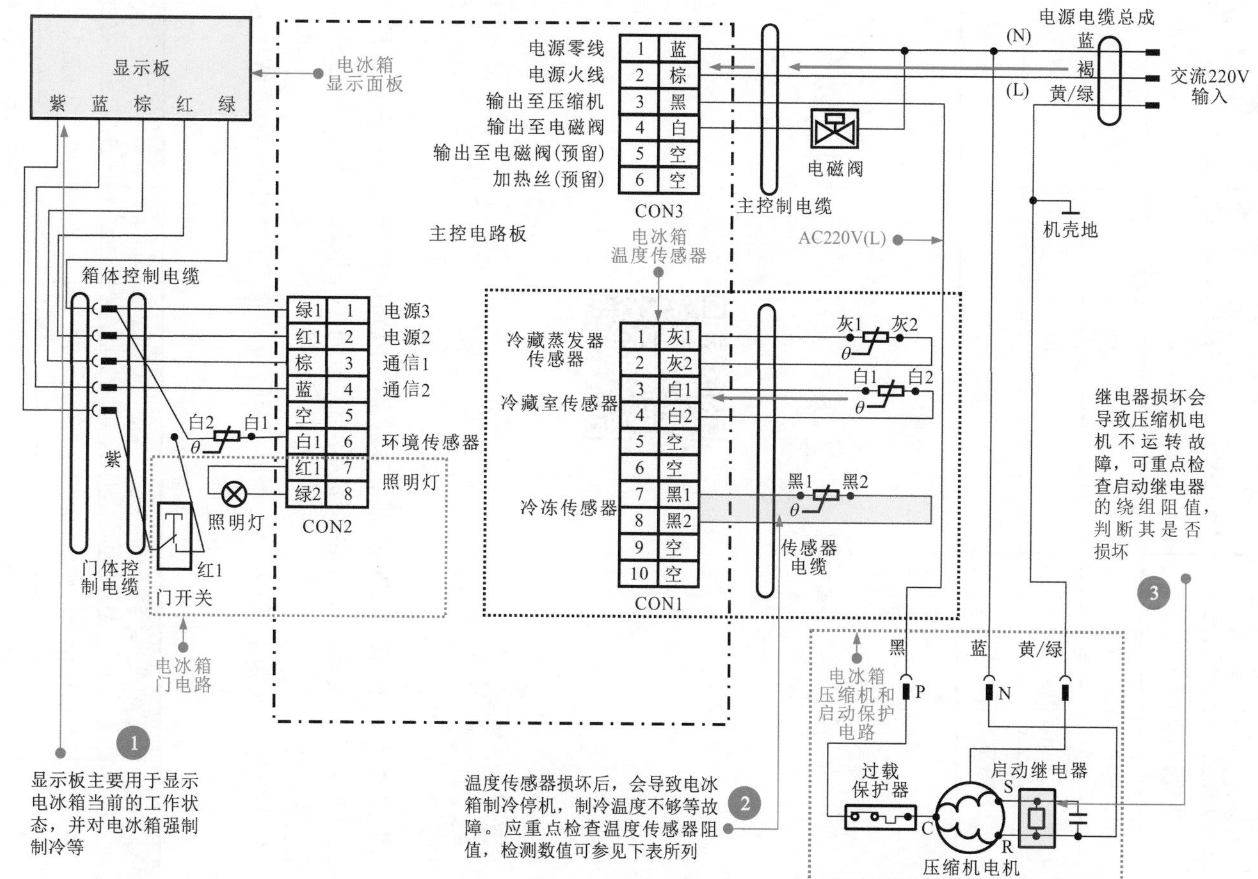

显示板
紫 蓝 棕 红 绿
电冰箱显示面板
电源零线
电源火线
输出至压缩机
输出至电磁阀
输出至电磁阀(预留)
加热丝(预留)
1 蓝
2 棕
3 黑
4 白
5 空
6 空
CON3
主控电路板
电冰箱温度传感器
主控制电缆
电磁阀
AC220V(L)
电源电缆总成
(N) 蓝
褐
(L) 黄/绿
交流220V输入
机壳地
箱体控制电缆
绿1 1 电源3
红1 2 电源2
棕 3 通信1
蓝 4 通信2
空 5
白1 6 环境传感器
红1 7 照明灯
绿2 8
CON2
白2 白1
紫
照明灯
红1
门体控制电缆
门开关
电冰箱门电路
冷藏蒸发器传感器
冷藏室传感器
冷冻传感器
1 灰1
2 灰2
3 白1
4 白2
5 空
6 空
7 黑1
8 黑2
9 空
10 空
CON1
灰1 灰2
白1 白2
黑1 黑2
传感器电缆
继电器损坏会导致压缩机电机不运转故障，可重点检查启动继电器的绕组阻值，判断其是否损坏
黑 蓝 黄/绿
P N
电冰箱压缩机和启动保护电路
过载保护器
启动继电器
S C R
压缩机电机
显示板主要用于显示电冰箱当前的工作状态，并对电冰箱强制制冷等
温度传感器损坏后，会导致电冰箱制冷停机，制冷温度不够等故障。应重点检查温度传感器阻值，检测数值可参见下表所列

图 14-4 海尔 BCD-215DF 型电冰箱主控电路的检修指导

该电路中，温度传感器是电路比较重要的检测部位，温度传感器损坏后，会导致电冰箱制冷停机、制冷温度不够等故障。应重点检查温度传感器阻值，检测数值可参见表 14-3。

表 14-3　海尔 BCD-215DF 型电冰箱中各温度传感器阻值参照表

温度传感器	温度范围 /℃	阻值 /kΩ
冷藏室传感器阻值	-30 ～ 69	33.07 ～ 0.36
环境温度传感器阻值	-30 ～ 69	33.07 ～ 0.156
冷藏蒸发器温度传感器阻值	-30 ～ 100	33.07 ～ 0.156
冷冻室传感器阻值	-30 ～ 100	33.07 ～ 0.138

14.4 海尔 BCD-248WB 型电冰箱检修实例

14.5 松下 BCD-270W 型电冰箱检修实例

图 14-5 为松下 BCD-270W 型电冰箱整机电路的检修指导。在该电路中，电源变压器将 AC 220V 电压变成约 12V 的交流低压，送到主控板的直流电源电路中，为微处理器及控制电路供电。

在该机型电冰箱电路中，压缩机不运转故障常见的原因和故障解决办法见表 14-4。

表 14-4　松下 BCD-270W 型电冰箱压缩机不运转故障常见的原因和故障解决办法

故障	引起故障的原因	故障解决方法
压缩机不运转	电冰箱照明灯是否点亮	检查电源线、电源插头
	控制基板是否正常	检查控制基板是否有 DC 6V 和 DC 12V 电压
	压缩机启动继电器、保护继电器是否正常	检查压缩机启动继电器、保护继电器
	压缩机电机是否正常	检查压缩机电机绕组阻值

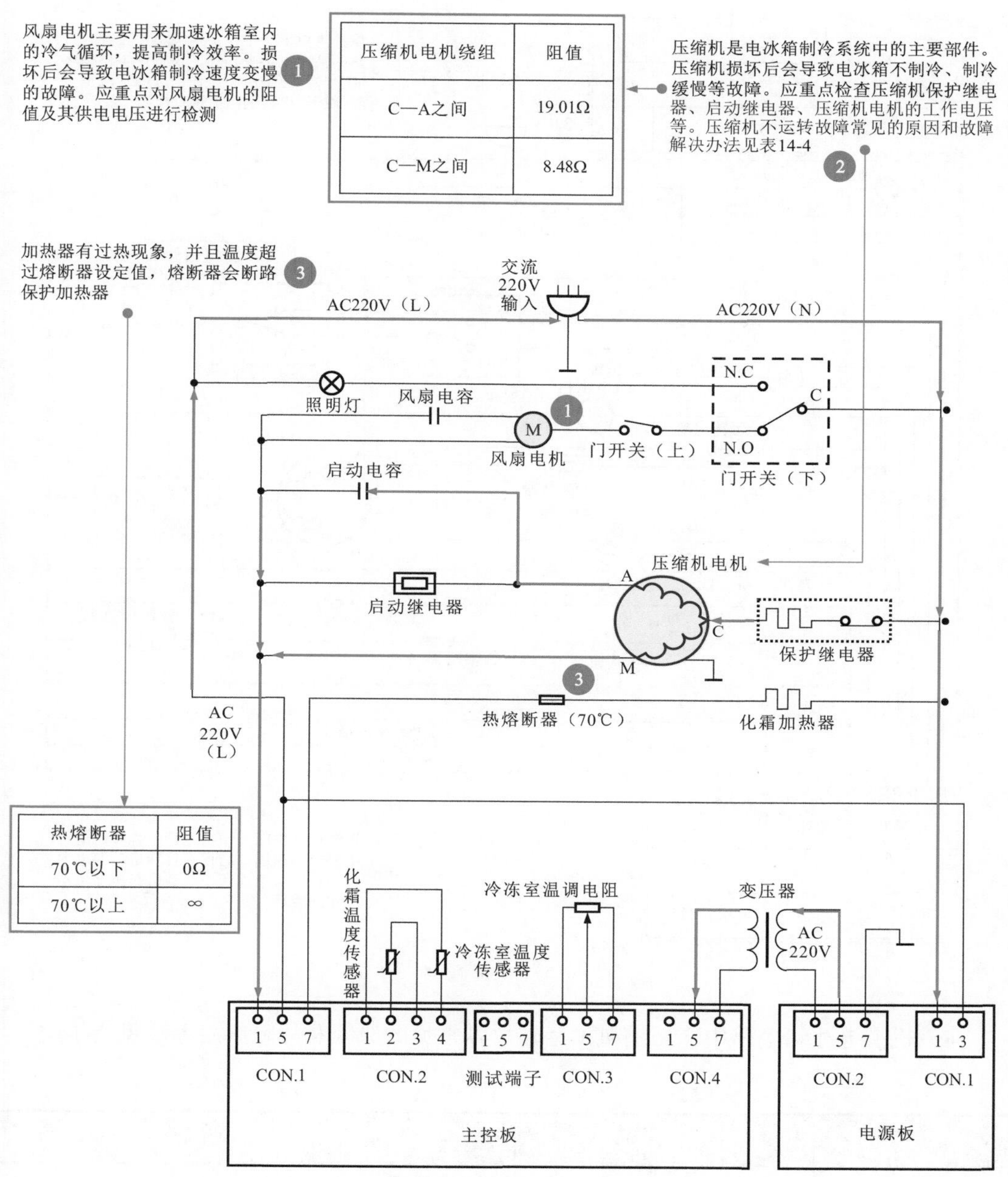

风扇电机主要用来加速冰箱室内的冷气循环，提高制冷效率。损坏后会导致电冰箱制冷速度变慢的故障。应重点对风扇电机的阻值及其供电电压进行检测
压缩机电机绕组
阻值
C—A之间
19.01Ω
C—M之间
8.48Ω
压缩机是电冰箱制冷系统中的主要部件。压缩机损坏后会导致电冰箱不制冷、制冷缓慢等故障。应重点检查压缩机保护继电器、启动继电器、压缩机电机的工作电压等。压缩机不运转故障常见的原因和故障解决办法见表14-4
加热器有过热现象，并且温度超过熔断器设定值，熔断器会断路保护加热器
交流220V输入
AC220V（L）
AC220V（N）
照明灯
风扇电容
风扇电机
门开关（上）
N.C
C
N.O
门开关（下）
启动电容
压缩机电机
启动继电器
保护继电器
热熔断器（70℃）
化霜加热器
AC 220V（L）
热熔断器
阻值
70℃以下
0Ω
70℃以上
∞
化霜温度传感器
冷冻室温调电阻
冷冻室温度传感器
变压器
AC 220V
CON.1
CON.2
测试端子
CON.3
CON.4
主控板
CON.2
CON.1
电源板

图 14-5 松下 BCD-270W 型电冰箱整机电路的检修指导

14.6 松下 BCD-352WA 型电冰箱检修实例

图 14-6 为松下 BCD-352WA 型电冰箱整机电路的检修指导。在该电路中，电冰箱接通电源，AC 220V 电压经化霜定时器开关直接为压缩机、加热器等提供工作电压。电冰箱工作一段时间后，可通过手动控制化霜定时器，接通加热器供电电路，进行化霜操作。

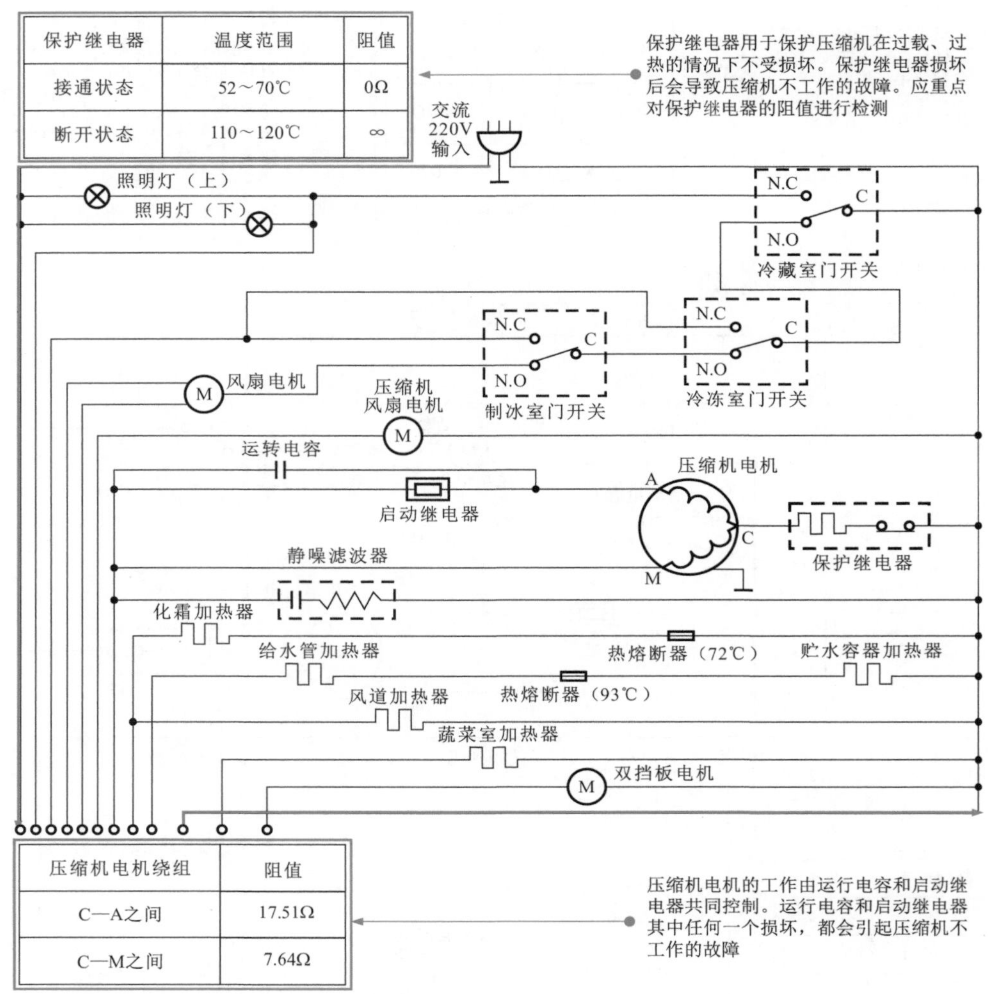

保护继电器 | 温度范围 | 阻值
接通状态 | 52～70℃ | 0Ω
断开状态 | 110～120℃ | ∞
保护继电器用于保护压缩机在过载、过热的情况下不受损坏。保护继电器损坏后会导致压缩机不工作的故障。应重点对保护继电器的阻值进行检测
交流220V输入
照明灯（上）
照明灯（下）
N.C
C
N.O
冷藏室门开关
制冰室门开关
冷冻室门开关
风扇电机
压缩机风扇电机
M
运转电容
启动继电器
压缩机电机
A
C
M
保护继电器
静噪滤波器
化霜加热器
给水管加热器
热熔断器（72℃）
贮水容器加热器
风道加热器
热熔断器（93℃）
蔬菜室加热器
双挡板电机
压缩机电机绕组 | 阻值
C—A之间 | 17.51Ω
C—M之间 | 7.64Ω
压缩机电机的工作由运行电容和启动继电器共同控制。运行电容和启动继电器其中任何一个损坏，都会引起压缩机不工作的故障

图 14-6　松下 BCD-352WA 型电冰箱整机电路的检修指导

在该机型电冰箱电路中，压缩机不运转故障常见的原因和故障解决办法见表 14-5。

表 14-5　松下 BCD-352WA 型电冰箱压缩机不运转故障常见的原因和故障解决办法

故障	引起故障的原因	故障解决方法
压缩机不运转	压缩机供电异常	检查照明灯是否点亮
	冷藏室温度传感器损坏	检查冷藏室温度传感器、传感器与控制基板间引线
	操作基板插件松动	重新插接插头
	控制基板异常	检查控制基板
	变压器损坏	检查变压器输出端与输入端电压
	压缩机保护继电器损坏	检查压缩机保护继电器阻值
	压缩机电机损坏	检查压缩机电机绕组阻值

图 14-7 为松下 BCD-352WA 型电冰箱主控板的检修指导。

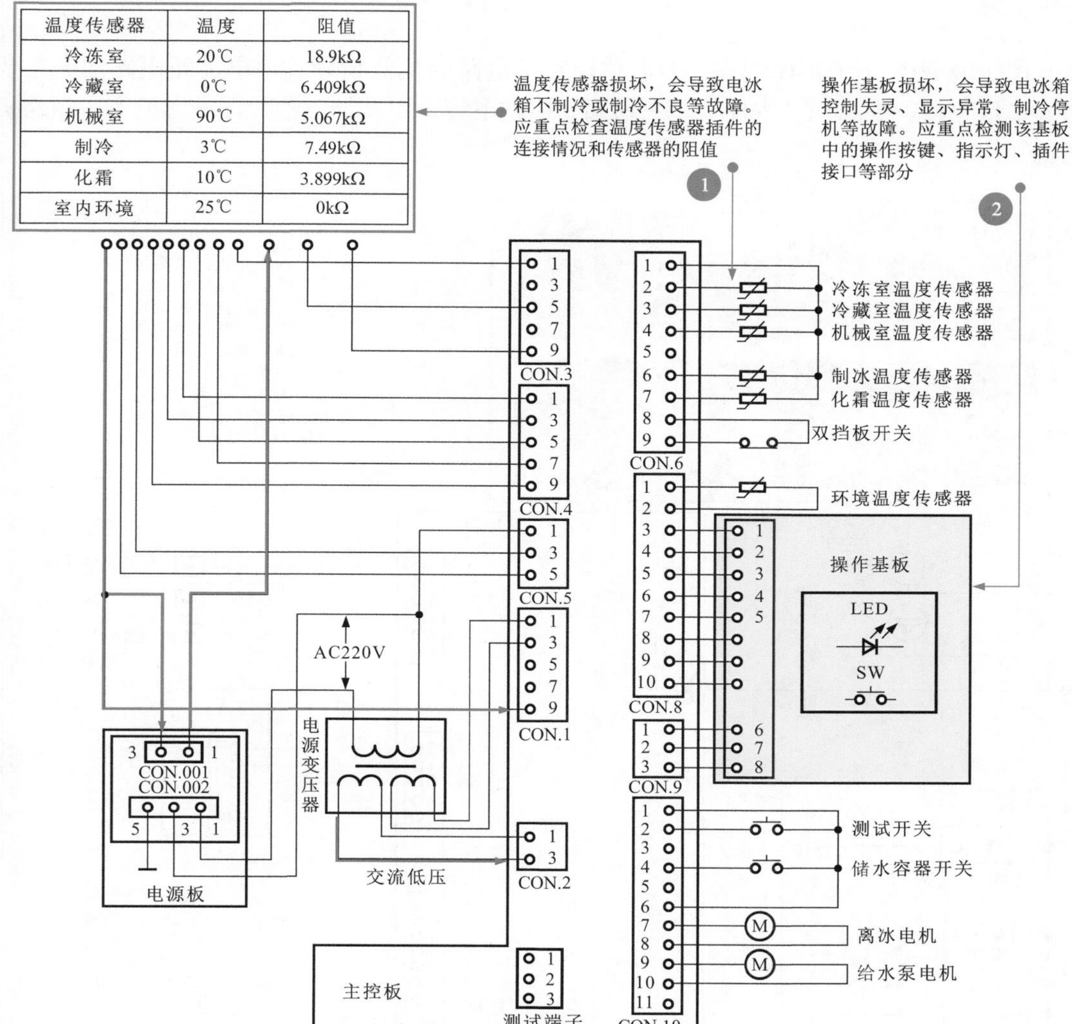
温度传感器
温度
阻值
冷冻室
20℃
18.9kΩ
冷藏室
0℃
6.409kΩ
机械室
90℃
5.067kΩ
制冷
3℃
7.49kΩ
化霜
10℃
3.899kΩ
室内环境
25℃
0kΩ
温度传感器损坏，会导致电冰箱不制冷或制冷不良等故障。应重点检查温度传感器插件的连接情况和传感器的阻值
操作基板损坏，会导致电冰箱控制失灵、显示异常、制冷停机等故障。应重点检测该基板中的操作按键、指示灯、插件接口等部分
1
2
CON.3
CON.4
CON.5
CON.1
CON.2
CON.6
CON.8
CON.9
CON.10
冷冻室温度传感器
冷藏室温度传感器
机械室温度传感器
制冰温度传感器
化霜温度传感器
双挡板开关
环境温度传感器
操作基板
LED
SW
AC220V
电源变压器
CON.001
CON.002
电源板
交流低压
主控板
测试端子
测试开关
储水容器开关
离冰电机
给水泵电机

图 14-7 松下 BCD-352WA 型电冰箱主控板的检修指导

松下 BCD-352WA 型电冰箱制冷缓慢，故障原因有很多，可根据具体的故障原因来查找出具体故障解决方法，见表 14-6。

表 14-6 松下 BCD-352WA 型电冰箱制冷缓慢的故障原因和解决办法

故障	引起故障的原因	故障解决方法
制冷速度慢	门开关失灵	检查门开关性能
	风扇电机不运转	检查风扇电机阻值和供电电压
	化霜熔断器熔断	检查化霜熔断器
	化霜加热器不加热	检查化霜加热器
	化霜温度传感器异常	检查化霜温度传感器阻值
	控制基板异常	检查控制基板

14.7 松下 NR-B24WA1 型电冰箱检修实例

图 14-8 为松下 NR-B24WA1 型电冰箱整机电路的检修指导。该电冰箱电路部分主要由温度传感器、显示板、主控板、三通阀、启动电容、启动继电器、保护继电器、压缩机电机等构成。

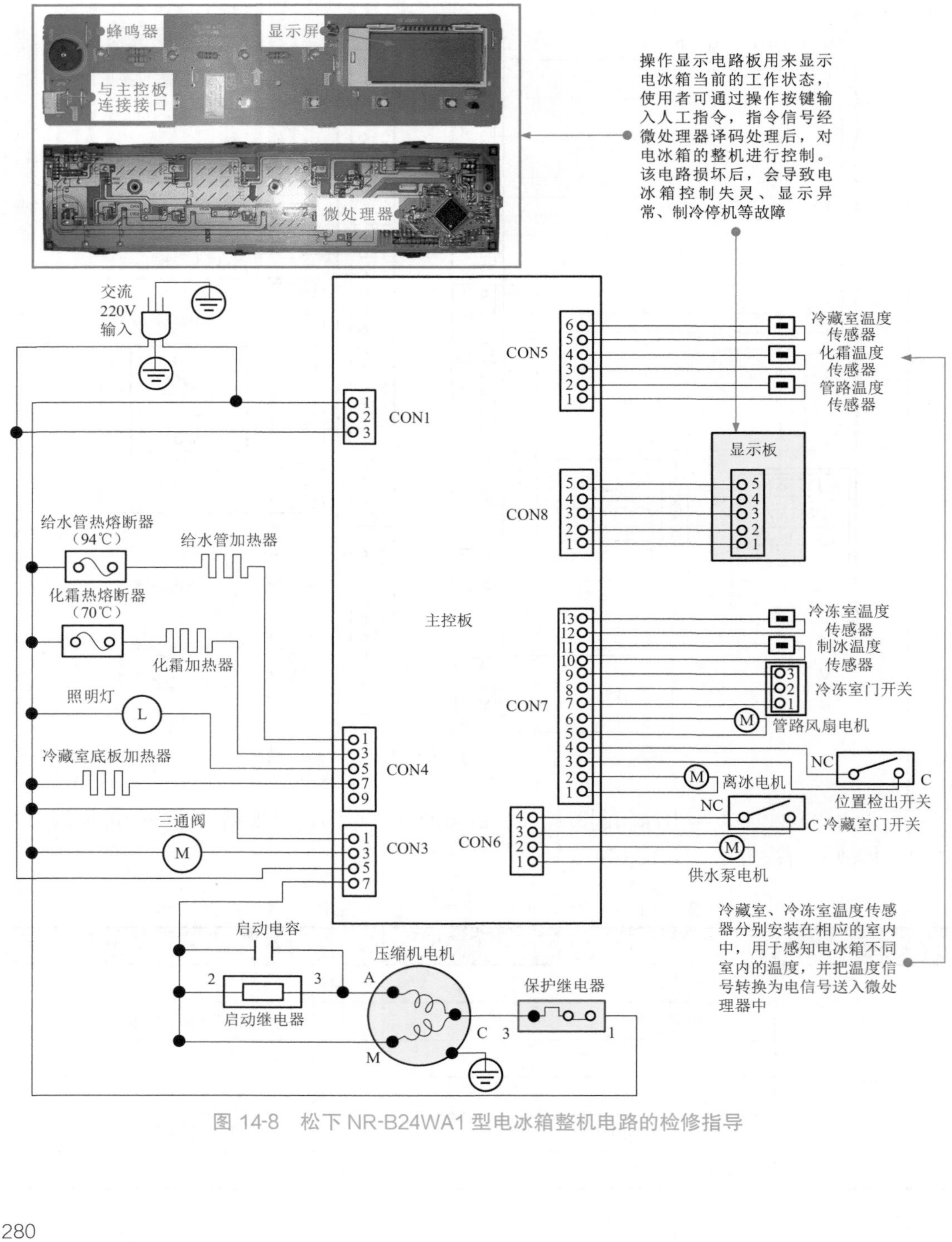

蜂鸣器
显示屏
与主控板连接接口
微处理器
操作显示电路板用来显示电冰箱当前的工作状态，使用者可通过操作按键输入人工指令，指令信号经微处理器译码处理后，对电冰箱的整机进行控制。该电路损坏后，会导致电冰箱控制失灵、显示异常、制冷停机等故障
交流220V输入
CON1
CON5
冷藏室温度传感器
化霜温度传感器
管路温度传感器
显示板
CON8
给水管热熔断器（94℃）
给水管加热器
化霜热熔断器（70℃）
化霜加热器
主控板
CON7
冷冻室温度传感器
制冰温度传感器
冷冻室门开关
管路风扇电机
照明灯
冷藏室底板加热器
CON4
离冰电机
位置检出开关
冷藏室门开关
三通阀
CON3
CON6
供水泵电机
冷藏室、冷冻室温度传感器分别安装在相应的室内中，用于感知电冰箱不同室内的温度，并把温度信号转换为电信号送入微处理器中
启动电容
压缩机电机
启动继电器
保护继电器

图 14-8　松下 NR-B24WA1 型电冰箱整机电路的检修指导

该机型电冰箱电路中，压缩机主要由启动继电器和启动电容控制其运转，当压缩机不启动时，应重点检查启动电容、启动继电器、保护继电器和压缩机绕组阻值。正常时测得相应阻值见表 14-7，在检修时可参照该表进行判断。

表 14-7 松下 NR-B24WA1 型电冰箱中保护继电器和压缩机绕组阻值实测表

保护继电器	温度范围	阻值	压缩机电机绕组	阻值
接通状态	60 ～ 78℃	0Ω	C—A 之间	12.8Ω
断开状态	115 ～ 125℃	∞	C—M 之间	16.3Ω

图 14-9 为松下 NR-B24WA1 型电冰箱主控板的检修指导。该电冰箱主控板中主要包括电源电路、接口电路。由微处理器传输的控制信号，通过主控板的各个接口送入到电冰箱的各个元件中，实现对电冰箱的控制。

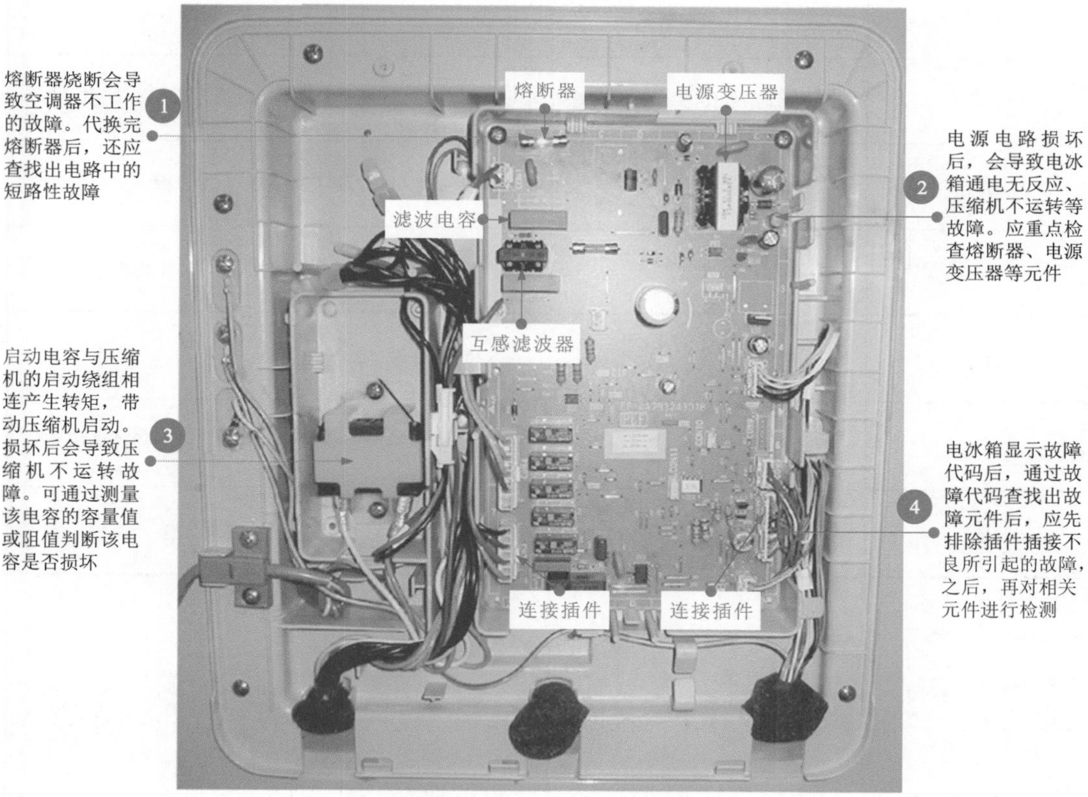

熔断器烧断会导致空调器不工作的故障。代换完熔断器后，还应查找出电路中的短路性故障
1
熔断器
电源变压器
电源电路损坏后，会导致电冰箱通电无反应、压缩机不运转等故障。应重点检查熔断器、电源变压器等元件
2
滤波电容
互感滤波器
启动电容与压缩机的启动绕组相连产生转矩，带动压缩机启动。损坏后会导致压缩机不运转故障。可通过测量该电容的容量值或阻值判断该电容是否损坏
3
电冰箱显示故障代码后，通过故障代码查找出故障元件后，应先排除插件插接不良所引起的故障，之后，再对相关元件进行检测
4
连接插件
连接插件

图 14-9 松下 NR-B24WA1 型电冰箱主控板的检修指导

检修主控板前，可先通过故障代码判断出故障部位。松下 NR-B24WA1 型电冰箱故障代码含义见表 14-8。

表 14-8　松下 NR-B24WA1 型电冰箱故障代码含义

故障代码	表示内容（含义）	重点检查部位
U10	门开启警告	1. 箱门半开启；2. 主控板
H01	冷冻室温度传感器断路或短路	1. 冷冻室传感器（断路或短路）；2. 主控板
H02	冷藏室温度传感器断路或短路	1. 冷藏室传感器（断路或短路）；2. 主控板
H04	制冰温度传感器断路或短路	1. 制冰温度传感器（断路或短路）；2. 主控板
H05	化霜温度传感器断路或短路	1. 化霜温度传感器（断路或短路）；2. 主控板
H07	环境温度传感器断路或短路	1. 环境温度传感器（断路或短路）；2. 主控板
H12	蒸发器温度传感器断路或短路	1. 蒸发器温度传感器（断路或短路）；2. 主控板
H21	制冰机异常	1. 制冰机；2. 供电电路；3. 主控板
H31	化霜加热器异常	1. 化霜加热器；2. 供电电路；3. 主控板
H35	制冷系统异常	1. 压缩机；2. 三通阀
H50	通信异常	1. 主控板；2. 操作显示电路板；3. 插件插接
H51	EEPROM 异常	主控板中的 EEPROM 模块及供电

14.8　松下 BCD-251WZ 型电冰箱检修实例

图 14-10 为松下 BCD-251WZ 型电冰箱整机电路的检修指导。该机型电冰箱采用微电脑控制，由主控板对电冰箱的压缩机电机，冷藏室、冷冻室、变温室等进行温度控制。

值得注意的是，在对制冷管路维修后，应重新对该电冰箱充注 120g 左右的 R134a 制冷剂。

① 风扇电机和导板电机主要用于控制冰箱室内的冷气循环，损坏后会导致冰箱内温度不均匀或制冷速度缓慢故障

② 压缩机电机的工作由运行电容和PTC启动继电器共同控制。运行电容或PTC启动继电器任何一个损坏后都会引起压缩机不工作故障

③ 门开关用于控制照明灯的工作情况，损坏后会引起照明灯不亮（或一直亮）故障，并且对冰箱门开启/关闭的频率太过频繁，或门封不严会引起电冰箱制冷速度缓慢的故障。出现此类故障后，应相应的减少箱门开启/关闭的频率

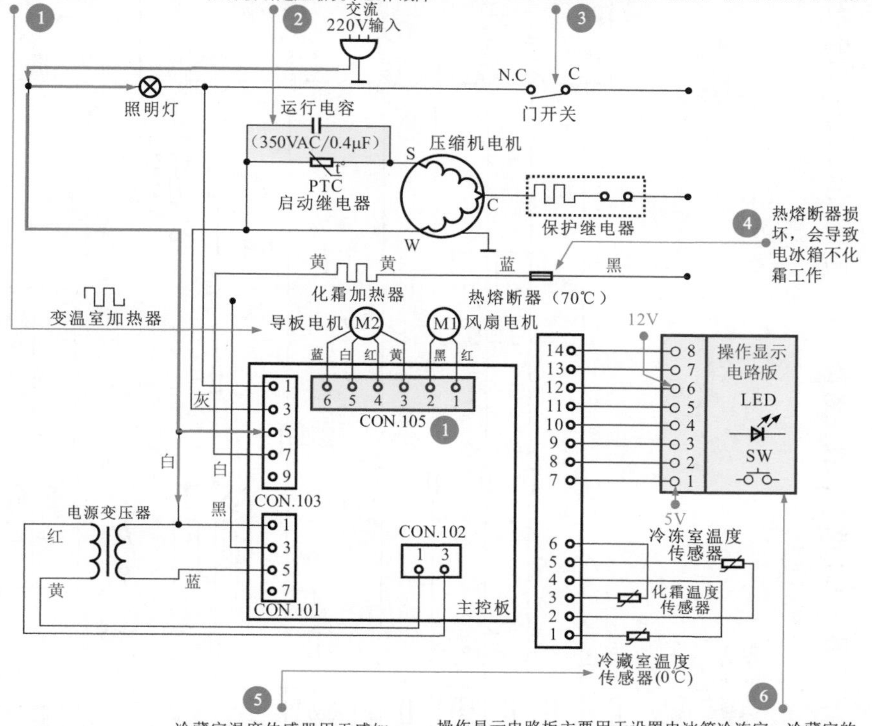
交流
220V输入
照明灯
N.C
C
门开关
运行电容
(350VAC/0.4μF)
PTC
启动继电器
S
压缩机电机
C
W
保护继电器
④ 热熔断器损坏，会导致电冰箱不化霜工作
黄
黄
化霜加热器
蓝
黑
热熔断器（70℃）
变温室加热器
导板电机
M2
M1
风扇电机
蓝 白 红 黄
黑 红
12V
操作显示电路版
LED
SW
5V
灰
白
白
黑
CON.105
CON.103
电源变压器
红
黄
蓝
CON.101
CON.102
主控板
冷冻室温度传感器
化霜温度传感器
冷藏室温度传感器(0℃)

⑤ 冷藏室温度传感器用于感知冷藏室的温度变化，损坏后会引起压缩机不运转、制冷停机故障。重点检测插件插接情况及其阻值

⑥ 操作显示电路板主要用于设置电冰箱冷冻室、冷藏室的温度，或速冻等功能，同时通过显示屏查看电冰箱的工作状态。若该电路板出现故障，会引起冰箱制冷温度控制失常、显示异常故障。可重点检测+5V驱动电压、+12V显示屏工作电压、显示屏、操作按键等

图14-10 松下BCD-251WZ型电冰箱整机电路的检修指导

14.9 松下NR-B26M2型电冰箱检修实例

14.10 松下NR-B25WD1型电冰箱检修实例

14.11 三星 RS19NRSW5XSC 型电冰箱检修实例

图 14-11 为三星 RS19NRSW5XSC 型电冰箱门开关检测电路的检修指导。该电路中，设在各部位的传感器和检测开关为微处理器提供传感信息，微处理器根据指令和内部程序控制电冰箱的其他电路。

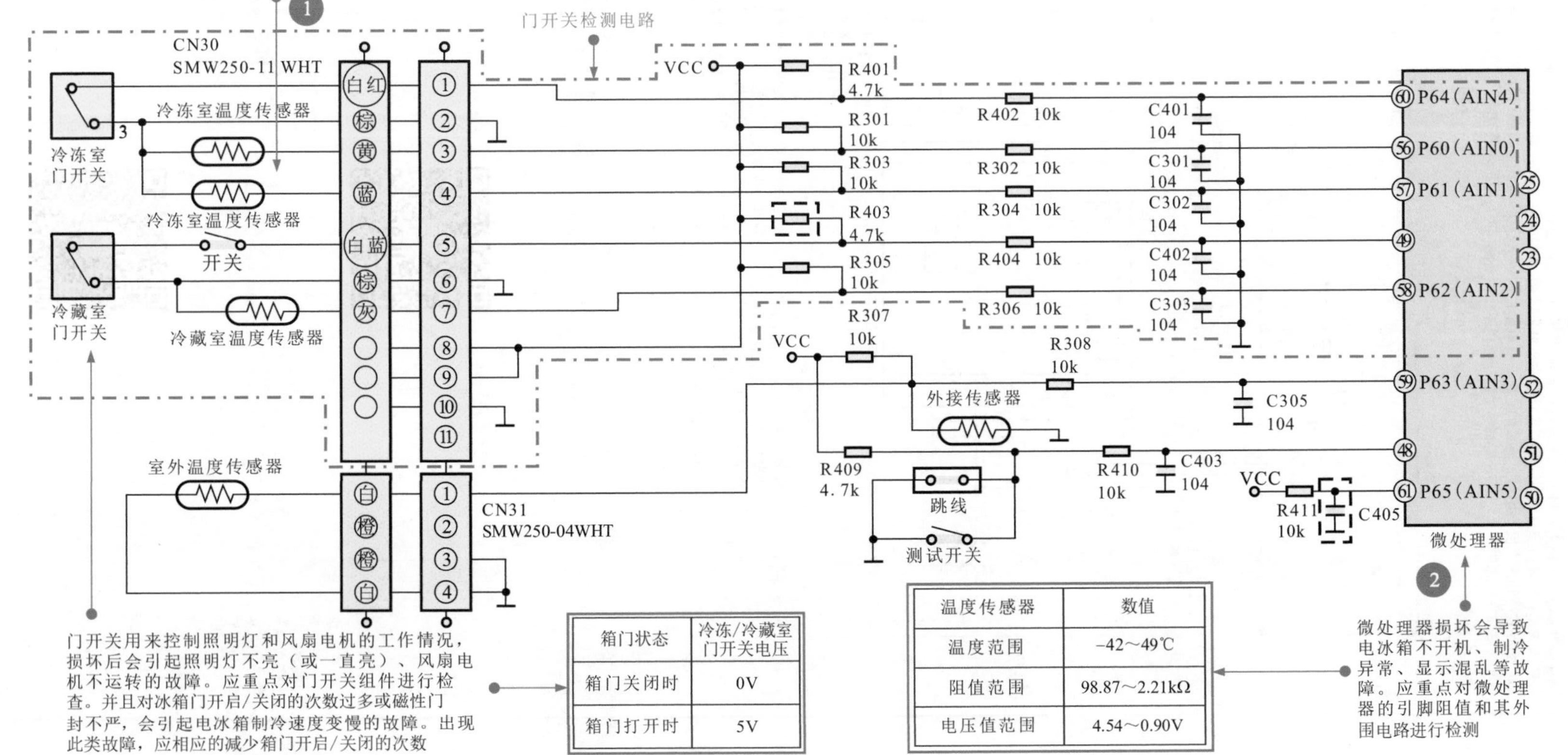

冷藏室、冷冻室温度传感器分别安装在相应的室内，用来感知电冰箱不同室内的温度，并把温度信号转换为电信号送入微处理器中，微处理器根据这些信号对压缩机和风扇电机等进行控制。温度传感器损坏会导致电冰箱不制冷或制冷异常等故障。应重点对温度传感器的连接插件及传感器阻值进行检测
1
门开关检测电路
CN30
SMW250-11 WHT
冷冻室温度传感器
冷冻室温度传感器
冷冻室门开关
开关
冷藏室门开关
冷藏室温度传感器
白红 棕 黄 蓝 白蓝 棕 灰
室外温度传感器
白 橙 橙 白
CN31
SMW250-04WHT
VCC
R401 4.7k
R301 10k
R303 10k
R403 4.7k
R305 10k
R307 10k
R402 10k
R302 10k
R304 10k
R404 10k
R306 10k
R308 10k
C401 104
C301 104
C302 104
C402 104
C303 104
C305 104
外接传感器
R409 4.7k
跳线
测试开关
R410 10k
C403 104
R411 10k
C405
P64(AIN4)
P60(AIN0)
P61(AIN1)
P62(AIN2)
P63(AIN3)
P65(AIN5)
微处理器
2
微处理器损坏会导致电冰箱不开机、制冷异常、显示混乱等故障。应重点对微处理器的引脚阻值和其外围电路进行检测
门开关用来控制照明灯和风扇电机的工作情况，损坏后会引起照明灯不亮（或一直亮）、风扇电机不运转的故障。应重点对门开关组件进行检查。并且对冰箱门开启/关闭的次数过多或磁性门封不严，会引起电冰箱制冷速度变慢的故障。出现此类故障，应相应的减少箱门开启/关闭的次数

箱门状态	冷冻/冷藏室门开关电压
箱门关闭时	0V
箱门打开时	5V

温度传感器	数值
温度范围	-42～49℃
阻值范围	98.87～2.21kΩ
电压值范围	4.54～0.90V

图 14-11　三星 RS19NRSW5XSC 型电冰箱门开关检测电路的检修指导

14.12 三星 BCD-191/201 型电冰箱检修实例

图 14-12 为三星 BCD-191/201 型电冰箱门开关检测电路的检修指导。该电冰箱的运行情况由电源开关控制，AC 220V 输入后，经过开关电源，为温度控制器、压缩机、照明灯、显示板等提供工作电压。

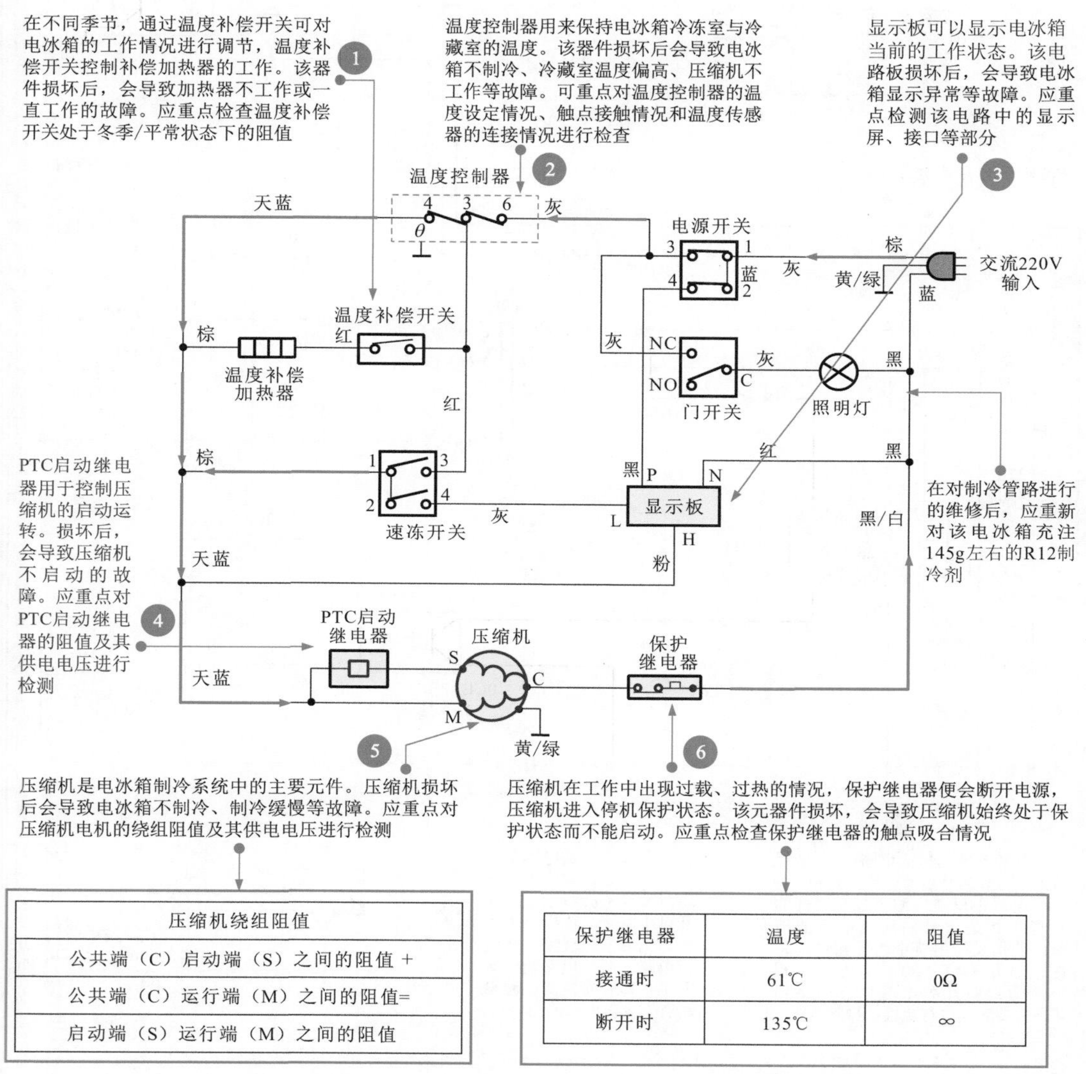

在不同季节，通过温度补偿开关可对电冰箱的工作情况进行调节，温度补偿开关控制补偿加热器的工作。该器件损坏后，会导致加热器不工作或一直工作的故障。应重点检查温度补偿开关处于冬季/平常状态下的阻值
1
温度控制器用来保持电冰箱冷冻室与冷藏室的温度。该器件损坏后会导致电冰箱不制冷、冷藏室温度偏高、压缩机不工作等故障。可重点对温度控制器的温度设定情况、触点接触情况和温度传感器的连接情况进行检查
2
显示板可以显示电冰箱当前的工作状态。该电路板损坏后，会导致电冰箱显示异常等故障。应重点检测该电路中的显示屏、接口等部分
3
温度控制器
天蓝
4
3
6
θ
灰
电源开关
3
1
4
2
蓝
灰
棕
黄/绿
蓝
交流220V
输入
温度补偿开关
红
棕
温度补偿
加热器
灰
NC
NO
C
灰
黑
门开关
照明灯
红
棕
1
3
2
4
红
黑
黑
P
N
显示板
L
H
灰
速冻开关
黑/白
天蓝
粉
在对制冷管路进行的维修后，应重新对该电冰箱充注145g左右的R12制冷剂
PTC启动继电器用于控制压缩机的启动运转。损坏后，会导致压缩机不启动的故障。应重点对PTC启动继电器的阻值及其供电电压进行检测
4
PTC启动
继电器
压缩机
保护
继电器
S
C
M
天蓝
黄/绿
5
6
压缩机是电冰箱制冷系统中的主要元件。压缩机损坏后会导致电冰箱不制冷、制冷缓慢等故障。应重点对压缩机电机的绕组阻值及其供电电压进行检测
压缩机在工作中出现过载、过热的情况，保护继电器便会断开电源，压缩机进入停机保护状态。该元器件损坏，会导致压缩机始终处于保护状态而不能启动。应重点检查保护继电器的触点吸合情况

压缩机绕组阻值
公共端（C）启动端（S）之间的阻值 +
公共端（C）运行端（M）之间的阻值=
启动端（S）运行端（M）之间的阻值

保护继电器	温度	阻值
接通时	61℃	0Ω
断开时	135℃	∞

图 14-12 三星 BCD-191/201 型电冰箱门开关检测电路的检修指导

14.13 三星 BCD-226MJV 型电冰箱检修实例

图 14-13 为三星 BCD-226MJV 型电冰箱电源电路的检修指导。该电源电路采用开关电源电路的结构形式。主要包括交流输入及整流滤波电路、过零检测电路、开关振荡及稳

压输出电路三部分。任何一部分电路异常都将引起电源电路工作失常，进而导致无直流电压输出，电冰箱电路系统将无法进入工作状态。

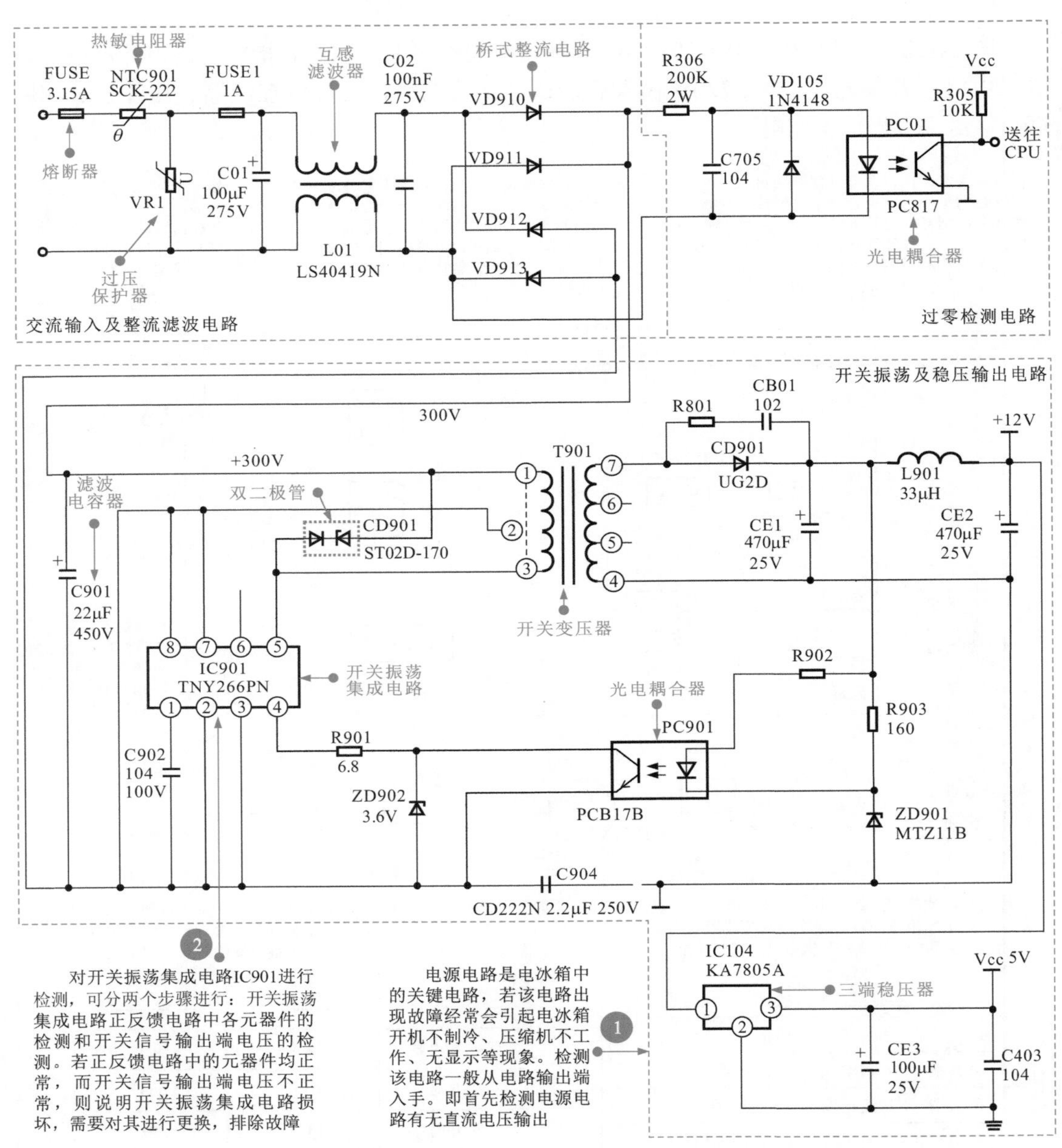
热敏电阻器
FUSE 3.15A
NTC901 SCK-222
FUSE1 1A
互感滤波器
C02 100nF 275V
桥式整流电路
VD910
VD911
VD912
VD913
熔断器
VR1
C01 100μF 275V
L01 LS40419N
过压保护器
交流输入及整流滤波电路
R306 200K 2W
VD105 1N4148
C705 104
R305 10K
Vcc
PC01
PC817
送往CPU
光电耦合器
过零检测电路
开关振荡及稳压输出电路
300V
+300V
滤波电容器
双二极管
CD901 ST02D-170
C901 22μF 450V
T901
开关变压器
R801
CB01 102
CD901 UG2D
CE1 470μF 25V
L901 33μH
+12V
CE2 470μF 25V
IC901 TNY266PN
开关振荡集成电路
C902 104 100V
R901 6.8
ZD902 3.6V
光电耦合器
PC901
PCB17B
R902
R903 160
ZD901 MTZ11B
C904
CD222N 2.2μF 250V
IC104 KA7805A
三端稳压器
Vcc 5V
CE3 100μF 25V
C403 104
对开关振荡集成电路IC901进行检测，可分两个步骤进行：开关振荡集成电路正反馈电路中各元器件的检测和开关信号输出端电压的检测。若正反馈电路中的元器件均正常，而开关信号输出端电压不正常，则说明开关振荡集成电路损坏，需要对其进行更换，排除故障
电源电路是电冰箱中的关键电路，若该电路出现故障经常会引起电冰箱开机不制冷、压缩机不工作、无显示等现象。检测该电路一般从电路输出端入手。即首先检测电源电路有无直流电压输出

图 14-13　三星 BCD-226MJV 型电冰箱电源电路的检修指导

◆ 若检测电源电路没有任何低压直流电压输出，则需对整流滤波电路输出的 +300V 进行检测。

◆ 若检测电源电路输出的 +300V 电压正常，则说明交流输入和桥式整流电路正常，若检测不到 +300V 输出电压，则说明桥式整流堆或滤波电容等器件不良。

◆ 若经检测电源电路输出的 +300V 电压正常，但电源电路输出端无电压输出，则可判断为开关振荡部分故障。应逐一对开关振荡电路中的部件进行检测，如开关变压器

T901、开关振荡集成电路 IC901、双二极管 CD901 等，找到损坏元件排除故障即可。

◆ 若检测 +5V 低压直流电压无输出的，则需要对该电路的前级电路中的三端稳压器进行检测。

正常情况下，若三端稳压器输入 +12V 电压正常，而输出 +5V 电压，不正常，则多为三端稳压器 IC104 损坏，也有可能 +5V 电压负载部件对地短路。

提示

交流 220V 电压经全波整流电路 VD910 和 VD105 形成 100Hz 的脉动电压，加到光耦 PC01 的发光二极管上，经光电变换后由光敏晶体管输出 100Hz 的脉冲信号，送给微处理器，作为电源同步信号。

图 14-14 为开关振荡集成电路 IC901（TNY266PN）的内部结构，由图可知 IC901 内部集成了开关管、限流控制电路、过热保护、振荡器、自动重启计数器电路等。

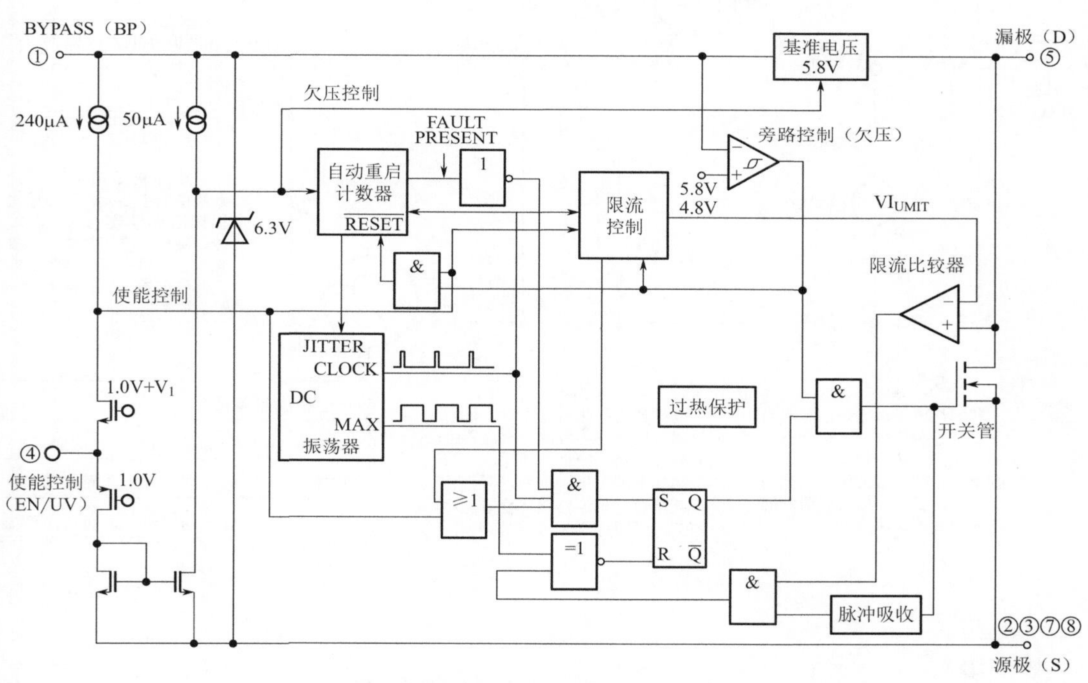
BYPASS（BP）
①
240μA
50μA
欠压控制
基准电压
5.8V
漏极（D）
⑤
FAULT
PRESENT
1
自动重启
计数器
RESET
旁路控制（欠压）
5.8V
4.8V
限流
控制
VI_{LIMIT}
6.3V
&
限流比较器
使能控制
JITTER
CLOCK
DC
MAX
振荡器
&
过热保护
开关管
1.0V+V_1
④
使能控制
（EN/UV）
1.0V
≥1
&
S Q
R $\overline{Q}$
=1
&
脉冲吸收
②③⑦⑧
源极（S）

图 14-14　开关振荡集成电路 IC901（TNY266PN）的内部结构

14.14　三星 BCD-270NH 型电冰箱检修实例

14.15 万宝 BCD-210 型电冰箱检修实例

图 14-15 为万宝 BCD-210 型电冰箱电源电路的检修指导。该电路中，AC220V 送入压缩机后，压缩机电机开始运转。当达到设定温度时，压缩机停机。

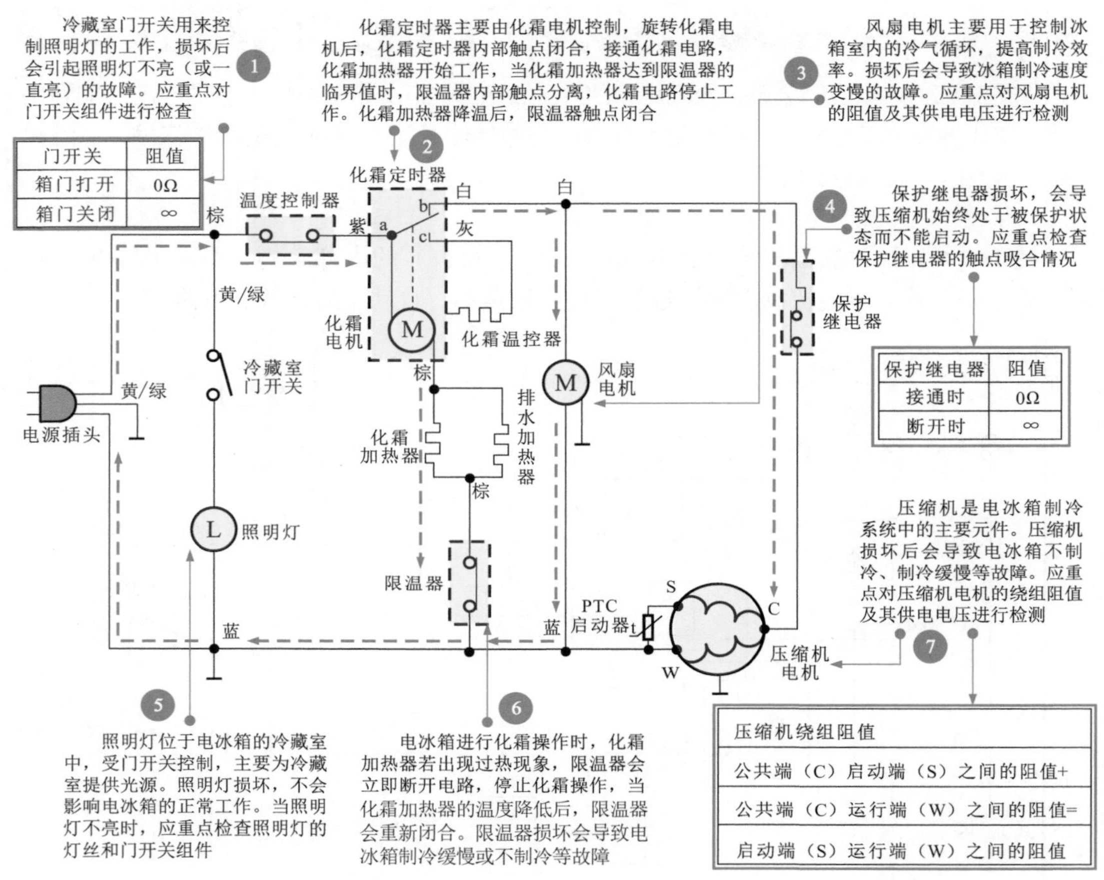
冷藏室门开关用来控制照明灯的工作，损坏后会引起照明灯不亮（或一直亮）的故障。应重点对门开关组件进行检查
化霜定时器主要由化霜电机控制，旋转化霜电机后，化霜定时器内部触点闭合，接通化霜电路，化霜加热器开始工作，当化霜加热器达到限温器的临界值时，限温器内部触点分离，化霜电路停止工作。化霜加热器降温后，限温器触点闭合
风扇电机主要用于控制冰箱室内的冷气循环，提高制冷效率。损坏后会导致冰箱制冷速度变慢的故障。应重点对风扇电机的阻值及其供电电压进行检测
门开关 | 阻值
箱门打开 | 0Ω
箱门关闭 | ∞
化霜定时器
温度控制器
棕
紫
白
灰
黄/绿
化霜电机
化霜温控器
风扇电机
冷藏室门开关
电源插头
排水加热器
化霜加热器
照明灯
限温器
蓝
PTC启动器
压缩机电机
保护继电器损坏，会导致压缩机始终处于被保护状态而不能启动。应重点检查保护继电器的触点吸合情况
保护继电器
保护继电器 | 阻值
接通时 | 0Ω
断开时 | ∞
压缩机是电冰箱制冷系统中的主要元件。压缩机损坏后会导致电冰箱不制冷、制冷缓慢等故障。应重点对压缩机电机的绕组阻值及其供电电压进行检测
照明灯位于电冰箱的冷藏室中，受门开关控制，主要为冷藏室提供光源。照明灯损坏，不会影响电冰箱的正常工作。当照明灯不亮时，应重点检查照明灯的灯丝和门开关组件
电冰箱进行化霜操作时，化霜加热器若出现过热现象，限温器会立即断开电路，停止化霜操作，当化霜加热器的温度降低后，限温器会重新闭合。限温器损坏会导致电冰箱制冷缓慢或不制冷等故障
压缩机绕组阻值
公共端（C）启动端（S）之间的阻值+
公共端（C）运行端（W）之间的阻值=
启动端（S）运行端（W）之间的阻值

图 14-15　万宝 BCD-210 型电冰箱电源电路的检修指导

14.16 美菱 - 阿里斯 BCD-248W 型电冰箱检修实例

图 14-16 为美菱 - 阿里斯顿 BCD-248W 型电冰箱电源电路的检修指导。将该电冰箱通电后，AC 220V 经温度控制器、化霜定时器内部的开关为压缩机提供工作电压。当电冰箱达到设定温度时，温度控制器断开，压缩机停机。电冰箱在进行化霜工作时，化霜加热器工作，并通过设定化霜定时器控制化霜的时间，当达到化霜时间后，化霜工作停止并转为制冷工作。

1 门开关主要用于控制照明灯的工作。门开关损坏后，会导致照明灯不亮（或一直点亮）情况。若门封不良时，则会导致电冰箱制冷效果不良。应重点检查门开关组件、磁性门封组件

PTC启动继电器	阻值
接通时	14～15Ω
断开时	∞

2 压缩机电机的运转由运行电容和PTC启动继电器共同控制。运行电容和PTC启动继电器任何一个损坏都会导致压缩机不工作

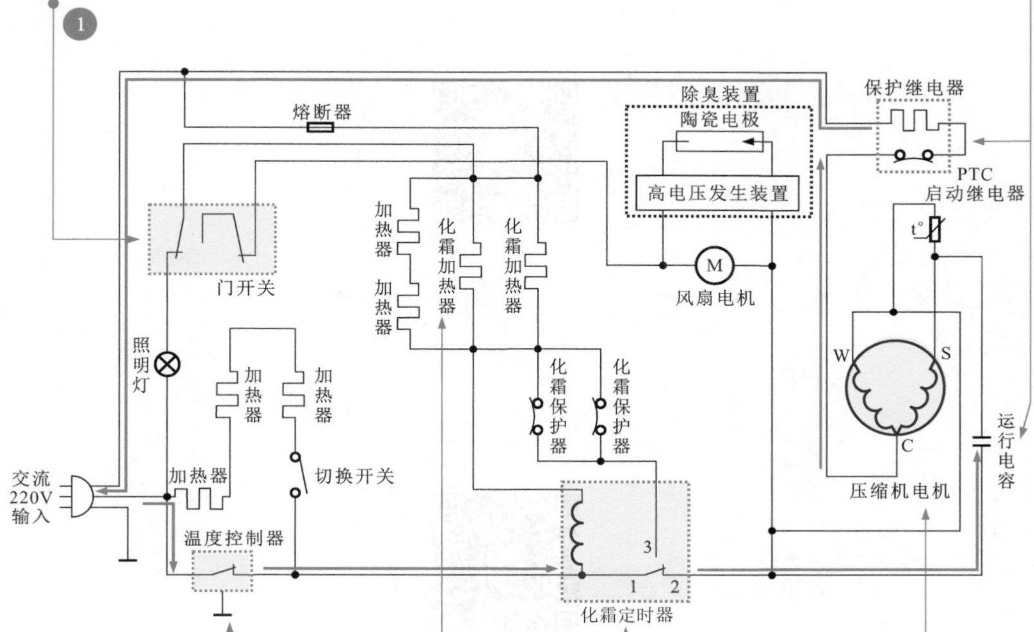

温度控制器	阻值
接通时	0Ω
断开时	∞

化霜定时器	阻值
开启时：1—2端之间	0Ω
停止时：1—2端之间	∞

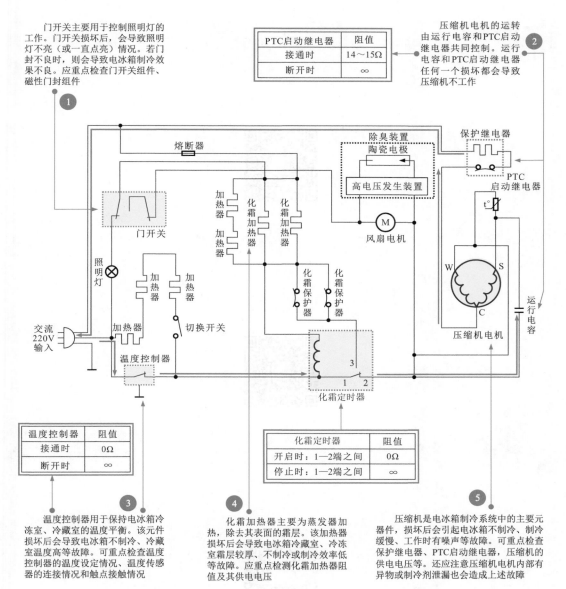

3 温度控制器用于保持电冰箱冷冻室、冷藏室的温度平衡。该元件损坏后会导致电冰箱不制冷、冷藏室温度高等故障。可重点检查温度控制器的温度设定情况、温度传感器的连接情况和触点接触情况

4 化霜加热器主要为蒸发器加热，除去其表面的霜层。该加热器损坏后会导致电冰箱冷藏室、冷冻室霜层较厚、不制冷或制冷效率低等故障。应重点检测化霜加热器阻值及其供电电压

5 压缩机是电冰箱制冷系统中的主要元器件，损坏后会引起电冰箱不制冷、制冷缓慢、工作时有噪声等故障。可重点检查保护继电器、PTC启动继电器，压缩机的供电电压等。还应注意压缩机电机内部有异物或制冷剂泄漏也会造成上述故障

图 14-16 美菱 - 阿里斯顿 BCD-248W 型电冰箱电源电路的检修指导

14.17 美菱 BCD-416WPCK 型电冰箱检修实例

14.18 美菱 BCD-518HE9B 型电冰箱检修实例

14.19 海信 BCD-440WDGVBP 型电冰箱检修实例

14.20 美的 BCD-570WPFM 型电冰箱检修实例